Halbringe

Algebraische Theorie und Anwendungen in der Informatik

Von Prof. Dr. rer. nat. Udo Hebisch
Bergakademie Freiberg

und Prof. Dr. phil. et rer. nat. habil. Hanns Joachim Weinert
Technische Universität Clausthal

B.G.Teubner Stuttgart 1993

Prof. Dr. rer. nat. Udo Hebisch

Geboren 1954 in Welver/Soest. Studium der Mathematik und Informatik ab 1974 in Clausthal, Diplom 1979, Promotion 1984, Habilitation 1990. Von 1979 bis 1993 Assistent bzw. Oberassistent an der TU Clausthal. Seit 1993 Professor an der Bergakademie Freiberg.

Prof. Dr. phil. et rer. nat. habil. Hanns Joachim Weinert

Geboren 1927 in Leipzig. Studium der Mathematik, Physik und Philosophie ab 1946 in Leipzig, Diplom 1951, Promotion 1952, Habilitation 1963. Professuren an der Pädagogischen Hochschule Potsdam, der University of Florida in Gainesville, der Universität Mainz, der Universidad de los Andes in Bogotá/Kolumbien und der Technischen Universität Clausthal.

Die Deutsche Bibliothek – CIP-Einheitsaufnahme

Hebisch, Udo:
Halbringe : algebraische Theorie und Anwendungen
in der Informatik / von Udo Hebisch und Hanns Joachim Weinert. –
Stuttgart : Teubner, 1993
(Teubner-Studienbücher : Mathematik)
ISBN 978-3-519-02091-2 ISBN 978-3-322-94682-9 (eBook)
DOI 10.1007/978-3-322-94682-9
NE: Weinert, Hanns Joachim:

Gesamtherstellung: Druckhaus Beltz, Hemsbach/Bergstraße
Einband: Tabea u. Martin Koch, Ostfildern/Stuttgart

Vorwort

Der Begriff des Halbringes entsteht aus dem des Ringes, indem man auf die Gruppeneigenschaft (und seltener auch auf die Kommutativität) der Addition verzichtet. So bilden die natürlichen Zahlen einen Halbring, die sicherlich älteste algebraische Struktur, in der Menschen gerechnet haben. Zahlreiche Arbeiten über Halbringe sind seit etwa 50 Jahren erschienen. Anlaß dazu war, jedenfalls teilweise, das Auftreten von Halbringen als Positivbereiche partiell geordneter Ringe und Körper, bei topologischen Fragestellungen, und nicht zuletzt beim Aufbau der Arithmetik im Zusammenhang mit entsprechenden Fragen des Schulunterrichts. Besonderes Interesse verdienen Halbringe dadurch, daß sie unterdessen in wachsendem Maße, oft ohne Bezug auf die bereits vorhandene Literatur, als Hilfsmittel in verschiedenen Gebieten der Informatik verwendet werden.

In dieser Situation möchten wir eine Einführung in die algebraische Theorie der Halbringe vorlegen, in der auch einige Anwendungen in der Theoretischen Informatik ausführlich behandelt werden. Dabei haben wir uns inhaltlich weitgehend auf die allgemeinen Grundlagen einer algebraischen Halbringtheorie und auf solche Teilgebiete dieser Theorie beschränkt, die für die eben genannten Anwendungen benötigt werden. Weiterhin legen wir hier, wie ja auch bei der Behandlung von Ringen üblich, einen Halbringbegriff zugrunde, der die Kommutativität der Addition einschließt (vgl. Definition 2.1 im ersten Kapitel). Damit haben wir die gelegentlich in der Literatur auch auftretenden Halbringe mit nichtkommutativer Addition ausgeklammert, deren Untersuchung zwar für sich reizvoll, darüber hinaus jedoch von weit geringerem Interesse ist und oft erheblich mehr Aufwand erfordert. Übrigens gelten viele Resultate über Halbringe nur, wenn man die Kommutativität der Addition oder wenigstens eine Abschwächung dieser Kommutativität voraussetzt.

Als Leser dieses Buches stellen wir uns einerseits Studenten der Mathematik oder Informatik mittlerer Semester vor, die sich im Zusammenhang mit entsprechenden Lehrveranstaltungen oder im Selbststudium in die algebraische Theorie der Halbringe und in die genannten Anwendungen einarbeiten möchten. Aus diesem Grunde haben wir uns um eine übersichtliche Gliederung bemüht und zahlreiche Erläuterungen, Hinweise und Querverweise gegeben. Auch sind alle Beweise, von einigen einfachen und naheliegenden Folgerungen abgesehen, vollständig und meist sehr ausführlich angegeben.

Trotz dieser Ausführlichkeit hoffen wir, daß sich andererseits auch der fortgeschrittene Mathematiker oder Informatiker mit geringem Zeitaufwand über die hier dargestellten Gebiete und Anwendungen der Halbringtheorie informieren kann. An ihn haben wir insbesondere bei der Auswahl der relativ umfangreichen Literaturangaben gedacht, wobei uns die Korrespondenz mit Herrn Professor Dr. K. Głazek und seine Literaturzusammenstellung [Gla85] eine große Hilfe war.

Im Hinblick auf den zuerst genannten Leserkreis wurden auch die verwendeten Hilfsmittel aus anderen mathematischen Gebieten weitgehend in unsere Darstellung einbezogen. So setzen wir zwar einige elementare Begriffsbildungen und Bezeichnungen der Mengenlehre als bekannt voraus, erläutern sie aber meist bei ihrem ersten Auftreten. Die von uns benötigten Begriffe und Aussagen über Relationen, partiell und linear geordnete Mengen und Verbände stellen wir in Paragraph 6 von Kapitel I zusammen. Lediglich für das Rechnen mit Kardinalzahlen verweisen wir auf entsprechende Lehrbücher. Ebenso haben wir die jeweils verwendeten Begriffsbildungen und Aussagen über Halbgruppen in unsere Darstellung aufgenommen, teils in Form gesonderter Paragraphen, teils im laufenden Text oder in einigen Aufgaben. Ähnliches gilt für die Aussagen über Ringe und Körper, die den hier behandelten über Halbringe entsprechen oder Spezialfälle ihrer hier untersuchten Verallgemeinerungen sind. Insbesondere haben wir, soweit sich die jeweiligen Anwendungen auf Ringe nicht von selbst verstehen oder uns als Analogien oder Verschärfungen erwähnenswert erschienen, den Ringfall in unsere Formulierungen und Beweise mit aufgenommen.

Für eine Orientierung über die behandelten Gegenstände verweisen wir auf das Inhaltsverzeichnis und die Übersichten, die jedem der fünf Kapitel vorangestellt sind.

An dieser Stelle möchten wir ganz besonders Frau Edith Weber-Hebisch für die sorgfältige und zügige Erstellung der Druckvorlage zu diesem Buch danken. Ebenso gilt unser Dank den Mitarbeitern des Verlages B. G. Teubner für ihr verständnisvolles Entgegenkommen bei der Entstehung unseres Buches und seine Aufnahme in die Studienbuchreihe.

Clausthal, im August 1993 U. Hebisch, H. J. Weinert

Inhaltsverzeichnis

Hinweise für den Leser

Entsprechend dem Inhaltsverzeichnis gliedern wir unseren Stoff in Kapitel und Paragraphen, mit deren Numerierung wir in jedem Kapitel gemäß I.1, I.2,...,II.1,... neu beginnen. Innerhalb eines Paragraphen werden alle Definitionen, Sätze, Beispiele, Bemerkungen etc. fortlaufend z. B. gemäß Definition 3.1, Beispiel 3.2,... durchnumeriert. Innerhalb des gleichen Kapitels zitieren wir dann ohne Kapitelangabe, und sonst unter Einschluß der Kapitelnummer, also z. B. Definition I.3.1. Entsprechend verfahren wir mit wiederholt gebrauchten Formeln und den Aufgaben. Das Ende eines Beweises kennzeichnen wir durch das Zeichen ■. Die zahlreichen Aufgaben dienen zur Übung und Verständniskontrolle und sind größtenteils leicht zu lösen. Sie enthalten aber auch Ergänzungen zum laufenden Text, Beispiele und Gegenbeispiele sowie mitunter (stets kursiv hervorgehobene) weitere Begriffsbildungen. Für eine Auswahl von (meist etwas schwierigeren) Aufgaben haben wir die Lösungen am Ende dieses Buches zusammengestellt.

Kapitel I

Allgemeine Aussagen über Halbringe

Gegenstand dieses Kapitels sind solche Begriffsbildungen und Aussagen, die bei den verschiedensten Untersuchungen über Halbringe immer wieder auftreten und daher als allgemeine Grundlage einer algebraischen Theorie der Halbringe angesehen werden können. Jedoch kann man beim ersten Studium einige der in I.2 angegebenen Beispiele für Halbringe (etwa die Beispiele 2.8, 2.9 und insbesondere 2.11) und auch das erst später gebrauchte Lemma 2.20 zunächst übergehen. Das gleiche gilt für den letzten Teil von I.3 ab Lemma 3.11 und für die technisch etwas aufwendigeren Beweise der Struktursätze 4.6, 5.5 und 5.6 für multiplikativ kürzbare Halbringe bzw. für Halbkörper. Die in I.6 zusammengestellten Aussagen über Relationen und partiell geordnete Mengen werden bereits für die Behandlung von Kongruenzen in I.7 und auch später immer wieder gebraucht. Die in I.8 eingeführten Halbringideale stehen in engem Zusammenhang mit Kongruenzen, doch können für Halbringe diese Ideale (im Gegensatz zu der Situation bei Ringen) die explizite Verwendung von Kongruenzen nicht ersetzen. Das Studium der ersten Paragraphen von Kapitel II und auch von Kapitel IV kann aber schon im Anschluß an I.5 erfolgen.

Allgemein weisen wir noch darauf hin, daß halbringtheoretische Begriffsbildungen in der Literatur teilweise noch recht unterschiedlich definiert und benannt werden. Wir haben daher die hier verwendete Terminologie möglichst neutral gewählt und z. B. vermieden, für Halbringe mit unterschiedlichen Eigenschaften jeweils verschiedene spezielle Bezeichnungen einzuführen. Besonders wichtig war uns dabei folgendes: Da jeder Ring erst recht ein Halbring ist, haben wir, bis auf eine Ausnahme, alle Begriffsbildungen für Halbringe so gefaßt und bezeichnet, daß sie in die üblichen ringtheoretischen Begriffsbildungen übergehen, wenn man sie auf einen Ring anwendet. Die Ausnahme betrifft den Idealbegriff, wo wir ausdrücklich zwischen Halbringideal und Ringideal unterscheiden, die in der Literatur beide als Ideal bezeichnet werden. Ein Halbringideal eines Ringes braucht nämlich kein Ideal dieses Ringes im üblichen ringtheoretischen Sinne zu sein.

Da jeder Halbring aus zwei Halbgruppen besteht (vgl. Definition 2.1), beginnen wir mit einer Zusammenstellung einiger Hilfsmittel über Halbgruppen.

I.1. Halbgruppen

Wir bezeichnen mit $I\!N$ bzw. $I\!N_0$ die Menge der positiven bzw. der nichtnegativen ganzen Zahlen. Einfache Begriffsbildungen und Bezeichnungen der Mengenlehre setzen wir als bekannt voraus, doch erläutern wir sie oft bei ihrem ersten Auftreten.

Definition 1.1. Es sei $S \neq \emptyset$ eine nichtleere Menge. Unter einer *zweistelligen Operation* μ *auf* S versteht man eine Abbildung μ von der Produktmenge $S \times S$ in S, d. h. μ ordnet jedem Paar $(a, b) \in S \times S$ genau ein Element $\mu(a, b) \in S$ zu. Üblicherweise schreibt man statt $\mu(a, b)$ meist $a\mu b$ und ersetzt μ durch geläufige Operationssymbole, also etwa $a \cdot b$, $a + b$, $a \wedge b$ usw.

Für die folgenden Aussagen über Halbgruppen verwenden wir ohne Beschränkung der Allgemeinheit die multiplikative Schreibweise. Geringfügige Abweichungen von der sonst üblichen Terminologie erklären sich daraus, daß wir in Halbringen eine multiplikativ geschriebene und eine additiv geschriebene Halbgruppe gleichzeitig zu betrachten haben.

Definition 1.2. Es sei $S \neq \emptyset$ eine Menge und $\cdot$ eine zweistellige Operation auf S. Dann heißt $(S, \cdot)$ eine *Halbgruppe,* wenn diese Operation *assoziativ* ist, d. h. wenn

$$a \cdot (b \cdot c) = (a \cdot b) \cdot c \qquad \text{für alle} \quad a, b, c \in S$$

gilt. Insbesondere heißt eine Halbgruppe $(S, \cdot)$ *kommutativ,* wenn

$$a \cdot b = b \cdot a \qquad \text{für alle} \quad a, b \in S$$

erfüllt ist. Allgemein bezeichnen wir mit $|A|$ die Kardinalzahl einer Menge A und nennen $|S|$ die *Ordnung* einer Halbgruppe $(S, \cdot)$. Man sagt auch, daß die Ordnung von $(S, \cdot)$ *endlich* bzw. *unendlich* ist, je nachdem ob $|S|$ eine endliche Kardinalzahl (also eine natürliche Zahl $n \in I\!N$) oder eine unendliche (transfinite) Kardinalzahl ist.

Bekanntlich folgt aus dem Assoziativgesetz, daß in jeder Halbgruppe $(S, \cdot)$ auch Produkte $a_1 \cdot a_2 \cdot \ldots \cdot a_n$ von $n \geq 3$ $(n \in I\!N)$ Elementen $a_\nu \in S$ durch Zurückführung auf $n-1$ Produkte von je zwei Elementen definiert und beliebig beklammert werden können. Man schreibt dann

$$(1.1) \qquad a_1 \cdot a_2 \cdot \ldots \cdot a_n = \prod_{\nu=1}^{n} a_\nu \qquad \text{für} \quad n \in I\!N$$

mit der naheliegenden Interpretation $\prod_{\nu=1}^{1} a_\nu = a_1$. Für $a_1 = \ldots = a_n = a$ definiert (1.1) die *n-te Potenz* a^n eines Elementes a von $(S, \cdot)$. Dabei gelten

$a^n \cdot a^m = a^{n+m}$ und $(a^n)^m = a^{n \cdot m}$ für alle $a \in S$ und alle $n, m \in \mathbb{N}$, während $(a \cdot b)^n = a^n \cdot b^n$ die Vertauschbarkeit $a \cdot b = b \cdot a$ von $a, b \in S$ voraussetzt. Im Falle einer kommutativen Halbgruppe $(S, \cdot)$ kann in (1.1) auch die Reihenfolge der Faktoren $a_\nu \in S$ beliebig abgeändert werden.

Definition 1.3. Es sei $(S, \cdot)$ eine Halbgruppe.

a) Eine Element $e_l \in S$ heißt *linksneutral* in $(S, \cdot)$, wenn $e_l \cdot a = a$ für alle $a \in S$ gilt.

b) Ein Element $O_l \in S$ heißt *linksabsorbierend* in $(S, \cdot)$, wenn $O_l \cdot a = O_l$ für alle $a \in S$ gilt.

c) Ein Element $a \in S$ heißt *linkskürzbar* in $(S, \cdot)$, wenn $a \cdot x = a \cdot y \Longrightarrow x = y$ für alle $x, y \in S$ gilt. Trifft dies für alle Elemente $a \in S$ zu, so nennt man $(S, \cdot)$ eine *linkskürzbare Halbgruppe.*

d) Ein Element $a \in S$ heißt *idempotent,* wenn $a \cdot a = a$ gilt. Haben alle Elemente $a \in S$ diese Eigenschaft, so nennt man $(S, \cdot)$ eine *idempotente Halbgruppe.*

Bemerkung 1.4. i) Mit jedem "linksseitigen" Begriff, wie den unter a), b) und c) definierten, betrachtet man auch den entsprechenden "rechtsseitigen" Begriff als definiert. So heißt z. B. ein Element $e_r \in S$ *rechtsneutral,* wenn $a \cdot e_r = a$ für alle $a \in S$ gilt. Man nennt solche Begriffe zueinander *links-rechts-dual,* im Gegensatz zu *selbst-dualen* Begriffen, wie z. B. den unter d) definierten.

ii) Analog kann man zu jeder Aussage über Halbgruppen die ihr entsprechende links-rechts-duale Aussage bilden; letztere stimmt mit der ursprünglichen Aussage genau dann überein, wenn diese selbst-dual ist. Da die Begriffsbildung der Halbgruppe selbst-dual ist, folgt aus der Richtigkeit jeder Aussage die Richtigkeit der zu ihr dualen Aussage. *Von jedem Paar zueinander links-rechts-dualer Aussagen braucht also jeweils nur eine formuliert und bewiesen zu werden.*

Die folgende Feststellung und die in Beispiel 1.6 enthaltenen Behauptungen sind leicht zu beweisen. Zum Verständnis der eben beschriebenen Dualität sollte man beide (und überflüssigerweise auch die Beweise) dualisieren.

Fakt 1.5. *a) Ein Element e_l einer Halbgruppe $(S, \cdot)$ ist genau dann linksneutral, wenn e_l idempotent und linkskürzbar ist.*

b) Gilt $ae_l = a$ für ein in $(S, \cdot)$ linkskürzbares Element $a \in S$, so ist e_l linksneutral in $(S, \cdot)$.

Beispiel 1.6. Jede Menge $S \neq \emptyset$ wird zu einer Halbgruppe $(S, \cdot)$, indem man $a \cdot b = a$ für alle $a, b \in S$ definiert. Diese Halbgruppe ist idempotent und rechtskürzbar, und jedes Element $c \in S$ ist rechtsneutral und linksabsorbierend in $(S, \cdot)$. Man nennt sie die *linksabsorbierende Halbgruppe* über der Menge S.

Fakt 1.7. *Enthält eine Halbgruppe $(S, \cdot)$ ein linksneutrales Element e_l und ein rechtsneutrales Element e_r, so stimmen beide wegen $e_l = e_l \cdot e_r = e_r$ überein. Das gleiche gilt für links- und rechtsabsorbierende Elemente wegen $O_l = O_l \cdot O_r = O_r$.*

Definition 1.8. Es sei $(S, \cdot)$ eine Halbgruppe.

a) Ein Element $e \in S$, welches sowohl links- als auch rechtsneutral in $(S, \cdot)$ ist, also $e \cdot a = a \cdot e = a$ für alle $a \in S$ erfüllt, heißt *neutral* in $(S, \cdot)$.

b) Analog heißt ein Element $O \in S$ *absorbierend* in $(S, \cdot)$, wenn O sowohl links- als auch rechtsabsorbierend in $(S, \cdot)$ ist.

Aus Fakt 1.7 folgt unmittelbar:

Fakt 1.9. *Eine Halbgruppe $(S, \cdot)$ enthält entweder kein oder genau ein neutrales Element e. Im zweiten Falle gibt es keine weiteren einseitig neutralen Elemente in $(S, \cdot)$. Entsprechend enthält eine Halbgruppe $(S, \cdot)$ entweder kein oder genau ein absorbierendes Element O, und in diesem Falle keine weiteren einseitig absorbierenden Elemente.*

Bemerkung 1.10. i) Für kommutative Halbgruppen stimmen links-rechtsduale Begriffe (und Aussagen) ersichtlich überein. In diesem Falle ist dann z. B. die Unterscheidung von "linksneutral" und "rechtsneutral" überflüssig, da beides auf "neutral" hinausläuft.

ii) Eine Halbgruppe mit neutralem Element wird auch als *Monoid* bezeichnet.

Definition 1.11. Es sei $(S, \cdot)$ eine Halbgruppe mit neutralem Element e. Ein Element $a \in S$ heißt *linksinvertierbar* in $(S, \cdot)$, wenn es ein Element $a' \in S$ mit $a' \cdot a = e$ gibt. Man nennt dann a' ein *Linksinverses* von a.

Es gibt Beispiele von Monoiden, in denen Elemente mit mehreren Linksinversen und Elemente mit mehreren Rechtsinversen auftreten. Dagegen gilt für (von beiden Seiten) invertierbare Elemente:

Fakt 1.12. *In einer Halbgruppe $(S,\cdot)$ mit neutralem Element e sei $a' \in S$ ein Linksinverses und $a'' \in S$ ein Rechtsinverses von $a \in S$. Dann folgt $a' = a''$ wegen*

$$a' = a' \cdot e = a' \cdot (a \cdot a'') = (a' \cdot a) \cdot a'' = e \cdot a'' = a''.$$

Ein Element a eines Monoids $(S,\cdot)$ hat also entweder kein oder genau ein (zweiseitiges) Inverses in $(S,\cdot)$; man bezeichnet letzteres dann mit a^{-1}.

Die folgenden Aussagen sind leicht einzusehen:

Fakt 1.13. *Es sei $(S,\cdot)$ eine Halbgruppe mit neutralem Element e. Ist $a \in S$ invertierbar in $(S,\cdot)$, so auch a^n für jedes $n \in I\!N$ gemäß $(a^n)^{-1} = (a^{-1})^n$. Weiter gilt $a = (a^{-1})^{-1}$. Sind a und b invertierbar in $(S,\cdot)$, so auch $a \cdot b$ gemäß $(a \cdot b)^{-1} = b^{-1} \cdot a^{-1}$.*

Für eine Halbgruppe $(S,\cdot)$ mit neutralem Element e läßt sich der Potenzbegriff durch die Definition $a^0 = e$ für alle $a \in S$ auf Exponenten aus $I\!N_0$ erweitern. Darüber hinaus kann man für jedes in $(S,\cdot)$ invertierbare Element $a \in S$ das Inverse a^{-1} als Potenz von a mit dem Exponenten -1 auffassen und $a^{-n} = (a^{-1})^n$ für alle $n \in I\!N$ definieren. Für in $(S,\cdot)$ invertierbare Elemente $a \in S$ bzw. invertierbare und vertauschbare Elemente $a, b \in S$ lassen sich dann die im Anschluß an (1.1) angegebenen Regeln auch für den so erweiterten Potenzbegriff nachweisen.

Der folgende Satz formuliert drei äquivalente Aussagen, von denen jede benutzt werden kann, um eine Halbgruppe $(S,\cdot)$ als *Gruppe* zu definieren:

Satz 1.14. *Für eine Halbgruppe $(S,\cdot)$ sind folgende Aussagen gleichwertig:*

a) Es gibt ein neutrales Element e in $(S,\cdot)$, und jedes $a \in S$ ist in $(S,\cdot)$ invertierbar.

b) Es gibt ein linksneutrales Element e_l in $(S,\cdot)$ mit der Eigenschaft, daß für jedes $a \in S$ ein $a' \in S$ mit $a' \cdot a = e_l$ existiert.

c) Für jedes Paar von Elementen $a, b \in S$ gibt es Elemente $x, y \in S$, die $a \cdot x = b$ und $y \cdot a = b$ erfüllen.

Tatsächlich ist dann das in b) auftretende Element e_l das neutrale Element von $(S,\cdot)$ und a' das Inverse a^{-1} von a. Weiterhin sind die Elemente x und y aus c) durch a und b gemäß $x = a^{-1} \cdot b$ und $y = b \cdot a^{-1}$ eindeutig bestimmt, d. h. jede Gruppe ist eine kürzbare Halbgruppe (vgl. auch die Aufgaben 1.2 und 1.3).

Als nächstes stellen wir einige Aussagen über Unterhalbgruppen und über homomorphe Abbildungen zusammen (vgl. die Aufgaben 1.4 bis 1.8).

Definition 1.15. Es sei $(S,\cdot)$ eine Halbgruppe und $U \neq \emptyset$ eine Teilmenge von S. Dann heißt U *abgeschlossen bezüglich der Operation* $\cdot$ *auf* S, wenn $u \cdot v \in U$ für alle $u, v \in U$ gilt. Genau in diesem Fall induziert die zweistellige Operation $\cdot$ auf S eine zweistellige Operation auf U, die man mit dem gleichen Symbol $\cdot$ bezeichnet. Ersichtlich ist dann $(U,\cdot)$ eine Halbgruppe und wird *Unterhalbgruppe von* $(S,\cdot)$ genannt. Falls dabei $(U,\cdot)$ sogar eine Gruppe ist, spricht man von einer *Untergruppe von* $(S,\cdot)$.

Definition 1.16. Es sei $(S,\cdot)$ eine Halbgruppe und $(T,\odot)$ eine nichtleere Menge mit einer zweistelligen Operation $\odot$ auf T. Dann heißt eine Abbildung $\varphi : S \to T$ von S in T ein *Homomorphismus von* $(S,\cdot)$ *in* $(T,\odot)$, wenn

$$\varphi(a \cdot b) = \varphi(a) \odot \varphi(b) \quad \text{für alle } a, b \in S$$

erfüllt ist. Ein surjektiver, injektiver bzw. bijektiver Homomorphismus φ von $(S,\cdot)$ heißt *Epimorphismus, Monomorphismus* bzw. *Isomorphismus.* Schließlich nennt man einen Homomorphismus φ von $(S,\cdot)$ in $(S,\cdot)$ einen *Endomorphismus* und einen Isomorphismus φ von $(S,\cdot)$ auf $(S,\cdot)$ einen *Automorphismus* von $(S,\cdot)$.

Fakt 1.17. *Es sei* $\varphi : (S,\cdot) \to (T,\odot)$ *ein Homomorphismus. Dann gilt:*

a) Die zweistellige Operation $\odot$ *auf* T *induziert eine ebenso bezeichnete zweistellige Operation auf dem homomorphen Bild* $\varphi(S) = \{\varphi(a) \mid a \in S\} \subseteq T$ *und* $(\varphi(S),\odot)$ *ist eine Halbgruppe. Mit* $(S,\cdot)$ *ist auch* $(\varphi(S),\odot)$ *kommutativ.*

b) Ist e_l *linksneutral in* $(S,\cdot)$, *so ist* $\varphi(e_l)$ *linksneutral in* $(\varphi(S),\odot)$.

c) Entsprechendes gilt für das Bild eines in $(S,\cdot)$ *linksabsorbierenden Elementes* O_l.

d) Hat schließlich $(S,\cdot)$ *ein neutrales Element* e *und gilt* $a' \cdot a = e$ *in* $(S,\cdot)$, *so folgt* $\varphi(a') \odot \varphi(a) = \varphi(e)$ *in* $(\varphi(S),\odot)$.

Es seien $\varphi : S \to T$ und $\psi : T \to R$ Abbildungen. Wie üblich wird durch $(\psi \circ \varphi)(a) = \psi(\varphi(a))$ für alle $a \in S$ eine Abbildung $\psi \circ \varphi : S \to R$ von S in R definiert, die sogenannte *Nacheinanderanwendung von* φ *und* ψ.

Fakt 1.18. *Es seien* $(S,\cdot)$, $(T,\cdot)$ *und* $(R,\cdot)$ *Halbgruppen.*

a) Sind $\varphi : (S,\cdot) \to (T,\cdot)$ *und* $\psi : (T,\cdot) \to (R,\cdot)$ *Homomorphismen, dann gilt das gleiche für* $\psi \circ \varphi : (S,\cdot) \to (R,\cdot)$.

b) Die identische Abbildung ι_S von S auf S ist ein Isomorphismus von $(S,\cdot)$.

c) Ist $\varphi : (S,\cdot) \to (T,\cdot)$ ein Isomorphismus, so gilt das gleiche für die Umkehrabbildung $\varphi^{-1} : (T,\cdot) \to (S,\cdot)$.

Definition 1.19. Halbgruppen $(S,\cdot)$ und $(T,\cdot)$ heißen *isomorph,* wenn es einen Isomorphismus φ von $(S,\cdot)$ auf $(T,\cdot)$ gibt. Man schreibt dafür $(S,\cdot) \cong (T,\cdot)$ und nennt die so definierte Beziehung zwischen Halbgruppen *Isomorphie.*

Mit Hilfe von Fakt 1.18 zeigt man leicht, daß die Isomorphie zwischen Halbgruppen transitiv, reflexiv und symmetrisch, also eine Äquivalenzrelation auf jeder Menge von Halbgruppen ist.

Betrachten wir schließlich noch die Potenzen $a^1, a^2, \ldots$ eines Elementes a einer Halbgruppe $(S,\cdot)$. Sie bilden offensichtlich eine Unterhalbgruppe von $(S,\cdot)$, und zwar die kleinste Unterhalbgruppe $(\langle a\rangle,\cdot)$, welche das Element a enthält (vgl. Aufgabe 1.5 c)). Diese Potenzen sind nun entweder alle paarweise voneinander verschieden, oder es gilt:

(1.2) Es gibt eine größte Zahl $n \in \mathbb{N}$, so daß $a^1, \ldots, a^n$ paarweise voneinander verschieden sind.

Aus letzterem folgt dann $a^{n+1} = a^m$ für ein $m \in \{1, \ldots, n\}$ und damit weiter $a^i \in \{a^1, \ldots, a^n\}$ für alle $i \in \mathbb{N}$ (vgl. die Aufgaben 1.11 bis 1.13 und 7.7).

Definition 1.20. Unter der *Ordnung eines Elementes a einer Halbgruppe* $(S,\cdot)$ versteht man die Ordnung $|\langle a\rangle|$ der von a erzeugten Unterhalbgruppe $(\langle a\rangle,\cdot)$. Diese Ordnung ist entweder die durch (1.2) eindeutig bestimmte natürliche Zahl $n \in \mathbb{N}$, oder $|\langle a\rangle|$ ist abzählbar unendlich. Im zweiten Fall, in dem also alle Potenzen a^i paarweise verschieden sind, sagt man einfach, daß die Ordnung von a bzw. von $(\langle a\rangle,\cdot)$ unendlich ist (vgl. Definition 1.2).

Offenbar ist die Ordnung eines Halbgruppenelementes a genau dann gleich 1, wenn $a^2 = a^1$ gilt, wenn also a idempotent ist.

Aufgaben

1.1. Die Menge aller linkskürzbaren Elemente einer Halbgruppe $(S,\cdot)$ ist entweder leer oder eine Unterhalbgruppe von $(S,\cdot)$.

1.2. Es sei $(S,\cdot)$ eine Halbgruppe mit neutralem Element.

a) Jedes linksinvertierbare Element von $(S,\cdot)$ ist linkskürzbar.

b) Alle linksinvertierbaren Elemente von $(S,\cdot)$ bilden eine Unterhalbgruppe, alle invertierbaren Elemente sogar eine Untergruppe von $(S,\cdot)$.

c) Ist S endlich, so ist jedes linksinvertierbare Element von $(S,\cdot)$ invertierbar (und damit kürzbar).

1.3. Jede kürzbare Halbgruppe $(S,\cdot)$ endlicher Ordnung ist eine Gruppe.

1.4. a) Zeigen Sie durch Beispiele, daß eine Unterhalbgruppe (und sogar eine Untergruppe) $(U,\cdot)$ einer Halbgruppe $(S,\cdot)$ ein neutrales Element e_U haben kann, das von dem neutralen Element e_S von $(S,\cdot)$ verschieden ist.

b) Zu jeder Halbgruppe $(S,\cdot)$ kann ein Element $e \notin S$ als neutrales Element adjungiert werden, indem man die Multiplikation von $(S,\cdot)$ gemäß $x \cdot e = e \cdot x = x$ für alle $x \in S \cup \{e\}$ zu einer Multiplikation auf $S \cup \{e\}$ erweitert. Es ist dann $(S \cup \{e\},\cdot)$ eine Oberhalbgruppe von $(S,\cdot)$ mit e als neutralem Element.

1.5. a) Es sei I eine Indexmenge und $\{(U_i,\cdot)\}_{i\in I}$ eine nichtleere Menge von Unterhalbgruppen einer Halbgruppe $(S,\cdot)$. Dann ist der Durchschnitt $D = \bigcap_{i\in I} U_i$ entweder leer, oder $(D,\cdot)$ ist Unterhalbgruppe von $(S,\cdot)$.

b) Besteht $\{U_i\}_{i\in I}$ aus den Unterhalbgruppen von $(S,\cdot)$, die eine Teilmenge $A \neq \emptyset$ von S enthalten, so ist $(D,\cdot)$ eine Unterhalbgruppe von $(S,\cdot)$, und zwar die kleinste, welche die Teilmenge A enthält. (Dabei bezieht sich "kleinste" auf die durch Inklusion $\subseteq$ teilweise geordnete Menge $(\mathfrak{P}(S),\subseteq)$ aller Untermengen von S, mit der auch die Menge aller Unterhalbgruppen von $(S,\cdot)$ partiell geordnet ist, vgl. Definition 6.7 und Aufgabe 6.6 b).) Man nennt dann $(D,\cdot)$ auch *die von A erzeugte Unterhalbgruppe von* $(S,\cdot)$ und bezeichnet sie mit $(\langle A\rangle,\cdot)$. Dabei gilt $\langle A\rangle = \{a_1 \cdot \ldots \cdot a_n \in S \mid n \in \mathbb{N}, a_i \in A\}$.

c) Für die von einem Element $a \in S$ erzeugte Unterhalbgruppe $(\langle\{a\}\rangle,\cdot)$ schreibt man $(\langle a\rangle,\cdot)$. In Anlehnung an die Gruppentheorie nennt man jede von einem Element erzeugbare Unterhalbgruppe von $(S,\cdot)$ eine *zyklische* Unterhalbgruppe; seit dem Erscheinen von [How76] setzt sich statt zyklisch die treffendere Bezeichnung *monogen* durch.

1.6. Formulieren und beweisen Sie (entsprechend zu Aufgabe 1.5 a) und b)) Aussagen über den Durchschnitt von Untergruppen einer Gruppe $(S,\cdot)$.

1.7. Beweisen Sie Fakt 1.17 und folgern Sie daraus: Jedes homomorphe Bild einer Gruppe ist eine Gruppe.

1.8. Beweisen Sie Fakt 1.18.

1.9. Die folgenden Strukturtafeln legen je eine zweistellige Operation $\cdot$ auf der zweielementigen Menge $S = \{a, b\}$ fest, wobei man üblicherweise die Elemente der Eingangsspalte als linke und die der Eingangszeile als rechte Faktoren auffaßt:

$\cdot$	a	b
a	a	a
b	a	a

$\cdot$	a	b
a	a	b
b	b	a

$\cdot$	a	b
a	a	b
b	b	b

$\cdot$	a	b
a	a	a
b	b	b

$\cdot$	a	b
a	a	b
b	a	b

Zeigen Sie, daß auf diese Weise fünf paarweise nichtisomorphe Halbgruppen $(S, \cdot)$ beschrieben werden und daß jede Halbgruppe $(T, \cdot)$ der Ordnung 2 zu genau einer dieser fünf Halbgruppen $(S, \cdot)$ isomorph ist.

1.10. Jede idempotente Halbgruppe $(S, \cdot)$ mit $|S| \geq 2$ ist nicht kürzbar.

1.11. Für $m \in \mathbb{N}$ bezeichnen wir mit $(\mathbb{Z}/(m), +, \cdot)$ den Restklassenring des Ringes $(\mathbb{Z}, +, \cdot)$ der ganzen Zahlen modulo m und mit $[0]_m, \ldots, [m-1]_m$ seine Elemente (vgl. Beispiel 7.2 a) und Bemerkung 7.4 i)). Bilden Sie alle Potenzen $[2]_m^\nu$ für $\nu \in \mathbb{N}$ von $[2]_m$ in der multiplikativen Halbgruppe $(\mathbb{Z}/(m), \cdot)$ von $(\mathbb{Z}/(m), +, \cdot)$, und zwar für $m = 7, 8, 12, 24$ und 56.

1.12. Für $n \in \mathbb{N}$ sei $(M_{n,n}(\mathbb{R}), +, \cdot)$ der Ring aller $n \times n$-Matrizen $A = (a_{i,j})$ mit Elementen $a_{i,j}$ aus dem Körper $\mathbb{R}$ der reellen Zahlen (vgl. auch Aufgabe 2.13). Bilden Sie alle Potenzen mit Exponenten $\nu \in \mathbb{N}$ von

$$A = \begin{pmatrix} 1 & 2 \\ 0 & 1 \end{pmatrix}, \quad B = \begin{pmatrix} 0 & 1 & 2 \\ 1 & 0 & 0 \\ 0 & 0 & 0 \end{pmatrix} \quad \text{und} \quad C = \begin{pmatrix} 0 & 1 & 2 \\ 0 & 0 & 1 \\ 0 & 0 & 0 \end{pmatrix}$$

in der Halbgruppe $(M_{2,2}(\mathbb{R}), \cdot)$ bzw. $(M_{3,3}(\mathbb{R}), \cdot)$.

1.13. Es sei a ein kürzbares Element einer Halbgruppe $(S, \cdot)$, welches die endliche Ordnung n gemäß (1.2) hat. Dann gilt $a^{n+1} = a^1$, und a^n ist das neutrale Element e von $(S, \cdot)$ (vgl. Fakt 1.5). Damit verallgemeinert Definition 1.20 die gruppentheoretische Definition, nach der ein Element a einer Gruppe $(S, \cdot)$ die endliche Ordnung n hat, wenn $a^n = e$ mit minimalem $n \in \mathbb{N}$ gilt.

I.2. Halbringe

Definition 2.1. Es sei $S \neq \emptyset$ eine Menge. Auf S seien zweistellige Operationen $+$ und $\cdot$ definiert, die als *Addition* bzw. *Multiplikation* bezeichnet werden. Dann heißt $(S, +, \cdot)$ ein *Halbring*, wenn die folgenden Bedingungen erfüllt sind:

1) $(S, +)$ ist eine kommutative Halbgruppe.

2) $(S, \cdot)$ ist eine Halbgruppe.

3) Es gelten die *Distributivgesetze*

$$a \cdot (b + c) = a \cdot b + a \cdot c \quad \text{und} \quad (b + c) \cdot a = b \cdot a + c \cdot a \quad \text{für alle } a, b, c \in S.$$

Insbesondere heißt ein Halbring $(S, +, \cdot)$ *kommutativ*, wenn auch $(S, \cdot)$ kommutativ ist, und $(S, +, \cdot)$ heißt ein *Ring*, wenn $(S, +)$ eine (kommutative) Gruppe ist. Einen Halbring, der kein Ring ist, bezeichnen wir mitunter auch als *echten Halbring*.

Bemerkung 2.2. i) Wir verwenden die übliche Konvention zur Klammereinsparung wie z. B. $(a \cdot b) + (a \cdot c) = a \cdot b + a \cdot c$ bei 3). Auch schreiben wir statt $a \cdot b$ meist einfach ab.

ii) Soweit Verwechslungen ausgeschlossen sind, bezeichnen wir einen Halbring $(S, +, \cdot)$ oft mit S. Diese (logisch nicht einwandfreie) Identifizierung von algebraischer Struktur und Trägermenge erlaubt dann auch die suggestive Schreibweise $S = (S, +, \cdot)$.

iii) In vielen Arbeiten wird ein allgemeinerer Begriff des Halbringes betrachtet, bei dem auf die bei 1) geforderte Kommutativität (und teilweise sogar auf die Assoziativität) der Addition verzichtet wird. Entsprechend dem Vorwort beschränken wir uns hier jedoch (abgesehen von einigen Hinweisen) von vorn herein auf Halbringe im Sinne der Definition 2.1.

Wie bei Halbgruppen nennen wir die Kardinalzahl $|S|$ von S die *Ordnung* eines Halbringes $(S, +, \cdot)$. Natürlich gelten für die Halbgruppe $(S, \cdot)$ und die kommutative Halbgruppe $(S, +)$ alle Aussagen aus I.1. Statt (1.1) schreibt man in $(S, +)$

$$(2.1) \qquad a_1 + a_2 + \ldots + a_n = \sum_{\nu=1}^{n} a_\nu \qquad \text{für} \quad n \in \mathbb{N},$$

wobei auch die Reihenfolge der Summanden $a_\nu \in S$ beliebig abgeändert werden kann. Für $a_1 = \ldots = a_n = a$ definiert dann (2.1) *das n-fache na eines*

Elementes $a \in S$. Von Spezialfällen (etwa $S = \mathbb{N} = (\mathbb{N}, +, \cdot)$ mit den für $\mathbb{N}$ üblichen Operationen $+$ und $\cdot$) abgesehen, handelt es sich bei dieser *Vielfachenbildung* nicht um eine zweistellige Operation im Sinne von Definition 1.1. Aus den in I.1 angegebenen Regeln für Potenzen in $(S, \cdot)$ folgt für die Vielfachenbildung in $(S, +)$:

$$\text{(2.2)} \qquad \left.\begin{aligned} na + ma &= (n+m)a, \\ m(na) &= (m \cdot n)a, \\ n(a+b) &= na + nb, \end{aligned}\right\} \quad \text{für alle } a, b \in S \text{ und alle } n, m \in \mathbb{N}.$$

Definition 2.3. Es sei $(S, +, \cdot)$ ein Halbring.

a) Falls die Halbgruppe $(S, \cdot)$ ein (dann nach Fakt 1.9 eindeutig bestimmtes) neutrales Element e hat, nennen wir e das *Einselement* des Halbringes $(S, +, \cdot)$.

b) Falls die Halbgruppe $(S, +)$ ein (dann eindeutig bestimmtes) neutrales Element hat, nennen wir dieses Element das *Nullelement* des Halbringes $(S, +, \cdot)$ und bezeichnen es im allgemeinen mit o.

c) Hat $(S, +, \cdot)$ ein Einselement e, beziehen wir die Sprechweisen linksinvertierbar, Linksinverses etc. stets auf die Multiplikation von $(S, +, \cdot)$; insbesondere bezeichnet a^{-1} das Inverse eines in $(S, \cdot)$ invertierbaren Elementes $a \in S$.

d) Hat $(S, +, \cdot)$ ein Nullelement o und hat ein Element $a \in S$ ein "additives Inverses" in $(S, +)$, so bezeichnen wir dieses (dann nach Fakt 1.12 eindeutig bestimmte) Element mit $-a$ und nennen es *das Entgegengesetzte von* a.

Das Nullelement o eines Halbringes $(S, +, \cdot)$ ist also durch $o + a = a$ (oder $a + o = a$) für alle $a \in S$ definiert. Es sei nun $(S, +, \cdot)$ ein Halbring mit Nullelement o. Gilt dann $x + y = o$ mit $x, y \in S$, so ist $y = -x$ das zu x und $x = -y$ das zu y entgegengesetzte Element. Die Aussagen von Fakt 1.13 gelten dann für $(S, +)$ gemäß

$$\text{(2.3)} \qquad -(na) = n(-a), \quad a = -(-a) \quad \text{und} \quad -(a+b) = (-a) + (-b),$$

jeweils für alle $n \in \mathbb{N}$ und alle $a, b \in S$, zu denen die Entgegengesetzten $-a$ und $-b$ in $(S, +)$ existieren. Weiter kann für einen Halbring mit Nullelement o die Vielfachenbildung durch die Definition $0a = o$ für $a \in S$ auf $\mathbb{N}_0$ erweitert werden. Darüber hinaus kann für alle $a \in S$ mit $-a \in S$ das Entgegengesetzte gemäß $-a = (-1)a$ als das (-1)-fache von a aufgefaßt und $(-n)a = n(-a)$ für alle $n \in \mathbb{N}$ definiert werden. Für Elemente $a, b \in S$, zu denen $-a$ und $-b$ in $(S, +)$ existieren, gelten dann die Regeln (2.2) für alle ganzen Zahlen n und m.

Bemerkung 2.4. i) Besteht ein Halbring $(S,+,\cdot)$ nur aus einem Element a, so ist a trivialerweise sowohl Nullelement als auch Einselement von $(S,+,\cdot)$.

ii) Man sollte vermeiden, das Entgegengesetzte $-a$ von a in irgendeiner Weise mit "negativ" zu bezeichnen. Einmal gehören nämlich die Begriffe "positiv" und "negativ" in die Theorie der partiell geordneten algebraischen Strukturen (vgl. etwa [Fuc63] und Kapitel III), und es gibt Halbringe und Ringe, die auf keine Weise (außer durch $=$ für $\leq$, vgl. Aufgabe III.2.5) partiell geordnet werden können. Aber selbst für den (linear) geordneten Körper $(\mathbb{R},+,\cdot,\leq)$ der reellen Zahlen ist jedes $a \neq 0$ aus $\mathbb{R}$ entweder positiv oder negativ, und für $a < 0$ ist dann das Entgegengesetzte $-a$ gerade positiv und nicht negativ.

Als eine erste Folgerung aus der durch die Distributivgesetze gegebenen Kopplung der Addition und Multiplikation eines Halbringes $(S,+,\cdot)$ ergibt sich

$$\left(\sum_{\nu=1}^{n} a_\nu\right) \cdot \left(\sum_{\mu=1}^{m} b_\mu\right) = \sum_{\nu=1}^{n} \left(\sum_{\mu=1}^{m} a_\nu \cdot b_\mu\right) = \sum_{\nu=1}^{n} \sum_{\mu=1}^{m} a_\nu \cdot b_\mu \tag{2.4}$$

für alle $n, m \in \mathbb{N}$ und alle $a_\nu, b_\mu \in S$. Man zeigt dies, indem man etwa zuerst (2.4) für $n = 1$ durch Induktion nach m beweist und dann für beliebiges $m \in \mathbb{N}$ Induktion nach n durchführt. Es sei daran erinnert, daß in (2.4) die Reihenfolge der Summanden a_ν bzw. b_μ bzw. $a_\nu \cdot b_\mu$ beliebig vertauscht werden kann, was im allgemeinen nicht für die Faktoren in $a_\nu \cdot b_\mu$ gilt.

Wir wenden uns nun einigen Beispielen von Halbringen zu.

Beispiel 2.5. a) Definitionsgemäß ist jeder Ring und damit jeder Körper ein Halbring. *Wir bezeichnen mit $\mathbb{Z}, \mathbb{Q}, \mathbb{R}$ bzw. $\mathbb{C}$ die Menge der ganzen, rationalen, reellen bzw. komplexen Zahlen.* Mit der üblichen Addition und Multiplikation sind dann $(\mathbb{Z},+,\cdot)$, $(\mathbb{Q},+,\cdot)$, $(\mathbb{R},+,\cdot)$ und $(\mathbb{C},+,\cdot)$ naheliegende (und natürlich triviale) Beispiele für Halbringe. Beispiele von echten Halbringen sind $(\mathbb{N},+,\cdot)$ und $(\mathbb{N}_0,+,\cdot)$, aber auch $(U,+,\cdot)$ für jede der Mengen

$$U = m \cdot \mathbb{N} = \{u = m \cdot n \mid n \in \mathbb{N}\} \quad \text{und}$$
$$U = \{u \in \mathbb{N} \mid u \geq m\} \quad \text{mit festem } m \in \mathbb{N}.$$

In allen diesen Fällen handelt es sich um Unterhalbringe von $(\mathbb{Z},+,\cdot)$, und gemäß Aufgabe 2.1 hat man nur nachzuprüfen, daß $\mathbb{N}, \mathbb{N}_0$ und jede der Mengen U bezüglich Addition und Multiplikation abgeschlossen sind. Alle diese Halbringe sind natürlich kommutativ und haben genau dann ein Nullelement bzw. ein Einselement, wenn sie die Zahl 0 bzw. die Zahl 1 enthalten.

b) *Wir bezeichnen mit* $\mathbb{H}$ *bzw.* $\mathbb{P}$ *die Mengen der positiven rationalen bzw. positiven reellen Zahlen und mit* $\mathbb{H}_0$ *bzw.* $\mathbb{P}_0$ *diese Mengen unter Einschluß der Zahl 0.* Wie bei a) prüft man sofort nach, daß $(\mathbb{H},+,\cdot)$ und $(\mathbb{H}_0,+,\cdot)$ Unterhalbringe von $(\mathbb{Q},+,\cdot)$ sowie $(\mathbb{P},+,\cdot)$ und $(\mathbb{P}_0,+,\cdot)$ solche von $(\mathbb{R},+,\cdot)$ sind.

c) Es sei $U = \{a \in \mathbb{H} \mid a \geq c\}$ mit festem $c \in \mathbb{H}$ und $U_0 = U \cup \{0\}$. Genau dann sind $(U,+,\cdot)$ und $(U_0,+,\cdot)$ Unterhalbringe von $(\mathbb{H}_0,+,\cdot)$, wenn $c \geq 1$ gilt. Entsprechendes gilt für die analog definierten Teilmengen U und U_0 von $\mathbb{P}_0$.

Wie alle Unterhalbringe von Ringen sind die in Beispiel 2.5 auftretenden Halbringe im Sinne der folgenden Definition additiv kürzbar, und ihr Nullelement (falls vorhanden) ist multiplikativ absorbierend (vgl. auch Fakt 2.12). Auch enthalten diese Halbringe außer $0+0=0$ keine additiv und außer $0\cdot 0=0$ und $1\cdot 1=1$ keine multiplikativ idempotenten Elemente. Wie wir sogleich durch weitere Beispiele zeigen, brauchen diese Aussagen für beliebige Halbringe keineswegs zuzutreffen. Wir legen daher vorher noch fest:

Definition 2.6. a) Ein Halbring $(S,+,\cdot)$ heißt *additiv kürzbar,* wenn die Halbgruppe $(S,+)$ kürzbar ist, also $a+x=a+y \Longrightarrow x=y$ für alle $a,x,y \in S$ gilt.

b) Es sei $(S,+,\cdot)$ ein Halbring mit Nullelement o. Dann heißt o *multiplikativ absorbierend,* wenn o absorbierend in $(S,\cdot)$ ist, also $o\cdot a = a\cdot o = o$ für alle $a \in S$ gilt. Abkürzend sprechen wir dann einfach von einem *absorbierenden Nullelement,* da ein Nullelement o eines Halbringes $(S,+,\cdot)$ mit $|S| \geq 2$ definitionsgemäß nicht additiv absorbierend sein kann.

c) Ein Halbring $(S,+,\cdot)$ heißt *additiv idempotent* bzw. *multiplikativ idempotent,* wenn $(S,+)$ bzw. $(S,\cdot)$ idempotente Halbgruppen sind, also $a+a=a$ bzw. $a\cdot a=a$ für alle $a \in S$ gelten.

Trivialerweise ist jeder Halbring der Ordnung 1 additiv kürzbar. Abgesehen von diesem Spezialfall sind alle in den folgenden Beispielen behandelten Halbringe nicht additiv kürzbar.

Beispiel 2.7. a) Auf den in der üblichen Weise linear geordneten Mengen $(\mathbb{P},\leq)$ bzw. $(\mathbb{P}_0,\leq)$ ist die Maximumsbildung $\max(a,b)$ eine zweistellige Operation. Definieren wir nun $a \oplus b = \max(a,b)$ und $a\cdot b$ wie üblich, so prüft man leicht nach, daß $(\mathbb{P},\oplus,\cdot)$ und $(\mathbb{P}_0,\oplus,\cdot)$ kommutative Halbringe sind. Der letzte hat ein absorbierendes Nullelement, nämlich die Zahl 0, und beide haben die Zahl 1 als Einselement. Diese Halbringe sind additiv idempotent, was sich ersichtlich auch auf jeden Unterhalbring überträgt.

b) Für jede reelle Zahl $c \geq 1$ sei $S_c = \{a \in \mathbb{P}_0 \mid a \geq c\}$. Dann ist $(S_c, \oplus, \cdot)$ ein Unterhalbring (vgl. Aufgabe 2.1) von $(\mathbb{P}_0, \oplus, \cdot)$ mit c als Nullelement. Dieses Nullelement ist (wie alle Elemente von $\mathbb{P}$) multiplikativ kürzbar, also weit davon entfernt, multiplikativ absorbierend zu sein. Für $c = 1$ ist die Zahl 1 sogar gleichzeitig Nullelement und Einselement des Halbringes $(S_1, \oplus, \cdot)$. Man beachte, daß die Nullelemente c dieser unendlich vielen Unterhalbringe S_c von $\mathbb{P}_0$ paarweise voneinander und von dem Nullelement 0 von $\mathbb{P}_0$ verschieden sind.

c) Jede Unterhalbgruppe $(U, \cdot)$ von $(\mathbb{P}_0, \cdot)$ liefert einen Unterhalbring $(U, \oplus, \cdot)$ von $(\mathbb{P}_0, \oplus, \cdot)$. Dies gilt z. B. für die Menge U aller Potenzen c^n einer Zahl $c > 1$ mit $n \in \mathbb{N}$, $n \in \mathbb{N}_0$ oder $n \in \mathbb{Z}$. Im ersten Fall ist c, im zweiten $c^0 = 1$ wieder Nullelement von $(U, +, \cdot)$ und wegen der multiplikativen Kürzbarkeit nicht absorbierend; im dritten Fall gibt es kein Nullelement.

Beispiel 2.8. a) Wie eben betrachten wir auf der linear geordneten Menge $(\mathbb{R}, \leq)$ die Maximumsbildung $a \oplus b = \max(a, b)$ als Addition. Analog verwenden wir die Minimumsbildung $\min(a, b)$ als Multiplikation $a \odot b = \min(a, b)$. Wie man leicht nachweist, ist dann $(\mathbb{R}, \oplus, \odot)$ ein kommutativer Halbring, der additiv und multiplikativ idempotent ist, aber weder ein Nullelement noch ein Einselement hat. Das gleiche gilt für den Unterhalbring $(\mathbb{P}, \oplus, \odot)$ von $(\mathbb{R}, \oplus, \odot)$. Dagegen hat der Unterhalbring $(\mathbb{P}_0, \oplus, \odot)$ die Zahl 0 als absorbierendes Nullelement, und für jedes abgeschlossene Intervall $U = [a, b] \subseteq \mathbb{R}$ ist $(U, \oplus, \odot)$ ein Unterhalbring von $(\mathbb{R}, \oplus, \odot)$ mit a als absorbierendem Nullelement und b als (additiv absorbierendem) Einselement.

b) Entsprechende Überlegungen gelten, wenn man $a \oplus b = \min(a, b)$ und $a \odot b = \max(a, b)$ definiert.

Beispiel 2.9. a) Wir verwenden nun die Minimumsbildung $a \oplus b = \min(a, b)$ als Addition auf $\mathbb{R}$ und schreiben $a \odot b$ für die übliche Addition auf $\mathbb{R}$. Dann ist $(\mathbb{R}, \oplus, \odot)$ ein kommutativer Halbring mit idempotenter Addition. Er hat kein Nullelement, und die Zahl 0 ist das Einselement von $(\mathbb{R}, \oplus, \odot)$.

b) Das gleiche gilt für den Unterhalbring $(\mathbb{P}_0, \oplus, \odot)$ von $(\mathbb{R}, \oplus, \odot)$, dessen Einselement 0 jetzt additiv absorbierend ist. Gerade Halbringe dieser Art werden bei späteren Anwendungen in der Graphentheorie eine wichtige Rolle spielen.

Beispiel 2.10. a) Es sei M eine Menge und $\mathfrak{P}(M)$ die Menge aller Untermengen von M, die sogenannte Potenzmenge von M. Betrachtet man für $A, B \subseteq M$ die übliche Vereinigung $A \cup B$ als Addition und den Durchschnitt $A \cap B$ als Multiplikation, so ist $(\mathfrak{P}(M), \cup, \cap)$ ein Halbring. Dieser Halbring ist kommutativ und bezüglich beider Operationen idempotent. Die leere Menge $\emptyset$ ist das absorbierende Nullelement und M das Einselement von $(\mathfrak{P}(M), \cup, \cap)$. Dieses Einselement ist übrigens additiv absorbierend.

b) Das Entsprechende gilt, wenn man $A \cap B$ als Addition und $A \cup B$ als Multiplikation betrachtet. Der so entstehende Halbring $(\mathfrak{P}(M), \cap, \cup)$ hat dann natürlich M als absorbierendes Nullelement und $\emptyset$ als additiv absorbierendes Einselement.

c) Wir weisen schon hier darauf hin, daß es sich bei $(\mathfrak{P}(M), \cup, \cap)$ wie auch bei den Halbringen aus Beispiel 2.8 um distributive Verbände $(V, \vee, \wedge)$ handelt und daß jeder distributive Verband ebenfalls ein Halbring ist (vgl. die Aufgaben 6.12 und 6.13).

Beispiel 2.11. Es sei $\mathfrak{K}$ die Menge aller Kardinalzahlen, die kleiner oder gleich einer festen transfiniten Kardinalzahl $\mathfrak{m}$ sind. Mit der in der Mengenlehre behandelten Addition und Multiplikation für Kardinalzahlen (vgl. etwa [vMan73], Band IV, 16. und 17.) ist dann $(\mathfrak{K}, +, \cdot)$ ein kommutativer Halbring, der die endlichen Kardinalzahlen als Unterhalbring $(\mathbb{N}_0, +, \cdot)$ enthält. Die Kardinalzahlen 0 bzw. 1 sind absorbierendes Nullelement bzw. Einselement von $(\mathfrak{K}, +, \cdot)$. Jede Kardinalzahl aus $\mathfrak{K} \setminus \mathbb{N}_0$ ist bezüglich beider Operationen idempotent, während $\mathbb{N}_0$ außer der bezüglich beider Operationen idempotenten Zahl 0 und der multiplikativ idempotenten Zahl 1 keine idempotenten Elemente enthält.

Wie man erwarten wird, ist es vorteilhaft, wenn das Nullelement eines Halbringes absorbierend ist. Wir geben dafür zwei hinreichende Kriterien, bei deren Beweis wir verwenden, daß *mit jeder Aussage über einen Halbring* $(S, +, \cdot)$ *auch die multiplikativ links-rechts-duale Aussage gültig ist.* Dies folgt aus unseren Überlegungen über die Links-Rechts-Dualität für jede Halbgruppe $(S, \cdot)$ in I.1 und der Feststellung, daß auch die beiden Distributivgesetze in Definition 2.1 bezüglich der Multiplikation zueinander links-rechts-dual sind. (Man beachte, daß wegen der vorausgesetzten Kommutativität der Addition jede Halbringaussage additiv links-rechts-selbstdual ist.)

Fakt 2.12. *Es sei* $(S, +, \cdot)$ *ein Halbring mit Nullelement* o.

a) Ist $(S, +, \cdot)$ *additiv kürzbar, so ist* o *absorbierend.*

b) Ist o *das einzige additiv idempotente Element von* S, *so ist* o *absorbierend.*

Beweis. Wie eben erläutert, genügt es $oa = o$ für alle $a \in S$ zu zeigen. Aus $o + o = o$ folgt nun $oa + oa = oa$. Also ist oa additiv idempotent, woraus sich bereits $oa = o$ unter der Voraussetzung von b) ergibt. Für a) vergleichen wir

$oa + oa = oa$ mit $oa + o = oa$ und erhalten $oa = o$ aus der vorausgesetzten additiven Kürzbarkeit von $(S, +, \cdot)$. ■

Fakt 2.13. *Es sei $(S, +, \cdot)$ ein Halbring mit absorbierendem Nullelement o. Dann gilt für alle $a, b \in S$:*

a) *Hat a ein Entgegengesetztes $-a \in S$, so auch $a \cdot b$ gemäß $-(a \cdot b) = (-a) \cdot b$.*

b) *Hat b ein Entgegengesetztes $-b \in S$, so auch $a \cdot b$ gemäß $-(a \cdot b) = a \cdot (-b)$.*

c) *Haben a und b Entgegengesetzte in S, so gilt $(-a) \cdot (-b) = a \cdot b$.*

Beweis. Aus $a + (-a) = o$ folgt $ab + (-a)b = ob = o$, letzteres nach Voraussetzung über o. Wie wir bereits im Anschluß an Definition 2.3 feststellten, ist damit $(-a)b$ das Entgegengesetzte $-(ab)$ von ab. Dies zeigt a), und b) ist die zu a) links-rechts-duale Aussage. Aus beiden und (2.3) folgt dann c) gemäß

$$(-a)(-b) = -\big(a(-b)\big) = -\big(-(ab)\big) = ab.$$ ■

Bemerkung 2.14. i) Auch in Halbringen $(S, +, \cdot)$ schreibt man $a + (-b)$ abkürzend als Differenz $a - b$, natürlich unter der Voraussetzung der Existenz von $-b \in S$. Aus Fakt 2.13 und (2.4) ergeben sich dann Umformungen wie $(a - b)c = ac - bc$ oder $(a - b)(c - d) = ac - ad - bc + bd$ usw.

ii) Existiert in einem Halbring $(S, +, \cdot)$ zu bestimmten Elementen $a, b \in S$ genau ein Element $x \in S$, das $b + x = a$ erfüllt, so nennt man mitunter auch x *die Differenz von a und b.* Die Eindeutigkeit von x ist dabei stets gewährleistet, wenn b kürzbar in $(S, +)$ ist. Letzteres ist insbesondere der Fall, wenn $-b \in S$ existiert, woraus dann $x = a - b$ wie bei i) folgt.

Um die nachfolgenden Überlegungen nicht zu unterbrechen, führen wir noch folgende Begriffsbildungen ein.

Definition 2.15. a) Für jeden Halbring $(S, +, \cdot)$ bezeichnen wir mit S^* die Menge $S \setminus \{o\}$, falls $(S, +, \cdot)$ ein Nullelement o hat, und setzen anderenfalls $S^* = S$.

b) Ein Halbring $(S, +, \cdot)$ mit Nullelement o heißt *nullteilerfrei,* wenn aus $a \cdot b = o$ stets $a = o$ oder $b = o$ folgt. Dies ist für $|S| \geq 2$ ersichtlich gleichwertig damit, daß $(S^*, \cdot)$ eine Unterhalbgruppe von $(S, \cdot)$ ist. Insbesondere nennen wir ein Element $a \in S$ einen *linken Nullteiler* von $(S, +, \cdot)$, wenn es ein Element $b \neq o$ aus S mit $a \cdot b = o$ gibt.

c) Ein Halbring $(S, +, \cdot)$ mit Nullelement o heißt *nullsummenfrei,* wenn aus $a + b = o$ stets $a = b = o$ folgt. Dies ist gleichwertig damit, daß kein Element

$a \neq o$ aus S ein Entgegengesetztes besitzt, und für $|S| \geq 2$ ebenso damit, daß $(S^*, +)$ Unterhalbgruppe von $(S, +)$ ist.

Man beachte, daß das Nullelement o eines Halbrings $(S, +, \cdot)$ nach b) sowohl linker als auch rechter Nullteiler von $(S, +, \cdot)$ sein kann. Dies ist insbesondere stets der Fall, wenn o absorbierend ist und $|S| \geq 2$ gilt. Nullteilerfreiheit besagt also, daß es keine von o verschiedene linke oder rechte Nullteiler gibt (ebenso wie Nullsummenfreiheit besagt, daß es keine von o verschiedene zueinander entgegengesetzte Elemente gibt).

Die beiden folgenden Aussagen lassen sich leicht nachprüfen:

Lemma 2.16. *Zu jedem Halbring $(S, +, \cdot)$ kann ein Element $z \notin S$ als absorbierendes Nullelement adjungiert werden, indem man die Operationen von $(S, +, \cdot)$ auf $S \cup \{z\}$ erweitert gemäß*

$$\text{(2.5)} \qquad \left.\begin{array}{r} x + z = z + x = x \\ x \cdot z = z \cdot x = z \end{array}\right\} \quad \textit{für alle } x \in S \cup \{z\}.$$

Es ist dann $(S \cup \{z\}, +, \cdot)$ ein Oberhalbring (vgl. Aufgabe 2.1) von $(S, +, \cdot)$ mit z als absorbierendem Nullelement.

Bemerkung 2.17. i) Der Halbring $(S \cup \{z\}, +, \cdot)$ ist stets nullteilerfrei und nullsummenfrei, und mit S ist auch $S \cup \{z\}$ kommutativ.

ii) Hat S bereits ein Nullelement o, so ist o nicht mehr Nullelement von $S \cup \{z\}$, und dieser Halbring ist nicht additiv kürzbar. Anderenfalls wird man z mit o bezeichnen, und $S \cup \{z\} = S \cup \{o\}$ ist genau dann additiv kürzbar, wenn dies für S zutrifft.

Lemma 2.18. *Zu jedem Halbring $(S, +, \cdot)$ kann ein Element $t \notin S$ als additiv und multiplikativ absorbierendes Element adjungiert werden, indem man die Operationen von $(S, +, \cdot)$ auf $S \cup \{t\}$ erweitert gemäß*

$$\text{(2.6)} \qquad \left.\begin{array}{r} x + t = t + x = t \\ x \cdot t = t \cdot x = t \end{array}\right\} \quad \textit{für alle } x \in S \cup \{t\}.$$

Es ist dann $(S \cup \{t\}, +, \cdot)$ ein Oberhalbring von $(S, +, \cdot)$ mit t als "doppelt absorbierendem" Element.

Bemerkung 2.19. i) Mit S ist auch $S \cup \{t\}$ kommutativ, aber $S \cup \{t\}$ ist nie additiv kürzbar.

ii) Ein bereits in S vorhandenes additiv oder multiplikativ oder doppelt absorbierendes Element verliert diese Eigenschaft beim Übergang zu $S \cup \{t\}$.

iii) Mitunter, insbesondere wenn S kein doppelt absorbierendes Element hat, bezeichnet man t mit dem Symbol ∞.

Wir nehmen nun an, daß ein Halbring $(S^*, +, \cdot)$ kein Nullelement besitzt und führen die Adjunktionen eines absorbierenden Nullelementes $z = o$ und eines doppelt absorbierenden Elementes $t = \infty$ in beiden Reihenfolgen nacheinander aus. Die so entstehenden Halbringe $(S^* \cup \{o\}) \cup \{\infty\}$ und $(S^* \cup \{\infty\}) \cup \{o\}$ unterscheiden sich dann lediglich durch

$$o \cdot \infty = \infty \cdot o = \infty \qquad \text{und} \qquad o \cdot \infty = \infty \cdot o = o.$$

Insbesondere ist das Nullelement o nur im zweiten Fall absorbierend. Für verschiedene Anwendungen benötigt man nun zu einem Halbring S mit absorbierendem Nullelement o einen Oberhalbring $T = S \cup \{\infty\}$, der dem Halbring $(S^* \cup \{\infty\}) \cup \{o\}$ entspricht. Dies ist z. B. für die Halbringe $(\mathbb{N}_0, +, \cdot)$ oder $(\mathbb{P}_0, +, \cdot)$ aus Beispiel 2.5 b) möglich, nicht aber für $(\mathbb{Z}, +, \cdot)$ oder $(\mathbb{R}, +, \cdot)$, wie sich aus dem folgenden Resultat ergibt:

Lemma 2.20. *Es sei $(S, +, \cdot)$ ein Halbring mit absorbierendem Nullelement o. Erweitert man nun die Operationen von $(S, +, \cdot)$ auf $T = S \cup \{\infty\}$ mit $\infty \notin S$ gemäß*

$$\begin{aligned} x + \infty &= \infty + x = \infty && \text{für alle } x \in S \cup \{\infty\}, \\ x \cdot \infty &= \infty \cdot x = \infty && \text{für alle } x \in S^* \cup \{\infty\}, \\ o \cdot \infty &= \infty \cdot o = o, \end{aligned} \tag{2.7}$$

so ist $(T, +, \cdot)$ genau dann ein Halbring, wenn $(S, +, \cdot)$ nullteilerfrei und nullsummenfrei ist. In diesem Fall hat dann der Halbring $(T, +, \cdot)$ das absorbierende Nullelement o und das additiv absorbierende Element ∞.

Beweis. Wir zeigen zunächst indirekt, daß beide Bedingungen notwendig sind. Wäre S nicht nullteilerfrei, so existierten Elemente $a \neq o$ und $b \neq o$ aus S mit $ab = o$. Daraus folgt nach (2.7) der Widerspruch

$$o = o\infty = (ab)\infty = a(b\infty) = a\infty = \infty.$$

Wäre S nicht nullsummenfrei, so gäbe es Elemente $a \neq o$ und $b \neq o$ aus S mit $a + b = o$. Daraus folgt der Widerspruch

$$o = o\infty = (a + b)\infty = a\infty + b\infty = \infty + \infty = \infty.$$

Ist umgekehrt S nullteilerfrei und nullsummenfrei, so ist $(S^*, \cdot)$ Unterhalbgruppe von $(S, \cdot)$ und $(S^*, +)$ Unterhalbgruppe von $(S, +)$, also $(S^*, +, \cdot)$ ein Unterhalbring von $(S, +, \cdot)$ (vgl. Aufgabe 2.1). Adjungiert man dann zu S^* zuerst ein doppelt absorbierendes Element $t = \infty$ und anschließend ein absorbierendes Nullelement $z = o$, so gilt $T = (S^* \cup \{\infty\}) \cup \{o\} = S \cup \{\infty\}$ und $(T, +, \cdot)$ ist ein Halbring, der offensichtlich aus S gemäß (2.7) hervorgeht. ∎

Schließlich legen wir noch einige oft nützliche Schreibweisen fest und führen eine weitere Begriffsbildung ein:

Definition 2.21. Für einen Halbring $(S, +, \cdot)$ und nichtleere Teilmengen $A, B \subseteq S$ definieren wir folgende Teilmengen von S:

$$\langle A \rangle = \left\{ \sum_{\nu=1}^{n} a_\nu \mid n \in \mathbb{N},\ a_\nu \in A \right\}, \tag{2.8}$$

$$A + B = \{a + b \mid a \in A,\ b \in B\}, \tag{2.9}$$

$$A \cdot B = \{a \cdot b \mid a \in A,\ b \in B\}. \tag{2.10}$$

Bemerkung 2.22. i) Nach Aufgabe 1.5 b), angewendet auf die Halbgruppe $(S, +)$, besteht die bei (2.8) definierte Menge $\langle A \rangle$ genau aus den Elementen der von A erzeugten Unterhalbgruppe $(\langle A \rangle, +)$ von $(S, +)$.

ii) Es gilt

$$A \cdot B \subseteq \langle A \cdot B \rangle = \left\{ \sum_{\nu=1}^{n} a_\nu b_\nu \mid n \in \mathbb{N},\ a_\nu \in A,\ b_\nu \in B \right\},$$

wobei im allgemeinen echte Inklusion vorliegt. *Man beachte, daß man in der Ringtheorie und teilweise auch für Halbringe die rechtsstehende Menge mit $A \cdot B$ bezeichnet, also nicht die bei (2.10) definierte Teilmenge.* Dagegen verwendet man in der Gruppentheorie wie in der Halbgruppentheorie $A \cdot B$ stets gemäß (2.10). Wir halten die in Definition 2.21 eingeführten Bezeichnungen, die beide Mengen $A \cdot B$ und $\langle A \cdot B \rangle$ klar unterscheiden, für zweckmäßiger. Übrigens schreibt man auch hier oft einfach AB und $\langle AB \rangle$.

iii) Besteht eine der Mengen, etwa $A = \{a\}$, nur aus einem Element, schreibt man statt $\{a\} + B$ bzw. $\{a\}B$ meist $a + B$ bzw. aB.

Beispiel 2.23. a) Es sei $(S, \cdot)$ eine Halbgruppe und $\mathfrak{P}(S)$ die Menge aller Untermengen von S. Wie man leicht nachprüft, ist dann $(\mathfrak{P}(S) \setminus \{\emptyset\}, \cup, \cdot)$ mit der Vereinigungsbildung $A \cup B$ als Addition und der gemäß (2.10) definierten

Multiplikation ein Halbring. Er hat genau dann ein Einselement, wenn $(S,\cdot)$ ein Einselement e hat, nämlich $E = \{e\}$.

b) Wendet man (2.10) auch auf leere Mengen an, so folgt $A \cdot B = \emptyset$ für $A = \emptyset$ oder $B = \emptyset$. Damit ist dann auch $(\mathfrak{P}(S), \cup, \cdot)$ ein Halbring, und zwar mit $\emptyset$ als absorbierendem Nullelement. Dem Übergang von $(\mathfrak{P}(S) \setminus \{\emptyset\}, \cup, \cdot)$ zu $(\mathfrak{P}(S), \cup, \cdot)$ entspricht dabei die Adjunktion eines absorbierenden Nullelementes gemäß Lemma 2.16.

c) Die endlichen Untermengen von S bilden jeweils einen Unterhalbring von $(\mathfrak{P}(S) \setminus \{\emptyset\}, \cup, \cdot)$ bzw. von $(\mathfrak{P}(S), \cup, \cdot)$.

Definition 2.24. Ein Halbring $(S, +, \cdot)$ heißt *halbsubtraktiv*, wenn es zu beliebigen Elementen $a, b \in S$ mit $a \neq b$ jeweils ein $x \in S$ oder ein $y \in S$ mit $b + x = a$ bzw. $a + y = b$ gibt.

Ersichtlich ist jeder Ring ein halbsubtraktiver Halbring.

Bemerkung 2.25. i) Im folgenden werden wir die hier für die additive Halbgruppe $(S, +)$ eines Halbringes $(S, +, \cdot)$ eingeführten Sprech- und Schreibweisen auch für beliebige kommutative Halbgruppen $(S, +)$ verwenden. So werden wir, falls eine solche Halbgruppe $(S, +)$ ein neutrales Element o hat, dieses auch als *Nullelement von* $(S, +)$ bezeichnen. Gilt dann $x + y = o$ für $x, y \in S$, so heißt das durch x eindeutig bestimmte Element $y = -x$ das *Entgegengesetzte* $-x$ *von* x. Ebenso sprechen wir von dem n-*fachen* na eines Elementes a von $(S, +)$ (vgl. Aufgabe 2.10) oder von *Nullsummenfreiheit* und verwenden (2.8), (2.9) und Definition 2.24 auch für jede kommutative Halbgruppe $(S, +)$. Entsprechend verwenden wir für kommutative Halbgruppen $(S, +)$ solche Halbringaussagen, die sich ohnehin nur auf die Addition beziehen oder sich durch Weglassen der Multiplikation ergeben.

ii) Bekanntlich nennt man eine additiv geschriebene kommutative Gruppe $(S, +)$ einen *Modul.* Analog bezeichnen wir eine kommutative Halbgruppe $(S, +)$ auch als *Halbmodul.* (Manche Autoren verlangen, daß ein Halbmodul ein Nullelement besitzt.)

iii) Die Begriffsbildungen der Halbgruppentheorie haben sich an multiplikativen Halbgruppen $(S, \cdot)$ entwickelt. Dabei ist es üblich geworden, ein absorbierendes Element O einer solchen Halbgruppe, also ein Element mit $O \cdot a = a \cdot O = O$ für alle $a \in S$, als "Nullelement" oder als "Null" (englisch: "zero") zu bezeichnen. In diesem Sinne wäre ein "Nullelement" einer additiv geschriebenen Halbgruppe $(S, +)$ durch $O + a = a + O = O$ für alle $a \in S$ zu definieren, was jedoch nicht allgemein üblich ist. Der konsequente

Gebrauch der Bezeichnungen "absorbierendes Element" einerseits und "Nullelement" als neutrales Element bei additiver Schreibweise andererseits schließt derartige Verwechselungen von vorn herein aus.

Bemerkung 2.26. Analog zu Definition 1.1 können auf einer nichtleeren Menge S auch n-stellige Operationen für jedes $n \in \mathbb{N}_0$ definiert werden (wobei eine einstellige Operation μ eine Abbildung $\mu : S \to S$ ist und eine nullstellige Operation $\mu : \emptyset \to S$ ein bestimmtes Element von S bezeichnet). Eine Menge mit beliebig vielen solchen Operationen (von denen jede n-stellig für ein gewisses $n \in \mathbb{N}_0$ ist) nennt man eine ***universelle Algebra*** oder auch kurz eine ***Algebra***. Diese Begriffsbildung präzisiert, was man oft anschaulich als "algebraische Struktur" bezeichnet (vgl. Bemerkung 2.2 ii)). Die Theorie, in der solche Algebren untersucht werden, bezeichnet man als "Universelle Algebra" oder auch als "Allgemeine Algebra" (vgl. etwa [Coh65] und [Ihr88]).

Beispiele für solche universellen Algebren sind natürlich alle Halbgruppen $(S, \cdot)$ oder $(S, +)$ und alle Halbringe $(S, +, \cdot)$, während etwa $(\mathbb{P}, \cdot, \mu)$ mit der üblichen Multiplikation und $\mu(a) = a^{-1}$ eine universelle Algebra mit einer zwei- und einer einstelligen Operation ist.

Aufgaben

2.1. Definieren Sie in Analogie zu Definition 1.15 die Begriffe *Unterhalbring* und *Unterring* eines Halbringes $(S, +, \cdot)$, und zeigen Sie folgendes Kriterium: $(U, +, \cdot)$ ist genau dann Unterhalbring von $(S, +, \cdot)$, wenn $(U, +)$ Unterhalbgruppe von $(S, +)$ und $(U, \cdot)$ Unterhalbgruppe von $(S, \cdot)$ ist. Letzteres kann gemäß Definition 2.21 einfach durch $U + U \subseteq U$ und $U \cdot U \subseteq U$ ausgedrückt werden. Ist $(U, +, \cdot)$ Unterhalbring eines Halbringes oder eines Ringes $(S, +, \cdot)$, so nennt man $(S, +, \cdot)$ auch *Oberhalbring* bzw. *Oberring* von $(U, +, \cdot)$.

2.2. a) Es sei $\{(U_i, +, \cdot)\}_{i \in I}$ eine nichtleere Menge von Unterhalbringen eines Halbringes $(S, +, \cdot)$. Dann ist der Durchschnitt $D = \bigcap_{i \in I} U_i$ entweder leer, oder $(D, +, \cdot)$ ist ein Unterhalbring von $(S, +, \cdot)$.

b) Formulieren Sie eine der Aufgabe 1.5 b) entsprechende Aussage über den kleinsten Unterhalbring von $(S, +, \cdot)$, der eine Teilmenge $A \neq \emptyset$ von S enthält. Man nennt ihn *den von A erzeugten Unterhalbring von* $(S, +, \cdot)$. Er besteht aus allen Summen $p_1 + \ldots + p_n$ mit $n \in \mathbb{N}$, wobei die Summanden p_j beliebige Elemente der von A erzeugten Unterhalbgruppe $(\langle A \rangle, \cdot)$ von $(S, \cdot)$ sind.

2.3. Es sei U die Menge aller additiv idempotenten Elemente eines Halbringes $(S,+,\cdot)$. Dann gilt entweder $U=\emptyset$, oder $(U,+,\cdot)$ ist ein Unterhalbring von $(S,+,\cdot)$.

2.4. Es sei $(S,+,\cdot)$ ein Halbring mit Nullelement o und $oS=\{oa \mid a\in S\}$ (vgl. Definition 2.21). Dann sind $(oS,+,\cdot)$ und $(oS\cap So,+,\cdot)$ Unterhalbringe von $(S,+,\cdot)$; diese Unterhalbringe sind additiv idempotent.

2.5. Es sei $(S,+,\cdot)$ ein Halbring mit absorbierendem Nullelement o und U die Menge aller $a\in S$, zu denen $-a\in S$ existiert. Dann ist $(U,+,\cdot)$ ein Unterring von $(S,+,\cdot)$.

2.6. Ein Halbring $(S,+,\cdot)$ mit Einselement e ist genau dann additiv idempotent, wenn $e+e=e$ gilt.

2.7. Ein Halbring $(S,+,\cdot)$ mit zwei verschiedenen additiv idempotenten Elementen ist nicht additiv kürzbar (vgl. die Lösung zu Aufgabe 1.10).

2.8. Stellen Sie Betrachtungen wie in Beispiel 2.7 mit $a\oplus b=\min(a,b)$ an.

2.9. a) Überprüfen Sie alle im Text behandelten Beispiele von Halbringen daraufhin, ob sie nullteilerfrei oder nullsummenfrei sind.

b) Es sei $(T,+,\cdot)$ ein Halbring mit einem absorbierenden Nullelement o und einem bis auf $\infty\cdot o=o\cdot\infty=o$ doppelt absorbierendem Element $\infty\neq o$. Dann ist $(T,+,\cdot)$ nullteiler- und nullsummenfrei.

2.10. Die Überlegungen zur Vielfachenbildung $na=a+\ldots+a$ ($n\in\mathbb{N}$ Summanden, einschließlich $1a=a$) im Anschluß an (2.1) gelten natürlich auch für jedes Element a einer kommutativen Halbgruppe $(S,+)$, also eines Halbmoduls $(S,+)$ (vgl. Bemerkung 2.25 i) und ii)). Es gelten dann also die Regeln (2.2) für alle n,m aus dem Halbring $(\mathbb{N},+,\cdot)$ und alle $a,b\in S$ einer kommutativen Halbgruppe $(S,+)$. Als Spezialfall allgemeinerer Begriffsbildungen nennt man daher $(\mathbb{N},+,\cdot)$ einen *Operatorenbereich* für $(S,+)$ mit der Vielfachenbildung als (*linksseitiger*) *Operatoranwendung* und den *Operatorgesetzen* (2.2). Hat $(S,+)$ ein neutrales Element o und definiert man $0a=o$ für alle $a\in S$, so ist auch der Halbring $(\mathbb{N}_0,+,\cdot)$ ein solcher Operatorenbereich für $(S,+)$ mit den Regeln (2.2). Für Elemente $a,b\in S$, die in $(S,+)$ Entgegengesetzte $-a$ und $-b$ im Sinne von Definition 2.3 d) besitzen, gelten dann auch die Regeln (2.3), und man kann $(-1)a=-a$ und $(-n)a=n(-a)$ für alle $n\in\mathbb{N}$ und alle a mit $-a\in S$ definieren. Insbesondere ist also der Ring $(\mathbb{Z},+,\cdot)$ ein Operatorenbereich für jede kommutative Gruppe

$(S,+)$, und es gelten die Operatorgesetze (2.2) sowie $0a = o$ und (2.3) für alle $a, b \in S$ und alle $n, m \in \mathbb{Z}$.

2.11. Es sei $(S,+,\cdot)$ ein Halbring. Dann gilt für das Vielfache eines Produktes

(2.11) $n(a \cdot b) = (na) \cdot b = a \cdot (nb)$ für alle $a, b \in S$ und alle $n \in \mathbb{N}$.

Falls S ein Nullelement o hat, gilt (2.11) auch mit $n = 0 \in \mathbb{N}_0$ genau dann, wenn o absorbierendes Nullelement von S ist. In diesem Falle gilt (2.11) auch für negative $n \in \mathbb{Z}$, wenn sowohl $-a \in S$ als auch $-b \in S$ existieren.

2.12. Es sei $(S,+,\cdot)$ ein Halbring, $n \in \mathbb{N}$ und $a, b \in S$ Elemente, die $a \cdot b = b \cdot a$ erfüllen. Mit Hilfe der Binomialkoeffizienten

$$\binom{n}{k} = \frac{n(n-1)\dots(n-k+1)}{k!} = \frac{n!}{k!(n-k)!} \in \mathbb{N}$$

für $k \in \mathbb{N}_0$ und $k \leq n$ läßt sich dann die Potenz einer Summe ausdrücken gemäß

$$(2.12) \qquad (a+b)^n = \sum_{\nu=0}^{n} \binom{n}{\nu} a^{n-\nu} b^{\nu}.$$

Dabei ist $a^n b^0$ als a^n und $a^0 b^n$ als b^n zu interpretieren, was die Annahme der Existenz eines Einselementes von $(S,+,\cdot)$ überflüssig macht. Der Beweis erfolgt entweder durch Induktion nach n oder inhaltlich unter Verwendung der kombinatorischen Bedeutung der Binomialkoeffizienten.

2.13. Es sei $(S,+,\cdot)$ ein Halbring, $n \in \mathbb{N}$ und $I = \{1,\dots,n\}$. Wir bezeichnen mit $M_{n,n}(S)$ die Menge aller $n \times n$-Matrizen $A = (a_{i,j})$ mit Elementen $a_{i,j} \in S$; sie lassen sich als Abbildungen $A : I \times I \to S$ definieren, wobei das Bild von $(i,j) \in I \times I$ mit $[A]_{i,j} = a_{i,j}$ bezeichnet wird. Zeigen Sie, daß mit der üblichen Addition und Multiplikation für Matrizen gemäß

$$(a_{i,j}) + (b_{i,j}) = (a_{i,j} + b_{i,j})$$
$$(a_{i,j}) \cdot (b_{j,k}) = (\Sigma_{j=1}^{n} a_{i,j} \cdot b_{j,k})$$

ein Halbring $(M_{n,n}(S),+,\cdot)$ definiert wird. Hat der Halbring S ein (absorbierendes) Nullelement, so gilt das gleiche für den Halbring $M_{n,n}(S)$. Hat S ein absorbierendes Nullelement, so ist $M_{n,n}(S)$ für $n \geq 2$ und

$|S| \geq 2$ nicht nullteilerfrei. Hat S ein absorbierendes Nullelement und ein Einselement, so hat auch $M_{n,n}(S)$ ein Einselement. Für $n \geq 2$ und $|S| \geq 2$ ist der Matrizenhalbring $M_{n,n}(S)$, von extremen Ausnahmen abgesehen, nicht kommutativ. Dagegen überträgt sich additive Kürzbarkeit und additive Idempotenz von S auf $M_{n,n}(S)$.

Schließlich kann man analog zu Aufgabe 2.10 den Halbring $(S, +, \cdot)$ als linksseitigen Operatorenbereich für den Halbmodul $(M_{n,n}(S), +)$ gemäß $aA = a(a_{i,j}) = (aa_{i,j})$ definieren, wobei dann die (2.2) entsprechenden Regeln wie $(a+b)A = aA + bA$ usw. gelten.

2.14. Ein Element a eines Halbringes $(S, +, \cdot)$ mit Nullelement o heißt *nilpotent,* wenn $a^m = o$ für ein $m \in \mathbb{N}$ gilt, welches dann minimal gewählt werden kann. Für $m \geq 2$ ist dann a (linker und rechter) Nullteiler. Ist o absorbierend, so sind in $(M_{n,n}(S), +, \cdot)$ alle Matrizen A mit $[A]_{i,j} = o$ für $i \geq j$ nilpotent.

2.15. Analog zu Aufgabe 1.9 lassen sich die Operationen eines endlichen Halbrings $(S, +, \cdot)$ durch Strukturtafeln festlegen, wie z. B. für $S = \{s_1, s_2, s_3\}$ durch

$+$	s_1	s_2	s_3
s_1	s_1	s_2	s_3
s_2	s_2	s_2	s_3
s_3	s_3	s_3	s_3

$\cdot$	s_1	s_2	s_3
s_1	s_1	s_2	s_3
s_2	s_1	s_2	s_3
s_3	s_3	s_3	s_3

Zeigen Sie, daß diese Tafeln in der Tat einen Halbring $(S, +, \cdot)$ definieren, der übrigens aus zwei Linkseinselementen und einem doppelt absorbierenden Element besteht. Der Nachweis der Halbringaxiome kann mit Hilfe von Lemma 2.18 erheblich vereinfacht werden.

2.16. a) Es sei $(S, \cdot)$ eine Halbgruppe und für jedes $a \in S$ sei T_a eine Menge mit $S \cap T_a = \{a\}$ und $T_a \cap T_b = \emptyset$ für alle $a \neq b$ aus S. Definiert man auf $T = \bigcup_{a \in S} T_a$ eine Multiplikation gemäß $a' \cdot b' = ab$ für alle $a' \in T_a$ und $b' \in T_b$, dann ist $(T, \cdot)$ eine Oberhalbgruppe von $(S, \cdot)$, die auch eine *Inflation von* $(S, \cdot)$ genannt wird. Dabei heißt jedes $a' \neq a$ aus T_a ein *Schatten von a.* (Vgl. [Cli61], Exercise 10 in §3.2.)

b) Es sei $(S, +, \cdot)$ ein Halbring und $(T, \cdot)$ eine Inflation von $(S, \cdot)$ wie in a). Definiert man dann auf T eine Addition gemäß $a' + b' = a + b$ für alle $a' \in T_a$ und $b' \in T_b$, dann ist $(T, +, \cdot)$ ein Oberhalbring von $(S, +, \cdot)$, der ebenfalls eine *Inflation von* $(S, +, \cdot)$ genannt wird.

I.3. Homomorphismen und Isomorphismen

Definition 3.1. Es sei $(S,+,\cdot)$ ein Halbring und $(T,+,\cdot)$ eine nichtleere Menge mit zwei zweistelligen Operationen, die wir ebenfalls mit $+$ und $\cdot$ bezeichnen. Dann heißt eine Abbildung $\varphi : S \to T$ von S in T ein *Homomorphismus von* $(S,+,\cdot)$ *in* $(T,+,\cdot)$, wenn

$$\varphi(a+b) = \varphi(a) + \varphi(b) \quad \text{und} \tag{3.1}$$

$$\varphi(a \cdot b) = \varphi(a) \cdot \varphi(b) \tag{3.2}$$

jeweils für alle $a, b \in S$ erfüllt sind. Die Bezeichnungen *Epimorphismus, Monomorphismus, Isomorphismus, Endomorphismus* und *Automorphismus* werden wie in Definition 1.16 festgelegt.

Eine Abbildung $\varphi : (S,+,\cdot) \to (T,+,\cdot)$ ist also genau dann ein Halbringhomomorphismus, wenn $\varphi : (S,+) \to (T,+)$ und $\varphi : (S,\cdot) \to (T,\cdot)$ Halbgruppenhomomorphismen sind. Damit ist für $\varphi(S) = \{\varphi(a) \mid a \in S\} \subseteq T$ nach Fakt 1.17 $(\varphi(S),+)$ eine kommutative Halbgruppe in $(T,+)$ und $(\varphi(S),\cdot)$ eine Halbgruppe in $(T,\cdot)$. Da sich auch die Distributivgesetze von $(S,+,\cdot)$ auf $(\varphi(S),+,\cdot)$ übertragen, z. B. gemäß

$$\begin{aligned}\varphi(a)\big(\varphi(b)+\varphi(c)\big) &= \varphi(a)\varphi(b+c) = \varphi\big(a(b+c)\big)\\ &= \varphi(ab+ac) = \varphi(ab) + \varphi(ac) = \varphi(a)\varphi(b) + \varphi(a)\varphi(c)\end{aligned}$$

für die linksseitige Distributivität, erhalten wir aus Fakt 1.17:

Satz 3.2. *Es sei* $(S,+,\cdot)$ *ein Halbring und* $\varphi : (S,+,\cdot) \to (T,+,\cdot)$ *ein Homomorphismus. Dann gelten folgende Aussagen:*

a) Das homomorphe Bild $(\varphi(S),+,\cdot)$ *von* $(S,+,\cdot)$ *ist ebenfalls ein Halbring. Mit* $(S,+,\cdot)$ *ist auch* $(\varphi(S),+,\cdot)$ *kommutativ.*

b) Hat $(S,+,\cdot)$ *ein (absorbierendes) Nullelement* o, *dann ist* $\varphi(o)$ *(absorbierendes) Nullelement von* $(\varphi(S),+,\cdot)$. *Hat in diesem Fall* $x \in S$ *ein Entgegengesetztes* $-x \in S$, *so ist* $\varphi(-x) = -\varphi(x)$ *das Entgegengesetzte von* $\varphi(x)$ *in* $(\varphi(S),+,\cdot)$. *Ist also insbesondere* $(S,+,\cdot)$ *ein Ring, so gilt das gleiche für* $(\varphi(S),+,\cdot)$.

c) Hat $(S,+,\cdot)$ *ein Einselement* e, *so ist* $\varphi(e)$ *das Einselement von* $(\varphi(S),+,\cdot)$. *Hat in diesem Fall* $a \in S$ *ein Inverses* $a^{-1} \in S$, *so ist* $\varphi(a^{-1}) = \varphi(a)^{-1}$ *das Inverse von* $\varphi(a)$ *in* $(\varphi(S),+,\cdot)$.

Ersichtlich kann jeder Halbring $(S,+,\cdot)$ homomorph auf jeden Halbring der Ordnung 1 abgebildet werden, also etwa auf $(\{t\},+,\cdot)$ gemäß $\varphi(a) = t$ für alle $a \in S$. In diesem Falle sind natürlich die Aussagen von Satz 3.2 trivial.

Wendet man Fakt 1.18 jeweils auf die additiven und die multiplikativen Unterhalbgruppen der auftretenden Halbringe an, ergibt sich:

Satz 3.3. *a) Es seien $(S,+,\cdot)$, $(T,+,\cdot)$ und $(R,+,\cdot)$ Halbringe. Weiter seien $\varphi : (S,+,\cdot) \to (T,+,\cdot)$ sowie $\psi : (T,+,\cdot) \to (R,+,\cdot)$ Homomorphismen. Dann ist auch $\psi \circ \varphi : (S,+,\cdot) \to (R,+,\cdot)$ ein Homomorphismus von $(S,+,\cdot)$.*

b) Die identische Abbildung ι_S von S auf S ist ein Isomorphismus von $(S,+,\cdot)$.

c) Ist $\varphi : (S,+,\cdot) \to (T,+,\cdot)$ ein Isomorphismus, so gilt das gleiche für die Umkehrabbildung $\varphi^{-1} : (T,+,\cdot) \to (S,+,\cdot)$.

Definition 3.4. Halbringe $(S,+,\cdot)$ und $(T,+,\cdot)$ heißen *isomorph,* wenn es einen Isomorphismus φ von $(S,+,\cdot)$ auf $(T,+,\cdot)$ gibt. Man schreibt dafür $(S,+,\cdot) \cong (T,+,\cdot)$ und nennt die so definierte Beziehung zwischen Halbringen *Isomorphie.*

Aus Satz 3.3 folgt unmittelbar, daß die Isomorphie zwischen Halbringen transitiv, reflexiv und symmetrisch, also eine Äquivalenzrelation auf jeder Menge von Halbringen ist.

Beispiel 3.5. a) Es sei $(\mathbb{N}_0,+,\cdot)$ der Halbring der nichtnegativen ganzen Zahlen und $\big(M_{2,2}(\mathbb{N}_0),+,\cdot\big)$ der Halbring aller 2×2-Matrizen über $(\mathbb{N}_0,+,\cdot)$. Dann ist jede der Abbildungen $\varphi : \mathbb{N}_0 \to M_{2,2}(\mathbb{N}_0)$, die durch

$$\varphi(a) = \begin{pmatrix} a & 0 \\ 0 & 0 \end{pmatrix} \quad \text{bzw.} \quad \varphi(a) = \begin{pmatrix} 0 & 0 \\ 0 & a \end{pmatrix} \quad \text{bzw.} \quad \varphi(a) = \begin{pmatrix} a & 0 \\ 0 & a \end{pmatrix}$$

für alle $a \in \mathbb{N}_0$ definiert sind, ersichtlich ein injektiver Homomorphismus (also ein Monomorphismus) von $(\mathbb{N}_0,+,\cdot)$ in $\big(M_{2,2}(\mathbb{N}_0),+,\cdot\big)$. Damit ist jeder der drei Unterhalbringe $\big(\varphi(\mathbb{N}_0),+,\cdot\big)$ von $\big(M_{2,2}(\mathbb{N}_0),+,\cdot\big)$ isomorph zum Halbring $(\mathbb{N}_0,+,\cdot)$.

b) Entsprechende Monomorphismen gibt es von $(\mathbb{N}_0,+,\cdot)$, aber zum Beispiel auch von $\big(M_{2,2}(\mathbb{N}_0),+,\cdot\big)$ in $\big(M_{n,n}(\mathbb{N}_0),+,\cdot\big)$ für $n \geq 3$; ein Beispiel für letzteres ist jede der durch

$$\varphi\begin{pmatrix} a & b \\ c & d \end{pmatrix} = \begin{pmatrix} a & b & 0 \\ c & d & 0 \\ 0 & 0 & 0 \end{pmatrix} \quad \text{bzw.} \quad \varphi\begin{pmatrix} a & b \\ c & d \end{pmatrix} = \begin{pmatrix} a & 0 & b \\ 0 & 0 & 0 \\ c & 0 & d \end{pmatrix}$$

definierten Abbildungen. Ersichtlich kann dabei überall $(\mathbb{N}_0,+,\cdot)$ durch einen beliebigen Halbring mit absorbierendem Nullelement (also insbesondere durch einen Ring) ersetzt werden.

Beispiel 3.6. Für ein festes $c \geq 1$ sei $T_c = \{0, 1, \ldots, c\} \subseteq \mathbb{N}_0$. Auf T_c verwenden wir die Addition $x + y = z$ von $\mathbb{N}_0$, falls $z \leq c$ gilt; andernfalls definieren wir $x + y = c$. Entsprechend sei $x \cdot y = z$ wie in $\mathbb{N}_0$ für $z \leq c$ und andernfalls $x \cdot y = c$. Schließlich sei $\varphi : \mathbb{N}_0 \to T_c$ für alle $a \in \mathbb{N}_0$ durch $\varphi(a) = a$ für $a \leq c$ und $\varphi(a) = c$ für $a > c$ definiert. Ersichtlich ist dann φ ein Homomorphismus von $(\mathbb{N}_0, +, \cdot)$ auf $(T_c, +, \cdot)$ und damit $(T_c, +, \cdot)$ als homomorphes Bild eines Halbringes ebenfalls ein Halbring.

Beispiel 3.7. a) Gemäß Aufgabe 1.5 c) und Definition 1.20 sei $(\langle x \rangle, \cdot)$ eine unendliche zyklische Halbgruppe, d. h. es gilt $\langle x \rangle = \{x^n \mid n \in \mathbb{N}\}$ mit $n \neq m \Longrightarrow x^n \neq x^m$ und $x^n \cdot x^m = x^{n+m}$ für alle $n, m \in \mathbb{N}$. Definiert man dann eine Addition auf $\langle x \rangle$ gemäß $x^n + x^m = x^{\max(n,m)}$, so ist $(\langle x \rangle, +, \cdot)$ ein additiv idempotenter Halbring. Nach Beispiel 2.7 c) ist für jedes $c > 1$ der Unterhalbring $(U, \oplus, \cdot)$ von $(\mathbb{P}_0, \oplus, \cdot)$ mit $U = \{c^n \mid n \in \mathbb{N}\}$ ein zu $(\langle x \rangle, +, \cdot)$ isomorpher Halbring, da $\varphi(c^n) = x^n$ ersichtlich ein Isomorphismus $\varphi : (U, \oplus, \cdot) \to (\langle x \rangle, +, \cdot)$ ist. Daraus folgt insbesondere, daß die obigen Definitionen in der Tat einen Halbring $(\langle x \rangle, +, \cdot)$ ergeben.

b) Analog sei $(S, \cdot)$ mit $S = \{x^n \mid n \in \mathbb{N}_0\}$ die von $x \in S$ erzeugte unendliche zyklische Halbgruppe mit Einselement und $(T, \cdot)$ mit $T = \{x^n \mid n \in \mathbb{Z}\}$ die von $x \in T$ erzeugte unendliche zyklische Gruppe. Dann gelten die a) entsprechenden Aussagen für die Halbringe $(S, +, \cdot)$ und $(T, +, \cdot)$, die sich aus diesen Halbgruppen mit der Addition $x^n + x^m = x^{\max(n,m)}$ ergeben.

Definition 3.8. a) Es sei φ ein Homomorphismus eines Halbringes $(S, +, \cdot)$ in einen Halbring $(T, +, \cdot)$ und U ein Unterhalbring von $(S, +, \cdot)$. Dann ist $(\varphi(U), +, \cdot)$ nach Satz 3.2 a) ein Unterhalbring von $(T, +, \cdot)$, und φ induziert einen Homomorphismus $\varphi\big|_U = \psi$ von $(U, +, \cdot)$ auf $\big(\varphi(U), +, \cdot\big)$ bzw. in $(T, +, \cdot)$. Man nennt dann $\varphi\big|_U = \psi$ *die Einschränkung von φ auf U* und φ *eine Fortsetzung von ψ.*

b) Falls dabei $(U, +, \cdot)$ ein gemeinsamer Unterhalbring von $(S, +, \cdot)$ und von $(T, +, \cdot)$ und $\varphi\big|_U = \iota_U$ die identische Abbildung von U ist, nennt man φ einen *bezüglich U relativen Homomorphismus.* Dies ist also genau dann der Fall, wenn $\varphi(u) = u$ für alle $u \in U$ gilt.

c) Diese Begriffsbildungen werden insbesondere auch dann verwendet, wenn φ ein Isomorphismus von $(S, +, \cdot)$ auf $(T, +, \cdot)$ ist. Dann ist im Fall a) die Einschränkung $\varphi\big|_U = \psi$ von φ auf U ein Isomorphismus von $(U, +, \cdot)$ auf $\big(\varphi(U), +, \big)$, und im Fall b) nennt man φ einen *bezüglich U relativen Isomorphismus* von $(S, +, \cdot)$ auf $(T, +, \cdot)$.

Die öfter verwendete Formulierung, daß man eine algebraische Struktur durch jede zu ihr isomorphe ersetzen kann, trifft insofern zu, als man z. B. statt eines

Halbringes $(S,+,\cdot)$ auch jeden zu ihm isomorphen Halbring $(T,+,\cdot)$ untersuchen kann, wenn man sich jeweils nur für einen dieser Halbringe interessiert. Sie ist dagegen irreführend, wenn z. B. $(S,+,\cdot)$ und $(T,+,\cdot)$ zwar isomorphe, aber voneinander verschiedene Unterhalbringe eines gemeinsamen Oberhalbringes sind und man etwa innerhalb dieses Oberhalbringes $(S,+,\cdot)$ durch $(T,+,\cdot)$ ersetzen wollte (vgl. Beispiel 3.5 a)). Die folgende, oft als "Einbettungssatz" bezeichnete Aussage versteht sich also keineswegs von selbst, wie auch aus der Voraussetzung $T_1 \cap S_2 = \emptyset$ hervorgeht. Dieser Einbettungssatz, der in analoger Form auch für Halbgruppen und andere universelle Algebren gilt, wird eine wichtige Rolle bei verschiedenen Erweiterungen von Halbringen spielen, die wir im nächsten Kapitel behandeln werden. Eine solche Erweiterung betrachten wir schon am Ende dieses Paragraphen.

Satz 3.9. *Es sei $(S_1,+,\cdot)$ ein Unterhalbring eines Halbringes $(T_1,+,\cdot)$ und ψ ein Isomorphismus von $(S_1,+,\cdot)$ auf einen Halbring $(S_2,+,\cdot)$; weiter sei noch $T_1 \cap S_2 = \emptyset$ vorausgesetzt. Dann gibt es einen Oberhalbring $(T_2,+,\cdot)$ von $(S_2,+,\cdot)$ und einen Isomorphismus $\varphi : (T_1,+,\cdot) \to (T_2,+,\cdot)$, der den Isomorphismus ψ fortsetzt, also $\varphi|_{S_1} = \psi$ erfüllt.*

$$\begin{array}{ccc} T_1 & \xrightarrow{\varphi} & T_2 \\ | & & | \\ S_1 & \xrightarrow[\psi]{} & S_2 \end{array}$$

Beweis. Es sei T_2 die Menge $(T_1 \setminus S_1) \cup S_2$. Dann definiert

$$\varphi(a_1) = \begin{cases} a_1 & \text{für alle } a_1 \in T_1 \setminus S_1 \\ \psi(a_1) & \text{für alle } a_1 \in S_1 \end{cases}$$

eine bijektive Abbildung von T_1 auf $T_2 = (T_1 \setminus S_1) \cup S_2$, für die $\varphi|_{S_1} = \psi$ nach Definition erfüllt ist. Zu beliebigen Elementen $a_2, b_2 \in T_2$ gibt es dann eindeutig bestimmte Originale $a_1, b_1 \in T_1$ mit $\varphi(a_1) = a_2$ und $\varphi(b_1) = b_2$. Mit ihrer Hilfe übertragen wir die Operationen $+$ und $\cdot$ von T_1 zu Operationen $\oplus$ und $\odot$ auf T_2 gemäß

$$a_2 \oplus b_2 = \varphi(a_1 + b_1) \quad \text{und} \quad a_2 \odot b_2 = \varphi(a_1 \cdot b_1)$$

für alle $a_2, b_2 \in T_2$. Damit gilt aber

$$\varphi(a_1) \oplus \varphi(b_1) = \varphi(a_1 + b_1) \quad \text{und} \quad \varphi(a_1) \odot \varphi(b_1) = \varphi(a_1 \cdot b_1)$$

für alle $a_1, b_1 \in T_1$, d. h. φ ist ein bijektiver Homomorphismus von $(T_1, +, \cdot)$ auf $(T_2, \oplus, \odot)$. Nach Satz 3.2 ist also $(T_2, \oplus, \odot)$ ein Halbring. Es bleibt daher nur noch zu zeigen, daß $(S_2, +, \cdot)$ ein Unterhalbring von $(T_2, \oplus, \odot)$ ist, daß also die für T_2 definierten Operationen $\oplus$ und $\odot$ auf der Teilmenge $S_2 \subseteq T_2$ mit den für $(S_2, +, \cdot)$ vorgegebenen Operationen $+$ und $\cdot$ übereinstimmen. Für alle $a_2, b_2 \in S_2$ gilt aber $a_2 = \varphi(a_1)$ und $b_2 = \varphi(b_1)$ mit eindeutig bestimmten Elementen a_1 und b_1 aus S_1. Daraus folgt

$$a_2 \oplus b_2 = \varphi(a_1 + b_1) = \psi(a_1 + b_1) = \psi(a_1) + \psi(b_1) = \varphi(a_1) + \varphi(b_1) = a_2 + b_2.$$

Dabei haben wir der Reihe nach verwendet: Die Definition von $a_2 \oplus b_2$, dann $a_1 + b_1 \in S_1$ und $\varphi|_{S_1} = \psi$, dann (3.1) für den Isomorphismus ψ mit der Addition $\psi(a_1) + \psi(b_1)$ in $(S_2, +, \cdot)$, schließlich wieder $\varphi|_{S_1} = \psi$ und zuletzt $a_2 = \varphi(a_1)$ und $b_2 = \varphi(b_1)$. Entsprechend folgt $a_2 \odot b_2 = a_2 \cdot b_2$ für die Multiplikation $\odot$ von T_2 und die Multiplikation $\cdot$ von S_2 für alle $a_2, b_2 \in S_2$. Die für den Beweis besonders hervorgekehrten Operationen $\oplus$ und $\odot$ kann man wieder mit $+$ und $\cdot$ bezeichnen, also $(T_2, +, \cdot)$ statt $(T_2, \oplus, \odot)$ schreiben, wie wir es in der Behauptung getan haben. ■

Bemerkung 3.10. Nach der Anwendung von Satz 3.9 pflegt man in konkreten Fällen sogar oft die Halbringe $(S_1, +, \cdot)$ und $(S_2, +, \cdot)$ und damit $(T_1, +, \cdot)$ und $(T_2, +, \cdot)$ zu identifizieren. Wir erläutern dies an einem Beispiel: Bei der üblichen Konstruktion des Körpers der rationalen Zahlen erhält man zunächst einen Körper $(T_1, +, \cdot)$, dessen Elemente man gemäß $T_1 = \{\frac{m}{n} \mid m \in \mathbb{Z},\ n \in \mathbb{Z}^*\}$ bezeichnen kann und der den Ring $(S_2, +, \cdot) = (\mathbb{Z}, +, \cdot)$ der ganzen Zahlen noch gar nicht enthält. Vielmehr gilt sogar $T_1 \cap S_2 = \emptyset$. Jedoch enthält $(T_1, +, \cdot)$ ein zu $(S_2, +, \cdot)$ isomorphes Exemplar $(S_1, +, \cdot)$ mit $S_1 = \{\frac{g}{1} \mid g \in \mathbb{Z}\}$. Erst die Anwendung von Satz 3.9 liefert dann den Körper $(\mathbb{Q}, +, \cdot) = (T_2, +, \cdot)$ der rationalen Zahlen als Oberkörper des Ringes $(S_2, +, \cdot) = (\mathbb{Z}, +, \cdot)$ der ganzen Zahlen. Nun besteht aber $\mathbb{Q} = T_2$ aus ganzen Zahlen $g \in S_2 = \mathbb{Z}$ und den rationalen Zahlen $\frac{m}{n} \neq \frac{g}{1}$ aus $T_1 \setminus S_1$. Den Körper der rationalen Zahlen in der üblicherweise verwendeten Form erhält man erst, wenn man $\frac{g}{1}$ mit g für alle $g \in S_2 = \mathbb{Z}$ und damit $(S_1, +, \cdot)$ mit $(S_2, +, \cdot)$ identifiziert.

Wir werden Satz 3.9 beim Beweis von Satz 3.12 anwenden. Er überträgt den auf [Dor32] zurückgehenden Satz, daß jeder Ring in einen Oberring mit Einselement eingebettet werden kann, auf Halbringe mit absorbierendem Nullelement (vgl. auch [Ste63]). Zusammen mit Lemma 2.16 ergibt sich daraus, daß zu jedem Halbring ein Oberhalbring mit Einselement existiert (vgl. aber Bemerkung 3.13 iv)). Zum besseren Verständnis dieser Überlegungen klären wir zuvor, was wir eigentlich erreichen wollen, indem wir zunächst annehmen, daß zu $(S,+,\cdot)$ ein Oberhalbring mit einem Einselement existiert.

Lemma 3.11. *Es sei $(S,+,\cdot)$ ein Halbring mit absorbierendem Nullelement o und $(H,+,\cdot)$ ein Oberhalbring von $(S,+,\cdot)$ mit einem Einselement $e = e_H$, von dem wir noch $e+o = e$ voraussetzen. Bezeichnet man dann mit ne das in $(H,+,\cdot)$ gebildete n-fache von e und setzt $0e = o$, so ist schon die Teilmenge*

$$\mathbb{N}_0 e + S = \{ne + a \mid n \in \mathbb{N}_0, a \in S\} \subseteq H \tag{3.3}$$

ein Oberhalbring $((\mathbb{N}_0 e+S),+,\cdot)$ von $(S,+,\cdot)$ mit $e = 1e+o$ als Einselement. Er hat ebenfalls $o = 0e+o$ als absorbierendes Nullelement, und für alle $ne+a$ und $me+b$ aus $\mathbb{N}_0 e+S$ gelten die Regeln

$$(ne+a)+(me+b) = (n+m)e+(a+b), \tag{3.4}$$

$$(ne+a)\cdot(me+b) = (n\cdot m)e+(nb+ma+a\cdot b), \tag{3.5}$$

Dagegen kann $ne+a = me+b$ erfüllt sein, ohne daß $n = m$ oder $a = b$ zu gelten braucht.

Beweis. Wir zeigen zunächst eine schwächere Version von Lemma 3.11, die für viele Anwendungen und insbesondere als Vorüberlegung für Satz 3.12 ausreicht. Nimmt man nämlich an, daß $o \in S$ auch das absorbierende Nullelement von $(H,+,\cdot)$ ist, ergeben sich (3.4) und (3.5) durch Rechnen in $(H,+,\cdot)$ mit Hilfe von (2.2) und (2.11) (man beachte, daß man hier (2.11) auch für $n = 0 \in \mathbb{N}_0$ verwendet). Aus (3.4) und (3.5) folgen dann alle weiteren Aussagen bis auf die letzte, die durch die Beispiele in den Aufgaben 3.10 und 3.12 gezeigt wird.

Wir verwenden nun nur unsere Voraussetzung $e+o = e$, woraus natürlich $ne+o = ne$ für alle $n \in \mathbb{N}$ folgt. Jetzt betrachten wir die Untermenge $U = S \cup (\mathbb{N}e+S)$ von H, die also aus allen Elementen $a \in S$ und allen Summen $ne+b \in \mathbb{N}e+S$ besteht. Wegen (2.2) und (2.11), letzteres nun nur für $n \in \mathbb{N}$, liegen alle möglichen Summen und Produkte solcher Elemente wieder in U. Damit ist $(U,+,\cdot)$ ein Unterhalbring von $(H,+,\cdot)$. Das Einselement e von H ist wegen $e = 1e+o \in U$ auch das Einselement von U. Ebenso gilt $o \in U$, und wegen $ne+o = ne$ ist o auch das Nullelement von U. Wie in jedem Halbring mit Nullelement können wir dann $0u = o$ für alle u aus $(U,+,\cdot)$ setzen, woraus $U = \mathbb{N}_0 e+S$ entsprechend (3.3) folgt. Schließlich ist o auch absorbierend in $(U,+,\cdot)$, da aus $e\cdot o = o$ zunächst $ne\cdot o = o$ und damit $(ne+a)\cdot o = o$ und dual $o\cdot(ne+a) = o$ für alle $ne+a \in \mathbb{N}e+S$ folgt. Damit sind nur noch (3.4) und (3.5) offen, die man nun wie oben anstatt in $(H,+,\cdot)$ in dem Halbring $U = \mathbb{N}_0 e+S$ mit o als absorbierendem Nullelement nachrechnet. ∎

Wir verwenden nun Lemma 3.11 als Anleitung, um zu $(S, +, \cdot)$ einen ganz bestimmten Oberhalbring $(T, +, \cdot)$ mit Einselement zu konstruieren.

Satz 3.12. *Es sei $(S, +, \cdot)$ ein Halbring mit absorbierendem Nullelement o. Dann gibt es einen Oberhalbring $(T, +, \cdot)$ von $(S, +, \cdot)$ mit o als absorbierendem Nullelement und einem Einselement $e = e_T$, der $T = \mathbb{N}_0 e + S$ und*

$$ne + a = me + b \iff n = m \quad \text{und} \quad a = b \tag{3.6}$$

für alle $n, m \in \mathbb{N}_0$ und alle $a, b \in S$ erfüllt. Daraus folgen die Regeln (3.4) und (3.5) für alle Elemente aus T. Insbesondere ist ein solcher Oberhalbring $(T, +, \cdot)$ genau dann kommutativ bzw. additiv kürzbar, wenn jeweils $(S, +, \cdot)$ diese Eigenschaft hat.

Beweis. Jedes Element des zu konstruierenden Halbringes $(T, +, \cdot)$ ist nach (3.6) durch genau ein Paar $(n, a) \in \mathbb{N}_0 \times S$ festgelegt. Wir gehen daher von dieser Produktmenge $T_1 = \{(n, a) \mid n \in \mathbb{N}_0, a \in S\}$ aus und definieren in Analogie zu (3.4) und (3.5) eine Addition und eine Multiplikation auf T_1 gemäß

$$(n, a) + (m, b) = (n + m, a + b), \tag{3.4'}$$

$$(n, a) \cdot (m, b) = (n \cdot m, nb + ma + a \cdot b). \tag{3.5'}$$

Dabei liegen die rechten Seiten von (3.4′) und (3.5′) in T_1 und sind durch (n, a) und (m, b) eindeutig bestimmt. Wie man in direktem Ansatz nachrechnet (vgl. Aufgabe 3.9), ist dann $(T_1, +, \cdot)$ ein Halbring mit $(0, o)$ als absorbierendem Nullelement und $e = (1, o)$ als Einselement.

Dagegen ist $(S, +, \cdot)$ kein Unterhalbring von $(T_1, +, \cdot)$, da sogar $T_1 \cap S = \emptyset$ gilt. Jedoch definiert $\chi(a) = (0, a)$ eine injektive Abbildung $\chi : S \to T_1$, die wegen (3.4′) und (3.5′) ersichtlich (3.1) und (3.2) erfüllt. Damit ist χ ein Monomorphismus von $(S, +, \cdot)$ in $(T_1, +, \cdot)$, dessen Bild $\chi(S) = S_1$ gemäß Satz 3.2 a) ein Unterhalbring $(S_1, +, \cdot)$ von $(T_1, +, \cdot)$ ist. Insbesondere sind $\chi : (S, +, \cdot) \to (S_1, +, \cdot)$ und damit $\psi = \chi^{-1} : (S_1, +, \cdot) \to (S, +, \cdot)$ Isomorphismen (vgl. Satz 3.3 c)). Wir haben also die den Voraussetzungen von Satz 3.9 entsprechende Situation

$$\begin{array}{ccc} T_1 & & \\ | & & \\ & \psi = \chi^{-1} & \\ S_1 & \underset{\longleftarrow}{\longrightarrow} & S \quad \text{mit} \quad T_1 \cap S = \emptyset. \\ & \chi & \end{array}$$

Damit gibt es einen Oberhalbring $(T,+,\cdot)$ von $(S,+,\cdot)$ und einen Isomorphismus $\varphi:(T_1,+,\cdot)\to(T,+,\cdot)$, der den Isomorphismus ψ fortsetzt. Dabei besteht $T=(T_1\setminus S_1)\cup S$ aus den Elementen a von S und allen Paaren $(n,a)\in T_1$ mit $n\neq 0$. Insbesondere ist $e=(1,o)\in T$ auch das Einselement und $\varphi\big((0,o)\big)=o\in S$ das absorbierende Nullelement von $(T,+,\cdot)$. Da sich in $(T_1,+,\cdot)$ jedes Paar in der Form

$$(n,a)=(n,o)+(0,a)=n(1,o)+(0,a)=ne+(0,a)$$

schreiben läßt, wobei $n\in\mathbb{N}_0$ und $a\in S$ eindeutig bestimmt sind, besteht $T=\varphi(T_1)$ aus den Elementen $ne+a$, und es gilt (3.6). Die Gültigkeit von (3.4) und (3.5) folgt nun aus der Anwendung von Lemma 3.11 auf $(T,+,\cdot)$, aber natürlich ebenso aus (3.4′) und (3.5′). Die letzten Behauptungen folgen ersichtlich aus (3.4) und (3.5). ∎

Bemerkung 3.13. i) Ist $(S,+,\cdot)$ ein Ring und definiert man auf $T_1=\mathbb{Z}\times S$ Addition und Multiplikation gemäß (3.4′) und (3.5′), so erhält man analog zum Beweis von Satz 3.12 einen Oberring $(T,+,\cdot)$ von $(S,+,\cdot)$, der ein Einselement $e=e_T$ enthält. Dies ist der bereits erwähnte Satz von [Dor32]. Auch die folgenden Bemerkungen iii) und iv) und Satz 3.14 gelten in analoger Weise für Ringe und ihre Oberringe mit Einselement.

ii) Ist $(S,+,\cdot)$ ein Halbring mit absorbierendem Nullelement o, so nennen wir jeden Oberhalbring $(T,+,\cdot)$ mit den in Satz 3.12 beschriebenen Eigenschaften wegen i) einen *Dorrohschen Oberhalbring* von $(S,+,\cdot)$. Nach Satz 3.14 ist ein solcher Oberhalbring $(T,+,\cdot)$ von $(S,+,\cdot)$ bis auf relative Isomorphie bezüglich S durch $(S,+,\cdot)$ eindeutig bestimmt.

iii) Hat dabei der Halbring $(S,+,\cdot)$ bereits selbst ein Einselement e_S, so folgt aus (3.6) $e_S\neq e_T=e$, d. h. das Einselement e_S von S verliert diese Eigenschaft beim Übergang zu einem Dorrohschen Oberhalbring $(T,+,\cdot)$ von $(S,+,\cdot)$. Natürlich ist für einen solchen Halbring S der Übergang zu T nur in seltenen Fällen von Interesse. (Eine solche Anwendung tritt z. B. in [Heb92a] auf.)

iv) Das oft gebrauchte Argument, daß man sich wegen Lemma 2.16 und Satz 3.12 bzw. wegen i) auf die Betrachtung von Halbringen bzw. Ringen mit Einselement beschränken könne, ist unzutreffend, da wichtige Eigenschaften von $(S,+,\cdot)$ beim Übergang zum Dorrohschen Oberhalbring bzw. Oberring verlorengehen können. Auch gibt es gerade in diesen Fällen oft andere Oberhalbringe bzw. Oberringe von S mit Einselement, die der Struktur von S wesentlich besser entsprechen (vgl. die Aufgaben 3.10, 3.11 und 3.12). Die eigentliche Bedeutung eines Dorrohschen Oberhalbringes $(T,+,\cdot)$ von $(S,+,\cdot)$ beruht vielmehr auf seiner *universellen Eigenschaft.* Sie folgt aus Satz 3.14 und besagt: Ist $(S,+,\cdot)$ ein Halbring mit absorbierendem Nullelement o, so ist jeder Oberhalbring $(H,+,\cdot)$ der Form $H = I\!N_0 e_H + S$ mit einem Einselement $e_H = e_H + o$ ein bezüglich S relatives homomorphes Bild von $(T,+,\cdot)$ (vgl. Definition 3.8 b)).

Satz 3.14. *Es sei $(S,+,\cdot)$ ein Halbring mit absorbierendem Nullelement o und $(T,+,\cdot)$ ein Dorrohscher Oberhalbring von $(S,+,\cdot)$ entsprechend Satz 3.12 mit $e = e_T$ als Einselement. Weiter sei $(H,+,\cdot)$ ein Oberhalbring von $(S,+,\cdot)$ mit e_H als Einselement wie in Lemma 3.11. Dann definiert*

$$(3.7) \qquad \varphi_H(ne + a) = ne_H + a \qquad \text{für alle} \quad ne + a \in T$$

einen Homomorphismus $\varphi_H : (T,+,\cdot) \to (H,+,\cdot)$, der durch $\varphi_H(a) = a$ für alle $a \in S$ und $\varphi_H(e) = e_H$ eindeutig bestimmt und damit insbesondere ein bezüglich S relativer Homomorphismus ist. Dabei ist φ_H genau dann surjektiv, wenn $H = I\!N_0 e_H + S$ gilt, und genau dann injektiv, wenn das Einselement e_H von $(H,+,\cdot)$ ebenfalls (3.6) erfüllt. Trifft beides zu, d. h. ist $(H,+,\cdot)$ ebenfalls ein Dorrohscher Oberhalbring von $(S,+,\cdot)$, so ist $\varphi_H : (T,+,\cdot) \to (H,+,\cdot)$ ein bezüglich S relativer Isomorphismus, was die Behauptung von Bemerkung 3.13 ii) zeigt.

Beweis. Aus $T = I\!N_0 e + S$ und (3.6) für die Elemente von $(T,+,\cdot)$ folgt, daß die Abbildung φ_H gemäß (3.7) jedem Element von T genau ein Element aus H zuordnet. Der Nachweis von (3.1) und (3.2) für φ_H folgt daraus, daß für die Elemente von $T = I\!N_0 e + S$ wie für die von $I\!N_0 e_H + S \subseteq H$ die Regeln (3.4) und (3.5) gelten, was wir nur für (3.2) ausschreiben:

$$\begin{aligned}
\varphi_H(ne + a) \cdot \varphi_H(me + b) &= (ne_H + a) \cdot (me_H + b) \\
&= (n \cdot m)e_H + (nb + ma + a \cdot b) \\
&= \varphi_H\big((n \cdot m)e + (nb + ma + a \cdot b)\big) \\
&= \varphi_H\big((ne + a) \cdot (me + b)\big)
\end{aligned}$$

Die übrigen Aussagen verstehen sich von selbst. ■

Bemerkung 3.15. In alle Überlegungen ab Lemma 3.11 geht die hier vorausgesetzte Kommutativität der Addition von Halbringen wesentlich ein. In der Tat gibt es additiv nichtkommutative Halbringe (sowohl mit als auch ohne absorbierendes Nullelement), zu denen kein Oberhalbring mit einem Einselement existiert. Für entsprechende Untersuchungen verweisen wir auf [Gri69a], [Wei77], [Grie79] und [Grie85].

Aufgaben

3.1. Zeigen Sie, daß es bis auf Isomorphie genau einen echten Halbring der Ordnung 2 gibt, der aus einem absorbierenden Nullelement und einem Einselement besteht. Man nennt diesen Halbring den ***Booleschen Halbring*** und bezeichnet ihn mit $\mathbb{B} = (\mathbb{B}, +, \cdot)$; für seine Elemente schreibt man $\mathbf{0}$ und $\mathbb{1}$ oder einfach 0 und 1. Nach Definition 5.1 ist der Boolesche Halbring sogar ein Halbkörper. Wir werden ihn daher schon jetzt als ***Booleschen Halbkörper*** bezeichnen.

In konkreter Form ist der Boolesche Halbkörper bereits in Beispiel 3.6 mit $c = 1$ und auch in Beispiel 2.10 a) aufgetreten: Für $|M| = 1$ ist der Halbring $(\mathfrak{P}(M), \cup, \cap)$ mit $\mathfrak{P}(M) = \{\emptyset, M\}$ isomorph zu $(\mathbb{B}, +, \cdot)$ mit $\mathbb{B} = \{0, 1\}$ vermöge $\varphi(\emptyset) = 0$ und $\varphi(M) = 1$.

3.2. Es sei $(S, +, \cdot)$ ein Halbring mit Nullelement o, $|S| \geq 2$ und $(\mathbb{B}, +, \cdot)$ der Boolesche Halbkörper. Die durch $\varphi(a) = 1$ für alle $a \in S^*$ und $\varphi(o) = 0$ definierte Abbildung $\varphi : S \to \mathbb{B}$ ist genau dann ein Homomorphismus von $(S, +, \cdot)$, wenn dieser Halbring nullsummenfrei und nullteilerfrei und sein Nullelement o absorbierend ist.

3.3. Es sei $(S, +, \cdot)$ ein Halbring mit einem Einselement e. Weiter sei $\mathbb{N}e = \{ne \mid n \in \mathbb{N}\} \subseteq S$ die Menge der in $(S, +)$ gebildeten Vielfachen von e. Dann ist die durch $\varphi(n) = ne$ für alle $n \in \mathbb{N}$ definierte Abbildung wegen (2.2) ein Homomorphismus von $(\mathbb{N}, +, \cdot)$ in $(S, +, \cdot)$ und damit auf $(\mathbb{N}e, +, \cdot)$. Damit ist $(\mathbb{N}e, +, \cdot)$ der kleinste Unterhalbring von $(S, +, \cdot)$, der das Einselement e enthält, also der von e oder von $\{e\}$ erzeugte Unterhalbring von $(S, +, \cdot)$ (vgl. Aufgabe 2.2 b)). Übrigens gilt $\mathbb{N}e = \{e\}$ genau dann, wenn $(S, +, \cdot)$ additiv idempotent ist.

3.4. Es sei φ ein Homomorphismus eines Halbringes $(S, +, \cdot)$ in einen Halbring $(T, +, \cdot)$. Ist dann V ein Unterhalbring von $(T, +, \cdot)$, so ist das ***vollständige Original*** $\varphi^{-1}(V) = \{a \in S \mid \varphi(a) \in V\}$ ***unter*** φ entweder leer oder ein Unterhalbring von $(S, +, \cdot)$. (Zur Bezeichnung: φ^{-1} ist die zu der als Korrespondenz von S zu T aufgefaßten Abbildung $\varphi : S \to T$ konverse Korrespondenz, vgl. die Definitionen 6.1 und 6.2.)

3.5. Präzisieren und beweisen Sie folgende Aussage: Endliche Halbringe $(S, +, \cdot)$ und $(T, +, \cdot)$ sind genau dann isomorph, wenn sie bei geeigneter Numerierung ihrer Elemente gleiche Strukturtafeln haben (vgl. Aufgabe 2.15).

3.6. Aus Satz 3.9 und seinem Beweis ergibt sich durch Weglassen der Addition ein entsprechender Einbettungssatz für Halbgruppen.

3.7. Es sei $((S_i,+,\cdot))_{i\in I}$ eine Familie von (nicht notwendig verschiedenen) Halbringen und $S = \prod_{i\in I} S_i$ die Produktmenge der Mengenfamilie $(S_i)_{i\in I}$. Jedes Element $a \in S$ hat dann die Form $a = (a_i)_{i\in I}$ mit $a_i \in S_i$, und es gilt $(a_i)_{i\in I} = (b_i)_{i\in I}$ genau dann, wenn $a_i = b_i$ für alle $i \in I$ erfüllt ist. Im Falle $I = \{1,\ldots,n\}$ mit $n \in \mathbb{N}$ schreiben wir auch $S = S_1 \times \ldots \times S_n$ und $a = (a_1,\ldots,a_n)$. Definiert man dann Summe und Produkt von Elementen $a = (a_i)_{i\in I}$ und $b = (b_i)_{i\in I}$ aus $S = \prod_{i\in I} S_i$ "komponentenweise", d. h.

$$a + b = (a_i + b_i)_{i\in I} \quad \text{und} \quad a \cdot b = (a_i \cdot b_i)_{i\in I},$$

so wird $(S,+,\cdot)$ ein Halbring. Diesen Halbring $(\prod_{i\in I} S_i,+,\cdot)$ nennen wir das *direkte Produkt der Halbringe* $(S_i,+,\cdot)$ und schreiben dafür im Falle $I = \{1,\ldots,n\}$ auch $(S_1,+,\cdot) \times \ldots \times (S_n,+,\cdot)$. Insbesondere ist $(\prod_{i\in I} S_i,+,\cdot)$ genau dann ein Ring, wenn jeder Halbring $(S_i,+,\cdot)$ ein Ring ist.

3.8. Es sei $(S,+,\cdot) = (S_1,+,\cdot) \times \ldots \times (S_n,+,\cdot)$ das direkte Produkt von Halbringen $(S_i,+,\cdot)$ gemäß Aufgabe 3.7 und $j \in \{1,\ldots,n\} = I$.

a) Die durch $\pi_j(a_1,\ldots,a_j,\ldots,a_n) = a_j$ für alle $(a_i)_{i\in I}$ definierte Abbildung von S auf S_j, die sogenannte *j-te Projektion von* $S = S_1 \times \ldots \times S_n$, ist ein Homomorphismus von $(S,+,\cdot)$ auf $(S_j,+,\cdot)$.

b) Hat jeder der Halbringe $(S_i,+,\cdot)$ für $i \neq j$ ein bezüglich beider Operationen idempotentes Element $t_i \in S_i$, wie z. B. ein absorbierendes Nullelement o_i, so gibt es einen Monomorphismus ι_j von $(S_j,+,\cdot)$ in das direkte Produkt $(S,+,\cdot)$, nämlich die durch $\iota_j(a_j) = (t_1,\ldots,a_j,\ldots,t_n)$ für alle $a_j \in S_j$ definierte Abbildung. Man beachte in diesem Zusammenhang, daß auch Halbringe $(S_i,+,\cdot)$ ohne Nullelement ein solches Element $t_i \in S$ enthalten können. Insbesondere trifft dies für jeden additiv idempotenten Halbring $(S_i,+,\cdot)$ zu, der ein Einselement e_i enthält (wie z. B. $(\mathbb{P},\oplus,\cdot)$ oder $(U,\oplus,\cdot)$ für jede Unterhalbgruppe $(U,\cdot)$ mit $1 \in U$ von $(\mathbb{P},\cdot)$ aus Beispiel 2.7).

c) Verallgemeinern Sie diese Aussagen auch auf das direkte Produkt einer Familie $((S_i,+,\cdot))_{i\in I}$ von Halbringen $(S_i,+,\cdot)$ mit beliebiger Indexmenge I.

3.9. Zeigen Sie die Halbringaxiome für $(T_1, +, \cdot)$ sowie die Aussagen über $(0, o)$ und $(1, o)$ im Beweis von Satz 3.12.

3.10. Betrachten Sie den Dorrohschen Oberhalbring $T = \mathbb{N}_0 e + S$ für den Unterhalbring $S = 2\mathbb{N}_0$ von $(\mathbb{N}_0, +, \cdot)$. Gemäß (3.6) sind dann z. B. die Elemente $2e = 2e + 0$ und $2 = 0e + 2$ voneinander verschieden, und es gilt gemäß (3.5)

$$(2e + 0)(me + b) = 2me + 2b \neq 0e + (m2 + 2 \cdot b) = (0e + 2)(me + b)$$

für jedes $me + b \in T$ mit $m \neq 0$, während

$$(2e + 0)(0e + b) = 0e + 2b = 0e + 2 \cdot b = (0e + 2)(0e + b)$$

für alle $b = 0e + b \in S \subseteq T$ erfüllt ist. Für die Einbettung des Halbringes $S = 2\mathbb{N}_0$ in einen Oberhalbring mit Einselement dürfte also der Dorrohsche Oberhalbring $T = \mathbb{N}_0 e + S$ weniger gut geeignet sein als der Halbring $(\mathbb{N}_0, +, \cdot)$.

Andererseits ist $H = \mathbb{N}_0$ mit $e_H = 1$ ein Oberhalbring von $S = 2\mathbb{N}_0$ entsprechend Lemma 3.11. Es gilt dann $H = \mathbb{N}_0 e_H + S$ in $(H, +, \cdot)$; hier sind jedoch die Elemente $a \in S = 2\mathbb{N}_0$ bereits in $\mathbb{N}_0 e_H$ vorhanden. Damit gilt $ne_H + a = me_H + b$ z. B. für

$$n = 3 \neq m = 5 \quad \text{und} \quad a = 6 \neq b = 4,$$

was ein (wenn auch recht triviales) Beispiel für die letzte Behauptung von Lemma 3.11 ist. Schließlich ist φ_H gemäß (3.7) ein bezüglich $S = 2\mathbb{N}_0$ relativer hamorphismus von $(T, +, \cdot) = ((\mathbb{N}_0 e + S), +, \cdot)$ auf $(H, +, \cdot) = (\mathbb{N}_0, +, \cdot)$.

3.11. Die Überlegungen von Aufgabe 3.10 gelten entsprechend für den Dorrohschen Oberring $T = \mathbb{Z}e + S$ des Unterringes $S = 2\mathbb{Z}$ von $(\mathbb{Z}, +, \cdot)$.

3.12. Untersuchen Sie wie in Aufgabe 3.10 den Dorrohschen Oberhalbring $T = \mathbb{N}_0 e + S$ für den Unterhalbring $S = \{a \in \mathbb{N} \mid a \geq c\} \cup \{0\}$ von $(\mathbb{N}_0, +, \cdot)$, wobei $c \in \mathbb{N}$ fest gewählt ist.

I.4. Multiplikativ kürzbare Halbringe

Wir erinnern an die für jeden Halbring $(S, +, \cdot)$ in Definition 2.15 a) eingeführte Bezeichnung S^*, die wir sehr häufig verwenden werden. Die folgende Definition verallgemeinert bekannte ringtheoretische Begriffe auf Halbringe:

Definition 4.1. a) Ein Halbring $(S,+,\cdot)$ heißt *multiplikativ linkskürzbar*, wenn jedes Element $a \in S^*$ *multiplikativ linkskürzbar in* $(S,+,\cdot)$, d. h. linkskürzbar in der Halbgruppe $(S,\cdot)$ ist.

b) Ein multiplikativ links- und rechtskürzbarer Halbring heißt *multiplikativ kürzbar*.

Bemerkung 4.2. i) Aus dieser Definition folgt, daß ein Halbring $(S,+,\cdot)$ mit $|S| = 1$ stets multiplikativ kürzbar ist. Diesen Fall werden wir im folgenden oft ausschließen.

ii) Für einen Halbring $(S,+,\cdot)$ ohne Nullelement gilt $S^* = S$ und $|S| \geq 2$. Ein solcher Halbring ist also genau dann multiplikativ (links)kürzbar, wenn alle Elemente von S (links)kürzbar in $(S,\cdot)$ sind. Für einen multiplikativ (links)kürzbaren Halbring $(S,+,\cdot)$ mit Nullelement o wird dagegen letzteres nur für die von o verschiedenen Elemente aus $S^* = S \setminus \{o\}$ gefordert. Das schließt nicht aus, daß auch das Nullelement o (links)kürzbar in $(S,\cdot)$ sein kann. Kommutative Beispiele dieser Art sind alle Halbringe $(S_c,\oplus,\cdot)$ aus Beispiel 2.7 b).

Natürlich fallen für kommutative Halbringe die Begriffsbildungen multiplikativ linkskürzbar, rechtskürzbar und kürzbar zusammen. So sind alle Halbringe aus den Beispielen 2.5, 2.7 und 2.9 multiplikativ kürzbar, während dies für alle Halbringe aus den Beispielen 2.8, 2.10 (mit $a \neq b$ für $U = [a,b]$ bzw. mit $|M| \geq 2$) und 2.11 nicht zutrifft. Wir betrachten nun einige nichtkommutative Halbringe (vgl. auch Aufgabe 4.6).

Beispiel 4.3. a) Es sei $(S,+,\cdot)$ ein Halbring mit $|S| \geq 2$, jedoch sonst völlig beliebig, und $(M_{n,n}(S),+,\cdot)$ für $n \geq 2$ der Halbring aller $n \times n$-Matrizen über $(S,+,\cdot)$, vgl. Aufgabe 2.13. Dann ist $(M_{n,n}(S),+,\cdot)$ multiplikativ weder links- noch rechtskürzbar. Sind nämlich $a \neq b$ Elemente aus S, so gilt zunächst für $n = 2$

$$\begin{pmatrix} a & a \\ a & a \end{pmatrix}\begin{pmatrix} a & a \\ b & b \end{pmatrix} = \begin{pmatrix} a & a \\ a & a \end{pmatrix}\begin{pmatrix} b & b \\ a & a \end{pmatrix} \quad \text{und}$$

$$\begin{pmatrix} a & b \\ a & b \end{pmatrix}\begin{pmatrix} a & a \\ a & a \end{pmatrix} = \begin{pmatrix} b & a \\ b & a \end{pmatrix}\begin{pmatrix} a & a \\ a & a \end{pmatrix}.$$

Für $n > 2$ kann man diese Matrizen etwa nach rechts und unten durch $n^2 - 4$ Matrizenelemente $a \in S$ zu Matrizen aus $M_{n,n}(S)$ auffüllen.

b) Es sei nun $(\mathbb{N}_0,+,\cdot)$ der Halbring der nichtnegativen ganzen Zahlen und

$$T = M_{2,2}(\mathbb{N}) \cup \left\{\begin{pmatrix} 0 & 0 \\ 0 & 0 \end{pmatrix}\right\} \subseteq M_{2,2}(\mathbb{N}_0).$$

Ersichtlich ist $(T,+,\cdot)$ ein nullteilerfreier Unterhalbring von $(M_{2,2}(\mathbb{N}_0),+,\cdot)$, der jedoch gemäß a) multiplikativ weder links- noch rechtskürzbar ist. Übrigens ist $(T,+,\cdot)$ als Oberhalbring von $S = M_{2,2}(\mathbb{N})$ bis auf relative Isomorphie bezüglich S der Halbring, der aus S durch Adjunktion eines absorbierenden Nullelementes gemäß Lemma 2.16 entsteht.

c) Wie man leicht nachprüft, bilden

$$U = \left\{ \begin{pmatrix} a & b \\ 0 & 0 \end{pmatrix} \;\middle|\; a,b \in \mathbb{N} \right\} \subseteq M_{2,2}(\mathbb{N}_0) \quad \text{und} \quad U_Z = U \cup \left\{ \begin{pmatrix} 0 & 0 \\ 0 & 0 \end{pmatrix} \right\}$$

Unterhalbringe $(U,+,\cdot)$ und $(U_Z,+,\cdot)$ von $\bigl(M_{2,2}(\mathbb{N}_0),+,\cdot\bigr)$, die beide multiplikativ links-, aber nicht rechtskürzbar sind. Dabei hat $(U,+,\cdot)$ kein Nullelement, während $(U_Z,+,\cdot)$ die Nullmatrix von $M_{2,2}(\mathbb{N}_0)$ als absorbierendes Nullelement besitzt. Im Gegensatz zu $\bigl(M_{2,2}(\mathbb{N}_0),+,\cdot\bigr)$ ist $(U_Z,+,\cdot)$ nullteilerfrei.

Satz 4.4. *Für a), b) und c) sei $(S,+,\cdot)$ ein Halbring mit Nullelement o.*

a) Ist ein Element $a \in S$ multiplikativ linkskürzbar in $(S,+,\cdot)$, so ist a kein linker Nullteiler von $(S,+,\cdot)$.

b) Ist der Halbring $(S,+,\cdot)$ multiplikativ linkskürzbar, so ist $(S,+,\cdot)$ nullteilerfrei.

c) Die Umkehrungen beider Aussagen gelten, wenn $(S,+,\cdot)$ additiv kürzbar und halbsubtraktiv (vgl. Definition 2.24), also insbesondere ein Ring ist. Es gibt iedoch (sogar additiv kürzbare oder halbsubtraktive) Halbringe, die keine linken Nullteiler haben und damit nullteilerfrei sind, aber nicht multiplikativ linkskürzbar sind.

d) Es sei $(S,+,\cdot)$ ein additiv kürzbarer und halbsubtraktiver Halbring ohne Nullelement. Dann ist $(S,+,\cdot)$ multiplikativ kürzbar.

Beweis. a) Es sei a linkskürzbar in $(S,\cdot)$. Gilt dann $ab = o$ für ein $b \in S$, so folgt $ab = a(b+o) = ab + ao = o + ao = ao$, also $b = o$ nach Voraussetzung über a. Damit ist a kein linker Nullteiler von $(S,+,\cdot)$.

b) Ist $(S,+,\cdot)$ multiplikativ linkskürzbar, so gilt a) für alle $a \neq o$ aus S. Damit ist $(S,+,\cdot)$ nullteilerfrei.

c) Wir zeigen die Umkehrung von a) für den Fall, daß $(S,+,\cdot)$ additiv kürzbar und halbsubtraktiv ist, woraus sich auch die Umkehrung von b) ergibt. Wir gehen indirekt vor und nehmen an, daß $a \in S$ kein linker Nullteiler ist, aber $ab = ac$ für Elemente $b \neq c$ aus S gilt. Gemäß Definition 2.24 können wir annehmen, daß es ein $x \in S$ mit $c+x = b$ gibt. Dann gilt $ac+ax = ab = ac+o$, woraus sich wegen der additiven Kürzbarkeit $ax = o$ ergibt. Da a kein linker Nullteiler ist, folgt $x = o$ und damit der Widerspruch $b = c$.

Der Halbring $(T, +, \cdot)$ von Beispiel 4.3 b) ist additiv kürzbar und nullteilerfrei, aber multiplikativ weder links- noch rechtskürzbar (vgl. auch Aufgabe 4.4). Andererseits gibt es idempotente Halbgruppen $(S, +)$, die halbsubtraktiv sind, wie etwa $(\mathbb{P}, \oplus)$ mit $a \oplus b = \max(a, b)$; wendet man auf eine solche Halbgruppe $(S, +)$ Aufgabe 4.6 a) und b) an, so entsteht ein halbsubtraktiver, nullteilerfreier Halbring $(S \cup \{z\}, +, \cdot)$, der nur rechts-, aber nicht linkskürzbar ist (oder umgekehrt).

d) Wir gehen wieder indirekt vor und nehmen $ab = ac$ und $b \neq c$ für $a, b, c \in S$ an. Wie bei c) folgt daraus $ac + ax = ac$ für ein $x \in S$. Für alle $s \in S$ gilt dann $ac + ax + s = ac + s$, also $ax + s = s$ wegen der Kürzbarkeit von $(S, +)$. Damit wäre aber ax das Nullelement von $(S, +, \cdot)$, was im Widerspruch zur Voraussetzung steht. Links-rechts-dual folgt die Rechtskürzbarkeit von $(S, +, \cdot)$. ∎

Bemerkung 4.5. Zusammen mit den links-rechts-dualen Aussagen folgt also aus Satz 4.4, daß (in Verallgemeinerung bekannter ringtheoretischer Aussagen) für jeden additiv kürzbaren und halbsubtraktiven Halbring $S = (S, +, \cdot)$ mit Nullelement folgende Eigenschaften gleichwertig sind: S ist multiplikativ linkskürzbar; S hat keine linken Nullteiler; S ist nullteilerfrei; S hat keine rechten Nullteiler; S ist multiplikativ rechtskürzbar; S ist multiplikativ kürzbar.

Der folgende Struktursatz für multiplikativ linkskürzbare Halbringe liefert zusammen mit dem zu ihm links-rechts-dualen Satz über multiplikativ rechtskürzbare Halbringe einen entsprechenden Struktursatz für multiplikativ links- und rechtskürzbare, also für multiplikativ kürzbare Halbringe. Es genügt daher, nur den zuerst genannten Satz zu formulieren und zu beweisen.

Satz 4.6. *Ein Halbring $(S, +, \cdot)$ mit $|S| \geq 2$ ist genau dann multiplikativ linkskürzbar, wenn einer der drei folgenden, einander ausschließenden Fälle vorliegt:*

a) $(S, +, \cdot)$ hat kein Nullelement, und $(S, \cdot)$ ist linkskürzbare Halbgruppe.

b) $(S, +, \cdot)$ hat ein Nullelement o, und $(S, \cdot)$ ist linkskürzbare Halbgruppe.

c) $(S, +, \cdot)$ hat ein absorbierendes Nullelement o, und $(S^*, \cdot)$ ist linkskürzbare Unterhalbgruppe von $(S, \cdot)$.

Beweis. Im Fall b) ist das Nullelement o linkskürzbar in $(S, \cdot)$, was im Fall c) wegen $oa = o = ob$ für $a \neq b$ aus S nicht zutrifft. Damit kann ersichtlich nur einer der drei Fälle für einen Halbring $(S,+,\cdot)$ zutreffen. Weiter zeigen wir: Aus a), b) oder c) folgt, daß $(S,+,\cdot)$ multiplikativ linkskürzbar gemäß Definition 4.1 ist. Das ist für a) und b) klar. Für c) sei $a \in S^*$ und $ax = ay$ mit $x, y \in S$. Für $x, y \in S^*$ folgt dann $x = y$, da $(S^*,\cdot)$ linkskürzbar ist. Der Fall $x = o$ und $y \in S^*$ (oder umgekehrt) kann dagegen wegen $ax = ao = o$ und $ay \neq o$ gar nicht eintreten, da o als absorbierendes Nullelement von $(S,+,\cdot)$ und $(S^*,\cdot)$ als Unterhalbgruppe vorausgesetzt ist. Damit ist jedes $a \in S^*$ auch im Fall c) linkskürzbar in $(S,\cdot)$.

Sei umgekehrt $(S,+,\cdot)$ multiplikativ linkskürzbar. Hat $(S,+,\cdot)$ kein Nullelement bzw. ein in $(S,\cdot)$ linkskürzbares Nullelement o, so liegt nach Definition 4.1 der Fall a) bzw. b) vor. Sonst hat $(S,+,\cdot)$ ein Nullelement o, und es gibt Elemente $x \neq y$ aus S mit $ox = oy$. Wir werden zeigen, daß dann $(S,+,\cdot)$ die Aussagen von c) erfüllt. Als erstes folgt $aox = aoy$ für alle $a \in S$. Damit ist ao nicht linkskürzbar in $(S,\cdot)$ und kann daher nach Definition 4.1 nicht in S^* liegen. Daraus folgt $ao = o$ für alle $a \in S$ und insbesondere $oo = o$.

Als nächstes zeigen wir $oa = o$ für alle $a \in S^*$, indem wir $oa = b \neq o$ für ein $a \in S^*$ zum Widerspruch führen. Wie soeben bewiesen gilt $bo = o$. Daraus folgt $b^2 = b(oa) = (bo)a = oa = b$ und analog $ob = b$. Damit ist zunächst $b \in S^*$ idempotent und nach Voraussetzung über $(S,+,\cdot)$ linkskürzbar in $(S,\cdot)$. Daraus folgt nach Fakt 1.5 a), daß b linksneutral in $(S,\cdot)$ ist, was wegen $ob = b$ gemäß $oc = o(bc) = (ob)c = bc = c$ für alle $c \in S$ dann auch für o zutrifft und $ox = oy$ für Elemente $x \neq y$ aus S widerspricht.

Damit ist gezeigt, daß ein multiplikativ linkskürzbarer Halbring $(S,+,\cdot)$ mit einem in $(S,\cdot)$ nicht linkskürzbaren Nullelement o die erste Aussage von c), nämlich $oa = ao = o$ für alle $a \in S$ erfüllt. Daraus folgt erneut (vgl. Satz 4.4 b)), daß $(S,+,\cdot)$ nullteilerfrei, also $(S^*,\cdot)$ Unterhalbgruppe von $(S,\cdot)$ ist: Würde nämlich $ab = o$ für $a, b \in S^*$ gelten, so wäre a wegen $ao = o$ nicht linkskürzbar in $(S,\cdot)$. Nach Voraussetzung über $(S,+,\cdot)$ ist aber jedes $a \in S^*$ linkskürzbar in $(S,\cdot)$. Aus letzterem folgt schließlich noch, daß jedes $a \in S^*$ erst recht linkskürzbar in $(S^*,\cdot)$ und damit $(S^*,\cdot)$ eine linkskürzbare Unterhalbgruppe von $(S,\cdot)$ ist. Damit sind in diesem Fall alle Aussagen von c) erfüllt. ∎

Bemerkung 4.7. i) Aus Satz 4.6, dem zu ihm links-rechts-dualen Satz und ihrer Zusammenfassung für multiplikativ kürzbare Halbringe ergeben sich insgesamt neun mögliche Typen von Halbringen, die multiplikativ wenigstens einseitig kürzbar sind. In der Tat existieren Halbringe für jeden dieser neun Typen: Multiplikativ links-, aber nicht rechtskürzbare Halbringe der Fälle a) und c) treten in Beispiel 4.3 c) auf, und Aufgabe 4.6 liefert solche Halbringe und die dazu links-rechts-dualen in den Fällen a), b) und c). Multiplikativ kürzbare Halbringe der Fälle a) und c) finden sich in den Beispielen 2.5

und 2.7 a). Wie schon erwähnt, gehören schließlich die multiplikativ kürzbaren Halbringe $(S_c, \oplus, \cdot)$ aus Beispiel 2.7 b) zum Fall b) von Satz 4.6.

ii) Im Beweis von Satz 4.6 wird von der Addition des Halbringes $(S, +, \cdot)$ keinerlei Gebrauch gemacht, außer daß das Nullelement o als neutrales Element von $(S, +)$ definiert ist. Man kann daher Satz 4.6 auch für multiplikative Halbgruppen $(S, \cdot)$ mit $|S| \geq 2$ formulieren, in denen alle Elemente oder alle Elemente mit Ausnahme eines willkürlich herausgegriffenen und mit o bezeichneten Elementes als multiplikativ linkskürzbar in $(S, \cdot)$ vorausgesetzt werden. Insbesondere kann man den Halbring $(S, +, \cdot)$ in Satz 4.6 durch eine Menge S mit $|S| \geq 2$ und mit zweistelligen Operationen $+$ und $\cdot$ auf S ersetzen und lediglich fordern, daß $(S, \cdot)$ Halbgruppe ist und eventuell ein Element $o \in S$ existiert, welches $o + a = a + o = a$ für alle $a \in S$ erfüllt.

Bemerkung 4.8. Von manchen Autoren wird ein Halbring $(S, +, \cdot)$ "multiplikativ linkskürzbar" genannt, wenn jedes multiplikativ nicht absorbierende Element $a \in S$ linkskürzbar in $(S, \cdot)$ ist. Jeder nach unserer Definition 4.1 multiplikativ linkskürzbare Halbring ist auch "multiplikativ linkskürzbar" im eben geschilderten Sinne, wie aus Satz 4.6 folgt. Die Umkehrung gilt dagegen nicht. So ist z. B. der aus $(\mathbb{N}, +, \cdot)$ gemäß Lemma 2.18 entstehende Halbring $(\mathbb{N} \cup \{\infty\}, +, \cdot)$ mit ∞ als doppelt absorbierendem Element "multiplikativ linkskürzbar", aber nicht multiplikativ linkskürzbar nach Definition 4.1.

Aufgaben

4.1. Ein multiplikativ (links)kürzbarer Halbring $(S, +, \cdot)$ hat höchstens ein multiplikativ (links)absorbierendes Element, welches dann das Nullelement o von $(S, +, \cdot)$ ist.

4.2. Es sei $(S, +, \cdot)$ ein Halbring mit Einselement. Dann ist jedes in $(S, +, \cdot)$ (links)invertierbare Element $a \in S$ auch (links)kürzbar in $(S, \cdot)$.

4.3. Die Halbringe $(U, +, \cdot)$ und $(U_Z, +, \cdot)$ aus Beispiel 4.3 c) haben unendlich viele Linkseinselemente.

4.4. Geben Sie analog zu Beispiel 4.3 c) Unterhalbringe von $(M_{2,2}(\mathbb{N}_0), +, \cdot)$ an, die multiplikativ rechts-, aber nicht linkskürzbar sind.

4.5. Jeder Unterhalbring $(U, +, \cdot)$ eines multiplikativ (links)kürzbaren Halbringes $(S, +, \cdot)$ ist ebenfalls multiplikativ (links)kürzbar.

4.6. Es sei $(S, +)$ eine idempotente Halbgruppe mit $|S| \geq 2$.

a) Definiert man auf S eine zweistellige Operation gemäß $a \cdot b = a$ für alle $a, b \in S$ (vgl. Beispiel 1.6), so entsteht ein Halbring $(S, +, \cdot)$, der multiplikativ rechts-, aber nicht linkskürzbar ist. Links-rechts-dual definiert $a \cdot b = b$ für alle $a, b \in S$ einen Halbring $(S, +, \cdot)$, der multiplikativ links-, aber nicht rechtskürzbar ist.

b) Diese Aussagen sind unabhängig davon, ob $(S, +)$ ein neutrales Element o und damit $(S, +, \cdot)$ ein Nullelement o besitzt. In beiden Fällen kann man gemäß Lemma 2.16 ein absorbierendes Nullelement $z \notin S$ adjungieren. Der nullteilerfreie Halbring $(S \cup \{z\}, +, \cdot)$ ist dann ebenfalls nur von einer Seite multiplikativ kürzbar (vgl. auch Aufgabe 4.7).

c) Wählt man dagegen ein beliebiges Element $c \in S$ aus und definiert $a \cdot b = c$ für alle $a, b \in S$, so entsteht ein kommutativer Halbring $(S, +, \cdot)$, der nicht multiplikativ kürzbar ist. Man beachte, daß hier auch $c = o$ gewählt werden kann, falls $(S, +)$ ein neutrales Element o besitzt.

4.7. Es sei $(S, +, \cdot)$ ein Halbring und $(S \cup \{z\}, +, \cdot)$ der in Lemma 2.16 konstruierte Oberhalbring mit z als absorbierendem Nullelement. Dann ist der Halbring $(S \cup \{z\}, +, \cdot)$ genau dann multiplikativ linkskürzbar, wenn dies für $(S, +, \cdot)$ zutrifft und dieser Halbring kein absorbierendes Nullelement besitzt.

4.8. Formulieren Sie die dem Satz 4.6 entsprechenden Aussagen über multiplikativ rechtskürzbare und multiplikativ kürzbare Halbringe.

4.9 Enthält ein Halbring $(S, +, \cdot)$ ein Element a, welches additiv idempotent und multiplikativ linkskürzbar ist, so ist $(S, +, \cdot)$ additiv idempotent.

4.10 Geben Sie Beispiele dafür an, daß homomorphe Bilder $(\varphi(S), +, \cdot)$ eines multiplikativ kürzbaren Halbringes $(S, +, \cdot)$ nicht multiplikativ kürzbar zu sein brauchen.

4.11. Die folgenden Strukturtafeln geben bis auf Isomorphie alle möglichen Halbringe $(S, +, \cdot)$ an, die aus einem Nullelement o und einem weiteren Element c bestehen:

a)

$+$	o	c
o	o	c
c	c	o

1)

$\cdot$	o	c
o	o	o
c	o	o

2)

$\cdot$	o	c
o	o	o
c	o	c

Bei a 1) handelt es sich um den eindeutig bestimmten sogenannten Zeroring der Ordnung 2 und bei a 2) um den Körper der Ordnung 2. Letzterer hat das Einselement $c = e$.

b)

$+$	o	c
o	o	c
c	c	c

1)

$\cdot$	o	c
o	o	o
c	o	o

2)

$\cdot$	o	c
o	o	o
c	o	c

3)

$\cdot$	o	c
o	c	c
c	c	c

4)

$\cdot$	o	c
o	o	c
c	c	c

5)

$\cdot$	o	c
o	o	o
c	c	c

6)

$\cdot$	o	c
o	o	c
c	o	c

Hier handelt es sich um alle Halbringe der Ordnung 2 mit Nullelement, die keine Ringe sind. Nur die Halbringe b 2) (der Boolesche Halbkörper, vgl. Aufgabe 3.1) und b 4) haben ein Einselement, nämlich c im ersten und das Nullelement o im zweiten Fall.

Hinweise zum Beweis: Aus Aufgabe 1.9 folgt, daß $(S, +)$ und $(S, \cdot)$ in allen Fällen Halbgruppen sind und daß für $(S, +)$ nur die bei a) und b) angegebenen Additionstafeln in Frage kommen. Für den Nachweis der Halbringeigenschaft von $(S, +, \cdot)$ bleibt also in allen acht Fällen nur die (nahezu triviale) Distributivität zu zeigen. Überdies folgt sie bei b 1) und b 3) sowie bei b 5) und b 6) aus Aufgabe 4.6 c) bzw. a), während b 2) aus dem Halbring $(\{c\}, +, \cdot)$ gemäß Lemma 2.16 entsteht. Etwas langwieriger ist nur der Nachweis, daß zu jeder der beiden Additionstafeln keine weiteren multiplikativen Halbgruppentafeln existieren, so daß beide Distributivgesetze erfüllt sind.

Welche dieser acht Halbringe sind multiplikativ links- bzw. rechtskürzbar?

I.5. Halbkörper

Definition 5.1. Ein Halbring $(S, +, \cdot)$ mit $|S| \geq 2$ heißt ein *Halbkörper*, wenn $(S^*, \cdot)$ eine Untergruppe von $(S, \cdot)$ ist. Ist $(S, +, \cdot)$ sowohl Halbkörper als auch Ring, so nennen wir $(S, +, \cdot)$ einen *Körper*. Einen Halbkörper, der kein Körper ist, bezeichnen wir als *echten Halbkörper*.

Bemerkung 5.2. i) Es sei hervorgehoben, daß wir die Bezeichnungen Halbkörper und Körper verwenden, ohne die Kommutativität der Multiplikation vorauszusetzen.

ii) Entgegen der hier getroffenen Festlegung, daß ein Halbkörper mindestens zwei Elemente enthält, wird mitunter auch jeder Halbring der Ordnung 1 als Halbkörper bezeichnet. In manchen Zusammenhängen, insbesondere bei systematischen Untersuchungen von Halbkörpern ohne Nullelement, hat letzteres gewisse Vorteile.

Beispiel 5.3. a) Offensichtlich sind die in Beispiel 2.5 b) eingeführten Halbringe $(\mathbb{H},+,\cdot)$, $(\mathbb{H}_0,+,\cdot)$, $(\mathbb{P},+,\cdot)$ und $(\mathbb{P}_0,+,\cdot)$ echte Halbkörper. Das gleiche gilt für die additiv idempotenten Halbringe $(\mathbb{P},\oplus,\cdot)$ und $(\mathbb{P}_0,\oplus,\cdot)$ mit $a\oplus b=\max(a,b)$ aus Beispiel 2.7 sowie für ihre Unterhalbringe $(U,\oplus,\cdot)$ mit einer Untergruppe $(U,\cdot)$ von $(\mathbb{P},\cdot)$ (vgl. auch Beispiel 3.7). Weiter ist der Halbring $(\mathbb{R},\oplus,\odot)$ mit $a\oplus b=\min(a,b)$ und $a\odot b$ als üblicher Addition ein echter Halbkörper. Alle diese Halbkörper haben entweder kein Nullelement oder ein absorbierendes Nullelement. (Für das Auftreten von Halbkörpern im Zusammenhang mit partiell geordneten Körpern vgl. Aufgabe III.2.12.)

b) Wie aus den in Aufgabe 4.11 angegebenen Strukturtafeln hervorgeht, haben von den dort betrachteten acht Halbringen $(S,+,\cdot)$ genau sechs die Eigenschaft, daß $(S^*,\cdot)=(\{c\},\cdot)$ eine Untergruppe von $(S,\cdot)$ ist. *Damit gibt es bis auf Isomorphie insgesamt sechs Halbkörper* $(S,+,\cdot)$ *mit* $|S^*|=1$, *die also aus einem Nullelement und einem weiteren Element bestehen:*

i) Die Strukturtafeln a 2) kennzeichnen den *Körper der Ordnung* 2 und die Strukturtafeln b 2) den *Booleschen Halbkörper.* In diesen beiden Fällen gilt: *Das Einselement der Gruppe* $(S^*,\cdot)$ *ist auch das Einselement von* $(S,+,\cdot)$, *der Halbkörper* $(S,+,\cdot)$ *ist multiplikativ kürzbar und sein Nullelement ist absorbierend.*

ii) Keine dieser (von einem Halbkörper wohl erwarteten) Eigenschaften gilt für die übrigen vier Halbkörper $(S,+,\cdot)$ mit $|S^*|=1$, deren Strukturtafeln unter b 3) – b 6) gegeben sind. Insbesondere ist für den Halbkörper gemäß b 4) das Nullelement von $(S,+,\cdot)$ zugleich das Einselement, während die anderen drei überhaupt kein Einselement besitzen.

Glücklicherweise wird sich bald herausstellen, daß die vier zuletzt aufgeführten Halbkörper (bis auf Isomorphie) die einzigen sind, die so "pathologische" Eigenschaften haben (vgl. Satz 5.5). Zunächst gehen wir jedoch der Frage nach, ob unsere Definition 5.1 allgemein genug ist. Immerhin sind uns mehrfach Halbringe begegnet, deren Nullelement gleichzeitig Einselement ist. Es wäre daher doch möglich, daß für einen Halbring $(S,+,\cdot)$ mit Nullelement o gerade $(S,\cdot)$, nicht aber $(S^*,\cdot)$ eine Gruppe ist. Solche Halbringe, die man sicher auch als Halbkörper bezeichnen würde, die aber bei Definition 5.1 ausgeschlossen wären, existieren jedoch nicht:

Lemma 5.4. *Es sei* $(S,+,\cdot)$ *ein Halbring mit Nullelement* o *und* $|S|\geq 2$. *Dann ist* $(S,\cdot)$ *keine Gruppe.*

Beweis. Aus $o + x = x$ für alle $x \in S$ folgt $oy + xy = xy$ für alle $x, y \in S$. Wir gehen nun indirekt vor und nehmen an, daß $(S, \cdot)$ eine Gruppe ist. Für jedes Element $s \in S$ gibt es dann ein $y \in S$ mit $oy = s$, und für dieses $y \in S$ jeweils ein $x \in S$ mit $xy = o$. Daraus folgt $s = s + o = o$ für alle $s \in S$, d. h. $S = \{o\}$ im Widerspruch zu $|S| \geq 2$. ∎

Da uns alle Halbkörper, die aus einem Nullelement und einem weiteren Element bestehen, nach Beispiel 5.3 b) bekannt sind, beschränken wir uns bei den folgenden Aussagen auf solche Halbkörper, die wenigstens zwei von einem eventuell vorhandenen Nullelement verschiedene Elemente enthalten. Übrigens sind die vier "pathologischen" Halbkörper b 3) – b 6) für sich selbst kaum von Bedeutung; sie zeigen aber, daß die folgenden Sätze keineswegs selbstverständlich sind.

Satz 5.5. *Es sei $(S, +, \cdot)$ ein Halbkörper mit $|S^*| \geq 2$. Dann ist das Einselement e der Gruppe $(S^*, \cdot)$ auch Einselement von $(S, +, \cdot)$, und $(S, +, \cdot)$ ist multiplikativ kürzbar. Besitzt $(S, +, \cdot)$ ein Nullelement o, so ist o absorbierend, und $(S, +, \cdot)$ ist nullteilerfrei. (Vgl. auch Beispiel 5.3 b) i).)*

Beweis. Für Halbkörper $(S, +, \cdot)$ ohne Nullelement ist wegen $S^* = S$ nichts zu beweisen. Wir nehmen also an, daß $(S, +, \cdot)$ ein Nullelement o enthält. Als erstes zeigen wir $oa = o$ für alle $a \in S^*$ indirekt, indem wir $oa = b \neq o$ für Elemente $a, b \in S^*$ annehmen. Aus $oax = bx$ folgt dann $oS^* = S^*$, da ax und bx mit $x \in S^*$ alle Elemente der Gruppe $(S^*, \cdot)$ durchlaufen. Nun gehen wir ähnlich vor wie im Beweis von Lemma 5.4. Aus $o + x = x$ für alle $x \in S^*$ folgt $oy + xy = xy$ für alle $x, y \in S^*$. Sind nun s und t beliebige Elemente von S^*, so gibt es wegen $oS^* = S^*$ ein $y \in S^*$ mit $oy = s$, und für dieses $y \in S^*$ jeweils ein $x \in S^*$ mit $xy = t$. Daraus folgt $s + t = t$ für alle $s, t \in S^*$. Damit gilt auch $t + s = s$ und folglich $s = t$ für alle $s, t \in S^*$, im Widerspruch zu $|S^*| \geq 2$. Aus $oa = o$ für alle $a \in S^*$ folgt nun leicht $ao = o$ für alle $a \in S$. Wäre nämlich $ao = b \neq o$ für ein $a \in S$ und ein $b \in S^*$, so folgt

$$bx = (ao)x = a(ox) = ao = b \quad \text{für alle} \quad x \in S^*.$$

Da bx mit $x \in S^*$ alle Elemente der Gruppe $(S^*, \cdot)$ durchläuft, erhalten wir $S^* = \{b\}$, wieder im Widerspruch zu $|S^*| \geq 2$.

Damit ist gezeigt, daß das Nullelement o von $(S, +, \cdot)$ absorbierend ist. Daraus folgt auch $eo = oe = o$ für das Einselement e von $(S^*, \cdot)$, welches damit auch Einselement von $(S, +, \cdot)$ ist. Da $(S^*, \cdot)$ erst recht eine kürzbare Unterhalbgruppe von $(S, \cdot)$ ist, erfüllt $(S, +, \cdot)$ die (zweiseitige) Aussage c) von Satz 4.6. Damit ist $(S, +, \cdot)$ multiplikativ kürzbar und nach Satz 4.4 nullteilerfrei. ∎

Der folgende Satz überträgt bekannte Körperkriterien auf Halbkörper. Auch die Aussagen dieses Satzes sind für die vier "pathologischen" Halbkörper $(\{o, c\}, +, \cdot)$ offensichtlich falsch, wenn man davon absieht, daß der Halbkörper b 6) die Aussage b) mit $e_l = c$ erfüllt. Dagegen gelten die Aussagen a), b) und c) von Satz 5.6 für den Körper a 2) und den Booleschen Halbkörper b 2).

Satz 5.6. *Es sei $(S, +, \cdot)$ ein Halbring mit $|S^*| \geq 2$. Genau dann ist $(S, +, \cdot)$ ein Halbkörper, wenn eine der folgenden Aussagen erfüllt ist:*

a) $(S, +, \cdot)$ hat ein Einselement e, und jedes $a \in S^*$ ist in $(S, \cdot)$ invertierbar.

b) $(S, +, \cdot)$ hat ein Linkseinselement e_l mit der Eigenschaft, daß für jedes Element $a \in S^*$ ein $y \in S$ mit $ya = e_l$ existiert.

c) Für beliebige Elemente $a \in S^*$ und $b \in S$ gibt es Elemente $x, y \in S$, die $ax = b$ und $ya = b$ erfüllen.

Beweis. Für Halbringe $(S, +, \cdot)$ ohne Nullelement entsprechen wegen $S = S^*$ die Aussagen a), b) und c) dieses Satzes genau den in Satz 1.14 angegebenen Kriterien dafür, daß $(S, \cdot) = (S^*, \cdot)$ eine Gruppe ist. Wir nehmen also an, daß $(S, +, \cdot)$ ein Nullelement o enthält. Den Beweis für diesen Fall führen wir in vier Schritten:

1) Ist $(S, +, \cdot)$ ein Halbkörper, so folgt a) mit Hilfe von Satz 5.5.

2) Aus a) folgt c) mit $x = a^{-1}b$ und $y = ba^{-1}$.

3) Aus c) folgt b). Gemäß c) gibt es für ein beliebiges Element $a \in S^*$ ein $c \in S$ mit $ca = a$, und für jedes $b \in S$ ein $x \in S$ mit $ax = b$. Damit folgt $cb = cax = ax = b$ für alle $b \in S$, d. h. $c = e_l$ ist ein Linkseinselement von $(S, +, \cdot)$. Zu diesem e_l gibt es für jedes $a \in S^*$ ein $y \in S$ mit $ya = e_l$.

4) Aus b) folgt, daß $(S^*, \cdot)$ eine Gruppe, also $(S, +, \cdot)$ ein Halbkörper ist. Als erstes zeigen wir indirekt, daß $(S^*, \cdot)$ eine Unterhalbgruppe von $(S, \cdot)$ ist, indem wir $a \cdot b = o$ für $a, b \in S^*$ annehmen. Gemäß b) gibt es dann Elemente $y_a, y_b \in S$ mit $y_a a = y_b b = e_l$. Daraus folgt

$$y_b y_a o = y_b y_a ab = y_b e_l b = y_b b = e_l \quad \text{mit} \quad y_b y_a \in S.$$

Damit existiert auch ein $y_o \in S$, welches $y_o o = e_l$ erfüllt, d. h. $(S, \cdot)$ ist nach Satz 1.14 b) eine Gruppe. Dies widerspricht Lemma 5.4.

Als nächstes zeigen wir, daß das Element e_l in der Unterhalbgruppe $(S^*, \cdot)$ liegt, indem wir $e_l = o$ zum Widerspruch führen. Für ein beliebiges Element $a \in S^*$ gibt es dann ein $y \in S$ mit $ya = e_l = o$. Da wir schon wissen, daß $(S^*, \cdot)$ Unterhalbgruppe von $(S, \cdot)$ ist, kann y nicht in S^* liegen, d. h. es gilt $y = o = e_l$. Damit folgt $o = ya = e_l a = a$ im Widerspruch zu $a \in S^*$.

Nun folgt aus Satz 1.14 b), daß die Halbgruppe $(S^*, \cdot)$ mit e_l als Linkseinselement eine Gruppe ist, wenn wir noch folgendes zeigen: Jedes $a \in S^*$ hat ein Linksinverses $a' \in S^*$. Wir beweisen letzteres wieder indirekt, d. h. wir nehmen an, daß ein $a \in S^*$ existiert, für welches $oa = e_l$ gemäß b) gilt sowie

$$ya = e_l \Longrightarrow y = o \quad \text{für alle } y \in S.$$

Aus $(ooa)a = oe_l a = oa = e_l$ folgt dann nach letzterem $y = ooa = o$. Hier gilt wieder $o^2 \notin S^*$, da $(S^*, \cdot)$ Unterhalbgruppe von $(S, \cdot)$ ist. Also folgt $o^2 = o$ und weiter $e_l = oa = ooa = o$, im Widerspruch dazu, daß wir schon $e_l \in S^*$ gezeigt haben. ∎

Da wir in Schritt 4) dieses Beweises von der Voraussetzung $|S^*| \geq 2$ keinen Gebrauch gemacht haben, erhalten wir unmittelbar das folgende Kriterium:

Folgerung 5.7. *Es sei $(S, +, \cdot)$ ein Halbring mit $|S| \geq 2$, der ein Einselement hat und in dem zu jedem $a \in S^*$ ein (linksseitiges) Inverses $a' \in S$ existiert. Dann ist $(S, +, \cdot)$ ein Halbkörper.*

Für den im folgenden auftretenden Begriff des Unterhalbkörpers verweisen wir auf Aufgabe 5.1.

Satz 5.8. *Es sei $(S, +, \cdot)$ ein Halbkörper mit Nullelement o und $|S^*| \geq 2$. Dann ist $(S, +, \cdot)$ entweder ein Körper oder aber nullsummenfrei und damit $(S^*, +, \cdot)$ ein Unterhalbkörper von $(S, +, \cdot)$. Im zweiten Fall hat $(S^*, +, \cdot)$ kein Nullelement, und $(S, +, \cdot)$ entsteht aus $(S^*, +, \cdot)$ durch Adjunktion eines absorbierenden Nullelementes o gemäß Lemma 2.16.*

Insbesondere tritt also jeder echte Halbkörper mit $|S^*| \geq 2$ "in zwei Exemplaren" auf, nämlich einmal mit und einmal ohne Nullelement.

Beweis. Ist $(S, +, \cdot)$ nicht nullsummenfrei, so gibt es Elemente $a, b \in S^*$ mit $a + b = o$. Daraus folgt wegen $ox = o$ (vgl. Satz 5.5) $ax + bx = o$ für alle $x \in S$. Da ax dann alle Elemente von S (vgl. Satz 5.6 c)) durchläuft, hat jedes Element aus S ein Entgegengesetztes in $(S, +)$. Damit ist $(S, +, \cdot)$ ein Ring, also ein Körper. Andererseits ist jeder Körper $(S, +, \cdot)$ mit $|S^*| \geq 2$ nicht nullsummenfrei. Dies zeigt die erste Behauptung.

Sei nun $(S, +, \cdot)$ nullsummenfrei. Da jeder Halbkörper $(S, +, \cdot)$ mit $|S^*| \geq 2$ nach Satz 5.5 auch nullteilerfrei ist, ist $(S^*, +, \cdot)$ ein Unterhalbring von $(S, +, \cdot)$, für den $(S^*, \cdot)$ Gruppe ist. Also ist $(S^*, +, \cdot)$ ein Halbkörper, der nach Lemma 5.4 kein Nullelement hat. Adjungiert man zu einem solchen Halbkörper $(S^*, +, \cdot)$ ein absorbierendes Nullelement o, so entsteht wieder ein nullsummenfreier Halbkörper $(S, +, \cdot)$ mit o als Nullelement. ∎

Folgerung 5.9. *a) Es sei $(S,+,\cdot)$ ein echter Halbkörper mit $|S^*| \geq 2$. Dann hat jedes Element $a \neq e$ aus S^* multiplikativ unendliche Ordnung, d. h. es gilt $a^i \neq a^j$ für alle ganzen Zahlen $i \neq j$. Damit hat natürlich $(S,+,\cdot)$ unendliche Ordnung.*

b) Jeder endliche Halbkörper ist entweder ein Körper oder isomorph zu einem der fünf echten Halbkörper $(\{o,c\},+,\cdot)$ mit den Strukturtafeln b 2) – b 6).

c) Jeder endliche, multiplikativ kürzbare Halbring $(S,+,\cdot)$ mit $|S| \geq 2$ ist entweder ein Körper oder isomorph zum Booleschen Halbkörper.

Beweis. Wir zeigen a) indirekt und nehmen an, daß ein Element $a \neq e$ in S^* mit der endlichen multiplikativen Ordnung $n \in \mathbb{N}$ existiert. Nach Definition 1.20 und Aufgabe 1.13 erzeugt dann a in der Gruppe $(S^*,\cdot)$ eine zyklische Untergruppe $(\{a,a^2,\ldots,a^n\},\cdot)$ der Ordnung n, und es gilt $a^n = e$. Weiter gilt $b = a + a^2 + \ldots + a^n \in S^*$, was für $S = S^*$ trivial ist und, falls $(S,+,\cdot)$ ein Nullelement o enthält, aus der Nullsummenfreiheit von $(S,+,\cdot)$ gemäß Satz 5.8 folgt. Wegen der Kommutativität von $(S,+)$ gilt dann ersichtlich $ba = b$. Daraus folgt $ba = be$ und wegen der multiplikativen Kürzbarkeit von $(S,+,\cdot)$ (vgl. Satz 5.5) der Widerspruch $a = e$. Nach einem berühmten Satz von Wedderburn (vgl. etwa [Red59], § 136) ist übrigens jeder endliche Körper kommutativ.

Aus a) folgt nun b), da alle echten Halbkörper $(S,+,\cdot)$ mit $|S^*| = 1$ gerade die fünf aufgezählten Halbkörper $(\{o,c\},+,\cdot)$ sind.

c) Für jeden multiplikativ kürzbaren Halbring $(S,+,\cdot)$ ist nach Satz 4.6 entweder $(S,\cdot)$ oder $(S^*,\cdot)$ eine kürzbare Halbgruppe, also im endlichen Fall gemäß Aufgabe 1.3 eine Gruppe. Nach Lemma 5.4 kann dann Fall b) von Satz 4.6 nicht eintreten. In den beiden anderen Fällen ist $(S^*,\cdot)$ Untergruppe von $(S,\cdot)$ und damit $(S,+,\cdot)$ ein endlicher Halbkörper. Damit folgt die Behauptung aus dem schon bewiesenen Teil b), da die Halbkörper b 3) – b 6) gemäß Beispiel 5.3 b) nicht multiplikativ kürzbar sind. ∎

Bemerkung 5.10. i) Da jedes homomorphe Bild einer Gruppe $(S^*,\cdot)$ nach Fakt 1.17 wieder eine Gruppe ist, ergibt sich aus Satz 3.2, daß jedes homomorphe Bild $(\varphi(S),+,\cdot)$ mit $|\varphi(S)| \geq 2$ eines Halbkörpers bzw. eines Körpers $(S,+,\cdot)$ wieder ein Halbkörper bzw. ein Körper ist. Für einen Körper folgt dabei aus $|\varphi(S)| \geq 2$, daß $\varphi : (S,+,\cdot) \to (\varphi(S),+,\cdot)$ ein Isomorphismus ist (vgl. Bemerkung 7.6 iii). *Dagegen kann ein echter Halbkörper $(S,+,\cdot)$ durchaus nichtinjektive Homomorphismen $\varphi : (S,+,\cdot) \to (\varphi(S),+,\cdot)$ mit $|\varphi(S)| \geq 2$ und damit Halbkörper $(\varphi(S),+,\cdot)$ als "nichttriviale" homomorphe Bilder besitzen.*

So ist zum Beispiel jeder echte Halbkörper $(S, +, \cdot)$ mit Nullelement o und $|S^*| \geq 2$ nach Satz 5.8 nullsummenfrei und nullteilerfrei und kann damit gemäß Aufgabe 3.2 homomorph auf den Booleschen Halbkörper abgebildet werden. Zahlreiche Beispiele für echte Halbkörper ohne Nullelement, die nichttriviale homomorphe Bilder haben, ergeben sich aus Aufgabe 5.9.

ii) Andererseits gibt es echte Halbkörper $(S, +, \cdot)$ ohne Nullelement, für die jeder Homomorphismus $\varphi : (S, +, \cdot) \to (\varphi(S), +, \cdot)$ mit $|\varphi(S)| \geq 2$ ein Isomorphismus ist. Dies trifft z. B. für die Halbkörper $(\mathbb{H}, +, \cdot)$ und $(\mathbb{P}, +, \cdot)$ zu, vgl. Lemma 7.11.

Bemerkung 5.11. Verzichtet man in Definition 2.1 und damit in Definition 5.1 auf die Kommutativität der Addition, so bleiben alle Aussagen dieses Paragraphen über Halbkörper (mit leicht veränderten Beweisen) erhalten, bis auf Folgerung 5.9. Es gibt dann nämlich noch unendlich viele additiv nicht kommutative Halbkörper endlicher Ordnung: Zunächst entsteht aus jeder Gruppe $(G_1, \cdot)$ bzw. $(G_2, \cdot)$ mit $|G_i| \geq 2$ durch die Definition $a+b = a$ bzw. $a + b = b$ für alle a, b aus G_1 bzw. G_2 ein additiv idempotenter und additiv nicht kommutativer Halbkörper $(G_1, +, \cdot)$ bzw. $(G_2, +, \cdot)$. Das direkte Produkt $(G_1, +, \cdot) \times (G_2, +, \cdot)$ (vgl. Aufgabe 3.7) ist dann ein ebensolcher Halbkörper, und man kann zu jedem dieser Halbkörper noch ein absorbierendes Nullelement adjungieren. Mit endlichen Gruppen $(G_1, \cdot)$ und $(G_2, \cdot)$ entstehen so alle additiv nicht kommutativen endlichen Halbkörper (vgl. [Wei62], [Wei64b] und [Wei81]).

Aufgaben

5.1. Definieren Sie in Ergänzung zu Aufgabe 2.1 die Begriffe *Unterhalbkörper* und *Unterkörper* eines Halbringes $(S, +, \cdot)$ sowie *Oberhalbkörper* und *Oberkörper* eines Halbringes $(U, +, \cdot)$. Betrachten Sie daraufhin die Beispiele 2.5, 2.7 und 2.9.

5.2. Ein Unterhalbkörper $(U, +, \cdot)$ eines Halbkörpers $(S, +, \cdot)$ mit $|S^*| \geq 2$ hat das Einselement e_S von $(S, +, \cdot)$ als Einselement, und $(U, +, \cdot)$ hat entweder kein Nullelement, oder U enthält das Nullelement o_S von $(S, +, \cdot)$. Daraus folgt: Ein Unterhalbring $(U, +, \cdot)$ eines Halbkörpers $(S, +, \cdot)$ mit $|S^*| \geq 2$ ist genau dann ein Unterhalbkörper, wenn $e_S \in U$ gilt sowie $(U^*)^{-1} = \{a^{-1} \in S \mid a \in U^*\} \subseteq U$.

5.3. Es sei $\{(U_i, +, \cdot)\}_{i \in I}$ eine nichtleere Menge von Unterhalbkörpern eines Halbkörpers $(S, +, \cdot)$. Dann besteht der Durchschnitt $D = \bigcap_{i \in I} U_i$ entweder nur aus dem Einselement e_S von $(S, +, \cdot)$, oder $(D, +, \cdot)$ ist ein

Unterhalbkörper von $(S, +, \cdot)$. Geben Sie ein Beispiel für $D = \{e_S\}$ etwa für den Halbkörper $(\mathbb{P}, \oplus, \cdot)$ aus Beispiel 2.7 a).

5.4. Zeigen Sie am Beispiel des Matrizenhalbringes $\left(M_{2,2}(\mathbb{P}_0), +, \cdot\right)$, daß die Aussagen der Aufgaben 5.2 und 5.3 nicht für Unterhalbkörper eines Halbringes gelten.

5.5. Ein echter Halbkörper enthält keinen Unterkörper.

5.6. Ein Halbkörper $(S, +, \cdot)$ ist genau dann additiv kürzbar bzw. idempotent, wenn ein Element $a \in S^*$ die entsprechende Eigenschaft hat.

5.7. Es sei $(S, +, \cdot)$ ein echter Halbkörper mit $|S^*| \geq 2$. Dann ist die Halbgruppe $(S, +)$ *eindeutig teilbar*, d. h. es gibt zu jedem $a \in S$ und jedem $n \in \mathbb{N}$ genau ein Element $x \in S$, welches $nx = x + \ldots + x = a$ erfüllt. Dieses Element ist $x = (ne)^{-1} \cdot a = a \cdot (ne)^{-1}$. (Für Halbkörper mit Nullelement o folgt $ne \neq o$ aus der Nullsummenfreiheit von $(S, +, \cdot)$. Weiter verwende man Aufgabe 2.11 und $nx = (ne) \cdot x$ und beachte, daß $(S, +, \cdot)$ idempotent sein kann.) Daraus folgt, daß man für jedes $a \in S$ und jedes $\frac{m}{n} \in \mathbb{H}$ mit $m, n \in \mathbb{N}$ *das* $\frac{m}{n}$*-fache von* a definieren kann gemäß

$$\frac{m}{n}a = mx \quad \text{für} \quad x \in S \quad \text{mit} \quad nx = a,$$

was mit $\frac{m}{n}a = (me) \cdot (ne)^{-1} \cdot a$ gleichwertig ist. Zeigen Sie, daß diese Definition von der Schreibweise $\frac{m}{n} = \frac{m'}{n'}$ unabhängig ist und den Regeln (2.2) und (2.11) für die Vielfachenbildung genügt. *Damit wird der Halbkörper* $(\mathbb{H}, +, \cdot)$ *zu einem (linksseitigen) Operatorenbereich jedes echten Halbkörpers* $(S, +, \cdot)$ *mit* $|S^*| \geq 2$. Unter welcher Bedingung kann man diese Überlegungen auch für einen Körper $(S, +, \cdot)$ durchführen und dann sogar $(\mathbb{Q}, +, \cdot)$ als Operatorenbereich für $(S, +, \cdot)$ einführen?

5.8. a) Es sei $(S, +, \cdot)$ ein echter Halbkörper mit $|S^*| \geq 2$ und e sein Einselement. Die Teilmenge $\mathbb{H}e = \left\{\frac{m}{n}e \mid \frac{m}{n} \in \mathbb{H}\right\} \subseteq S$ ist nach Aufgabe 5.7 definiert. Dann ist die durch $\varphi\left(\frac{m}{n}\right) = \frac{m}{n}e$ für alle $\frac{m}{n} \in \mathbb{H}$ definierte Abbildung ein Homomorphismus des Halbkörpers $(\mathbb{H}, +, \cdot)$ in $(S, +, \cdot)$ und damit auf $(\mathbb{H}e, +, \cdot)$. Dabei gilt $\mathbb{H}e = \{e\}$ genau dann, wenn $(S, +, \cdot)$ additiv idempotent ist. Anderenfalls ist $(\mathbb{H}e, +, \cdot)$ als homomorphes Bild eines Halbkörpers ein Unterhalbkörper von $(S, +, \cdot)$ und nach Bemerkung 5.10 ii) ist φ sogar ein Isomorphismus von $(\mathbb{H}, +, \cdot)$ auf $(\mathbb{H}e, +, \cdot)$. Analog zu Aufgabe 3.3 ist $(\mathbb{H}e, +, \cdot)$ dann der kleinste Unterhalbkörper von $(S, +, \cdot)$, der das Einselement e enthält. Die letzte

Einschränkung ist jedoch überflüssig, da dies für alle Unterhalbkörper von $(S, +, \cdot)$ nach Aufgabe 5.2 zutrifft.

b) Enthält $(S, +, \cdot)$ ein Nullelement o, so kann man die obige Abbildung φ gemäß $\varphi(0) = o$ zu einem Homomorphismus von $(\mathbb{H}_0, +, \cdot)$ auf $(\mathbb{H}_0 e, +, \cdot)$ fortsetzen. Daraus folgt, daß jeder echte Halbkörper $(S, +, \cdot)$ mit $|S^*| \geq 2$ und einem Nullelement stets einen kleinsten Unterhalbkörper $(\mathbb{H}_0 e, +, \cdot)$ mit Nullelement enthält. Dabei ist $(\mathbb{H}_0 e, +, \cdot)$ isomorph zum Booleschen Halbkörper $(\mathbb{B}, +, \cdot)$, falls $(S, +, \cdot)$ additiv idempotent ist, während sonst $(\mathbb{H}_0 e, +, \cdot) \cong (\mathbb{H}_0, +, \cdot)$ gilt.

5.9. Das direkte Produkt $(S, +, \cdot) = (S_1, +, \cdot) \times \ldots \times (S_n, +, \cdot)$ von Halbkörpern ist genau dann wieder ein Halbkörper, wenn alle Halbkörper $(S_i, +, \cdot)$ kein Nullelement haben. In diesem Fall ist (für $n \geq 2$) jede der in Aufgabe 3.8 a) eingeführten Projektionen π_j ein nichtinjektiver Homomorphismus des Halbkörpers $(S, +, \cdot)$ auf einen Halbkörper $(S_j, +, \cdot)$. Die gleichen Aussagen gelten für das direkte Produkt einer unendlichen Familie $\big((S_i, +, \cdot)\big)_{i \in I}$ von Halbkörpern.

I.6. Relationen, partiell geordnete Mengen, Verbände

Für die Behandlung von Kongruenzen im nächsten Paragraphen, aber auch in anderen Zusammenhängen in den folgenden Kapiteln benötigen wir einige Hilfsmittel, die wir nicht als bekannt voraussetzen wollen. Dabei legen wir bei der folgenden Darstellung auch die hier verwendeten Sprech- und Schreibweisen fest. Im Hinblick auf ein besseres Verständnis gehen wir inhaltlich über das unbedingt Erforderliche etwas hinaus.

Definition 6.1. Es seien A und B Mengen. Unter einer *Korrespondenz von A zu B* versteht man eine beliebige Teilmenge ϱ der Produktmenge $A \times B$. Für jedes Paar $(a, b) \in A \times B$ gilt also entweder $(a, b) \in \varrho$ oder $(a, b) \notin \varrho$, wofür man im ersten Fall auch $a\varrho b$ und im zweiten Fall $a \not\varrho\, b$ schreibt. Für jede Korrespondenz $\varrho \subseteq A \times B$ nennt man

$$\{a \in A \mid \text{es gibt ein } b \in B \text{ mit } (a, b) \in \varrho\} \quad \text{bzw.}$$
$$\{b \in B \mid \text{es gibt ein } a \in A \text{ mit } (a, b) \in \varrho\}$$

den *Vorbereich* (oder die *erste Projektion*) bzw. den *Nachbereich* (oder die *zweite Projektion*) von ϱ. Im Fall $A = B$ heißt $\varrho \subseteq A \times A$ eine (zweistellige) *Relation auf der Menge A*. Mitunter wird auch eine Korrespondenz $\varrho \subseteq A \times B$ eine Relation von A zu B genannt.

Extreme Beispiele sind die *leere Korrespondenz* $\emptyset \subseteq A \times B$ und die *Allkorrespondenz* $\alpha = \alpha_{A,B} = A \times B$. Weiter kann jede Abbildung φ von A in B als eine Korrespondenz $\varphi \subseteq A \times B$ mit folgenden Eigenschaften definiert werden: Der Vorbereich von φ ist A, und $(a,b),(a,c) \in \varphi$ impliziert $b = c$ für alle $a \in A$ und alle $b, c \in B$. Dabei ist φ eine surjektive Abbildung, wenn auch der Nachbereich von φ gleich B ist. (Verlangt man von einer Korrespondenz $\varphi \subseteq A \times B$ nur, daß $(a,b),(a,c) \in \varphi \Longrightarrow b = c$ für alle $a \in A$ und alle $b, c \in B$ gilt, so nennt man φ auch eine *partielle Abbildung aus A in B*, vgl. auch Beispiel 6.15 d) und Aufgabe 6.16.)

Für beliebige Korrespondenzen $\varrho, \sigma \subseteq A \times B$ ist dann $\varrho \subseteq \sigma$ im Sinne der mengentheoretischen Inklusion definiert und besagt, daß $a\varrho b \Longrightarrow a\sigma b$ für alle $a \in A$ und alle $b \in B$ gilt. Ebenso ist die Vereinigung $\varrho \cup \sigma$ und der Durchschnitt $\varrho \cap \sigma$ definiert, wobei also

$$a(\varrho \cup \sigma)b \iff a\varrho b \quad \text{oder} \quad a\sigma b \quad \text{bzw.}$$
$$a(\varrho \cap \sigma)b \iff a\varrho b \quad \text{und} \quad a\sigma b$$

für alle $a \in A$ und alle $b \in B$ gilt. Entsprechendes gilt für die Vereinigung $\bigcup_{i \in I} \varrho_i$ und den Durchschnitt $\bigcap_{i \in I} \varrho_i$ einer nichtleeren Menge $\{\varrho_i\}_{i \in I}$ von Korrespondenzen $\varrho_i \subseteq A \times B$. Man beachte hier wie im folgenden, daß alles dies auch für den bei uns meist gebrauchten Spezialfall zweistelliger Relationen auf einer Menge A gilt. In diesem Fall bezeichnet man dann die Relation $\iota_A = \{(a,a) \mid a \in A\} \subseteq A \times A$ als die *identische Relation* auf A. Sie kann als Abbildung $\varphi = \iota_A$ interpretiert werden und wird dann die *identische Abbildung* von A (auf A) genannt.

Definition 6.2. Für jede Korrespondenz ϱ von A zu B definiert man die *konverse Korrespondenz* ϱ^{-1} von B zu A gemäß $(b,a) \in \varrho^{-1} \iff (a,b) \in \varrho$ für alle $a \in A$ und alle $b \in B$, oder gleichwertig $b\varrho^{-1}a \iff a\varrho b$.

Ersichtlich vertauschen sich beim Übergang von ϱ zu ϱ^{-1} Vorbereich und Nachbereich, und es gilt $(\varrho^{-1})^{-1} = \varrho$ sowie $\varrho \subseteq \sigma \iff \varrho^{-1} \subseteq \sigma^{-1}$ für alle $\varrho, \sigma \subseteq A \times B$. Ist insbesondere $\varphi \subseteq A \times B$ eine Abbildung von A in B, so ist

$$\varphi^{-1}(b) = \{a \in A \mid (b,a) \in \varphi^{-1}\} = \{a \in A \mid (a,b) \in \varphi\}$$

für jedes $b \in B$ die Menge aller $a \in A$, die durch φ auf $b \in B$ abgebildet werden (und insbesondere leer, wenn b nicht im Nachbereich von φ liegt). Trotz der oft üblichen Schreibweise $\varphi^{-1}(b)$ für diese Menge ist φ^{-1} im allgemeinen keine Abbildung von B auf A; dies ist vielmehr genau dann der Fall, wenn φ surjektiv und injektiv, also bijektiv ist.

Definition 6.3. Es seien A, B, C und D Mengen. Für Korrespondenzen $\varrho \subseteq A \times B$ und $\sigma \subseteq C \times D$ definiert man das *Produkt* $\sigma \circ \varrho \subseteq A \times D$ als die Korrespondenz

$$\sigma \circ \varrho = \{(a,d) \in A \times D \mid \text{es gibt ein } x \in B \cap C \text{ mit } (a,x) \in \varrho \text{ und } (x,d) \in \sigma\}.$$

Man beachte, daß dieses Produkt $\sigma \circ \varrho$ stets definiert ist, wobei jedoch häufig der Fall $\sigma \circ \varrho = \emptyset$ eintreten wird. Insbesondere ist damit auch das Produkt beliebiger Abbildungen φ von A in B und ψ von C in D definiert. Doch trifft es im allgemeinen nicht zu, daß $\psi \circ \varphi$ eine Abbildung von A in D ist. Letzteres gilt ersichtlich genau dann, wenn der Nachbereich von φ in C enthalten ist, wofür natürlich $B \subseteq C$ und erst recht $B = C$ hinreichend sind. In diesen Fällen ist dann das Produkt $\psi \circ \varphi$ im Sinne von Definition 6.3 die durch $(\psi \circ \varphi)(a) = \psi(\varphi(a))$ für alle $a \in A$ festgelegte Nacheinanderanwendung der Abbildungen φ und ψ, wie wir sie schon in I.1 benutzt haben.

Bemerkung 6.4. An sich ist es näherliegend, das in Definition 6.3 definierte Produkt etwa mit $\varrho * \sigma$ zu bezeichnen und damit $\varrho \subseteq A \times B$ als linken und $\sigma \subseteq C \times D$ als rechten Faktor aufzufassen. Für die Nacheinanderanwendung von Abbildungen $\varphi \subseteq A \times B$ und $\psi \subseteq C \times D$ etwa mit $B \subseteq C$ gilt dann $(\varphi * \psi)(a) = \psi(\varphi(a))$ für alle $a \in A$, was mit der weitverbreiteten Schreibweise $\varphi(a)$ für das Bild von a unter φ schlecht harmoniert. Dies ist auch einer der Gründe, statt $\varphi(a)$ die Rechtsoperatorenschreibweise $a\varphi$ zu benutzen. In der algebraischen Literatur wird $a\varphi$ und $\varphi * \psi$ als Spezialfall von $\varrho * \sigma$ im eben geschilderten Sinne häufig benutzt, allerdings meist mit dem Symbol $\cdot$ oder $\circ$ anstelle von $*$.

Natürlich verwenden wir hier $\sigma \circ \varrho$ im Sinne von Definition 6.3 und überlassen den Beweis der folgenden Aussagen dem Leser (vgl. auch Aufgabe 6.3).

Lemma 6.5. *a) Für alle $\varrho \subseteq A \times B$, $\sigma \subseteq C \times D$ und $\tau \subseteq E \times F$ gilt*

$$\tau \circ (\sigma \circ \varrho) = (\tau \circ \sigma) \circ \varrho \quad \textit{und} \quad (\sigma \circ \varrho)^{-1} = \varrho^{-1} \circ \sigma^{-1}.$$

b) Für alle $\varrho, \sigma \subseteq A \times B$ und $\tau \subseteq C \times D$ gelten

$$\varrho \subseteq \sigma \Longrightarrow \tau \circ \varrho \subseteq \tau \circ \sigma \quad \textit{und} \quad \tau \circ (\varrho \cup \sigma) = \tau \circ \varrho \cup \tau \circ \sigma$$

sowie die entsprechenden links-rechts-dualen Aussagen.

c) Insbesondere bildet damit für jede Menge A die Menge $\mathfrak{P}(A \times A)$ aller Relationen auf A einen Halbring $(\mathfrak{P}(A \times A), \cup, \circ)$ mit der identischen Relation ι_A als Einselement und der leeren Relation $\emptyset$ als absorbierendem Nullelement.

Bekanntlich heißt eine reflexive, symmetrische und transitive Relation ϱ auf einer Menge $A \neq \emptyset$ eine *Äquivalenzrelation* auf A, und wir bezeichnen mit $\ddot{A}_A$ die *Menge aller Äquivalenzrelationen auf* A. Gemäß $[a]_\varrho = \{a' \in A \mid a'\varrho a\}$ bestimmt jede Äquivalenzrelation ϱ auf A die Klassen einer *Klasseneinteilung* $\mathfrak{K} = \{K_i\}_{i \in I}$ von A, wobei letztere durch $A = \bigcup_{i \in I} K_i$ und $K_i \cap K_j$ für $i \neq j$ sowie $K_i \neq \emptyset$, jeweils für alle $i, j \in I$, definiert ist. Bezeichnet man für jedes $a \in A$ mit $K_a \in \mathfrak{K}$ diejenige Klasse, die $a \in K_a$ erfüllt, so legt umgekehrt jede Klasseneinteilung gemäß $a\varrho a' \iff K_a = K_{a'}$ eine Äquivalenzrelation fest. Wegen $a\varrho a' \iff [a]_\varrho = [a']_\varrho$ ist die Zuordnung von Klasseneinteilung und Äquivalenzrelation für jede Menge A ersichtlich bijektiv. Wie üblich bezeichnen wir mit A/ϱ die *Menge der Klassen* $[a]_\varrho$ *der durch* ϱ *bestimmten Klasseneinteilung von* A. Den Zusammenhang mit Abbildungen formulieren wir wie folgt:

Satz 6.6. *Es seien A und B nichtleere Mengen.*

a) Jede Äquivalenzrelation ϱ auf A bestimmt eine natürliche Abbildung $\varrho^\#$ von A auf A/ϱ gemäß $\varrho^\#(a) = [a]_\varrho$ für alle $a \in A$.

b) Jede Abbildung φ von A in B bestimmt eine Äquivalenzrelation ϱ auf A gemäß $\varrho = \varphi^{-1} \circ \varphi$, was gleichwertig ist mit $a\varrho a' \iff \varphi(a) = \varphi(a')$ für alle $a, a' \in A$. Die zugehörige Klasseneinteilung von A besteht also aus den Klassen $[a]_\varrho$ unter φ bildgleicher Elemente. Weiterhin läßt sich φ zerlegen gemäß $\varphi = \varphi_3 \circ \varphi_2 \circ \varphi_1$ in die surjektive Abbildung $\varphi_1 = \varrho^\#$, die durch $\varphi_2([a]_\varrho) = \varphi(a)$ definierte Bijektion von A/ϱ auf $\varphi(A) \subseteq B$ und die triviale injektive Abbildung $\varphi_3 = \iota$, die identische Einbettung von $\varphi(A)$ in B:

$$
\begin{array}{ccc}
A & \overrightarrow{\varphi} & B \\
\varrho^\# \downarrow & & \uparrow \iota \\
A/\varrho & \overrightarrow{\varphi_2} & \varphi(A)
\end{array}
$$

Für den oft betrachteten Fall, daß φ surjektiv ist, wird $\varphi_3 = \iota$ zur identischen Abbildung ι_B von B. In diesem Fall gilt dann $\varphi = \varphi_2 \circ \varphi_1$.

Im zweiten Teil dieses Paragraphen wenden wir uns Mengen zu, die jeweils durch eine Relation mit bestimmten Eigenschaften strukturiert sind. Einige der dafür in Frage kommenden Eigenschaften haben wir in Aufgabe 6.2 zusammengestellt.

Definition 6.7. a) Eine Relation ϱ auf einer Menge $A \neq \emptyset$ heißt eine *partielle Ordnung* (auch *teilweise Ordnung* oder *Halbordnung*) auf oder von A, wenn ϱ reflexiv, transitiv und antisymmetrisch ist, wobei die Antisymmetrie definiert ist durch: Aus $a\varrho b$ und $b\varrho a$ folgt $a = b$ für alle $a, b \in A$. Entsprechend nennt man dann (A, ϱ) eine *partiell geordnete Menge,* wofür wir auch abkürzend *p. g. Menge* schreiben. (Man beachte, daß auch die identische Relation ι_A eine spezielle partielle Ordnung auf A ist.)

b) Eine partielle Ordnung ϱ auf A heißt eine *lineare Ordnung* (auch *totale Ordnung* oder *Vollordnung*) auf A, wenn ϱ auch linear ist, d. h. wenn für jedes Paar $(a, b) \in A \times A$ stets $a\varrho b$ oder $b\varrho a$ gilt. Man nennt dann (A, ϱ) eine *linear geordnete Menge* oder kürzer eine *l. g. Menge.*

Bemerkung 6.8. Da in der Literatur die Bezeichnung "Ordnung" sowohl für "partielle Ordnung" als auch für "lineare Ordnung" gebraucht wird, verwenden wir "Ordnung" und entsprechend "geordnete Menge" überhaupt nicht.

Im allgemeinen gebraucht man für eine partielle Ordnung ϱ auf A das Zeichen $\leq$ und schreibt dann $(A, \leq)$ für eine partiell geordnete Menge. Die zu ϱ konverse Relation ϱ^{-1}, die dann ebenfalls eine partielle Ordnung ist, bezeichnet man mit $\geq$; es gilt dann also $b \geq a \iff a \leq b$ für alle $a, b \in A$.

Lemma 6.9. *Ist ϱ (oder $\leq$) eine partielle Ordnung auf A, so ist die Relation $\varrho' = \varrho \setminus \iota_A$ (oder $<$) eine irreflexive, transitive und asymmetrische Relation, wobei die Asymmetrie durch $a\varrho' b \Longrightarrow b \not\varrho' a$ für alle $a, b \in A$ definiert ist. Ist umgekehrt σ (oder $<$) eine irreflexive, transitive und asymmetrische Relation auf A, so ist die Relation $\sigma' = \sigma \cup \iota_A$ (oder $\leq$) reflexiv, transitiv und antisymmetrisch. Dabei gilt $(\varrho')' = \varrho$ und $(\sigma')' = \sigma$.*

Das Entsprechende gilt unter Einbeziehung der Linearität für ϱ (oder $\leq$) und der Konnexität für ϱ' (oder $<$), wobei letzteres besagt, daß für jedes Paar $(a, b) \in A \times A$ stets $a\varrho' b$ oder $a = b$ oder $b\varrho' a$ gilt.

Man kann also jede partiell oder linear geordnete Menge $(A, \varrho) = (A, \leq)$ statt mit der *reflexiven partiellen Ordnung* ϱ ebenso mit der *irreflexiven partiellen Ordnung* $\varrho' = \varrho \setminus \iota_A$ gemäß $(A, \varrho') = (A, <)$ betrachten und umgekehrt.

Beispiel 6.10. a) Die Menge $\mathbb{R}$ der reellen Zahlen ist mit der üblichen (reflexiven) linearen Ordnungsrelation $\leq$ eine l. g. Menge $(\mathbb{R}, \leq)$. Nach Lemma 6.9 kann die gleiche l. g. Menge auch mit der entsprechenden irreflexiven linearen Ordnungsrelation $<$ in der Form $(\mathbb{R}, <)$ angegeben werden. Weiterhin ist gemäß Aufgabe 6.6 jede nichtleere Teilmenge T von $\mathbb{R}$ eine l. g. Menge $(T, \leq)$.

b) Für jede Menge M ist die Potenzmenge $\mathfrak{P}(M)$ mit der (reflexiven) mengentheoretischen Inklusion $\subseteq$ eine p. g. Menge $\big(\mathfrak{P}(M), \subseteq\big)$, die ebenso mit der irreflexiven Inklusion $\subset$ in der Form $\big(\mathfrak{P}(M), \subset\big)$ beschrieben werden kann. Die mitunter verwendeten Schreibweisen $\subset$ und $\underset{\neq}{\subset}$ anstelle von $\subseteq$ und $\subset$ widersprechen dem Gebrauch von $\leq$ und $<$ bei a) und den daraus verallgemeinerten, durchgängig üblichen Schreibweisen $(A, \leq)$ und $(A, <)$ für beliebige p. g. Mengen.

c) Als Spezialfall von b) sei $M = A \times A$, also $\mathfrak{P}(A \times A)$ die Menge aller Relationen auf einer Menge A. Dann ist $\big(\mathfrak{P}(A \times A), \subseteq\big)$ eine partiell geordnete Menge, wobei also $\rho \subseteq \sigma$ mit $a\rho b \Longrightarrow a\sigma b$ für alle $a, b \in A$ übereinstimmt. Insbesondere ist die Menge aller partiellen Ordnungen auf A als Teilmenge von $\big(\mathfrak{P}(A \times A), \subseteq\big)$ selbst eine partiell geordnete Menge.

d) Für eine (nicht zu große) endliche p. g. Menge $(A, \leq)$ verwendet man zur Veranschaulichung oft ihr sogenanntes *Hasse-Diagramm.* Es entsteht, indem man jedes Element von A als Punkt kennzeichnet und mit einer aufsteigenden Strecke von a zu b angibt, daß $a < b$ gilt und es kein Element $z \in A$ gibt, welches noch "zwischen" a und b liegt, also $a < z < b$ erfüllen würde. So sind zum Beispiel

alle möglichen Hasse-Diagramme für p. g. Mengen $(A, \leq)$ mit $|A| = 3$.

Definition 6.11. Es sei $(A, \leq)$ eine p. g. Menge und $T \neq \emptyset$ eine Teilmenge von A. Dann heißt ein Element $a \in T$ ein *minimales Element von T*, wenn $t \leq a \Longrightarrow t = a$ für alle $t \in T$ gilt. Dagegen heißt $b \in T$ *kleinstes Element* oder *Minimum von T*, wenn $b \leq t$ für alle $t \in T$ erfüllt ist.

Ersichtlich kann eine Teilmenge T einer p. g. Menge $(A, \leq)$ beliebig viele minimale Elemente haben. Dagegen gibt es höchstens ein kleinstes Element b von T, welches dann auch das einzige minimale Element von T ist, und man schreibt dann $b = \min T$. Ist dagegen $(A, \leq)$ oder wenigstens $(T, \leq)$ linear geordnet, so fallen die Begriffe minimales Element von T und kleinstes Element von T zusammen.

Bemerkung 6.12. Dem Übergang von einer partiell geordneten Menge $(A, \leq) = (A, \varrho)$ zu der partiell geordneten Menge $(A, \geq) = (A, \varrho^{-1})$ entspricht das *ordnungstheoretische Dualitätsprinzip.* In diesem Sinne betrachtet man mit Definition 6.11 auch die dualen Begriffe *maximales Element von T* und *größtes Element* oder *Maximum von T* (in Zeichen: $\max T$) als definiert, und mit den Aussagen im Anschluß an Definition 6.11 gelten auch die dualen Aussagen über maximale und größte Elemente von T.

Man beachte, daß die l. g. Menge $(\mathbb{R}, \leq)$ selbst (d. h. $T = \mathbb{R}$) weder ein kleinstes noch ein größtes Element hat. Für die p. g. Menge $(\mathfrak{P}(M), \subseteq)$ ist dagegen $\emptyset$ das kleinste und M das größte Element, während für die dual partiell geordnete Menge $(\mathfrak{P}(M), \supseteq)$ gerade umgekehrt $\emptyset$ das größte und M das kleinste Element ist.

Definition 6.13. Es sei $(A, \leq)$ eine p. g. Menge und $T \subseteq A$.

a) Ein Element $s \in A$ heißt eine *untere Schranke von T* (genauer *untere Schranke von T in A*), wenn $s \leq t$ für alle $t \in T$ gilt: Existiert eine solche untere Schranke, so heißt *T (in A) nach unten beschränkt.*

b) Ein Element $d \in A$ heißt *größte untere Schranke von T (in A)* oder *Infimum von T (in A),* wenn

$$(6.1) \qquad d \leq t \quad \text{für alle } t \in T \quad \text{und}$$

$$(6.2) \qquad s \leq t \quad \text{für alle } t \in T \quad \Longrightarrow \quad s \leq d \quad \text{für alle } s \in A$$

gilt, also d das Maximum der Menge aller unteren Schranken von T in A ist. Im Falle der Existenz ist also das Infimum d von T in A eindeutig bestimmt; man schreibt dann $d = \inf T$ oder $d = \bigwedge_{t \in T} t$ und insbesondere $d = a \wedge b$ für $T = \{a, b\} \subseteq A$, wenn der Bezug auf A klar ist.

c) Dual definiert man die Begriffe *obere Schranke von T, T ist nach oben beschränkt* und *kleinste obere Schranke von T (Supremum von T),* falls erforderlich jeweils mit dem Zusatz *in A.* Für das Supremum von T in A schreibt man $\sup T$ oder $\bigvee_{t \in T} t$ bzw. $a \vee b$ für $T = \{a, b\} \subseteq A$, wenn der Bezug auf A klar ist.

Hat die Teilmenge T von $(A, \leq)$ ein kleinstes Element $a \in T$, so ist a zugleich das Infimum von T (sowohl in A als auch in T). Die Umkehrung gilt natürlich nicht: So hat z. B. die Menge $T = \{t \in \mathbb{Q} \mid t > 0 \text{ und } t^2 > 2\}$ in $(\mathbb{R}, \leq)$ das Infimum $\sqrt{2} \in \mathbb{R}$, doch besitzt T kein kleinstes Element. Nebenbei bemerkt, existiert auch kein Infimum von T in $(\mathbb{Q}, \leq)$. In diesem Zusammenhang verweisen wir auch auf Aufgabe 6.11.

Definition 6.14. a) Eine p. g. Menge $(H, \leq)$ heißt ein *oberer Halbverband* oder ein *$\vee$-Halbverband,* wenn für alle $T = \{a, b\} \subseteq H$ das Supremum $a \vee b$

von T in H existiert. Entsprechend heißt $(H, \leq)$ ein *unterer Halbverband* oder ein $\wedge$-*Halbverband*, wenn für alle $a, b \in H$ das Infimum $a \wedge b$ von $\{a, b\}$ in H existiert.

b) Eine p. g. Menge $(V, \leq)$ heißt ein *Verband*, wenn $(V, \leq)$ sowohl oberer als auch unterer Halbverband ist.

Beispiel 6.15. a) Jede l. g. Menge $(A, \leq)$ ist ein Verband, da für jede Teilmenge $T = \{a, b\} \subseteq A$ sowohl $\min T$ als auch $\max T$ existiert; wie oben bemerkt, gilt dann $\min T = \inf T = a \wedge b$ und dual $\max T = \sup T = a \vee b$.

b) Für jede Menge M ist $(\mathfrak{P}(M), \subseteq)$ ein Verband. Für jede Teilmenge $T = \{A, B\} \subseteq \mathfrak{P}(M)$ gilt nämlich offensichtlich $A \cup B = \sup\{A, B\}$ und ebenso $A \cap B = \inf\{A, B\}$. Hier schreibt man jedoch im allgemeinen nicht $A \vee B$ oder $A \wedge B$, vielmehr können die mengentheoretischen Symbole $\cup$ und $\cap$ sowie $\bigcup$ und $\bigcap$ als Vorbilder ihrer in Definition 6.13 eingeführten Verallgemeinerungen $\vee$, $\wedge$, $\bigvee$ und $\bigwedge$ angesehen werden.

c) Die für alle $a, b \in \mathbb{N}$ durch $a \mid b \iff ax = b$ für ein $x \in \mathbb{N}$ definierte Teilbarkeitsrelation $\mid$ natürlicher Zahlen ist eine partielle Ordnungsrelation auf $\mathbb{N}$. Dabei gilt $a \mid b \Longrightarrow a \leq b$ bezüglich der üblichen linearen Ordnungsrelation von $\mathbb{N}$, aber nicht umgekehrt. Nach a) ist $(\mathbb{N}, \leq)$ ein Verband. Das gleiche gilt aber auch für die p. g. Menge $(\mathbb{N}, \mid)$, wobei $a \wedge b$ gemäß (6.1) und (6.2) für $\mid$ gerade die Definition das größten gemeinsamen Teilers von a und b (oder von $T = \{a, b\}$) ist und dual $a \vee b$ das kleinste gemeinsame Vielfache von a und b.

d) Wir geben noch ein Beispiel für einen $\wedge$-Halbverband, der kein Verband ist: Für beliebige Mengen A, B bildet die Menge H aller partiellen Abbildungen aus A in B einen $\wedge$-Halbverband $(H, \leq)$, wobei $\varphi \leq \psi$ gemäß $\varphi \subseteq \psi$ für alle $\varphi, \psi \in H$ im Sinne von Definition 6.1 erklärt ist und auch die leere Korrespondenz $\emptyset$ als partielle Abbildung von A in B betrachtet wird. Für $A \neq \emptyset$ und $|B| > 1$ ist $(H, \leq)$ kein Verband (vgl. Aufgabe 6.16).

Satz 6.16. *a) Es sei $(H, \leq)$ ein $\vee$-Halbverband. Dann ist $\vee$ eine zweistellige Operation auf H, für die $(H, \vee)$ eine kommutative, idempotente Halbgruppe ist. Sind weiterhin $t_1, \ldots, t_n$ endlich viele Elemente aus H, so existieren sowohl $t_1 \vee \ldots \vee t_n$ in $(H, \vee)$ als auch $\sup\{t_1, \ldots, t_n\}$ in $(H, \leq)$, und es gilt*

$$t_1 \vee \ldots \vee t_n = \sup\{t_1, \ldots, t_n\}. \tag{6.3}$$

b) Ist umgekehrt $(H, +)$ eine kommutative, idempotente Halbgruppe, dann definiert

$$a \leq b \iff a + b = b \quad \text{für alle} \quad a, b \in H \tag{6.4}$$

eine Relation $\leq$ *auf* H*, für die* $(H, \leq)$ *ein* $\vee$*-Halbverband mit* $\sup\{a, b\} = a+b$ *ist.*

c) Wendet man a) und b) nacheinander an, so erhält man wieder den ursprünglichen Halbverband $(H, \leq)$*, und Entsprechendes gilt für die Nacheinanderanwendung von b) und a).*

Beweis. a) Die Supremumsbildung $a \vee b$ in $(H, \leq)$ ist wegen $\sup\{a, b\} = \sup\{b, a\}$ und $\sup\{a, a\} = a$ kommutativ und idempotent. Weiter gilt (6.3) nach Definition für $n = 2$. Wir setzen nun die Existenz von $d' = \sup\{t_1, \ldots, t_{n-1}\}$ in $(H, \leq)$ voraus. Dann existiert auch

$$d = d' \vee t_n = \sup\{d', t_n\} = \sup\{\sup\{t_1, \ldots, t_{n-1}\}, t_n\}, \tag{6.5}$$

und man zeigt leicht, daß d gemäß den zu (6.1) und (6.2) dualen Bedingungen das Supremum von $T = \{t_1, \ldots, t_n\}$ ist. Damit ist einmal die Existenz des Supremums für alle endlichen Teilmengen $T \subseteq H$ in $(H, \leq)$ gezeigt. Zum anderen gilt für $n = 3$

$$(t_1 \vee t_2) \vee t_3 = \sup\{t_1, t_2, t_3\} \quad \text{für alle} \quad t_i \in H,$$

woraus unmittelbar die Assoziativität der Operation $\vee$ auf H und mit (6.5) auch (6.3) folgt.

b) Die durch (6.4) definierte Relation $\leq$ auf H ist für jede idempotente Halbgruppe $(H, +)$ ersichtlich reflexiv und transitiv. Aus $a \leq b$ und $b \leq a$ folgt $a = b$ wegen $b = a + b = b + a = a$, also die Antisymmetrie. Damit ist $(H, \leq)$ eine p. g. Menge. Es bleibt $a + b = \sup\{a, b\}$ zu zeigen. Die zu (6.1) duale Bedingung $a + b \geq a$ und $a + b \geq b$ folgt aus (6.4) wegen $(a + b) + a = a + b$ und $(a + b) + b = a + b$. Die zu (6.2) duale Bedingung besagt, daß aus $s \geq a$ und $s \geq b$ stets $s \geq a + b$, also gemäß (6.4) aus $s + a = s$ und $s + b = s$ stets $s + a + b = s$ folgt. Letzteres ist aber in der kommutativen, idempotenten Halbgruppe $(H, +)$ trivial.

c) Es sei $(H, \leq_1)$ ein oberer Halbverband, $(H, \vee_1)$ die aus ihm gemäß a) gebildete Halbgruppe, aus der wir gemäß b) den oberen Halbverband $(H, \leq_2)$ bilden. Dann ist nach (6.4) $a \leq_2 b$ durch $a \vee_1 b = b$ mit der Supremumsbildung $\vee_1$ in $(H, \leq_1)$ definiert. Dafür gilt aber $a \vee_1 b = b$ genau dann, wenn $a \leq_1 b$ erfüllt ist. Dies zeigt $(H, \leq_1) = (H, \leq_2)$. Zweitens sei $(H, +_1)$ eine kommutative, idempotente Halbgruppe, $(H, \leq_1)$ der aus ihr gemäß b) gebildete obere Halbverband, aus dem gemäß a) die Halbgruppe $(H, +_2)$ gebildet wird. Nach b) gilt dann $a \vee_1 b = a +_1 b$, während bei a) $a +_2 b$ als $a \vee_1 b$ definiert wird. Dies zeigt $(H, +_1) = (H, +_2)$. ■

Nach Satz 6.16 entspricht also jedem $\vee$-Halbverband $(H, \leq)$ genau eine kommutative, idempotente Halbgruppe $(H, \vee)$ und umgekehrt. Die dazu duale Aussage besagt, daß jeder $\wedge$-Halbverband $(H, \leq)$ entsprechend zu einer kommutativen, idempotenten Halbgruppe $(H, \wedge)$ korrespondiert. Wir wenden nun beide Aussagen auf einen Verband $(V, \leq)$ an:

Satz 6.17. *a) Es sei $(V, \leq)$ ein Verband. Dann ist $(V, \vee, \wedge)$ eine Menge mit $a \vee b = \sup\{a, b\}$ und $a \wedge b = \inf\{a, b\}$ als zweistelligen Operationen, für die folgendes gilt:*

1) $(V, \vee)$ und $(V, \wedge)$ sind kommutative, idempotente Halbgruppen.

2) $a \vee b = b \iff a \wedge b = a$ für alle $a, b \in V$.

b) Sei umgekehrt $(V, \vee, \wedge)$ eine nichtleere Menge mit zwei zweistelligen Operationen $\vee$ und $\wedge$, die 1) und 2) erfüllen. Dann definiert

$$(6.4') \qquad a \leq b \iff a \vee b = b \quad \text{für alle} \quad a, b \in V$$

oder gleichwertig

$$(6.4'') \qquad a \leq b \iff a \wedge b = a \quad \text{für alle} \quad a, b \in V$$

eine Relation $\leq$ auf V, für die $(V, \leq)$ ein Verband mit $\sup\{a, b\} = a \vee b$ und $\inf\{a, b\} = a \wedge b$ ist.

c) Wendet man a) und b) nacheinander an, so erhält man wieder den ursprünglichen Verband $(V, \leq)$, und Entsprechendes gilt für die Nacheinanderanwendung von b) und a).

Beweis. a) Die Anwendung von Satz 6.16 a) und der zu ihm dualen Aussage ergibt sofort 1), und 2) folgt aus $a \vee b = b \iff a \leq b \iff a \wedge b = a$.

b) Nach Satz 6.16 b) bestimmt $(V, \vee)$ einen $\vee$-Halbverband $(V, \leq)$ gemäß (6.4′) und dual $(V, \wedge)$ einen $\wedge$-Halbverband $(V, \leq)$ gemäß (6.4″), wobei 2) gerade gewährleistet, daß (6.4′) und (6.4″) die gleiche Relation $\leq$ auf V definieren.

c) Dies folgt sofort aus Satz 6.16 c). ■

Bemerkung 6.18. i) Nach diesem Satz kann man einen *Verband auch in der Form $(V, \vee, \wedge)$ definieren, also als eine nichtleere Menge V mit den zweistelligen Operationen $\vee$ und $\wedge$, die 1) und 2) erfüllen.* Bei vielen Überlegungen steht sogar diese Begriffsbildung des Verbandes als universelle Algebra mit zwei zweistelligen Operationen im Vordergrund (vgl. auch Aufgabe 6.12).

ii) Wendet man auf einen Verband $(V, \leq)$ das ordnungstheoretische Dualitätsprinzip an, so entspricht ihm für $(V, \vee, \wedge)$ die Vertauschung der Operationen $\vee$ und $\wedge$. Man nennt letzteres auch das verbandstheoretische Dualitätsprinzip.

Definition 6.19. a) Eine p. g. Menge $(A, \leq)$ heißt *supremums-vollständig,* wenn zu jeder nichtleeren Teilmenge $T \subseteq A$ das Supremum von T in A existiert. Jede supremums-vollständige Menge $(A, \leq)$ ist also ein (supremums-vollständiger) $\vee$-Halbverband und wegen der Existenz von $\sup A = \max A$ nach oben beschränkt.

b) Eine p. g. Menge $(A, \leq)$ heißt *vollständig,* wenn sie sowohl supremums- als auch infimums-vollständig ist. Jede vollständige Menge $(A, <)$ ist also ein (vollständiger) Verband und (nach oben und unten) beschränkt. Nach Aufgabe 6.11 existieren damit auch $\inf \emptyset = \max A$ und $\sup \emptyset = \min A$ in A.

Bemerkung 6.20. i) Wie wir hier nur mitteilen wollen, *sind folgende Aussagen für eine p. g. Menge $(A, \leq)$ gleichwertig:*

a) $(A, \leq)$ ist supremums-vollständig und nach unten beschränkt.

b) $(A, \leq)$ ist infimums-vollständig und nach oben beschränkt.

c) $(A, \leq)$ ist vollständig, also ein vollständiger Verband.

Dabei erhält man beim Beweis von b) $\Longrightarrow$ a) für jede nichtleere Teilmenge $T \subseteq A$ das Supremum von T in A als das Infimum der (nach Voraussetzung nichtleeren) Menge aller oberen Schranken von T in A und dual beim Übergang von a) zu b).

ii) Als Beispiel betrachten wir einen Ring $R = (R, +, \cdot)$ und die Menge $\mathfrak{U}$ (der Trägermengen) aller Unterringe U von R. Als Teilmenge des Verbandes $(\mathfrak{P}(R), \subseteq)$ ist $(\mathfrak{U}, \subseteq)$ eine p. g. Menge und durch $R \in \mathfrak{U}$ nach oben beschränkt. Für jede nichtleere Teilmenge $\mathfrak{T}$ von $\mathfrak{U}$ existiert wegen $\mathfrak{T} \subseteq \mathfrak{P}(R)$ das Infimum von $\mathfrak{T}$ in $(\mathfrak{P}(R), \subseteq)$, nämlich $\inf_{\mathfrak{P}(R)} \mathfrak{T} = \bigcap_{T \in \mathfrak{T}} T \in \mathfrak{P}(R)$. Dieser Durchschnitt von Unterringen $\{T\}_{T \in \mathfrak{T}}$ von R ist jedoch wieder ein Unterring von R. Damit gilt $\bigcap_{T \in \mathfrak{T}} T = \inf_{\mathfrak{P}(R)} \mathfrak{T} \in \mathfrak{U}$, woraus nach (6.1) folgt, daß $\bigcap_{T \in \mathfrak{T}} T$ auch das Infimum $\inf_{\mathfrak{U}} \mathfrak{T}$ von $\mathfrak{T}$ in $(\mathfrak{U}, \subseteq)$ ist. Also ist $(\mathfrak{U}, \subseteq)$ eine infimums-vollständige, nach oben beschränkte p. g. Menge. Nach i) ist damit $(\mathfrak{U}, \subseteq)$ ein vollständiger Verband, und für jede nichtleere Teilmenge $\mathfrak{T}$ von $\mathfrak{U}$ ist das Supremum von $\mathfrak{T}$ in $\mathfrak{U}$ das Infimum der Menge aller oberen Schranken von $\mathfrak{T}$ in $\mathfrak{U}$, d. h. es gilt

$$\sup_{\mathfrak{U}} \mathfrak{T} = \bigcap \{U \in \mathfrak{U} \mid T \subseteq U \text{ für alle } T \in \mathfrak{T}\}. \tag{6.6}$$

Damit ist $\sup_{\mathfrak{U}} \mathfrak{T}$ der von $\sup_{\mathfrak{P}(R)} \mathfrak{T} = \cup\mathfrak{T} = \cup_{T\in\mathfrak{T}} T$ erzeugte Unterring von R. Es gilt also $\sup_{\mathfrak{U}} \mathfrak{T} \supseteq \sup_{\mathfrak{P}(R)} \mathfrak{T}$, und zwar in den meisten Fällen mit echter Inklusion, im Gegensatz zu $\inf_{\mathfrak{U}} \mathfrak{T} = \inf_{\mathfrak{P}(U)} \mathfrak{T}$.

iii) Die analogen Betrachtungen wie bei ii) gelten z. B. auch für die Menge $\mathfrak{U}$ aller Unterkörper eines Körpers $(K, +, \cdot)$, die Menge $\mathfrak{U}$ aller Untergruppen einer Gruppe $(K, \cdot)$ sowie für die Menge $\mathfrak{U}$ aller Unterhalbkörper eines Halbkörpers $(K, +, \cdot)$. In allen drei Beispielen ist $(\mathfrak{U}, \subseteq)$ eine Teilmenge des Verbandes $(\mathfrak{P}(K), \subseteq)$, die durch $K \in \mathfrak{U}$ nach oben beschränkt ist. Da $\mathfrak{U}$ bezüglich der Durchschnittsbildung abgeschlossen ist, gilt für jede nichtleere Teilmenge $\mathfrak{T} \subseteq \mathfrak{U}$ wieder $\inf_{\mathfrak{P}(K)} \mathfrak{T} = \cap\mathfrak{T} = \inf_{\mathfrak{U}} \mathfrak{T}$. Nach i) ist also $(\mathfrak{U}, \subseteq)$ ein vollständiger Verband, wobei jedoch $\sup_{\mathfrak{U}} \mathfrak{T}$ gemäß (6.6) die jeweils betrachtete Unterstruktur von $(K, +, \cdot)$ bzw. $(K, \cdot)$ ist, die von $\sup_{\mathfrak{P}(K)} \mathfrak{T} = \cup\mathfrak{T}$ erzeugt wird. Es gilt also wieder nur $\sup_{\mathfrak{U}} \mathfrak{T} \supseteq \sup_{\mathfrak{P}(K)} \mathfrak{T}$, und zwar im allgemeinen mit echter Inklusion.

Wir bemerken nur, daß man eine Teilmenge U eines Verbandes $(V, \vee, \wedge)$ einen *Unterverband* oder *Teilverband* nennt, wenn U gegenüber beiden Operationen $\vee$ und $\wedge$ von V abgeschlossen ist, d. h. wenn in $(V, \leq)$ und ihrer p. g. Teilmenge $(U, \leq)$ für alle $a, b \in U \subseteq V$ stets $\inf_U\{a, b\} = \inf_V\{a, b\}$ und $\sup_U\{a, b\} = \inf_V\{a, b\}$ gelten. Dies ist bei allen Beispielen unter ii) und iii) im allgemeinen nicht der Fall, und man nennt dann $(\mathfrak{U}, \subseteq)$ "nur" einen *Teilbund* von $(\mathfrak{P}(R), \subseteq)$ bzw. von $(\mathfrak{P}(K), \subseteq)$.

iv) Im Gegensatz zu den obigen Beispielen ist für die Menge $\mathfrak{U}$ aller Unterhalbringe eines Halbringes $(S, +, \cdot)$ bzw. die Menge $\mathfrak{U}$ aller Unterhalbgruppen einer Halbgruppe $(S, \cdot)$ die p. g. Menge $(\mathfrak{U}, \subseteq)$, von speziellen Fällen abgesehen, kein Verband. Dies liegt daran, daß schon der Durchschnitt zweier Unterhalbringe bzw. Unterhalbgruppen leer sein kann und damit kein Unterhalbring von $(S, +, \cdot)$ bzw. keine Unterhalbgruppe von $(S, \cdot)$ zu sein braucht.

Aufgaben

6.1. Beweisen Sie Lemma 6.5, Satz 6.6 und Lemma 6.9.

6.2. Die folgenden, hier als bekannt vorausgesetzten Begriffsbildungen für eine Relation $\varrho \subseteq A \times A$ lassen sich wie folgt kennzeichnen (oder definieren):

a) ϱ ist reflexiv $\iff \iota_A \subseteq \varrho$,

b) ϱ ist irreflexiv $\iff \iota_A \cap \varrho = \emptyset$,

c) ϱ ist symmetrisch $\iff \varrho \subseteq \varrho^{-1} \iff \varrho^{-1} \subseteq \varrho \iff \varrho = \varrho^{-1}$,

d) ϱ ist antisymmetrisch $\iff \varrho \cap \varrho^{-1} \subseteq \iota_A$,

e) ϱ ist asymmetrisch $\iff \varrho \cap \varrho^{-1} = \emptyset$,

f) ϱ ist transitiv $\iff \varrho \circ \varrho \subseteq \varrho$,

g) ϱ ist linear $\iff \varrho \cup \varrho^{-1} = \alpha_A = A \times A$,

h) ϱ ist konnex $\iff \varrho \cup \varrho^{-1} \cup \iota_A = \alpha_A = A \times A$.

6.3. Die Menge $\mathfrak{P}(A \times A)$ aller Relationen einer Menge A bildet mit dem Produkt von Definition 6.3 eine Halbgruppe $(\mathfrak{P}(A \times A), \circ)$. Sie hat ι_A als Einselement und $\emptyset$ als absorbierendes Element. (Man beachte jedoch, daß die konverse Relation ϱ^{-1} von $\varrho \in A \times A$ trotz ihrer Bezeichnung im allgemeinen nicht das Inverse von ϱ ist; vielmehr gelten $\varrho^{-1} \circ \varrho = \iota_A$ und $\varrho \circ \varrho^{-1} = \iota_A$ genau dann, wenn die Relation ϱ eine bijektive Abbildung von A auf A ist.)

6.4. Es sei $A \neq \emptyset$ eine endliche oder unendliche Menge. Dann bildet die Menge $\mathfrak{T}(A)$ aller Abbildungen von A in A, die man auch *Transformationen* von A nennt, eine Unterhalbgruppe $(\mathfrak{T}(A), \circ)$ von $(\mathfrak{P}(A \times A), \circ)$. Die Menge $\mathfrak{S}(A)$ aller bijektiven Abbildungen von A auf A, die man auch *Permutationen* von A nennt, bildet eine Untergruppe $(\mathfrak{S}(A), \circ)$ von $(\mathfrak{T}(A), \circ)$, die sogenannte *symmetrische Gruppe* über A. Dagegen bilden $\mathfrak{T}(A)$ und $\mathfrak{S}(A)$ für $|A| \geq 2$ keine Unterhalbringe von $(\mathfrak{P}(A \times A), \cup, \circ)$, da diese Mengen gegenüber der Vereinigungsbildung nicht abgeschlossen sind.

6.5. a) Ist $(A, +)$ eine beliebige oder auch kommutative Halbgruppe und sind φ und ψ Elemente aus $\mathfrak{T}(A)$, so definiert $(\varphi + \psi)(a) = \varphi(a) + \psi(a)$ für alle $a \in A$ eine zweistellige Operation $+$ auf $\mathfrak{T}(A)$. Ersichtlich ist dann $(\mathfrak{T}(A), +)$ eine Halbgruppe, die kommutativ ist, wenn dies für $(A, +)$ gilt. Auch im kommutativen Falle ist jedoch $(\mathfrak{T}(A), +, \circ)$ für $|A| \geq 2$ kein Halbring; es gilt dann zwar stets das rechtsseitige Distributivgesetz $(\varphi + \psi) \circ \chi = \varphi \circ \chi + \psi \circ \chi$, doch gibt es Elemente $\varphi, \psi, \chi \in \mathfrak{T}(A)$ mit $\chi \circ (\varphi + \psi) \neq \chi \circ \varphi + \chi \circ \psi$. Man nennt deshalb $(\mathfrak{T}(A), +, \circ)$ einen (rechtsdistributiven) Halbfastring, vgl. [Wei82].

b) Betrachtet man jedoch für eine kommutative Halbgruppe $(A, +)$, also für einen Halbmodul, die Teilmenge $\mathrm{End}(A, +) \subseteq \mathfrak{T}(A)$ aller Endomorphismen $\varphi : (A, +) \to (A, +)$ von $(A, +)$, so ist $(\mathrm{End}(A, +), +, \circ)$ ein Unterhalbring des Halbfastringes $(\mathfrak{T}(A), +, \circ)$. Man nennt ihn den *Endomorphismenhalbring des Halbmoduls* $(A, +)$.

6.6. a) Es sei σ eine Relation auf A, ρ eine Relation auf B und $B \subseteq A$. Dann heißt ρ *die von σ auf B induzierte Relation* oder *die Einschränkung von*

σ *auf* B, wenn $\rho = \sigma \cap (B \times B)$ gilt. Dies ist gleichwertig mit

(6.7) $$x\rho y \Longleftrightarrow x\sigma y \text{ für alle } x, y \in B.$$

Gilt dagegen nur $\rho \subseteq \sigma \cap (B \times B)$, also

(6.8) $$x\rho y \Longrightarrow x\sigma y \text{ für alle } x, y \in B,$$

so nennt man σ *eine Fortsetzung von* ρ *auf* A.

b) Ist insbesondere $(A, \sigma) = (A, \leq)$ eine partiell (oder linear) geordnete Menge, so gilt das gleiche für (B, ρ) mit $\rho = \sigma \cap (B \times B)$. Im allgemeinen bezeichnet man dann *die von* σ *auf* B *induzierte partielle (lineare) Ordnungsrelation* ρ *auf* B auch wieder mit $\leq$ und nennt $(B, \rho) = (B, \leq)$ eine *p. g. (l. g.) Teilmenge von* $(A, \leq)$.

6.7. Zeichnen Sie die Hasse-Diagramme der p. g. Mengen $(\mathfrak{P}(M), \subseteq)$ für Mengen M mit $|M| = 1$, $|M| = 2$ und $|M| = 3$.

6.8. Der Durchschnitt $\delta = \bigcap_{i \in I} \varrho_i$ einer nichtleeren Menge $\{\varrho_i\}_{i \in I}$ von transitiven Relationen ϱ_i auf einer Menge $A \neq \emptyset$ ist eine transitive Relation δ auf A. Damit gibt es zu jeder Relation σ auf A in der partiell geordneten Menge $(\mathfrak{P}(A \times A), \subseteq)$ aller Relationen auf A eine kleinste transitive Relation σ^{tr}, die σ umfaßt, nämlich

(6.9) $$\sigma^{tr} = \bigcap \{\varrho \subseteq A \times A \mid \varrho \text{ ist transitiv und erfüllt } \sigma \subseteq \varrho\}.$$

Zeigen Sie weiter, daß $\sigma^{tr} = \bigcup_{n \in \mathbb{N}} \sigma^n$ gilt, wobei σ^n durch $\sigma^n = \sigma \circ \ldots \circ \sigma$ mit $n \in \mathbb{N}$ Faktoren σ in der Halbgruppe $(\mathfrak{P}(A \times A), \circ)$ definiert ist. Schließlich gilt $a\sigma^{tr}b$ für $a, b \in A$ genau dann, wenn es ein $n \in \mathbb{N}$ und Elemente $x_0, x_1, \ldots, x_n$ aus A mit $a = x_0$ und $x_n = b$ derart gibt, daß $x_{\nu-1}\sigma x_\nu$ für $\nu = 1, \ldots, n$ erfüllt ist.

Die so beschriebene Relation σ^{tr} wird die *transitive Hülle* von σ in $(\mathfrak{P}(A \times A), \subseteq)$ genannt.

6.9. Sind in Aufgabe 6.8 alle ϱ_i Äquivalenzrelationen auf A, so gilt das gleiche für $\delta = \bigcap_{i \in I} \varrho_i$. Ist weiterhin σ reflexiv bzw. symmetrisch, so ist auch σ^{tr} reflexiv bzw. symmetrisch.

6.10. Analog wie in Aufgabe 6.8 zeigt man, daß es zu jeder Relation σ auf A eine kleinste Äquivalenzrelation auf A gibt, die σ umfaßt, nämlich

$$\tau = \bigcap \{\varrho \subseteq A \times A \mid \varrho \text{ ist Äquivalenzrelation und erfüllt } \sigma \subseteq \varrho\},$$

also $\tau = \bigcap\{\varrho \in \ddot{A}_A \mid \sigma \subseteq \varrho\}$. Zeigen Sie weiter, daß τ die transitive Hülle von $\sigma \cup \sigma^{-1} \cup \iota_A$ ist, also $\tau = \left(\sigma \cup \sigma^{-1} \cup \iota_A\right)^{tr}$ gilt. Übrigens ist auch $\sigma^0 = \iota_A$ in $\left(\mathfrak{P}(A \times A), \circ\right)$ definiert, und man verwendet oft

$$\tau = \bigcup_{n \in \mathbb{N}} \left(\sigma \cup \sigma^{-1} \cup \iota_A\right)^n = \bigcup_{n \in \mathbb{N}_0} \left(\sigma \cup \sigma^{-1}\right)^n.$$

6.11. Es sei $(A, \leq)$ eine p. g. Menge. Dann hat $T = A$ entweder keine untere Schranke oder genau eine untere Schranke s; im zweiten Fall gilt dann $s = \min A = \inf A$. Dagegen hat $T = \emptyset$ nach Definition 6.13 jedes $a \in A$ als untere Schranke. Damit existiert für $T = \emptyset$ eine größte untere Schranke genau dann, wenn A nach oben beschränkt ist, und in diesem Falle gilt $\inf \emptyset = \max A$. Entsprechend gilt $\sup A = \max A$, falls A nach oben beschränkt ist, und $\sup \emptyset = \min A$, falls A nach unten beschränkt ist.

6.12. Nach Satz 6.17 ist ein Verband $(V, \vee, \wedge)$ als universelle Algebra (vgl. die Bemerkungen 6.18 i) und 2.26) durch die folgenden Axiome gekennzeichnet, die jeweils für alle $a, b, c \in V$ gelten:

$$\begin{array}{ll} a \vee a = a & a \wedge a = a \\ a \vee b = b \vee a & a \wedge b = b \wedge a \\ a \vee (b \vee c) = (a \vee b) \vee c & a \wedge (b \wedge c) = (a \wedge b) \wedge c \\ a \vee b = b \iff a \wedge b = a & \end{array}$$

Zeigen Sie, daß man dabei die beiden ersten und das letzte Axiom ersetzen kann durch die beiden folgenden:

$$a \vee (a \wedge b) = a \qquad a \wedge (a \vee b) = a.$$

Sie werden auch *Verschmelzungs-* oder *Absorptionsgesetze* genannt. Beachten Sie, daß die jeweils nebeneinander stehenden Axiome zueinander verbandstheoretisch dual sind; damit genügt es, jeweils eines von ihnen zu beweisen. Das Axiom $a \vee b = b \iff a \wedge b = a$ ist selbstdual.

6.13. a) In jedem Verband $(V, \vee, \wedge)$ gelten für alle $a, b, c \in V$ die sogenannten distributiven Ungleichungen

$$a \wedge (b \vee c) \geq (a \wedge b) \vee (a \wedge c) \quad \text{und} \quad a \vee (b \wedge c) \leq (a \vee b) \wedge (a \vee c).$$

Da sie zueinander dual sind, genügt es, eine von ihnen zu beweisen.

b) Ein Verband heißt ***distributiv***, wenn die obigen Formeln für alle $a, b, c \in V$ mit Gleichheit gelten. Wegen der Dualität und wegen a) genügt es, dafür

$$a \wedge (b \vee c) \leq (a \wedge b) \vee (a \wedge c) \quad \text{oder} \quad a \vee (b \wedge c) \geq (a \vee b) \wedge (a \vee c)$$

zu fordern. Beispiele distributiver Verbände sind $(\mathfrak{P}(M), \cup, \cap)$ und jeder Verband $(V, \vee, \wedge)$, für den $(V, \leq)$ eine l. g. Menge ist.

c) Ein Verband $(V, \vee, \wedge)$ ist genau dann ein Halbring, wenn er distributiv ist. In diesem Fall ist auch $(V, \wedge, \vee)$ ein Halbring.

d) Beispiele nichtdistributiver Verbände sind die durch folgende Hasse-Diagramme gegebenen Verbände $(V, \leq)$:

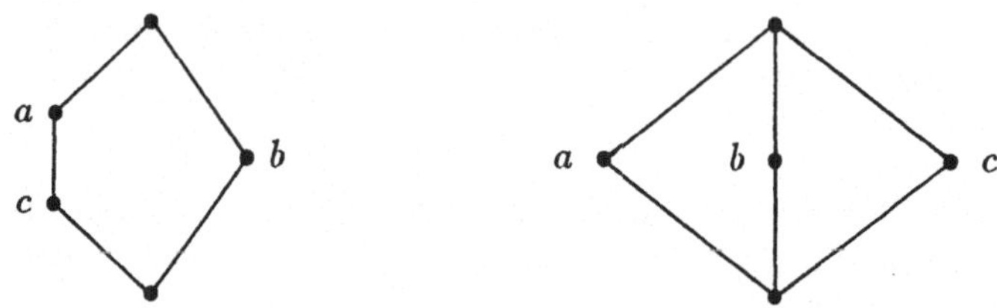

6.14. a) Der in Beispiel 6.15 c) betrachtete Verband $(\mathbb{N}, |)$ ist infimums-vollständig, da für jede Teilmenge $T \neq \emptyset$ von $\mathbb{N}$ das Infimum $\inf T$ in $(\mathbb{N}, |)$, nämlich der größte gemeinsame Teiler aller Elemente $t \in T$, existiert. Dagegen ist $(\mathbb{N}, |)$ nicht nach oben beschränkt.

b) Geht man von $(\mathbb{N}, |)$ zu $(\mathbb{N}_0, |)$ über, so ist wegen $a \mid 0$ für alle a aus $\mathbb{N}_0$ die p. g. Menge $(\mathbb{N}_0, |)$ nach oben beschränkt und $(\mathbb{N}, |)$ offenbar ein Teilverband des Verbandes $(\mathbb{N}_0, |)$. Aus a) folgt, daß auch $(\mathbb{N}_0, |)$ infimums-vollständig ist. Nach Bemerkung 6.20 i) ist also $(\mathbb{N}_0, |)$ ein vollständiger Verband, wobei für jedes $T \neq \emptyset$ von $\mathbb{N}_0$ das Supremum $\sup T$ in $(\mathbb{N}_0, |)$ das kleinste gemeinsame Vielfache aller $t \in T$ ist.

6.15. Die Menge $\ddot{A}_A$ aller Äquivalenzrelationen einer Menge $A \neq \emptyset$ ist eine p. g. Teilmenge $(\ddot{A}_A, \subseteq)$ des Verbandes $(\mathfrak{P}(A \times A), \subseteq)$. Sie ist durch $A \times A \in \ddot{A}_A$ nach oben beschränkt und gemäß Aufgabe 6.9 durchschnitts-abgeschlossen, also infimums-vollständig mit $\inf_{\mathfrak{P}(A \times A)} \mathfrak{T} = \bigcap \mathfrak{T} = \inf_{\ddot{A}_A} \mathfrak{T}$ für jede nichtleere Teilmenge $\mathfrak{T} \subseteq \ddot{A}_A$. Damit ist $(\ddot{A}_A, \subseteq)$ nach Bemerkung 6.20 ein vollständiger Verband. Bezeichnen wir das Supremum $\sup_{\mathfrak{P}(A \times A)} \mathfrak{T} = \bigcup \mathfrak{T}$ mit σ, so gilt nach Aufgabe 6.10

$$\sup_{\ddot{A}_A} \mathfrak{T} = (\sigma \cup \sigma^{-1} \cup \iota_A)^{tr} = \sigma^{tr} \supseteq \sigma.$$

6.16. Beweisen Sie die Aussagen in Beispiel 6.15 d). Beachten Sie dabei, daß für partielle Abbildungen φ und ψ aus A in B mit den jeweiligen Vorbereichen D_φ bzw. D_ψ genau dann $\varphi \subseteq \psi$ gilt, wenn $D_\varphi \subseteq D_\psi$ und $\varphi(a) = \psi(a)$ für alle $a \in D_\varphi$ erfüllt ist.

I.7. Kongruenzen und Homomorphiesätze

Unser erstes Ziel ist es, die Aussagen von Satz 6.6 über Mengen und Abbildungen auf Halbringe und Halbringhomomorphismen zu übertragen. Dazu sei $\varphi : (S,+,\cdot) \to (T,+,\cdot)$ ein solcher Homomorphismus, also eine Abbildung $\varphi : S \to T$, die

$$\varphi(a+b) = \varphi(a) + \varphi(b) \quad \text{und} \tag{7.1}$$

$$\varphi(a \cdot b) = \varphi(a) \cdot \varphi(b) \tag{7.2}$$

jeweils für alle $a, b \in S$ erfüllt (vgl. Definition 3.1). Nach Satz 6.6 b) ist dann $\kappa = \varphi^{-1} \circ \varphi$ eine Äquivalenzrelation auf S, wobei $a \,\kappa\, a'$ genau dann gilt, wenn $\varphi(a) = \varphi(a')$ erfüllt ist. Daraus folgt wegen (7.1) und (7.2) unmittelbar

$$a \,\kappa\, a' \text{ und } b \,\kappa\, b' \Longrightarrow (a+b) \,\kappa\, (a'+b') \quad \text{sowie} \tag{7.3}$$

$$a \,\kappa\, a' \text{ und } b \,\kappa\, b' \Longrightarrow (a \cdot b) \,\kappa\, (a' \cdot b'), \tag{7.4}$$

jeweils für alle $a, a', b, b' \in S$.

Definition 7.1. Es sei $(S,+,\cdot)$ ein Halbring. Dann heißt eine Äquivalenzrelation κ auf S eine *Kongruenz(relation)* von $(S,+,\cdot)$, wenn sie (7.3) und (7.4) erfüllt. Wir bezeichnen die Menge aller Kongruenzen von $(S,+,\cdot)$ mit $\mathcal{C}_{(S,+,\cdot)}$ und entsprechend mit $\mathcal{C}_{(S,+)}$ bzw. $\mathcal{C}_{(S,\cdot)}$ die Menge aller Kongruenzen der Halbgruppe $(S,+)$ bzw. $(S,\cdot)$ (vgl. die Aufgaben 7.3 und 7.4). Es gilt dann also $\mathcal{C}_{(S,+,\cdot)} = \mathcal{C}_{(S,+)} \cap \mathcal{C}_{(S,\cdot)}$.

Wir bemerken schon hier, daß in dieser Definition gemäß Aufgabe 7.4 die Forderung (7.3) gleichwertig ist mit der (leichter nachzuprüfenden) Forderung

$$a \,\kappa\, a' \Longrightarrow (a+b) \,\kappa\, (a+b') \quad \text{für alle} \quad a, a', b \in S. \tag{7.3'}$$

Entsprechend kann (7.4) ersetzt werden durch

$$a \,\kappa\, a' \Longrightarrow (a \cdot b) \,\kappa\, (a' \cdot b) \text{ und } (b \cdot a) \,\kappa\, (b \cdot a') \text{ für alle } a, a', b \in S. \tag{7.4'}$$

Für jeden Halbring $(S,+,\cdot)$ sind $\kappa = \iota_S$ und $\kappa = S \times S$ ersichtlich Kongruenzen von $(S,+,\cdot)$, die sogenannten *trivialen Kongruenzen* von $(S,+,\cdot)$. Für $|S| \geq 2$

gilt $\iota_S \subset S \times S$, und für $|S| = 2$ gibt es keine weiteren Kongruenzen. Für $|S| \geq 3$ gilt $\iota_S \subset \kappa \subset S \times S$ für jede nichttriviale Kongruenz $\kappa \in \mathcal{C}_{(S,+,\cdot)}$.

Beispiel 7.2. a) Als Kongruenzen bezeichnete man ursprünglich die auf dem Ring $(\mathbb{Z}, +, \cdot)$ der ganzen Zahlen für jedes $m \in \mathbb{N}$ gemäß

$$(7.5) \qquad a \; \kappa_m \; a' \iff a - a' \in m\mathbb{Z} \quad \text{für alle} \quad a, a' \in \mathbb{Z}$$

definierten Relationen κ_m auf $\mathbb{Z}$. Dabei ist $a \; \kappa_m \; a'$ gleichwertig damit, daß a und a' bei der Division durch m den gleichen Rest $r \in \{0, \ldots, m-1\}$ haben, und für $a \; \kappa \; a'$ schreibt man üblicherweise $a \equiv a'$ modulo m. In der Tat ist κ_m für jedes $m \in \mathbb{N}$ eine Kongruenz von $(\mathbb{Z}, +, \cdot)$ im Sinne von Definition 7.1 (vgl. Aufgabe 7.1). Dabei gilt $\kappa_1 = \mathbb{Z} \times \mathbb{Z}$, und für $m = 0$ definiert (7.5) offenbar die identische Kongruenz $\kappa_0 = \iota_{\mathbb{Z}}$. Dabei gilt $\kappa_m \neq \kappa_n$ für $m \neq n$, und nach Aufgabe 7.5 c) sind die Relationen κ_m für $m \in \mathbb{N}_0$ bereits alle Kongruenzen von $(\mathbb{Z}, +, \cdot)$ im Sinne von Definition 7.1.

b) Jede der eben beschriebenen Kongruenzen $\kappa_{\mathbb{Z}}$ von $(\mathbb{Z}, +, \cdot)$ liefert ersichtlich eine Kongruenz $\kappa_{\mathbb{N}_0} = \kappa_{\mathbb{Z}} \cap (\mathbb{N}_0 \times \mathbb{N}_0)$ des Halbrings $(\mathbb{N}_0, +, \cdot)$. Da dieser Halbring halbsubtraktiv und additiv kürzbar ist, kann man jede dieser Kongruenzen ebenfalls durch eine Zahl $m \in \mathbb{N}_0$ kennzeichnen, wobei $a \; \kappa_{\mathbb{N}_0} \; a'$ genau dann gilt, wenn eine der Differenzen von a und a' in $m\mathbb{N}_0$ liegt (vgl. Definition 2.24 und Bemerkung 2.14 i)). Entsprechendes gilt für die durch $\kappa_{\mathbb{N}} = \kappa_{\mathbb{Z}} \cap (\mathbb{N} \times \mathbb{N})$ gegebenen Kongruenzen des Halbrings $(\mathbb{N}, +, \cdot)$, vgl. auch Aufgabe 7.2.

c) Während bei a) sämtliche Kongruenzen des Ringes $(\mathbb{Z}, +, \cdot)$ erfaßt werden, haben die Halbringe $(\mathbb{N}_0, +, \cdot)$ und $(\mathbb{N}, +, \cdot)$ erheblich mehr Kongruenzen als die bei b) betrachteten (vgl. Satz 7.8). Zum Beispiel gehört zu jedem der Homomorphismen $\varphi : (\mathbb{N}_0, +, \cdot) \to (T_c, +, \cdot)$ aus Beispiel 3.6 eine Kongruenz $\kappa = \varphi^{-1} \circ \varphi$, die durch $a \; \kappa \; a' \iff a = a'$ oder $a, a' \geq c$ für alle $a, a' \in \mathbb{N}_0$ gegeben ist.

Satz 7.3. *Es sei $(S, +, \cdot)$ ein Halbring, κ eine Kongruenz von $(S, +, \cdot)$ und S/κ die Menge aller Kongruenzklassen $[a]_\kappa$ von S nach κ. Definiert man dann Addition und Multiplikation dieser Klassen repräsentantenweise, d. h. gemäß*

$$(7.6) \qquad [a]_\kappa + [b]_\kappa = [a + b]_\kappa \quad \textit{und}$$

$$(7.7) \qquad [a]_\kappa \cdot [b]_\kappa = [a \cdot b]_\kappa$$

für alle $a, b \in S$, so ist $(S/\kappa, +, \cdot)$ ein Halbring, der sogenannte Kongruenzklassenhalbring von $(S, +, \cdot)$ nach κ. Weiter ist dann die natürliche Abbildung $\kappa^\#$ von S auf S/κ gemäß $\kappa^\#(a) = [a]_\kappa$ für alle $a \in S$ ein Homomorphismus von $(S, +, \cdot)$ auf $(S/\kappa, +, \cdot)$.

Ist dabei $(S,+,\cdot)$ ein Ring, so gilt das gleiche für $(S/\kappa,+,\cdot)$; jedoch kann $(S/\kappa,+,\cdot)$ ein Ring sein, ohne daß dies für $(S,+,\cdot)$ zutrifft.

Beweis. Wir zeigen als erstes, daß (7.6) und (7.7) jeweils eine, wieder als Addition bzw. Multiplikation bezeichnete, zweistellige Operation auf S/κ definieren. Das ist nicht selbstverständlich, da wir die Summe bzw. das Produkt von Klassen mit Hilfe willkürlich gewählter Repräsentanten $a \in [a]_\kappa$ und $b \in [b]_\kappa$ definiert haben. Für beliebige $a' \in [a]_\kappa$ und $b' \in [b]_\kappa$ gilt jedoch $[a]_\kappa = [a']_\kappa$ und $[b]_\kappa = [b']_\kappa$, also $a \;\kappa\; a'$ und $b \;\kappa\; b'$. Daraus folgt $(a+b) \;\kappa\; (a'+b')$ und $(a \cdot b) \;\kappa\; (a' \cdot b')$ nach (7.3) bzw. (7.4), d. h. $[a+b]_\kappa = [a'+b']_\kappa$ und $[a \cdot b]_\kappa = [a' \cdot b']_\kappa$. Dies zeigt die Repräsentantenunabhängigkeit der Definitionen (7.6) und (7.7) und daß $(S/\kappa,+,\cdot)$ eine Menge mit zwei zweistelligen Operationen ist. Für die natürliche Abbildung $\kappa^\#(a) = [a]_\kappa$ sind die Formeln (7.6) und (7.7) genau die Formeln (7.1) und (7.2). Also ist $\kappa^\#$ ein Homomorphismus von $(S,+,\cdot)$ auf $(S/\kappa,+,\cdot)$, und gemäß Satz 3.2 ist das homomorphe Bild $(S/\kappa,+,\cdot)$ des Halbringes bzw. Ringes $(S,+,\cdot)$ ebenfalls ein Halbring bzw. Ring. Die letzte Behauptung folgt aus Bemerkung 7.4 ii). ∎

Bemerkung 7.4. i) Wendet man Satz 7.3 auf die durch $m \in \mathbb{N}$ gemäß (7.5) definierte Kongruenz κ_m von $(\mathbb{Z},+,\cdot)$ an, so ist der Kongruenzklassenring $(\mathbb{Z}/\kappa_m,+,\cdot)$ gerade der schon in Aufgabe 1.11 eingeführte Restklassenring $(\mathbb{Z}/(m),+,\cdot)$. Er besteht aus den m Elementen $[a]_{\kappa_m} = [a]_m$, und $\kappa_m^\#(a) = [a]_m$ definiert den natürlichen Homomorphismus $\kappa_m^\#$ von $(\mathbb{Z},+,\cdot)$ auf $(\mathbb{Z}/(m),+,\cdot)$. Für $m = 0$ enthält jede Restklasse $[a]_{\kappa_0} = [a]_0$ nur das Element $a \in \mathbb{Z}$, und $\kappa_0^\#$ ist ein Isomorphismus von $(\mathbb{Z},+,\cdot)$ auf $(\mathbb{Z}/(0),+,\cdot)$.

ii) Für ein festes $m \in \mathbb{N}$ sei $(\mathbb{N}_0/\kappa_{\mathbb{N}_0},+,\cdot)$ der Kongruenzklassenhalbring des Halbrings $(\mathbb{N}_0,+,\cdot)$ nach der Kongruenz $\kappa_{\mathbb{N}_0} = \kappa_{\mathbb{Z}} \cap (\mathbb{N}_0 \times \mathbb{N}_0)$ mit $\kappa_{\mathbb{Z}} = \kappa_m$ gemäß Beispiel 7.2 b). Er besteht aus den Kongruenzklassen

$$[0]_{\kappa_{\mathbb{N}_0}} = [0]_{\kappa_{\mathbb{Z}}} \cap \mathbb{N}_0, \ldots, [m-1]_{\kappa_{\mathbb{N}_0}} = [m-1]_{\kappa_{\mathbb{Z}}} \cap \mathbb{N}_0,$$

die also Teilmengen der Restklassen $[a]_m = [a]_{\kappa_{\mathbb{Z}}}$ aus $(\mathbb{Z}/(m),+,\cdot)$ sind. Aus dem repräsentantenweisen Rechnen gemäß (7.6) und (7.7) folgt, daß $\varphi([a]_{\kappa_{\mathbb{Z}}}) = [a]_{\kappa_{\mathbb{N}_0}}$ für alle $a \in \mathbb{N}_0$ (oder für $a \in \{0,\ldots,m-1\}$) ein Isomorphismus von $(\mathbb{Z}/(m),+,\cdot)$ auf $(\mathbb{N}_0/\kappa_{\mathbb{N}_0},+,\cdot)$ ist. Damit ist dieser Kongruenzklassenhalbring des echten Halbrings $(\mathbb{N}_0,+,\cdot)$ ebenfalls ein Ring. Wählt man dabei für $m \in \mathbb{N}$ eine Primzahl p, so ist $(\mathbb{Z}/(p),+,\cdot)$ bekanntlich ein Körper, womit in diesem Falle das gleiche für den Kongruenzklassenhalbring $(\mathbb{N}_0/\kappa_{\mathbb{N}_0},+,\cdot)$ gilt.

Damit kommen wir zu dem sogenannten "Homomorphiesatz für Halbringe":

Satz 7.5. *Es sei $(S,+,\cdot)$ ein Halbring und $\varphi : (S,+,\cdot) \to (T,+,\cdot)$ ein Homomorphismus gemäß Definition 3.1. Dann ist $\kappa = \varphi^{-1} \circ \varphi$ eine Kongruenz von $(S,+,\cdot)$. Weiterhin läßt sich φ zerlegen gemäß $\varphi = \varphi_3 \circ \varphi_2 \circ \varphi_1$ in den surjektiven natürlichen Homomorphismus $\varphi_1 = \kappa^\#$ von $(S,+,\cdot)$ auf den Halbring $(S/\kappa,+,\cdot)$ entsprechend Satz 7.3, den durch $\varphi_2([a]_\kappa) = \varphi(a)$ definierten Isomorphismus φ_2 von $(S/\kappa,+,\cdot)$ auf das homomorphe Bild $\big(\varphi(S),+,\cdot\big)$ und den trivialen injektiven Homomorphismus $\varphi_3 = \iota$, die identische Einbettung von $\big(\varphi(S),+,\cdot\big)$ in $(T,+,\cdot)$:*

$$\begin{array}{ccc} S & \xrightarrow{\varphi} & T \\ \kappa^\# \downarrow & & \uparrow \iota \\ S/\kappa & \overrightarrow{\varphi_2} & \varphi(S) \end{array}$$

Insbesondere ist jedes homomorphe Bild $\big(\varphi(S),+,\cdot\big)$ eines Halbringes $(S,+,\cdot)$ isomorph zu dem Kongruenzklassenhalbring $(S/\kappa,+,\cdot)$ nach der durch φ bestimmten Kongruenz $\kappa = \varphi^{-1} \circ \varphi$.

Beweis. Wir hatten bereits vor Definition 7.1 festgestellt, daß $\kappa = \varphi^{-1} \circ \varphi$ eine Kongruenz von $(S,+,\cdot)$ ist. Damit ist nach Satz 6.6 und Satz 7.3 nur noch zu zeigen, daß φ_2 und φ_3 Homomorphismen sind, also (7.1) und (7.2) erfüllen. Für $\varphi_3 = \iota$ ist dies trivial. Für φ_2 gilt

$$\varphi_2\big([a]_\kappa \cdot [b]_\kappa\big) = \varphi_2([a \cdot b]_\kappa) = \varphi(a \cdot b) = \varphi(a) \cdot \varphi(b) = \varphi_2([a]_\kappa) \cdot \varphi_2([b]_\kappa)$$

für alle $[a]_\kappa$, $[b]_\kappa \in S/\kappa$, wobei wir der Reihe nach (7.7), die Definition von φ_2, (7.2) für φ und wieder die Definition von φ_2 verwendet haben. Dies zeigt (7.2) für φ_2, und analog folgt (7.1). ■

Bemerkung 7.6. i) Es sei $(S,+,\cdot)$ ein Halbring, φ ein Homomorphismus von $(S,+,\cdot)$ und $\kappa = \varphi^{-1} \circ \varphi$ die zugehörige Kongruenz. Dann lassen sich zwei Extremfälle wie folgt kennzeichnen:

$$\begin{aligned} &\varphi \text{ ist injektiv} \iff \kappa = \iota_S \iff (S/\kappa,+,\cdot) \cong (S,+,\cdot), \\ &|\varphi(S)| = 1 \iff \kappa = S \times S \iff |S/\kappa| = 1. \end{aligned}$$

ii) *Entsprechend Aufgabe 7.3 erhält man aus den Sätzen 7.3 und 7.5 durch Weglassen der Addition analoge Sätze für jede Halbgruppe $(S,\cdot)$, und das gleiche gilt für alle allgemeinen Aussagen dieses Paragraphen über Kongruenzen* *von Halbringen* wie Satz 7.12, Folgerung 7.13, Bemerkung 7.16 a) und die Aufgaben 7.9 und 7.10. Allgemeiner gelten solche Sätze für jede universelle Algebra (vgl. Bemerkung 2.26).

iii) Ist $(R,+,\cdot)$ ein Ring mit o als Nullelement und κ eine Kongruenz von $(R,+,\cdot)$, so ist die Kongruenzklasse $[o]_\kappa = A$ ein (im folgenden stets ringtheoretisches) Ideal von $(R,+,\cdot)$, vgl. Aufgabe 7.5 a) und b). Dieses Ideal bestimmt dann alle Kongruenzklassen von κ gemäß

$$(7.8) \qquad [a]_\kappa = a + A \qquad \text{für alle } a \in R.$$

Ist umgekehrt A ein Ideal eines Ringes $(R,+,\cdot)$, so definiert (7.8) die Klassen einer Kongruenz κ von $(R,+,\cdot)$. Dabei ist $a\ \kappa\ a'$ durch $a + A = a' + A$ festgelegt; dies ist gleichwertig mit

$$(7.9) \qquad a\ \kappa\ a' \iff a - a' \in A \qquad \text{für alle } a, a' \in R,$$

woraus insbesondere wieder $A = [o]_\kappa$ folgt. Man schreibt dann statt $a\ \kappa\ a'$ meist $a \equiv a' \bmod A$ (oder $a \equiv a'(A)$, lies a kongruent zu a' modulo A). Für einen Ring $(R,+,\cdot)$ entspricht also jeder Kongruenz κ von $(R,+,\cdot)$ ein eindeutig bestimmtes Ideal A von $(R,+,\cdot)$ und umgekehrt. Den Kongruenzklassenring $(R/\kappa,+,\cdot)$ bezeichnet man dann meist mit $(R/A,+,\cdot)$ und nennt ihn den *Restklassenring* von $(R,+,\cdot)$ nach dem Ideal A.

Übrigens entsprechen den unter i) angegebenen Extremfällen für jeden Ring $(R,+,\cdot)$ die trivialen Ideale von $(R,+,\cdot)$, nämlich das Nullideal $A = \{o\}$ und das Ideal $A = R$. Da jeder Körper $(R,+,\cdot)$ ersichtlich nur diese beiden Ideale und damit nur die trivialen Kongruenzen ι_R und $R \times R$ besitzt, folgt daraus die Feststellung über die homomorphen Bilder eines Körpers in Bemerkung 5.10 i).

Wie wir in I.8 sehen werden, läßt sich der Idealbegriff auch auf Halbringe übertragen; die eben beschriebene Entsprechung gilt jedoch für Halbringideale und Kongruenzen beliebiger Halbringe nicht mehr.

iv) Wir weisen darauf hin, daß es für jede Gruppe $(G,\cdot)$ eine zu iii) analoge Entsprechung zwischen den Kongruenzen κ von $(G,\cdot)$ und den Normalteilern N von $(G,\cdot)$ gibt.

Wir unterbrechen nun unsere allgemeinen Überlegungen, die wir mit Satz 7.12 wieder aufnehmen, und wenden uns der Bestimmung aller Kongruenzen der Halbringe $(\mathbb{N}_0,+,\cdot)$ und $(\mathbb{N},+,\cdot)$ sowie der Halbkörper $(\mathbb{H},+,\cdot)$ und $(\mathbb{P},+,\cdot)$ zu.

Lemma 7.7. *Für den Halbring $(\mathbb{N}_0,+,\cdot)$ gilt $\mathcal{C}_{(\mathbb{N}_0,+,\cdot)} = \mathcal{C}_{(\mathbb{N}_0,+)}$, d. h. jede Kongruenz κ der Halbgruppe $(\mathbb{N}_0,+)$ ist bereits eine Kongruenz des Halbrings*

$(\mathbb{N}_0, +, \cdot)$. Ebenso gilt $\mathcal{C}_{(U,+,\cdot)} = \mathcal{C}_{(U,+)}$ für jeden Unterhalbring $(U, +, \cdot)$ von $(\mathbb{N}_0, +, \cdot)$, also insbesondere auch für $(\mathbb{N}, +, \cdot)$.

Beweis. Sei $\kappa \in \mathcal{C}_{(\mathbb{N}_0,+)}$, also eine Äquivalenzrelation auf $\mathbb{N}_0$, die (7.3) erfüllt. Wir zeigen, daß dann κ auch (7.4) erfüllt, was nach (7.4') wegen der Kommutativität von $(\mathbb{N}_0, \cdot)$ mit $a\,\kappa\,a' \Longrightarrow (b\cdot a)\,\kappa\,(b\cdot a')$ für alle $a, a', b \in \mathbb{N}_0$ gleichwertig ist. Aus $a\,\kappa\,a'$ folgt aber $(a+a)\,\kappa\,(a'+a')$ nach (7.3), also $2a\,\kappa\,2a'$ und so fortfahrend $(na)\,\kappa\,(na')$ für alle $n \in \mathbb{N}$. Da für $(\mathbb{N}_0, +, \cdot)$ die Vielfachenbildung $na = a + \ldots + a$ mit der Multiplikation $n \cdot a$ übereinstimmt, zeigt $(n \cdot a)\,\kappa\,(n \cdot a')$ bereits $a\,\kappa\,a' \Longrightarrow (b \cdot a)\,\kappa\,(b \cdot a')$ für alle $n = b \in \mathbb{N}$. Für $b = 0$ gilt schließlich $(0 \cdot a)\,\kappa\,(0 \cdot a')$ trivialerweise. Der gleiche Beweis gilt ersichtlich auch für jeden Unterhalbring $(U, +, \cdot)$ von $(\mathbb{N}_0, +, \cdot)$. ■

Satz 7.8. *a) Jede Kongruenz $\kappa \neq \iota_{\mathbb{N}}$ des Halbrings $(\mathbb{N}, +, \cdot)$ ist eindeutig durch ein Zahlenpaar $\chi(\kappa) = (v, g) \in \mathbb{N}_0 \times \mathbb{N}$ gemäß*

$$(7.10) \qquad a\,\kappa\,a' \iff \begin{cases} a = a' \text{ oder} \\ a \equiv a' \text{ modulo } g \quad \text{für } a, a' > v \end{cases} \qquad \text{für alle } a, a' \in \mathbb{N}$$

festgelegt, wobei $a \equiv a'$ modulo g die übliche Kongruenz ganzer Zahlen modulo g bedeutet. Gibt man umgekehrt $v \in \mathbb{N}_0$ und $g \in \mathbb{N}$ vor, so definiert (7.10) eine Kongruenz $\kappa \neq \iota_{\mathbb{N}}$ von $(\mathbb{N}, +, \cdot)$, die $\chi(\kappa) = (v, g)$ erfüllt. Für die durch (7.10) bestimmte Kongruenz κ von $(\mathbb{N}, +, \cdot)$ repräsentieren also die $v + g$ Zahlen

$$1, \ldots, v, v+1, \ldots, v+g$$

die paarweise verschiedenen Kongruenzklassen von κ, wobei (für $v > 0$) die Klassen $[1]_\kappa, \ldots, [v]_\kappa$ nur aus je einem Element und die anderen g Klassen jeweils aus allen zu $v + i$ modulo g kongruenten ganzen Zahlen a mit $a > v$ bestehen.

b) Die entsprechenden Aussagen gelten für jede Kongruenz $\kappa \neq \iota_{\mathbb{N}_0}$ des Halbrings $(\mathbb{N}_0, +, \cdot)$ mit $(v, g) \in \mathbb{N}_0 \times \mathbb{N}$ und

$$(7.11) \qquad a\,\kappa\,a' \iff \begin{cases} a = a' \text{ oder} \\ a \equiv a' \text{ modulo } g \quad \text{für } a, a' \geq v \end{cases} \qquad \text{für alle } a, a' \in \mathbb{N}_0.$$

In diesem Falle repräsentieren dann die $v + g$ Zahlen

$$0, \ldots, v-1, v, \ldots, v-1+g$$

die paarweise verschiedenen Kongruenzklassen von κ, wobei (für $v > 0$) die Klassen $[0]_\kappa, \ldots, [v-1]_\kappa$ nur aus je einem Element bestehen.

Beweis. a) Wir betrachten als erstes die durch (7.10) für $(v, g) \in \mathbb{N}_0 \times \mathbb{N}$ definierte Relation κ auf $\mathbb{N}$, die ersichtlich eine Äquivalenzrelation ist. Weiter folgt aus $a \;\kappa\; a'$ mit $a, a' \in \mathbb{N}$ nach (7.10), daß auch $(a + b) \;\kappa\; (a' + b)$ für alle $b \in \mathbb{N}$ gilt. Damit ist κ nach (7.3') eine Kongruenz von $(\mathbb{N}, +)$ und nach Lemma 7.7 auch eine Kongruenz von $(\mathbb{N}, +, \cdot)$.

Wir zeigen nun, daß umgekehrt auch jede Kongruenz $\kappa \neq \iota_{\mathbb{N}}$ von $(\mathbb{N}, +, \cdot)$ durch genau ein Paar $(v, g) \in \mathbb{N}_0 \times \mathbb{N}$ gemäß (7.10) festgelegt ist. Wegen $\kappa \neq \iota_{\mathbb{N}}$ gibt es eine größte Zahl $n \in \mathbb{N}$, so daß die Zahlen $1, \ldots, n$ paarweise inkongruent bezüglich κ sind. Daraus folgt $(n + 1) \;\kappa\; m$ für genau ein m aus $\{1, \ldots, n\}$. Wir setzen nun $g = n + 1 - m \in \mathbb{N}$ und zeigen, daß jede Zahl $a \in \mathbb{N}$ mit $a \geq m$ zu einer der Zahlen $m, \ldots, n$ kongruent bezüglich κ ist, und zwar zu der Zahl $a' \in \{m, \ldots, n\}$, welche die für ganze Zahlen übliche Kongruenz $a \equiv a'$ modulo g erfüllt: Aus $m \;\kappa\; (m+g)$ folgt nach (7.3) zunächst $(m + g) \;\kappa\; (m + 2g)$, also $m \;\kappa\; (m + 2g)$ und so fortfahrend $m \;\kappa\; (m + qg)$ für alle $q \in \mathbb{N}_0$. Weiterhin gibt es zu jeder Zahl $a \geq m$ Zahlen q und r aus $\mathbb{N}_0$ mit $a = m + qg + r$ und $0 \leq r < g$. Daraus folgt mit $m \;\kappa\; (m + qg)$ bereits

$$a \;\kappa\; (m + r) \quad \text{mit} \quad m + r = a' \in \{m, \ldots, m + g - 1 = n\}.$$

Wegen $a = m + r + qg = a' + qg$ gilt dabei $a \equiv a'$ modulo g, und wir erhalten

$$(7.10') \quad a \;\kappa\; a' \iff \begin{cases} a = a' \text{ oder} \\ a \equiv a' \text{ modulo } g \quad \text{für } a, a' \geq m \end{cases} \quad \text{für alle } a, a' \in \mathbb{N}.$$

Setzt man $v = m - 1 \in \mathbb{N}$, folgt $v + g = n$ und (7.10') geht über in (7.10).

b) Dieser Beweis verläuft völlig analog zu dem eben durchgeführten. ■

Beispiel 7.9. Wir betrachten die durch $v = 4$ und $g = 3$ gemäß (7.10) bestimmte Kongruenz κ von $(\mathbb{N}, +, \cdot)$. Hier besteht der Kongruenzklassenhalbring $(\mathbb{N}/\kappa, +, \cdot)$ aus den 7 Elementen

$$\begin{aligned} &[1]_\kappa = \{1\}, \ldots, \; [4]_\kappa = \{4\}, \\ &[5]_\kappa = \{5, 8, \ldots\}, \; [6]_\kappa = \{6, 9, \ldots\}, \; [7]_\kappa = \{7, 10, \ldots\}. \end{aligned}$$

Wie man sofort sieht, ist $[1]_\kappa$ das Einselement dieses Halbringes, und

$$U_1 = \{[5]_\kappa, [6]_\kappa, [7]_\kappa\} \quad \text{sowie} \quad U_2 = \{[2]_\kappa, [4]_\kappa\} \cup U_1$$

sind Beispiele für Unterhalbringe $(U_i, +, \cdot)$ von $(\mathbb{N}/\kappa, +, \cdot)$. Dabei ist $(U_1, +, \cdot)$ sogar ein Unterring mit $[6]_\kappa$ als Nullelement und $[7]_\kappa$ als Einselement (vgl. auch Aufgabe 7.6 und für eine allgemeine Anwendung Aufgabe 7.7).

Bemerkung 7.10. i) In diesem Zusammenhang machen wir noch auf folgendes aufmerksam: Die auf der linken Seite von $[a]_\kappa + [b]_\kappa = [a+b]_\kappa$ stehende Summe zweier Teilmengen von $(S,+,\cdot)$ ist in Satz 7.3 durch die rechte Seite $[a+b]_\kappa$ definiert, und nicht gemäß (2.9) durch $\{a'+b' \mid a' \in [a]_\kappa,\ b' \in [b]_\kappa\}$. Es gilt aber im allgemeinen nur

$$\{a'+b' \mid a' \in [a]_\kappa, b' \in [b]_\kappa\} \subseteq [a+b]_\kappa, \tag{7.12}$$

wobei $[4]_\kappa$ und $[7]_\kappa$ mit der gerade behandelten Kongruenz $\kappa \in \mathcal{C}_{(\mathbb{N},+,\cdot)}$ zeigen, daß in (7.12) echtes Enthaltensein auftreten kann gemäß

$$\{11,14,17,\ldots\} \subset \{5,8,11,14,17,\ldots\} = [4+7]_\kappa = [11]_\kappa.$$

Entsprechend gilt für $[a]_\kappa \cdot [b]_\kappa = [a \cdot b]_\kappa$ und (2.10) im allgemeinen nur

$$\{a' \cdot b' \mid a' \in [a]_\kappa, b' \in [b]_\kappa\} \subseteq [a \cdot b]_\kappa. \tag{7.13}$$

Hier kann schon für Restklassenringe von $(\mathbb{Z},+,\cdot)$ echtes Enthaltensein auftreten, und zwar auch dann, wenn man auf der linken Seite von (7.13) das in der Ringtheorie übliche Teilmengenprodukt verwendet (vgl. Bemerkung 2.22 ii)).

ii) Aus jeder Kongruenz $\kappa_{\mathbb{N}} \neq \iota_{\mathbb{N}}$ von $(\mathbb{N},+,\cdot)$ mit $\chi(\kappa_{\mathbb{N}}) = (v,g)$ erhält man eine Kongruenz $\kappa_{\mathbb{N}_0}$ von $(\mathbb{N}_0,+,\cdot)$, indem man den $v+g$ Kongruenzklassen von $\kappa_{\mathbb{N}}$ eine weitere Kongruenzklasse $\{0\}$ hinzufügt. Die so entstehende Kongruenz $\kappa_{\mathbb{N}_0}$ ist dann gemß Satz 7.8 b) durch das Paar $(v+1,g)$ gekennzeichnet. Für jede Kongruenz $\kappa_{\mathbb{N}} \neq \iota_{\mathbb{N}}$ von $(\mathbb{N},+,\cdot)$ mit $\chi(\kappa_{\mathbb{N}}) = (0,g)$ gibt es noch eine weitere Möglichkeit: Man übernimmt die Klassen $[1],\ldots,[g-1]$ von $\kappa_{\mathbb{N}}$ und bildet $[g]_{\kappa_{\mathbb{N}_0}} = [g]_{\kappa_{\mathbb{N}}} \cup \{0\}$. In diesem Fall ist $\kappa_{\mathbb{N}_0}$ ebenfalls durch das Paar $(0,g)$ gekennzeichnet. Umgekehrt bestimmt jedoch jede Kongruenz $\kappa_{\mathbb{N}_0} \neq \iota_{\mathbb{N}_0}$ von $(\mathbb{N}_0,+,\cdot)$ mit dem Paar (v,g) genau eine Kongruenz $\kappa_{\mathbb{N}} = \kappa_{\mathbb{N}_0} \cap (\mathbb{N} \times \mathbb{N})$. Im Falle $v \geq 1$ gilt dann $\chi(\kappa_{\mathbb{N}}) = (v-1,g)$, im Falle $v=0$ gilt $\chi(\kappa_{\mathbb{N}}) = (0,g)$.

Nach Bemerkung 5.10 i) können echte Halbkörper (im Gegensatz zu Körpern) durchaus nichttriviale Kongruenzen haben. In diesem Zusammenhang zeigen wir:

Lemma 7.11. *Die Halbkörper $(\mathbb{H},+,\cdot)$ und $(\mathbb{P},+,\cdot)$ der positiven rationalen bzw. reellen Zahlen haben nur die trivialen Kongruenzen.*

Beweis. Da der Beweis in beiden Fällen völlig gleich verläuft, betrachten wir $(\mathbb{P},+,\cdot)$ und zeigen, daß jede Kongruenz κ von $(\mathbb{P},+,\cdot)$ mit $\kappa \neq \iota_{\mathbb{P}}$ bereits $\kappa = \mathbb{P} \times \mathbb{P}$ erfüllt. Wegen $\kappa \neq \iota_{\mathbb{P}}$ gibt es jedenfalls Elemente $r \neq s$ aus $\mathbb{P}$

mit $r \kappa s$, wobei wir $r > s$ annehmen dürfen. Dann folgt $(rs^{-1}) \kappa 1$, d. h. $c \kappa 1$ für ein Element $c \in I\!P$ mit $c > 1$. Daraus werden wir $a \kappa 1$ für alle $a \in I\!P$ mit $a > 1$ ableiten, woraus dann wegen $1 \kappa a^{-1}$ auch $b \kappa 1$ für alle $b \in I\!P$ mit $b < 1$, also $\kappa = I\!P \times I\!P$ folgt. Für jedes $a > 1$ aus $I\!P$ gibt es ein $n \in I\!N$ mit $c^n > a$. Dann gilt $c^n - 1 > a - 1$ in $I\!P$, und es gibt ein $t \in I\!P$ mit $t(c^n - 1) = a - 1$. Dabei gilt $t < 1$, womit es ein $s \in I\!P$ gibt, welches $t + s = 1$ erfüllt. Daraus folgt

$$tc^n + s = a - 1 + t + s = a.$$

Wegen $c \kappa 1 \Longrightarrow c^n \kappa 1 \Longrightarrow tc^n \kappa t \Longrightarrow (tc^n + s) \kappa (t + s) \Longrightarrow (tc^n + s) \kappa 1$ ergibt sich damit wie behauptet $a \kappa 1$ für jedes $a > 1$ aus $I\!P$. ■

Wir wenden uns nun wieder allgemeinen Aussagen zu und erinnern daran, daß für jeden Halbring $(S, +, \cdot)$ die Menge $\mathcal{C}_{(S,+,\cdot)}$ seiner Kongruenzen in $\ddot{\mathcal{A}}_S$ und damit $\mathfrak{P}(S \times S)$ enthalten ist. Also ist $(\mathcal{C}_{(S,+,\cdot)}, \subseteq)$ eine p. g. Teilmenge von $(\mathfrak{P}(S \times S), \subseteq)$. Der nächste Satz und seine Folgerung gelten übrigens in analoger Form ebenfalls wieder für beliebige universelle Algebren (vgl. Bemerkung 7.6 ii)). Von dort übernehmen wir auch die Bezeichnung "Satz über induzierte Homomorphismen" für den

Satz 7.12. *Es seien $\varphi_1 : S \to S_1$ ein surjektiver und $\varphi_2 : S \to S_2$ ein beliebiger Homomorphismus eines Halbringes $(S, +, \cdot)$ in Halbringe $(S_i, +, \cdot)$ sowie $\kappa_i = \varphi_i^{-1} \circ \varphi_i$ die zugehörigen Kongruenzen von $(S, +, \cdot)$:*

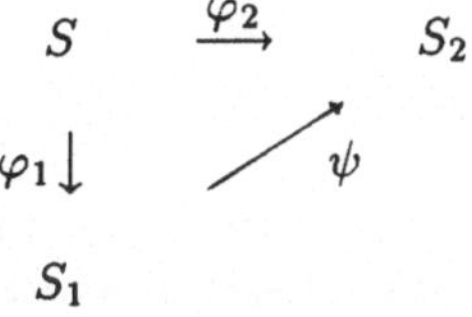

Genau dann existiert ein Homomorphismus $\psi : (S_1, +, \cdot) \to (S_2, +, \cdot)$ mit $\psi \circ \varphi_1 = \varphi_2$, wenn $\kappa_1 \subseteq \kappa_2$ gilt. Dieser Homomorphismus ψ ist dann eindeutig bestimmt, und ψ ist genau dann surjektiv, wenn φ_2 surjektiv ist.

Beweis. Wir nehmen zunächst an, daß ein solcher Homomorphismus ψ existiert. Da φ_1 surjektiv ist, gibt es zu jedem $a_1 \in S_1$ ein $a \in S$ mit $\varphi_1(a) = a_1$. Aus $\psi \circ \varphi_1 = \varphi_2$ folgt dann $\psi(a_1) = \psi(\varphi_1(a)) = \varphi_2(a)$, also

(7.14) $\qquad \psi(a_1) = \varphi_2(a)$ für jedes $a \in S$ mit $\varphi_1(a) = a_1$.

Dies zeigt einmal, daß $\varphi_1(a) = \varphi_1(a') \Longrightarrow \varphi_2(a) = \varphi_2(a')$ für alle $a, a' \in S$ gilt, also $\kappa_1 \subseteq \kappa_2$. Zum anderen ist $\psi(a_1)$ durch (7.14) für jedes $a_1 \in S_1$ eindeutig festgelegt, und ψ ist genau dann surjektiv, wenn dies für φ_2 zutrifft.

Gilt umgekehrt $\kappa_1 \subseteq \kappa_2$, so ist (7.14) wegen $\varphi_1(a) = a_1 = \varphi_1(a') \Longrightarrow a\;\kappa_1\;a' \Longrightarrow a\;\kappa_2\;a' \Longrightarrow \varphi_2(a) = \varphi_2(a')$ von der Wahl des Elementes $a \in S$ mit $\varphi_1(a) = a_1$ unabhängig. Damit definiert (7.14) eine Abbildung ψ von S_1 in S_2. Sie erfüllt $\psi \circ \varphi_1 = \varphi_2$ wegen $\varphi_2(a) = \psi(\varphi_1(a))$. Für beliebige $a_1, b_1 \in S_1$ mit $\varphi_1(a) = a_1$ und $\varphi_1(b) = b_1$ mit Elementen $a, b \in S$ folgt schließlich (7.1) für ψ gemäß

$$\begin{aligned}\psi(a_1 + b_1) &= \psi(\varphi_1(a) + \varphi_1(b)) = \psi(\varphi_1(a + b)) = \varphi_2(a + b)\\ &= \varphi_2(a) + \varphi_2(b) = \psi(\varphi_1(a)) + \psi(\varphi_1(b)) = \psi(a_1) + \psi(b_1),\end{aligned}$$

wobei wir (7.1) für φ_1 und φ_2 sowie $\psi \circ \varphi_1 = \varphi_2$ verwendet haben. Auf die gleiche Weise zeigt man (7.2) für ψ. ∎

Aus diesem Satz ergibt sich unmittelbar der folgende Spezialfall:

Folgerung 7.13. *Es seien κ_1 und κ_2 Kongruenzen eines Halbringes $(S, +, \cdot)$ und $\kappa_i^\# : (S, +, \cdot) \to (S/\kappa_i, +, \cdot)$ die zugehörigen natürlichen Homomorphismen gemäß Satz 7.8:*

$$\begin{array}{ccc} S & \xrightarrow{\kappa_2^\#} & S/\kappa_2 \\ \kappa_1^\# \downarrow & \nearrow \psi & \\ S/\kappa_1 & & \end{array}$$

Genau dann existiert ein Homomorphismus $\psi : (S/\kappa_1, +, \cdot) \to (S/\kappa_2, +, \cdot)$ mit $\psi \circ \kappa_1^\# = \kappa_2^\#$, wenn $\kappa_1 \subseteq \kappa_2$ gilt. Dieser Homomorphismus ist dann surjektiv und nach (7.14) eindeutig bestimmt durch

$$(7.14') \qquad \psi([a]_{\kappa_1}) = [a]_{\kappa_2} \quad \text{für alle} \quad [a]_{\kappa_1} \in S/\kappa_1.$$

Beispiel 7.14. a) Wir erinnern an folgendes: Sind κ_1 und κ_2 Kongruenzen des Ringes $(\mathbb{Z}, +, \cdot)$ der ganzen Zahlen mit $a\;\kappa_i\;a' \iff a \equiv a' \bmod g_i$, so gilt $\kappa_1 \subseteq \kappa_2$ genau dann, wenn g_2 ein Teiler von g_1 ist, also $g_2 | g_1$ gilt. Nach Folgerung 7.13 definiert dann $\psi([a]_{g_1}) = [a]_{g_2}$ einen Homomorphismus ψ von $(\mathbb{Z}/(g_1), +, \cdot) = (\mathbb{Z}/\kappa_1, +, \cdot)$ auf $(\mathbb{Z}/(g_2), +, \cdot) = (\mathbb{Z}/\kappa_2, +, \cdot)$. Die zugehörige Kongruenz $\psi^{-1} \circ \psi = \lambda$ von $(\mathbb{Z}/\kappa_1, +, \cdot)$ ist dann bestimmt durch $[a]_{g_1}\;\lambda\;[a']_{g_1} \iff a \equiv a' \bmod g_2$, und nach Satz 7.5 ist $(\mathbb{Z}/\kappa_2, +, \cdot)$ isomorph zu $((\mathbb{Z}/\kappa_1)/\lambda, +, \cdot)$.

b) Es seien κ_1 und κ_2 Kongruenzen des Halbringes $(\mathbb{N},+,\cdot)$ mit $\kappa_i \neq \iota_{\mathbb{N}}$. Gemäß (7.10) ist jede Kongruenz κ_i dieses Halbringes durch genau ein Paar $\chi(\kappa_i) = (v_i, g_i) \in \mathbb{N}_0 \times \mathbb{N}$ festgelegt. Wir zeigen für diese Kongruenzen

$$(7.15) \qquad \kappa_1 \subseteq \kappa_2 \iff v_2 \leq v_1 \text{ und } g_2 \mid g_1 \quad \text{für} \quad \chi(\kappa_i) = (v_i, g_i).$$

In der Tat, für alle $a \neq a'$ aus $\mathbb{N}$ impliziert $a\ \kappa_1\ a' \iff a \equiv a' \bmod g_1$ für $a, a' > v_1$ ersichtlich genau dann $a\ \kappa_2\ a' \iff a \equiv a' \bmod g_2$ für $a, a' > v_2$, wenn $v_2 \leq v_1$ und $a \equiv a' \bmod g_1 \implies a \equiv a' \bmod g_2$ gilt, wobei letzteres nach a) mit $g_2 \mid g_1$ gleichwertig ist. Veranschaulichen Sie sich (7.15) und den durch $\psi([a]_{\kappa_1}) = [a]_{\kappa_2}$ gegebenen Homomorphismus ψ von $(\mathbb{N}/\kappa_1,+,\cdot)$ auf $(\mathbb{N}/\kappa_2,+,\cdot)$ an konkreten Beispielen.

c) Ersichtlich kennzeichnet $\chi(\mathbb{N} \times \mathbb{N}) = (0,1)$ die größte Kongruenz $\mathbb{N} \times \mathbb{N}$ von $(\mathbb{N},+,\cdot)$, was im Einklang mit (7.15) steht. Die kleinste Kongruenz $\iota_{\mathbb{N}}$ kann in (7.15) durch $\chi(\iota_{\mathbb{N}}) = (\infty, 0) \in \mathbb{N}_0^\infty \times \mathbb{N}_0$ einbezogen werden, wobei $\mathbb{N}_0^\infty = \mathbb{N}_0 \cup \{\infty\}$ durch Adjunktion eines größten Elementes ∞ zu $\mathbb{N}_0$ entsteht: Es gilt dann ja $v_2 \leq \infty$ für alle $v_2 \in \mathbb{N}_0^\infty$ und $g_2 \mid 0$ für alle $g_2 \in \mathbb{N}_0$. Läßt man in (7.10) $v = \infty$ und $g = 0$ zu, so folgt aus $v = \infty$ (bei beliebigem g) wie aus $g = 0$ (bei beliebigem v) bereits, daß $a\ \kappa\ a'$ genau für $a = a'$ gilt.

Der Zusammenhang zwischen der Inklusion von Kongruenzen und der Existenz entsprechender Homomorphismen gemäß Satz 7.12 und Folgerung 7.13 ist für viele Strukturuntersuchungen wichtig. Eine diesbezügliche Fragestellung ist die nach der Existenz größter homomorpher Bilder von Halbringen mit gewissen Eigenschaften, auf die wir hier jedoch nur an Hand von Beispielen eingehen.

Beispiel 7.15. Es sei $(S,+,\cdot)$ ein Halbring und $\delta = \bigcap_{i \in I} \kappa_i$ der Durchschnitt aller Kongruenzen κ_i von $(S,+,\cdot)$, für die $(S/\kappa_i,+,\cdot)$ additiv kürzbar ist, also

$$[a]_{\kappa_i} + [x]_{\kappa_i} = [a]_{\kappa_i} + [y]_{\kappa_i} \implies [x]_{\kappa_i} + [y]_{\kappa_i}$$

für alle $[a]_{\kappa_i}, [x]_{\kappa_i}, [y]_{\kappa_i} \in S/\kappa_i$ gilt. Letzteres ist gleichwertig mit

$$(a+x)\ \kappa_i\ (a+y) \implies x\ \kappa_i\ y \quad \text{für alle } a, x, y \in S.$$

Da dies für die Kongruenz $S \times S$ trivialerweise gilt, ist die Menge $\{\kappa_i\}_{i \in I}$ dieser Kongruenzen nicht leer. Damit ist δ gemäß Aufgabe 7.9 eine Kongruenz von $(S,+,\cdot)$. Wir zeigen, daß dann auch $(S/\delta,+,\cdot)$ additiv kürzbar ist. Für alle $a, x, y \in S$ folgt aus $(a+x)\,\delta\,(a+y)$ nämlich für alle $i \in I$

zunächst $(a+x)\ \kappa_i\ (a+y)$, also $x\ \kappa_i\ y$ nach Voraussetzung über die Kongruenzen κ_i und damit $x\,\delta\,y$. *Damit gibt es zu jedem Halbring* $(S,+,\cdot)$ *in der p. g. Menge* $(\mathcal{C}_{(S,+,\cdot)},\subseteq)$ *eine kleinste Kongruenz* δ, *für die* $(S/\delta,+,\cdot)$ *additiv kürzbar ist. Man nennt dann* $(S/\delta,+,\cdot)$ *das (bis auf Isomorphie eindeutig bestimmte) größte additiv kürzbare homomorphe Bild von* $(S,+,\cdot)$. Dies hat folgenden Grund: Für jeden Homomorphismus φ von $(S,+,\cdot)$ mit einem additiv kürzbaren homomorphen Bild $(\varphi(S),+,\cdot)$ gilt gemäß Satz 7.5 $(\varphi(S),+,\cdot)\cong(S/\kappa,+,\cdot)$ mit der Kongruenz $\varphi^{-1}\circ\varphi=\kappa$. Mit $(\varphi(S),+,\cdot)$ ist auch $(S/\kappa,+,\cdot)$ additiv kürzbar, d. h. es gilt $\delta\subseteq\kappa$. Nach Satz 7.12 *ist damit jedes additiv kürzbare homomorphe Bild* $(\varphi(S),+,\cdot)$ *ein homomorphes Bild des größten additiv kürzbaren homomorphen Bildes* $(S/\delta,+,\cdot)$ *von* $(S,+,\cdot)$. Für weitere Beispiele dieser Art vgl. Aufgabe 7.11.

Bemerkung 7.16. a) *Für jeden Halbring* $(S,+,\cdot)$ *ist die partiell geordnete Menge* $(\mathcal{C}_{(S,+,\cdot)},\subseteq)$ *ein vollständiger Verband.* Dies folgt aus der Bemerkung 6.20 i), da $(\mathcal{C}_{(S,+,\cdot)},\subseteq)$ durch $S\times S\in\mathcal{C}_{(S,+,\cdot)}$ nach oben beschränkt und infimums-vollständig ist: Nach Aufgabe 7.9 liegt nämlich für jede Teilmenge $\mathcal{T}\neq\emptyset$ von $\mathcal{C}_{(S,+,\cdot)}$ der Durchschnitt $\bigcap\mathcal{T}=\bigcap_{\kappa\in\mathcal{T}}\kappa$, also das Infimum von $\mathcal{T}$ im Verband $(\mathfrak{P}(S\times S),\subseteq)$, wieder in $\mathcal{C}_{(S,+,\cdot)}$ und ist damit das Infimum von $\mathcal{T}$ in $(\mathcal{C}_{(S,+,\cdot)},\subseteq)$. Der Verband $(\mathcal{C}_{(S,+,\cdot)},\subseteq)$ ist also ein Teilbund (vgl. Bemerkung 6.20 iii)) sowohl des Verbandes $(\mathfrak{P}(S\times S),\subseteq)$ als auch des Verbandes $(\ddot{A}_S,\subseteq)$ der Äquivalenzrelationen auf S (vgl. Aufgabe 6.15). Die Vereinigung von Kongruenzen von $(S,+,\cdot)$ ist jedoch im allgemeinen nicht einmal eine Äquivalenzrelation auf S; das Supremum $\sigma=\sup_{\mathcal{C}_{(S,+,\cdot)}}\mathcal{T}$ erhält man, indem man auf $\sup_{\mathfrak{P}(S\times S)}\mathcal{T}=\bigcup\mathcal{T}=\varrho$ Aufgabe 7.9 anwendet.

b) Es sei $\mathcal{K}$ die Menge aller Kongruenzen κ eines Halbrings $(S,+,\cdot)$, für die $(S/\kappa,+,\cdot)$ additiv kürzbar ist. Als Teilmenge der p. g. Menge $(\mathcal{C}_{(S,+,\cdot)},\subseteq)$ ist $\mathcal{K}$ durch $S\times S\in\mathcal{K}$ nach oben beschränkt, und wie in Beispiel 7.15 ergibt sich, daß auch der Durchschnitt jeder nichtleeren Teilmenge $\{\kappa_i\}_{i\in I}\subseteq\mathcal{K}$ wieder in $\mathcal{K}$ liegt. Nach Bemerkung 6.20 i) (vgl. a)) ist damit $(\mathcal{K},\subseteq)$ ein vollständiger Verband.

Aufgaben

7.1. Zeigen Sie, daß für jede Zahl $m\in\mathbb{N}_0$ durch (7.5) eine Kongruenz κ_m auf dem Ring $(\mathbb{Z},+,\cdot)$ der ganzen Zahlen definiert wird.

7.2. Es sei $(U,+,\cdot)$ ein Unterhalbring eines Halbringes $(S,+,\cdot)$ und κ_S eine Kongruenz von $(S,+,\cdot)$. Dann ist $\kappa_U=\kappa_S\cap(U\times U)$ eine Kongruenz von $(U,+,\cdot)$.

7.3. Es sei $(S, \cdot)$ eine Halbgruppe. Dann heißt eine Äquivalenzrelation κ auf S eine *Kongruenz der Halbgruppe* $(S, \cdot)$, wenn sie (7.4) erfüllt. Formulieren Sie die den Sätzen 7.3 und 7.5 entsprechenden Aussagen über den natürlichen Homomorphismus $\kappa^{\#}$ von der Halbgruppe $(S, \cdot)$ auf die Kongruenzklassenhalbgruppe $(S/\kappa, \cdot)$, die Zerlegung $\varphi = \varphi_3 \circ \varphi_2 \circ \varphi_1$ eines Halbgruppenhomomorphismus $\varphi : (S, \cdot) \to (T, \cdot)$ und die Isomorphie von $(\varphi(S), \cdot)$ zu $(S/\kappa, \cdot)$. Die Beweise dieser Sätze ergeben sich sofort aus unserem Text durch Weglassen aller Additionsaussagen. Umgekehrt folgen Satz 7.3 und Satz 7.5 aus diesen Halbgruppensätzen, die man nur auf die Halbgruppen $(S, \cdot)$ und $(S, +)$ anzuwenden braucht. Entsprechendes gilt für Satz 7.12 und Folgerung 7.13.

7.4. Es sei $(S, \cdot)$ eine Halbgruppe. Dann heißt eine Äquivalenzrelation κ auf S eine *Linkskongruenz* (bzw. eine *Rechtskongruenz*) von $(S, \cdot)$, wenn für alle $a, a', b \in S$ gilt: Aus $a \; \kappa \; a'$ folgt $(b \cdot a) \; \kappa \; (b \cdot a')$ (bzw. $(a \cdot b) \; \kappa \; (a' \cdot b)$). Zeigen Sie, daß eine Äquivalenzrelation κ auf S genau dann eine Kongruenz von $(S, \cdot)$ ist, wenn κ sowohl Links- als auch Rechtskongruenz von $(S, \cdot)$ ist, was die Gleichwertigkeit von (7.4) mit (7.4′) zeigt. Weiterhin stimmen für kommutative Halbgruppen alle drei Begriffe überein; insbesondere kann man daher (7.3) durch (7.3′) ersetzen.

7.5. a) Unter einem (ringtheoretischen) *Linksideal* A eines Ringes $R = (R, +, \cdot)$ versteht man eine Untergruppe $(A, +)$ von $(R, +)$, die $ra \in A$ für alle $r \in R$ und alle $a \in A$ erfüllt. Ein Linksideal A von R ist also durch $A + A \subseteq A, -A = \{-a \in R \mid a \in A\} \subseteq A$ und $RA \subseteq A$ definiert (vgl. Definition 2.21) und damit erst recht ein Unterring von R. Ist A sowohl Linksideal als auch Rechtsideal von R, nennt man A ein *zweiseitiges Ideal* oder kurz ein *Ideal* von R.

b) Beweisen Sie die Behauptungen von Bemerkung 7.6 iii) über den Zusammenhang zwischen Kongruenzen und Ringidealen eines Ringes.

c) Wie man mit Hilfe der Division mit Rest leicht nachprüft, hat der Modul $(\mathbb{Z}, +)$ der ganzen Zahlen genau die Untermoduln $m\mathbb{Z}$ für $m \in \mathbb{N}_0$. Dabei ist $m\mathbb{Z}$ der kleinste Untermodul, der m (oder $-m$) enthält. Jeder dieser Untermoduln ist bereits Unterring und Ringideal von $(\mathbb{Z}, +, \cdot)$. Damit sind alle Ringideale von $(\mathbb{Z}, +, \cdot)$ bekannt, und aus Bemerkung 7.6 iii) folgt, daß $(\mathbb{Z}, +, \cdot)$ genau die durch (7.9) mit $A = m\mathbb{Z}$, also genau die durch (7.5) mit $m \in \mathbb{N}_0$ definierten Kongruenzen hat. (Übrigens nennt man ein Ringideal A eines Ringes $(R, +, \cdot)$, welches von einem Element $r \in R$ erzeugt wird, ein *Hauptideal* von $(R, +, \cdot)$ und schreibt dann $A = (r)$. Dies erklärt die Bezeichnung (m) für das Ringideal $m\mathbb{Z}$ von $(\mathbb{Z}, +, \cdot)$, z. B. in $(\mathbb{Z}/(m), +, \cdot)$.)

7.6. Es sei κ die durch (7.10) bestimmte Kongruenz des Halbringes $(\mathbb{N}, +, \cdot)$ mit $\chi(\kappa) = (v, g)$. Der Restklassenhalbring $(\mathbb{N}/\kappa, +, \cdot)$ besteht also aus den $v + g$ Elementen $[1]_\kappa, \ldots, [v]_\kappa$, $[v+1]_\kappa, \ldots, [v+g]_\kappa$. Dann bildet die Menge $U = \{[v+1]_\kappa, \ldots, [v+g]_\kappa\}$ eine Untergruppe $(U, +)$ von $(\mathbb{N}/\kappa, +)$ und damit einen Unterring $(U, +, \cdot)$ von $(\mathbb{N}/\kappa, +, \cdot)$, der zum Restklassenring $(\mathbb{Z}/(g), +, \cdot)$ isomorph ist. Insbesondere enthält $(U, +, \cdot)$ ein Nullelement $o_U = [v+h]_\kappa$, während für $v > 0$ der Halbring $(\mathbb{N}/\kappa, +, \cdot)$ kein Nullelement hat. Für $v = 0$ ist natürlich $(U, +, \cdot)$ mit $U = \{[1]_\kappa, \ldots, [g]_\kappa\}$ isomorph zum Restklassenring $(\mathbb{Z}/(g), +, \cdot)$, und es gilt $\kappa = \kappa_{\mathbb{Z}} \cap (\mathbb{N} \times \mathbb{N})$ für die durch $a \; \kappa_{\mathbb{Z}} \; a' \iff a \equiv a' \bmod g$ bestimmte Kongruenz $\kappa_{\mathbb{Z}}$ von $(\mathbb{Z}, +, \cdot)$.

Hinweis zum Beweis: Die Restklassen $[1]_g, \ldots, [g]_g$ von $\big(\mathbb{Z}/(g), +, \cdot\big)$ lassen sich (in anderer Reihenfolge) auch durch $[v+1]_g, \ldots, [v+g]_g$ angeben. Durch $\varphi([v+i]_g) = [v+i]_\kappa$ für $i = 1, \ldots, g$ wird dann wegen (7.10) ein Isomorphismus φ von $(\mathbb{Z}/(g), +, \cdot)$ auf $(U, +, \cdot)$ definiert.

7.7. a) Für jedes Element a einer Halbgruppe $(S, +)$ definiert $\varphi(n) = na = a + \ldots + a$ wegen (2.2) einen Homomorphismus von $(\mathbb{N}, +)$ in $(S, +)$. Das entsprechende homomorphe Bild ist dann die kleinste Unterhalbgruppe $\big(\varphi(\mathbb{N}), +\big)$ von $(S, +)$, die das Element $a \in S$ enthält. Gemäß Satz 7.5 und Aufgabe 7.3 gilt dann $\big(\varphi(\mathbb{N}), +\big) \cong (\mathbb{N}/\kappa, +)$ mit einer Kongruenz $\kappa \in \mathcal{C}_{(\mathbb{N},+)} = \mathcal{C}_{(\mathbb{N},+,\cdot)}$. Für $\kappa = \iota_{\mathbb{N}}$ sind die Vielfachen $1a, 2a, 3a, \ldots$ von a paarweise voneinander verschieden, d. h. a hat (additiv) unendliche Ordnung (vgl. Definition 1.20). Sonst ist κ gemäß (7.10) durch $\chi(\kappa) = (v, g)$ festgelegt, und $\big(\varphi(\mathbb{N}), +\big)$ besteht genau aus den $v + g$ paarweise verschiedenen Elementen $a, \ldots, va, (v+1)a, \ldots, (v+g)a$, und es gilt $(v + g + 1)a = (v+1)a$; in diesem Fall hat a die Ordnung $v + g$. Insbesondere bilden nach Aufgabe 7.6 die Elemente $(v+1)a, \ldots, (v+g)a$ eine Untergruppe von $(S, +)$. Man nennt dabei $a, \ldots, va$ auch die Vorperiode der Vielfachen na von a und entsprechend $(v+1)a, \ldots, (v+g)a$ die Periode oder den Gruppenbestandteil, wobei die Vorperiode für $v = 0$ entfällt. Vergleichen Sie in diesem Zusammenhang auch Aufgabe 3.3.

b) Entsprechendes gilt für die Potenzen eines Elementes a einer Halbgruppe $(S, \cdot)$: Wegen $a^{n+m} = a^n \cdot a^m$ definiert $\varphi(n) = a^n$ einen Homomorphismus von $(\mathbb{N}, +)$ in $(S, \cdot)$. Das homomorphe Bild $\varphi(\mathbb{N})$ ist dann die kleinste das Element a enthaltende Unterhalbgruppe $\big(\varphi(\mathbb{N}), \cdot\big)$ von $(S, \cdot)$, und es gilt $\big(\varphi(\mathbb{N}), \cdot\big) \cong (\mathbb{N}/\kappa, +)$ mit einer Kongruenz $\kappa \in \mathcal{C}_{(\mathbb{N},+)}$. Für $\kappa = \iota_{\mathbb{N}}$ sind die Potenzen $a^1, a^2, a^3, \ldots$ paarweise voneinander verschieden. Sonst gilt $\chi(\kappa) = (v, g)$, und $\big(\varphi(\mathbb{N}), \cdot\big)$ besteht aus den $v + g$ Elementen $a^1, \ldots, a^v$, $a^{v+1}, \ldots, a^{v+g}$ mit $a^{v+g+1} = a^{v+1}$. Insbesondere bilden die Elemente $a^{v+1}, \ldots, a^{v+g}$ eine Untergruppe von $(S, \cdot)$.

c) Da die eben genannte Untergruppe $U = \{a^{v+1}, \dots, a^{v+g}\}$ von $(S, \cdot)$ ein Einselement e_U enthält, welches insbesondere $e_U^2 = e_U$ erfüllt, folgt aus Teil b): *Jede endliche Halbgruppe $(S, \cdot)$ enthält wenigstens ein idempotentes Element.*

d) Ist $(S, +, \cdot)$ ein echter, additiv nicht idempotenter Halbkörper, so hat jedes $a \in S^*$ additiv unendliche Ordnung, d. h. es gilt $na \neq n'a$ für alle $n, n' \in \mathbb{N}$. (Man wende c) auf die von a erzeugte Unterhalbgruppe von $(S, +)$ an, vgl. auch Aufgabe 5.6 und Folgerung 5.9.)

7.8. a) Es sei $(S_1, +, \cdot) = (\mathbb{N}/\kappa_1, +, \cdot)$ der Kongruenzklassenhalbring von $(\mathbb{N}, +, \cdot)$ nach der durch $\chi(\kappa_1) = (v_1, g_1)$ gemäß (7.10) festgelegten Kongruenz κ_1 von $(\mathbb{N}, +, \cdot)$. Zur Bestimmung aller homomorphen Bilder von $(\mathbb{N}/\kappa_1, +, \cdot)$ geht man wie folgt vor: Es sei $\varphi : (S_1, +, \cdot) \to (S_2, +, \cdot)$ ein surjektiver Homomorphismus. Nach Satz 3.3 a) ist dann $\varphi_2 = \varphi \circ \kappa_1^{\#}$ ein Homomorphismus von $(\mathbb{N}, +, \cdot)$ auf $(S_2, +, \cdot)$, und nach Satz 7.5 gilt $(S_2, +, \cdot) \cong (\mathbb{N}/\kappa_2, +, \cdot)$ für die Kongruenz $\kappa_2 = \varphi_2^{-1} \circ \varphi_2$ von $(\mathbb{N}, +, \cdot)$.

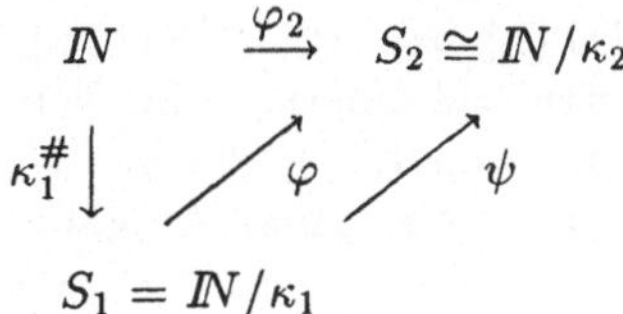

Dabei kann man $\varphi : (\mathbb{N}/\kappa_1, +, \cdot) \to (S_2, +, \cdot)$ ohne Beschränkung der Allgemeinheit ersetzen durch $\psi : (\mathbb{N}/\kappa_1, +, \cdot) \to (\mathbb{N}/\kappa_2, +, \cdot)$, und es gilt dann $\psi \circ \kappa_1^{\#} = \kappa_2^{\#}$. Nach Folgerung 7.13 folgt daraus $\kappa_1 \subseteq \kappa_2$, was umgekehrt die Existenz eines Homomorphismus ψ dieser Art nach sich zieht. Also sind alle homomorphen Bilder $\big(\varphi(\mathbb{N}/\kappa_1), +, \cdot\big)$ von $(\mathbb{N}/\kappa_1, +, \cdot)$ bis auf Isomorphie genau die Halbringe $(\mathbb{N}/\kappa_2, +, \cdot)$ mit $\kappa_1 \subseteq \kappa_2$.

b) Betrachten Sie als konkretes Beispiel $(\mathbb{N}/\kappa_1, +, \cdot)$ mit $\chi(\kappa_1) = (3, 2)$. Es gibt nach (7.15) acht Kongruenzen κ_2 von $(\mathbb{N}, +, \cdot)$ mit $\kappa_1 \subseteq \kappa_2$ und damit acht nichtisomorphe homomorphe Bilder $(\mathbb{N}/\kappa_2, +, \cdot)$ von $(\mathbb{N}/\kappa_1, +, \cdot)$. Geben Sie die zugehörigen Homomorphismen ψ explizit an.

7.9. Der Durchschnitt $\delta = \bigcap_{i \in I} \kappa_i$ einer nichtleeren Menge $\{\kappa_i\}_{i \in I}$ von Kongruenzen eines Halbringes $(S, +, \cdot)$ ist ebenfalls eine Kongruenz δ von $(S, +, \cdot)$. Damit gibt es zu jeder Relation σ auf S eine kleinste Kongruenz τ von $(S, +, \cdot)$, die σ umfaßt, nämlich $\tau = \bigcap \big\{\kappa \in \mathcal{C}_{(S,+,\cdot)} \bigm| \sigma \subseteq \kappa\big\}$.

7.10. a) Um zu einer gegebenen Relation σ auf S die kleinste Kongruenz τ von $(S,+,\cdot)$ mit $\sigma \subseteq \tau$ explizit zu beschreiben, nehmen wir zunächst an, daß $(S,+,\cdot)$ sowohl ein Nullelement o als auch ein Einselement e enthält. Von σ geht man dann zu einer Relation σ_1 auf S über, indem man für alle $a, b \in S$ definiert:

$$(7.16) \qquad a\,\sigma_1\,b \iff \text{es gibt } c,d,u,v,w \in S \text{ mit}$$
$$c\,\sigma\,d \quad \text{und} \quad a = ucv + w, \; b = udv + w.$$

Zeigen Sie, daß dann $\tau = \left(\sigma_1 \cup \sigma_1^{-1} \cup \iota_S\right)^{tr}$ gilt, daß also τ die kleinste Äquivalenzrelation auf S ist, die σ_1 umfaßt (vgl. Aufgabe 6.10).

b) Das bei a) vorausgesetzte Nullelement bzw. Einselement wird nur dafür benötigt, daß man in (7.16) den Summanden w bzw. die Faktoren u oder v auch wegfallen lassen kann. Natürlich ist es unbequem, die insgesamt benötigten acht Versionen $a = c$, $b = c$ und $a = c+w$, $b = c+w$ und $a = uc$, $b = uc \ldots$ in (7.16) explizit aufzuschreiben. Falls $(S,+,\cdot)$ kein Nullelement bzw. kein Einselement hat, verwendet man daher auch (7.16) mit $w \in S \cup \{z\}$ bzw. $u, v \in S \cup \{n\}$, wobei $(S \cup \{z\},+,\cdot)$ der in Lemma 2.16 konstruierte Oberhalbring von $(S,+,\cdot)$ ist und $(S \cup \{n\},\cdot)$ die Oberhalbgruppe von $(S,\cdot)$, die aus $(S,\cdot)$ durch Adjunktion eines neutralen Elementes $n \notin S$ gemäß Aufgabe 1.4 b) entsteht.

7.11. Zeigen Sie analog zu Beispiel 7.15, daß jeder Halbring $(S,+,\cdot)$ eine kleinste Kongruenz δ hat, für die $(S/\delta,+,\cdot)$ kommutativ ist; $(S/\delta,+,\cdot)$ ist dann das (bis auf Isomorphie eindeutig bestimmte) größte kommutative homomorphe Bild von $(S,+,\cdot)$. Entsprechend gibt es zu jedem Halbring $(S,+,\cdot)$ ein größtes homomorphes Bild $(S/\delta,+,\cdot)$, welches additiv idempotent oder multiplikativ idempotent oder beides ist. Dagegen hat z. B. der Halbring $(\mathbb{N}_0,+,\cdot)$ unendlich viele nichtisomorphe homomorphe Bilder, die Halbkörper sind, nämlich nach Bemerkung 7.4 ii) die Kongruenzklassenhalbringe $(\mathbb{N}_0/\kappa_{\mathbb{N}_0},+,\cdot)$, die zu $(\mathbb{Z}/(p),+,\cdot)$ für jeweils eine Primzahl p isomorph und damit sogar Körper sind. Diese Kongruenzen $\kappa_{\mathbb{N}_0}$ von $(\mathbb{N}_0,+,\cdot)$ sind gemäß Satz 7.8 b) gerade diejenigen, die durch (7.11) mit $v = 0$ und $g = p$ festgelegt sind. Zeigen Sie schließlich, daß der Durchschnitt dieser Kongruenzen die triviale Kongruenz $\iota_{\mathbb{N}_0}$ ist, und folgern Sie daraus, daß es unter allen homomorphen Bildern von $(\mathbb{N}_0,+,\cdot)$, die Halbkörper sind, kein größtes gibt.

I.8. Halbringideale und k-Ideale

Die in Aufgabe 7.5 a) definierten Idealbegriffe der Ringtheorie werden in naheliegender Weise auf Halbringe dadurch übertragen, daß man von einem (Links)ideal A statt der Untergruppeneigenschaft von $(A,+)$ nur noch die Unterhalbgruppeneigenschaft fordert:

Definition 8.1. Es sei $(S,+,\cdot)$ ein Halbring. Unter einem *(halbringtheoretischen) Linksideal A von $(S,+,\cdot)$* versteht man eine Unterhalbgruppe $(A,+)$ von $(S,+)$, die $sa \in A$ für alle $s \in S$ und alle $a \in A$ erfüllt. Ein Linksideal A von $(S,+,\cdot)$ ist also durch $A+A \subseteq A$ und $SA \subseteq A$ definiert und damit erst recht ein Unterhalbring von $(S,+,\cdot)$. Dual definiert man ein *(halbringtheoretisches) Rechtsideal A von $(S,+,\cdot)$* durch $A+A \subseteq A$ und $AS \subseteq A$. Ist A zugleich Links- und Rechtsideal von $(S,+,\cdot)$, nennt man A ein *(halbringtheoretisches) zweiseitiges Ideal* oder kurz ein *(halbringtheoretisches) Ideal von $(S,+,\cdot)$*. Für kommutative Halbringe stimmen diese drei Begriffe natürlich überein.

Bemerkung 8.2. Wie wir sogleich sehen werden (vgl. Beispiel 8.3 e)), kann ein Ring halbringtheoretische Ideale enthalten, die keine Ideale im Sinne der Ringtheorie sind. Wir werden daher, wenn wir im Rahmen der hier behandelten Halbringtheorie auf Ringe und ein- oder zweiseitige Ideale zu sprechen kommen, stets die Zusätze "halbringtheoretisch" bzw. "ringtheoretisch" gebrauchen, oder im zweiseitigen Falle von *Halbringidealen* oder *Ringidealen* sprechen. Darüber hinaus werden wir, jedenfalls in diesem Paragraphen, unsere Aussagen über ein- oder zweiseitige halbringtheoretische Ideale meist ausdrücklich als solche formulieren, auch wenn aus dem Zusammenhang klar ist, daß nur halbringtheoretische Ideale gemeint sein können.

Beispiel 8.3. a) Für den Halbring $(\mathbb{N},+,\cdot)$ ist jede Unterhalbgruppe A von $(\mathbb{N},+)$ bereits ein Halbringideal von $(\mathbb{N},+,\cdot)$, da für alle $n \in \mathbb{N}$ und alle $a \in A$ das Produkt $n \cdot a$ mit dem n-fachen $na = a+\ldots+a \in A$ übereinstimmt. So sind z. B. für alle $m, c \in \mathbb{N}$ sowohl

$$m\mathbb{N} \quad \text{als auch} \quad A_c = \{a \in \mathbb{N} \mid a \geq c\}$$

sowie $A_{m,c} = m\mathbb{N} \cap A_c = \{a \in m\mathbb{N} \mid a \geq c\}$ Halbringideale von $(\mathbb{N},+,\cdot)$. Es gibt aber auch weniger einfache Beispiele, etwa $B = \{5,7,9,10,12\} \cup A_{14}$. Für den Halbring $(\mathbb{N}_0,+,\cdot)$ ist dagegen eine Unterhalbgruppe A_0 von $(\mathbb{N}_0,+)$ genau dann ein Halbringideal von $(\mathbb{N}_0,+,\cdot)$, wenn $0 \in A_0$ gilt. Daraus folgt eine bijektive Korrespondenz zwischen den Halbringidealen A von $(\mathbb{N},+,\cdot)$ und $A_0 \neq \{0\}$ von $(\mathbb{N}_0,+,\cdot)$ gemäß $A \mapsto A_0 = A \cup \{0\}$ und $A_0 \mapsto A = A_0 \setminus \{0\}$.

b) Es sei $(S,+,\cdot)$ ein Halbring. Dann ist trivialerweise *S ein Halbringideal von $(S,+,\cdot)$*. Besitzt $(S,+,\cdot)$ ein multiplikativ absorbierendes Element O, so gilt $O \in A$ für jedes ein- oder zweiseitige Ideal A von $(S,+,\cdot)$, und $\{O\}$ *ist ein Halbringideal von* $(S,+,\cdot)$. Es gilt nämlich $SO \subseteq \{O\}$ und $OS \subseteq \{O\}$ nach Definition von O, und $O+O = O$ folgt aus $a+b = c$ mit beliebigen Elementen $a, b \in S$ durch Multiplikation mit O. Diese Aussagen gelten insbesondere, wenn $(S,+,\cdot)$ ein absorbierendes Nullelement $o = O$ hat, doch braucht für sie O nicht Nullelement von $(S,+,\cdot)$ zu sein.

c) Ersichtlich hat ein Halbkörper $(S,+,\cdot)$ mit absorbierendem Nullelement o nur die ein- oder zweiseitigen Halbringideale S und $\{o\}$, während für einen Halbkörper ohne Nullelement nur S ein solches Ideal ist.

d) Es sei $(S,+,\cdot)$ ein Halbring mit einem absorbierenden Nullelement o und $\big(M_{2,2}(S),+,\cdot\big)$ der Halbring aller 2×2-Matrizen über S. Dann sind

$$\left\{\begin{pmatrix} a_{1,1} & a_{1,2} \\ o & o \end{pmatrix} \,\middle|\, a_{1,i} \in S\right\} \quad \text{und} \quad \left\{\begin{pmatrix} o & o \\ a_{2,1} & a_{2,2} \end{pmatrix} \,\middle|\, a_{2,i} \in S\right\}$$

(halbringtheoretische) Rechtsideale und die Mengen der dazu transponierten Matrizen Linksideale von $\big(M_{2,2}(S),+,\cdot\big)$, die keine zweiseitigen Ideale sind. Entsprechendes gilt für die Halbringe $\big(M_{n,n}(S),+,\cdot\big)$ mit $n \geq 2$.

e) Es sei $(\mathbb{Z}[x],+,\cdot)$ der Polynomring in einer Unbestimmten x über $\mathbb{Z}$ (vgl. II.1). Dann ist

$$\begin{aligned} R &= \left\{\sum_{\nu=0}^{n} r_\nu x^\nu \,\middle|\, n \in \mathbb{N}_0, r_\nu \in \mathbb{Z}, r_0 = 0\right\} \\ &= \left\{\sum_{\nu=1}^{n} r_\nu x^\nu \,\middle|\, n \in \mathbb{N}, r_\nu \in \mathbb{Z}\right\} \end{aligned}$$

ersichtlich ein Unterring $(R,+,\cdot)$ von $(\mathbb{Z}[x],+,\cdot)$ und mit $\mathbb{Z}[x]$ kommutativ. Wir betrachten nun für jedes der unter a) eingeführten Halbringideale $A_{m,c}$ von $(\mathbb{N},+,\cdot)$ die Menge

$$B = B_{m,c} = \left\{\sum_{\nu=1}^{n} a_\nu x^\nu \in R \,\middle|\, a_1 \in A_{m,c} \cup \{0\}\right\}.$$

Wie man unter Beachtung der Koeffizienten von x^1 leicht nachprüft, gilt dann $B + B \subseteq B$ und $RB \subseteq B$, d. h. B *ist ein Halbringideal des Ringes* $(R,+,\cdot)$; *jedoch ist* B *kein Ringideal von* $(R,+,\cdot)$, da $(B,+)$ nur eine Unterhalbgruppe, aber wegen $-B \not\subseteq B$ keine Untergruppe von $(R,+)$ ist.

f) Gemäß Aufgabe 4.6 a) entsteht aus jeder idempotenten Halbgruppe $(S,+)$ ein Halbring $(S,+,\cdot)$, indem man $ab = b$ für alle $a, b \in S$ definiert. In einem solchen Halbring ist jede Teilmenge $A \neq \emptyset$ ein (halbringtheoretisches)

Linksideal von $(S,+,\cdot)$, während S das einzige Rechtsideal von $(S,+,\cdot)$ ist. Insbesondere gibt es für $|S| \geq 2$ disjunkte Linksideale von $(S,+,\cdot)$. Übrigens ist der in Aufgabe 4.11 unter b 6) betrachtete Halbkörper $(\{o,c\},+,\cdot)$ ein solcher Halbring (vgl. c)).

Wir wollen nun untersuchen, wie weit sich die in Bemerkung 7.6 iii) geschilderte Situation für Ringe auf Halbringe übertragen läßt. Dabei wird sich ergeben, daß zwar jedes (halbringtheoretische) Ideal A eines Halbringes $(S,+,\cdot)$ in naheliegender Weise eine Kongruenz κ_A von $(S,+,\cdot)$ definiert. Jedoch ist diese Zuordnung im allgemeinen nicht eindeutig, so daß $\kappa_{A_1} = \kappa_{A_2}$ für verschiedene Ideale $A_1 \neq A_2$ von $(S,+,\cdot)$ gelten kann, und es können zahlreiche weitere Kongruenzen κ von $(S,+,\cdot)$ existieren, die auf diese Weise nicht durch ein Ideal von $(S,+,\cdot)$ erfaßt werden. Für die entsprechenden Sätze 8.8 und 8.11 benötigen wir folgende Hilfsmittel:

Lemma 8.4. *Es seien A und B Halbringideale eines Halbringes $(S,+,\cdot)$. Dann definiert*

$$\bar{A} = \{\bar{a} \in S \mid \text{es gibt ein } a \in A \text{ mit } \bar{a} + a \in A\} \tag{8.1}$$

ein Halbringideal $\bar{A}$ von $(S,+,\cdot)$, wobei folgendes gilt:

$$A \subseteq \bar{A}, \quad A \subseteq B \Longrightarrow \bar{A} \subseteq \bar{B} \quad \text{und} \quad \bar{\bar{A}} = \bar{A}. \tag{8.2}$$

Beweis. Es seien $\bar{a}_1$ und $\bar{a}_2$ Elemente aus $\bar{A}$. Nach (8.1) gibt es dann $a_i \in A$ mit $\bar{a}_1 + a_1 \in A$ und $\bar{a}_2 + a_2 \in A$. Da A eine Unterhalbgruppe von $(S,+)$ ist, folgt daraus $\bar{a}_1 + \bar{a}_2 + a_1 + a_2 \in A$ mit $a_1 + a_2 \in A$, also $\bar{a}_1 + \bar{a}_2 \in \bar{A}$ nach (8.1). Damit ist $\bar{A}$ ebenfalls eine Unterhalbgruppe von $(S,+)$. Da nach Definition 8.1 weiter $sa_1 \in A$ und $a_1 s \in A$ für alle $s \in S$ gelten, folgt

$$s\bar{a}_1 + sa_1 \in sA \subseteq A \quad \text{und} \quad \bar{a}_1 s + a_1 s \in As \subseteq A,$$

also $s\bar{a}_1 \in \bar{A}$ und $\bar{a}_1 s \in \bar{A}$ nach (8.1). Damit ist $\bar{A}$ als Halbringideal von $(S,+,\cdot)$ nachgewiesen. Weiter gilt $a \in A \Longrightarrow a \in \bar{A}$ wegen $a + a \in A$, also die erste Aussage von (8.2). Die zweite Aussage ist nach (8.1) klar. Für $\bar{\bar{A}} = \bar{A}$ ist noch $\bar{\bar{A}} \subset \bar{A}$ zu zeigen. Aus $\bar{\bar{a}} \in \bar{\bar{A}}$, also $\bar{\bar{a}} + \bar{a}_1 = \bar{a}_2$ mit $\bar{a}_i \in \bar{A}$ folgt wegen $\bar{a}_i + a_i \in A$ mit $a_i \in A$ jedoch $\bar{\bar{a}} \in \bar{A}$ gemäß $\bar{\bar{a}} + \bar{a}_1 + a_1 + a_2 = \bar{a}_2 + a_2 + a_1$ mit $\bar{a}_i + a_1 + a_2 \in A$. ■

Definition 8.5. Es sei A ein Halbringideal eines Halbringes $(S,+,\cdot)$. Dann heißt das durch A gemäß (8.1) definierte Halbringideal $\bar{A}$ *der k-Abschluß* von A. Gilt dabei insbesondere $A = \bar{A}$, so nennt man A *k-abgeschlossen* oder ein *k-Ideal* von $(S,+,\cdot)$. Wegen $\bar{\bar{A}} = \bar{A}$ ist für jedes Halbringideal A von $(S,+,\cdot)$ der k-Abschluß $\bar{A}$ ein k-Ideal, und es gilt $\bar{\bar{A}} = \bar{A} = A$, falls A selbst bereits ein k-Ideal ist (vgl. Aufgabe 8.5).

Beispiel 8.6. a) Wir betrachten die in Beispiel 8.3 a) eingeführten (halbringtheoretischen) Ideale $A_{m,c}$ von $(\mathbb{N},+,\cdot)$. Für jedes feste $m \in \mathbb{N}$ sind die (unendlich vielen) Ideale $A_{m,c}$ mit $c = m, 2m, \ldots$ paarweise verschieden, und alle haben den gleichen k-Abschluß $\overline{A_{m,c}} = A_{m,m} = m\mathbb{N}$. Insbesondere gilt damit für $m = 1$, daß die paarweise verschiedenen Ideale $A_c = A_{1,c}$ mit $c \in \mathbb{N}$ den gleichen k-Abschluß $\bar{A}_c = A_1 = \mathbb{N}$ haben, und auch für das zuletzt angegebene Ideal B von $(\mathbb{N},+,\cdot)$ gilt $\bar{B} = \mathbb{N}$ (vgl. auch Folgerung 8.10). Auch prüft man leicht nach, daß bei der in Beispiel 8.3 a) angegebenen Korrespondenz jedem k-Ideal $A = \bar{A}$ von $(\mathbb{N},+,\cdot)$ ein k-Ideal $A_0 = \overline{A_0} \neq \{0\}$ von $(\mathbb{N}_0,+,\cdot)$ entspricht, und umgekehrt. Dabei ist auch $\{0\}$ ein k-Ideal von $(\mathbb{N}_0,+,\cdot)$ (vgl. Aufgabe 8.5).

b) Erweitern wir Lemma 8.4 und Definition 8.5 auch auf (halbringtheoretische) Links- bzw. Rechtsideale (vgl. Aufgabe 8.4), so sind die in Beispiel 8.3 d) angegebenen einseitigen Ideale k-abgeschlossen.

c) Keines der in Beispiel 8.3 e) angegebenen Halbringideale $B_{m,c}$ des Ringes $(R,+,\cdot)$ ist k-abgeschlossen. Vielmehr gilt für jedes $m \in \mathbb{N}$

$$\overline{B_{m,c}} = \left\{ \sum_{\nu=1}^{n} a_\nu x^\nu \in R \;\middle|\; a_1 \in m\mathbb{Z} \right\}.$$

Diese Ideale sind dann halbringtheoretische k-Ideale von $(R,+,\cdot)$ und auch Ringideale von $(R,+,\cdot)$, letzteres im Einklang mit der folgenden Aussage:

Lemma 8.7. *a) Es sei $(R,+,\cdot)$ ein Ring. Ein Halbringideal A von $(R,+,\cdot)$ ist genau dann ein Ringideal von $(R,+,\cdot)$, wenn A k-abgeschlossen ist, also $A = \bar{A}$ gilt. Damit ist für k-Ideale die Unterscheidung "halbringtheoretisch" und "ringtheoretisch" überflüssig.*

b) Ist $(R,+,\cdot)$ ein Ring mit einem Einselement e, so ist jedes Halbringideal von $(R,+,\cdot)$ bereits ein Ringideal von $(R,+,\cdot)$.

Beweis. a) Ist A ein Ringideal von $(R,+,\cdot)$ und gilt $\bar{a} \in \bar{A}$, also gemäß (8.1) $\bar{a} + a_1 = a_2 \in A$ mit $a_i \in A$, so folgt $\bar{a} = a_2 - a_1 \in A$ und damit $\bar{A} \subseteq A$, also $\bar{A} = A$. Ist umgekehrt A ein Halbringideal von $(R,+,\cdot)$ mit $\bar{A} = A$, so gilt $-a + a = o \in A$ für jedes $a \in A$, woraus nach (8.1) $-a \in \bar{A} = A$ folgt. Damit erfüllt das Halbringideal $A = \bar{A}$ auch $-A \subseteq A$ und ist damit ein Ringideal von $(R,+,\cdot)$.

b) Es sei A ein Halbringideal von $(R, +, \cdot)$. Dann gilt für jedes $a \in A$ nach Definition 8.1 auch $(-e) \cdot a = -a \in A$, woraus wieder $-A \subseteq A$ folgt. ■

Satz 8.8. *Es sei $S = (S, +, \cdot)$ ein Halbring und A ein Halbringideal von $(S, +, \cdot)$. Dann definiert*

$$(8.3) \qquad s \; \kappa_A \; s' \iff \text{es gibt } a_i \in A \text{ mit } s + a_1 = s' + a_2$$

eine Kongruenz κ_A von $(S, +, \cdot)$, die insbesondere $a \; \kappa_A \; a'$ für alle $a, a' \in A$ erfüllt. Daraus folgt $A \subseteq [a]_{\kappa_A}$ für jedes $a \in A$, und diese Kongruenzklasse $[a]_{\kappa_A}$ ist selbst ein Halbringideal von $(S, +, \cdot)$, nämlich der k-Abschluß $\bar{A}$ von A. Weiterhin ist $\bar{A} = [a]_{\kappa_A}$ für $a \in A$ das absorbierende Nullelement des Kongruenzklassenhalbringes $(S/\kappa_A, +, \cdot)$. Schließlich stimmt die gemäß (8.3) definierte Kongruenz $\kappa_{\bar{A}}$ von $(S, +, \cdot)$ mit der Kongruenz κ_A überein, während die von k-Idealen $\bar{A}$ und $\bar{B}$ von $(S, +, \cdot)$ bestimmten Kongruenzen genau dann $\kappa_{\bar{A}} = \kappa_{\bar{B}}$ erfüllen, wenn $\bar{A} = \bar{B}$ gilt.

Beweis. Die durch (8.3) definierte Relation κ_A auf S ist ersichtlich reflexiv und symmetrisch. Sie ist auch transitiv, da aus $s + a_1 = s' + a_2$ und $s' + a_3 = s'' + a_4$ mit $a_i \in A$

$$s + a_1 + a_3 = s' + a_2 + a_3 = s' + a_3 + a_2 = s'' + a_4 + a_2$$

folgt, wobei mit den a_i auch $a_1 + a_3$ und $a_4 + a_2$ in A liegen. Zum Nachweis, daß κ_A auch (7.3) und (7.4) erfüllt und damit eine Kongruenz von $(S, +, \cdot)$ ist, verwenden wir (7.3') und (7.4') und setzen $s \; \kappa_A \; s'$, also $s + a_1 = s' + a_2$ mit $a_i \in A$ voraus. Dann gilt für alle $t \in S$ ersichtlich $(t + s) \; \kappa_A \; (t + s')$, also (7.3'). Ebenso folgt $(ts) \; \kappa_A \; (ts')$ und $(st) \; \kappa_A \; (s't)$, d. h. (7.4'), da mit den a_i auch $a_i t$ und $t a_i$ in dem Ideal A von $(S, +, \cdot)$ liegen. Weiter gilt $a \; \kappa_A \; a'$ für alle $a, a' \in A$ wegen $a + a' = a' + a$.

Wir betrachten nun die Restklasse $[a]_{\kappa_A}$ mit $a \in A$. Als erstes zeigen wir, daß $[a]_{\kappa_A}$ mit dem k-Abschluß $\bar{A}$ von A übereinstimmt, d. h. daß für jedes $\bar{a} \in S$ genau dann $\bar{a} \; \kappa_A \; a$ gilt, wenn $\bar{a} \in \bar{A}$ gemäß (8.1) erfüllt ist: Aus ersterem, also $\bar{a} + a_1 = a + a_2$ mit $a_i \in A$, folgt unmittelbar $\bar{a} + a_1 \in A$, d. h. $\bar{a} \in \bar{A}$. Gilt umgekehrt $\bar{a} + a_1 = a_2 \in A$ mit $a_1 \in A$ gemäß (8.1), so ergibt die Addition mit (einem beliebigen Element) $a \in A$ wegen $a + a_1 + a = a + a_2$ mit $a_1 + a$ und a_2 aus A wie behauptet $\bar{a} \; \kappa_A \; a$. Zweitens beweisen wir, daß $[a]_{\kappa_A}$ absorbierendes Nullelement von $(S/\kappa_A, +, \cdot)$ ist: Für jede Klasse $[s]_{\kappa_A} \in S/\kappa_A$ gilt gemäß (7.6)

$$[s]_{\kappa_A} + [a]_{\kappa_A} = [s + a]_{\kappa_A} = [s]_{\kappa_A},$$

wobei die zweite Gleichheit aus $(s + a)\ \kappa_A\ s$ gemäß $(s + a) + a = s + (a + a)$ nach (8.3) folgt. Ebenso gilt gemäß (7.7)

$$[s]_{\kappa_A} \cdot [a]_{\kappa_A} = [s \cdot a]_{\kappa_A} = [a]_{\kappa_A} \quad \text{und}$$
$$[a]_{\kappa_A} \cdot [s]_{\kappa_A} = [a \cdot s]_{\kappa_A} = [a]_{\kappa_A},$$

da mit a auch $s \cdot a$ und $a \cdot s$ in dem Ideal A liegen. Schließlich folgt aus $A \subseteq \bar{A}$ aus (8.3) unmittelbar $\kappa_A \subseteq \kappa_{\bar{A}}$. Für die umgekehrte Inklusion gelte $s\ \kappa_{\bar{A}}\ s'$ für $s, s' \in S$, also $s + \bar{a}_1 = s' + \bar{a}_2$ mit $\bar{a}_i \in \bar{A}$. Dann gibt es a_1 und a_2 aus A mit $\bar{a}_i + a_i \in A$, woraus

$$s + \bar{a}_1 + a_1 + a_2 = s' + \bar{a}_2 + a_2 + a_1 \quad \text{mit} \quad \bar{a}_i + a_1 + a_2 \in A$$

und damit $s\ \kappa_A\ s'$ nach (8.3) folgt. Für die letzte Behauptung sei $\kappa_{\bar{A}} = \kappa_{\bar{B}}$. Wie bereits gezeigt, bestehen dann sowohl $\bar{A}$ als auch $\bar{B}$ genau aus den Elementen von S, die als Klasse das Nullelement von $(S/\kappa_{\bar{A}}, +, \cdot) = (S/\kappa_{\bar{B}}, +, \cdot)$ bilden; daraus folgt $\bar{A} = \bar{B}$. Die Umkehrung ist trivial. ∎

Die folgende Bemerkung zeigt, daß die Satz 8.8 zugrunde liegende Definition (8.3) in der Tat als die Verallgemeinerung von (7.9) in Bemerkung 7.6 iii) auf Halbringe anzusehen ist. Anschließend wenden wir Satz 8.8 in Folgerung 8.10 auf die Halbringe $(\mathbb{N}, +, \cdot)$ und $(\mathbb{N}_0, +, \cdot)$ an.

Bemerkung 8.9. i) Es sei A ein Halbringideal eines Ringes $(R, +, \cdot)$. Dann bestimmt A nach Satz 8.8 gemäß (8.3) eine Kongruenz κ_A von $(R, +, \cdot)$, und es gilt $\kappa_A = \kappa_{\bar{A}}$ für den k-Abschluß $\bar{A}$ von A. Nach Lemma 8.7 a) ist dann $\bar{A}$ ein Ringideal von $(R, +, \cdot)$, und *wir zeigen, daß $s\ \kappa_A\ s'$ mit $s \equiv s'$ modulo $\bar{A}$, also mit $s - s' \in \bar{A}$ gemäß (7.9) für alle $s, s' \in R$ gleichwertig ist:* Aus $s + a_1 = s' + a_2$ mit $a_i \in A$ folgt nämlich $s - s' = a_2 - a_1 \in \bar{A}$, und umgekehrt ergibt sich aus $s - s' = \bar{a} \in \bar{A}$ und $\bar{a} + a_3 = a_4$ mit $a_3, a_4 \in A$ gemäß (8.1) wieder $s - s' = a_4 - a_3$, also $s + a_3 = s' + a_4$.

ii) Wenden wir dies auf eines der Halbringideale $B = B_{m,c}$ des Unterringes $(R, +, \cdot)$ von $(\mathbb{Z}[x], +, \cdot)$ aus Beispiel 8.3 e) an, so besteht der k-Abschluß $\bar{B}$ von B nach Beispiel 8.6 c) aus den Polynomen $\sum_{\nu=1}^{n} a_\nu x^\nu \in R$ mit $a_1 \in m\mathbb{Z}$. Dabei ist $\bar{B}$ ein Ringideal von $(R, +, \cdot)$, es gilt $\kappa_B = \kappa_{\bar{B}}$ und nach i) $s\ \kappa_B\ s' \iff s - s' \in \bar{B}$. Wie man leicht nachprüft, besteht der Kongruenz- bzw. Restklassenring $(R/\kappa_B, +, \cdot) = (R/\bar{B}, +, \cdot)$ von $(R, +, \cdot)$ aus den m Restklassen

$$[0]_{\bar{B}},\ [1x^1]_{\bar{B}}, \ldots,\ [(m-1)x^1]_{\bar{B}},$$

mit denen additiv wie in $(\mathbb{Z}/(m), +)$ gerechnet wird, während alle Produkte gleich dem Nullelement $[0]_{\bar{B}}$ von $(R/\bar{B}, +, \cdot)$ sind.

Folgerung 8.10. *a) Für alle Halbringideale $A_{m,c} = \{a \in m\mathbb{N} \mid a \geq c\}$ von $(\mathbb{N},+,\cdot)$ mit festem $m \in \mathbb{N}$ und beliebigem $c \in \mathbb{N}$ ist die durch (8.3) definierte Kongruenz $\kappa_{A_{m,c}}$ die durch $\chi(\kappa) = (v,g) = (0,m)$ gemäß Satz 7.8 a) festgelegte Kongruenz κ von $(\mathbb{N},+,\cdot)$. Unter diesen Idealen gibt es genau ein k-Ideal, nämlich das Ideal $A_{m,m} = m\mathbb{N}$.*

b) Die übrigen Kongruenzen $\kappa \neq \iota_{\mathbb{N}}$ von $(\mathbb{N},+,\cdot)$ erfüllen $\chi(\kappa) = (v,g)$ mit $v > 0$ und können ebenso wie $\iota_{\mathbb{N}}$ nicht durch ein Halbringideal A von $(\mathbb{N},+,\cdot)$ in der Form κ_A gemäß (8.3) beschrieben werden.

c) Aus a) und b) folgt, daß die Ideale $m\mathbb{N}$ mit $m \in \mathbb{N}$ bereits alle k-Ideale von $(\mathbb{N},+,\cdot)$ sind. Damit gilt für jedes Halbringideal B von $(\mathbb{N},+,\cdot)$, daß sein k-Abschluß $\bar{B} = m\mathbb{N}$ für eine durch B festgelegte Zahl $m \in \mathbb{N}$ erfüllt.

d) Der Halbring $(\mathbb{N}_0,+,\cdot)$ hat genau die k-Ideale $m\mathbb{N}_0$ für alle $m \in \mathbb{N}_0$. Die dem k-Ideal $m\mathbb{N}_0$ mit $m \in \mathbb{N}$ entsprechende Kongruenz $\kappa_{m\mathbb{N}_0}$ von $(\mathbb{N}_0,+,\cdot)$ ist dabei gemäß (7.11) durch $(0,m) \in \mathbb{N}_0 \times \mathbb{N}$ gekennzeichnet, während das k-Ideal $\{0\}$ gemäß (8.3) die identische Kongruenz $\iota_{\mathbb{N}_0}$ bestimmt. Die übrigen Kongruenzen κ von $(\mathbb{N}_0,+,\cdot)$ sind gemäß (7.11) durch (v,m) mit $v > 0$ festgelegt und können nicht in der Form κ_{A_0} mit einem Halbringideal A_0 von $(\mathbb{N}_0,+,\cdot)$ beschrieben werden.

Beweis. a) Es sei $A = A_{m,c}$ eines der betrachteten Ideale und $s, s' \in \mathbb{N}$. Dann ist $s \;\kappa_A\; s'$ nach (8.3) gleichwertig mit $s + a_1 = s' + a_2$ mit $a_i \in m\mathbb{N}$ und $a_i \geq c$. Wir zeigen, daß dies (unabhängig von der Wahl von c) genau dann gilt, wenn $s \equiv s'$ modulo m erfüllt ist, wobei wir $s \geq s'$ annehmen dürfen. Aus $s + a_1 = s' + a_2$ folgt sofort $s - s' = a_2 - a_1 \in m\mathbb{N}$, also $s \equiv s'(m)$. Aus letzterem ergibt sich umgekehrt zunächst $s - s' = b \in m\mathbb{N}$. Addieren wir zu $s = s' + b$ ein Element $a \in m\mathbb{N}$ mit $a \geq c$, so folgt $s + a = s' + b + a$ mit a und $b+a$ aus $A = A_{m,c}$, also $s \;\kappa_A\; s'$. Die durch $s \equiv s'(m)$ gegebene Kongruenz κ von $(\mathbb{N},+,\cdot)$ ist aber nach (7.10) durch $\chi(\kappa) = (0,m)$ gekennzeichnet. Die letzte Behauptung folgt aus Beispiel 8.6 a).

b) Für jede der durch (8.3) definierten Kongruenzen κ_A eines beliebigen Halbringes $(S,+,\cdot)$ hat $(S/\kappa_A,+,\cdot)$ gemäß Satz 8.8 ein absorbierendes Nullelement. Für jede Kongruenz κ von $(\mathbb{N},+,\cdot)$ mit $\chi(\kappa) = (v,g)$ und $v \neq 0$ hat jedoch der Halbring $(\mathbb{N}/\kappa,+,\cdot)$ kein Nullelement; es gilt dann nämlich gemäß Satz 7.8 $[1]_\kappa + [b]_\kappa \neq [1]_\kappa$ für alle $b \in \mathbb{N}$.

c) Es sei $\bar{B}$ ein beliebiges k-Ideal von $(\mathbb{N},+,\cdot)$. Die durch $\bar{B}$ bestimmte Kongruenz $\kappa_{\bar{B}}$ von $(\mathbb{N},+,\cdot)$ sei durch $\chi(\kappa_{\bar{B}}) = (v,g)$ festgelegt. Nach b) gilt dabei $v = 0$, also $\chi(\kappa_{\bar{B}}) = (0,m)$ mit einem von $\bar{B}$ bestimmten $g = m \in \mathbb{N}$. Nach a) definiert aber das k-Ideal $\bar{A} = m\mathbb{N}$ die gleiche Kongruenz $\kappa_{\bar{A}}$ von $(\mathbb{N},+,\cdot)$. Aus $\kappa_{\bar{A}} = \kappa_{\bar{B}}$ folgt aber $\bar{A} = \bar{B}$ nach dem letzten Teil von Satz 8.8.

d) Dies ergibt sich aus a) bis c) und den Beispielen 8.3 a) und 8.6 a). ■

Schließlich zeigen wir in Ergänzung zu Satz 8.8, daß bei jedem Homomorphismus φ eines Halbrings $(S,+,\cdot)$ auf einen Halbring mit absorbierendem Nullelement ein k-Ideal A von $(S,+,\cdot)$ auftritt. Die zugehörige Kongruenz $\kappa = \varphi^{-1} \circ \varphi$ kann jedoch nur dann durch ein Halbringideal von $(S,+,\cdot)$ gemäß (8.3) beschrieben werden, wenn $\kappa_A = \kappa$ gilt, wobei aber im allgemeinen nur $\kappa_A \subseteq \kappa$ erfüllt ist.

Satz 8.11. *Es sei $\varphi : (S,+,\cdot) \to (T,+,\cdot)$ ein surjektiver Homomorphismus eines beliebigen Halbringes $(S,+,\cdot)$ auf einen Halbring $(T,+,\cdot)$ mit o_T als absorbierendem Nullelement und $\kappa = \varphi^{-1} \circ \varphi$ die durch φ bestimmte Kongruenz von $(S,+,\cdot)$. Dann ist das vollständige Original*

$$\varphi^{-1}(o_T) = \{a \in S \mid \varphi(a) = o_T\} = A \tag{8.4}$$

von o_T ein k-Ideal $A = \bar{A}$ von $(S,+,\cdot)$. Für die von A gemäß (8.3) bestimmte Kongruenz κ_A von $(S,+,\cdot)$ gilt jedoch nur $\kappa_A \subseteq \kappa$, wobei zahlreiche Fälle mit $\kappa_A \subset \kappa$ auftreten können.

Beweis. Aus $\varphi(a) = \varphi(a') = o_T$ folgt $\varphi(a+a') = \varphi(a)+\varphi(a') = o_T+o_T = o_T$ sowie $\varphi(sa) = \varphi(s)\varphi(a) = \varphi(s)o_T = o_T$ und ebenso $\varphi(as) = o_T$ für alle $s \in S$. Damit ist A ein Ideal von $(S,+,\cdot)$. Gilt weiterhin $\bar{a} + a_1 = a_2$ mit $a_i \in A$, so folgt $\varphi(\bar{a}) + \varphi(a_1) = \varphi(a_2)$, also $\varphi(\bar{a}) = o_T$. Damit gilt $\bar{a} \in A$, d. h. $A = \bar{A}$ ist ein k-Ideal von $(S,+,\cdot)$. (Diese Aussage ergibt sich auch aus Aufgabe 8.11 a), da $\{o_T\}$ ein k-Ideal ist.) Schließlich folgt für alle $s, s' \in S$ aus $s\ \kappa_A\ s'$, also $s + a_1 = s' + a_2$ mit $a_i \in A$, wegen $\varphi(s) + \varphi(a_1) = \varphi(s') + \varphi(a_2)$ zunächst $\varphi(s) + o_T = \varphi(s') + o_T$, also $\varphi(s) = \varphi(s')$ und damit $s\ \kappa\ s'$. Dies zeigt $\kappa_A \subseteq \kappa$; die folgenden Beispiele für $\kappa_A \subset \kappa$ vollenden den Beweis (vgl. auch Aufgabe II.1.8). ■

Beispiel 8.12. a) Wir bemerken zunächst allgemein: Hat auch $(S,+,\cdot)$ ein absorbierendes Nullelement o_S, so gilt $\varphi(o_S) = o_T$ für den surjektiven Homomorphismus φ, und $\varphi^{-1}(o_T) = A$ ist die durch o_S bestimmte κ-Klasse $[o_S]_\kappa$ von S/κ.

b) Für ein festes $c \geq 1$ sei $\varphi : (\mathbb{N}_0,+,\cdot) \to (T_c,+,\cdot)$ der in Beispiel 3.6 betrachtete Homomorphismus mit $T_c = \{0,1,\dots,c\} \subseteq \mathbb{N}_0$. Nach Satz 7.5 ist $(T_c,+,\cdot)$ isomorph zu dem Kongruenzklassenhalbring $(\mathbb{N}_0/\kappa,+,\cdot)$ nach der Kongruenz $\kappa = \varphi^{-1} \circ \varphi$ von $\mathbb{N}_0$, und $\mathbb{N}_0/\kappa$ besteht aus den Klassen

$$[0]_\kappa = \{0\}, \dots, [c-1]_\kappa = \{c-1\},\ [c]_\kappa = \mathbb{N}_0 \setminus \{0,\dots,c-1\}.$$

Da T_c als Teilmenge von $\mathbb{N}_0$ zu Verwechslungen führen kann, betrachten wir den Homomorphismus $\varphi = \kappa^{\#}$ von $(\mathbb{N}_0, +, \cdot)$ auf $(\mathbb{N}_0/\kappa, +, \cdot)$. Diese Halbringe haben übrigens 0 bzw. $[0]_\kappa$ als absorbierende Nullelemente. Dabei gilt $A = \varphi^{-1}([0]_\kappa) = \{0\}$. Weiter ist κ_A wegen $s\kappa_A s' \iff s + 0 = s' + 0$ die identische Kongruenz $\kappa_A = \iota_{\mathbb{N}}$, woraus $\kappa_A \subset \kappa$ folgt.

Aufgaben

8.1. a) Es sei $\{A_i\}_{i\in I}$ eine nichtleere Menge von (in dieser Aufgabe stets halbringtheoretischen) Linksidealen eines Halbringes $(S, +, \cdot)$. Dann ist der Durchschnitt $D = \bigcap_{i\in I} A_i$ entweder leer oder ein Linksideal von $(S, +, \cdot)$.

b) Besteht $\{A_i\}_{i\in I}$ aus den Linksidealen von $(S, +, \cdot)$, die eine Teilmenge $T \neq \emptyset$ von S enthalten, so ist D das kleinste Linksideal von $(S, +, \cdot)$, welches T enthält. Man nennt dann D *das von T erzeugte (halbringtheoretische) Linksideal von* $(S, +, \cdot)$. Es gilt dann $D = \langle T \cup ST\rangle$ (vgl. Definition 2.21). Dabei ist $\langle ST\rangle$ ebenfalls ein Linksideal von $(S, +, \cdot)$. Zeigen Sie insbesondere, daß für Halbringe ohne Einselement T nicht in $\langle ST\rangle$ enthalten zu sein braucht, also $\langle ST\rangle \subset \langle T \cup ST\rangle$ gelten kann.

c) Es sei $(S, +, \cdot)$ ein Halbring und D das von einem Element $t \in S$ erzeugte Linksideal von $(S, +, \cdot)$. Dann gilt $D = \mathbb{N}t \cup St \cup (\mathbb{N}t + St)$, wobei $\mathbb{N}t$ für die Menge der n-fachen nt von t mit $n \in \mathbb{N}$ steht. Hat $(S, +, \cdot)$ jedoch ein absorbierendes Nullelement, dann läßt sich dies zu $D = \mathbb{N}_0 t + St$ zusammenfassen. Insbesondere ist St ebenfalls ein Linksideal von $(S, +, \cdot)$ mit $St \subseteq D$.

d) Aus a) – c) ergeben sich die dualen Begriffsbildungen und Aussagen für (halbringtheoretische) Rechtsideale und aus beiden für zweiseitige Ideale. Beachten Sie, daß dabei $D = \langle T \cup ST \cup TS \cup STS\rangle$ für das von $\emptyset \neq T \subseteq S$ erzeugte Halbringideal D von $(S, +, \cdot)$ gilt. Enthält $(S, +, \cdot)$ ein Einselement, so folgt $D = \langle STS\rangle$.

e) Ist T die Vereinigungsmenge von Halbringidealen T_i mit $i \in I$, so besteht das von T erzeugte Halbringideal D aus allen endlichen Summen $t_1 + \ldots + t_n$ von Elementen $t_j \in T_j$ mit $j \in I$ und $n \in \mathbb{N}$.

8.2. Es sei $(S, +, \cdot)$ der von 10 erzeugte Unterhalbring von $(\mathbb{N}, +, \cdot)$ oder von $(\mathbb{N}_0, +, \cdot)$. Bestimmen Sie in beiden Fällen die Elemente des Halbringideales $30S$ von $(S, +, \cdot)$ und des von 30 erzeugten Halbringideales von $(S, +, \cdot)$ (vgl. Aufgabe 8.1 c)).

8.3. Während der Durchschnit zweier (halbringtheoretischer) Linksideale eines Halbrings $(S,+,\cdot)$ leer sein kann (vgl. Beispiel 8.3 f)), gilt für Halbringideale A, B von $(S,+,\cdot)$ stets $AB \subseteq A \cap B$. Der Durchschnitt endlich vieler Halbringideale von $(S,+,\cdot)$ ist damit nie leer. Das gleiche gilt für den Durchschnitt unendlich vieler Halbringideale eines Halbrings $(S,+,\cdot)$, wenn ein absorbierendes Element existiert (vgl. Beispiel 8.3 b)). Andernfalls kann ein solcher Durchschnitt leer sein, wie schon das Beispiel $(\mathbb{N},+,\cdot)$ zeigt.

8.4. Die Aussagen von Lemma 8.4 gelten bereits für Unterhalbgruppen A und B einer kommutativen Halbgruppe $(S,+)$. Damit kann man den *k-Abschluß $\bar{A}$ für jede Unterhalbgruppe A von $(S,+)$ und die k-Abgeschlossenheit von A durch $A = \bar{A}$* wie in Definition 8.5 definieren. Diese Begriffsbildungen lassen sich daher auch schon auf halbringtheoretische Linksideale eines Halbringes $(S,+,\cdot)$ anwenden.

8.5. Es sei $(S,+,\cdot)$ ein Halbring. Dann ist das Halbringideal S ersichtlich k-abgeschlossen, und das gleiche gilt für das Halbringideal $\{o\}$, wenn $(S,+,\cdot)$ ein absorbierendes Nullelement o enthält. Hat dagegen $(S,+,\cdot)$ nur ein multiplikativ absorbierendes Element O, so braucht das Halbringideal $\{O\}$ nicht k-abgeschlossen zu sein. Betrachten Sie als Beispiel den Halbring $(S,+,\cdot) = (\mathbb{N}^{\infty},+,\cdot)$, der aus $(\mathbb{N},+,\cdot)$ durch Adjunktion eines doppelt absorbierenden Elementes $t = O = \infty$ gemäß Lemma 2.18 entsteht. Dieser Halbring $(S,+,\cdot)$ besitzt unendlich viele Halbringideale, aber nur ein k-Ideal, nämlich S.

8.6. Es sei $(U,+,\cdot)$ ein Unterhalbring eines Halbringes $(S,+,\cdot)$ und A ein (linksseitiges) Halbringideal von $(S,+,\cdot)$. Dann ist $U \cap A$ entweder leer oder ein (linksseitiges) Halbringideal von $(U,+,\cdot)$. Ist dabei A k-abgeschlossen, so ist auch $U \cap A$ k-abgeschlossen oder leer. Das Ideal $A = \{\infty\}$ des Halbrings $S = \mathbb{N}^{\infty}$ aus Aufgabe 8.5 und das k-Ideal $A = \{0\}$ von $S = \mathbb{N}_0$ (oder $S = \mathbb{Z}$) sind mit $U = \mathbb{N}$ einfache Beispiele für $A \cap U = \emptyset$.

8.7. a) In Verallgemeinerung einer bekannten Aussage über Ringideale eines Matrizenringes über einem Ring gilt: Es sei $(S,+,\cdot)$ ein Halbring mit Einselement e und absorbierendem Nullelement $o \neq e$ und $(M_{n,n}(S),+,\cdot)$ ein Matrizenhalbring über S. Dann bestimmt jedes Halbringideal I von $(S,+,\cdot)$ gemäß

$$J = \{A = (a_{i,j}) \in M_{n,n}(S) \mid a_{i,j} \in I\} \tag{8.5}$$

ein Halbringideal J von $(M_{n,n}(S), +, \cdot)$, und auf diese Weise erhält man alle Halbringideale von $(M_{n,n}(S), +, \cdot)$.

b) Das Ideal $J = \{(a_{i,j}) \in M_{2,2}(2\mathbb{Z}) \mid a_{i,j} \in 4\mathbb{Z}$ für $i \neq 1 \neq j\}$ des Ringes $(M_{2,2}(2\mathbb{Z}), +, \cdot)$ zeigt, daß die Voraussetzung über die Existenz von e in a) nicht einmal für Ringe weggelassen werden kann.

c) Insbesondere folgt aus a), daß ein Matrizenhalbring über einem Halbkörper $(S, +, \cdot)$ mit absorbierendem Nullelement nur die beiden Halbringideale $\{O\}$ und $M_{n,n}(S)$ enthält.

8.8. Während jedes Ideal von $(\mathbb{Z}, +, \cdot)$ (vgl. Lemma 8.7 b)) nach Aufgabe 7.5 c) von einem Element erzeugt werden kann, *gibt es Halbringideale B von $(\mathbb{N}, +, \cdot)$ und von $(\mathbb{N}_0, +, \cdot)$, zu deren Erzeugung eine vorgegebene Anzahl $z \in \mathbb{N}$ von Elementen $b_1, \ldots, b_z$ aus B benötigt werden.* Zeigen Sie, daß das von $T = \{z, z+1, \ldots, z+(z-1)\}$ erzeugte Ideal B von $(\mathbb{N}, +, \cdot)$ bzw. von $(\mathbb{N}_0, +, \cdot)$ ein solches Ideal ist.

8.9. In Ergänzung von Aufgabe 8.8 gilt: *Jedes Ideal A von $(\mathbb{N}, +, \cdot)$ läßt sich von endlich vielen Elementen aus A erzeugen.* Ein möglicher Beweis ergibt sich aus folgenden Aussagen:

a) Ist B ein Halbringideal von $(\mathbb{N}, +, \cdot)$, so gilt das gleiche für $mB = \{mb \mid b \in B\}$ für alle $m \in \mathbb{N}$, und aus (8.1) folgt $\overline{mB} = m\bar{B}$.

b) Jedes Halbringideal A von $(\mathbb{N}, +, \cdot)$ hat nach Folgerung 8.10 c) den k-Abschluß $\bar{A} = m\mathbb{N}$ mit einem durch A eindeutig bestimmten $m \in \mathbb{N}$. Damit hat jedes Element $a \in A$ die Form $a = mb$, und $B = \{b \in \mathbb{N} \mid a = mb \in A\}$ ist ein Ideal von $(\mathbb{N}, +, \cdot)$, welches $mB = A$ und damit nach a) $\bar{A} = \overline{mB} = m\bar{B}$ erfüllt, woraus $\bar{B} = \mathbb{N}$ folgt. (Übrigens ist dabei m der größte gemeinsame Teiler aller $a \in A$, also $m = \inf A$ in der infimums-vollständigen p. g. Menge $(\mathbb{N}, |)$, vgl. Aufgabe 6.14 a).)

c) Sei b_1 das kleinste Element eines Ideals B von $(\mathbb{N}, +, \cdot)$ mit $\bar{B} = \mathbb{N}$. Dann gibt es genau ein anzahlmäßig kleinstes Erzeugendensystem E von B, und es gilt $|E| \leq b_1$. Dieses System E erhält man wie folgt (vgl. Aufgabe 8.8): Jedenfalls gilt $b_1 \in E$, womit schon alle Elemente aus $b_1\mathbb{N}$ von b_1 erzeugt werden. Falls $B \neq b_1\mathbb{N}$ gilt, sei b_2 das kleinste Element aus $B \setminus b_1\mathbb{N}$. Damit werden alle Elemente aus $b_1\mathbb{N} \cup b_2\mathbb{N} \cup b_1\mathbb{N} + b_2\mathbb{N}$ von b_1 und b_2 erzeugt. Falls dies noch nicht ganz B ist, sei b_3 das kleinste der bisher noch nicht erfaßten Elemente von B. Zeigen Sie, daß dieses Verfahren spätestens mit der Aufnahme von b_{b_1} in E abbricht und daß auf diese Weise E eindeutig bestimmt ist.

d) Aus b) und c) folgt die allgemeine Behauptung, die sich auch leicht auf den Halbring $(\mathbb{N}_0, +, \cdot)$ übertragen läßt.

8.10. Es sei φ ein surjektiver Homomorphismus eines Halbringes $(S,+,\cdot)$ auf einen Halbring $(T,+,\cdot)$. Ist dann A ein (halbringtheoretisches) Ideal von $(S,+,\cdot)$, so ist sein homomorphes Bild $\varphi(A)$ ein Ideal von $(T,+,\cdot)$. Ist umgekehrt B ein Ideal von $(T,+,\cdot)$, so ist sein vollständiges Original $\varphi^{-1}(B) = \{a \in S \mid \varphi(a) \in B\}$ ein Ideal von A. (Die Verwendung von Satz 3.2 a) und Aufgabe 3.4 erspart Teile des Beweises. Übrigens gelten diese Aussagen auch schon für halbringtheoretische Linksideale.)

8.11. a) In Ergänzung von Aufgabe 8.10 gilt: Ist B ein k-Ideal von $(T,+,\cdot)$, so ist $\varphi^{-1}(B)$ ein k-Ideal von A. (Diese Aussage findet sich schon als Lemma 3 in [Bou58], wo sie für Homomorphismen φ von $(S,+)$ auf $(T,+)$ formuliert wird. Halbringideale treten bereits in [Bou51] auf.)

b) Dagegen braucht das homomorphe Bild $\varphi(A)$ eines k-Ideals A von $(S,+,\cdot)$ kein k-Ideal von $(T,+,\cdot)$ zu sein. Zeigen Sie dies mit Hilfe des folgenden Beispiels: Die Mengen $S = \{o, a, s, \infty\}$ und $T = \{o', t, \infty'\}$ werden durch die Additionstafeln

$+$	o	a	s	∞
o	o	a	s	∞
a	a	a	∞	∞
s	s	∞	s	∞
∞	∞	∞	∞	∞

$+$	o'	t	∞'
o'	o'	t	∞'
t	t	t	∞'
∞'	∞'	∞'	∞'

und $S \cdot S = \{o\}$ sowie $T \cdot T = \{o'\}$ zu Halbringen $(S,+,\cdot)$ und $(T,+,\cdot)$. Durch $\varphi(o) = o'$, $\varphi(a) = \varphi(\infty) = \infty'$ und $\varphi(s) = t$ wird ein Homomorphismus φ von $(S,+,\cdot)$ auf $(T,+,\cdot)$ definiert. Weiter ist $A = \{o, a\}$ ein k-Ideal von $(S,+,\cdot)$, während das Ideal $\varphi(A) = \{o', \infty'\}$ von $(T,+,\cdot)$ nicht k-abgeschlossen ist.

8.12. Aufgabe 8.11 b) liefert ein weiteres Beispiel eines surjektiven Homomorphismus $\varphi(S,+,\cdot) \to (T,+,\cdot)$ für Halbringe mit absorbierendem Nullelement, so daß in Satz 8.11 $\varphi^{-1}(o_T) = A = \{o_S\}$ und $\kappa_A \subset \kappa$ gilt.

8.13. a) Die endlich vielen halbringtheoretischen Ideale eines Kongruenzklassenhalbringes $(\mathbb{N}/\kappa,+,\cdot)$ von $(\mathbb{N},+,\cdot)$ lassen sich durch geschicktes Probieren ermitteln, wobei auch die erste Aussage von Aufgabe 8.10 hilfreich sein kann. Bestimmen Sie die (insgesamt sechs) Ideale von $(S,+,\cdot) = (\mathbb{N}/\kappa,+,\cdot)$ für die durch $\chi(\kappa) = (3,2)$ bestimmte Kongruenz κ von $(\mathbb{N},+,\cdot)$.

b) Zeigen Sie weiter, daß außer S nur das Ideal $A = \{[2]_\kappa, [4]_\kappa\}$ von $(S,+,\cdot) = (\mathbb{N}/\kappa,+,\cdot)$ k-abgeschlossen ist. Die gemäß (8.3) von S bestimmte Kongruenz κ_S von $(S,+,\cdot)$ ist natürlich $S \times S$, während für

$A = \bar{A}$ der Kongruenz κ_A die Klasseneinteilung

$$[[1]_\kappa]_{\kappa_A} = \{[1]_\kappa, [3]_\kappa, [5]_\kappa\}, \quad [[2]_\kappa]_{\kappa_A} = \{[2]_\kappa, [4]_\kappa\}$$

entspricht. Aus Aufgabe 7.8 b) geht hervor, daß $(S, +, \cdot) = (\mathbb{N}/\kappa, +, \cdot)$ genau acht Kongruenzen λ hat, von denen also nur zwei durch Ideale von $(S, +, \cdot)$ gemäß (8.3) erfaßt werden.

8.14. Es sei $(S, +, \cdot)$ ein Halbring mit absorbierendem Nullelement und U die Menge aller Elemente $u \in S$, zu denen ein Entgegengesetztes $-u \in S$ existiert. Dann ist U ein Halbringideal von $(S, +, \cdot)$ und der Unterhalbring $(U, +, \cdot)$ sogar ein Unterring von $(S, +, \cdot)$. Ist U auch ein k-Ideal?

8.15. Es sei $(S, +, \cdot)$ ein Halbring mit absorbierendem Nullelement o und $\mathfrak{I}(S)$ die Menge aller Halbringideale von $(S, +, \cdot)$. Dann ist $(\mathfrak{I}(S), +, \odot)$ mit den Operationen $A + B$ und $A \odot B = \langle A \cdot B \rangle$ gemäß Definition 2.21 (vgl. auch Bemerkung 2.22 ii)) ein additiv idempotenter Halbring mit dem Nullideal $\{o\}$ als absorbierendem Nullelement. Auch die Menge $\mathfrak{RI}(R)$ aller Ringideale eines Ringes R bildet einen solchen Halbring $(\mathfrak{RI}(R), +, \odot)$. Gewisse Halbringe dieser Art waren übrigens die ersten, die (ohne daß dabei der Begriff "Halbring" auftrat) als Hilfsmittel für ringtheoretische Untersuchungen aufgetreten sind (vgl. [Ded32]).

8.16. In der Halbgruppentheorie nennt man eine Teilmenge $\emptyset \neq A \subseteq S$ einer Halbgruppe $(S, \cdot)$ ein *Linksideal* von $(S, \cdot)$, wenn $SA \subseteq A$ gilt. Entsprechend werden *Rechtsideale* und *(zweiseitige) Ideale* von $(S, \cdot)$ definiert.

a) Ist $(S, +, \cdot)$ ein Halbring, so ist jedes halbringtheoretische Linksideal von $(S, +, \cdot)$ erst recht ein Linksideal von $(S, \cdot)$. Die Umkehrung gilt im allgemeinen nicht, wohl aber für alle Linksideale von $(S, \cdot)$ der Form Sa mit $a \in S$ und damit z. B. für alle (Links)ideale von $(\mathbb{N}, +, \cdot), (\mathbb{N}_0, +, \cdot)$ und $(\mathbb{Z}, +, \cdot)$.

b) Die Aussagen der Aufgaben 8.1 a), 8.3 und 8.10 gelten auch für ein- oder zweiseitige Ideale von Halbgruppen. Übertragen Sie auch Aufgabe 8.1 b) bis e) auf solche Ideale einer Halbgruppe $(S, \cdot)$.

Kapitel II

Erweiterungen von Halbringen

Im ersten Paragraphen dieses Kapitels behandeln wir Polynomhalbringe $(S[x], +, \cdot)$ über einem nicht notwendig kommutativen Halbring $(S, +, \cdot)$ mit einer Unbestimmten x über S, deren Konstruktion wir durch Definition und Untersuchung dieser Begriffsbildungen unter geeigneten Existenzvoraussetzungen vorbereiten. Daraus ergeben sich entsprechende Aussagen über Polynomhalbringe $(S[x_1, \ldots, x_n], +, \cdot)$ in mehreren, voneinander unabhängigen Unbestimmten $x_1, \ldots, x_n$ über S. Der auch sonst gebrauchte Satz 1.8 über das Einsetzen von Elementen eines Oberhalbringes von S in Polynome ist auch die Grundlage für eine halbringtheoretische Behandlung von Nullstellen von Polynomen, auf die wir jedoch in diesem Band nicht eingehen können.

Der Paragraph II.1 kann auch als eine einführende Behandlung von Polynomringen gelesen werden. Das Entsprechende gilt auch für die Paragraphen II.2 und II.4. Ihr Gegenstand sind Quotientenhalbkörper von kommutativen und multiplikativ kürzbaren Halbringen und, diese Begriffsbildung verallgemeinernd, Quotientenhalbringe $(T, +, \cdot)$ eines Halbringes $(S, +, \cdot)$, in denen nur gewisse, geeignet gewählte Elemente $\alpha \in S$ ein Inverses α^{-1} in T haben. Hier ist es (jedenfalls in unserem Zusammenhang) zweckmäßig, die Addition zunächst wegzulassen und erst nach der Untersuchung von Quotientenhalbgruppen $(T, \cdot)$ einer Halbgruppe $(S, \cdot)$ einzubeziehen (II.3 und II.4). Im Gegensatz zu Ringen tritt bei einem Halbring $(S, +, \cdot)$ nämlich auch die Frage auf, ob er zu einem Differenzenring oder wenigstens zu einem Differenzenhalbring $(T, +, \cdot)$ erweitert werden kann. Die additive Interpretation der Ergebnisse aus Paragraph II.3, angewendet auf $(S, +)$ und $(T, +)$, ist dann die Grundlage für die Behandlung von Differenzenhalbringen in Paragraph II.5.

Der Nacheinanderanwendung je einer solchen Differenzenerweiterung und einer Quotientenerweiterung in beiden Reihenfolgen ist der Paragraph II.6 gewidmet. Seine zum Teil unerwarteten Ergebnisse sind auch für den Aufbau der Arithmetik von Interesse, da ja der Körper der rationalen Zahlen auf diese Weise aus dem Halbring der natürlichen Zahlen entsteht. Ist schließlich $(R, +, \cdot)$ ein Differenzenring eines Halbrings $(S, +, \cdot)$, so gibt es Zusammenhänge zwischen den Kongruenzen von $(S, +, \cdot)$ und denen von $(R, +, \cdot)$. Dies und entsprechende Überlegungen für Ideale sind Gegenstand von Paragraph II.7.

II.1. Polynomhalbringe

Die folgenden Überlegungen präzisieren zunächst Begriffe wie Unbestimmte, Polynom und Polynomhalbring unter geeigneten Existenzvoraussetzungen. Darauf aufbauend zeigen wir in Satz 1.6, daß es zu jedem Halbring S mit Einselement und absorbierendem Nullelement einen solchen Polynomhalbring $S[x]$ tatsächlich gibt.

Definition 1.1. Es sei $S = (S, +, \cdot)$ ein Halbring mit Einselement e und absorbierendem Nullelement o. Dabei setzen wir $e \neq o$, d. h. $|S| \geq 2$ voraus. Weiter sei $H = (H, +, \cdot)$ ein Oberhalbring von S mit dem gleichen, auch in H absorbierenden Nullelement o. Dann heißt ein Element $x \in H$ eine *Unbestimmte über* S, wenn x folgende Eigenschaften besitzt:

(1.1) Es gilt $ax = xa$ für alle $a \in S$ sowie $ex = x$.

(1.2) Aus $\sum_{\nu=0}^{n} a_\nu x^\nu = \sum_{\nu=0}^{n} b_\nu x^\nu$ mit $a_\nu, b_\nu \in S$ und $n \in \mathbb{N}_0$ folgt $a_\nu = b_\nu$ für alle $\nu = 0, \ldots, n$,

wobei Summanden der Form $a_0 x^0$ auch im folgenden als a_0 zu interpretieren sind. Jedes aus einer solchen Unbestimmten x über S und Elementen $a_\nu \in S$ in $(H, +, \cdot)$ gebildete Element

$$f(x) = a_0 + a_1 x + \ldots + a_n x^n = \sum_{\nu=0}^{n} a_\nu x^\nu \tag{1.3}$$

nennt man ein *Polynom* in x mit den *Koeffizienten* $a_\nu \in S$. Den höchsten in (1.3) angegebenen Exponenten $n \in \mathbb{N}_0$ bezeichnet man als *formalen Grad* von $f(x)$. Er kann beliebig groß gewählt werden, da das Hinzufügen von Summanden ox^k das Polynom $f(x) \in H$ nicht ändert. Insbesondere lassen sich endlich viele Polynome stets mit dem gleichen formalen Grad schreiben.

Gilt in (1.3) jedoch $a_n \neq o$, so ist $n \in \mathbb{N}_0$ gemäß (1.2) eindeutig bestimmt und wird als *Grad* von $f(x)$ bezeichnet. Wir schreiben dafür Grad $f(x) = n$.

Bemerkung 1.2. i) Als Spezialfall von (1.2) ergibt sich unmittelbar:

(1.2′) Aus $f(x) = \sum_{\nu=0}^{n} c_\nu x^\nu = o$ mit $c_\nu \in S$ und $n \in \mathbb{N}_0$ folgt $c_\nu = o$ für alle $\nu = 0, \ldots, n$.

Damit ist ein Polynom $f(x)$ genau dann gleich dem Nullelement o von S (und von H), wenn alle seine Koeffizienten gleich o sind. Diesem auch als *Nullpolynom* bezeichneten Polynom $f(x) = \sum_{\nu=0}^{n} ox^\nu = o$ wird durch die obige Definition (als einzigem) kein Grad zugeordnet. Mitunter wird der *Grad des Nullpolynoms* als -1 oder $-\infty$ definiert, wobei letzteres zweckmäßiger ist (vgl. Aufgabe 1.4).

ii) Ist insbesondere S ein Ring, so zeigt man leicht, daß auch umgekehrt (1.2′) wieder die Bedingung (1.2) impliziert, was für einen Halbring S im allgemeinen nicht zutrifft. Aus diesem Grunde haben wir in Definition 1.1 die Bedingung (1.2) verwendet, während im Rahmen der Ringtheorie meist (1.2′) zur Kennzeichnung einer Unbestimmten x über einem Ring S herangezogen wird; (1.2′) besagt nämlich, daß x *transzendent über* S ist.

iii) Aus letzterem erhalten wir naheliegende Beispiele: So ist jede transzendente reelle Zahl τ (wie etwa π oder $e = \lim\left(1 + \frac{1}{n}\right)^n$), d. h. jede über $S = \mathbb{Z}$ oder $S = \mathbb{Q}$ transzendente Zahl $\tau \in H = \mathbb{R}$, eine Unbestimmte über S, da alle anderen Bedingungen von Definition 1.1 in $H = \mathbb{R}$ trivialerweise erfüllt sind. Offensichtlich ist jede transzendente Zahl $\tau \in H = \mathbb{R}$ auch Unbestimmte über jedem Unterhalbring S von $\mathbb{Q}$, der $\mathbb{N}_0$ umfaßt. Dagegen ist jede algebraische reelle Zahl α keine Unbestimmte über S; so gilt z. B. für $\alpha = 1 + \sqrt{2}$ im Gegensatz zu (1.2)

$$\sum_{\nu=0}^{2} a_\nu \alpha^\nu = 1\alpha^2 = 1 + 2\alpha = \sum_{\nu=0}^{2} b_\nu \alpha^\nu \quad \text{mit} \quad a_\nu, b_\nu \in \mathbb{N}_0.$$

Satz 1.3. *Unter den Voraussetzungen von Definition 1.1 sei $x \in H$ Unbestimmte über S. Dann ist die Menge aller Polynome*

$$S[x] = \left\{ \sum_{\nu=0}^{n} a_\nu x^\nu \in H \mid n \in \mathbb{N}_0, a_\nu \in S \right\}$$

ein Unterhalbring von $H = (H, +, \cdot)$, und zwar der kleinste, der S und die Unbestimmte x enthält. Dabei werden Gleichheit, Addition und Multiplikation in $S[x]$ durch die folgenden Regeln vollständig durch Aussagen in S bestimmt:

i) $$\sum_{\nu=0}^{n} a_\nu x^\nu = \sum_{\nu=0}^{n} b_\nu x^\nu \iff a_\nu = b_\nu \quad \textit{für alle} \quad \nu = 0, \dots, n,$$

ii) $$\sum_{\nu=0}^{n} a_\nu x^\nu + \sum_{\nu=0}^{n} b_\nu x^\nu = \sum_{\nu=0}^{n} (a_\nu + b_\nu) x^\nu,$$

iii) $$\sum_{\nu=0}^{n} a_\nu x^\nu \cdot \sum_{\mu=0}^{m} b_\mu x^\mu = \sum_{\lambda=0}^{n+m} \left(\sum_{\nu+\mu=\lambda} a_\nu b_\mu \right) x^\lambda.$$

Beweis. Die nichttriviale Implikation von i) ist gerade die Bedingung (1.2). Die Regeln ii) und iii) ergeben sich durch Rechnen im Halbring $(H, +, \cdot)$, wobei für iii) $x^\nu b_\mu = b_\mu x^\nu$ verwendet wird, was aus (1.1) folgt. Wegen ii) und iii) ist $S[x]$ ein Unterhalbring von H. Die Elemente von S und x liegen als Polynome der Form $f(x) = a_0$ bzw. $f(x) = ex = x$ (gemäß (1.1)) in $S[x]$; enthält umgekehrt ein Unterhalbring von H alle $a_\nu \in S$ und x, so enthält er auch jedes Polynom aus $S[x]$. ∎

Definition 1.4. Ein Halbring $S[x] = (S[x], +, \cdot)$ der in Satz 1.3 beschriebenen Art heißt der *Polynomhalbring über dem Halbring S in der Unbestimmten x über S*. Man sagt dann auch, daß $S[x]$ aus S durch *Adjunktion einer Unbestimmten x* entsteht. Ist insbesondere $S[x]$ ein Ring, so spricht man von dem *Polynomring $S[x]$ in der Unbestimmten x über S*.

Satz 1.5. *Es sei $(S, +, \cdot)$ ein Halbring mit Einselement e und absorbierendem Nullelement $o \neq e$.*

a) Je zwei Polynomhalbringe $(S[x], +, \cdot)$ und $(S[y], +, \cdot)$ in den Unbestimmten x bzw. y über S sind isomorph. Genauer: Es gibt einen bezüglich S relativen Isomorphismus $\varphi : (S[x], +, \cdot) \to (S[y], +, \cdot)$.

b) Dagegen enthält der Polynomhalbring $(S[x], +, \cdot)$ unendlich viele Unterhalbringe, die ebenfalls Polynomhalbringe in einer Unbestimmten über S (und damit nach a) zu $S[x]$ isomorph) sind, wie z. B. $S[x] \supset S[x^2] \supset S[x^4] \supset \dots$

Beweis. a) Durch $\varphi\left(\sum_{\nu=0}^{n} a_\nu x^\nu\right) = \sum_{\nu=0}^{n} a_\nu y^\nu$ wird der (übrigens eindeutig bestimmte) Isomorphismus φ unserer Behauptung definiert. Dies folgt aus den Regeln i), ii) und iii), die Gleichheit, Addition und Multiplikation von Polynomen aus $S[x]$ wie aus $S[y]$ auf die gleichen Feststellungen in $(S, +, \cdot)$ zurückführen (vgl. auch Aufgabe 1.2).

b) Nach Aufgabe 1.1 ist jede Potenz $x^i \in S[x]$ mit $i \in \mathbb{N}$ Unbestimmte über S. Damit enthält $H = S[x]$ nach Satz 1.3 die Polynomhalbringe $S[x^i]$ als Unterhalbringe. Die Inklusion $S[x^i] \supset S[x^{2i}]$ ist klar. ∎

Satz 1.6. *Zu jedem Halbring $(S, +, \cdot)$ mit Einselement e und absorbierendem Nullelement $o \neq e$ existiert ein Polynomhalbring $(S[x], +, \cdot)$ in einer Unbestimmten x über S.*

Beweis. Da im Falle der Existenz jedes Polynom durch die Folge seiner Koeffizienten eindeutig bestimmt ist, beginnen wir unsere Konstruktion mit der Menge T_1 aller Folgen

$$(a_0, a_1, a_2, \dots) = (a_\nu)_{\nu \in \mathbb{N}_0} \quad \text{mit} \quad a_\nu \in S, \quad \text{fast alle} \quad a_\nu = o.$$

Gemäß Satz 1.3 definieren wir dann

i') $(a_0, a_1, \ldots) = (b_0, b_1, \ldots) \iff a_\nu = b_\nu$ für alle $\nu \in \mathbb{N}_0$,

ii') $(a_0, a_1, \ldots) + (b_0, b_1, \ldots) = (a_0 + b_0, a_1 + b_1, \ldots, a_\nu + b_\nu, \ldots)$

iii') $(a_0, a_1, \ldots) \cdot (b_0, b_1, \ldots) = \left(a_0 b_0, a_0 b_1 + a_1 b_0, \ldots, \sum\limits_{\nu+\mu=\lambda} a_\nu b_\mu, \ldots\right)$,

wobei i') nur noch einmal die übliche Gleichheit für die Folgen aus T_1 feststellt. Durch ii') und iii') werden dann auf eindeutige Weise die Summe und das Produkt von Folgen aus T_1 definiert, da auch auf der rechten Seite von ii') und iii') ersichtlich nur endlich viele von o verschiedene Folgenglieder aus S auftreten. Weiter überträgt sich bei ii') die Kommutativität und die Assoziativität von $(S, +)$ auf $(T_1, +)$. Die Assoziativität von $(T_1, \cdot)$ folgt aus

$$\left((a_\nu)_{\nu\in\mathbb{N}_0} \cdot (b_\mu)_{\mu\in\mathbb{N}_0}\right) \cdot (c_\kappa)_{\kappa\in\mathbb{N}_0} = (s_\lambda)_{\lambda\in\mathbb{N}_0} \cdot (c_\kappa)_{\kappa\in\mathbb{N}_0} = (u_\varrho)_{\varrho\in\mathbb{N}_0} \quad \text{mit}$$

$$u_\varrho = \sum_{\lambda+\kappa=\varrho} s_\lambda c_\kappa = \sum_{\lambda+\kappa=\varrho} \left(\sum_{\nu+\mu=\lambda} a_\nu b_\mu\right) c_\kappa = \sum_{\nu+\mu+\kappa=\varrho} (a_\nu b_\mu) c_\kappa \quad \text{und}$$

$$(a_\nu)_{\nu\in\mathbb{N}_0} \cdot \left((b_\mu)_{\mu\in\mathbb{N}_0} \cdot (c_\kappa)_{\kappa\in\mathbb{N}_0}\right) = (a_\nu)_{\nu\in\mathbb{N}_0} \cdot (t_\tau)_{\tau\in\mathbb{N}_0} = (v_\varrho)_{\varrho\in\mathbb{N}_0} \quad \text{mit}$$

$$v_\varrho = \sum_{\nu+\tau=\varrho} a_\nu t_\tau = \sum_{\nu+\tau=\varrho} a_\nu \left(\sum_{\mu+\kappa=\tau} b_\mu c_\kappa\right) = \sum_{\nu+\mu+\kappa=\varrho} a_\nu (b_\mu c_\kappa).$$

In ähnlicher Weise, aber einfacher, ergeben sich beide Distributivgesetze. Damit ist $(T_1, +, \cdot)$ ein Halbring. Wegen iii') ist die Folge $(e, o, o, \ldots)$ das Einselement von T_1, und wegen ii') und iii') ist $(o, o, o, \ldots)$ absorbierendes Nullelement von T_1.

Als nächstes betrachten wir die durch $a_0 \mapsto \chi(a_0) = (a_0, o, o, \ldots)$ definierte Abbildung $\chi : S \to T_1$. Nach i'), ii') und iii') ist χ ersichtlich ein injektiver Homomorphismus von $(S, +, \cdot)$ in $(T_1, +, \cdot)$. Gemäß Satz I.3.2 ist dann das homomorphe Bild

$$\chi(S) = S_1 = \{(a_\nu)_{\nu\in\mathbb{N}_0} \mid a_\nu = o \quad \text{für alle } \nu \in \mathbb{N}\}$$

ein Unterhalbring $(S_1, +, \cdot)$ von $(T_1, +, \cdot)$ und χ ein Isomorphismus von $(S, +, \cdot)$ auf $(S_1, +, \cdot)$. Damit haben wir die folgende Situation:

$$\begin{array}{ccc} T_1 & & \\ \Big| & & \\ & \psi = \chi^{-1} & \\ S_1 & \overset{\longrightarrow}{\underset{\longleftarrow}{}} & S \quad \text{mit} \quad T_1 \cap S = \emptyset. \\ & \chi & \end{array}$$

Gemäß Satz I.3.9 existiert dann ein Isomorphismus φ von $(T_1, +, \cdot)$ auf einen Oberhalbring $(T, +, \cdot)$ von $(S, +, \cdot)$, der den Isomorphismus $\psi = \chi^{-1}$ fortsetzt. Dabei gilt $T = (T_1 \setminus S_1) \cup S$, d. h. der Halbring T besteht aus allen Folgen aus $T_1 \setminus S_1$ und den Elementen des Halbringes S. Insbesondere ist dann das Einselement e von S auch Einselement von T, und das absorbierende Nullelement o von S ist auch absorbierendes Nullelement von T.

Wir zeigen nun, daß der Halbring T eine Unbestimmte über S enthält, nämlich die Folge $x = (o, e, o, \ldots)$. Dazu ist es zweckmäßig, jedes Element $a_0 \in S$ mit der Folge $(a_0, o, o, \ldots) \in S_1$ zu identifizieren (vgl. Bemerkung I.3.10). Damit folgt (1.1) für $x = (o, e, o, \ldots)$ sofort aus iii'). Für (1.2) stellen wir zunächst fest, daß für alle $\nu \in I\!N_0$

$$(1.4) \qquad x^\nu = \left(s_\mu^{(\nu)}\right)_{\mu \in I\!N_0} \quad \text{mit} \quad s_\mu^{(\nu)} = \begin{cases} e & \text{für } \mu = \nu \\ o & \text{für } \mu \neq \nu \end{cases}$$

gilt. Dies ist für $\nu = 0$ und $\nu = 1$ klar und folgt dann durch Induktion: Es gilt nämlich $x^\nu \cdot x = \left(s_\mu^{(\nu)}\right)_{\mu \in I\!N_0} \cdot \left(s_\kappa^{(1)}\right)_{\kappa \in I\!N_0} = (t_\lambda)_{\lambda \in I\!N_0}$ mit

$$t_\lambda = \sum_{\mu+\kappa=\lambda} s_\mu^{(\nu)} s_\kappa^{(1)} = \begin{cases} e & \text{für } \mu = \nu \text{ und } \kappa = 1 \\ o & \text{sonst} \end{cases},$$

was $t_\lambda = s_\lambda^{(\nu+1)}$ und damit $x^{\nu+1} = x^\nu \cdot x = \left(s_\mu^{(\nu+1)}\right)_{\mu \in I\!N_0}$, also (1.4) zeigt. Daraus ergibt sich mit ii') und iii')

$$(1.5) \quad \sum_{\nu=0}^{n} a_\nu x^\nu = \\ (a_0, o, \ldots) + (a_1, o, \ldots)(o, e, o, \ldots) + (a_2, o, \ldots)(o, o, e, \ldots) + \ldots = \\ (a_0, a_1, \ldots, a_n, o, \ldots)$$

für alle Elemente von T. Aus i') folgt dann auch (1.2) für $x = (o, e, o, \ldots)$. Damit ist dieses Element $x \in T$ als Unbestimmte über dem Unterhalbring S von T nachgewiesen. Die Anwendung von Satz 1.3 mit $H = T$ zeigt dann die Existenz des Polynomhalbringes $S[x]$, wobei allerdings wegen (1.5) bereits $T = S[x]$ gilt. ∎

Satz 1.7. *Es sei S ein Halbring mit Einselement e und absorbierendem Null element $o \neq e$ und $S[x]$ ein Polynomhalbring in der Unbestimmten x über S. Dann gelten folgende Aussagen:*

a) Das Einselement e von S ist auch Einselement von $S[x]$, und das Nullelement o von S ist auch absorbierendes Nullelement von $S[x]$.

b) Der Polynomhalbring $S[x]$ ist genau dann nullsummenfrei, additiv kürzbar, additiv idempotent, nullteilerfrei bzw. kommutativ, wenn der Halbring S jeweils die gleiche Eigenschaft hat.

c) Der Polynomhalbring $S[x]$ ist genau dann ein Ring, wenn S ein Ring ist.

d) Der Polynomhalbring $S[x]$ ist genau dann multiplikativ linkskürzbar, wenn S multiplikativ linkskürzbar und auch additiv kürzbar ist.

Beweis. a) Dies folgt sofort aus den Regeln ii) und iii) und wurde auch schon im Beweis von Satz 1.6 festgestellt.

b) Jede dieser Eigenschaften überträgt sich von einem beliebigen Halbring auf jeden Unterhalbring mit dem gleichen Nullelement, womit nur ihre Übertragung von S auf $S[x]$ zu zeigen bleibt. Letzteres folgt aber jeweils aus ii) bzw. iii) (vgl. auch Aufgabe 1.4).

c) Ist S ein Ring, so existiert zu jedem $a_\nu \in S$ das Entgegengesetzte $-a_\nu \in S$; damit hat dann gemäß ii) auch jedes Polynom aus $S[x]$

$$\sum_{\nu=0}^{n} a_\nu x^\nu \quad \text{das Entgegengesetzte} \quad -\sum_{\nu=0}^{n} a_\nu x^\nu = \sum_{\nu=0}^{n}(-a_\nu)x^\nu \in S[x].$$

Ist umgekehrt $S[x]$ ein Ring, so gibt es zu jedem $a_0 \in S \subseteq S[x]$ ein Entgegengesetztes $-a_0 = \sum_{\nu=0}^{n} b_\nu x^\nu$ in $S[x]$. Die Addition von a_0 liefert dann das Nullpolynom mit den Koeffizienten $a_0 + b_0 = o$, $b_1 = o, \ldots, b_n = o$, woraus $-a_0 = b_0 \in S$ und damit die Ringeigenschaft von S folgt.

d) Es sei S multiplikativ linkskürzbar und additiv kürzbar. Wir zeigen, daß dann jedes von o verschiedene Element $f(x) = \sum_{\nu=0}^{n} a_\nu x^\nu$ von $S[x]$ linkskürzbar in $(S[x], \cdot)$ ist. Es gelte also $f(x)g(x) = f(x)h(x)$, wobei wir $a_n \neq o$ annehmen und $g(x) = \sum_{\mu=0}^{m} b_\mu x^\mu$ und $h(x) = \sum_{\mu=0}^{m} c_\mu x^\mu$ mit dem gleichen formalen Grad m schreiben können. Dann folgt aus iii) und i)

$$\begin{aligned}
&a_n b_m = a_n c_m \\
&a_n b_{m-1} + a_{n-1} b_m = a_n c_{m-1} + a_{n-1} c_m \\
&a_n b_{m-2} + a_{n-1} b_{m-1} + a_{n-2} b_m = a_n c_{m-2} + a_{n-1} c_{m-1} + a_{n-2} c_m \\
&\vdots \\
&a_n b_0 + a_{n-1} b_1 + \ldots = a_n c_0 + a_{n-1} c_1 + \ldots
\end{aligned}$$

Wegen $a_n \neq o$ und den Voraussetzungen über S folgt dann: Aus der ersten Gleichung $b_m = c_m$; damit aus der zweiten Gleichung (unter Verwendung der additiven Kürzbarkeit von S) $a_n b_{m-1} = a_n c_{m-1}$, also $b_{m-1} = c_{m-1}$; aus der nächsten Gleichung entsprechend $b_{m-2} = c_{m-2}$. So fortfahrend erhält man schließlich aus der $(m+1)$-ten Gleichung $b_0 = c_0$ und damit $g(x) = h(x)$, d. h. die Linkskürzbarkeit von $f(x) \neq o$. Umgekehrt ist mit $(S[x], \cdot)$ auch $(S, \cdot)$ linkskürzbar (vgl. Aufgabe I.4.5). Wäre nun $(S, +)$ nicht kürzbar, so gäbe es Elemente $a, b, c \in S$ mit $a + b = a + c$. Wie man leicht nachrechnet, widerlegt dann $(x^2 + x + e)(ax^2 + bx + a) = (x^2 + x + e)(ax^2 + cx + a)$ die Linkskürzbarkeit von $(S[x], \cdot)$. ■

Trotz der in der Ringtheorie üblichen und für Halbringe übernommenen Schreibweise $f(x)$ sind die Elemente eines Polynomhalbringes $S[x]$ keine ganzrationalen Funktionen, wie z. B. $f : D \to W$ gemäß

$$f(\xi) = a_0 + a_1\xi + \ldots + a_n\xi^n = \sum_{\nu=0}^{n} a_\nu \xi^\nu \quad \text{mit} \quad a_\nu \in S, \tag{1.6}$$

wobei ξ als Variable alle Elemente eines bestimmten Definitionsbereichs D durchläuft und das zugehörige Bild $f(\xi) \in W$ jeweils gemäß (1.6) berechnet wird. Einen Zusammenhang zwischen beiden Begriffsbildungen präzisiert der folgende Satz.

Satz 1.8. *Es sei $(S, +, \cdot)$ ein Halbring mit Einselement e und absorbierendem Nullelement $o \neq e$. Weiter sei $(S[x], +, \cdot)$ ein Polynomhalbring in einer Unbestimmten x über S und $(H, +, \cdot)$ ein Oberhalbring von $(S, +, \cdot)$, der ebenfalls o als absorbierendes Nullelement hat. Schließlich sei ξ ein Element von H, welches in Entsprechung zu (1.1) die Bedingung*

$$a\xi = \xi a \quad \text{für alle} \quad a \in S \quad \text{und} \quad e\xi = \xi \tag{1.7}$$

erfüllt. Zu jedem Polynom $f(x) = \sum_{\nu=0}^{n} a_\nu x^\nu \in S[x]$ entsteht dann durch "Einsetzen von ξ für x" und Rechnen in $(H, +, \cdot)$ ein Element

$$\varphi(f(x)) = \varphi\left(\sum_{\nu=0}^{n} a_\nu x^\nu\right) = \sum_{\nu=0}^{n} a_\nu \xi^\nu = f(\xi) \in H. \tag{1.8}$$

Dabei ist $\varphi : (S[x], +, \cdot) \to (H, +, \cdot)$ ein bezüglich S relativer Homomorphismus, der durch $\varphi(a) = a$ für alle $a \in S$ und $\varphi(x) = \xi$ eindeutig bestimmt ist. Das homomorphe Bild

$$\varphi(S[x]) = \left\{ \sum_{\nu=0}^{n} a_\nu \xi^\nu \in H \mid n \in \mathbb{N}_0, a_\nu \in S \right\}$$

von $S[x]$ ist dann der kleinste Unterhalbring von H, der S und das Element ξ enthält, also der von $S \cup \{\xi\}$ erzeugte Unterhalbring von H.

Beweis. Unsere Voraussetzungen über ξ entsprechen genau den Voraussetzungen über eine Unbestimmte x über S in Definition 1.1, mit Ausnahme der Forderung (1.2) für x. Wie aus dem Beweis von Satz 1.3 hervorgeht, gelten damit die Regeln ii) und iii) auch mit ξ anstelle von x. Dies zeigt

$$\varphi(f(x)) + \varphi(g(x)) = \varphi(f(x) + g(x)) \quad \text{sowie} \tag{1.9}$$

$$\varphi(f(x)) \cdot \varphi(g(x)) = \varphi(f(x) \cdot g(x)) \tag{1.10}$$

für alle $f(x), g(x) \in S[x]$, womit φ als Homomorphismus nachgewiesen ist. Dabei ist φ durch $\varphi(a) = a$ für alle $a \in S$ und $\varphi(x) = \xi$ eindeutig bestimmt, da daraus (1.8) für den Homomorphismus φ folgt. Die letzte Aussage ist unmittelbar klar. ■

Bemerkung 1.9. i) Nach (1.8) liefert jedes Polynom $f(x) \in S[x]$ eine ganzrationale Funktion $f : D \to H$ gemäß (1.6), wobei D als Teilmenge des Halbrings $\bar{D}$ aller $\xi \in H$ mit (1.7) gewählt werden kann. Falls insbesondere S und H kommutativ sind und das gleiche Einselement e haben, gilt $\bar{D} = H$.

ii) Dabei ist es wichtig, daß (1.8) einen Homomorphismus $\varphi : (S[x], +, \cdot) \to (H, +, \cdot)$ definiert. Damit bleiben nämlich alle in $S[x]$ durchgeführten Rechnungen richtig, wenn man nachträglich für x ein $\xi \in H$ mit (1.7) einsetzt, wovon bei algebraischen Überlegungen oft Gebrauch gemacht wird. So gilt z. B. die Polynombeziehung

$$f(x) \cdot g(x) + h(x) =$$
$$(x^2 + 1)(x + 2) + (3x + 4) = x^3 + 2x^2 + 4x + 6 = k(x)$$

in $\mathbb{N}_0[x]$ weiter, wenn man für x überall ein beliebiges Element ξ aus $H = \mathbb{P}_0$ oder $H = \mathbb{Q}$ oder $H = \mathbb{R}$ einsetzt.

iii) Da $ex = x$ und damit $ex^i = x^i$ in $S[x]$ gilt, ist die zweite Bedingung $e\xi = \xi$ von (1.7) schon erforderlich, um das Einsetzen von ξ für x gemäß (1.8) eindeutig zu machen. Ist die erste Bedingung von (1.7) verletzt, so braucht φ nicht die Homomorphiebedingung (1.10) zu erfüllen (vgl. Aufgabe 1.6).

iv) Von allgemeiner Bedeutung ist schließlich die folgende *universelle Eigenschaft* des Polynomhalbringes $S[x]$, die sich ersichtlich aus dem letzten Teil von Satz 1.8 ergibt: Jeder Oberhalbring T von S, der das gleiche Einselement und das gleiche absorbierende Nullelement enthält und der von einem mit allen $a \in S$ vertauschbaren Element $\xi \in T$ erzeugt wird, ist ein homomorphes Bild von $S[x]$.

Bemerkung 1.10. i) Wir schließen mit einer kurzen Betrachtung von *Polynomhalbringen $S[x_1, \ldots, x_n]$ in den voneinander unabhängigen Unbestimmten $x_1, \ldots, x_n$ über einem Halbring S* mit Einselement e und absorbierendem

Nullelement $o \neq e$. Nach Satz 1.6 existiert der Polynomhalbring $S[x_1]$ in einer Unbestimmten x_1 über S, auf den nach Satz 1.7 a) wieder Satz 1.6 angewendet werden kann. Wir erhalten so einen Polynomhalbring $S[x_1][x_2]$ in einer Unbestimmten x_2 über $S[x_1]$ und so fortfahrend einen Halbring $S[x_1][x_2]\dots[x_n]$, wobei jeweils x_i Unbestimmte über $S[x_1]\dots[x_{i-1}]$ ist. Dann hat jedes Element von $S[x_1]\dots[x_n]$ die Form

$$(1.11)\qquad f(x_1,\dots,x_n)=\sum_{\nu_1,\dots,\nu_n=0}^{m} a_{\nu_1,\dots,\nu_n}x_1^{\nu_1}\dots x_n^{\nu_n} \quad \text{mit} \quad a_{\nu_1,\dots,\nu_n}\in S.$$

Dabei sind die x_i untereinander und mit den Elementen aus S vertauschbar, und zwei Elemente der Form (1.11) sind genau dann gleich, wenn bei jedem Potenzprodukt $x_1^{\nu_1}\dots x_n^{\nu_n}$ der gleiche Koeffizient aus S steht. Daraus folgt, daß für jede Permutation π der Indices der Elemente $x_1,\dots,x_n \in S[x_1]\dots[x_n]$, also für $x_{\pi(1)},\dots,x_{\pi(n)}$ auch $x_{\pi(1)}$ Unbestimmte über S und so fortfahrend jedes $x_{\pi(i)}$ Unbestimmte über dem Unterhalbring $S[x_{\pi(1)}]\dots[x_{\pi(i-1)}]$ von $S[x_1]\dots[x_n]$ ist. Dies zeigt, daß die schrittweise Adjunktion von Unbestimmten über dem jeweils erreichten Halbring von der Reihenfolge unabhängig ist. Der so entstehende Halbring

$$S[x_1]\dots[x_n]=S[x_{\pi(1)}]\dots[x_{\pi(n)}]$$

wir dann mit $S[x_1,\dots,x_n]$ bezeichnet und der Polynomhalbring über S in den voneinander unabhängigen Unbestimmten $x_1,\dots,x_n$ über S genannt (vgl. Aufgabe 1.10).

ii) Die Addition zweier Polynome (1.11) aus $S[x_1,\dots,x_n]$ erfolgt ersichtlich komponentenweise. Das Produkt solcher Polynome ergibt sich im konkreten Fall durch Ausmultiplizieren; eine allgemeine, aber seltener als iii) gebrauchte Formel stellt die Summanden des Produktes in folgender Form dar:

$$\Big(\sum_{\nu_1+\mu_1=\lambda_1,\dots,\nu_n+\mu_n=\lambda_n} a_{\nu_1,\dots,\nu_n}b_{\mu_1,\dots,\mu_n}\Big)x_1^{\lambda_1}\dots x_n^{\lambda_n}.$$

Weiterhin sind je zwei Polynomhalbringe $S[x_1,\dots,x_n]$ und $S[y_1,\dots,y_n]$ in den voneinander unabhängigen Unbestimmten $x_1,\dots,x_n$ bzw. $y_1,\dots,y_n$ über S isomorph: Dies folgt, wenn man auf $S[x_1]$ und $S[y_1]$, die nach Satz 1.5 a) isomorph sind, $(n-1)$-mal Aufgabe 1.2 anwendet. Entsprechend übertragen sich schrittweise die in Satz 1.7 betrachteten Eigenschaften von S auf $S[x_1,\dots,x_n]$; insbesondere ist nach Satz 1.7 c) der Polynomhalbring $S[x_1,\dots,x_n]$ genau dann ein Ring, wenn S ein Ring ist (vgl. auch Aufgabe 1.11).

iii) Wir werden später sehen (vgl. Beispiel V.2.7), daß Polynomhalbringe $S[x]$ und $S[x_1,\dots,x_n]$ spezielle Halbgruppenhalbringe und damit Halbalgebren über dem Halbring S sind. Die entsprechende Konstruktion solcher Oberhalbringe von S zeigt dann erneut die Existenz der Polynomhalbringe $S[x]$ und $S[x_1, \ldots, x_n]$. Darüber hinaus wird sich ergeben, daß es für jeden Halbring S mit Einselement und absorbierendem Nullelement eine Menge voneinander unabhängiger Unbestimmte $\{x_i \mid i \in I\}$ über S von beliebiger Mächtigkeit gibt, und damit auch entsprechende Polynomhalbringe $S[\{x_i \mid i \in I\}]$ und Halbringe formaler Potenzreihen $S[[\{x_i \mid i \in I\}]]$ über S.

Aufgaben

1.1. Es sei $S = (S, +, \cdot)$ ein Halbring wie in Definition 1.1 und x eine Unbestimmte über S. Dann ist auch jede Potenz $x^i \in S[x]$ mit $i \in \mathbb{N}$ eine Unbestimmte über S.

1.2. Zeigen Sie in Verallgemeinerung von Satz 1.5 a): Es sei $\psi : (S_1, +, \cdot) \to (S_2, +, \cdot)$ ein Isomorphismus von Halbringen, die jeweils ein Einselement e_i und ein absorbierendes Nullelement $o_i \neq e_i$ enthalten. Weiter seien $S_1[x]$ und $S_2[y]$ Polynomhalbringe in den Unbestimmten x über S_1 bzw. y über S_2. Dann definiert

$$\varphi\Big(\sum_{\nu=0}^{n} a_\nu x^\nu\Big) = \sum_{\nu=0}^{n} \psi(a_\nu) y^\nu \quad \text{für alle} \quad \sum_{\nu=0}^{n} a_\nu x^\nu \in S_1[x]$$

einen Isomorphismus φ von $S_1[x]$ auf $S_2[y]$, der den Isomorphismus ψ fortsetzt.

1.3. Zeigen Sie die Distributivgesetze für $(T_1, +, \cdot)$ im Beweis von Satz 1.6.

1.4. Es sei $(S[x], +, \cdot)$ ein Polynomhalbring in der Unbestimmten x über S. Adjungiert man zum Halbring $(\mathbb{N}_0, +, \cdot)$ ein doppelt absorbierendes Element $-\infty$ gemäß Lemma I.2.18 und definiert man $-\infty < a$ für alle $a \in \mathbb{N}_0$ sowie $-\infty$ als den Grad des Nullpolynoms von $S[x]$, so gelten in der linear geordneten Halbgruppe $(\mathbb{N}_0 \cup \{-\infty\}, +, \leq)$ (vgl. III.1) folgende Gradaussagen für alle $f(x), g(x) \in S[x]$:

$$\text{(1.12)} \qquad \operatorname{Grad}\big(f(x) + g(x)\big) \leq \max\big(\operatorname{Grad} f(x), \operatorname{Grad} g(x)\big),$$

$$\text{(1.13)} \qquad \operatorname{Grad}\big(f(x) \cdot g(x)\big) \leq \operatorname{Grad} f(x) + \operatorname{Grad} g(x).$$

Dabei gilt in (1.12) das Gleichheitszeichen für alle Polynome aus $S[x]$ genau dann, wenn S (und damit $S[x]$) nullsummenfrei ist, und in (1.13) gilt das Gleichheitszeichen genau dann, wenn S (und damit $S[x]$) nullteilerfrei ist.

Formulieren Sie diese Gradaussagen zum einen für den Fall, daß dem Nullpolynom aus $S[x]$ kein Grad zugeordnet wird, und zum anderen für den Fall, daß dem Nullpolynom der Grad -1 zugeordnet und damit in der linear geordneten Gruppe $(\mathbb{Z}, +, \leq)$ gerechnet wird.

1.5. Der durch $\varphi(f(x)) = f(\xi)$ in Satz 1.8 für jedes $\xi \in H$ mit (1.7) definierte Homomorphismus $\varphi : S[x] \to H$ ist genau dann injektiv, wenn ξ ebenfalls Unbestimmte über S ist. Anderenfalls gibt es Polynome $f(x) \neq g(x)$ aus $S[x]$ mit $f(\xi) = g(\xi)$.

1.6. Die Feststellungen in Bemerkung 1.9 iii) gelten auch dann, wenn S und H als Ringe gewählt werden. Als Beispiel betrachte man den Matrizenring $H = M_{2,2}(\mathbb{Q})$, seinen Unterring

$$S = \left\{ \begin{pmatrix} r & 0 \\ 0 & 0 \end{pmatrix} \,\middle|\, r \in \mathbb{Q} \right\} \quad \text{mit} \quad e = \begin{pmatrix} 1 & 0 \\ 0 & 0 \end{pmatrix}$$

als Einselement und den Polynomring $S[x]$ in einer Unbestimmten x über S. Damit sind die allgemeinen Voraussetzungen von Satz 1.8 erfüllt. Wir wählen dann für $f(x) \cdot g(x) = h(x)$

$$\begin{pmatrix} 2 & 0 \\ 0 & 0 \end{pmatrix} x \cdot \begin{pmatrix} 3 & 0 \\ 0 & 0 \end{pmatrix} x = \begin{pmatrix} 6 & 0 \\ 0 & 0 \end{pmatrix} x^2 \quad \text{sowie} \quad \xi = \begin{pmatrix} 1 & 1 \\ 1 & 0 \end{pmatrix} \in H.$$

Das Einsetzen von ξ für x in $ex = x$ liefert dann $e\xi \neq \xi$. Auch verletzt ξ die Bedingung $a\xi = \xi a$ für alle $a \in S$, und es gilt $f(\xi) \cdot g(\xi) \neq h(\xi)$, womit (1.10) verletzt ist.

1.7. Es sei $(S[x], +, \cdot)$ ein Polynomhalbring in einer Unbestimmten x über einem Halbring $(S, +, \cdot)$ und $(H, +, \cdot)$ ein Oberhalbring von $(S, +, \cdot)$ mit dem gleichen, auch in $(H, +, \cdot)$ absorbierenden Nullelement o.

a) Sei nun $\varphi : (S[x], +, \cdot) \to (H, +, \cdot)$ ein bezüglich S relativer Homomorphismus mit $\varphi(x) = \xi \in H$. Dann erfüllt ξ die Bedingung (1.7) aus Satz 1.8, und φ ist durch (1.8), also durch Einsetzen von ξ für x in alle Polynome $f(x) = \sum_{\nu=0}^{n} a_\nu x^\nu \in S[x]$ festgelegt.

b) Es sei φ ein Homomorphismus wie bei a). Das homomorphe Bild $(\varphi(S[x]), +, \cdot)$ hat dann ebenfalls o als absorbierendes Nullelement, so daß man Satz I.8.11 auf den surjektiven Homomorphismus $\varphi : (S[x], +, \cdot) \to (\varphi(S[x]), +, \cdot)$ anwenden kann. Damit ist $\varphi^{-1}(o) =$

$\{f(x) \in S[x] \mid f(\xi) = o\} = A$ ein k-Ideal $A = \bar{A}$ von $(S[x], +, \cdot)$, und die durch A gemäß Satz I.8.8 bestimmte Kongruenz κ_A von $(S[x], +, \cdot)$ ist durch $g(x)\ \kappa_A\ h(x) \iff g(x) + f_1(x) = h(x) + f_2(x)$ mit $f_i(x) \in A$ gegeben. Daraus folgt unmittelbar $g(\xi) = h(\xi)$, also $g(x)\ \kappa\ h(x)$ für die Kongruenz $\kappa = \varphi^{-1} \circ \varphi$ und damit $\kappa_A \subseteq \kappa$. (Dabei ist A gemäß Lemma I.8.7 ein Ringideal, falls S und damit $S[x]$ ein Ring ist.)

c) Wir wählen nun $S = (\mathbb{H}_0, +, \cdot)$ und $H = (\mathbb{R}, +, \cdot)$. Ist dann $\xi \in \mathbb{R}$ eine positive algebraische Zahl, so gilt $\varphi^{-1}(0) = A = \{0\}$ und damit $\iota_{S[x]} = \kappa_A \subset \kappa$.

Für das folgende benötigt man, daß jede algebraische Zahl $\xi \in \mathbb{R}$ (sogar $\xi \in \mathbb{C}$) Nullstelle eines eindeutig bestimmten irreduziblen Polynoms $p(x) = x^n + a_{n-1}x^{n-1} + \ldots + a_0 \in \mathbb{Q}[x]$ ist, und daß für jedes Polynom $f(x) \in \mathbb{Q}[x]$ gilt: $f(\xi) = 0 \iff f(x) = p(x) \cdot k(x)$ mit einem Polynom $k(x) \in \mathbb{Q}[x]$. Sei nun $\xi \in \mathbb{R}$ Nullstelle eines irreduziblen Polynoms $p(x) \in \mathbb{H}_0[x]$, woraus $\xi < 0$ folgt. Dann gilt

$$\varphi^{-1}(0) = A = \{f(x) \in \mathbb{H}_0[x] \mid f(x) = p(x) \cdot k(x) \text{ mit } k(x) \in \mathbb{Q}[x]\}.$$

Zeigen Sie, daß dabei $k(x)$ negative Koeffizienten haben kann und daß jetzt $\iota_{S[x]} \subset \kappa_A = \kappa$ erfüllt ist.

1.8. a) Es sei $\mathbb{Q}[x]$ der Polynomring in einer Unbestimmten x über $\mathbb{Q}$. Dann ist $A = \{\sum_{\nu=2}^{n} a_\nu x^\nu \in \mathbb{Q}[x]\}$ das von $\{x^2\}$ erzeugte Ringideal von $(\mathbb{Q}[x], +, \cdot)$ (vgl. Aufgabe I.7.5 a)), welches man üblicherweise mit (x^2) bezeichnet. Gemäß Bemerkung I.7.6 iii) besteht dann der Restklassenring $(\mathbb{Q}[x]/A, +, \cdot) = (\mathbb{Q}[x]/(x^2), +, \cdot)$ aus den Restklassen $[f(x)]_A$, wobei für Polynome $f(x) = \sum_{\nu=0}^{n} a_\nu x^\nu$ und $g(x) = \sum_{\nu=0}^{n} b_\nu x^\nu$ aus $\mathbb{Q}[x]$

$$[f(x)]_A = [g(x)]_A, \quad \text{also } f(x) \equiv g(x) \text{ modulo } A$$

und damit $f(x) - g(x) \in A = (x^2)$ ersichtlich genau dann gilt, wenn $a_0 = b_0$ und $a_1 = b_1$ erfüllt ist. Damit enthält jede Restklasse $[f(x)]_A$ genau ein Polynom $a_0 + a_1 x \in \mathbb{Q}[x]$. Durch $a \mapsto \chi(a) = [a]_A$ wird ein injektiver Homomorphismus $\chi : (\mathbb{Q}, +, \cdot) \to (\mathbb{Q}[x]/(x^2), +, \cdot)$ definiert. Damit kann man nach Satz I.3.9 und Bemerkung I.3.10 jedes Element $a \in \mathbb{Q}$ mit $[a]_A \in \mathbb{Q}[x]/(x^2)$ identifizieren und $(\mathbb{Q}[x]/(x^2), +, \cdot)$ als Oberhalbring von $(\mathbb{Q}, +, \cdot)$ auffassen. Schreibt man noch $[x]_A = z$, so besteht $\mathbb{Q}[x]/(x^2)$ gemäß

$$[a_0 + a_1 x]_A = [a_0]_A + [a_1]_A[x]_A = a_0 + a_1 z$$

aus den Elementen $a_0 + a_1 z$ mit $a_i \in \mathbb{Q}$, die

i) $\quad a_0 + a_1 z = b_0 + b_1 z \iff a_0 = b_0 \quad \text{und} \quad a_1 = b_1$

ii) $\quad (a_0 + a_1 z) + (b_0 + b_1 z) = (a_0 + b_0) + (a_1 + b_1) z$

iii) $\quad (a_0 + a_1 z) \cdot (b_0 + b_1 z) = a_0 b_0 + (a_0 b_1 + a_1 b_0) z$

erfüllen. Wir bezeichnen diesen Ring $(\mathbb{Q}[x]/(x^2), +, \cdot)$ mit $\mathbb{Q} + \mathbb{Q}z$ und werden ihn und die folgenden Unterhalbringe später noch mehrfach verwenden. Natürlich hätte man ihn auch erhalten können, wenn man auf $\mathbb{Q} \times \mathbb{Q}$ Gleichheit, Addition und Multiplikation in Analogie zu i), ii) und iii) definiert und nachgewiesen hätte, daß auf diese Weise ein Oberhalbring von $(\mathbb{Q}, +, \cdot)$ der angegebenen Art entsteht.

b) In naheliegender Bezeichnungsweise gilt: $\mathbb{Z} + \mathbb{Z}z$ ist ein Unterring von $\mathbb{Q} + \mathbb{Q}z$, und $\mathbb{H}_0 + \mathbb{H}_0 z$, $\mathbb{N}_0 + \mathbb{N}_0 z$, $\mathbb{H} + \mathbb{H}_0 z$ sowie $\mathbb{N} + \mathbb{N}_0 z$ sind Unterhalbringe von $\mathbb{Q} + \mathbb{Q}z$. Zeigen Sie weiter, daß die beiden zuletzt genannten Halbringe sogar multiplikativ kürzbar sind, und geben Sie in den anderen Fällen jeweils alle multiplikativ nicht kürzbaren Elemente bzw. alle Nullteiler an (vgl. auch Aufgabe 4.5 und ihre Lösung).

c) Erstaunlicherweise enthält der multiplikativ nicht kürzbare Ring $\mathbb{Q} + \mathbb{Q}z$ einen Unterhalbkörper, nämlich $\mathbb{H} + \mathbb{Q}z$.

1.9. Beweisen Sie die in Bemerkung 1.10 i) formulierten Behauptungen über den Halbring $S[x_1] \dots [x_n]$.

1.10. Es sei $(S, +, \cdot)$ ein Halbring mit Einselement e und absorbierendem Nullelement $o \neq e$ und $(H, +, \cdot)$ ein Oberhalbring von $(S, +, \cdot)$ mit dem gleichen, auch in $(H, +, \cdot)$ absorbierenden Nullelement o. Beweisen Sie, daß sich unabhängig von dem schrittweisen Vorgehen in Bemerkung 1.10 i) Elemente $x_1, \dots, x_n$ aus H wie folgt als voneinander unabhängige Unbestimmte über S definieren lassen:

(1.14) Für alle $a \in S$ und alle $i, j = 1, \dots, n$ gilt

$$a x_i = x_i a, \quad x_i x_j = x_j x_i \quad \text{und} \quad e x_i = x_i.$$

(1.15) $$\sum_{\nu_1, \dots, \nu_n = 0}^{m} a_{\nu_1, \dots, \nu_n} x_1^{\nu_1} \dots x_n^{\nu_n} = \sum_{\nu_1, \dots, \nu_n = 0}^{m} b_{\nu_1, \dots, \nu_n} x_1^{\nu_1} \dots x_n^{\nu_n}$$

mit $a_{\nu_1, \dots, \nu_n}, b_{\nu_1, \dots, \nu_n} \in S$ und $m \in \mathbb{N}_0$ impliziert

$$a_{\nu_1, \dots, \nu_n} = b_{\nu_1, \dots, \nu_n} \quad \text{für alle} \quad \nu_1, \dots, \nu_n \in \{0, \dots, m\}.$$

Insbesondere sind voneinander unabhängige Unbestimmte $x_1, \dots, x_n$ über S paarweise voneinander verschiedene Unbestimmte über S, aber nicht umgekehrt (vgl. auch Aufgabe 1.1).

1.11. Formulieren und beweisen Sie einen dem Satz 1.8 entsprechenden Satz über das Einsetzen von Elementen $\xi_1, \ldots, \xi_n$ aus H für $x_1, \ldots, x_n$ in ein Polynom $f(x_1, \ldots, x_n)$ eines Polynomhalbringes $S[x_1, \ldots, x_n]$.

II.2. Quotientenhalbkörper

Bekanntlich gibt es zu jedem nullteilerfreien (also multiplikativ kürzbaren, vgl. Bemerkung I.4.5) kommutativen Ring $R = (R, +, \cdot)$ mit $|R| \geq 2$ einen bis auf Isomorphie eindeutig bestimmten kleinsten Oberkörper $K = (K, +, \cdot)$ von $(R, +, \cdot)$. Dieser Oberkörper besteht dann gerade aus den Quotienten

$$a\alpha^{-1} = \alpha^{-1}a = \frac{a}{\alpha} \quad \text{mit} \quad a \in R \quad \text{und} \quad \alpha \in R^* = R \setminus \{o\},$$

die den üblichen Regeln der Bruchrechnung genügen, und jeder (nicht notwendig kommutative) Oberkörper $H = (H, +, \cdot)$ von $(R, +, \cdot)$ enthält genau einen solchen Quotientenkörper K von R. Um dies zu zeigen, ist es empfehlenswert, zunächst die Existenz irgendeines Oberkörpers H von R vorauszusetzen. In ihm bilden nämlich die eben genannten Quotienten einen Unterkörper, und zwar den eindeutig bestimmten kleinsten Unterkörper, der R als Unterring enthält. Die dabei gewonnenen Struktureinsichten sind dann eine gute Anleitung, in einem zweiten Schritt einen solchen Quotientenkörper von R (ohne die Voraussetzung der Existenz eines Oberkörpers) explizit zu konstruieren.

Diese Überlegungen und Resultate werden wir auf Quotientenhalbkörper multiplikativ kürzbarer, kommutativer Halbringe verallgemeinern. *Dazu setzen wir für einen solchen Halbring* $(S, +, \cdot)$ *im folgenden stillschweigend* $|S| \geq 2$ *voraus.* Weiter bezeichnen wir mit Σ die Unterhalbgruppe der Elemente $\alpha, \beta, \ldots$ von $(S, \cdot)$, die in $(S, \cdot)$ kürzbar sind. Nach Satz I.4.6 gilt dann $\Sigma = S$, wenn $(S, +, \cdot)$ kein Nullelement oder ein multiplikativ kürzbares Nullelement o_S besitzt, während sonst $\Sigma = S^* = S \setminus \{o_S\}$ und $o_S a = o_S$ für alle $a \in S$ gilt.

Satz 2.1. *Es sei* $S = (S, +, \cdot)$ *ein multiplikativ kürzbarer, kommutativer Halbring und* $\Sigma = (\Sigma, \cdot)$ *die Unterhalbgruppe aller multiplikativ kürzbaren Elemente von* S. *Weiter existiere ein Oberhalbkörper* $H = (H, +, \cdot)$ *von* $(S, +, \cdot)$.

Dann hat jedes Element $\alpha \in \Sigma$ *ein Inverses* $\alpha^{-1} \in H$, *und in* $(H, \cdot)$ *gilt* $a\alpha^{-1} = \alpha^{-1}a$ *für alle* $a \in S$ *und* $\alpha \in \Sigma$. *Wir nennen dieses Element den Quotienten von* a *und* α *in* H *und bezeichnen es mit* $\frac{a}{\alpha}$. *Die Menge*

$$T = \left\{ a\alpha^{-1} = \alpha^{-1}a = \frac{a}{\alpha} \mid a \in S, \alpha \in \Sigma \right\} \subseteq H$$

dieser Quotienten bildet einen kommutativen Unterhalbkörper $(T,+,\cdot)$ von $(H,+,\cdot)$, und T ist der eindeutig bestimmte kleinste Unterhalbkörper von H, der S als Unterhalbring umfaßt. Dabei gelten für alle Elemente aus T die folgenden Regeln:

i) $$\frac{a}{\alpha}=\frac{b}{\beta} \iff a\beta=\alpha b,$$

ii) $$\frac{a}{\alpha}\cdot\frac{b}{\beta}=\frac{ab}{\alpha\beta},$$

iii) $$\frac{a}{\alpha}+\frac{b}{\beta}=\frac{a\beta+b\alpha}{\alpha\beta}.$$

Ist insbesondere $(S,+,\cdot)$ ein multiplikativ kürzbarer (also nullteilerfreier) kommutativer Ring, so ist $(T,+,\cdot)$ ein kommutativer Körper.

Beweis. Wir stellen zunächst fest, daß das Einselement der Gruppe $(H^*,\cdot)$ auch das Einselement des Halbkörpers $(H,+,\cdot)$ ist, und daß $(H,+,\cdot)$ entweder kein oder ein absorbierendes Nullelement enthält. Für $|H^*|\geq 2$ folgt dies aus Satz I.5.5, und für $|H^*|=1$ aus Beispiel I.5.3 b), da dann $|H|=2$, also $H=S$ gilt und damit $(H,+,\cdot)$ multiplikativ kürzbar, d. h. zu einem der dort unter i) genannten Halbkörper isomorph ist.

Weiter fällt das Einselement $e=e_H$ von $(H,+,\cdot)$ mit einem eventuell in $(S,+,\cdot)$ vorhandenen Einselement e_S nach Aufgabe 2.1 zusammen. Damit bezieht sich "inverses Element" stets auf $e=e_H$, und wir zeigen nun, daß zu jedem $\alpha\in\Sigma$ das Inverse $\alpha^{-1}\in H$ existiert. Dies ist klar, wenn H kein Nullelement hat, da dann jedes Element aus H in H invertierbar ist. Andernfalls ist, wie oben festgestellt, das Nullelement o_H von H absorbierend, und es gilt $\alpha\neq o_H$ für jedes $\alpha\in\Sigma$ wegen $|\alpha S|\geq 2$ und $|o_H S|=1$. Damit ist auch in diesem Fall jedes $\alpha\in\Sigma$ in H invertierbar.

Für alle $a\in S$ und $\alpha\in\Sigma$ gilt $\alpha a=a\alpha$ in $(S,\cdot)$, woraus sich $\alpha a\alpha^{-1}=a$ und $a\alpha^{-1}=\alpha^{-1}a$ in $(H,\cdot)$ ergibt. Weiter gilt

(2.1) $$\alpha^{-1}\beta^{-1}=(\beta\alpha)^{-1}=(\alpha\beta)^{-1}=\beta^{-1}\alpha^{-1}$$

für alle $\alpha,\beta\in\Sigma$. Unter Verwendung dieser Regeln erhält man durch Rechnen in $(H,+,\cdot)$

$$\frac{a}{\alpha}=\frac{b}{\beta} \iff \alpha^{-1}a=b\beta^{-1} \iff a\beta=\alpha b,$$

$$\frac{a}{\alpha}\cdot\frac{b}{\beta}=a\alpha^{-1}b\beta^{-1}=ab\alpha^{-1}\beta^{-1}=(ab)(\alpha\beta)^{-1} \quad \text{und}$$

$$\frac{a}{\alpha}+\frac{b}{\beta}=a\alpha^{-1}+b\beta^{-1}=(a\beta)(\alpha\beta)^{-1}+(b\alpha)(\alpha\beta)^{-1}=(a\beta+b\alpha)(\alpha\beta)^{-1},$$

also die Regeln i), ii) und iii) für alle Elemente aus T. Damit ist $(T,+,\cdot)$ jedenfalls ein Unterhalbring von $(H,+,\cdot)$, der wegen $a=(a\alpha)\alpha^{-1}$ jedes Element $a\in S$ und das Einselement $e=\alpha\alpha^{-1}$ von H enthält.

Wir zeigen nun, daß $(T,+,\cdot)$ sogar ein Unterhalbkörper von $(H,+,\cdot)$ ist. Hat $(S,+,\cdot)$ kein Nullelement oder ein multiplikativ kürzbares Nullelement (Satz I.4.6, Fall a) oder b)), so gilt $\Sigma=S$. Dann hat jedes Element aus T die Form $\alpha\beta^{-1}$ mit $\alpha,\beta\in\Sigma$, und $\beta\alpha^{-1}\in T$ ist ersichtlich das Inverse von $\alpha\beta^{-1}$. Sonst hat $(S,+,\cdot)$ gemäß Satz I.4.6 c) ein absorbierendes Nullelement $o=o_S$, und es gilt $\Sigma=S\setminus\{o\}$. Dabei ist $o=o_S$ auch in $(H,+,\cdot)$ nicht multiplikativ kürzbar. Da nur ein Halbkörper mit Nullelement ein solches Element (nämlich sein Nullelement o_H) besitzt, gilt in diesem Fall $o=o_S=o_H$. Wegen $o\beta=o$, also $o=o\beta^{-1}\in T$ für alle $\beta\in\Sigma$, liegt dieses Nullelement auch in T. Jedes von o verschiedene Element von T hat die Form $\alpha\beta^{-1}$ mit $\alpha,\beta\in\Sigma$ und damit $\beta\alpha^{-1}\in T$ als Inverses. Also ist $(T,+,\cdot)$ in jedem der drei möglichen Fälle (vgl. Beispiel 2.3 a), c) und b)) nach Folgerung I.5.7 ein Unterhalbkörper von $(H,+,\cdot)$.

Schließlich ist $(T,+,\cdot)$ der eindeutig bestimmte kleinste Unterhalbkörper von $(H,+,\cdot)$, der S enthält. Jeder Unterhalbkörper dieser Art enthält nämlich alle $a\in S$ und alle $\alpha\in\Sigma$ und damit auch alle Quotienten $a\alpha^{-1}\in H$, d. h. alle Elemente von T.

Ist $(S,+,\cdot)$ ein Ring, so hat S ein absorbierendes Nullelement $o=o_S$. Wie oben gilt dann $o=o_H$ und $o=o\beta^{-1}\in T$ für alle $\beta\in\Sigma$. Da zu jedem $a\in S$ das Entgegengesetzte $-a\in S$ existiert, folgt $-(a\alpha^{-1})=(-a)\alpha^{-1}\in T$ aus iii) (kürzer: aus $a\alpha^{-1}+(-a)\alpha^{-1}=\big(a+(-a)\big)\alpha^{-1}=o\alpha^{-1}=o$). ∎

Natürlich gilt $(T,+,\cdot)=(S,+,\cdot)$ in Satz 2.1, wenn $(S,+,\cdot)$ selbst schon ein Halbkörper ist (was übrigens für endliche multiplikativ kürzbare Halbringe $(S,+,\cdot)$ nach Folgerung I.5.9 c) stets zutrifft). In diesem Falle zeigt dann Satz 2.1 nur, daß in jedem kürzbaren kommutativen Halbkörper (also in jedem Halbkörper mit Ausnahme der vier in Beispiel I.5.3 b ii) angegebenen) nach den der Bruchrechnung entsprechenden Regeln i), ii) und iii) gerechnet werden kann. Im Hinblick auf möglichst allgemeine Formulierungen wollen wir auch im folgenden den Fall, daß $(S,+,\cdot)$ selbst bereits ein Halbkörper ist, nicht ausschließen.

Definition 2.2. Es sei $(S,+,\cdot)$ ein multiplikativ kürzbarer, kommutativer Halbring und Σ die Unterhalbgruppe der multiplikativ kürzbaren Elemente von $(S,+,\cdot)$. Existiert dann ein Oberhalbkörper von $(S,+,\cdot)$ und damit ein in Satz 2.1 angegebener kleinster Oberhalbkörper $(T,+,\cdot)$ von $(S,+,\cdot)$, so heißt $(T,+,\cdot)$ ein *Quotientenhalbkörper von* $(S,+,\cdot)$. Falls $(T,+,\cdot)$ sogar ein

Körper ist, nennen wir $(T,+,\cdot)$ einen *Quotientenkörper von* $(S,+,\cdot)$ (vgl. auch Aufgabe 2.4).

Beispiel 2.3. a) Der Halbring $(\mathbb{N},+,\cdot)$ hat in dem Oberhalbkörper $(\mathbb{P}_0,+,\cdot)$ der nichtnegativen reellen Zahlen (oder im Körper $(\mathbb{R},+,\cdot)$) den Quotientenhalbkörper $(\mathbb{H},+,\cdot)$ der positiven rationalen Zahlen. Nach dem folgenden Satz 2.4 ist $(\mathbb{H},+,\cdot)$ als Quotientenhalbkörper von $(\mathbb{N},+,\cdot)$ bis auf Isomorphie eindeutig bestimmt, und die Existenz eines solchen Halbkörpers folgt aus Satz 2.5.

b) Entsprechendes gilt für den Halbring $(\mathbb{N}_0,+,\cdot)$ mit dem Quotientenhalbkörper $(\mathbb{H}_0,+,\cdot)$ der nichtnegativen rationalen Zahlen und für den Ring $(\mathbb{Z},+,\cdot)$ mit dem Quotientenkörper $(\mathbb{Q},+,\cdot)$ der rationalen Zahlen.

c) Jeder der Unterhalbringe $(S_c,\oplus,\cdot)$ von $(\mathbb{P}_0,\oplus,\cdot)$ mit $a\oplus b=\max(a,b)$ von Beispiel I.2.7 b) hat in dem Oberhalbkörper $(\mathbb{P}_0,\oplus,\cdot)$ den Quotientenhalbkörper $(\mathbb{P},\oplus,\cdot)$, da sich jedes Element von $\mathbb{P}$ als Quotient $\alpha\beta^{-1}$ mit $\alpha,\beta\in S_c$ schreiben läßt. Man beachte, daß das Nullelement c von $(S_c,\oplus,\cdot)$ ebenfalls multiplikativ kürzbar in $(S_c,\oplus,\cdot)$ und in $(\mathbb{P},\oplus,\cdot)$ invertierbar ist. Im Gegensatz zu $(S_c,\oplus,\cdot)$ enthält also der Quotientenhalbkörper $(\mathbb{P},\oplus,\cdot)$ kein Nullelement.

d) Es seien $(S,+,\cdot)$ und $(T,+,\cdot)$ die in Beispiel I.3.6 betrachteten Halbringe mit $S=\{x^n\mid n\in\mathbb{N}_0\}$ bzw. $T=\{x^n\mid n\in\mathbb{Z}\}$ und den Operationen $x^n+x^m=x^{\max(n,m)}$ und $x^n\cdot x^m=x^{n+m}$. Dann ist offensichtlich $(T,+,\cdot)$ ein Halbkörper und der Quotientenhalbkörper von $(S,+,\cdot)$. Man beachte, daß hier x^0 Einselement und Nullelement von $(S,+,\cdot)$ ist, wobei nur die erste Eigenschaft beim Übergang zu $(T,+,\cdot)$ erhalten bleibt.

Satz 2.4. *Je zwei Quotientenhalbkörper $(T_1,+,\cdot)$ und $(T_2,+,\cdot)$ eines multiplikativ kürzbaren, kommutativen Halbringes $(S,+,\cdot)$ sind isomorph. Genauer: Es gibt einen bezüglich S relativen Isomorphismus $\varphi:(T_1,+,\cdot)\to(T_2,+,\cdot)$.*

Beweis. Bezeichnen wir für alle $a\in S$ und $\alpha\in\Sigma$ den Quotienten von a und α in T_1 mit $\left(\frac{a}{\alpha}\right)_1$ und den in T_2 mit $\left(\frac{a}{\alpha}\right)_2$, so definiert $\varphi\left(\left(\frac{a}{\alpha}\right)_1\right)=\left(\frac{a}{\alpha}\right)_2$ den (übrigens eindeutig bestimmten) Isomorphismus unserer Behauptung. Dies folgt aus den Regeln i), ii) und iii), die Gleichheit, Summe und Produkt von Quotienten in T_1 wie in T_2 auf die gleichen Feststellungen in $(S,+,\cdot)$ zurückführen (vgl. auch Aufgabe 2.2). ∎

Im Sinne von Satz 2.4 spricht man daher meist von *dem* Quotientenhalbkörper $(T,+,\cdot)$ eines multiplikativ kürzbaren, kommutativen Halbringes $(S,+,\cdot)$. Während wir bisher die Existenz von $(T,+,\cdot)$ entweder direkt oder durch die Existenz irgendeines Oberhalbkörpers $(H, +, \cdot)$ von $(S, +, \cdot)$ vorausgesetzt haben, formulieren wir nun:

Satz 2.5. *Zu jedem multiplikativ kürzbaren, kommutativen Halbring* $(S, +, \cdot)$ *existiert ein Quotientenhalbkörper* $(T, +, \cdot)$ *von* $(S, +, \cdot)$.

Zum Beweis dieses Satzes läßt sich die bekannte Konstruktion des Quotientenkörpers eines nullteilerfreien, kommutativen Ringes mit entsprechenden Ergänzungen übertragen: Es sei $S \times \Sigma$ die Produktmenge von S mit der Menge Σ der in $(S, \cdot)$ kürzbaren Elemente. Auf $S \times \Sigma$ wird entsprechend zu i) eine Relation ϱ gemäß $(a, \alpha)\varrho(b, \beta) \iff a\beta = \alpha b$ definiert, die man als Äquivalenzrelation nachweist. Die zugehörigen Äquivalenzklassen, die wir mit $[(a, \alpha)]_\varrho = [a, \alpha]$ bezeichnen, bilden die Menge $T_1 = (S \times \Sigma)/\varrho$. Entsprechend ii) und iii) definiert man dann $[a, \alpha] \cdot [b, \beta] = [ab, \alpha\beta]$ und $[a, \alpha] + [b, \beta] = [a\beta + b\alpha, \alpha\beta]$ und zeigt, daß diese Definitionen von der Wahl der Repräsentanten (a, α) und (b, β) unabhängig sind, also eine Multiplikation und eine Addition auf T_1 festlegen. Man zeigt dann, daß $(T_1, +, \cdot)$ ein Halbkörper ist, der einen zu $(S, +, \cdot)$ isomorphen Unterhalbring $(S_1, +, \cdot)$ enthält, und daß $(T_1, +, \cdot)$ Quotientenhalbkörper von $(S_1, +, \cdot)$ ist. Durch Anwendung von Satz I.3.9 erhält man dann einen zu $(T_1, +, \cdot)$ isomorphen Quotientenhalbkörper $(T, +, \cdot)$ von $(S, +, \cdot)$.

Bemerkung 2.6. i) Wir haben an dieser Stelle den Beweis von Satz 2.5 nur skizziert, da man mit dem gleichen Aufwand erheblich mehr beweisen kann: Ist nämlich $(S, +, \cdot)$ ein beliebiger Halbring und Σ eine Unterhalbgruppe von $(S, \cdot)$, die aus in $(S, \cdot)$ kürzbaren Elementen $\alpha \in \Sigma$ besteht, welche überdies $a\alpha = \alpha a$ für alle $a \in S$ erfüllen, so liefert die gleiche Konstruktion einen Quotientenhalbring von $(S, +, \cdot)$ bezüglich der Nennerhalbgruppe Σ.

ii) Allerdings werden wir die Existenz solcher Quotientenhalbringe und damit Satz 2.5 im folgenden etwas anders beweisen. Es ist nämlich weniger aufwendig, die eben genannte Konstruktion unter Weglassung der Addition zunächst rein multiplikativ, also für Quotientenhalbgruppen einer Halbgruppe $(S, \cdot)$ bezüglich geeigneter Nennerhalbgruppen Σ durchzuführen (vgl. II.3) und, für einen Halbring $(S, +, \cdot)$, die Addition nachträglich einzubeziehen (vgl. II.4). Das hat dann überdies den Vorteil, die halbgruppentheoretischen Überlegungen von II.3 auf die additive Halbgruppe $(S, +)$ eines Halbringes $(S, +, \cdot)$ anwenden zu können und auf diese Weise Erweiterungen von $(S, +, \cdot)$ zu Differenzenhalbringen oder sogar Differenzenringen zu gewinnen (vgl. II.5).

Aufgaben

2.1. Es sei $(S,\cdot)$ Unterhalbgruppe einer Halbgruppe $(H,\cdot)$, e_S das Einselement von $(S,\cdot)$ und e_H das Einselement von $(H,\cdot)$. Enthält dann S ein Element α, zu dem in $(H,\cdot)$ ein Inverses, also ein Element $\alpha^{-1} \in H$ mit $\alpha^{-1}\alpha = \alpha\alpha^{-1} = e_H$ existiert, so folgt $e_S = e_H$. (Zur Verdeutlichung dieser Voraussetzung betrachte man den Matrizenring $(H,+,\cdot) = (M_{2,2}(\mathbb{R}),+,\cdot)$ mit der Einheitsmatrix e_H als Einselement und den Unterring

$$S = \left\{ \begin{pmatrix} a & 0 \\ 0 & 0 \end{pmatrix} \,\middle|\, a \in \mathbb{R} \right\} \quad \text{mit} \quad e_S = \begin{pmatrix} 1 & 0 \\ 0 & 0 \end{pmatrix}$$

als Einselement. Hier gilt $e_S \neq e_H$, obwohl jedes $\alpha = \begin{pmatrix} a & 0 \\ 0 & 0 \end{pmatrix}$ mit $a \neq 0$ aus S ein Inverses in $(S,+,\cdot)$, also ein Element $\alpha^{-1} \in S$ mit $\alpha^{-1}\alpha = \alpha\alpha^{-1} = e_S$ besitzt.)

2.2. Zeigen Sie in Verallgemeinerung von Satz 2.4: Es seien $(T_1,+,\cdot)$ bzw. $(T_2,+,\cdot)$ Quotientenhalbkörper der multiplikativ kürzbaren, kommutativen Halbringe $(S_1,+,\cdot)$ bzw. $(S_2,+,\cdot)$ und $\psi : (S_1,+,\cdot) \to (S_2,+,\cdot)$ ein Isomorphismus. Dann definiert

$$\varphi\left(\frac{a_1}{\alpha_1}\right) = \frac{\psi(a_1)}{\psi(\alpha_1)} \quad \text{für alle} \quad \frac{a_1}{\alpha_1} \in T_1$$

einen Isomorphismus φ von $(T_1,+,\cdot)$ auf $(T_2,+,\cdot)$, der ψ fortsetzt.

2.3. Es sei $(S[x],+,\cdot)$ ein kommutativer, multiplikativ kürzbarer Polynomhalbring über einem Halbring $(S,+,\cdot)$. Dann existiert (nach Satz 2.5 und Satz 2.4) ein bis auf Isomorphie eindeutig bestimmter Quotientenhalbkörper $H = (H,+,\cdot)$ von $(S[x],+,\cdot)$. Er besteht aus allen Quotienten

$$\frac{f(x)}{g(x)} = \frac{\Sigma a_\nu x^\nu}{\Sigma b_\mu x^\mu} \quad \text{mit } f(x) \text{ und } g(x) \neq o \text{ aus } S[x],$$

mit denen nach den Regeln i), ii) und iii) zu rechnen ist. Wegen $S \subseteq S[x] \subseteq H$ enthält $(H,+,\cdot)$ gemäß Satz 2.1 genau einen Quotientenhalbkörper $K = (K,+,\cdot)$ von $(S,+,\cdot)$, und $(H,+,\cdot)$ ist dann auch Quotientenhalbkörper von $(K[x],+,\cdot)$. Ist dabei S und damit $S[x]$ ein Ring, so sind H und K Körper.

2.4. Wenden Sie Aufgabe 2.3 auf den Polynomring $(\mathbb{Z}[x],+,\cdot)$ an. Zeigen Sie weiter, daß $U = \{f(x) = \Sigma_{\nu=0}^{n} a_\nu x^\nu \mid a_0 \in \mathbb{N}_0,\ a_\nu \in \mathbb{Z}\}$ ein Unterhalbring von $(\mathbb{Z}[x],+,\cdot)$ ist. Der Quotientenhalbkörper dieses (echten)

Halbringes $(U, +, \cdot)$ ist jedoch ein Quotientenkörper, nämlich der Quotientenkörper H von $\mathbb{Z}[x]$ und von $\mathbb{Q}[x]$.

II.3. Quotientenhalbgruppen

Unser Ziel ist es, zu einer Halbgruppe $(S, \cdot)$ eine (wenn möglich eindeutig bestimmte kleinste) Oberhalbgruppe $(T, \cdot)$ zu finden, welche ein Einselement e enthält und die Eigenschaft hat, daß zu den Elementen $\alpha, \beta, \ldots$ einer Teilmenge Σ von S die Inversen $\alpha^{-1}, \beta^{-1}, \ldots$ in T existieren. Da mit α und β auch $\alpha\beta$ gemäß $(\alpha\beta)^{-1} = \beta^{-1}\alpha^{-1}$ in $(T, \cdot)$ invertierbar ist, können wir ohne Beschränkung der Allgemeinheit Σ als Unterhalbgruppe von $(S, \cdot)$ annehmen. Wegen der Existenz von $\alpha^{-1} \in T$ ist dann α in $(T, \cdot)$ und daher auch in $(S, \cdot)$ kürzbar (vgl. Aufgabe I.1.2). Für unsere Zielstellung ist es also notwendig, von jedem Element $\alpha \in \Sigma$ vorauszusetzen, daß α in $(S, \cdot)$ kürzbar ist. Darüber hinaus nehmen wir zur Vereinfachung an, daß jedes $\alpha \in \Sigma$ *zentral in* $(S, \cdot)$ ist, also

$$\alpha a = a\alpha \quad \text{für alle } \alpha \in \Sigma \text{ und alle } a \in S \tag{3.1}$$

gilt (vgl. Aufgabe 3.1 und Bemerkung 3.8).

Analog zu dem Vorgehen in II.2 setzen wir zunächst wieder voraus, daß es zu $(S, \cdot)$ und Σ irgendeine Oberhalbgruppe $(H, \cdot)$ von $(S, \cdot)$ gibt, in der alle Elemente $\alpha \in \Sigma$ invertierbar sind, und beweisen erst in Satz 3.5 die Existenz einer kleinsten Oberhalbgruppe $(T, \cdot)$ dieser Art.

Satz 3.1. *Es sei $(S, \cdot)$ eine Halbgruppe und Σ eine Unterhalbgruppe von $(S, \cdot)$, deren Elemente zentral und kürzbar in $(S, \cdot)$ sind. Weiter existiere eine Oberhalbgruppe $(H, \cdot)$ von $(S, \cdot)$, die ein Einselement e und zu jedem $\alpha \in \Sigma$ ein Inverses $\alpha^{-1} \in H$ enthält. In $(H, \cdot)$ gilt dann $a\alpha^{-1} = \alpha^{-1}a$ für alle $a \in S$ und $\alpha \in \Sigma$, und die Menge dieser Quotienten*

$$T = \left\{ a\alpha^{-1} = \alpha^{-1}a = \frac{a}{\alpha} \mid a \in S, \alpha \in \Sigma \right\} \subseteq H$$

bildet eine Unterhalbgruppe $(T, \cdot)$ von $(H, \cdot)$. Dabei ist $(T, \cdot)$ die eindeutig bestimmte kleinste Unterhalbgruppe von $(H, \cdot)$, die S und $\{\alpha^{-1} | \alpha \in \Sigma\}$ enthält. Für alle Elemente aus T gelten die Regeln:

i) $$\frac{a}{\alpha} = \frac{b}{\beta} \iff a\beta = \alpha b,$$

ii) $$\frac{a}{\alpha} \cdot \frac{b}{\beta} = \frac{ab}{\alpha\beta}.$$

Beweis. Nach Voraussetzung gilt $\alpha a = a\alpha$ für alle $a \in S$ und alle $\alpha \in \Sigma$. Wie im Beweis von Satz 2.1 folgt daraus in $(H, \cdot)$ zunächst $a\alpha^{-1} = \alpha^{-1}a$ sowie (2.1) für alle $\alpha, \beta \in \Sigma$, und damit weiter die Regeln i) und ii). Damit ist $(T, \cdot)$ eine Unterhalbgruppe von $(H, \cdot)$, die wegen $a = (a\alpha)\alpha^{-1}$ jedes Element $a \in S$ und das Einselement $e = \alpha\alpha^{-1}$ von H enthält (vgl. auch Aufgabe 2.1). Schließlich ist $(T, \cdot)$ ersichtlich die eindeutig bestimmte kleinste Unterhalbgruppe von $(H, \cdot)$, die S und $\{\alpha^{-1} | \alpha \in \Sigma\}$ enthält. ■

Auch hier gilt natürlich $(T, \cdot) = (S, \cdot)$, wenn $(S, \cdot)$ bereits ein Einselement hat und jedes $\alpha \in \Sigma$ schon in S invertierbar ist. Dies ist übrigens stets der Fall, wenn S oder wenigstens Σ endlich ist. Dann ist nämlich $(\Sigma, \cdot)$ nach Aufgabe I.1.3 eine Gruppe, und das Einselement e_Σ von $(\Sigma, \cdot)$ ist wegen $e_\Sigma e_\Sigma a = e_\Sigma a \Longrightarrow e_\Sigma a = a$ für alle $a \in S$ auch Einselement von $(S, \cdot)$.

Definition 3.2. Es sei $(S, \cdot)$ eine Halbgruppe und Σ eine Unterhalbgruppe von $(S, \cdot)$, deren Elemente zentral und kürzbar in $(S, \cdot)$ sind. Existiert dann eine Oberhalbgruppe $(H, \cdot)$ und damit eine Oberhalbgruppe $(T, \cdot)$ der in Satz 3.1 angegebenen Art, so heißt $(T, \cdot)$ eine *Quotientenhalbgruppe von* $(S, \cdot)$ *bezüglich der Nennerhalbgruppe* Σ. Falls dabei $(T, \cdot)$ sogar eine Gruppe ist, nennen wir $(T, \cdot)$ eine *Quotientengruppe von* $(S, \cdot)$.

Beispiel 3.3. a) Ist $(S, \cdot)$ eine kommutative, kürzbar Halbgruppe, so existiert in jeder Obergruppe $(H, \cdot)$ von $(S, \cdot)$ eine eindeutig bestimmte Quotientengruppe von $(S, \cdot)$, nämlich die Quotientenhalbgruppe von $(S, \cdot)$ bezüglich der Nennermenge $\Sigma = S$. So liegt (vgl. Beispiel 2.3 a) und c)) etwa in $(H, \cdot) = (\mathbb{P}, \cdot)$ die Quotientengruppe $(\mathbb{H}, \cdot)$ von $(\mathbb{N}, \cdot)$, und $(\mathbb{P}, \cdot)$ ist selbst die Quotientengruppe von jeder ihrer Unterhalbgruppen $(S_c, \cdot)$.

b) Ist dagegen $(T, +, \cdot)$ der Quotientenhalbkörper eines multiplikativ kürzbaren, kommutativen Halbringes $(S, +, \cdot)$ mit absorbierendem Nullelement o, so ist $(T, \cdot)$ keine Quotientengruppe von $(S, \cdot)$, sondern nur die Quotientenhalbgruppe von $(S, \cdot)$ bezüglich der Nennermenge $\Sigma = S^* = S \setminus \{o\}$. Für konkrete Fälle vgl. Beispiel 2.3 b) und d).

c) Die Halbgruppe $(\mathbb{H}_0, \cdot)$ enthält die Quotientenhalbgruppe $(T, \cdot)$ von $(\mathbb{N}_0, \cdot)$ bezüglich der Nennerhalbgruppe $\Sigma = \{2^i 5^j \mid i, j \in \mathbb{N}_0\}$. Sie besteht aus genau den rationalen Zahlen $r \geq 0$, die eine endliche Dezimalbruchentwicklung haben. Die gleiche Quotientenhalbgruppe $(T, \cdot)$ erhält man auch mit jeder Unterhalbgruppe Σ_k von $\{10^i \mid i \in \mathbb{N}\}$ als Nennerhalbgruppe.

d) In der Halbgruppe $(S, \cdot) = (M_{2,2}(\mathbb{Z}), \cdot)$ sind die Matrizen $\begin{pmatrix} \alpha & 0 \\ 0 & \alpha \end{pmatrix}$ mit $\alpha \in \mathbb{N}$ ersichtlich zentral und kürzbar und bilden eine Unterhalbgruppe Σ. In einer geeigneten Oberhalbgruppe, etwa in $(H, \cdot) = (M_{2,2}(\mathbb{R}), \cdot)$, besteht dann die Quotientenhalbgruppe von $(S,\cdot)$ bezüglich Σ gerade aus allen Matrizen von $\big(M_{2,2}(\mathbb{Q}),\cdot\big)$. Entsprechendes gilt natürlich auch für $n \times n$-Matrizen.

Satz 3.4. *Je zwei Quotientenhalbgruppen $(T_1,\cdot)$ und $(T_2,\cdot)$ einer Halbgruppe $(S,\cdot)$ bezüglich der gleichen Nennerhalbgruppe Σ sind isomorph. Genauer: Es gibt einen bezüglich S relativen Isomorphismus $\varphi : (T_1,\cdot) \to (T_2,\cdot)$.*

Der Beweis von Satz 2.4 läßt sich wörtlich übernehmen, wobei natürlich jetzt nur die Regeln i) und ii) verwendet werden. Die der Aufgabe 2.2 entsprechende Verallgemeinerung von Satz 3.4 ist in Aufgabe 3.2 formuliert.

Im Sinne von Satz 3.4 spricht man daher meist von *der* Quotientenhalbgruppe $(T,\cdot)$ der Halbgruppe $(S,\cdot)$ bezüglich der Nennerhalbgruppe Σ. *Zur Abkürzung führen wir dafür die Schreibweise $(T,\cdot) = Q(S,\Sigma)$ ein.* (Natürlich gilt dabei streng genommen nur $(T,\cdot) \cong Q(S,\Sigma)$; man denkt bei $(T,\cdot) = Q(S,\Sigma)$ aber meist jeweils an eine bestimmte Halbgruppe $(T,\cdot)$, von der man zum Ausdruck bringt, daß sie eine Quotientenhalbgruppe von $(S,\cdot)$ bezüglich Σ ist.) Wir heben dabei hervor, daß zwar *jede Nennerhalbgruppe Σ von $(S,\cdot)$ die Quotientenhalbgruppe $(T,\cdot) = Q(S,\Sigma)$ (jedenfalls bis auf Isomorphie) eindeutig bestimmt, aber die gleiche Quotientenhalbgruppe $(T,\cdot)$ von $(S,\cdot)$ gemäß $(T,\cdot) = Q(S,\Sigma_k)$ oft mit sogar unendlich vielen verschiedenen Nennerhalbgruppen Σ_k von $(S,\cdot)$ beschrieben werden kann* (vgl. Beispiel 3.3 c) sowie die Aufgaben 3.6 und 3.7).

Wir führen nun die zum Beweis der folgenden Existenzbehauptung erforderliche Konstruktion vollständig durch. Sie ist im Ansatz allgemeiner als die im Anschluß an Satz 2.5 geschilderte, jedoch durch das Entfallen aller bezüglich der Addition erforderlichen Überlegungen weniger umfangreich.

Satz 3.5. *Es sei $(S,\cdot)$ eine Halbgruppe und Σ eine Unterhalbgruppe von $(S,\cdot)$, deren Elemente zentral und kürzbar in $(S,\cdot)$ sind. Dann existiert eine Quotientenhalbgruppe $(T,\cdot)$ von $(S,\cdot)$ bezüglich Σ.*

Beweis. Auf der Menge $S \times \Sigma = \{(a,\alpha) \mid a \in S, \alpha \in \Sigma\}$ definieren wir entsprechend zu i) eine Relation ϱ gemäß $(a,\alpha)\ \varrho\ (b,\beta) \iff a\beta = \alpha b$. Da alle Elemente aus Σ zentral in $(S,\cdot)$ sind, ist ϱ ersichtlich reflexiv und symmetrisch. Zum Nachweis der Transitivität gelte $(a,\alpha)\ \varrho\ (b,\beta)$ und $(b,\beta)\ \varrho\ (c,\gamma)$, also $a\beta = \alpha b$ und $b\gamma = \beta c$. Dann folgt $a\beta\gamma = \alpha b\gamma = \alpha\beta c$ und, da β zentral und kürzbar in $(S,\cdot)$ ist, weiter $a\gamma = \alpha c$, d. h. $(a,\alpha)\ \varrho\ (c,\gamma)$.

Damit ist ϱ eine Äquivalenzrelation auf $S \times \Sigma$. Auf der Äquivalenzklassenmenge $T_1 = (S \times \Sigma)/\varrho$, deren Elemente $[(a,\alpha)]_\varrho$ wir abkürzend mit $[a,\alpha]$

bezeichnen, gilt dann nach der Definition von ϱ

(3.2) $[a,\alpha] = [a',\alpha'] \iff a\alpha' = \alpha a'$ für alle $a, a' \in S$ und $\alpha, \alpha' \in \Sigma$.

Entsprechend ii) definieren wir

(3.3) $[a,\alpha] \cdot [b,\beta] = [ab, \alpha\beta]$ für alle $(a,\alpha),(b,\beta) \in S \times \Sigma$.

Auf diese Weise wird in der Tat den Klassen $[a,\alpha], [b,\beta]$ aus T_1 eine Klasse $[ab,\alpha\beta]$ aus T_1 als Produkt zugeordnet: Es gilt nämlich einmal $ab \in S$ und $\alpha\beta \in \Sigma$, und zum anderen ist die rechte Seite von (3.3) unabhängig von der Wahl der Repräsentanten (a,α) bzw. (b,β) der Klassen $[a,\alpha]$ bzw. $[b,\beta]$. Denn aus $[a,\alpha] = [a',\alpha']$ und $[b,\beta] = [b',\beta']$ folgt $a\alpha' = \alpha a'$ und $b\beta' = \beta b'$ gemäß (3.2) und daraus unter Verwendung von (3.1)

$$(ab)(\alpha'\beta') = (\alpha\beta)(a'b'), \quad \text{d. h.} \quad [ab,\alpha\beta] = [a'b',\alpha'\beta'].$$

Die damit durch (3.3) definierte Multiplikation auf T_1 ist ersichtlich assoziativ, d. h. $(T_1,\cdot)$ ist eine Halbgruppe. Weiter gilt $[\alpha,\alpha] = [b,\beta]$, also $\alpha\beta = \alpha b$, wegen der Kürzbarkeit von α in $(S,\cdot)$ genau für $b = \beta$, und dieses von der Wahl von $\alpha \in \Sigma$ unabhängige Element $[\alpha,\alpha] \in T$ ist das Einselement von $(T_1,\cdot)$: Es gilt nämlich nach (3.3) und wegen $\alpha b\beta = \alpha\beta b$

$$[\alpha,\alpha][b,\beta] = [\alpha b,\alpha\beta] = [b,\beta] \quad \text{für alle} \quad [b,\beta] \in T_1,$$

und analog $[b,\beta][\alpha,\alpha] = [b,\beta]$. Schließlich hat jedes Element der Form $[\alpha,\beta]$ aus T_1 mit $\alpha,\beta \in \Sigma$ ein Inverses in $(T_1,\cdot)$, nämlich $[\alpha,\beta]^{-1} = [\beta,\alpha]$.

Als nächstes zeigen wir, daß $(T_1,\cdot)$ eine zu $(S,\cdot)$ isomorphe Unterhalbgruppe enthält. Dazu definieren wir eine Abbildung $\chi : S \to T_1$ durch

$$a \mapsto \chi(a) = [a\gamma,\gamma] \quad \text{für alle } a \in S \text{ mit beliebigem } \gamma \in \Sigma,$$

die wegen $[a\gamma,\gamma] = [a\delta,\delta]$ von der Wahl von $\gamma,\delta \in \Sigma$ unabhängig ist. Diese Abbildung ist injektiv, da $[a\gamma,\gamma] = [b\gamma,\gamma]$, also $a\gamma\gamma = \gamma b\gamma$ wieder $a = b$ impliziert. Schließlich ist χ wegen

$$\chi(a)\chi(b) = [a\gamma,\gamma][b\gamma,\gamma] = [a\gamma b\gamma,\gamma\gamma] = \chi(ab)$$

für alle $a,b \in S$ ein Homomorphismus $\chi : (S,\cdot) \to (T_1,\cdot)$. Das homomorphe Bild $(\chi(S),\cdot) = (S_1,\cdot)$ ist damit (vgl. Fakt I.1.17) eine Unterhalbgruppe von $(T_1,\cdot)$ und $\chi : (S,\cdot) \to (S_1,\cdot)$ ein Isomorphismus, der Σ auf eine Unterhalbgruppe Σ_1 von $(S_1,\cdot)$ abbildet. Da jedes Element $\alpha \in \Sigma$ zentral und kürzbar in $(S,\cdot)$ ist, gilt das gleiche für jedes Element $\chi(\alpha) \in \Sigma_1$ in $(S_1,\cdot)$;

darüber hinaus ist $\chi(\alpha) = [\alpha\gamma, \gamma]$ in $(T_1, \cdot)$ invertierbar. Mit anderen Worten: Die Halbgruppe $(H_1, \cdot) = (T_1, \cdot)$ erfüllt die Voraussetzungen von Satz 3.1 für $(S_1, \cdot)$ und Σ_1, während wir eine Halbgruppe $(H, \cdot) = (T, \cdot)$ benötigen, die dies für $(S, \cdot)$ und Σ leistet:

$$\begin{array}{ccc} T_1 & & \\ | & & \\ S_1 & \underset{\chi}{\overset{\psi = \chi^{-1}}{\rightleftarrows}} & S \quad \text{mit} \quad T_1 \cap S = \emptyset. \end{array}$$

Diese Situation entspricht nun der halbgruppentheoretischen Abschwächung von Satz I.3.9 (vgl. Aufgabe I.3.6). Damit gibt es eine Oberhalbgruppe $(T, \cdot)$ von $(S, \cdot)$ und einen Isomorphismus $\varphi : (T_1, \cdot) \to (T, \cdot)$, der den Isomorphismus $\psi = \chi^{-1}$ fortsetzt. Dabei hat $(T, \cdot)$ ein Einselement, und da jedes Element $\chi(\alpha) = [\alpha\gamma, \gamma]$ in $(T_1, \cdot)$ invertierbar ist, folgt das gleiche für jedes Element $\varphi(\chi(\alpha)) = \psi(\chi(\alpha)) = \alpha$ aus Σ in $(T, \cdot)$. Damit existiert nach Satz 3.1 in $(H, \cdot) = (T, \cdot)$ eine Quotientenhalbgruppe von $(S, \cdot)$ bezüglich der Nennermenge Σ, was wir beweisen wollten. (Tatsächlich stimmt $(T, \cdot)$ bereits mit dieser Quotientenhalbgruppe $Q(S, \Sigma)$ in $(T, \cdot)$ überein, da $(T_1, \cdot)$ Quotientenhalbgruppe von $(S_1, \cdot)$ bezüglich Σ_1 ist. Es läßt sich nämlich jedes Element $[a, \alpha] \in T_1$ in $(T_1, \cdot)$ gemäß

$$[a, \alpha] = [a\gamma, \gamma][\gamma, \alpha\gamma] = [a\gamma, \gamma][\alpha\gamma, \gamma]^{-1} = \chi(a)\chi(\alpha)^{-1}$$

als Quotient von $[a\gamma, \gamma] \in S_1$ und $[\alpha\gamma, \gamma] \in \Sigma_1$ schreiben.) ∎

Aus den Sätzen 3.5 und 3.4 (vgl. auch Aufgabe 3.4) erhält man unmittelbar:

Folgerung 3.6. *Jede kommutative, kürzbare Halbgruppe $(S, \cdot)$ kann in eine kommutative Gruppe eingebettet werden. Die kleinste, bis auf Isomorphie eindeutig bestimmte Gruppe dieser Art ist die Quotientengruppe $(T, \cdot) = Q(S, S)$.*

Im folgenden ist es oft nützlich, daß man endlich viele Elemente einer Quotientenhalbgruppe mit einem gemeinsamen Nenner schreiben kann:

Lemma 3.7. *Sei $(T, \cdot) = Q(S, \Sigma)$ Quotientenhalbgruppe einer Halbgruppe $(S, \cdot)$ und $a_1\alpha_1^{-1}, \ldots, a_n\alpha_n^{-1} \in T$. Dann gibt es ein $\beta \in \Sigma$ und $b_i \in S$ mit $a_i\alpha_i^{-1} = b_i\beta^{-1}$ für alle $i = 1, \ldots, n$.*

Beweis. Offensichtlich genügt es, $\beta = \alpha_1 \ldots \alpha_n \in \Sigma$ und $b_i = a_i\beta\alpha_i^{-1} \in S$ zu wählen. ■

Bemerkung 3.8. Um auf die Bedingung (3.1) zu verzichten, kann man in Verallgemeinerung von Definition 3.2 Rechtsquotientenhalbgruppen $Q_r(S, \Sigma)$ von $(S, \cdot)$ mit der Nennerhalbgruppe Σ betrachten, die also aus allen Rechtsquotienten $a\alpha^{-1}$ mit $a \in S$ und $\alpha \in \Sigma$ bestehen. Eine solche Halbgruppe $Q_r(S, \Sigma)$ existiert genau dann, wenn für jedes Paar $(a, \alpha) \in S \times \Sigma$ ein Paar $(x, \xi) \in S \times \Sigma$ existiert, so daß $\alpha x = a\xi$ gilt (vgl. [Wei83], auch für Literaturhinweise und für die II.4 entsprechende Anwendung dieser Rechtsquotientenhalbgruppen zur Behandlung von Rechtsquotientenhalbringen).

Aufgaben

3.1. Für jede Halbgruppe $(S, \cdot)$ heißt $Z = \{z \in S \mid za = az$ für alle $a \in S\}$ das *Zentrum* von $(S, \cdot)$ und ein Element $z \in Z$ *zentral in* $(S, \cdot)$. Das Zentrum einer Halbgruppe $(S, \cdot)$ ist entweder leer oder eine Unterhalbgruppe von $(S, \cdot)$, und es gilt $Z = S$ genau dann, wenn $(S, \cdot)$ kommutativ ist. Insbesondere ist die Menge $\tilde{\Sigma}$ aller Elemente einer Halbgruppe $(S, \cdot)$, die zentral und kürzbar in $(S, \cdot)$ sind, entweder leer oder eine Unterhalbgruppe von $(S, \cdot)$. Im ersten Fall hat $(S, \cdot)$ keine Quotientenhalbgruppen, im zweiten Fall ist $\tilde{\Sigma}$ *die größte Nennerhalbgruppe von* $(S, \cdot)$.

3.2. Es sei $\psi : (S_1, \cdot) \to (S_2, \cdot)$ ein Halbgruppenisomorphismus.

a) Ist Σ_1 eine Unterhalbgruppe von $(S_1, \cdot)$, deren Elemente in $(S_1, \cdot)$ zentral und kürzbar sind, so gilt das gleiche für $\Sigma_2 = \psi(\Sigma_1)$ bezüglich $S_2 = \psi(S_1)$.

b) Sind $(T_1, \cdot)$ bzw. $(T_2, \cdot)$ Quotientenhalbgruppen von $(S_1, \cdot)$ bzw. $(S_2, \cdot)$ bezüglich der Nennerhalbgruppen Σ_1 bzw. $\Sigma_2 = \psi(\Sigma_1)$, so definiert

$$\varphi\left(\frac{a_1}{\alpha_1}\right) = \frac{\psi(a_1)}{\psi(\alpha_1)} \quad \text{für alle} \quad \frac{a_1}{\alpha_1} \in T_1$$

einen Isomorphismus von $(T_1, \cdot)$ auf $(T_2, \cdot)$, der den Isomorphismus ψ fortsetzt.

c) Für den Spezialfall der identischen Abbildung ψ ergibt sich hieraus Satz 3.4.

3.3. Bestimmen Sie die Elemente der Quotientenhalbgruppen von $(\mathbb{N}, \cdot)$, von $(\mathbb{N}_0, \cdot)$ und von $(\mathbb{Z}, \cdot)$ in $(\mathbb{Q}, \cdot)$ bezüglich folgender Nennerhalbgruppen, die jeweils von der Wahl einer festen Zahl $m \in \mathbb{N}$ abhängen:

a) $\Sigma = m\mathbb{N}$, b) $\Sigma = m\mathbb{N} + 1$,
c) $\Sigma = \{\alpha \in \mathbb{N} \mid \alpha \geq m\}$, d) $\Sigma = \{m^i \mid i \in \mathbb{N}\}$.

3.4. Ist $(S, \cdot)$ eine kommutative Halbgrupppe, so existiert zu jeder Unterhalbgruppe Σ von $(S, \cdot)$, deren Elemente kürzbar in $(S, \cdot)$ sind, die Quotientenhalbgruppe $(T, \cdot) = Q(S, \Sigma)$. Letztere ist dann ebenfalls kommutativ.

3.5. Es sei $(T, \cdot) = Q(S, \Sigma)$ Quotientenhalbgruppe einer Halbgruppe $(S, \cdot)$. Ist dann $a \in S$ links- bzw. rechtskürzbar in $(S, \cdot)$, so sind auch die Quotienten $a\alpha^{-1} \in T$ mit beliebigem $\alpha \in \Sigma$ links- bzw. rechtskürzbar in $(T, \cdot)$. Ist insbesondere die Halbgruppe $(S, \cdot)$ links- bzw. rechtskürzbar, so gilt das gleiche für jede Quotientenhalbgruppe $(T, \cdot) = Q(S, \Sigma)$.

3.6. a) Es sei $(S, \cdot)$ eine Halbgruppe und Σ_1, Σ_2 Unterhalbgruppen, deren Elemente zentral und kürzbar in $(S, \cdot)$ sind. Gilt dann $\Sigma_1 \subseteq \Sigma_2$, so enthält die Quotientenhalbgruppe $(T_2, \cdot) = Q(S, \Sigma_2)$ genau eine Unterhalbgruppe $(T_1, \cdot)$ mit $(T_1, \cdot) = Q(S, \Sigma_1)$, und $(T_2, \cdot)$ ist dann auch Quotientenhalbgruppe von $(T_1, \cdot)$, etwa gemäß $(T_2, \cdot) = Q(T_1, \Sigma_2)$. Nach Beispiel 3.3 c) kann dabei $(T_1, \cdot) = (T_2, \cdot)$ auch für $\Sigma_1 \subset \Sigma_2$ eintreten.

b) Insbesondere gilt $\Sigma \subseteq \tilde{\Sigma}$ für jede Nennerhalbgruppe Σ und die in Aufgabe 3.1 angegebene größte Nennerhalbgruppe $\tilde{\Sigma}$ von $(S, \cdot)$. Im Sinne von a) ist also jede Quotientenhalbgruppe $(T, \cdot) = Q(S, \Sigma)$ von $(S, \cdot)$ in *der größten Quotientenhalbgruppe* $(\tilde{T}, \cdot) = Q(S, \tilde{\Sigma})$ *von* $(S, \cdot)$ enthalten und es gilt $(\tilde{T}, \cdot) = Q(T, \tilde{\Sigma})$.

3.7. a) Es sei $(T, \cdot) = Q(S, \Sigma')$ eine Quotientenhalbgruppe einer Halbgruppe $(S, \cdot)$ bezüglich irgendeiner Nennerhalbgruppe Σ', die diese Quotientenhalbgruppe $(T, \cdot)$ beschreibt. Dann bildet die Menge aller zentralen Elemente $\tau \in S$, zu denen in $(T, \cdot)$ das Inverse τ^{-1} existiert, eine Unterhalbgruppe Σ_T von $(S, \cdot)$. Es gilt dann $(T, \cdot) = Q(S, \Sigma') = Q(S, \Sigma_T)$ und $\Sigma' \subseteq \Sigma_T \subseteq \tilde{\Sigma}$ für jede der oben angegebenen Nennerhalbgruppen Σ' (vgl. Aufgabe 3.6), und Σ_T ist die größte Nennerhalbgruppe von $(S, \cdot)$ mit diesen Eigenschaften. Man nennt dann Σ_T auch die *relativ maximale Nennerhalbgruppe von* $(T, \cdot) = Q(S, \Sigma')$. Dabei erhält man Σ_T aus jedem Σ', indem man zu Σ' alle zentralen Elemente τ von $(S, \cdot)$ hinzunimmt, die $\tau x = \xi$ für geeignete Elemente $\xi \in \Sigma'$ und $x \in S$ erfüllen; aus letzterem folgt auch $x \in \Sigma_T$.

b) Die Quotientenhalbgruppe $(T, \cdot) = Q(\mathbb{N}_0, \Sigma)$ aus Beispiel 3.3 c) mit $\Sigma = \{2^i 5^j \mid i, j \in \mathbb{N}_0\}$ ist bereits mit ihrer relativ maximalen Nennerhalbgruppe $\Sigma = \Sigma_T$ angegeben, und es gilt $\Sigma_k \subset \Sigma_T \subset \tilde{\Sigma} = \mathbb{N}$ für alle Unterhalbgruppen Σ_k von $\{10^i \mid i \in \mathbb{N}\}$. Geben Sie weitere

Nennerhalbgruppen von $(\mathbb{N}_0,\cdot)$ an, so daß die zugehörigen Quotientenhalbgruppen mit $(T,\cdot)$ übereinstimmen oder echt in $(T,\cdot)$ enthalten sind.

c) Wenden Sie Teil a) auf $Q(\mathbb{N}_0,\Sigma)$ mit der von 105 erzeugten Unterhalbgruppe Σ von $(\mathbb{N}_0,\cdot)$ an.

3.8. Es sei $(S,\cdot)$ eine Halbgruppe, $(T_1,\cdot) = Q(S,\Sigma_1)$ eine Quotientenhalbgruppe von $(S,\cdot)$ bezüglich einer Nennerhalbgruppe Σ_1 von $(S,\cdot)$ und $(T_2,\cdot) = Q(T_1,\Delta)$ eine Quotientenhalbgruppe von $(T_1,\cdot)$ bezüglich einer Nennerhalbgruppe Δ von $(T_1,\cdot)$. Dann ist $(T_2,\cdot)$ auch Quotientenhalbgruppe von $(S,\cdot)$, d. h. es gilt $(T_2,\cdot) = Q(S,\Sigma_2)$. Dabei kann Σ_2 als die Menge aller der Elemente aus S gewählt werden, die in $(T_2,\cdot)$ ein Inverses besitzen.

II.4. Quotientenhalbringe

Definition 4.1. Es sei $(S,+,\cdot)$ ein Halbring und Σ eine Unterhalbgruppe von $(S,\cdot)$, deren Elemente zentral und kürzbar in $(S,\cdot)$ sind. Dann heißt ein Oberhalbring $(T,+,\cdot)$ von $(S,+,\cdot)$ ein *Quotientenhalbring von* $(S,+,\cdot)$ *bezüglich der Nennerhalbgruppe* Σ, wenn $(T,\cdot)$ eine Quotientenhalbgruppe von $(S,\cdot)$ bezüglich Σ ist. Falls dabei $(T,+,\cdot)$ ein Ring, ein Halbkörper bzw. ein Körper ist, nennen wir $(T,+,\cdot)$ einen *Quotientenring*, einen *Quotientenhalbkörper* bzw. einen *Quotientenkörper* von $(S,+,\cdot)$.

Nach dieser Definition ist also $(T,+,\cdot)$ genau dann ein Quotientenhalbring von $(S,+,\cdot)$, wenn $(T,\cdot)$ eine Quotientenhalbgruppe von $(S,\cdot)$ ist. Der folgende Satz zeigt, daß damit die Addition von T eindeutig bestimmt ist und umgekehrt zu $(S,+,\cdot)$ und $(T,\cdot) = Q(S,\Sigma)$ eine solche Addition von T existiert. Zu diesem Zweck bezeichnen wir die Addition von T vorübergehend mit $\oplus$.

Satz 4.2. *a) Es sei* $(T,\oplus,\cdot)$ *ein Quotientenhalbring eines Halbringes* $(S,+,\cdot)$ *bezüglich der Nennerhalbgruppe* Σ. *Dann ist die Addition* $\oplus$ *auf* T *eindeutig bestimmt gemäß*

iii) $$\frac{a}{\alpha} \oplus \frac{b}{\beta} = \frac{a\beta + b\alpha}{\alpha\beta} \quad \textit{für alle} \quad \frac{a}{\alpha}, \frac{b}{\beta} \in T.$$

b) Es sei $(S,+,\cdot)$ *ein Halbring und* $(T,\cdot) = Q(S,\Sigma)$ *eine Quotientenhalbgruppe von* $(S,\cdot)$ *bezüglich der Nennerhalbgruppe* Σ. *Dann definiert iii) eine Addition* $\oplus$ *auf* T, *so daß* $(T,\oplus,\cdot)$ *ein Oberhalbring von* $(S,+,\cdot)$ *(und damit ein Quotientenhalbring von* $(S,+,\cdot)$ *bezüglich* Σ*) ist.*

Beweis. a) Durch Rechnen in $(T, \oplus, \cdot)$ ergibt sich mit $\alpha\beta = \beta\alpha$

$$(a\alpha^{-1} \oplus b\beta^{-1})(\alpha\beta) = a\beta \oplus b\alpha = a\beta + b\alpha,$$

wobei für die zweite Gleichheit verwendet wird, daß $(S, +, \cdot)$ Unterhalbring von $(T, \oplus, \cdot)$ ist. Die Multiplikation mit $(\alpha\beta)^{-1}$ in $(T, \oplus, \cdot)$ ergibt iii).

b) Wir zeigen zunächst, daß durch die Definition iii) den Quotienten $\frac{a}{\alpha}$ und $\frac{b}{\beta}$ aus $(T, \cdot)$ unabhängig von ihrer Schreibweise ein Quotient aus $(T, \cdot)$ als Summe zugeordnet wird. Jedenfalls gilt $a\beta + b\alpha \in S$ und $\alpha\beta \in \Sigma$. Weiter gelte $\frac{a}{\alpha} = \frac{a'}{\alpha'}$ und $\frac{b}{\beta} = \frac{b'}{\beta'}$, also $a\alpha' = \alpha a'$ und $b\beta' = \beta b'$ gemäß i) für $(T, \cdot)$. Daraus folgt $a\alpha'\beta\beta' + b\beta'\alpha\alpha' = \alpha a'\beta\beta' + \beta b'\alpha\alpha'$ und damit $(a\beta + b\alpha)\alpha'\beta' = \alpha\beta(a'\beta' + b'\alpha')$, letzteres unter Verwendung von (3.1). Dies zeigt gemäß i) für $(T, \cdot)$

$$\frac{a}{\alpha} \oplus \frac{b}{\beta} = \frac{a\beta + b\alpha}{\alpha\beta} = \frac{a'\beta' + b'\alpha'}{\alpha'\beta'} = \frac{a'}{\alpha'} \oplus \frac{b'}{\beta'}.$$

Damit definiert iii) in der Tat eine Addition $\oplus$ auf T. Insbesondere folgt aus iii) und i)

$$\frac{a}{\alpha} \oplus \frac{b}{\alpha} = \frac{a\alpha + b\alpha}{\alpha\alpha} = \frac{a + b}{\alpha}. \tag{4.1}$$

Da nach Lemma 3.7 endlich viele Elemente aus $(T, \cdot)$ stets mit einem gemeinsamen Nenner geschrieben werden können, überträgt sich die Kommutativität und die Assoziativität der Addition $+$ von $(S, +, \cdot)$ sofort auf die Addition $\oplus$ von $(T, \oplus, \cdot)$. Auch der Nachweis der Distributivgesetze wird durch (4.1) erheblich erleichtert. Unter Verwendung von ii) für $(T, \cdot)$ folgt nämlich

$$\begin{aligned}\frac{a}{\alpha}\left(\frac{c}{\gamma} \oplus \frac{d}{\gamma}\right) &= \frac{a}{\alpha}\frac{c + d}{\gamma} = \frac{a(c + d)}{\alpha\gamma} = \frac{ac + ad}{\alpha\gamma} \\ &= \frac{ac}{\alpha\gamma} \oplus \frac{ad}{\alpha\gamma} = \frac{a}{\alpha}\frac{c}{\gamma} \oplus \frac{a}{\alpha}\frac{d}{\gamma}\end{aligned}$$

und entsprechend das rechtsseitige Distributivgesetz. Als letztes bleibt zu zeigen, daß $(T, \oplus, \cdot)$ ein Oberhalbring von $(S, +, \cdot)$ ist, also die für alle Elemente von T definierte Addition $\oplus$ für Elemente $a, b \in S$ mit der Addition $+$ von S übereinstimmt. Dies folgt wieder leicht aus (4.1) gemäß

$$a \oplus b = \frac{a\gamma}{\gamma} \oplus \frac{b\gamma}{\gamma} = \frac{a\gamma + b\gamma}{\gamma} = \frac{(a + b)\gamma}{\gamma} = a + b. \qquad \blacksquare$$

Natürlich werden wir im folgenden die durch $(S, +, \cdot)$ und $(T, \cdot) = Q(S, \Sigma)$ eindeutig bestimmte Addition $\oplus$ auf T ebenfalls mit $+$ bezeichnen. Insbesondere ergibt sich aus Satz 4.2 und den Sätzen 3.5 und 3.4:

Satz 4.3. *Es sei $(S,+,\cdot)$ ein Halbring und Σ eine Unterhalbgruppe von $(S,\cdot)$, deren Elemente zentral und kürzbar in $(S,\cdot)$ sind. Dann existiert ein Quotientenhalbring $(T,+,\cdot)$ von $(S,+,\cdot)$ bezüglich der Nennerhalbgruppe Σ, der durch die multiplikative Struktur von $(T,\cdot) = Q(S,\Sigma)$, also gemäß i) und ii) aus Satz 3.1, und durch iii) festgelegt ist. Insbesondere sind je zwei Quotientenhalbringe $(T_1,+,\cdot)$ und $(T_2,+,\cdot)$ von $(S,+,\cdot)$ bezüglich der gleichen Nennerhalbgruppe Σ isomorph. Genauer: Es gibt einen bezüglich S relativen Isomorphismus $\varphi : (T_1,+,\cdot) \to (T_2,+,\cdot)$.*

Im Sinne dieses Satzes spricht man wieder von *dem* Quotientenhalbring $(T,+,\cdot)$ von $(S,+,\cdot)$ bezüglich Σ. Zur Abkürzung verwenden wir die Schreibweise $(T,+,\cdot) = Q(S,\Sigma)$. Weiter erhält man in Analogie zu Satz 3.1:

Satz 4.4. *Es sei $(S,+,\cdot)$ ein Halbring und Σ eine Unterhalbgruppe von $(S,\cdot)$, deren Elemente zentral und kürzbar in $(S,\cdot)$ sind. Weiter sei $(H,+,\cdot)$ ein Oberhalbring von $(S,+,\cdot)$, der ein Einselement e und zu jedem $\alpha \in \Sigma$ ein Inverses $\alpha^{-1} \in H$ enthält. Dann bildet die Menge aller Quotienten*

$$T = \left\{ a\alpha^{-1} = \alpha^{-1}a = \frac{a}{\alpha} \mid a \in S,\ \alpha \in \Sigma \right\} \subseteq H$$

den eindeutig bestimmten kleinsten Unterhalbring $(T,+,\cdot) = Q(S,\Sigma)$ von $(H,+,\cdot)$, der S und $\{\alpha^{-1} \mid \alpha \in \Sigma\}$ enthält.

Beweis. Nach Satz 3.1 ist $(T,\cdot) = Q(S,\Sigma)$ die eindeutig bestimmte kleinste Unterhalbgruppe von $(H,\cdot)$, die S und $\{\alpha^{-1} \mid \alpha \in \Sigma\}$ enthält. Durch Rechnen in $(H,+,\cdot)$ ergibt sich weiter $a\alpha^{-1}+b\beta^{-1} = (a\beta+b\alpha)(\alpha\beta)^{-1}$. Damit ist T auch bezüglich der Addition von H abgeschlossen, also $(T,+,\cdot)$ ein Unterhalbring von $(H,+,\cdot)$. ∎

Beispiel 4.5. a) Da $(\mathbb{N}_0,+,\cdot)$ ein Unterhalbring von $(\mathbb{H}_0,+,\cdot)$ ist, ergibt sich aus Satz 4.4: Die in $(\mathbb{H}_0,\cdot)$ gebildete Quotientenhalbgruppe $(T,\cdot)$ von $(\mathbb{N}_0,\cdot)$ bezüglich $\Sigma = \{2^i 5^j \mid i,j \in \mathbb{N}_0\}$ (vgl. Beispiel 3.3 c)) ist auch der in $(\mathbb{H}_0,+,\cdot)$ enthaltene Quotientenhalbring $(T,+,\cdot)$ von $(\mathbb{N}_0,+,\cdot)$ bezüglich Σ. Entsprechendes gilt auch für die in Aufgabe 3.3 zu bestimmenden Quotientenhalbgruppen. Natürlich ist die Existenz solcher Quotientenhalbringe nach Satz 4.2 oder Satz 4.3 auch unabhängig von $(\mathbb{H}_0,+,\cdot)$ gewährleistet.

b) Entsprechende Überlegungen gelten für den Unterring $(\mathbb{Z},+,\cdot)$ von $(\mathbb{Q},+,\cdot)$ bezüglich aller in a) verwendeten Nennermengen Σ. Die Quotientenhalbringe $(T,+,\cdot)$ von $(\mathbb{Z},+,\cdot)$ bezüglich Σ sind dann sogar Quotientenringe (vgl. Satz 4.7 b)).

c) Nach Beispiel 3.3 d) ist die Halbgruppe $(M_{2,2}(\mathbb{Q}), \cdot)$ die Quotientenhalbgruppe von $(M_{2,2}(\mathbb{Z}), \cdot)$ bezüglich der Nennerhalbgruppe Σ der dort angegebenen Diagonalmatrizen. Nach Satz 4.4 oder Satz 4.2 ist damit der Ring $(M_{2,2}(\mathbb{Q}), +, \cdot)$ der Quotientenring (vgl. Satz 4.7 b)) des Ringes $(M_{2,2}(\mathbb{Z}), +, \cdot)$ bezüglich dieser Nennerhalbgruppe Σ. Entsprechend ist $(M_{2,2}(\mathbb{H}_0), +, \cdot)$ der Quotientenhalbring von $(M_{2,2}(\mathbb{N}_0), +, \cdot)$ bezüglich der gleichen Nennerhalbgruppe Σ.

d) Schließlich ist jeder Quotientenhalbkörper ein Beispiel eines Quotientenhalbringes; wir kommen darauf in Bemerkung 4.8 zurück.

Bemerkung 4.6. Aus Definition 4.1 und Satz 4.2 folgt, daß *jede Aussage über Quotientenhalbgruppen* $(T, \cdot) = Q(S, \Sigma)$ *einer Halbgruppe* $(S, \cdot)$ *eine entsprechende Aussage für Quotientenhalbringe* $(T, +, \cdot) = Q(S, \Sigma)$ *eines Halbrings* $(S, +, \cdot)$ *impliziert.* Dies betrifft insbesondere die Übertragung multiplikativer Eigenschaften von $(S, +, \cdot)$ auf $(T, +, \cdot)$ (vgl. die Aufgaben 3.4 und 3.5) wie auch die Aussagen der Aufgaben 3.6, 3.7 und 3.8. So kann z. B. jeder Quotientenhalbring $(T, +, \cdot) = Q(S, \Sigma)$ von $(S, +, \cdot)$ als Unterhalbring des *größten Quotientenhalbrings* $(\tilde{T}, +, \cdot) = Q(S, \tilde{\Sigma})$ aufgefaßt werden.

Bezüglich der Übertragung additiver Eigenschaften formulieren wir:

Satz 4.7. *Es sei* $(T, +, \cdot) = Q(S, \Sigma)$ *ein Quotientenhalbring eines Halbringes* $(S, +, \cdot)$ *bezüglich der Nennerhalbgruppe* Σ.

a) Ist $(S, +)$ *kürzbar oder idempotent, so gilt das gleiche für* $(T, +)$ *und umgekehrt.*

b) Ist $(S, +, \cdot)$ *ein Ring, so gilt das gleiche für* $(T, +, \cdot)$. *Jedoch kann* $(T, +, \cdot)$ *ein Ring sein, ohne daß dies für* $(S, +, \cdot)$ *zutrifft.*

c) Der Quotientenhalbring $(T, +, \cdot)$ *hat genau dann ein Nullelement* o_T, *wenn* $(S, +, \cdot)$ *ein Nullelement* o_S *hat und* $o_S\alpha = o_S$ *für alle* $\alpha \in \Sigma$ *erfüllt ist. In diesem Falle gilt dann* $o_S = o_S\alpha^{-1} = o_T$ *für alle* $\alpha \in \Sigma$. *Insbesondere ist ein absorbierendes Nullelement von* $(S, +, \cdot)$ *auch absorbierendes Nullelement von* $(T, +, \cdot)$.

Beweis. a) Gemäß Lemma 3.7 seien $\frac{a}{\gamma}$, $\frac{b}{\gamma}$ und $\frac{c}{\gamma}$ beliebige Elemente von T, für die $\frac{a}{\gamma} + \frac{b}{\gamma} = \frac{a}{\gamma} + \frac{c}{\gamma}$ gilt. Nach (4.1) und i) folgt daraus $a + b = a + c$. Ist nun $(S, +)$ kürzbar, so ergibt sich $b = c$ und damit $\frac{b}{\gamma} = \frac{c}{\gamma}$. Entsprechend überträgt sich die Idempotenz von $(S, +)$ auf $(T, +)$. Die Umkehrungen sind trivial.

b) Es seien $\frac{a}{\gamma}$ und $\frac{b}{\gamma}$ beliebige Elemente von T. Ist $(S,+,\cdot)$ ein Ring, so gibt es ein $x \in S$ mit $a+x=b$. Daraus folgt $\frac{a}{\gamma}+\frac{x}{\gamma}=\frac{b}{\gamma}$ nach (4.1), womit $(T,+)$ als Gruppe und damit $(T,+,\cdot)$ als Ring nachgewiesen ist. Die zweite Behauptung zeigt das schon in Aufgabe 2.4 gegebene Beispiel.

c) Falls o_T existiert, gilt $t\alpha^{-1}+o_T=t\alpha^{-1}$ und damit $t+o_T\alpha=t$ für alle $t \in T$ und alle $\alpha \in \Sigma$. Dies zeigt $o_T\alpha=o_T$ für alle $\alpha \in \Sigma$. Andererseits läßt sich o_T als Quotient $o_T=b\beta^{-1}$ mit geeigneten $b \in S$ und $\beta \in \Sigma$ schreiben. Beides ergibt $o_T=o_T\beta=(b\beta^{-1})\beta=b$, d. h. $o_T \in S$. Daraus folgt $o_T=o_S$ und $o_S\alpha=o_S$, also auch $o_T=o_S\alpha^{-1}$, beides für alle $\alpha \in \Sigma$. Hat umgekehrt $(S,+,\cdot)$ ein Nullelement o_S und gilt $o_S\alpha=o_S$ für alle $\alpha \in \Sigma$, so folgt gemäß iii) und i)

$$\frac{o_S}{\alpha}+\frac{b}{\beta}=\frac{o_S\beta+b\alpha}{\alpha\beta}=\frac{o_S+b\alpha}{\alpha\beta}=\frac{b\alpha}{\alpha\beta}=\frac{b}{\beta}$$

für alle $b\beta^{-1} \in T$, d. h. $o_S=o_S\alpha^{-1}$ ist auch das Nullelement von $(T,+,\cdot)$. (Man mache sich klar, daß es nicht korrekt wäre, den letzten Schluß ohne weitere Überlegungen mit Hilfe von Lemma 3.7 zu führen.) Die letzte Feststellung ergibt sich nun unmittelbar. ∎

Bemerkung 4.8. i) Wie angekündigt, folgt nun auch Satz 2.5 aus Satz 4.3: *Ist nämlich $(S,+,\cdot)$ ein multiplikativ kürzbarer, kommutativer Halbring mit $|S| \geq 2$ und $\tilde{\Sigma}$ die Unterhalbgruppe aller multiplikativ kürzbaren Elemente von $(S,+,\cdot)$, so ist der Quotientenhalbring $(T,+,\cdot)=Q(S,\tilde{\Sigma})$ ein Halbkörper. Wir bezeichnen diesen (bis auf relative Isomorphie bezüglich S) eindeutig bestimmten Quotientenhalbkörper im folgenden auch mit $Q(S)$.*

Beweis: Nach Definition I.4.1 gilt $S^* \subseteq \tilde{\Sigma}$. Damit sind nach Satz 4.7 c) alle Elemente aus T^* in $(T,+,\cdot)$ invertierbar, also ist $(T,+,\cdot)$ nach Folgerung I.5.7 ein Halbkörper. ∎

ii) Nach Satz I.4.6 können bei i) folgende drei Fälle eintreten:

a) $(S,+,\cdot)$ hat kein Nullelement. Dann gilt $\tilde{\Sigma}=S=S^*$, und $(T,+,\cdot)=Q(S,S)=Q(S)$ ist ein Halbkörper ohne Nullelement (vgl. auch Satz 4.7 c)). Diese Situation liegt bei dem Quotientenhalbkörper $(\mathbb{H},+,\cdot)$ von $(\mathbb{N},+,\cdot)$ vor.

b) $(S,+,\cdot)$ hat ein multiplikativ kürzbares Nullelement o. Dann gilt ebenfalls $\tilde{\Sigma}=S$, und $(T,+,\cdot)=Q(S,S)=Q(S)$ ist ein Halbkörper, der im Gegensatz zu $(S,+,\cdot)$ kein Nullelement hat (vgl. Satz 4.7 c) und Beispiel 2.3 c) und d)).

c) $(S,+,\cdot)$ hat ein absorbierendes Nullelement o. Dann gilt $\tilde{\Sigma}=S^*$, und $(T,+,\cdot)=Q(S,S^*)=Q(S)$ ist ein Halbkörper mit $o=o\alpha^{-1}$ als (absorbierendem) Nullelement (vgl. Satz 4.7 c)). Diese Situation liegt bei dem Quotientenhalbkörper $(\mathbb{H}_0,+,\cdot)$ von $(\mathbb{N}_0,+,\cdot)$, bei dem Quotientenkörper $(\mathbb{Q},+,\cdot)$

von $(\mathbb{Z}, +, \cdot)$ und bei den in den Aufgaben 2.3 und 4.3 behandelten Quotienten(halb)körpern von Polynom(halb)ringen vor.

Aufgaben

4.1. Formulieren und beweisen Sie einen der Aufgabe 3.2 entsprechenden Satz über Quotientenhalbringe isomorpher Halbringe $(S_1, +, \cdot)$ und $(S_2, +, \cdot)$.

4.2. Wir betrachten Polynomhalbringe $T[x] = Q(S, \Sigma)[x]$ über Quotientenhalbringen $T = Q(S, \Sigma)$ eines Halbringes S, wobei sich herausstellen wird, daß diese Polynomhalbringe dann gemäß $T[x] = Q(S[x], \Sigma)$ auch Quotientenhalbringe des Polynomhalbrings $S[x]$ sind. Dazu sei $(S, +, \cdot)$ ein Halbring mit Einselement e und absorbierendem Nullelement $o \neq e$. Weiter sei $(T, +, \cdot) = Q(S, \Sigma)$ ein Quotientenhalbring von $(S, +, \cdot)$ bezüglich der Nennerhalbgruppe Σ und $(T[x], +, \cdot)$ der Polynomhalbring in der Unbestimmten x über T. Es gilt also

$$T[x] = \left\{ \sum_{\nu=0}^{n} a_\nu \alpha_\nu^{-1} x^\nu \;\middle|\; n \in \mathbb{N}_0,\ a_\nu \in S,\ \alpha_\nu \in \Sigma \right\}.$$

Dann ist $(S, +, \cdot)$ ein Unterhalbring von $(T[x], +, \cdot)$, und $x \in T[x]$ ist nach Definition 1.1 auch Unbestimmte über S. Ersichtlich enthält $T[x]$ den Polynomhalbring $S[x]$ (vgl. auch Satz 1.3). Nun ist Σ auch eine Unterhalbgruppe von $(S[x], \cdot)$, deren Elemente zentral und kürzbar in $(S[x], \cdot)$ und in $T \subseteq T[x]$ invertierbar sind. Nach Satz 4.4 enthält dann $(T[x], +, \cdot)$ einen eindeutig bestimmten Quotientenhalbring $Q(S[x], \Sigma)$ von $(S[x], +, \cdot)$ bezüglich Σ, der aus den Elementen

$$\left(\sum_{\nu=0}^{n} a_\nu x^\nu \right) \alpha^{-1} \quad \text{mit} \quad n \in \mathbb{N}_0,\ a_\nu \in S,\ \alpha \in \Sigma$$

besteht. Die obige Behauptung $Q(S[x], \Sigma) = T[x] = Q(S, \Sigma)[x]$ ergibt sich dann aus Lemma 3.7.

4.3. Es sei $(S, +, \cdot)$ ein kommutativer, multiplikativ kürzbarer Halbring mit Einselement e und absorbierendem Nullelement $o \neq e$. Nach Aufgabe 4.2 gilt dann $Q(S[x], S^*) = T[x] = Q(S, S^*)[x]$ für den Polynomhalbring $(T[x], +, \cdot)$ über dem Quotientenhalbkörper $(T, +, \cdot) = Q(S, S^*) = Q(S)$ von S. Wir nehmen nun an, daß S und damit $T = Q(S, S^*)$ additiv kürzbar ist. Dann ist $(T[x], +, \cdot)$ nach Satz 1.7 d) multiplikativ kürzbar, und es existiert der Quotientenhalbkörper $(H,+,\cdot) = Q(T[x], T[x]^*) = Q(T[x])$. Er enthält mit $S[x]$ nach Satz 2.1 einen Quotientenhalbkörper $Q(S[x], S[x]^*) = Q(S[x])$ von $S[x]$, und es gilt $Q(S[x]) = (H,+,\cdot) = Q(Q(S)[x])$.

4.4. Es sei $(S[x],+,\cdot)$ ein Polynomhalbring in einer Unbestimmten x über einem Halbring $(S,+,\cdot)$. Dann ist $\Sigma = \{x^i \mid i \in \mathbb{N}\}$ eine Unterhalbgruppe von $(S[x],\cdot)$, deren Elemente zentral und kürzbar in $(S[x],\cdot)$ sind. Damit existiert nach Satz 4.3 der Quotientenhalbring $(T,+,\cdot) = Q(S[x],\Sigma)$. Zeigen Sie weiter, daß seine Elemente in der Form

$$t = \sum_{\nu=-m}^{n} a_\nu x^\nu \quad \text{mit} \quad n, m \in \mathbb{N}_0 \text{ und } a_\nu \in S$$

geschrieben werden können, wobei die "Koeffizienten" a_ν von t eindeutig bestimmt sind. Vergleichen Sie für den Fall, daß $(S,+,\cdot)$ kommutativ und $(S,\cdot)$ sowie $(S,+)$ kürzbar sind, diesen Quotientenhalbring mit dem Quotientenhalbkörper $(H,+,\cdot) = Q(S[x])$ von $(S[x],+,\cdot)$.

4.5. Für die in Aufgabe 1.8 betrachteten Unterhalbringe von $\mathbb{Q} + \mathbb{Q}z$ gilt:

a) Der in $\mathbb{Q}+\mathbb{Q}z$ enthaltene Quotientenhalbring von $\mathbb{N}_0+\mathbb{N}_0 z$ bezüglich der Nennerhalbgruppe $\mathbb{N}$ ist der Halbring $\mathbb{H}_0 + \mathbb{H}_0 z$ (vgl. Satz 4.4).

b) Da der Halbring $S = \mathbb{N}+\mathbb{N}_0 z$ kommutativ und multiplikativ kürzbar ist, existiert nach Satz 2.5 (vgl. auch Bemerkung 4.8) ein bis auf Isomorphie eindeutig bestimmter Quotientenhalbkörper von $S = \mathbb{N}+\mathbb{N}_0 z$, dessen Elemente also die Form

$$\frac{a_0 + a_1 z}{b_0 + b_1 z} \quad \text{mit} \quad a_0, b_0 \in \mathbb{N} \text{ und } a_1, b_1 \in \mathbb{N}_0$$

haben. Insbesondere enthält der Ring $\mathbb{Q} + \mathbb{Q}z$ genau einen Quotientenhalbkörper $T = Q(S)$ von S, nämlich $T = \mathbb{H} + \mathbb{Q}z$. Betrachten Sie auch die Quotientenhalbkörper von $\mathbb{N} + \mathbb{N}z$ und $\mathbb{H} + \mathbb{H}_0 z$.

c) Für den Ring $R = \mathbb{Z} + \mathbb{Z}z$ ist $\mathbb{Z}^* + \mathbb{Z}z$ die größte Nennerhalbgruppe und es gilt $Q(R,\mathbb{N}) = Q(R, \mathbb{N} + \mathbb{N}_0 z) = Q(R, \mathbb{Z}^* + \mathbb{Z}z) = \mathbb{Q} + \mathbb{Q}z$.

II.5. Differenzenhalbringe und Differenzenringe

Die Überlegungen von II.3 gelten natürlich auch, wenn man sie von $(S,\cdot)$ auf eine additiv geschriebene Halbgruppe $(S,+)$ mit den dafür üblichen Sprech-

und Schreibweisen überträgt. Da wir sie anschließend auf Halbringe $(S, +, \cdot)$ anwenden wollen, beschränken wir uns dabei auf kommutative Halbgruppen $(S, +)$. So folgt aus Satz 3.1:

Satz 5.1. *Es sei $(S, +)$ eine kommutative Halbgruppe und Θ eine Unterhalbgruppe von $(S, +)$, deren Elemente kürzbar in $(S, +)$ sind. Weiter existiere eine Oberhalbgruppe $(H, +)$ von $(S, +)$, die ein Nullelement o und zu jedem $\alpha \in \Theta$ ein Entgegengesetztes $-\alpha \in H$ enthält. Dann bildet die Menge*

$$T = \{a + (-\alpha) = a - \alpha \mid a \in S, \alpha \in \Theta\} \subseteq H$$

eine Unterhalbgruppe $(T, +)$ von $(H, +)$, und $(T, +)$ ist die eindeutig bestimmte kleinste Unterhalbgruppe von $(H, +)$, die S und $\{-\alpha \mid \alpha \in \Theta\}$ enthält. Für alle Elemente aus T gelten die Regeln

i') $$a - \alpha = b - \beta \iff a + \beta = \alpha + b,$$

ii') $$(a - \alpha) + (b - \beta) = (a + b) - (\alpha + \beta).$$

Bemerkung 5.2. Das Nullelement o_T von $(T, +)$ ist durch $o_T = \alpha - \alpha$ für alle $\alpha \in \Theta$ gegeben und natürlich das Nullelement $o = o_H$ von $(H, +)$. Hat insbesondere $(S, +)$ bereits ein Nullelement o_S, so folgt $o = o_S = o_T$ nach der additiven Interpretation von Aufgabe 2.1.

Definition 5.3. Es seien $(S, +)$ und Θ wie in Satz 5.1. Existiert dann eine Oberhalbgruppe $(H, +)$ und damit eine Oberhalbgruppe $(T, +)$ der dort angegebenen Art, so heißt $(T, +)$ eine *Differenzenhalbgruppe von $(S, +)$ bezüglich der Subtrahendenhalbgruppe Θ*. Falls dabei $(T, +)$ sogar eine Gruppe ist, nennen wir $(T, +)$ eine *Differenzengruppe von $(S, +)$*.

Aus den Sätzen 3.5 und 3.4 erhalten wir:

Satz 5.4. *Es sei $(S, +)$ eine kommutative Halbgruppe und Θ eine Unterhalbgruppe von $(S, +)$, deren Elemente kürzbar in $(S, +)$ sind. Dann existiert eine Differenzenhalbgruppe $(T, +)$ von $(S, +)$ bezüglich Θ.*

Satz 5.5. *Je zwei Differenzenhalbgruppen $(T_1, +)$ und $(T_2, +)$ von $(S, +)$ bezüglich der gleichen Subtrahendenmenge Θ sind isomorph. Genauer: Es existiert ein bezüglich S relativer Isomorphismus $\varphi : (T_1, +) \to (T_2, +)$.*

Wir sprechen daher wieder von *der* Differenzenhalbgruppe $(T, +)$ von $(S, +)$ bezüglich Θ und verwenden abkürzend die Schreibweise $(T, +) = D(S, \Theta)$. Schließlich ergibt sich aus den Sätzen 5.4 und 5.5 oder aus Folgerung 3.6:

Folgerung 5.6. *Jede kommutative, kürzbare Halbgruppe* $(S,+)$ *kann in eine kommutative Gruppe eingebettet werden. Die kleinste, bis auf Isomorphie eindeutig bestimmte Gruppe dieser Art ist die Differenzengruppe* $(T,+) = D(S,S)$.

Ähnlich wie in II.4 verwenden wir dies nun zur Erweiterung von Halbringen durch Differenzenbildung. Die Einschränkung, daß das Nullelement $o = o_T$ (vgl. Bemerkung 5.2) jeder dieser Erweiterungen $(T,+,\cdot)$ absorbierend sein soll, nehmen wir dabei gleich in die folgende Definition mit auf:

Definition 5.7. Es sei $(S,+,\cdot)$ ein Halbring und Θ eine Unterhalbgruppe von $(S,+)$, deren Elemente kürzbar in $(S,+)$ sind. Dann heißt ein Oberhalbring $(T,+,\cdot)$ von $(S,+,\cdot)$ ein *Differenzenhalbring von* $(S,+,\cdot)$ *bezüglich der Subtrahendenhalbgruppe* Θ, wenn $(T,+) = D(S,\Theta)$ eine Differenzenhalbgruppe von $(S,+)$ bezüglich Θ ist und das Nullelement o von $(T,+)$ in $(T,+,\cdot)$ absorbierend ist. Falls dabei $(T,+,\cdot)$ ein Ring, ein Halbkörper bzw. ein Körper ist, nennen wir $(T,+,\cdot)$ einen *Differenzenring*, einen *Differenzenhalbkörper* bzw. einen *Differenzenkörper von* $(S,+,\cdot)$.

Offensichtlich ist $(\mathbb{Z},+,\cdot)$ ein Differenzenring von $(\mathbb{N},+,\cdot)$, und $(\mathbb{Q},+,\cdot)$ bzw. $(\mathbb{R},+,\cdot)$ sind Differenzenkörper von $(\mathbb{H},+,\cdot)$ bzw. von $(\mathbb{P},+,\cdot)$. Die Existenz dieser Erweiterungen und ihre bis auf Isomorphie eindeutige Bestimmtheit ergibt sich aus den folgenden Sätzen (vgl. auch Aufgabe 5.5, Beispiel 5.16 a) und Satz 5.17).

Satz 5.8. *a) Es sei* $(T,+,\odot)$ *ein Differenzenhalbring eines Halbringes* $(S,+,\cdot)$ *bezüglich der Subtrahendenhalbgruppe* Θ. *Dann kann* Θ *ohne Beschränkung der Allgemeinheit als Halbringideal von* $(S,+,\cdot)$ *gewählt werden, und die Multiplikation* $\odot$ *auf* T *ist dann eindeutig bestimmt gemäß*

iii') $(a-\alpha)\odot(b-\beta) = (ab+\alpha\beta)-(a\beta+\alpha b)$ *für alle* $a-\alpha, b-\beta \in T$.

b) Es sei $(S,+,\cdot)$ *ein Halbring und* $(T,+) = D(S,\Theta)$ *eine Differenzenhalbgruppe von* $(S,+)$ *bezüglich einer Subtrahendenhalbgruppe* Θ *von* $(S,+)$, *die ein Halbringideal von* $(S,+,\cdot)$ *ist. Dann definiert iii') eine Multiplikation* $\odot$ *auf* T, *so daß* $(T,+,\odot)$ *ein Oberhalbring von* $(S,+,\cdot)$ *mit dem Nullelement* o *von* $(T,+)$ *als absorbierendem Nullelement (und damit ein Differenzenhalbring von* $(S,+,\cdot)$ *bezüglich* Θ*) ist.*

Beweis. a) Es sei zunächst $\Theta = \{\alpha,\beta,\dots\}$ eine beliebige Subtrahendenhalbgruppe von $(S,+)$ mit $(T,+) = D(S,\Theta)$ entsprechend Definition 5.7. Weiter sei $A = \langle \Theta \cup S\Theta \cup \Theta S \cup S\Theta S\rangle$ das gemäß Aufgabe I.8.1 d) von Θ erzeugte Halbringideal von $(S,+,\cdot)$. Nach Definition 5.7 ist das Nullelement o von $(T,+)$

in $(T, +, \odot)$ absorbierend. Nach Fakt I.2.13 hat dann auch jedes Element $a\beta \in S\Theta$ in $(T, +, \odot)$ das Entgegengesetzte $a \odot (-\beta) \in T$, und entsprechendes gilt für alle Elemente $\alpha b \in \Theta S$ und $a\alpha b \in S\Theta S$ sowie für endliche Summen solcher Elemente. Damit hat jedes Element des Ideals A von $(S, +, \cdot)$ in $(T, +)$ ein Entgegengesetztes, woraus $(T, +) = D(S, \Theta) = D(S, A)$ folgt (vgl. auch Aufgabe 5.1).

Damit können wir annehmen, daß Θ selbst bereits als Halbringideal von $(S, +, \cdot)$ gewählt wurde. Daraus, der absorbierenden Eigenschaft von o und Fakt I.2.13 ergibt sich nun iii′) durch Rechnen in $(T, +, \odot)$ gemäß

$$\begin{aligned}\big(a + (-\alpha)\big) \odot \big(b + (-\beta)\big) &= a \odot b + a \odot (-\beta) + (-\alpha) \odot b + (-\alpha) \odot (-\beta) \\ &= a \cdot b + \big(-(a \cdot \beta)\big) + \big(-(\alpha \cdot b)\big) + \alpha \cdot \beta,\end{aligned}$$

wobei $ab + \alpha\beta$ in S und $a\beta + \alpha b$ in dem Halbringideal Θ liegen.

b) Wir definieren nun auf der Differenzenhalbgruppe $(T, +) = D(S, \Theta)$ von $(S, +)$ eine Multiplikation gemäß iii′). Dann gilt $ab + \alpha\beta \in S$ und $a\beta + \alpha b \in \Theta$, und es bleibt zu zeigen, daß diese Definition von der Schreibweise der Faktoren unabhängig ist. Wir nehmen zunächst $a - \alpha = a' - \alpha'$ an, also $a + \alpha' = \alpha + a'$ gemäß i′), lassen aber die Schreibweise des rechten Faktors ungeändert. Aus

$$\begin{aligned} ab + \alpha' b + \alpha\beta + a'\beta &= \alpha b + a' b + a\beta + \alpha'\beta, \quad \text{also} \\ (ab + \alpha\beta) + (a'\beta + \alpha' b) &= (a\beta + \alpha b) + (a' b + \alpha'\beta)\end{aligned}$$

folgt dann nach i′) $(ab + \alpha\beta) - (a\beta + \alpha b) = (a'b + \alpha'\beta) - (a'\beta + \alpha' b)$, d. h. die Unabhängigkeit von iii′) von der Schreibweise des linken Faktors. Analog zeigt man die Unabhängigkeit von iii′) von der Schreibweise des rechten Faktors. Aus beidem folgt, daß für beliebige Elemente $a - \alpha$ und $b - \beta$ aus $(T, +)$ durch iii′) eindeutig ein Element aus T als Produkt $(a - \alpha) \odot (b - \beta)$ definiert wird.

Wie man durch mehrfache Verwendung von iii′) leicht nachprüft, ist die so auf T definierte Multiplikation assoziativ. Ebenso folgt aus iii′) und ii′)

$$(a - \alpha) \odot \big((b - \beta) + (c - \gamma)\big) = (a - \alpha) \odot (b - \beta) + (a - \alpha) \odot (c - \gamma)$$

sowie das rechtsseitige Distributivgesetz (vgl. Aufgabe 5.2). Also ist $(T, +, \odot)$ ein Halbring. In ihm ist das Nullelement $o = \alpha - \alpha$ von $(T, +)$ gemäß

$$o \odot (b - \beta) = (\alpha - \alpha) \odot (b - \beta) = (\alpha b + \alpha\beta) - (\alpha\beta + \alpha b) = o$$

und entsprechend $(b - \beta) \odot o = o$ absorbierend. Damit bleibt nur zu zeigen, daß $(T, +, \odot)$ ein Oberhalbring von $(S, +, \cdot)$ ist, also die für alle Elemente von T

definierte Multiplikation $\odot$ für Elemente $a = (a+\alpha) - \alpha$ und $b = (b+\beta) - \beta$ aus S mit der Multiplikation $\cdot$ von S übereinstimmt. Dies folgt aus iii′) gemäß

$$\begin{aligned} a \odot b &= \big((a+\alpha)-\alpha\big) \odot \big((b+\beta)-\beta\big) \\ &= (ab + a\beta + \alpha b + \alpha\beta + \alpha\beta) - (a\beta + \alpha\beta + \alpha b + \alpha\beta) = a \cdot b. \end{aligned}$$ ∎

Natürlich werden wir im folgenden die durch $(S,+,\cdot)$ und $(T,+) = D(S,\Theta)$ eindeutig bestimmte Multiplikation $\odot$ auf T ebenfalls mit $\cdot$ bezeichnen bzw. einfach $(a-\alpha)(b-\beta)$ schreiben. Insbesondere ergibt sich aus Satz 5.8 und den Sätzen 5.4 und 5.5:

Satz 5.9. *Es sei $(S,+,\cdot)$ ein Halbring und Θ ein Halbringideal von $(S,+,\cdot)$, dessen Elemente kürzbar in $(S,+)$ sind. Dann existiert ein Differenzenhalbring $(T,+,\cdot)$ von $(S,+,\cdot)$ bezüglich des Subtrahendenideals Θ. Er ist durch die additive Struktur von $(T,+) = D(S,\Theta)$, also gemäß i′) und ii′) aus Satz 5.1, und durch iii′) festgelegt. Insbesondere sind je wei Differenzenhalbringe $(T_1,+,\cdot)$ und $(T_2,+,\cdot)$ von $(S,+,\cdot)$ bezüglich des gleichen Subtrahendenideals Θ isomorph. Genauer: Es gibt einen bezüglich S relativen Isomorphismus $\varphi : (T_1,+,\cdot) \to (T_2,+,\cdot)$.*

Im Sinne dieses Satzes spricht man auch hier von *dem* Differenzenhalbring $(T,+,\cdot)$ von $(S,+,\cdot)$ bezüglich Θ. Zur Abkürzung verwenden wir die Schreibweise $(T,+,\cdot) = D(S,\Theta)$. Ähnlich wie Satz 4.4 folgt aus Satz 5.1:

Satz 5.10. *Es sei $(S,+,\cdot)$ ein Halbring und Θ ein Halbringideal von $(S,+,\cdot)$, dessen Elemente kürzbar in $(S,+)$ sind. Weiter sei $(H,+,\cdot)$ ein Oberhalbring von $(S,+,\cdot)$, der ein absorbierendes Nullelement o und zu jedem $\alpha \in \Theta$ ein Entgegengesetztes $-\alpha \in H$ enthält. Dann bildet die Differenzenmenge*

$$T = \{a + (-\alpha) = a - \alpha \mid a \in S,\ \alpha \in \Theta\} \subseteq H$$

den eindeutig bestimmten kleinsten Unterhalbring $(T,+,\cdot) = D(S,\Theta)$ von $(H,+,\cdot)$, der S und $\{-\alpha \mid \alpha \in \Theta\}$ enthält.

Nach Bemerkung 5.2 ist dann das Nullelement $o = o_H$ von $(H,+,\cdot)$ auch das Nullelement von $(T,+,\cdot)$. Dabei genügte es in Satz 5.10, statt $oH = Ho = \{o\}$ nur $oS = So = \{o\}$ vorauszusetzen. Insbesondere erhalten wir nun oft gebrauchte Aussagen über die Einbettung eines Halbringes in einen Ring:

Satz 5.11. *Ein Halbring $(S,+,\cdot)$ ist genau dann in einen Ring $(R,+,\cdot)$ einbettbar, wenn $(S,+,\cdot)$ additiv kürzbar ist. In diesem Fall ist dann der Differenzenring $\big(D(S,S),+,\cdot\big)$ der bis auf relative Isomorphie bezüglich S eindeutig* *bestimmte kleinste Ring dieser Art, und jeder Oberring* $(R,+,\cdot)$ *von* $(S,+,\cdot)$ *enthält genau einen Differenzenring von* $(S,+,\cdot)$.

Im folgenden werden wir dabei statt $D(S,S)$ *oft nur* $D(S)$ *schreiben.*

Beweis. Existiert ein Oberring $(R,+,\cdot)$ von $(S,+,\cdot)$, so ist $(S,+)$ kürzbar. Gilt letzteres, so ist $\Theta = S$ ein Halbringideal von $(S,+,\cdot)$, dessen Elemente in $(S,+)$ kürzbar sind. Damit ergeben sich alle weiteren Behauptungen aus Satz 5.9. (vgl. auch Folgerung 5.6) und Satz 5.10. ■

Bemerkung 5.12. Der Differenzenring $(D(S),+,\cdot)$ eines Halbringes $(S,+,\cdot)$ besteht ersichtlich genau dann aus S, dem Nullelement o von $D(S)$ und der Menge $-S = \{-a \mid a \in S\} \subseteq D(S)$, wenn $(S,+,\cdot)$ halbsubtraktiv ist. In diesem Falle gilt insbesondere $D(S) = -S \cup S$, wenn $(S,+,\cdot)$ bereits ein Nullelement o hat (vgl. Bemerkung 5.2).

Wir untersuchen nun, wie weit sich multiplikative Eigenschaften eines Halbringes $(S,+,\cdot)$ auf einen Differenzenhalbring $(T,+,\cdot) = D(S,\Theta)$ übertragen. Die folgenden Aussagen gelten natürlich erst recht, wenn $(T,+,\cdot) = D(S)$ der Differenzenring von $(S,+,\cdot)$ ist; sie lassen sich jedoch auch in diesem Fall nicht verschärfen, wie spätere Beispiele zeigen werden.

Satz 5.13. *Es sei* $(T,+,\cdot) = D(S,\Theta)$ *ein Differenzenhalbring eines Halbringes* $(S,+,\cdot)$ *bezüglich eines Subtrahendenideals* Θ.

a) Ist $(S,\cdot)$ *kommutativ, so gilt das gleiche für* $(T,\cdot)$ *und umgekehrt.*

b) Hat $(S,+,\cdot)$ *ein Einselement e, so ist e auch Einselement von* $(T,+,\cdot)$.

c) Ist $c \in S$ *zentral bzw. linkskürzbar in* $(S,\cdot)$, *so ist c auch zentral bzw. linkskürzbar in* $(T,\cdot)$.

d) Ist $(S,+,\cdot)$ *multiplikativ linkskürzbar, so braucht* $(T,+,\cdot)$ *diese Eigenschaft nicht zu erfüllen. Vielmehr ist* $(T,+,\cdot)$ *genau dann multiplikativ linkskürzbar, wenn für alle* $a,b,c \in S$ *und* $\gamma \in \Theta$ *gilt:*

(5.1) *Aus* $\gamma \neq c$ *und* $a \neq b$ *folgt* $ca + \gamma b \neq cb + \gamma a$.

Existiert also ein additiv kürzbares Halbringideal Θ *von* $(S,+,\cdot)$, *so ist (5.1) eine Verschärfung der multiplikativen Linkskürzbarkeit von* $(S,+,\cdot)$.

e) Im allgemeinen überträgt sich die Halbkörpereigenschaft weder von $(S,+,\cdot)$ *auf* $(T,+,\cdot)$ *noch umgekehrt.*

Beweis. Ersichtlich folgt a) aus iii'). Weiter gilt für alle $a-\alpha \in T$ und $c \in S$ $c(a-\alpha) = ca - c\alpha$ und $(a-\alpha)c = ac - \alpha c$ (sowie auch $(-\gamma)(a-\alpha) = \gamma\alpha - \gamma a$

für $\gamma \in \Theta$), wie sich aus Fakt I.2.13 oder aus iii') und i') ergibt. Daraus folgt die erste Behauptung von c) sowie b) mit $c = e$. Für die nächsten Schritte bemerken wir zunächst, daß nach der additiven Interpretation von Lemma 3.7 endlich viele Elemente von $(T, +, \cdot) = D(S, \Theta)$ mit dem gleichen Subtrahenden geschrieben werden können. Sind nun $a-\alpha$ und $b-\alpha$ beliebige Elemente aus T und gilt $c(a-\alpha) = c(b-\alpha)$ mit $c \in S$, so folgt $ca - c\alpha = cb - c\alpha$ und damit $ca = cb$. Ist dabei c linkskürzbar in $(S, \cdot)$, ergibt sich $a = b$, also $a - \alpha = b - \alpha$. Dies zeigt die zweite Behauptung von c).

Die erste Behauptung von d) folgt aus Beispiel 5.16 b). Wir nehmen nun an, daß $(T, +, \cdot)$ multiplikativ linkskürzbar ist. Aus $\gamma \neq c$ und $a \neq b$ folgt dann $(c-\gamma)a \neq (c-\gamma)b$, also $ca + \gamma b \neq cb + \gamma a$, was schon (5.1) zeigt. Für die Umkehrung betrachten wir $(c-\gamma)(a-\alpha) = (c-\gamma)(b-\alpha)$ mit beliebigen Elementen $a-\alpha$, $b-\alpha \in T$ und $c-\gamma \neq o$ aus T. Dann folgt nach iii') und i') $ca + \gamma\alpha + c\alpha + \gamma b = c\alpha + \gamma a + cb + \gamma\alpha$ mit in $(S, +)$ kürzbaren Elementen $\gamma\alpha$ und $c\alpha \in \Theta$, also $ca + \gamma b = cb + \gamma a$. Wegen $c \neq \gamma$ ergibt dies mit (5.1) $a = b$ und damit $a - \alpha = b - \alpha$. Also folgt aus (5.1), daß $(T, +, \cdot)$ multiplikativ linkskürzbar ist; gemäß Aufgabe I.4.5 ist dann auch $(S, +, \cdot)$ multiplikativ linkskürzbar. Schließlich folgt e) aus Beispiel 5.16 c) und Aufgabe 5.5 c). ∎

Bemerkung 5.14. Nach Teil d) dieses Satzes ist also ein Differenzenhalbring $(T, +, \cdot) = D(S, \Theta)$ eines Halbrings $(S, +, \cdot)$ genau dann multiplikativ kürzbar, wenn (5.1) und die dazu links-rechts-duale Bedingung für alle $a, b, c \in S$ und $\gamma \in \Theta$ gilt. *Wir fassen diese beiden Bedingungen unter der Bezeichnung $F(\neq)$ zusammen* und geben die folgende hinreichende Bedingung:

Lemma 5.15. *Es sei $(S, +, \cdot)$ ein additiv kürzbarer und halbsubtraktiver Halbring, der entweder kein Nullelement enthält oder nullteilerfrei ist. Dann gilt $F(\neq)$ für alle $a, b, \gamma, c \in S$. Daraus folgt insbesondere, daß $(S, +, \cdot)$ nach Satz 5.13 d) multiplikativ kürzbar ist.*

Beweis. Von den zueinander dualen Implikationen von $F(\neq)$ zeigen wir (5.1) und nehmen $\gamma \neq c$ und $a \neq b$ für beliebige Elemente $a, b, \gamma, c \in S$ an. Da $ca + \gamma b \neq cb + \gamma a$ sowohl bei der Vertauschung von γ und c als auch bei der von a und b in sich übergeht und $(S, +, \cdot)$ halbsubtraktiv ist, können wir $c + x = \gamma$ und $a + y = b$ mit $x, y \in S^*$ annehmen. Daraus folgt

$$ca + \gamma b = ca + cb + xa + xy = cb + \gamma a + xy$$

mit $xy \in S^*$, da entweder $S^* = S$ gilt oder $(S, +, \cdot)$ nullteilerfrei ist. Damit gilt $ca + \gamma b \neq cb + \gamma a$, denn anderenfalls wäre xy wegen der Kürzbarkeit von $(S, +)$ das Nullelement von $(S, +, \cdot)$. (Man beachte, daß aus den Voraussetzungen von Lemma 5.15 die multiplikative Kürzbarkeit von $(S,+,\cdot)$ auch direkt folgt, vgl. Satz I.4.4 c) und d).) ∎

Beispiel 5.16. a) Aus Satz 5.13 a) und b) ergeben sich bekannte Eigenschaften der Differenzenringe $(\mathbb{Z},+,\cdot) = D(\mathbb{N})$, $(\mathbb{Q},+,\cdot) = D(\mathbb{H})$ und $(\mathbb{R},+,\cdot) = D(\mathbb{P})$ des Halbringes $(\mathbb{N},+,\cdot)$ bzw. der Halbkörper $(\mathbb{H},+,\cdot)$ und $(\mathbb{P},+,\cdot)$. Weiter sind diese Differenzenringe multiplikativ kürzbar, wie aus Lemma 5.15 und Satz 5.13 d) folgt, was nach den folgenden Beispielen jedenfalls nicht selbstverständlich ist.

b) Der Halbring $S = \mathbb{N} + \mathbb{N}_0 z$ (vgl. die Aufgaben 1.8 und 4.5) ist additiv und multiplikativ kürzbar. Sein Differenzenring $D(\mathbb{N} + \mathbb{N}_0 z) = \mathbb{Z} + \mathbb{Z}z$ enthält dagegen Nullteiler und ist damit multiplikativ nicht kürzbar. Nach Satz 5.13 d) verletzt der multiplikativ kürzbare Halbring $(S,+,\cdot)$ also (5.1) bzw. $F(\neq)$, woraus nach Lemma 5.15 folgt, daß $(S,+,\cdot)$ nicht halbsubtraktiv ist. Genau die gleichen Aussagen gelten für $\mathbb{H} + \mathbb{H}_0 z$ und seinen Differenzenring $D(\mathbb{H} + \mathbb{H}_0 z) = \mathbb{Q} + \mathbb{Q}z$.

c) Wie bei b) betrachten wir schließlich den Halbkörper $H = \mathbb{H} + \mathbb{Q}z$. Auch hier ist der Differenzenring $D(\mathbb{H} + \mathbb{Q}z) = \mathbb{Q} + \mathbb{Q}z$ multiplikativ nicht kürzbar. Damit ist der Differenzenring dieses Halbkörpers kein Halbkörper. In der Tat verletzt $\mathbb{H} + \mathbb{Q}z$ ebenfalls die Bedingung (5.1) bzw. $F(\neq)$, wie beispielsweise $\gamma = a = 1+1z$ und $c = b = 1+2z$ mit $ca+\gamma b = 2+6z = cb+\gamma a$ zeigen. Damit ist $\mathbb{H} + \mathbb{Q}z$ nach Lemma 5.15 auch nicht halbsubtraktiv, wie man ebenfalls anhand von $1 + 1z \neq 1 + 2z$ nachprüfen kann.

Abschließend betrachten wir noch Differenzenhalbringe von Halbkörpern.

Satz 5.17. *Es sei $(H,+,\cdot)$ ein echter Halbkörper. Dann gibt es entweder keinen oder genau einen Differenzenhalbring $(T,+,\cdot) = D(H,\Theta)$ von $(H,+,\cdot)$ mit $H \subset T$, nämlich den Differenzenring $(R,+,\cdot) = D(H)$. Dabei sind die folgenden Fälle möglich:*

a) Der Differenzenring $(R,+,\cdot)$ ist ein Körper.

b) Der Differenzenring $(R,+,\cdot)$ ist multiplikativ kürzbar, aber kein Körper.

c) Der Differenzenring $(R,+,\cdot)$ ist multiplikativ nicht kürzbar.

Dabei tritt einer der beiden Fälle a) und b) genau dann ein, wenn $(H,+,\cdot)$ die Bedingung $F(\neq)$ erfüllt, während für a) die folgende Bedingung notwendig und hinreichend ist, in der e das Einselement von $(H,+,\cdot)$ bezeichnet.

(5.2) *Für jedes Element $a \neq e$ aus H existieren Elemente $x \in H$ und $y \in H^*$ mit $ax + e = a + x + y$.*

Dabei tritt der Fall a) stets ein, wenn $(H,+,\cdot)$ halbsubtraktiv ist, aber nicht umgekehrt.

Beweis. Für die Existenz eines Differenzenhalbringes $(T,+,\cdot) = D(H,\Theta)$ mit $H \subset T$ ist erforderlich, daß H^* wenigstens ein in $(H,+)$ kürzbares Element a enthält (bei allen echten Halbkörpern der Ordnung 2 ist dies nicht der Fall). Nach Aufgabe I.5.6 ist dann aber $(H,+)$ kürzbar, und $\Theta = H$ ist das einzige Halbringideal des Halbkörpers $(H,+,\cdot)$, welches ein Element $a \in H^*$ enthält. Nach Satz 5.8 a) ist damit der Differenzenring $(R,+,\cdot) = D(H,H) = D(H)$ der einzige Differenzenhalbring $(T,+,\cdot)$ von $(H,+,\cdot)$ mit $H \subset T$.

Wie Beispiel 5.16 zeigt, können die Fälle a) und c) eintreten. Auf Halbkörper, die b) erfüllen, kommen wir in einem allgemeineren Zusammenhang in Beispiel 6.1 c) zu sprechen. Die nächste Aussage ergibt sich aus Satz 5.13 d). Wir nehmen nun an, daß $(R,+,\cdot) = D(H)$ ein Körper ist. (Man beachte, daß $(H,+,\cdot)$ und $(R,+,\cdot)$ nach Satz 5.13 b) das gleiche Einselement e haben und daß der Halbkörper $(H,+,\cdot)$ entweder kein Nullelement hat oder gemäß Bemerkung 5.2 das Nullelement o von $(R,+,\cdot)$ enthält). Für jedes $a \neq e$ aus H hat dann $a - e$ in $(R,+,\cdot)$ ein Rechtsinverses, d. h. es gilt $(a-e)(u-v) = e$ mit $u \neq v$ aus H. Falls dabei $(H,+,\cdot)$ ein Nullelement o hat und $v = o$ gilt, folgt $au = u+e$ oder $a(u+e)+e = a+(u+e)+e$, also (5.2) mit $x = u+e \in H$ und $y = e \in H^*$. Sonst gilt $v \in H^*$, und $(a-e)(uv^{-1} - vv^{-1}) = v^{-1}$ ergibt (5.2) mit $x = uv^{-1} \in H$ und $y = v^{-1} \in H^*$. Umgekehrt folgt aus (5.2) $(a-e)(x-e) = y$, womit $(a-e)$ ein Rechtsinverses $(x-e)y^{-1} \in R$ hat. Damit hat aber auch jedes Element $b - c \in R^*$ ein Rechtsinverses in R: Falls nämlich R ein Nullelement o hat und $c = o$ gilt, ist dies wegen $b^{-1} \in H$ klar. Anderenfalls folgt dies aus $b - c = (bc^{-1} - e)c$. Nach Satz I.5.6 b) ist damit $(R,+,\cdot)$ ein Halbkörper.

Ist schließlich $(H,+,\cdot)$ halbsubtraktiv, so liegt für jedes Element $a - b \in R^*$ entweder $a-b$ oder $b-a$ bereits in H. Daraus folgt, daß $a-b$ in R invertierbar und $(R,+,\cdot)$ ein Körper ist. Wie das folgende Beispiel zeigt, kann jedoch $(R,+,\cdot)$ ein Körper sein, ohne daß $(H,+,\cdot)$ halbsubtraktiv ist. ∎

Beispiel 5.18. Wie üblich bezeichne $\sqrt{2} \in \mathbb{R}$ die positive Wurzel aus 2. Wie man leicht nachprüft, bildet $K = \mathbb{Q} + \mathbb{Q}\sqrt{2} = \{a_0 + a_1\sqrt{2} \in \mathbb{R} \mid a_i \in \mathbb{Q}\}$ einen Unterkörper $(K,+,\cdot)$ des Körpers $(\mathbb{R},+,\cdot)$ der reellen Zahlen. Wir betrachten die Teilmenge

$$H = \{a_0 + a_1\sqrt{2} \in \mathbb{H}_0 + \mathbb{Q}\sqrt{2} \mid a_0 + a_1\sqrt{2} \geq 0,\ a_0 - a_1\sqrt{2} > 0\}$$

von K. Durch direktes Nachprüfen ergibt sich, daß $(H,+,\cdot)$ ein Unterhalbkörper von $(K,+,\cdot)$ ist. Wir zeigen hier nur, daß das in $(K,+,\cdot)$ vorhandene Inverse von $a_0 + a_1\sqrt{2} \neq 0$ aus H, also

$$(a_0 + a_1\sqrt{2})^{-1} = (a_0^2 - 2a_1^2)^{-1}(a_0 - a_1\sqrt{2}) \in K,$$

bereits in H liegt. Es gilt nämlich $a_0 - a_1\sqrt{2} \geq 0$ und $a_0 - (-a_1)\sqrt{2} \geq 0$ wegen $a_0 + a_1\sqrt{2} \in H$, was auch $(a_0 + a_1\sqrt{2})(a_0 - a_1\sqrt{2}) = a_0^2 - 2a_1^2 > 0$ impliziert. Weiter enthält der in $(K, +, \cdot)$ gebildete Differenzenring $(D(H), +, \cdot)$ wegen $\mathbb{H}_0 \subseteq H$ jedenfalls $D(\mathbb{H}_0) = \mathbb{Q}$, aber auch $\mathbb{Q}\sqrt{2}$. Letzteres folgt für alle $q \in \mathbb{Q}$ aus $q\sqrt{2} = (2|q| + q\sqrt{2}) - (2|q| + 0\sqrt{2})$, wobei $2|q| + q\sqrt{2}$ und $2|q|$ in H liegen. Damit gilt $(D(H), +, \cdot) = (K, +, \cdot)$, d. h. der Differenzenring von $(H, +, \cdot)$ ist ein Körper, womit der Fall a) von Satz 5.17 vorliegt. Dagegen ist $(H, +, \cdot)$ nicht halbsubtraktiv, wie aus

$$(3 + 2\sqrt{2}) - (3 + \sqrt{2}) = \sqrt{2} \notin H \quad \text{und} \quad (3 + \sqrt{2}) - (3 + 2\sqrt{2}) = -\sqrt{2} \notin H$$

mit $3 + 2\sqrt{2}$, $3 + \sqrt{2} \in H$ folgt. (Für den strukturellen Hintergrund dieses Beispiels vgl. Aufgabe III.2.12.)

Schließlich folgt aus Satz 5.17 und Satz 2.5 unmittelbar:

Folgerung 5.19. *Ein echter Halbkörper $(H, +, \cdot)$ ist genau dann in einen Körper einbettbar, wenn in Satz 5.17 die Fälle a) oder b) eintreten, d. h. wenn $(H, +, \cdot)$ die Bedingung $F(\neq)$ erfüllt.*

Aufgaben

5.1. Übertragen Sie die Aussagen der Aufgaben 3.1, 3.6 und 3.7 über Quotientenhalbgruppen einer Halbgruppe $(S, \cdot)$ auf Differenzenhalbgruppen einer kommutativen Halbgruppe $(S, +)$ (vgl. auch Aufgabe 5.7).

5.2. Zeigen Sie in Ergänzung des Beweises von Satz 5.8, daß $(T, \odot)$ eine Halbgruppe ist und für $(T, +, \odot)$ beide Distributivgesetze gelten.

5.3. Es sei $(S, +, \cdot)$ ein Halbring, der ein Halbringideal Θ enthält, dessen Elemente in $(S, +)$ kürzbar sind. Dann folgt aus Satz 5.9 und der Bemerkung 5.2: Hat $(S, +, \cdot)$ ein Nullelement o, so ist o absorbierend. Zeigen Sie diese Feststellung auf direktem Wege. (Hinweis: Man multipliziere $\alpha + o = \alpha$ für ein $\alpha \in \Theta$ mit jedem $a \in S$.)

5.4. Aus der additiv interpretierten Aufgabe 3.2, Definition 5.7 und Satz 5.8 folgt: Es sei $\psi : (S_1, +, \cdot) \to (S_2, +, \cdot)$ ein Halbringisomorphismus und $D(S_1, \Theta_1)$ ein Differenzenhalbring von $(S_1, +, \cdot)$. Dann ist offensichtlich $\Theta_2 = \psi(\Theta_1)$ ein Subtrahendenideal von $(S_2, +, \cdot)$, und $\varphi(a_1 - \alpha_1) = \psi(a_1) - \psi(\alpha_1)$ definiert einen Isomorphismus φ von $(D(S_1, \Theta_1), +, \cdot)$ auf $(D(S_2, \Theta_2), +, \cdot)$, der den Isomorphismus ψ fortsetzt.

5.5. a) Es sei $\Theta \neq \{0\}$ ein Halbringideal von $(\mathbb{N}_0, +, \cdot)$. Der in $(\mathbb{Z}, +, \cdot)$ gebildete (vgl. Satz 5.10) Differenzenhalbring $(T, +, \cdot) = D(\mathbb{N}_0, \Theta)$ stimmt dann bereits mit $(\mathbb{Z}, +, \cdot)$ überein.

b) Es sei $m \in \mathbb{N}$. Aus welchen Elementen besteht der in $(\mathbb{Z}, +, \cdot)$ gebildete Differenzenring $(T, +, \cdot) = D(m\mathbb{N}_0, m\mathbb{N}_0) = D(m\mathbb{N}_0)$?

c) Nach Beispiel I.2.5 c) ist $U_c = \{a \in \mathbb{R} \mid a \geq c\}$ für jedes $c \geq 1$ aus $\mathbb{R}$ ein Unterhalbring $(U_c, +, \cdot)$ von $(\mathbb{R}, +, \cdot)$, und U_d ist ein Halbringideal von U_c für jedes d mit $d \geq c$. Weiter gilt $(T, +, \cdot) = D(U_c, U_c) = D(U_c, U_d)$, und aus $(T, +, \cdot) \subseteq (\mathbb{R}, +, \cdot)$ folgt $T = \mathbb{R}$. Insbesondere ist also der Differenzenring $(\mathbb{R}, +, \cdot) = D(U_c)$ des Halbrings $(U_c, +, \cdot)$ ein Körper, obwohl $(U_c, +, \cdot)$ kein Halbkörper ist.

5.6. Es sei $(S, +, \cdot)$ ein Halbring mit Einselement e und absorbierendem Nullelement $o \neq e$.

a) Ist $(S, +, \cdot)$ additiv kürzbar und $(R, +, \cdot) = D(S)$ sein Differenzenring, so enthält der Polynomring $(R[x], +, \cdot)$ in einer Unbestimmten x über R den Polynomhalbring $(S[x], +, \cdot)$, und es gilt $D(S)[x] = D(S[x])$.

b) In Verallgemeinerung von a) existiere ein Differenzenhalbring $(T, +, \cdot) = D(S, \Theta)$ bezüglich eines Subtrahendenideals Θ von $(S, +, \cdot)$. Dann enthält der Polynomhalbring $(T[x], +, \cdot)$ in einer Unbestimmten x über T den Polynomhalbring $(S[x], +, \cdot)$ und es gilt $T[x] = D(S, \Theta)[x] = D(S[x], A)$, wobei das Subtrahendenideal A von $(S[x], +, \cdot)$ aus allen Polynomen von $S[x]$ mit Koeffizienten in Θ besteht. (Wir vermeiden die naheliegende Schreibweise $A = \Theta[x]$, da A nur im Falle $\Theta = S$ ein Polynomhalbring über Θ ist.)

5.7. Es gibt Halbringe $(S, +, \cdot)$, welche zwar additiv kürzbare Elemente, aber kein Halbringideal besitzen, welches aus wenigstens zwei solchen Elementen besteht. In diesem Falle existiert dann die größte Differenzenhalbgruppe von $(S, +)$, aber kein Differenzenhalbring von $(S, +, \cdot)$ im Sinne von Definition 5.7.

a) Ein einfaches Beispiel ist der Halbring $(\mathbb{N}_0^\infty, +, \cdot)$, der aus $(\mathbb{N}_0, +, \cdot)$ gemäß Lemma I.2.20 entsteht. Hier ist $\mathbb{N}_0$ die größte Subtrahendenhalbgruppe von $(\mathbb{N}_0^\infty, +)$, während jedes von $\{0\}$ verschiedene Halbringideal von $(\mathbb{N}_0^\infty, +, \cdot)$ das additiv nichtkürzbare Element ∞ enthält. Für die größte Differenzenhalbgruppe von $(\mathbb{N}_0^\infty, +)$ gilt dann $(\mathbb{Z}^\infty, +) = D(\mathbb{N}_0^\infty, \mathbb{N}_0)$; sie entsteht aus $(\mathbb{Z}, +)$ und $\mathbb{Z}^\infty = \mathbb{Z} \cup \{\infty\}$ gemäß Lemma I.2.20. Dagegen hat $(\mathbb{N}_0^\infty, +, \cdot)$ keinen Differenzenhalbring, und es ist auch nicht möglich, auf andere Weise eine Multiplikation auf $(\mathbb{Z}^\infty, +)$ so zu definieren, daß $(\mathbb{Z}_0^\infty, +, \cdot)$ ein Oberhalbring von $(\mathbb{N}_0^\infty, +, \cdot)$ mit 0 als absorbierendem Nullelement wird. Dies führte nämlich für ein beliebiges Element $a \in \mathbb{N}$ zu dem Widerspruch

$$0 = 0\infty = \big(a + (-a)\big)\infty = a\infty + (-a)\infty = \infty + (-a)\infty = \infty.$$

b) Ähnliches gilt, wenn man zu $(\mathbb{N}_0, +, \cdot)$ gemäß Lemma I.2.18 ein doppelt absorbierendes Element ∞ adjungiert.

5.8. Es sei $(S, +, \cdot)$ ein Halbring, der ein Halbringideal Θ_i enthält, dessen Elemente kürzbar in $(S, +)$ sind, und $\{\Theta_i\}$ mit $i \in I$ die Menge aller dieser Ideale von $(S, +, \cdot)$. Dann hat das von der Menge $\bigcup_{i \in I} \Theta_i$ erzeugte Halbringideal $\tilde{\Theta}$ von $(S, +, \cdot)$ ebenfalls die Eigenschaft, daß alle seine Elemente in $(S, +)$ kürzbar sind. (Hinweis: $\tilde{\Theta}$ besteht aus allen endlichen Summen von Elementen aus $\bigcup_{i \in I} \Theta_i$.) Damit gilt $\Theta_i \subseteq \tilde{\Theta}$ für alle $i \in I$ und der Differenzenhalbring $\big(D(S, \tilde{\Theta}), +, \cdot\big)$ enthält genau ein Exemplar jedes Differenzenhalbringes $\big(D(S, \Theta_i), +, \cdot\big)$ von $(S, +, \cdot)$. Man nennt deshalb $\tilde{\Theta}$ das *größte Subtrahendenideal* und $\big(D(S, \tilde{\Theta}), +, \cdot\big)$ den *größten Differenzenhalbring von* $(S, +, \cdot)$.

5.9. Es sei $(T, +, \cdot) = D(S, \Theta')$ ein Differenzenhalbring eines Halbringes $(S, +, \cdot)$ bezüglich irgendeines Subtrahendenideals Θ', das diesen Differenzenhalbring beschreibt. Dann bildet die Menge Θ_T aller Elemente $\tau \in S$, zu denen in $(T, +)$ das Entgegengesetzte $-\tau \in T$ existiert, ein Halbringideal additiv kürzbarer Elemente von $(S, +, \cdot)$. Damit gilt $(T, +, \cdot) = D(S, \Theta') = D(S, \Theta_T)$ und $\Theta' \subseteq \Theta_T \subseteq \tilde{\Theta}$ für jedes der oben angegebenen Subtrahendenideale Θ', und man nennt Θ_T das *relativ maximale Subtrahendenideal von* $(T, +, \cdot) = D(S, \Theta')$ (vgl. Aufgabe 3.7).

II.6. Nacheinanderanwendung von Quotienten- und Differenzenerweiterungen

Als ein Beispiel für die hier zu untersuchenden Nacheinanderanwendungen gehen wir vom Halbring $(\mathbb{N}_0, +, \cdot)$ der natürlichen Zahlen aus. In zwei Schritten gelangt man dann über den Differenzenring $(\mathbb{Z}, +, \cdot) = D(\mathbb{N}_0)$ zum Quotientenkörper $(\mathbb{Q}, +, \cdot) = Q(\mathbb{Z}, \mathbb{Z}^*) = Q(\mathbb{Z})$ und in umgekehrter Reihenfolge über den Quotientenhalbkörper $(\mathbb{H}_0, +, \cdot) = Q(\mathbb{N}_0, \mathbb{N}_0^*) = Q(\mathbb{N}_0)$ zum Differenzenring $(\mathbb{Q}, +, \cdot) = D(\mathbb{H}_0)$. Daß dabei beide Wege (jedenfalls bis auf bezüglich $\mathbb{N}_0$ relative Isomorphie) zum gleichen Ziel führen, ist uns aufgrund unserer Rechenpraxis mit rationalen Zahlen selbstverständlich. Doch gilt die entsprechende Aussage $Q(D(S)) = D(Q(S))$ keineswegs für alle Halbringe $(S,+,\cdot)$, zu denen ein Differenzenring $D(S)$ und ein Quotientenhalbkörper $Q(S)$ existieren:

Beispiel 6.1. a) Der Polynomhalbring $(S,+,\cdot) = (\mathbb{N}_0[x],+,\cdot)$ in einer Unbestimmten x über $\mathbb{N}_0$ ist kommutativ und bezüglich beider Operationen kürzbar (vgl. Satz 1.7), besitzt also sowohl einen Differenzenring als auch einen Quotientenhalbkörper. Der Differenzenring $(\mathbb{Z}[x],+,\cdot) = D(\mathbb{N}_0[x])$ (vgl. Aufgabe 5.6) ist nullteilerfrei und hat damit einen Quotientenkörper $(K,+,\cdot) = Q(D(\mathbb{N}_0[x]))$. Letzterer enthält $\mathbb{N}_0[x]$ als Unterhalbring und zu jedem Polynom $h(x) \neq 0$ aus $\mathbb{N}_0[x]$ ein Inverses. Damit liegt genau ein Quotientenhalbkörper $(H,+,\cdot) = Q(\mathbb{N}_0[x])$ von $\mathbb{N}_0[x]$ in dem Körper $(K,+,\cdot)$, der dann natürlich auch die Differenz je zweier Elemente aus $Q(\mathbb{N}_0[x])$ enthält. Damit haben wir

$$D(Q(\mathbb{N}_0[x])) \subseteq Q(D(\mathbb{N}_0[x])) \quad \text{oder} \quad D(Q(S)) \subseteq Q(D(S))$$

gezeigt. Wir behaupten nun, daß hier echte Inklusion vorliegt. Zum Beweis betrachten wir das in $Q(D(\mathbb{N}_0[x]))$ enthaltene Inverse $(1-x)^{-1}$ von $1-x$ aus $D(\mathbb{N}_0[x])$ und zeigen $(1-x)^{-1} \notin D(Q(\mathbb{N}_0[x]))$: Nach Lemma 3.7 lassen sich je zwei Elemente aus $Q(\mathbb{N}_0[x])$ mit gleichem Nenner, also in der Form $f(x)h(x)^{-1}$ und $g(x)h(x)^{-1}$ mit $f(x), g(x), h(x) \in \mathbb{N}_0[x]$ schreiben. Damit besteht $D(Q(\mathbb{N}_0[x]))$ genau aus den Elementen

$$(f(x)-g(x))h(x)^{-1} = \left(\sum_{\nu=0}^{n} a_\nu x^\nu\right)\left(\sum_{\mu=0}^{m} b_\mu x^\mu\right)^{-1} \quad \text{mit } a_\nu \in \mathbb{Z} \text{ und } b_\mu \in \mathbb{N}_0,$$

wobei $\sum_{\mu=0}^{m} b_\mu \neq 0$ wegen $h(x) \neq 0$ gilt. Wäre nun $(1-x)^{-1}$ ein solches Element aus $D(Q(\mathbb{N}_0[x]))$, so folgte $\sum_{\mu=0}^{m} b_\mu x^\mu = (1-x)\sum_{\nu=0}^{n} a_\nu x^\nu$ in $\mathbb{Z}[x]$. Nach Satz 1.8 (vgl. auch die Bemerkung 1.9 ii)) kann man in diese Polynombeziehung für die Unbestimmte x das Element $\xi = 1 \in \mathbb{Z}$ einsetzen und erhält damit die Gleichung $\sum_{\mu=0}^{m} b_\mu = 0$. Dieser Widerspruch beweist unsere Behauptung $D(Q(\mathbb{N}_0[x])) \subset Q(D(\mathbb{N}_0[x]))$.

b) Wir heben hervor, daß es auch im Körper $(\mathbb{R},+,\cdot)$ der reellen Zahlen Unterhalbringe $(S,+,\cdot)$ gibt, die nur $D(Q(S)) \subset Q(D(S))$ erfüllen. Für jede transzendente Zahl $\tau \in \mathbb{R}$ definiert nämlich $\varphi(f(x)) = f(\tau)$ gemäß Aufgabe 1.5 einen injektiven Homomorphismus des Polynomhalbrings $(\mathbb{N}_0[x],+,\cdot)$ (oder gleich des Polynomrings $(\mathbb{Z}[x],+,\cdot)$) in $(\mathbb{R},+,\cdot)$. Damit können alle Überlegungen in a) anstatt mit einer "abstrakten Unbestimmten" x über $\mathbb{N}_0$ ebenso mit jeder transzendenten Zahl $\tau \in \mathbb{R}$ als "konkreter Unbestimmten" über $\mathbb{N}_0$ durchgeführt werden. Insbesondere zeigt dies, daß auch für linear geordnete Halbringe $(S, +, \cdot, \leq)$ (vgl. Kapitel III), zu denen $D(S)$ und $Q(S)$ existieren, nicht $D(Q(S)) = Q(D(S))$ zu gelten braucht.

c) Es sei $(S, +, \cdot)$ ein Halbring, der wie die hier betrachteten Beispiele $D(Q(S)) \subset Q(D(S))$ erfüllt. Dann genügt sein Quotientenhalbkörper $H = Q(S)$ der Aussage b) von Satz 5.17. Da nämlich $Q(D(S))$ der kleinste $D(S)$ enthaltende Körper ist, folgt aus $D(S) \subseteq D(Q(S)) \subset Q(D(S))$, daß der Differenzenring $D(H) = D(Q(S))$ kein Körper ist.

Auf die sich aus diesem Beispiel ergebenden Fragen werden wir in Satz 6.5 nach den folgenden, ganz allgemein angesetzten Untersuchungen wieder zurückkommen. Zur besseren Orientierung verweisen wir dabei auf die Skizze 6.1.

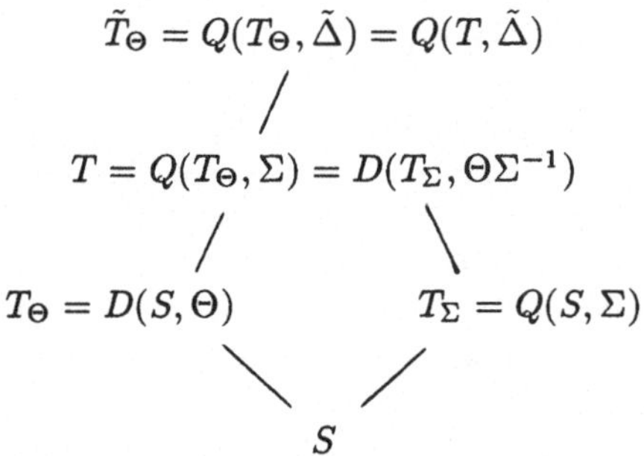

Skizze 6.1 (mit Θ und Σ beliebig)

Satz 6.2. *Es sei $S = (S, +, \cdot)$ ein Halbring, zu dem ein Quotientenhalbring $T_\Sigma = (T_\Sigma, +, \cdot) = Q(S, \Sigma)$ mit einer Nennerhalbgruppe Σ von $(S, \cdot)$ und ein Differenzenhalbring $T_\Theta = (T_\Theta, +, \cdot) = D(S, \Theta)$ mit einem Subtrahendenideal Θ von $(S, +, \cdot)$ existieren. Dann ist Σ auch eine Nennerhalbgruppe von $(T_\Theta, \cdot)$, d. h. es gibt den Quotientenhalbring $(T, +, \cdot) = Q(T_\Theta, \Sigma)$ von $T_\Theta = D(S, \Theta)$. Weiter ist $\Theta\Sigma^{-1} = \{u\gamma^{-1} \mid u \in \Theta, \gamma \in \Sigma\}$ ein Halbringideal von $(T_\Sigma, +, \cdot)$, dessen Elemente kürzbar in $(T_\Sigma, +)$ sind, und der Halbring $(T, +, \cdot)$ ist auch Differenzenhalbring $(T, +, \cdot) = D(T_\Sigma, \Theta\Sigma^{-1})$ von $T_\Sigma = Q(S, \Sigma)$ bezüglich des Subtrahendenideals $\Theta\Sigma^{-1}$.*

Beweis. Jedes Element $\alpha \in \Sigma$ ist zentral und kürzbar in $(S, \cdot)$ und damit nach Satz 5.13 c) auch in $(T_\Theta, \cdot)$. Gemäß Satz 4.3 existiert dann der Quotientenhalbring $(T, +, \cdot) = Q(T_\Theta, \Sigma)$ von $(T_\Theta, +, \cdot)$ bezüglich der Nennerhalbgruppe Σ

von $(T_\Theta, \cdot)$, wobei also

$$T = \{(a-u)\gamma^{-1} \mid a \in S,\ u \in \Theta,\ \gamma \in \Sigma\}$$

gilt. Weiter gelte $u\gamma^{-1}, v\delta^{-1} \in \Theta\Sigma^{-1} \subseteq T_\Sigma$ und $a\alpha^{-1} \in T_\Sigma$. Da Θ ein Halbringideal von $(S,+,\cdot)$ ist, folgt $u\gamma^{-1} + v\delta^{-1} = (u\delta + v\gamma)(\gamma\delta)^{-1} \in \Theta\Sigma^{-1}$ und $a\alpha^{-1}u\gamma^{-1} = au(\alpha\gamma)^{-1} \in \Theta\Sigma^{-1}$ sowie $u\gamma^{-1}a\alpha^{-1} \in \Theta\Sigma^{-1}$. Damit ist $\Theta\Sigma^{-1}$ ein Halbringideal von $(T_\Sigma,+,\cdot)$. Um zu zeigen, daß jedes $u\gamma^{-1} \in \Theta\Sigma^{-1}$ kürzbar in $(T_\Sigma,+)$ ist, schreiben wir beliebige Elemente $a\alpha^{-1}, b\alpha^{-1}$ aus T_Σ nach Lemma 3.7 mit gleichem Nenner. Aus

$$u\gamma^{-1} + a\alpha^{-1} = u\gamma^{-1} + b\alpha^{-1}, \quad \text{also } (u\alpha + a\gamma)(\gamma\alpha)^{-1} = (u\alpha + b\gamma)(\gamma\alpha)^{-1}$$

folgt dann $u\alpha + a\gamma = u\alpha + b\gamma$, also $a\gamma = b\gamma$ wegen der Kürzbarkeit von $u\alpha \in \Theta$ in $(S,+)$ und $a = b$ wegen der Kürzbarkeit von $\gamma \in \Sigma$ in $(S,\cdot)$. Nun können wir Satz 5.10 auf den Halbring $(T_\Sigma,+,\cdot)$, sein Halbringideal $\Theta\Sigma^{-1}$ und den Oberhalbring $(T,+,\cdot) = Q(T_\Theta,\Sigma)$ von $(T_\Sigma,+,\cdot)$ anwenden, da jedes Element $u\gamma^{-1} \in \Theta\Sigma^{-1}$ ein Entgegengesetztes $-u\gamma^{-1} = \big(u - (u+u)\big)\gamma^{-1}$ in T enthält. Damit liegt ein eindeutig bestimmter Differenzenhalbring

$$D(T_\Sigma, \Theta\Sigma^{-1}) = \{a\alpha^{-1} - u\gamma^{-1} \mid a \in S,\ u \in \Theta,\ \alpha,\gamma \in \Sigma\}$$

von $(T_\Sigma,+,\cdot)$ bezüglich $\Theta\Sigma^{-1}$ in $(T,+,\cdot) = Q(T_\Theta,\Sigma)$. Mit $\alpha = \gamma$ erhält man aber, daß diese Differenzen bereits alle Elemente von T ergeben, also $(T,+,\cdot) = Q(T_\Theta,\Sigma)$ und $D(T_\Sigma,\Theta\Sigma^{-1})$ zusammenfallen (vgl. auch Aufgabe 6.1). ∎

Wir berücksichtigen nun, daß es unter den Voraussetzungen von Satz 6.2 eine größte Nennerhalbgruppe $\tilde{\Sigma}$ und damit einen größten Quotientenhalbring $T_{\tilde{\Sigma}} = Q(S,\tilde{\Sigma})$ von $(S,+,\cdot)$ gibt (vgl. Bemerkung 4.6) und daß ebenso ein größtes Subtrahendenideal $\tilde{\Theta}$ und damit ein größter Differenzenhalbring $T_{\tilde{\Theta}} = D(S,\tilde{\Theta})$ von $(S,+,\cdot)$ existieren (vgl. Aufgabe 5.8).

Satz 6.3. *Unter den Voraussetzungen und mit den Bezeichnungen von Satz 6.2 lassen sich dessen Aussagen wie folgt ergänzen:*

a) Wählt man für Σ die größte Nennerhalbgruppe $\Sigma = \tilde{\Sigma}$ von $(S,+,\cdot)$ (also die Menge aller in $(S,\cdot)$ zentralen und kürzbaren Elemente), so ist $\Sigma = \tilde{\Sigma}$ im allgemeinen nicht die größte Nennerhalbgruppe $\tilde{\Delta}$ von $(T_\Theta,+,\cdot) = D(S,\Theta)$. Der größte Quotientenhalbring $(\tilde{T}_\Theta,+,\cdot) = Q(T_\Theta,\tilde{\Delta})$ von $(T_\Theta,+,\cdot)$ enthält dann $(T,+,\cdot) = Q(T_\Theta,\tilde{\Sigma})$ als Unterhalbring, und es gilt $(\tilde{T}_\Theta,+,\cdot) = Q(T,\tilde{\Delta})$, wobei für $\tilde{\Sigma} \subset \tilde{\Delta}$ sowohl $T = \tilde{T}_\Theta$ also auch $T \subset \tilde{T}_\Theta$ eintreten kann.

b) Wählt man dagegen für Θ das größte Subtrahendenideal $\Theta = \tilde{\Theta}$ von $(S,+,\cdot)$, so ist $\tilde{\Theta}\Sigma^{-1}$ auch das größte Subtrahendenideal von $(T_\Sigma,+,\cdot) = Q(S,\Sigma)$. Damit ist $(T,+,\cdot) = Q(T_\Theta,\Sigma) = D(T_\Sigma,\Theta\Sigma^{-1})$ bereits der größte Differenzenhalbring von $(T_\Sigma,+,\cdot)$, der also durch keine Differenzenerweiterung weiter vergrößert werden kann.

c) Die Aussagen von a) und b) gelten insbesondere auch dann, wenn man sowohl $\Sigma = \tilde{\Sigma}$ als auch $\Theta = \tilde{\Theta}$ so groß wie möglich wählt.

Beweis. a) In Beispiel 6.1 sind für $S = \mathbb{N}_0[x]$ sowohl $\Sigma = \tilde{\Sigma} = \mathbb{N}_0[x]^*$ als auch $\Theta = \tilde{\Theta} = \mathbb{N}_0[x]$ so groß wie möglich gewählt. In der Skizze 6.1 gilt dann $T_\Theta = \mathbb{Z}[x]$, $T_\Sigma = H = \mathbb{H}_0[x]$, $T = Q(\mathbb{Z}[x],\mathbb{N}_0[x]^*) = D\big(Q(\mathbb{N}_0[x])\big)$ und

$$\tilde{T}_\Theta = K = Q(\mathbb{Z}[x],\mathbb{Z}[x]^*) = Q\big(D(\mathbb{N}_0[x])\big) \quad \text{mit } \tilde{\Delta} = \mathbb{Z}[x]^*$$

(vgl. auch Skizze 6.2). Da wir $D\big(Q(\mathbb{N}_0[x])\big) \subset Q\big(D(\mathbb{N}_0[x])\big)$ in Beispiel 6.1 bewiesen haben, folgt außer $\tilde{\Sigma} \subset \tilde{\Delta}$ auch $T \subset \tilde{T}_\Theta$ (vgl. auch Aufgabe 6.2). Daß auch der Fall $\tilde{\Sigma} \subset \tilde{\Delta}$ mit $T = \tilde{T}_\Theta$ eintreten kann, wird sich aus Beispiel 6.4 ergeben.

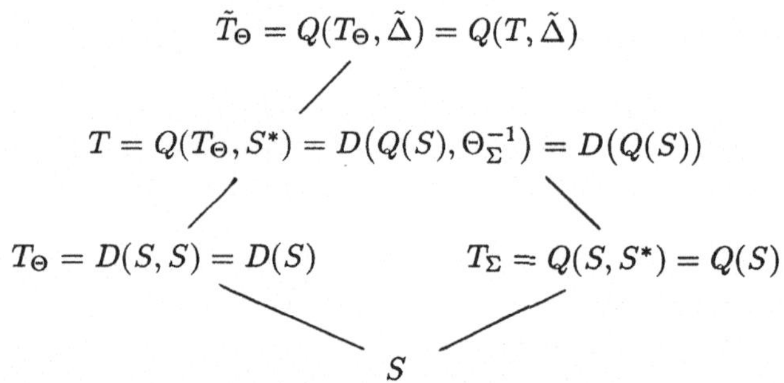

Skizze 6.2 (mit $\Theta = \tilde{\Theta} = S$ und $\Sigma = \tilde{\Sigma} = S^*$)

b) Es sei $\Theta = \tilde{\Theta}$ das größte Subtrahendenideal von $(S,+,\cdot)$. Nach Satz 6.2 ist dann $\tilde{\Theta}\Sigma^{-1}$ ein Subtrahendenideal von $T_\Sigma = Q(S,\Sigma)$, womit es nach Aufgabe 5.8 ein größtes Subtrahendenideal A von $(T_\Sigma,+,\cdot)$ gibt und $\tilde{\Theta}\Sigma^{-1} \subseteq A$ gilt. Daraus folgt $\tilde{\Theta} \subseteq A$ und damit $\tilde{\Theta} \subseteq A \cap S$. Also ist $A \cap S$ nicht leer und nach Aufgabe I.8.6 ein Halbringideal von $(S,+,\cdot)$. Da alle Elemente von A kürzbar in $(T_\Sigma,+)$ sind, sind erst recht alle Elemente von $A \cap S$ in $(S,+)$ kürzbar, d. h. $A \cap S$ ist ein Subtrahendenideal von $(S,+,\cdot)$. Damit gilt auch $\tilde{\Theta} \supseteq A \cap S$, also $\tilde{\Theta} = A \cap S$, woraus sich nun leicht $\tilde{\Theta}\Sigma^{-1} = A$ und damit b) ergibt: Jedes Element von A ist nämlich ein Quotient $a\alpha^{-1}$ mit $a \in S$ und $\alpha \in \Sigma$. Daraus folgt aber $a = (a\alpha^{-1})\alpha \in A \cap S = \tilde{\Theta}$, also $a\alpha^{-1} \in \tilde{\Theta}\Sigma^{-1}$ und damit $A = \tilde{\Theta}\Sigma^{-1}$.

c) In beiden Beispielen, die a) zeigen, ist $\Theta = \tilde{\Theta}$ jeweils das größte Subtrahendenideal von $(S, +, \cdot)$, und der Beweis von b) ist von der Wahl von Σ unabhängig. ∎

Beispiel 6.4. Entsprechend Aufgabe 4.5 b) und Beispiel 5.16 b) ist der Unterhalbring $S = \mathbb{N} + \mathbb{N}_0 z$ des Ringes $\mathbb{Q} + \mathbb{Q}z$ kommutativ und bezüglich beider Operationen kürzbar. Damit ist $\Sigma = \tilde{\Sigma} = S^* = S$ die größte Nennerhalbgruppe und $\Theta = \tilde{\Theta} = S$ das größte Subtrahendenideal von S. Auch werden an den eben zitierten Stellen bereits der Quotientenhalbkörper $T_\Sigma = Q(S) = H = \mathbb{H} + \mathbb{Q}z$ von S und der Differenzenring $T_\Theta = D(S) = \mathbb{Z} + \mathbb{Z}z$ von S als Unterhalbringe von $\mathbb{Q} + \mathbb{Q}z$ betrachtet. Nach Aufgabe 4.5 c) ist dabei $\tilde{\Sigma} = S^* = \mathbb{N} + \mathbb{N}_0 z$ echt in der größten Nennerhalbgruppe $\tilde{\Delta} = \mathbb{Z}^* + \mathbb{Z}z$ von $T_\Theta = D(S) = \mathbb{Z} + \mathbb{Z}z$ enthalten, doch stimmen jetzt die entsprechenden Quotientenringe gemäß $T = Q(T_\Theta, S^*) = Q(T_\Theta, \tilde{\Delta}) = \mathbb{Q} + \mathbb{Q}z$ überein. Da nach Beispiel 5.16 c) auch $D\big(Q(S)\big) = D(\mathbb{H} + \mathbb{Q}z) = \mathbb{Q} + \mathbb{Q}z$ gilt, führen für den Halbring $S = \mathbb{N} + \mathbb{N}_0 z$ die jeweils größtmöglichen Erweiterungen durch Quotienten- und Differenzenbildung in beiden Reihenfolgen zum gleichen Ergebnis, und die beiden oberen Zeilen unserer Skizzen fallen zusammen.

Wir formulieren und ergänzen nun unsere Ergebnisse für den in Skizze 6.2 dargestellten Fall, daß es zu einem Halbring $(S, +, \cdot)$ sowohl einen Differenzenring als auch einen Quotientenhalbkörper gibt. Da dann $(S, +)$ kürzbar ist, hat $(S, +, \cdot)$ nach Fakt I.2.12 entweder kein oder ein absorbierendes Nullelement. Damit tritt der in Bemerkung 4.8 ii) unter b) angegebene Fall nicht auf, so daß wir den Quotientenhalbkörper von S in den verbleibenden Fällen a) und c) in der Form $Q(S) = Q(S, \tilde{\Sigma}) = Q(S, S^*)$ mit der größten Nennermenge $\tilde{\Sigma} = S^*$ schreiben können.

Satz 6.5. *Es sei $S = (S, +, \cdot)$ ein kommutativer, bezüglich beider Operationen kürzbarer Halbring, zu dem also ein Differenzenring $T_\Theta = D(S, S) = D(S)$ und ein Quotientenhalbkörper $T_\Sigma = Q(S, S^*) = Q(S)$ existieren. Dann gibt es zu beiden einen gemeinsamen Oberring*

$$T = Q\big(D(S), S^*\big) = D\big(Q(S)\big),$$

wobei T entweder bereits der größte Quotientenring $\tilde{T}_\Theta = Q\big(D(S), \tilde{\Delta}\big)$ von $T_\Theta = D(S)$ ist oder durch eine weitere Quotientenbildung gemäß $\tilde{T}_\Theta = Q(T, \tilde{\Delta})$ zu $\tilde{T}_\Theta = Q\big(D(S), \tilde{\Delta}\big)$ echt erweitert werden kann. Dabei sind die folgenden Aussagen gleichwertig:

1) Der Halbring S kann in einen (kommutativen) Körper eingebettet werden.

2) Für alle $a, b, \gamma, c \in S$ ist die Bedingung $F(\neq)$ aus Bemerkung 5.14 erfüllt.

3) Der Differenzenring $T_\Theta = D(S)$ von S ist multiplikativ kürzbar.

4) Der Ring $T = Q(D(S), \tilde{\Delta}) = D(Q(S))$ ist multiplikativ kürzbar.

5) Der größte Quotientenring $\tilde{T}_\Theta = Q(S, \tilde{\Delta})$ von $T_\Theta = D(S)$ ist ein Körper.

Dabei könen vier Fälle eintreten, die wir wie folgt kennzeichnen:

a) $\tilde{T}_\Theta$ ist ein Körper und es gilt $T = \tilde{T}_\Theta$.
b) $\tilde{T}_\Theta$ ist ein Körper und es gilt $T \subset \tilde{T}_\Theta$.
c) $\tilde{T}_\Theta$ ist kein Körper und es gilt $T = \tilde{T}_\Theta$.
d) $\tilde{T}_\Theta$ ist kein Körper und es gilt $T \subset \tilde{T}_\Theta$.

Nur im Fall a) gilt also $D(Q(S)) = Q(D(S))$ und im Fall b) $D(Q(S)) \subset Q(D(S))$. Eine hinreichende, aber nicht notwendige Bedingung für den Fall a) ist, daß der Halbring S halbsubtraktiv ist.

Beweis. Die der Skizze 6.2 entsprechenden Behauptungen ergeben sich aus den Sätzen 6.2 und 6.3. Damit kann S genau dann in einen Körper eingebettet werden, wenn $\tilde{T}_\Theta$ ein Körper, also wenn T_Θ multiplikativ kürzbar ist. Letzteres ist nach Satz 5.13 d) bzw. nach Aufgabe 3.5 mit jeder der beiden restlichen Aussagen 2) und 4) gleichwertig. Ist S halbsubtraktiv, so gilt offensichtlich das gleiche für $Q(S)$. Daraus folgt nach der letzten Behauptung von Satz 5.17, daß $T = D(Q(S))$ ein Körper ist, also der Fall a) eintritt. Beispiele dafür sind natürlich die Halbringe $\mathbb{N}$ und $\mathbb{N}_0$. Das Beispiel von Aufgabe 6.3 zeigt jedoch, daß der Fall a) auch für nicht halbsubtraktive Halbringe S eintreten kann. Die Beispiele 6.1 und 6.4 belegen die Fälle b) und c), und für Fall d) verweisen wir auf Aufgabe 6.4. Schließlich bemerken wir noch, daß für den Quotientenhalbkörper $Q(S)$ die Fälle a), b) bzw. c) und d) den Fällen a), b) bzw. c) von Satz 5.17 entsprechen. ∎

Aufgaben

6.1. Den Beweis von Satz 6.2 kann man auch so führen, daß man von dem Differenzenhalbring $(T, +, \cdot) = D(T_\Sigma, \Theta\Sigma^{-1})$ ausgeht, der $(T_\Theta, +, \cdot) = D(S, \Theta)$ als Unterhalbring enthält und in dem jedes $\gamma \in \Sigma \subseteq T_\Theta$ ein Inverses $\gamma^{-1} \in T$ enthält. Wendet man darauf Satz 4.4 an, so enthält $(T, +, \cdot) = D(T_\Sigma, \Theta\Sigma^{-1})$ genau einen Quotientenhalbring $Q(T_\Theta, \Sigma)$ mit den Elementen $(a - u)\gamma^{-1}$, die bereits alle Elemente von T ergeben.

6.2. Betrachten Sie als ein weiteres Beispiel zu Satz 6.2 den Unterhalbring $S = \mathbb{N}_0 + \mathbb{N}_0 z$ des Ringes $\mathbb{Q} + \mathbb{Q}z$ mit der Nennerhalbgruppe $\Sigma = \mathbb{N}$ und dem Subtrahendenideal $\Theta = \mathbb{N}_0 z$.

6.3. Es sei $(H, +, \cdot)$ der in Beispiel 5.18 betrachtete Halbkörper. Dann ist $S = H \cap (\mathbb{N}_0 + \mathbb{Z}\sqrt{2})$ ein Unterhalbring von $(H, +, \cdot)$, der diesen Halbkörper $H = Q(S)$ als Quotientenhalbkörper und $\mathbb{Z} + \mathbb{Z}\sqrt{2} = D(S)$ als Differenzenring hat. Dabei hatten wir gezeigt, daß $D(H) = D\big(Q(S)\big)$ gleich dem Körper $\mathbb{Q} + \mathbb{Q}\sqrt{2}$ ist. Daraus folgt bereits, daß für diesen Halbring $Q\big(D(S)\big) = D\big(Q(S)\big)$ gilt und damit der Fall a) von Satz 6.5 vorliegt. Der Halbring $(S, +, \cdot)$ ist jedoch nicht halbsubtraktiv.

6.4. Es sei $(U, +, \cdot)$ ein kommutativer und bezüglich beider Operationen kürzbarer Halbring mit Einselement e und absorbierendem Nullelement $o \neq e$. Dann lassen sich die Überlegungen von Beispiel 6.1 auch für den Polynomhalbring $(S, +, \cdot) = (U[x], +, \cdot)$ in einer Unbestimmten x über U durchführen. Ist dabei $D(U)$ und damit $D(U[x])$ multiplikativ kürzbar (vgl. Satz 1.7 d)), so gilt $D\big(Q(S)\big) \subset Q\big(D(S)\big)$ wie in Beispiel 6.1, und es liegt der Fall b) von Satz 6.5 vor. Ist dagegen $D(U)$ und damit $D(U[x])$ nicht multiplikativ kürzbar (was z. B. für $U = (\mathbb{N} + \mathbb{N}_0 z) \cup \{0\}$ zutrifft), so handelt es sich um den Fall d) von Satz 6.5.

II.7. Kongruenzen und Ideale in Halbringen und ihren Differenzenringen

Satz 7.1. *Es sei $(S, +, \cdot)$ ein additiv kürzbarer Halbring und $(R, +, \cdot) = D(S)$ sein Differenzenring mit o als Nullelement.*

a) Jede Kongruenz ϱ von $(R, +, \cdot)$ definiert gemäß $\varrho^\nabla = \varrho \cap (S \times S)$ eine Kongruenz ϱ^∇ von $(S, +, \cdot)$. Der Kongruenzklassenhalbring $(S/\varrho^\nabla, +, \cdot)$ ist dann ebenfalls additiv kürzbar, und $(R/\varrho, +, \cdot)$ ist isomorph zum Differenzenring $\big(D(S/\varrho^\nabla), +, \cdot\big)$ von $(S/\varrho^\nabla, +, \cdot)$.

b) Zu jeder Kongruenz κ von $(S, +, \cdot)$ gibt es eine kleinste Kongruenz κ^Δ von $(R, +, \cdot)$, die $\kappa \subseteq \kappa^\Delta$ erfüllt. Sie ist für alle $r, t \in R$ bestimmt durch

$$(7.1) \qquad r \,\kappa^\Delta\, t \iff \textit{es gibt } u, v \in S \textit{ mit } u \,\kappa\, v \textit{ und } r - t = u - v.$$

Dabei ist $B = \{u - v \in R \mid u, v \in S \text{ mit } u \,\kappa\, v\}$ das κ^Δ gemäß Bemerkung I.7.6 iii) entsprechende Ringideal $B = [o]_{\kappa^\Delta}$ von $(R, +, \cdot)$. Weiter gilt

$$(7.2) \qquad (a + d)\,\kappa\,(b + c) \Longrightarrow (a - b)\,\kappa^\Delta\,(c - d) \quad \textit{für alle } a, b, c, d \in S,$$

wobei die Umkehrung erfüllt ist, wenn $(S/\kappa, +)$ *kürzbar ist.*

c) In diesem Zusammenhang gilt immer $\varrho^{\nabla\Delta} = \varrho$, *jedoch im allgemeinen nur* $\kappa^{\Delta\nabla} \supseteq \kappa$, *und* $\kappa^{\Delta\nabla} = \kappa$ *gilt genau dann, wenn* $(S/\kappa, +)$ *kürzbar ist.*

Beweis. a) Nach Aufgabe I.7.2 ist ϱ^∇ eine Kongruenz von $(S, +, \cdot)$. Weiter enthält der Kongruenzklassenring $R/\varrho = \{[r]_\varrho \mid r \in R\}$ den Unterhalbring $S' = \{[a]_\varrho \mid a \in S\}$, und wegen $r = a_1 - a_2$ mit $a_i \in S$ ist $R/\varrho = D(S')$ ein Differenzenring von S'. Nach Definition von ϱ^∇ erhält man für alle $a, b \in S$

$$[a]_\varrho = [b]_\varrho \iff a\,\varrho\, b \iff a\,\varrho^\nabla\, b \iff [a]_{\varrho^\nabla} = [b]_{\varrho^\nabla}.$$

(Dabei gilt im allgemeinen nur $[a]_{\varrho^\nabla} \subseteq [a]_\varrho$, da es sich links um die in S, dagegen rechts um die in R gebildeten Kongruenzklassen handelt, vgl. auch Bemerkung I.7.4 ii).) Daraus folgt, daß $\psi([a]_\varrho) = [a]_\varrho^\nabla$ einen Isomorphismus $\psi : (S', +, \cdot) \to (S/\varrho^\nabla, +, \cdot)$ definiert. Mit $(S', +, \cdot)$ ist daher auch $(S/\varrho^\nabla, +, \cdot)$ additiv kürzbar, und die Isomorphie von $(R, +, \cdot) = (D(S'), +, \cdot)$ und $(D(S/\varrho^\nabla), +, \cdot)$ ergibt sich aus Aufgabe 5.4.

b) Wie man leicht nachprüft, ist $B = \{u - v \mid u, v \in S \text{ mit } u\,\kappa\, v\}$ ein Ringideal von $(R, +, \cdot)$. Nach Bemerkung I.7.6. iii) definiert damit (7.1) eine Kongruenz κ^Δ von $(R, +, \cdot)$ mit $B = [o]_{\kappa^\Delta}$. Dabei gilt $\kappa \subseteq \kappa^\Delta$, und κ^Δ ist ersichtlich die kleinste Kongruenz von $(R, +, \cdot)$, die κ enthält. Zum Bweis von (7.2) setzen wir $a + d = u$ und $b + c = v$. Wegen $u\,\kappa\, v$ und $(a - b) - (c - d) = u - v$ folgt dann (7.2) aus (7.1). Gilt umgekehrt $(a - b)\,\kappa^\Delta\,(c - d)$, so existieren $u, v \in S$ mit $(a - b) - (c - d) = u - v$ und $u\,\kappa\, v$. Daraus folgt $(a + d) + v = (b + c) + u$ und $(b + c) + u\,\kappa\,(b + c) + v$, woraus sich $(a + d) + v\,\kappa\,(b + c) + v$ ergibt. Ist nun $(S/\kappa, +)$ kürzbar, so ergibt letzteres $(a + d)\,\kappa\,(b + c)$, d. h. die Umkehrung von (7.2).

c) Für $a, b, c, d \in S$ und eine Kongruenz ϱ von $(R, +, \cdot)$ gilt

$$(a - b)\,\varrho\,(c - d) \iff (a + d)\,\varrho\,(b + c) \iff (a + d)\,\varrho^\nabla\,(b + c).$$

Letzteres ist aber für $\varrho^\nabla = \kappa$ nach (7.2) und seiner Umkehrung gleichwertig mit $(a - b)\,\varrho^{\nabla\Delta}\,(c - d)$, da für die Kongruenz ϱ^∇ von $(S, +, \cdot)$ gemäß a) gilt, daß $(S/\varrho^\nabla, +)$ kürzbar ist. Dies zeigt $\varrho = \varrho^{\nabla\Delta}$. Aus $\kappa^\Delta \supseteq \kappa$ folgt weiter $\kappa^{\Delta\nabla} = \kappa^\Delta \cap (S \times S) \supseteq \kappa$. Gilt hier sogar $\kappa^{\Delta\nabla} = \kappa$, so folgt nach a), daß $(S/\kappa, +)$ kürzbar ist. Zum Beweis der Umkehrung gelte $a\,\kappa^{\Delta\nabla}\,b$ für $a, b \in S$. Dann gilt auch $a\,\kappa^\Delta\,b$, und nach (7.1) gibt es $u, v \in S$ mit $u\,\kappa\,v$ und $a - b = u - v$. Daraus folgt $a + v = b + u$ und $(b + u)\,\kappa\,(b + v)$, also $(a + v)\,\kappa\,(b + v)$. Ist nun $(S/\kappa, +)$ kürzbar, so ergibt sich $a\,\kappa\,b$, d. h. $\kappa^{\Delta\nabla} \subseteq \kappa$. Zusammen mit $\kappa^{\Delta\nabla} \supseteq \kappa$ zeigt dies die Gleichheit dieser Kongruenzen. ■

Bemerkung 7.2. Die nach a) und b) dieses Satzes durch $\varrho \mapsto \rho^\nabla$ und $\kappa \mapsto \kappa^\Delta$ gegebenen Abbildungen erfüllen offenbar $\varrho_1 \subseteq \varrho_2 \Longrightarrow \varrho_1^\nabla \subseteq \varrho_2^\nabla$ für alle ϱ_i aus $\mathcal{C}_{(R,+,\cdot)}$ und $\kappa_1 \subseteq \kappa_2 \Longrightarrow \kappa_1^\Delta \subseteq \kappa_2^\Delta$ für alle κ_i aus $\mathcal{C}_{(S,+,\cdot)}$. Weiterhin definiert $\varrho \mapsto \varrho^\nabla$ nach c) eine Bijektion des Verbandes $(\mathcal{C}_{(R,+,\cdot)}, \subseteq)$ auf die Menge $\mathcal{K}$ der Kongruenzen $\varrho^\nabla = \kappa$ aus $\mathcal{C}_{(S,+,\cdot)}$, für die $(S/\kappa, +, \cdot)$ additiv kürzbar ist (vgl. Bemerkung I.7.16 b)).

Beispiel 7.3. Der Differenzenring $(\mathbb{Z}, +, \cdot) = D(\mathbb{N}_0)$ das Halbringes $(\mathbb{N}_0, +, \cdot)$ hat in an Satz 7.1 angepaßter Bezeichnung genau die durch $r\ \varrho_m\ t \iff r - t \in m\mathbb{Z}$ für jedes $m \in \mathbb{N}_0$ definierten Kongruenzen ϱ_m, wobei $(\mathbb{Z}/\varrho_m, +, \cdot) = (\mathbb{Z}/(m), +, \cdot)$ gilt (vgl. Beispiel I.7.2). Wie dort ebenfalls schon festgestellt wurde, ergeben sich daraus die Kongruenzen $\varrho_m^\nabla = \varrho_m \cap (\mathbb{N}_0 \times \mathbb{N}_0)$ von $(\mathbb{N}_0, +, \cdot)$. Dabei gilt $\varrho_0^\nabla = \iota_{\mathbb{N}_0}$, während sonst ϱ_m^∇ gemäß Satz I.7.8 b) durch das Paar $(0, m)$ gekennzeichnet ist, und nach Bemerkung 7.2 sind das alle Kongruenzen κ von $(\mathbb{N}_0, +, \cdot)$, für die $(\mathbb{N}_0/\kappa, +)$ kürzbar ist. Weiter ist nach Satz 7.1 a) der Kongruenzklassenring $(\mathbb{Z}/\varrho_m, +, \cdot)$ isomorph zum Differenzenring $(D(\mathbb{N}_0/\varrho_m^\nabla), +, \cdot)$ von $(\mathbb{N}_0/\varrho_m^\nabla, +, \cdot)$. Letztere stimmen allerdings für alle $m \in \mathbb{N}$ überein, da dann $\mathbb{Z}/\varrho_m$ und damit $\mathbb{N}_0/\varrho_m^\nabla$ endlich und ein endlicher additiv kürzbarer Halbring selbst bereits ein Ring ist.

Die gleichen Überlegungen gelten für den Halbring $(\mathbb{N}, +, \cdot)$. Dabei ergibt sich auch $(\mathbb{Z}/(m), +, \cdot) = (\mathbb{Z}/\varrho_m, +, \cdot) \cong (\mathbb{N}/\varrho_m^\nabla, +, \cdot)$ für $m \in \mathbb{N}$, was im zweiten Teil von Aufgabe I.7.6 direkt bewiesen werden sollte.

Es liegt nahe, ähnliche Überlegungen wie in Satz 7.1 für Ringideale von $(R, +, \cdot)$ und Halbringideale von $(S, +, \cdot)$ anzustellen. Hier erhält man jedoch etwas weniger scharfe Resultate, die aber teilweise Spezialfälle allgemeinerer Aussagen sind (vgl. Aufgabe 7.2).

Satz 7.4. *Es sei $(S, +, \cdot)$ ein additiv kürzbarer Halbring und $(R, +, \cdot) = D(S)$ sein Differenzenring mit o als Nullelement.*

a) Für jedes Ringideal B von $(R, +, \cdot)$ ist $B^\nabla = B \cap S$ entweder leer oder ein k-Ideal von $(S, +, \cdot)$. Der erste Fall entfällt, wenn $(S, +, \cdot)$ das Nullelement o von $(R, +, \cdot)$ enthält.

b) Zu jedem Halbringideal A von $(S, +, \cdot)$ gibt es ein kleinstes Ringideal A^Δ von $(R, +, \cdot)$, das $A \subseteq A^\Delta$ erfüllt, nämlich das von $A \subseteq R$ erzeugte Ringideal

$$A^\Delta = \langle \mathbb{Z}A \cup RA \cup AR \cup RAR \rangle. \tag{7.3}$$

Für den k-Abschluß $\bar{A}$ von A folgt dabei $A^\Delta = \bar{A}^\Delta$.

c) In diesem Zusammenhang gilt $B^{\nabla\Delta} \subseteq B$ und $A^{\Delta\nabla} \supseteq A$, wobei $A^{\Delta\nabla} = A$ genau dann erfüllt ist, wenn $A = \bar{A}$ ein k-Ideal von $(S,+,\cdot)$ ist.

Beweis. a) Nach Lemma I.8.7 a) ist jedes Ringideal von $(R,+,\cdot)$ ein k-Ideal und damit $B^{\nabla} = B \cap S$ gemäß Aufgabe I.8.6 entweder leer oder ein k-Ideal von $(S,+,\cdot)$. Aus $o \in S$ folgt dabei $o \in B \cap S$, während sonst $B \cap S = \emptyset$ eintreten kann, vgl. Aufgabe 7.1. b).

b) Ersichtlich ist (7.3) das von A erzeugte Ringideal von $(R,+,\cdot)$ (vgl. Aufgabe I.8.1. d)). Aus $\bar{a} \in \bar{A}$, also $\bar{a}+a_1 = a_2$ mit $a_i \in A$ folgt $\bar{a} = a_2 - a_1 \in A^{\Delta}$. Dies zeigt $\bar{A} \subseteq A^{\Delta}$, womit A^{Δ} auch das von $\bar{A}$ erzeugte Ringideal $\bar{A}^{\Delta}$ ist.

c) Aus $B^{\nabla} \subseteq B$ folgt unmittelbar $B^{\nabla\Delta} \subseteq B$ und aus $A \subseteq A^{\Delta}$ auch $A \subseteq A^{\Delta} \cap S = A^{\Delta\nabla}$. Ist nun A kein k-Ideal, so gilt $A \subset A^{\Delta\nabla}$ wegen $A \subset \bar{A} \subseteq \bar{A}^{\Delta\nabla}$ und $A^{\Delta} = \bar{A}^{\Delta}$. Damit bleibt nur $A = A^{\Delta\nabla}$ für jedes k-Ideal $A = \bar{A}$ zu zeigen. Nach (7.3) ist

$$\sum_{i=1}^{n_1} g_i a_i + \sum_{i=n_1+1}^{n_2} r_i a_i + \sum_{i=n_2+1}^{n_3} a_i t_i + \sum_{i=n_3+1}^{n_4} r_i a_i t_i = s$$

mit $n_1 \leq n_2 \leq n_3 \leq n_4$ aus $\mathbb{N}$, $a_i \in A$, $g_i \in \mathbb{Z}$ und $r_i, t_i \in R$ ein beliebiges Element s aus $A^{\Delta} \cap S = A^{\Delta\nabla}$. Aus $g_i = k_i - k_i'$, $r_i = u_i - u_i'$ und $t_i = v_i - v_i'$ mit $k_i, k_i' \in \mathbb{N}_0$ und $u_i, u_i', v_i, v_i' \in S$ folgt dann

$$\begin{aligned}&\sum h_i a_i + \sum u_i a_i + \sum a_i v_i + \sum (u_i a_i v_i + u_i' a_i v_i')\\ =&\sum h_i' a_i + \sum u_i' a_i + \sum a_i v_i' + \sum (u_i a_i v_i' + u_i' a_i v_i) + s.\end{aligned}$$

Da alle Summen in dem k-Ideal $A = \bar{A}$ liegen, ergibt sich daraus $s \in A$ und damit die noch offene Inklusion $A^{\Delta\nabla} \subseteq A$. ∎

Bemerkung 7.5. Mit dem eben bei b) eingeführten Ringideal A^{Δ} erhalten wir folgende Ergänzung zu Satz 7.1 b): *Ist insbesondere $\kappa = \kappa_A = \kappa_{\bar{A}}$ eine Kongruenz von $(S,+,\cdot)$, die gemäß (I.8.3) durch ein Halbringideal A von $(S,+,\cdot)$ definiert ist, so folgt $B = A^{\Delta} = \bar{A}^{\Delta}$ für das Ringideal $B = [o]_{\kappa^{\Delta}}$.*

Beweis. Zunächst folgt $A \subseteq \bar{A} = [o]_{\kappa} \subseteq [o]_{\kappa^{\Delta}} = B$ aus $\kappa \subseteq \kappa^{\Delta}$ und Satz I.8.8. Damit ist B ein Ringideal von $(R,+,\cdot)$, welches die Halbringideale $A \subseteq \bar{A}$ umfaßt. Nach Satz 7.4 b) ist jedoch $A^{\Delta} = \bar{A}^{\Delta}$ das kleinste Ideal von $(R,+,\cdot)$ mit dieser Eigenschaft, woraus $A^{\Delta} \subseteq B$ folgt. Wir nehmen nun indirekt $A^{\Delta} \subset B$ an und bezeichnen mit ϱ die zu A^{Δ} gemäß (I.7.9) korrespondierende Ringkongruenz. Aus $[o]_{\varrho} = A^{\Delta} \subset B = [o]_{\kappa^{\Delta}}$ folgt dann $\varrho \subset \kappa^{\Delta}$. Weiter gilt $\kappa \subseteq \varrho$, denn für $x_i \in S$ folgt aus $x_1 \; \kappa \; x_2$ zunächst $x_1 + a_1 = x_2 + a_2$ mit $a_i \in A$, also $x_1 - x_2 = a_2 - a_1 \in A^\Delta$, d. h. $x_1 \varrho x_2$. Damit erhalten wir $\kappa \subseteq \varrho \subset \kappa^\Delta$, im Widerspruch dazu, daß κ^Δ nach Satz 7.1 b) die kleinste Kongruenz von $(R, +, \cdot)$ ist, die κ umfaßt. ∎

Aufgaben

7.1. Es sei κ eine Kongruenz eines additiv kürzbaren Halbringes $S = (S, +, \cdot)$.

a) Ist $\kappa = \kappa_A$ durch ein Halbringideal A von $(S, +, \cdot)$ definiert, so folgt aus (I.8.3), daß $(S/\kappa, +)$ additiv kürzbar ist.

b) Der Halbring $S = \mathbb{N} + \mathbb{N}_0 z$ mit $D(S) = \mathbb{Z} + \mathbb{Z}z$ (vgl. Aufgabe 1.8) zeigt, daß die Umkehrung von a) nicht zu gelten braucht: Dazu betrachten wir die Kongruenz $\kappa = \varrho^\nabla$ von S mit der Ringkongruenz ϱ von $D(S)$, die von dem Ringideal $\mathbb{Z}z$ von $D(S)$ bestimmt ist. Nach Satz 7.1 ist dann $(S/\kappa, +)$ kürzbar, und es gilt $\kappa^\Delta = \varrho^{\nabla\Delta} = \varrho$ sowie

$$(u_0 + u_1 z)\ \kappa\ (v_0 + v_1 z) \iff u_0 = v_0.$$

Wir nehmen nun an, daß $\kappa = \kappa_A$ für ein Halbringideal A von S gelten würde. Aus Bemerkung 7.5 folgt dann $B = A^\Delta = \bar{A}^\Delta$ für das Ringideal $B = [0]\varrho = \mathbb{Z}z$. Mit Satz 7.4 ergibt dies den Widerspruch $A \subseteq A^{\Delta\nabla} = B^\nabla = \mathbb{Z}z \cap (S \times S) = \emptyset$. (Die entsprechenden Überlegungen gelten auch für den Unterhalbring $S \cup \{0\}$ von $\mathbb{Z} + \mathbb{Z}z$. Man erhält dann den Widerspruch $A \subseteq \{0\}$.)

7.2. Zeigen Sie folgende Verallgemeinerungen von Satz 7.4 für Halbringideale eines Oberhalbringes $(T, +, \cdot)$ eines beliebigen Halbringes $(S, +, \cdot)$.

a) Für jedes (k-abgeschlossene) Ideal B von $(T, +, \cdot)$ ist $B^\nabla = B \cap S$ entweder leer oder ein (k-abgeschlossenes) Ideal von $(S, +, \cdot)$.

b) Zu jedem Ideal A von $(S, +, \cdot)$ gibt es ein kleinstes Ideal A^Δ von $(T, +, \cdot)$ mit $A \subseteq A^\Delta$, nämlich $A^\Delta = \langle \mathbb{N}A \cup TA \cup AT \cup TAT \rangle$.

c) In diesem Zusammenhang gilt $B^{\nabla\Delta} \subseteq B$ und $A^{\Delta\nabla} \supseteq A$.

Kapitel III

Partiell geordnete Halbringe

Für viele Anwendungen wie auch für algebraische Strukturaussagen über Halbringe ist es oft wichtig, partielle oder lineare Ordnungen der Elemente eines Halbrings $(S,+,\cdot)$ einzubeziehen, die gewisse Monotoniebedingungen bezüglich der Halbringoperationen erfüllen. Als Modell entsprechender Begriffsbildungen dient der Begriff des partiell (oder linear) geordneten Ringes $(R,+,\cdot,\leq)$, vgl. z. B. [Fuc63], Kapitel VI. Dabei handelt es sich um einen Ring $(R,+,\cdot)$, der gleichzeitig partiell (oder linear) geordnete Menge $(R,\leq)$ ist, so daß das Monotoniegesetz der Addition

$$a < b \Longrightarrow a + c < b + c \quad \text{für alle} \quad a, b, c \in R$$

und, eingeschränkt auf Elemente c des Positivbereichs $P = \{c \in R \mid c \geq o\}$ von $(R,+,\leq)$, das Monotoniegesetz der Multiplikation

$$a < b \Longrightarrow ac \leq bc \text{ und } ca \leq cb \quad \text{für alle } a, b \in R \text{ und alle } c \in P$$

gelten. Bekanntlich ist dann die Relation $\leq$ durch den Positivbereich P gemäß

$$a \leq b \iff a + x = b \quad \text{für ein} \quad x \in P$$

(oder $a \leq b \iff b - a \in P$) festgelegt, und P ist ein Unterhalbring von $(R,+,\cdot)$, der $P \cap -P = \{o\}$ mit $-P = \{-p \in R \mid p \in P\}$ erfüllt. Umgekehrt definiert jeder Unterhalbring P von $(R,+,\cdot)$ mit $P \cap -P = \{o\}$ auf diese Weise eine Relation $\leq$ auf R, so daß $(R,+,\cdot,\leq)$ ein partiell geordneter Ring mit P als Positivbereich wird. Dabei sind auch weitere Eigenschaften eines partiell geordneten Ringes $(R,+,\cdot,\leq)$ durch Eigenschaften seines Positivbereichs P festgelegt.

Wir werden diese ringtheoretischen Aussagen (vgl. Satz 2.7) in unsere Untersuchungen über partiell oder linear geordnete Halbringe $(S,+,\cdot,\leq)$ einordnen und, meist als Spezialfälle allgemeinerer Aussagen über solche Halbringe, erneut herleiten. Allerdings lassen sich keineswegs alle der oben genannten ringtheoretischen Aussagen auf beliebige partiell geordnete Halbringe übertragen. So gilt z. B. die für Ringe geschilderte Entsprechung zwischen möglichen partiellen Ordnungsrelationen $\leq$ und Positivbereichen nicht einmal mehr für additiv kürzbare Halbringe mit (absorbierendem) Nullelement.

Andererseits sind gewisse Überlegungen für partiell geordnete Halbringe und Ringe von der Multiplikation unabhängig, also Aussagen über partiell geordnete Halbgruppen oder Gruppen $(S,+,\leq)$ mit kommutativer Addition, die auch für sich von Interesse sind. Wir behandeln daher in III.1 zunächst entsprechende Grundlagen über partiell geordnete Halbgruppen, ehe wir uns in III.2 partiell geordneten Halbringen zuwenden. In den letzten beiden Paragraphen dieses Kapitels untersuchen wir, ob und auf welche Weise sich die Ordnungsrelation $\leq$ eines partiell oder linear geordneten Halbrings $(S,+,\cdot,\leq)$ auf Quotienten- bzw. Differenzenhalbringe von $(S,+,\cdot)$ fortsetzen läßt, so daß diese ebenfalls wieder partiell oder linear geordnete Halbringe werden.

Die bereits in I.6 skizzierten Grundlagen über partiell geordnete bzw. linear geordnete Mengen werden im folgenden meist ohne besondere Hinweise verwendet. Wie dort gebrauchen wir p. g. bzw. l. g. als Abkürzungen für partiell geordnet bzw. linear geordnet.

III.1. Partiell geordnete kommutative Halbgruppen

In diesem Abschnitt beschränken wir uns auf kommutative Halbgruppen, deren Operation wir im Hinblick auf spätere Anwendungen in Halbringen als Addition schreiben. Abgesehen von dieser additiven Schreibweise und den sich aus der Kommutativität ergebenden Vereinfachungen entsprechen alle folgenden Begriffsbildungen den in diesem Zusammenhang üblichen, wobei wir insbesondere auf Kapitel X der Standardmonographie [Fuc63] verweisen.

Definition 1.1. Es sei $(S,+)$ eine kommutative Halbgruppe und $(S,\leq)$ eine p. g. Menge. Dann heißt $(S,+,\leq)$ eine *partiell geordnete Halbgruppe,* kurz eine *p. g. Halbgruppe,* wenn das Monotoniegesetz

$$(1.1) \qquad a < b \Longrightarrow a+c \leq b+c \quad \text{für alle } a,b,c \in S$$

erfüllt ist. Insbesondere heißt eine p. g. Halbgruppe $(S,+,\leq)$ eine *linear geordnete (l. g.) Halbgruppe,* wenn $(S,\leq)$ eine l. g. Menge ist. Entsprechend heißt $(S,+,\leq)$ eine *p. g.* bzw. *l. g. Gruppe,* wenn $(S,+)$ eine (kommutative) Gruppe ist.

Wir bemerken, daß jede kommutative Halbgruppe $(S,+)$ durch die gemäß $a \leq b \iff a = b$ definierte *triviale partielle Ordnung* eine p. g. Halbgruppe wird. Diesen an sich uninteressanten Fall wollen wir jedoch im Hinblick auf allgemeine Aussagen (vgl. z. B. Aufgabe 1.1) nicht ausschließen.

Ersichtlich ergibt sich aus (1.1): Gilt $a_1 \leq b_1, \ldots, a_n \leq b_n$ für Elemente a_i, b_i einer p. g. Halbgruppe $(S,+,\leq)$ und $n \in \mathbb{N}$, so folgt $\sum_{i=1}^n a_i \leq \sum_{i=1}^n b_i$.

Beispiel 1.2. a) Die Menge $\mathbb{R}$ der reellen Zahlen ist mit der üblichen Addition und linearen Ordnung eine l. g. Gruppe $(\mathbb{R}, +, \leq)$. Gemäß Aufgabe 1.1 erhält man mit entsprechenden Unterstrukturen $(U, +)$ von $(\mathbb{R}, +)$ zahlreiche Beispiele von l. g. Gruppen oder l. g. Halbgruppen $(U, +, \leq)$, etwa $(\mathbb{Z}, +, \leq)$, $(\mathbb{N}_0, +, \leq)$, $(\mathbb{N}, +, \leq)$ oder $(-\mathbb{N}, +, \leq)$.

b) Für jede Menge M ist die Potenzmenge $\mathfrak{P}(M)$ mit der Vereinigungsbildung $\cup$ als Addition und der Inklusion $\subseteq$ als partieller Ordnungsrelation eine p. g. Halbgruppe $(\mathfrak{P}(M), \cup, \subseteq)$. Das gleiche gilt für $(\mathfrak{P}(M), \cap, \subseteq)$, wenn wir die Durchschnittsbildung $\cap$ als Addition auffassen und damit entsprechend Aufgabe 1.2 auch für $(\mathfrak{P}(M), \cup, \supseteq)$ und $(\mathfrak{P}(M), \cap, \supseteq)$.

Beispiele wie $(\mathfrak{P}(M), \cup, \subseteq)$ für $M \neq \emptyset$ zeigen, daß das mitunter als "schwach" gekennzeichnete Monotoniegesetz (1.1) nicht das "starke" Monotoniegesetz

$$(1.2) \qquad a < b \Longrightarrow a + c < b + c \quad \text{für alle } a, b, c \in S$$

impliziert, während die Umkehrung trivial ist.

Lemma 1.3. *a) Es sei $(S, +)$ eine kommutative Halbgruppe und $(S, \leq)$ eine p. g. Menge. Dann sind für jedes in $(S, +)$ kürzbare Element $c \in S$ die Implikationen (1.1) und (1.2) gleichwertig. Für eine kürzbare Halbgruppe $(S, +)$ sind also die Monotoniegesetze (1.1) und (1.2) äquivalent.*

b) Eine l. g. Halbgruppe $(S, +, \leq)$ erfüllt genau dann (1.2), wenn $(S, +)$ kürzbar ist.

Beweis. a) Es sei $c \in S$ kürzbar in $(S, +)$. Gilt dann $a < b \Longrightarrow a + c \leq b + c$ für alle $a, b \in S$, so folgt $a + c < b + c$, da $a + c = b + c$ zu dem Widerspruch $a = b$ führt.

b) Nach a) ist nur noch zu zeigen, daß eine l. g. Halbgruppe $(S, +, \leq)$ mit (1.2) kürzbar ist. Würden nun Elemente $a \neq b$ und c aus S mit $a + c = b + c$ existieren, so folgt entweder $a < b$ oder $b < a$ und damit der Widerspruch $a + c < b + c$ bzw. $b + c < a + c$. ∎

Bereits in der Einleitung zu diesem Kapitel wird dem Leser aufgefallen sein, daß der dort definierte Positivbereich P eines p. g. oder l. g. Ringes $(R, +, \cdot, \leq)$ das Nullelement o von R mit einschließt. Dies widerspricht dem für reelle Zahlen üblichen (und auch in den vorangegangenen Kapiteln verwendeten) Gebrauch von "positiv", ist aber im Zusammenhang mit allgemeinen Untersuchungen partiell geordneter algebraischer Systeme sehr zweckmäßig. In der folgenden Definition wird ein eventuell vorhandenes Nullelement von $(S, +)$

(vgl. Bemerkung I.2.25) ebenfalls sowohl zu den positiven als auch zu den negativen Elementen von $(S,+,\leq)$ gezählt. Doch werden diese Begriffe in einer Form definiert, die auch für Halbgruppen ohne Nullelement anwendbar ist.

Definition 1.4. Ein Element p einer p. g. Halbgruppe $(S,+,\leq)$ heißt *positiv*, wenn

$$a \leq a+p \quad \text{für alle } a \in S \tag{1.3}$$

gilt. Ordnungstheoretisch dual nennt man ein Element n von $(S,+,\leq)$ *negativ*, wenn

$$a \geq a+n \quad \text{für alle } a \in S \tag{1.4}$$

gilt. Die Mengen P bzw. N aller positiven bzw. negativen Elemente nennt man den *Positivbereich* P bzw. *Negativbereich* N von $(S,+,\leq)$. Mitunter nennt man P auch den *positiven Kegel* und N den *negativen Kegel von* $(S,+,\leq)$.

Ersichtlich ist der Positivbereich P einer p. g. Halbgruppe $(S,+,\leq)$ entweder leer oder eine Unterhalbgruppe von $(S,+)$, und das gleiche gilt für den Negativbereich N von $(S,+,\leq)$. Weiter folgt

$$n \leq p \quad \text{für alle } n \in N \text{ und alle } p \in P \tag{1.5}$$

aus $n \leq n+p \leq p$. Schließlich impliziert $x \in N \cap P$ wegen (1.3) und (1.4) $a+x=a$ für alle $a \in S$. Damit ist $N \cap P$ entweder leer oder enthält genau ein Element o, welches dann das Nullelement von $(S,+)$ ist. Im zweiten Fall ergibt sich aus (1.5) und Aufgabe 1.3:

Lemma 1.5. *Es sei $(S,+,\leq)$ eine p. g. Halbgruppe und o das Nullelement von $(S,+)$. Dann gilt $P=\{p \in S \mid p \geq o\}$ für den Positivbereich und entsprechend $N=\{n \in S \mid n \leq o\}$ für den Negativbereich von $(S,+,\leq)$.*

Wie wir in der Einleitung zu diesem Kapitel bemerkt haben, bestimmt der Positivbereich P eines p. g. Ringes $(R,+,\cdot,\leq)$ gemäß

$$a \leq b \iff a+x=b \quad \text{für ein } x \in P \tag{1.6}$$

die partielle Ordnungsrelation $\leq$. Dieser Sachverhalt ist unabhängig von der Multiplikation, doch gilt er im allgemeinen nur für p. g. Gruppen $(G,+,\leq)$:

Lemma 1.6. *Für jede p. g. Gruppe $(G,+,\leq)$ mit P als Positivbereich ist (1.6) erfüllt. Dagegen gibt es sogar kürzbare l. g. Halbgruppen $(S,+,\leq)$ mit Nullelement, für die aus $a<b$ nicht die rechte Seite von (1.6) folgt.*

Beweis. Aus $a + x = b$ mit $x \in P$ folgt $a \leq b$ sogar für jede p. g. Halbgruppe $(S, +, \leq)$ unmittelbar aus (1.3). Gilt umgekehrt $a \leq b$ für Elemente einer p. g. Gruppe $(G, +, \leq)$, so folgt $a + x = b$ für $x = b + (-a) \in G$, und $o = a + (-a) \leq b + (-a) = x$ zeigt $x \in P$. Die letzte Behauptung ergibt sich aus dem folgenden Beispiel. ∎

Beispiel 1.7. Nach Beispiel I.2.5 c) sind $U = \{a \in \mathbb{R} \mid a \geq c\}$ für jedes $c \geq 1$ und $U_0 = U \cup \{0\}$ Unterhalbringe von $(\mathbb{R}, +, \cdot)$ und damit Unterhalbgruppen von $(\mathbb{R}, +)$. Gemäß Beispiel 1.2 a) sind also $(U, +, \leq)$ und $(U_0, +, \leq)$ kürzbare l. g. Halbgruppen. Letztere hat 0 als Nullelement, woraus $P = U_0$ folgt. Für $d = c + c/2 \in U_0$ gilt dann $c < d$ in $(U_0, +, \leq)$; es gibt aber kein $x \in P = U_0$, welches $c + x = d$ erfüllt.

Wir untersuchen nun, unter welchen Bedingungen umgekehrt eine Unterhalbgruppe X einer Halbgruppe $(S, +)$ etwa gemäß (1.6) mit X statt P eine Relation $\leq$ definiert, so daß $(S, +, \leq)$ eine p. g. Halbgruppe ist. Um auch Halbgruppen einzubeziehen, die kein neutrales Element haben, ersetzen wir dabei (1.6) durch die folgende Formel (1.7).

Satz 1.8. *Es sei $(S, +)$ eine kommutative Halbgruppe, X eine Unterhalbgruppe von $(S, +)$ und $\leq$ die durch*

$$a \leq b \iff a = b \text{ oder } a + x = b \text{ für ein } x \in X \tag{1.7}$$

für alle $a, b \in S$ definierte Relation auf S. Genau dann ist $(S, +, \leq)$ eine p. g. Halbgruppe, wenn

$$a + x + y = a \Longrightarrow a + x = a \quad \text{für alle } a \in S \text{ und alle } x, y \in X \tag{1.8}$$

erfüllt ist. In diesem Fall nennen wir $(S, +, \leq)$ eine durch X partiell geordnete Halbgruppe. Wenn erforderlich, bezeichnen wir die durch X gemäß (1.7) definierte Relation auch mit $\leq_X$.

Beweis. Die durch (1.7) definierte Relation $\leq$ auf S ist nach Definition reflexiv. Die Transitivität $a \leq b$ und $b \leq c \Longrightarrow a \leq c$ ist für $a = b$ oder $b = c$ trivial. Anderenfalls gilt $a + x = b$ und $b + y = c$ mit $x, y \in X$, woraus sofort $a+x+y = c$ mit $x+y \in X$ folgt. Die Antisymmetrie von (1.7) ist gleichwertig damit, daß auch aus $a + x = b$ und $b + y = a$ mit $a, b \in S$ und $x, y \in X$ stets $a = b$, d. h. daß aus $a + x + y = a$ stets $a + x = a$ folgt. Also definiert (1.7) genau dann eine partiell geordnete Menge $(S, \leq)$, wenn (1.8) gilt. In diesem Fall ist dann $(S, +, \leq)$ eine p. g. Halbgruppe, da das Monotoniegesetz (1.1) sich unmittelbar aus (1.7) ergibt. ∎

Bemerkung 1.9. i) Offensichtlich kann in Satz 1.8 statt (1.7) wieder die (1.6) entsprechende Formel $a \leq b \iff a + x = b$ für ein $x \in X$ verwendet werden, wenn $(S, +)$ ein Nullelement o hat und $o \in X$ gilt.

ii) Man beachte, daß die Bedingung (1.8) oft schon dadurch erfüllt ist, daß es für gewisse oder alle $a \in S$ gar keine Elemente $x, y \in X$ gibt, die $a + x + y = a$ erfüllen, oder daß dies nur mit $x = y = o \in X$ möglich ist, wenn $(S, +)$ ein Nullelement o enthält und $o \in X$ gilt. So wird z. B. die Gruppe $(\mathbb{Z}, +)$ durch jede Unterhalbgruppe X von $\mathbb{N}_0$ gemäß (1.7) zu einer p. g. Gruppe $(\mathbb{Z}, +, \leq_X)$; dabei entsteht nur mit $X = \mathbb{N}_0$ oder $X = \mathbb{N}$ die übliche lineare Ordnung auf $\mathbb{Z}$.

iii) Im Beweis von Satz 1.8 wird die Kommutativität von $(S, +)$ nur für die Monotonie (1.1) benötigt. Für eine Verallgemeinerung des Satzes 1.8 und der folgenden Überlegungen für nicht notwendig kommutative Halbgruppen verweisen wir auf [Wei86], § 6.

Folgerung 1.10. *Es sei $(S, +, \leq)$ eine durch die Unterhalbgruppe X von $(S, +)$ partiell geordnete Halbgruppe, also $\leq$ gemäß (1.7) durch X bestimmt. Dann gelten die folgenden Aussagen:*

a) Für den Positivbereich P von $(S, +, \leq)$ gilt stets $X \subseteq P$, und $(S, +, \leq)$ ist dann auch durch P partiell geordnet, d. h. $\leq_X$ und $\leq_P$ stimmen überein.

b) Enthält $(S, +)$ ein kürzbares Element a, jedoch kein Nullelement, so folgt $X = P$.

c) Enthält $(S, +)$ ein Nullelement o, gilt $X \cup \{o\} = P$.

d) Im allgemeinen können sich X und P erheblich unterscheiden.

Beweis. a) Aus (1.7) folgt sofort, daß jedes $x \in X$ positiv in $(S, +, \leq) = (S, +, \leq_X)$ ist, also $X \subseteq P$ gilt. Da $a + p = b \geq a$ für alle $a \in S$ und alle $p \in P$ gilt, kann man X in (1.7) durch P ersetzen, ohne die Relation $\leq$ abzuändern.

b) und c) Enthält $(S, +)$ ein kürzbares Element a, so folgt im Fall $P \setminus X \neq \emptyset$ für jedes Element $p \in P \setminus X$ aus $a \leq a + p$ zunächst $a = a + p$, da $a + x = a + p$ für ein $x \in X$ den Widerspruch $p = x \in X$ ergäbe. Aus $a + s = a + p + s$ folgt aber $s = p + s$ für alle $s \in S$, d. h. daß jedes Element $p \in P \setminus X$ Nullelement von $(S, +)$ ist. Im Fall b) zeigt dies $P \setminus X = \emptyset$, also $X = P$. Im Fall c) ist $a = o$ ein kürzbares Element von $(S, +)$, und wir erhalten $X \cup \{o\} = P$.

d) Diese Behauptung folgt aus dem Halbringbeispiel von Aufgabe 2.14. ■

Folgerung 1.11. *Es sei $(S, +)$ eine kürzbare kommutative Halbgruppe.*

a) Hat $(S,+)$ kein Nullelement, so erfüllt jede Unterhalbgruppe X von $(S,+)$ die Bedingung (1.8), definiert also gemäß (1.7) eine p. g. Halbgruppe $(S,+,\leq)$.

b) Hat $(S,+)$ ein Nullelement o, so erfüllen genau die Unterhalbgruppen X von $(S,+)$ die Bedingung (1.8), die entweder o nicht enthalten oder die

$$x+y=o \Longrightarrow x=y=o \quad \textit{für alle } x,y \in X \tag{1.9}$$

erfüllen, also nullsummenfrei sind.

Beweis. Aus $a+x+y=a$ folgt für eine kürzbare Halbgruppe $x+y+s=s$ für alle $s \in S$, d. h. daß $x+y$ das Nullelement von $(S,+)$ ist. Im Fall a) zeigt dies, daß $a+x+y=a$ gar nicht eintreten kann. Im Fall b) gilt das gleiche für jede Unterhalbgruppe X, die o nicht enthält. Es sei nun X eine Unterhalbgruppe von $(S,+)$, die o enthält. Dann gilt (1.9) $\Longrightarrow$ (1.8), denn aus $a+x+y=a$ folgt wie eben gezeigt $x+y=o$, also $x=o$ nach (1.9) und damit $a+x=a$. Erfüllt X umgekehrt (1.8), so ergibt sich aus $x+y=o$ auch $o+x+y=o$. Wenden wir darauf (1.8) mit $a=o$ an, so folgt $o+x=o$ und damit $x=y=o$, d. h. X erfüllt (1.9). ∎

Folgerung 1.12. *Es sei X eine idempotente Unterhalbgruppe einer kommutativen Halbgruppe $(S,+)$, d. h. es gelte $x+x=x$ für alle $x \in X$. Dann erfüllt X die Bedingung (1.8), definiert also gemäß (1.7) eine p. g. Halbgruppe $(S,+,\leq)$. Für den Negativbereich gilt dann $N=\{o\}$, wenn $(S,+)$ ein Nullelement o hat, und anderenfalls $N=\emptyset$.*

Beweis. Aus $a+x+y=a$ mit $a \in S$ und $x,y \in X$ folgt (1.8) wegen $x+x=x$ gemäß $a+x=a+x+y+x=a+x+y=a$. In der durch X partiell geordneten Halbgruppe $(S,+,\leq)$ gilt dann $s+n \leq s$ für jedes $n \in N$ und alle $s \in S$. Daraus folgt $s+n=s$ oder $s+n+x=s$ für ein $x \in X$ gemäß (1.7). Letzteres ergibt $s+x=s$ wegen $x+x=x$ und damit ebenfalls $s+n=s$. Es gilt also $s+n=s$ für alle $s \in S$, d. h. n ist das Nullelement von $(S,+)$. Dies zeigt $N=\{o\}$ im Fall der Existenz eines solchen Elementes; anderenfalls ist $n \in N$ ein Widerspruch, d. h. es gilt $N=\emptyset$. ∎

Bemerkung 1.13. Wenden wir Folgerung 1.12 auf eine kommutative, idempotente Halbgruppe $(S,+)$ an, dann definiert $X=S$ gemäß (1.7) eine p. g. Halbgruppe $(S,+,\leq_S)$. In diesem Fall folgt aus $a=b$ oder $a+x=b$ für ein $x \in S$ stets $a+b=b$, was für $a=b$ klar ist und sich für $a+x=b$ aus $a+b=a+a+x=a+x=b$ ergibt. Wegen $b \in X=S$ ist also $a \leq_S b$ gleichwertig mit $a+b=b$, d. h. $\leq_S$ stimmt mit der in Satz I.6.16 b) definierten partiellen Ordnung (I.6.4) überein, die $(S,+)$ zu einem Halbverband $(S,\leq)$ mit $\sup\{a,b\}=a+b$ macht.

Schließlich geben wir noch die folgenden Begriffsbildungen, die im Zusammenhang mit p. g. Halbgruppen, aber auch mit p. g. Halbringen oft gebraucht werden.

Definition 1.14. Es sei $(S, +, \leq)$ eine p. g. Halbgruppe. Dann heißt $(S, +, \leq)$ *positiv partiell geordnet*, wenn $P = S$ gilt, und $(S, +, \leq)$ heißt *natürlich partiell geordnet*, wenn $(S, +, \leq)$ durch $X = S$ gemäß (1.7) partiell geordnet ist.

Im zweiten Fall folgt $S = X \subseteq P \subseteq S$ nach Folgerung 1.10 a), d. h. eine natürlich partiell geordnete Halbgruppe ist stets positiv partiell geordnet.

Aufgaben

1.1. Ist $(S, +, \leq)$ eine p. g. oder l. g. Halbgruppe und $(U, +)$ eine Unterhalbgruppe von $(S, +)$, so ist $(U, +, \leq)$ mit der von $(S, \leq)$ induzierten Relation (vgl. Aufgabe I.6.6) eine p. g. oder l. g. Halbgruppe.

1.2. Es sei $(S, +, \leq)$ eine p. g. oder l. g. Halbgruppe. Dann gilt das gleiche für $(S, +, \geq)$ bezüglich der zu $\leq$ dualen Relation $\geq$ (vgl. Bemerkung I.6.12). Dabei vertauschen sich die Begriffe positiv und negativ.

1.3. Der Positivbereich P einer p. g. Halbgruppe $(S, +, \leq)$ ist ein *oberer Abschnitt von* $(S, \leq)$ und der Negativbereich N ein *unterer Abschnitt von* $(S, \leq)$, d. h. für alle $s \in S$, $p \in P$ und $n \in N$ gilt: Aus $p \leq s$ folgt $s \in P$ und aus $s \leq n$ folgt $s \in N$.

1.4. Es sei $(S, +, \leq)$ eine p. g. Halbgruppe mit P bzw. N als Positiv- bzw. Negativbereich. Ist dann $\leq$ sogar linear und hat $(S, +)$ ein Nullelement, so folgt $N \cup P = S$. Jedoch braucht eine l. g. Halbgruppe $(S, +, \leq)$ mit $N \cup P = S$ kein Nullelement zu besitzen (vgl. $(U, +, \leq)$ in Beispiel 1.7), und es gibt p. g. Halbgruppen $(S, +, \leq)$ mit Nullelement und $N \cup P = S$, die nicht linear geordnet sind (vgl. Beispiel 1.2 b)).

1.5. Es sei $(S, +, \leq)$ eine p. g. Halbgruppe und a kürzbar in $(S, +)$.

a) Aus $a \in P \cap S^*$ folgt dann $a < a+a$, womit a ein Element unendlicher Ordnung von $(S, +)$ ist (vgl. Fakt I.1.5 und Definition I.1.20).

b) Aus $a \in N \cap S^*$ folgt Entsprechendes mit $a + a < a$.

c) Ist $(S, +, \leq)$ sogar linear geordnet oder gilt $N \cup P = S$, so ist jedes kürzbare Element a von $(S, +)$ entweder das Nullelement oder von unendlicher Ordnung. In diesen Fällen gilt dann $a \in P \iff a \leq a + a$ sowie $a \in N \iff a + a \leq a$.

1.6. Es sei $(S, +, \leq)$ eine p. g. Halbgruppe mit Nullelement o. Existieren dann zu gewissen Elementen $p \in P$, $n \in N$ und $a, b \in S$ die entgegengesetzten Elemente $-p$, $-n$, $-a$ und $-b$ in $(S, +)$, dann gilt $-p \in N$, $-n \in P$ sowie $a \leq b \iff -a \geq -b$. Insbesondere folgt $N = -P$ und $P = -N$, wenn $(S, +, \leq)$ eine p. g. Gruppe ist.

1.7. Es sei $(S, +)$ eine kommutative Halbgruppe. Die Unterhalbgruppe $X = S$ erfüllt genau dann die Bedingung (1.8), wenn für alle $a \neq b$ aus S höchstens eine der Gleichungen $a + x = b$ und $b + y = a$ mit $x \in S$ bzw. $y \in S$ lösbar ist. In diesem Fall existiert also nach Satz 1.8 die p. g. Halbgruppe $(S, +, \leq_S)$. Insbesondere im Zusammenhang mit Halbringen $(S, +, \cdot)$ (vgl. Aufgabe 2.13) nennt man dann die partielle Ordnungsrelation $\leq_S$ oft die "Differenzordnung" von $(S, +)$ bzw. $(S, +, \cdot)$.

1.8. Es sei $(S, +, \leq)$ eine p. g. Halbgruppe und P ihr Positivbereich. Dann erfüllt die Unterhalbgruppe $X = P$ von $(S, +)$ die Bedingung (1.8), d. h. es gibt die durch $X = P$ partiell geordnete Halbgruppe $(S, +, \leq_P)$. Zeigen Sie weiter, daß dann

$$(1.10) \qquad a \leq_P b \Longrightarrow a \leq b \quad \text{für alle } a, b \in S$$

gilt, und daß P auch der Positivbereich von $(S, +, \leq_P)$ ist. Kennzeichnen Sie die partielle Ordnung $\leq_P$ für die l. g. Halbgruppe $(U_0, +, \leq)$ aus Beispiel 1.7, und beweisen Sie, daß die umgekehrte Implikation in (1.10) nicht zu gelten braucht.

1.9. Es sei $(S, +, \leq)$ eine p. g. Halbgruppe ohne Nullelement mit P als Positiv- und N als Negativbereich. Adjungiert man dann ein Element $o \notin S$ zu S gemäß $x + o = o + x = x$ für alle $x \in T = S \cup \{o\}$, so ist $(T, +)$ eine Oberhalbgruppe von $(S, +)$ mit o als Nullelement (vgl. Lemma I.2.16). Setzt man nun die partielle Ordnung von S auf T fort gemäß $n < o$ für alle $n \in N$ und $o < p$ für alle $p \in P$, so ist auch $(T, +, \leq)$ eine p. g. Halbgruppe.

Man beachte jedoch: Ist $(S, +, \leq)$ eine l. g. Halbgruppe, so überträgt sich die Linearität auf $(T, +, \leq)$ genau dann, wenn $P \cup N = S$ gilt. Für ein Halbringbeispiel mit $P \cup N \neq S$ vgl. Aufgabe 2.17 b).

1.10. Allgemeiner als in Definition 1.1 und in der üblichen multiplikativen Schreibweise versteht man unter einer *partiell geordneten (p. g.) Halbgruppe* $(S, \cdot, \leq)$ eine beliebige Halbgruppe $(S, \cdot)$ und eine p. g. Menge $(S, \leq)$, für die das Monotoniegesetz

$$(1.11) \qquad a < b \Longrightarrow ac \leq bc \text{ und } ca \leq cb \quad \text{für alle } a, b, c \in S$$

gilt. Die Begriffe *l. g. Halbgruppe, p. g. Gruppe und l. g. Gruppe* verwendet man entsprechend. Übertragen Sie die Aussagen und Begriffsbildungen dieses Paragraphen bis einschließlich Lemma 1.6 auf p. g. Halbgruppen $(S, \cdot, \leq)$.

1.11. Beweisen Sie im Anschluß an Bemerkung 1.13: *Jeder additiv idempotente Halbkörper* $(S, +, \cdot)$ *ohne Nullelement läßt sich als p. g. Gruppe* $(S, \cdot, \leq)$ *auffassen, für die* $(S, \leq)$ *ein Verband ist, und umgekehrt.* (P. g. Halbgruppen dieser Art nennt man *Verbandsgruppen* oder *verbandsmäßig geordnete Gruppen,* vgl. Kapitel V von [Fuc63] und [Wei62].) Ausgehend von $(S, +, \cdot)$ wird dabei $\leq$ durch $\leq_S$ gemäß Bemerkung 1.13 definiert, wobei $\sup\{a, b\} = a + b$ und $\inf\{a, b\} = (a^{-1} + b^{-1})^{-1}$ gelten. Umgekehrt wird $a + b$ durch $\sup\{a, b\}$ definiert.

III.2. Partiell geordnete Halbringe

Wir verallgemeinern nun den bereits in der Einleitung angegebenen Begriff des partiell geordneten Ringes wie folgt:

Definition 2.1. Es sei $(S, +, \cdot)$ ein Halbring und $(S, \leq)$ eine p. g. Menge. Dann heißt $(S, +, \cdot, \leq)$ ein *partiell geordneter Halbring,* kurz ein *p. g. Halbring,* wenn folgendes gilt:

1) $(S, +, \leq)$ ist eine p. g. Halbgruppe, d. h. es gilt das Monotoniegesetz der Addition gemäß (1.1).

2) Die Elemente des Positivbereiches P von $(S, +, \leq)$ erfüllen das Monotoniegesetz der Multiplikation gemäß

$$(2.1) \qquad a < b \Longrightarrow ac \leq bc \text{ und } ca \leq cb \quad \text{für alle } a, b \in S \text{ und alle } c \in P.$$

Insbesondere heißt ein p. g. Halbring $(S, +, \cdot, \leq)$ ein *linear geordneter (l. g.) Halbring,* wenn $(S, \leq)$ eine l. g. Menge ist. Entsprechend heißt $(S, +, \cdot, \leq)$ ein *p. g.* oder *l. g. Ring (Halbkörper, Körper),* wenn $(S, +, \cdot)$ ein Ring (Halbkörper, Körper) ist.

Zur Vereinfachung gewisser Formulierungen nennen wir $(S, +, \cdot, \leq)$ einen *schwach partiell geordneten Halbring,* wenn $(S, +, \cdot)$ ein Halbring und $(S, +, \leq)$ eine p. g. Halbgruppe ist.

Beispiel 2.2. a) Bekanntlich ist $(\mathbb{R}, +, \cdot, \leq)$ mit der üblichen Bedeutung von $+$, $\cdot$ und $\leq$ ein l. g. Körper. Gemäß Aufgabe 2.2 ergeben entsprechende

Unterstrukturen von $(\mathbb{R}, +, \cdot)$ zahlreiche Beispiele für l. g. Körper, l. g. Ringe und l. g. Halbringe.

b) Für jede Menge M ist die Potenzmenge $(\mathfrak{P}(M), \cup, \cap, \subseteq)$ mit $\cup$, $\cap$ und $\subseteq$ in der angegebenen Reihenfolge als Addition, Multiplikation und partieller Ordnungsrelation ein p. g. Halbring. Gemäß den Beispielen I.2.10 a) und 1.2 b) bleibt nur das Monotoniegesetz (2.1) nachzuprüfen, was aus $A \subset B \Longrightarrow A \cap C \subseteq B \cap C$ für alle $A, B, C \in \mathfrak{P}(M)$ ohne Kenntnis des Positivbereichs P von $(\mathfrak{P}(M), \cup, \subseteq)$ folgt. Allerdings gilt hier $P = \mathfrak{P}(M)$ sowie $N = \{\emptyset\}$ für den Negativbereich. Weiter ist auch $(\mathfrak{P}(M), \cup, \cap, \supseteq)$ mit der zu $\subseteq$ dualen partiellen Ordnungsrelation $\supseteq$ ein p. g. Halbring (vgl. jedoch Aufgabe 2.4) mit $P = \{\emptyset\}$ und $N = \mathfrak{P}(M)$. Auch $(\mathfrak{P}(M), \cap, \cup, \subseteq)$ ist ein p. g. Halbring, wobei $P = \{M\}$ und $N = \mathfrak{P}(M)$ gilt.

c) Der in Aufgabe I.6.3 betrachtete Halbring $(\mathfrak{P}(A \times A), \cup, \circ)$ aller Relationen auf einer Menge A ist ein p. o. Halbring $(\mathfrak{P}(A \times A), \cup, \circ, \subseteq)$ bezüglich der Inklusion $\subseteq$ auf $A \times A$ (vgl. Lemma I.6.5 b)). Auch hier gilt $P = \mathfrak{P}(A \times A)$ und $N = \{\emptyset\}$.

d) Der in Beispiel I.2.7 betrachtete Halbkörper $(\mathbb{P}_0, \oplus, \cdot)$ mit $a \oplus b = \max(a, b)$ als Addition und der üblichen Multiplikation ist bezüglich der von $(\mathbb{R}, \leq)$ induzierten linearen Ordnung ein l. g. Halbkörper $(\mathbb{P}_0, \oplus, \cdot, \leq)$, da $a < b$ sowohl $a \oplus c \leq b \oplus c$ als auch $ac \leq bc$ für alle $a, b, c \in \mathbb{P}_0$ impliziert. Hier ist $P = \mathbb{P}_0$ der Positivbereich und $N = \{0\}$ der Negativbereich, und wegen $P = \mathbb{P}_0$ (vgl. Aufgabe 2.1) ist jeder Unterhalbring $(U, \oplus, \cdot)$ von $(\mathbb{P}_0, \oplus, \cdot)$ ein l. g. Halbring $(U, \oplus, \cdot, \leq)$. Alle diese Halbringe sind natürlich partiell geordnet im Sinne von Definition 1.14. Der in Beispiel I.3.7 b) betrachtete Halbring $(S, +, \cdot)$ mit $S = \{x^n \mid x \in \mathbb{N}_0\}$ und sein Quotientenhalbkörper $(T, +, \cdot) = Q(S) = Q(S, S)$ sind zu gewissen Unterhalbringen $(U, \oplus, \cdot)$ von $(\mathbb{P}_0, \oplus, \cdot)$ isomorph. Sie sind daher in entsprechender Weise l. g. Halbringe bezüglich der durch $x^n \leq x^m \Longleftrightarrow n \leq m$ definierten Ordnungsrelation.

e) Weiter prüft man leicht nach, daß $(\mathbb{R}, \max, \min, \leq)$ entsprechend Beispiel I.2.8 a) ein l. g. Halbring ist, ersichtlich mit $P = \mathbb{R}$ und $N = \emptyset$. Auch hier ist jeder Unterhalbring $(U, \max, \min)$ von $(\mathbb{R}, \max, \min)$ ein natürlich linear geordneter Halbring $(U, \max, \min, \leq)$.

f) Entsprechend den Beispielen I.2.8 b) und I.2.9 sind auch $(\mathbb{R}, \min, \max, \leq)$ und $(\mathbb{R}, \min, +, \leq)$ l. g. Halbringe. Hier sind alle Elemente negativ, und das gleiche gilt in beiden Fällen für alle ihre Unterhalbringe.

g) Es sei $(V, \vee, \wedge, \leq)$ ein distributiver Verband (vgl. Aufgabe I.6.13). Dann ist $(V, \vee, \wedge)$ ein Halbring und $(V, \vee, \wedge, \leq)$ ein p. g. Halbring, da $a < b$ sowohl $a \vee c \leq b \vee c$ als auch $a \wedge c \leq b \wedge c$ für alle $a, b, c \in V$ impliziert. Hier sind alle Elemente positiv, und entsprechend Bemerkung 1.13 ist $(V, \vee, \leq)$ eine natürlich partiell geordnete Halbgruppe. Weiter gilt $N \neq \emptyset$ genau dann, wenn $(V, \leq)$ nach unten beschränkt ist, also ein kleinstes Element o besitzt. In diesem Fall ist o das Nullelement von $(V, \vee, \wedge)$, und es gilt $N = \{o\}$. Konkrete Beispiele distributiver Verbände sind $(\mathfrak{P}(M), \cup, \cap, \subseteq)$, $(\mathbb{R}, \max, \min, \leq)$ und alle ihre Unterhalbringe. Übrigens gilt für jeden distributiven Verband $(V, \vee, \wedge, \leq)$, daß auch $(V, \wedge, \vee, \leq)$, $(V, \vee, \wedge, \geq)$ und $(V, \wedge, \vee, \geq)$ p. g. Halbringe sind.

Bemerkung 2.3. i) Im Zusammenhang mit einem (schwach) p. g. Halbring $(S, +, \cdot, \leq)$ beziehen wir die Begriffe positiv und negativ und damit P und N stets auf $(S, +, \leq)$, also auf die Addition. Nach III.1 gilt dabei: *P bzw. N sind entweder leer oder Unterhalbgruppen von $(S, +)$, und für jeden schwach p. g. Halbring $(S, +, \cdot, \leq)$ mit einem Nullelement o gilt $P = \{p \in S \mid o \leq p\}$ sowie $N = \{n \in S \mid n \leq o\}$. Ist $(S, +, \cdot, \leq)$ ein p. g. Halbring mit absorbierendem Nullelement o, so ist P ein Unterhalbring von $(S, +, \cdot)$.* Letzteres ergibt sich aus (2.1) gemäß $o \leq p_1 \Longrightarrow o \leq p_1 p_2$ für alle $p_1, p_2 \in P$.

ii) Wir erwähnen nur, daß ein "multiplikativ rechtspositives Element" q eines schwach p. g. Halbringes $(S, +, \cdot, \leq)$ durch $a \leq aq$ für alle $a \in S$ zu definieren wäre und daß man ebenso multiplikativ linkspositive und zweiseitig positive Elemente betrachten müßte. Bei unseren Überlegungen werden aber diese und ihre ordnungstheoretisch dualen Begriffe keine Rolle spielen.

P. g. Halbringe wie $(\mathfrak{P}(M), \cup, \cap, \subseteq)$ für $|M| \geq 2$ oder $(\mathbb{R}, \max, \min, \leq)$ aus Beispiel 2.2 zeigen, daß das "schwache" Monotoniegesetz der Multiplikation (2.1) nicht das "starke" Monotoniegesetz

(2.2) $\quad a < b \Longrightarrow ac < bc$ und $ca < cb$ für alle $a, b \in S$ und alle $c \in P \cap S^*$

impliziert. Allerdings gilt hier die Umkehrung (2.2) $\Longrightarrow$ (2.1) zunächst nur für alle Elemente $c \in P \cap S^*$, also jedenfalls für Halbringe ohne Nullelement. Für Halbringe mit Nullelement o folgt der noch fehlende Fall von (2.1) mit $c = o \in P$, wenn man o als absorbierend voraussetzt. Analog zu den auch für Halbringe gültigen additiven Aussagen von Lemma 1.3 beweist man die folgenden multiplikativen Aussagen:

Lemma 2.4. *a) Es sei $(S, +, \cdot, \leq)$ ein schwach p. g. Halbring. Dann sind für jedes in $(S, \cdot)$ kürzbare Element $c \in S$ die Implikationen (2.1) und (2.2) gleichwertig. Sind also insbesondere alle Elemente von $P \cap S^*$ kürzbar in $(S, \cdot)$ und ist ein eventuell vorhandenes Nullelement entweder absorbierend oder multiplikativ kürzbar, so sind die Monotoniegesetze (2.1) und (2.2) äquivalent.*

b) Ein l. g. Halbring $(S, +, \cdot, \leq)$ erfüllt genau dann (2.2), wenn alle Elemente von $P \cap S^*$ kürzbar in $(S, \cdot)$ sind.

Wir wenden uns nun dem Verhalten negativer Elemente bezüglich der Multiplikation zu.

Lemma 2.5. *a) Es sei $(S,+,\cdot,\leq)$ ein schwach p. g. Ring. Dann ist das Monotoniegesetz (2.1) gleichwertig mit dem Antimonotoniegesetz*

(2.3) $\quad a < b \Longrightarrow ac \geq bc$ *und* $ca \geq cb$ *für alle* $a, b \in S$ *und alle* $c \in N$.

Entsprechend ist (2.2) äquivalent zu

(2.4) $\quad a < b \Longrightarrow ac > bc$ *und* $ca > cb$ *für alle* $a, b \in S$ *und alle* $c \in N \cap S^*$.

b) Keine dieser Aussagen läßt sich auf Halbringe übertragen, und es gibt sogar kommutative, schwach l. g. Halbringe mit absorbierendem Nullelement, die (2.1) und (2.2) erfüllen, jedoch nicht (2.3) und (2.4), sowie solche, für die das Umgekehrte zutrifft.

Beweis. a) Für einen schwach p. g. Ring $(S,+,\cdot,\leq)$ folgt aus Aufgabe 1.6, daß $N = -P$ und $P = -N$ gelten sowie $ac \leq bc \iff a(-c) \geq b(-c)$ und $ca \leq cb \iff (-c)a \geq (-c)b$ für alle $a, b, c \in S$. Dies zeigt (2.1) $\Longrightarrow$ (2.3), und die übrigen Implikationen ergeben sich analog.

b) Entsprechende Beispiele geben wir in den Aufgaben 2.15 und 2.16. ∎

Bemerkung 2.6. i) Für die Zusammenhänge zwischen (2.3) und (2.4) gelten die dem Lemma 2.4 entsprechenden Aussagen.

ii) Es ist oft zweckmäßig, für einen schwach p. g. Halbring $(S,+,\cdot,\leq)$ neben den schon für $(S,+,\leq)$ definierten Mengen P und N den *Monotoniebereich*

(2.5) $$M = \{m \in S \mid \forall a, b \in S \; (a < b \Longrightarrow am \leq bm \wedge ma \leq mb)\}$$

sowie den *Antimonotoniebereich*

(2.6) $$W = \{w \in S \mid \forall a, b \in S \; (a < b \Longrightarrow aw \geq bw \wedge wa \geq wb)\}$$

einzuführen. Dann ist $P \subseteq M$ gleichwertig mit dem Monotoniegesetz (2.1) (also mit der Feststellung, daß der schwach p. g. Halbring $(S,+,\cdot,\leq)$ ein p. g. Halbring ist), und $N \subseteq W$ ist gleichwertig mit der Antimonotonie (2.3). Weiterhin gilt $M = S$ genau dann, wenn $(S,\cdot,\leq)$ eine p. g. Halbgruppe ist (vgl. Aufgabe 1.10), woraus natürlich $P \subseteq M$ folgt.

iii) Für einen schwach p. g. Halbring $(S, +, \cdot, \leq)$ und die unter ii) eingeführten Mengen gilt $MM \subseteq M$ und $WW \subseteq M$. Hat $(S, +, \cdot)$ ein absorbierendes Nullelement o, so folgt aus $n \leq o \leq p$ für alle $n \in N$ und alle $p \in P$:

(2.7) $\quad PM \subseteq P,\ MP \subseteq P,\ NM \subseteq N$ und $MN \subseteq N$ sowie

(2.8) $\quad PW \subseteq N,\ WP \subseteq N,\ NW \subseteq P$ und $WN \subseteq P$.

Für einen p. g. Halbring $(S, +, \cdot, \leq)$ mit absorbierendem Nullelement ergibt sich wegen $P \subseteq M$ aus (2.7) weiter

(2.9) $\quad PP \subseteq P,\ NP \subseteq N$ und $PN \subseteq N$.

Erfüllt $(S, +, \cdot, \leq)$ auch $N \subseteq W$, so folgt aus (2.8) noch $NN \subseteq P$.

iv) Ersetzt man in der Definition von M die Relation $\leq$ durch $<$, so erhält man den sogenannten *strengen Monotoniebereich* M^{st} des schwach p. g. Halbrings $(S, +, \cdot, \leq)$. Nach Lemma 2.4 a) besteht M^{st} aus den Elementen von M, die in $(S, \cdot)$ kürzbar sind. In analoger Weise definiert man den *strengen Antimonotoniebereich* W^{st} von $(S, +, \cdot, \leq)$. Offenbar ist dann $P \cap S^* \subseteq M^{st}$ gleichwertig mit (2.2), und $N \cap S^* \subseteq W^{st}$ ist gleichwertig mit (2.4). Auf iii) entsprechende Überlegungen bezüglich M^{st} und W^{st} wollen wir hier jedoch nicht eingehen. In diesem Zusammenhang verweisen wir auf [Wei86], § 3 bis § 5.

Wir formulieren nun einige zum Teil schon erwähnte grundlegende Aussagen über p. g. Ringe und bemerken im anschließenden Beweis, ob bzw. mit welchen Einschränkungen sie sich auf p. g. Halbringe übertragen lassen.

Satz 2.7. *a) Es sei $(R, +, \cdot, \leq)$ ein p. g. Ring. Dann ist der Positivbereich P von $(R, +, \cdot, \leq)$ ein Unterhalbring von $(R, +, \cdot)$, der (1.8) erfüllt. Letzteres ist gleichwertig mit der Nullsummenfreiheit von P oder mit $P \cap -P = \{o\}$ für $-P = \{-p \in R \mid p \in P\}$. Weiter bestimmt P die Relation $\leq$ gemäß (1.6).*

b) Ist umgekehrt P ein Unterhalbring eines Ringes $(R, +, \cdot)$, der $P \cap -P = \{o\}$ erfüllt, so definiert (1.6) eine partielle Ordnungsrelation $\leq$, für die $(R, +, \cdot, \leq)$ ein p. g. Ring mit P als Positivbereich ist. Wie für jeden p. g. Ring gilt dann auch das Antimonotoniegesetz (2.3).

c) Für jeden Ring $(R, +, \cdot)$ wird durch a) und b) eine bijektive Korrespondenz zwischen den Relationen $\leq$, für die $(R, +, \cdot, \leq)$ ein p. g. Ring ist, und den Unterhalbringen P von $(R, +, \cdot)$ mit $P \cap -P = \{o\}$ gegeben. (Übrigens entspricht dabei der trivialen Ordnungsrelation $=$ auf R der Positivbereich $P = \{o\}$.)

d) Ein p. g. Ring $(R, +, \cdot, \leq)$ ist genau dann linear geordnet, wenn sein Positivbereich $P \cup -P = R$ erfüllt. Letzteres ist gemäß Bemerkung II.5.12 genau dann der Fall, wenn $(P, +, \cdot)$ halbsubtraktiv ist und $R = D(P)$ gilt.

e) Ein p. g. Ring $(R,+,\cdot,\leq)$ erfüllt genau dann das strenge Monotoniegesetz (2.2), wenn sein Positivbereich P ein nullteilerfreier Halbring ist. Daraus folgt dann auch das strenge Antimonotoniegesetz (2.4).

Beweis und Bemerkungen. a) Für jeden p. g. Halbring $(S,+,\cdot,\leq)$ mit absorbierendem Nullelement o ist der Positivbereich P ein Unterhalbring von $(S,+,\cdot)$, der (1.8) erfüllt (vgl. Bemerkung 2.3 i) und Aufgabe 1.8). Ist darüber hinaus $(S,+)$ kürzbar, so erfüllt P genau dann (1.8), wenn P nullsummenfrei ist (vgl. Folgerung 1.11 b)), was ersichtlich mit $P\cap -P=\{o\}$ gleichwertig ist. Die letzte Aussage von a) gilt jedoch gemäß Lemma 1.6 nur für p. g. Gruppen und Ringe. Dabei zeigt Beispiel 1.7 unter Einbeziehung der Multiplikation, daß es sogar l. g. Halbringe $(U_0,+,\cdot,\leq)$ gibt, die additiv kürzbar sind und ein absorbierendes Nullelement haben, deren Positivbereich P jedoch gemäß (1.6) nicht die partielle Ordnungsrelation $\leq$ von $(U_0,+,\cdot,\leq)$ festlegt. Vielmehr definiert in diesem Fall $P=X$ gemäß (1.6) (bzw. gemäß (1.7)) eine partielle Ordnungsrelation $\leq_P$ auf U_0, die in der Relation $\leq$ echt enthalten ist (vgl. Aufgabe 1.8).

b) Diese Aussage gilt für jeden Unterhalbring $P=X$ mit $P\cap -P=\{o\}$ eines additiv kürzbaren Halbrings $(S,+,\cdot)$ mit Nullelement o. Dies entspricht dem folgenden Satz 2.10 c).

c) Diese Korrespondenz gilt auch für p. g. Gruppen und beruht darauf, daß der Positivbereich P eines p. g. Ringes $(R,+,\cdot,\leq)$ die Relation $\leq$ gemäß (1.6) festlegt. Für p. g. Halbringe braucht dies nicht mehr zuzutreffen, wie das eben unter a) angegebene Beispiel zeigt.

d) Diese Aussage gilt unabhängig von der Multiplikation für p. g. Gruppen $(G,+,\leq)$ und ist leicht nachzuprüfen (vgl. auch die Aufgaben 1.4 und 1.6). Dagegen erfüllt jeder positiv partiell geordnete Halbring $(S,+,\cdot,\leq)$ wie z. B. $(\mathfrak{P}(M),\cup,\cap,\subseteq)$ sogar $P=S$, ohne daß die partielle Ordnungsrelation $\leq$ linear zu sein braucht. Umgekehrt gibt es l. g. Halbringe $(S,+,\cdot,\leq)$ mit absorbierendem Nullelement, die nicht $P\cup -P=S$ erfüllen, wie z. B. der l. g. Halbring $(\mathbb{P}^\infty,\min,\cdot,\leq)$ aus Aufgabe 2.15.

e) Diese Aussagen werden wir in Satz 2.11 verallgemeinern, und zwar für additiv kürzbare p. g. Halbringe $(S,+,\cdot,\leq)$ mit Nullelement, die von ihrem Positivbereich P gemäß (1.6) partiell geordnet werden. ■

Folgerung 2.8 *Ein Halbring $(P,+,\cdot)$ mit Nullelement o ist genau dann der Positivbereich eines p. g. Ringes $(R,+,\cdot,\leq)$, wenn $(P,+,\cdot)$ additiv kürzbar und nullsummenfrei ist. Der kleinste Ring dieser Art ist dann der Differenzenring $R=D(P)$ von P, und $(D(P),+,\cdot,\leq)$ wird durch P genau dann linear geordnet, wenn P auch halbsubtraktiv ist.*

Beweis. Die Bedingungen für $(P,+,\cdot)$ sind ersichtlich notwendig (vgl. Satz 2.7 a)). Umgekehrt folgt aus der additiven Kürzbarkeit von $(P,+,\cdot)$ nach Satz II.5.11 die Existenz des Differenzenringes $(D(P),+,\cdot)$. Sei nun $(R,+,\cdot)$ ein beliebiger Oberring von $(D(P),+,\cdot)$. Für jedes $p \neq o$ aus $P \subseteq D(P) \subseteq R$ existiert dann $-p \in D(P)$, und es gilt $-p \notin P$, weil $p+(-p) = o$ sonst der Nullsummenfreiheit von P widerspräche. Damit gilt $P \cap -P = \{o\}$, und die weiteren Behauptungen folgen aus Satz 2.7 b) und d). ∎

Beispiel 2.9. Es sei $R = \mathbb{Q} + \mathbb{Q}z$ der in Aufgabe II.1.8 eingeführte Ring.

a) Der Unterhalbring $P_1 = \mathbb{H}_0 + \mathbb{H}_0 z$ von R ist wegen $P_1 \cap -P_1 = \{0\}$ nach Satz 2.7 b) Positivbereich des p. g. Ringes $(R,+,\cdot,\leq_1)$ mit der durch P_1 gemäß (1.6) definierten partiellen Ordnung $\leq_1$. Dabei gilt für alle $a_0 + a_1 z$ und $b_0 + b_1 z$ aus R ersichtlich

$$(2.10) \qquad a_0 + a_1 z \leq_1 b_0 + b_1 z \iff a_0 \leq b_0 \text{ und } a_1 \leq b_1,$$

wobei $\leq$ die übliche lineare Ordnung von $\mathbb{H}_0$ bezeichnet. Nun ist zwar $D(P_1) = R$ der Differenzenring von P_1, aber wegen $P_1 \cup -P_1 \subset R$ ist $\leq_1$ nach Satz 2.7 d) nicht linear. Auch erfüllt $(R,+,\cdot,\leq_1)$ nach Satz 2.7 e) nicht (2.2), da P_1 beispielsweise z als Nullteiler enthält.

b) Die entsprechenden Überlegungen zeigen, daß der Unterhalbring

$$P_2 = \{c_0 + c_1 z \mid c_0 > 0 \text{ oder } c_0 = 0 \text{ und } c_1 \geq 0\} = (\mathbb{H} + \mathbb{Q}z) \cup \mathbb{H}_0 z$$

von R Positivbereich des l. g. Ringes $(R,+,\cdot,\leq_2)$ ist, wobei $\leq_2$

$$(2.11) \qquad a_0 + a_1 z \leq_2 b_0 + b_1 z \iff a_0 < b_0 \text{ oder } a_0 = b_0 \text{ und } a_1 \leq b_1$$

für alle $a_0 + a_1 z,\ b_0 + b_1 z \in R$ erfüllt. Hier gilt nämlich über $D(P_2) = R$ hinaus $P_2 \cup -P_2 = R$, jedoch ebenfalls nicht (2.2) für $(R,+,\cdot,\leq_2)$.

c) Schließlich sind auch $P_3 = \mathbb{N}_0 + \mathbb{N}_0 z$ und $P_4 = (\mathbb{N} + \mathbb{Z}z) \cup \mathbb{N}_0 z$ Positivbereiche partieller Ordnungen von $R = \mathbb{Q} + \mathbb{Q}z$, doch ist der in Folgerung 2.8 genannte kleinste Ring $D(P_3) = D(P_4)$ jetzt $\mathbb{Z} + \mathbb{Z}z$ und damit echt in R enthalten.

Wir übertragen nun Satz 1.8 und seine Folgerungen auf Halbringe.

Satz 2.10. *a) Es sei $(S,+,\cdot)$ ein Halbring, X ein Unterhalbring von $(S,+,\cdot)$ und $\leq$ die durch (1.7) definierte Relation auf S. Genau dann ist $(S,+,\cdot,\leq)$ ein schwach p. g. Halbring, wenn X die Bedingung (1.8) erfüllt. In diesem Falle gelten dann $X \subseteq P$ und $X \subseteq M$ sowie die folgenden Aussagen: Enthält*

$(S,+,\cdot)$ ein additiv kürzbares Element, jedoch kein Nullelement, so folgt $X = P$. Enthält $(S,+,\cdot)$ ein Nullelement o, gilt $X \cup \{o\} = P$.

b) Es sei $(S,+,\cdot,\leq)$ ein durch den Unterhalbring X von $(S,+,\cdot)$ schwach p. g. Halbring. Dann ist jede der folgenden Bedingungen hinreichend dafür, daß $(S,+,\cdot,\leq)$ ein p. g. Halbring ist, d. h. $P \subseteq M$ und damit (2.1) erfüllt:

i) $PX \subseteq X$ und $XP \subseteq X$; diese Bedingung ist insbesondere für jedes Ideal X von $(S,+,\cdot)$ und natürlich für $X = S$ erfüllt.

ii) $(S,+,\cdot)$ hat ein Nullelement o, und es gilt $o \in X$ oder $oX \cup Xo \subseteq X$.

iii) $(S,+,\cdot)$ hat ein absorbierendes Nullelement o. Diese Bedingung impliziert dann auch $N \subseteq W$, d. h. das Antimonotoniegesetz (2.3) für $(S,+,\cdot,\leq)$.

c) Es sei $(S,+,\cdot)$ ein additiv kürzbarer Halbring mit Nullelement o und X ein Unterhalbring von $(S,+,\cdot)$, der nullsummenfrei ist, was mit $X \cap -X = \{o\}$ für $-X = \{-x \in S \mid x \in X\}$ gleichwertig ist. Dann erfüllt X die Bedingung (1.8), und für die durch X gemäß (1.7) bzw. (1.6) definierte Relation $\leq$ ist $(S,+,\cdot,\leq)$ ein p. g. Halbring mit $X = P$ als Positivbereich. Darüber hinaus gilt das Antimonotoniegesetz (2.3).

Beweis. a) Alle Aussagen außer $X \subseteq M$ ergeben sich unmittelbar aus Satz 1.8 und Folgerung 1.10, sogar wenn man X nur als Unterhalbgruppe von $(S,+)$ voraussetzen würde. Dagegen braucht man $XX \subseteq X$, um zu zeigen, daß X im Monotoniebereich M von $(S,+,\cdot,\leq)$ liegt, also (2.1) für alle $c \in X$ gilt: Aus $a < b$, also $a + x = b$ für ein $x \in X$, folgt dann nämlich $ac + xc = bc$ und $ca + cx = cb$ mit xc und cx aus X für alle $c \in X$, also $ac \leq bc$ und $ca \leq cb$.

b) Wir haben $P \subseteq M$, also (2.1) für alle $c \in P$ zu zeigen: Falls i) gilt, folgt dies wie eben aus $xc \in XP \subseteq X$ und $cx \in PX \subseteq X$. Für ii) und iii) verwenden wir, daß nach a) dann $P = X \cup \{o\}$ und $X \subseteq M$ gilt. Es ist also (2.1) nur noch im Falle $o \notin X$ für $c = o$ nachzuweisen. Falls ii) gilt, folgt dies wie oben aus $xo \in Xo \subseteq X$ und $ox \in oX \subseteq X$, während ein absorbierendes Nullelement $c = o$ trivialerweise (2.1) erfüllt.

Damit bleibt nur noch zu zeigen, daß aus iii) auch $N \subseteq W$ folgt. Für jedes $n \in N$ und jedes $x \in X$ gilt $n \leq o$, also $xn \leq xo = o$ und $nx \leq ox = o$ wegen $X \subseteq M$, und damit $xn, nx \in N$. Sei nun $a \leq b$, also $a + x = b$ für ein $x \in X$. Dann folgt $an + xn = bn$ und $na + nx = nb$ für alle $n \in N$, also wegen $xn, nx \in N$ und der Definition von N, daß $an \geq bn$ und $na \geq nb$ gilt. Dies zeigt (2.3) für alle $c = n \in N$.

c) Ersichtlich ist $X \cap -X = \{o\}$ gleichwertig mit der Nullsummenfreiheit von X. Aus letzterem folgt (1.8) gemäß Folgerung 1.11 b). Nach Teil a) gilt dann $X \subseteq M$ und $X \cup \{o\} = P$, also $X = P \subseteq M$ wegen $o \in X$. Schließlich folgt $N \subseteq W$ aus Bedingung iii) von b), da das Nullelement o eines additiv kürzbaren Halbringes nach Fakt I.2.12 stets absorbierend ist. ∎

Satz 2.11. *Es sei $(S,+,\cdot,\leq)$ ein additiv kürzbarer p. g. Halbring mit Nullelement o, der von einem Unterhalbring X gemäß (1.7) partiell geordnet ist. Dann gilt für den Positivbereich $X \cup \{o\} = P$, und $(S,+,\cdot,\leq)$ erfüllt genau dann das strenge Monotoniegesetz (2.2), wenn der Unterhalbring P nullteilerfrei ist. In diesem Fall gilt auch das strenge Antimonotoniegesetz (2.4).*

Beweis. Da $X \cup \{o\} = P$ nach Satz 2.10 a) gilt, wenden wir uns der Behauptung über (2.2) zu. Nach unseren Voraussetzungen gilt $a < b$ für $a, b \in S$ genau dann, wenn es (genau) ein $p \neq o$ aus P mit $a + p = b$ gibt. Daraus folgt $ac + pc = bc$ und $ca + cp = cb$ für alle $c \neq o$ aus P und damit $ac > bc$ und $ca > cb$ genau dann, wenn pc und cp (nicht nur in P, sondern) in $P \setminus \{o\}$ liegen. Also erfüllt $(S,+,\cdot,\leq)$ genau dann (2.2), wenn P nullteilerfrei ist. (Man beachte, daß dieser Beweis auch den ohnehin klaren Fall einschließt, daß $(S,+,\cdot,\leq)$ trivial partiell geordnet ist, also $P = \{o\}$ gilt.)

Falls es nun Elemente $n \neq o$ aus N gibt, so folgt aus $n < o$ wiederum $n + q = o$ für ein $q \neq o$ aus P und damit $n = -q$. Da wir $a < b \Longrightarrow aq < bq$ und $qa < qb$ bereits gezeigt haben, folgt daraus (vgl. Fakt I.2.12, Fakt I.2.13 und Aufgabe 1.6) $a(-q) > b(-q)$ und $(-q)a > (-q)b$. Dies zeigt (2.4). ∎

Bemerkung 2.12. i) Partiell geordnete Halbringe $(S,+,\cdot,\leq)$, welche die Voraussetzungen von Satz 2.11 erfüllen, erhält man gemäß Satz 2.10 c).

ii) Die Nullteilerfreiheit des Positivbereichs eines solchen Halbrings $(S,+,\cdot,\leq)$ impliziert nicht die Nullteilerfreiheit von $(S,+,\cdot)$. Als Beispiel betrachten wir den Matrizenhalbring $S = M_{2,2}(\mathbb{N}_0)$ (oder auch den Matrizenring $S = M_{2,2}(\mathbb{Z})$), der nach Aufgabe I.2.13 nicht nullteilerfrei ist. Dagegen ist der Unterhalbring

$$P = M_{2,2}(\mathbb{N}) \cup \left\{ \begin{pmatrix} 0 & 0 \\ 0 & 0 \end{pmatrix} \right\} \text{ von } S$$

nullteilerfrei (vgl. Beispiel I.4.3 b)). Man überzeugt sich leicht davon, daß $(S,+,\cdot)$ und $P = X$ die Voraussetzungen von Satz 2.10 c) erfüllen, also $P = X$ gemäß (1.6) eine Relation $\leq$ auf S definiert, für die $(S,+,\cdot,\leq)$ ein p. g. Halbring mit P als Positivbereich ist. Dabei gilt $(a_{i,j}) \leq (b_{i,j})$ genau dann, wenn entweder $a_{i,j} = b_{i,j}$ oder $a_{i,j} < b_{i,j}$ jeweils für alle $i, j \in \{1, 2\}$ erfüllt ist. Im Einklang mit Satz 2.11 erfüllt $(S,+,\cdot,\leq)$ in der Tat die strengen Gesetze (2.2) und (2.4). (Für eine andere partielle Ordnung auf Matrizenhalbringen vgl. Aufgabe 2.7.)

Wir schließen diesen Paragraphen mit einer Bemerkung, die insbesondere zeigt, daß sich Überlegungen über p. g. und sogar über l. g. Halbringe ohne Nullelement nicht durch Adjunktion eines absorbierenden Nullelementes auf solche über p. g. bzw. l. g. Halbringe mit Nullelement zurückführen lassen.

Bemerkung 2.13. i) Es sei $(S, +, \cdot, \leq)$ ein schwach p. g. Halbring ohne Nullelement und $T = (T, +, \cdot)$ der durch Adjunktion eines absorbierenden Nullelementes o zu S gemäß Lemma I.2.16 aus $(S, +, \cdot)$ entstehende Oberhalbring. Nach Aufgabe 1.9 wird dann die partielle Ordnung von S durch $n < o < p$ für alle n aus dem Negativbereich $N(S)$ und alle p aus dem Positivbereich $P(S)$ von S zu einer partiellen Ordnung $\leq$ auf T fortgesetzt, für die $(T, +, \cdot, \leq)$ ein schwach p. g. Halbring ist. Wie man leicht nachprüft, gilt dann

$$P(T) = P(S) \cup \{o\} \quad \text{und} \quad N(T) = N(S) \cup \{o\}$$

und mit entsprechender Bezeichnung

$$M(T) \subseteq M(S) \cup \{o\} \quad \text{und} \quad W(T) \subseteq W(S) \cup \{o\}.$$

ii) Setzt man insbesondere $(S, +, \cdot, \leq)$ als p. g. Halbring voraus, so ist jedoch $(T, +, \cdot, \leq)$ nicht notwendig ebenso ein p. g. Halbring. Dies gilt nicht einmal dann, wenn $(S, +, \cdot, \leq)$ sogar linear geordnet ist (vgl. Aufgabe 2.16).

iii) In anderen Worten besagt ii), daß bei i) aus der Annahme $P(S) \subseteq M(S)$ nicht notwendig $P(T) \subseteq M(T)$ folgt. Vielmehr gilt $P(T) \subseteq M(T)$ für $(T, +, \cdot, \leq)$ genau dann, wenn $(S, +, \cdot, \leq)$ sowohl $P(S) \subseteq M(S)$ als auch (2.9) für $P(S)$ und $N(S)$ erfüllt. Beachten Sie, daß letzteres trivialerweise aus $P(S) = S$ folgt, da dann $N(S) = \emptyset$ gilt.

Aufgaben

2.1. Aus Aufgabe 1.1 folgt sofort, daß jeder Unterhalbring $(U, +, \cdot)$ eines schwach p. g. Halbrings $(S, +, \cdot, \leq)$ mit der von $(S, \leq)$ induzierten partiellen Ordnungsrelation ein schwach p. g. Halbring $(U, +, \cdot, \leq)$ ist; dabei ist $(U, \leq)$ linear geordnet, wenn dies für $(S, \leq)$ zutrifft. Wir setzen nun voraus, daß $(S, +, \cdot, \leq)$ ein p. g. Halbring ist. Überraschenderweise braucht dann $(U, +, \cdot, \leq)$ nicht das Monotoniegesetz (2.1) zu erfüllen, also kein p. g. Halbring zu sein (vgl. Aufgabe 2.3). Eine hinreichende Bedingung für die Gültigkeit von (2.1) für $(U, +, \cdot, \leq)$ ist dann, daß sein Positivbereich $P(U)$ im Positivbereich $P(S)$ von $(S, +, \cdot, \leq)$ enthalten ist. Diese Bedingung $P(U) \subseteq P(S)$ ist stets erfüllt, wenn $(U, +, \cdot)$ und $(S, +, \cdot)$ das gleiche Nullelement o haben, oder wenn $P(S) = S$ gilt.

2.2. Aus Aufgabe 2.1 folgt: Ist $(R, +, \cdot, \leq)$ ein p. g. bzw. l. g. Ring und $(U, +, \cdot)$ ein Unterhalbring von $(R, +, \cdot)$, so ist $(U, +, \cdot, \leq)$ ein p. g. bzw. l. g. Halbring. (Zeigen Sie $P(U) = P(R) \cap U$ mit Hilfe von Satz 2.7 a).)

2.3. Es gibt p. g. Halbringe $(S, +, \cdot, \leq)$ mit einem Unterhalbring $(U, +, \cdot)$, so daß $(U, +, \cdot, \leq)$ kein p. g. Halbring ist (vgl. Aufgabe 2.1). Bei dem folgenden Beispiel ist $(S, +, \cdot, \leq)$ sogar linear geordnet und erfüllt außerdem $N(S) \cup P(S) = S$. Dazu sei die Menge $S = \{a, b, c, d\}$ gemäß $a < b < c < d$ linear geordnet. Mit den durch

$+$	a	b	c	d
a	a	a	a	d
b	a	b	b	d
c	a	b	b	d
d	d	d	d	d

$\cdot$	a	b	c	d
a	d	d	d	d
b	d	b	b	d
c	d	b	b	d
d	d	d	d	d

definierten Operationen ist dann $(S, +, \cdot, \leq)$ ein l. g. Halbring mit dem Positivbereich $P(S) = \{d\}$ und dem Negativbereich $N(S) = \{a, b, c\}$. Die Menge $U = \{a, b, d\}$ bildet einen Unterhalbring von $(S, +, \cdot)$ und damit einen schwach l. g. Halbring $(U, +, \cdot, \leq)$ mit $b = o_U$ als Nullelement, woraus $P(U) = \{b, d\}$ und $N(U) = \{a, b\}$ folgt. Wegen $a < b$ und $ab > bb$ erfüllt $(U, +, \cdot, \leq)$ jedoch nicht (2.1), ist also kein l. g. Halbring.

2.4. Zeigen Sie etwa am Beispiel des l. g. Körpers $(\mathbb{R}, +, \cdot, \leq)$, daß sich die Aussage von Aufgabe 1.2 nicht auf p. g. Halbringe übertragen läßt.

2.5. Zeigen Sie mit Hilfe von Aufgabe 1.5 a) und b): Für eine endliche Gruppe $(S, +)$ und damit erst recht für einen endlichen Ring $(S, +, \cdot)$ gibt es keine von der trivialen partiellen Ordnungsrelation $=$ verschiedene partielle Ordnungsrelation $\leq$, so daß $(S, +, \leq)$ eine p. g. Gruppe ist.

2.6. a) Es seien $(S_i, +, \cdot, \leq_i)$ p. g. Halbringe. Dann ist das direkte Produkt $(S, +, \cdot) = (S_1, +, \cdot) \times (S_2, +, \cdot)$ ein p. g. Halbring $(S, +, \cdot, \leq)$ bezüglich der Relation

$$(a_1, a_2) \leq (b_1, b_2) \iff a_1 \leq_1 b_1 \text{ und } a_2 \leq_2 b_2.$$

Überprüfen Sie auch, daß dabei $P(S) = \{(p_1, p_2) \mid p_i \in P(S_i)\}$ und $M(S) = \{(c_1, c_2) \mid c_i \in M(S_i)\}$ gilt. Für $|S_i| \geq 2$ ist jedoch $(S, +, \cdot, \leq)$ niemals linear geordnet, ganz unabhängig davon, ob die p. g. Halbringe $(S_i, +, \cdot, \leq_i)$ linear geordnet sind.

b) Eine andere partielle Ordnung $\leq$ wird auf $S = S_1 \times S_2$ durch

$$(a_1, a_2) \leq (b_1, b_2) \iff a_1 <_1 b_1 \text{ oder } a_1 = b_1 \text{ und } a_2 \leq_2 b_2$$

gegeben. Sie wird die von $\leq_1$ und $\leq_2$ bestimmte *lexikographische partielle Ordnung von S* genannt und ist genau dann linear, wenn beide Halbringe $(S_i, +, \cdot, \leq_i)$ linear geordnet sind. Jedoch benötigt man recht einschneidende Voraussetzungen dafür, daß $(S, +, \cdot, \leq)$ ein p. g. Halbring ist, nämlich (1.2) und $P(\leq_1) \subseteq M^{st}(\leq_1)$ für $(S_1, +, \cdot, \leq_1)$ und $M(\leq_2) = S_2$ für $(S_2, +, \cdot, \leq_2)$. Immerhin sind diese Voraussetzungen jedenfalls dann auch notwendig, wenn die p. g. Halbringe $(S_i, +, \cdot, \leq_i)$ nicht "zu einfach" sind. So benötigt man für den Nachweis der Notwendigkeit, daß $a_2 + c_2 \neq b_2 + c_2$ für geeignete Elemente aus S_2 sowie $a_2c_2 \neq b_2c_2$ und $c_2a_2 \neq c_2b_2$ für (jeweils andere) Elemente $a_2, b_2 \in S$ und $c_2 \in P(\leq_2)$ gilt, und daß der sogenannte strikte Positivbereich $P^{st}(\leq_1)$ nicht leer, also $a_1 <_1 a_1 + p_1$ für ein $p_1 \in P(\leq_1)$ und alle $a_1 \in S_1$ erfüllt ist.

2.7. Es sei $(S, +, \cdot, \leq)$ ein p. g. Halbring und $\big(M_{n,n}(S), +, \cdot\big)$ der Halbring aller $n \times n$-Matrizen über $(S, +, \cdot)$. Dann definiert

$$(a_{i,j}) \leq (b_{i,j}) \iff a_{i,j} \leq b_{i,j} \quad \text{für alle} \quad i, j \in I = \{1, \ldots, n\}$$

eine partielle Ordnung auf $M_{n,n}(S)$, so daß $\big(M_{n,n}(S), +, \cdot, \leq\big)$ ein p. g. Halbring ist. Der Positivbereich $P\big(M_{n,n}(S)\big)$ dieses Halbrings besteht dann aus allen Matrizen $(p_{i,j})$, für die alle $p_{i,j}$ im Positivbereich $P(S)$ des p. g. Halbrings $(S, +, \cdot, \leq)$ liegen. Entsprechend besteht der Negativbereich $N\big(M_{n,n}(S)\big)$ aus allen Matrizen $(n_{i,j})$ mit $n_{i,j} \in N(S)$. Hat der Halbring $(S, +, \cdot, \leq)$ ein absorbierendes Nullelement, so kann man auch den Monotoniebereich $M\big(M_{n,n}(S)\big)$ und den Antimonotoniebereich $W\big(M_{n,n}(S)\big)$ leicht angeben.

2.8. Es sei $(S, +, \cdot, \leq)$ ein p. g. Halbring mit Einselement e und absorbierendem Nullelement $o \neq e$ und $(S[x], +, \cdot)$ der Polynomhalbring über S in einer Unbestimmten x über S (vgl. II.1).

a) Analog zur Aufgabe 2.7 definiert

$$\sum_{\nu=0}^{n} a_\nu x^\nu \leq \sum_{\nu=0}^{n} b_\nu x^\nu \iff a_\nu \leq b_\nu \quad \text{für alle} \quad \nu \in \{0, \ldots, n\}$$

eine partielle Ordnung auf $S[x]$, so daß $(S[x], +, \cdot, \leq)$ ein p. g. Halbring ist. Der Positivbereich $P(S[x])$ dieses Halbringes besteht dann aus allen Polynomen $\sum c_\nu x^\nu$ mit $c_\nu \geq o$, d. h. mit Koeffizienten c_ν aus dem Positivbereich $P(S)$ von $(S,+,\cdot,\leq)$. Gemäß Bemerkung 2.3 i) ist $P(S)$ ein Unterhalbring von $(S,+,\cdot)$ und $P(S[x])$ ein Unterhalbring von $(S[x],+,\cdot)$. Dabei wird $(S[x],+,\cdot,\leq)$ genau dann durch $P(S[x])$ gemäß (1.6) partiell geordnet (vgl. Satz 1.8 und Satz 2.10 mit iii) von b)), wenn $(S,+,\cdot,\leq)$ durch $P(S)$ partiell geordnet wird. Weiterhin ist jedoch $(S[x],+,\cdot,\leq)$ niemals linear geordnet.

b) Für Polynomhalbringe und Polynomringe ist allerdings die durch

$$\sum_{\nu=0}^{n} a_\nu x^\nu \leq \sum_{\nu=0}^{n} b_\nu x^\nu \iff a_i < b_i \quad \text{für den kleinsten Index } i \text{ mit } a_i \neq b_i \tag{2.12}$$

definierte partielle Ordnung auf $S[x]$ wichtiger. (Beachten Sie, daß es für $\sum a_\nu x^\nu = \sum b_\nu x^\nu$ keinen Index i mit $a_i \neq b_i$ gibt, also die rechte Seite von (2.12) erfüllt ist.) Sie wird die durch die partielle Ordnung von $(S,\leq)$ bestimmte *lexikographische partielle Ordnung von* $S[x]$ genannt und ist genau dann linear, wenn dies für $(S,\leq)$ zutrifft. Weiterhin gilt (vgl. die Lösung dieser Aufgabe für die teilweise weniger leicht zu findenden Beweise):

i) $(S[x],+,\cdot,\leq)$ *erfüllt genau dann (1.1) und ist damit jedenfalls ein schwach p. g. Halbring, wenn für* $(S,+,\leq)$ *das strenge Monotoniegesetz (1.2) gilt. In diesem Falle erfüllt* $(S[x],+,\leq)$ *ebenfalls (1.2).* Dabei sei daran erinnert, daß der p. g. Halbring $(S,+,\cdot,\leq)$ stets (1.2) erfüllt, wenn $(S,+,\cdot)$ additiv kürzbar oder sogar ein Ring ist, vgl. Lemma 1.3 a).

ii) Entsprechend i) setzen wir voraus, daß (1.2) für $(S,+,\cdot,\leq)$ *gilt. Genau dann ist* $(S[x],+,\cdot,\leq)$ *ein p. g. Halbring, erfüllt also auch (2.1), wenn für* $(S,+,\cdot,\leq)$ *das strenge multiplikative Monotoniegesetz (2.2) gilt. In diesem Falle erfüllt* $(S[x],+,\cdot,\leq)$ *ebenfalls (2.2) und auch (2.4). Weiterhin besteht der strikte Monotoniebereich* $M^{st}(S[x])$ *von* $(S[x],+,\cdot,\leq)$ *genau aus den Polynomen* $\sum_{\mu=0}^{m} c_\mu x^\mu$, *die* $c_j \in M^{st}(S)$ *für den kleinsten Index* j *mit* $c_j \neq o$ *erfüllen.*

2.9. Gemäß Beispiel 2.2 a) sei $(S,+,\cdot,\leq)$ ein l. g. Unterhalbring des l. g. Körpers $(\mathbb{Q},+,\cdot,\leq)$ der rationalen Zahlen mit $S \supseteq \mathbb{N}_0$. Dann gelten (1.2) und (2.2) für $(S,+,\cdot,\leq)$, und der Polynomhalbring $S[x]$ ist ein l. g. Halbring bezüglich der lexikographischen Ordnung gemäß Aufgabe 2.8 b). Hier gibt es jedoch auch andere Möglichkeiten, lineare Ordnungen auf $S[x]$ zu definieren, und zwar mit Hilfe des l. g. Körpers $(\mathbb{R},+,\cdot,\leq)$ der reellen Zahlen. Nach Bemerkung II.1.2 iii) ist nämlich jede transzendente reelle Zahl τ eine Unbestimmte über S, und das Einsetzen von τ für x in jedes Polynom $f(x) \in S[x]$ liefert einen bezüglich S relativen Homomorphismus φ von $(S[x], +, \cdot)$ in $(\mathbb{R}, +, \cdot)$, der injektiv ist (vgl. Satz II.1.8 und Aufgabe II.1.5). Für jede transzendente reelle Zahl τ definiert dann

$$f(x) \leq_\tau g(x) \iff f(\tau) \leq g(\tau) \text{ in } (\mathbb{R}, +, \cdot, \leq)$$

eine lineare Ordnung $\leq_\tau$ auf $S[x]$, welche die übliche Ordnung $\leq$ auf S fortsetzt. Dabei ist $(S[x], +, \cdot, \leq_\tau)$ ein l. g. Halbring, der (2.2) erfüllt.

2.10. Eine l. g. Gruppe $(G, +, \leq)$ und damit ein l. g. Ring $(R, +, \cdot, \leq)$ werden *archimedisch geordnet* genannt, wenn folgendes gilt:

(2.13) Zu beliebigen Elementen $p > o$ und $q > o$ gibt es ein $n \in \mathbb{N}$, so daß $np > q$ für das n-fache np von p gilt.

Für p. g. Halbgruppen $(S, +, \leq)$ und p. g. Halbringe $(S, +, \cdot, \leq)$ mit Nullelement o gibt es verschiedene Verallgemeinerungen dieses Begriffes, von denen eine durch (2.13) definiert ist. Zeigen Sie, daß die in Aufgabe 2.8 gegebenen partiellen Ordnungen für $S[x]$ nicht (2.13) erfüllen, während dies für die partiellen Ordnungen aus Aufgabe 2.9 der Fall ist.

2.11. Es sei $(S, +, \cdot)$ ein Halbring mit einem absorbierenden Nullelement und $(\mathfrak{I}(S), +, \odot)$ der additiv idempotente Halbring aller Halbringideale von $(S, +, \cdot)$ (vgl. Aufgabe I.8.15). Als Teilmenge der p. g. Menge $(\mathfrak{P}(S), \subseteq)$ ist $(\mathfrak{I}(S), \subseteq)$ eine p. g. Menge. Zeigen Sie, daß $(\mathfrak{I}(S), +, \odot, \subseteq)$ ein p. g. Halbring ist, dessen Positivbereich und Monotoniebereich mit $\mathfrak{I}(S)$ übereinstimmen. Weiter ist $\subseteq$ die partielle Ordnung $\leq_{\mathfrak{I}(S)}$ von $(\mathfrak{I}(S), +, \cdot)$, die durch $X = \mathfrak{I}(S)$ gemäß (1.7) (oder (1.6)) definiert wird. Schließlich ist $(\mathfrak{I}(S), \subseteq)$ ein vollständiger Verband mit $\sup\{A, B\} = A + B$ und $\inf\{A, B\} = A \cap B$ (vgl. Aufgabe I.8.3, Bemerkung I.6.20 i) und Bemerkung 1.13). Die gleichen Aussagen gelten für den Halbring $(\mathfrak{R}\mathfrak{I}(R), +, \odot)$ aller Ringideale eines Ringes $(R, +, \cdot)$.

2.12. Der Körper $K = \mathbb{Q} + \mathbb{Q}\sqrt{2}$ (vgl. Beispiel II.5.18) ist ein l. g. Körper $(K, +, \cdot, \leq)$ bezüglich der von $(\mathbb{R}, +, \cdot, \leq)$ induzierten Ordnung. Sein Positivbereich $P = K \cap \mathbb{P}_0 = \{a_0 + a_1\sqrt{2} \in K \mid a_0 + a_1\sqrt{2} \geq 0\}$ ist ein Halbkörper, der sowohl nullsummenfrei als auch halbsubtraktiv ist und $D(P) = K$ als Differenzenring hat (vgl. Folgerung 2.8). Nun definiert $\varphi(a_0 + a_1\sqrt{2}) = a_0 - a_1\sqrt{2}$ ersichtlich einen Automorphismus von $(K,+,\cdot)$, d. h. einen Isomorphismus $\varphi : (K,+,\cdot) \to (K,+,\cdot)$. Damit besteht $\varphi(P) = P_1 = \{a_0 - a_1\sqrt{2} \in K \mid a_0 + a_1\sqrt{2} \geq 0\}$ aus allen Elementen $a_0 + a_1\sqrt{2} \in K$ mit $a_0 - a_1\sqrt{2} \geq 0$. Wie P ist dann auch P_1 ein Halbkörper mit $D(P_1) = K$, der nullsummenfrei und halbsubtraktiv ist, also nach Folgerung 2.8 ebenfalls ein Positivbereich von $(K,+,\cdot)$. Gemäß (1.6) definiert P_1 also einen l. g. Körper $(K,+,\cdot,\leq_1)$ mit einer (von der üblichen linearen Ordnung $\leq$) abweichenden linearen Ordnung $\leq_1$. Der in Beispiel II.5.18 verwendete Halbkörper H ist nun gerade der Durchschnitt $H = P \cap P_1$. Auch H erfüllt $D(H) = K$ und ist nullsummenfrei, aber nicht mehr halbsubtraktiv. Als Positivbereich von $(K,+,\cdot)$ definiert er nach Folgerung 2.8 eine (nicht lineare) Ordnung $\leq_2$, für die $(K,+,\cdot,\leq_2)$ ein p. g. Körper ist, und $\leq_2$ ist der Durchschnitt der Relationen $\leq$ und $\leq_1$. Übrigens sind P, P_1 und H sowie $\mathbb{H}_0$ bereits alle Unterhalbkörper U von K mit $0 \in U$ (vgl. [Wei64b]), und auf ähnliche Weise lassen sich alle Unterhalbkörper eines beliebigen algebraischen Zahlkörpers K im Zusammenhang mit linearen und partiellen Ordnungen von K bestimmen (vgl. [Koc64] und [Eil68]).

2.13. Es sei $(S,+,\cdot)$ ein Halbring. Dann ist die in Aufgabe 1.7 angegebene Bedingung für S hinreichend und notwendig dafür, daß $(S,+,\cdot,\leq_S)$ mit der durch S gemäß (1.7) definierten Relation $\leq_S$ ein p. g. Halbring ist (vgl. auch Satz 2.10, Bedingung i) von b)).

2.14. Es sei $(S,+,\cdot,\leq_X)$ ein p. g. Halbring mit Nullelement o, dessen partielle Ordnung durch einen Unterhalbring X mit $o \in X$ gemäß (1.7) definiert ist. Weiter sei $(T,+,\cdot)$ eine Inflation von $(S,+,\cdot)$ mit $T \supset S$, wobei also $T = \bigcup_{a\in S} T_a$ gemäß Aufgabe I.2.16 gilt. Aus $a+x+y = a \Longrightarrow a+x = a$ für alle $a \in S$ und alle $x,y \in X$ folgt dann $t+x+y = t \Longrightarrow t+x = t$ für alle $t \in T$ und alle $x,y \in X$, da $t' + x + y = t \neq t'$ für alle $t' \in T \setminus S$ gilt. Damit definiert der Unterhalbring X von $(T,+,\cdot)$ auch eine partielle Ordnung von T, die $\leq_X$ umfaßt und die wir ebenfalls mit $\leq_X$ bezeichnen. Zeigen Sie, daß dann $(T,+,\cdot,\leq_X)$ ein p. g. Halbring ist, wobei $P(T) = \bigcup_{p\in P(S)} T_p$ und $M(T) = \bigcup_{c\in M(S)} T_c$ erfüllt ist und $X \subseteq P(S) \subseteq M(S)$ in $X \subseteq P(T) \subseteq M(T)$ übergeht. Insbesondere kann man also schon durch geeignete Wahl einer der Mengen T_p mit $p \in P(S)$ erreichen, daß $P(T) \setminus X$ jede vorgegebene Mächtigkeit hat.

2.15. Wir geben ein Beispiel eines (schwach) l. g. Halbringes mit absorbierendem Nullelement, der kommutativ ist und (2.1) und (2.2), aber nicht (2.3) und (2.4) erfüllt. Ersichtlich ist $(\mathbb{P},\min,\cdot)$ mit der üblichen Minimumsbildung und Multiplikation von $(\mathbb{R},+,\cdot,\leq)$ ein Halbring. Gemäß Lemma I.2.16 adjungieren wir ein absorbierendes Nullelement, welches wir mit ∞ bezeichnen, und schreiben $\mathbb{P} \cup \{\infty\} = \mathbb{P}^\infty$. Erweitert man die übliche Relation $\leq$ von $\mathbb{P}$ durch $a < \infty$ für alle $a \in \mathbb{P}$, so ist $(\mathbb{P}^\infty, \min, \cdot, \leq)$ ein schwach l. g. Halbring mit $P = \{\infty\}$ und $N = \mathbb{P}^\infty$. Er erfüllt trivialerweise (2.1) und (2.2); für $a < b$ gilt aber stets $ac < bc$ für alle $c \in N \cap S^* = \mathbb{P}$, was (2.3) und (2.4) widerlegt.

2.16. Ein Beispiel eines kommutativen, schwach l. g. Halbringes mit absorbierendem Nullelement o, der (2.3) und (2.4), aber nicht (2.1) und (2.2) erfüllt, erhält man mit $S = \{o, c, e, \infty\}$ und $o < c < e < \infty$ und den Strukturtafeln:

$+$	o	c	e	∞
o	o	c	e	∞
c	c	∞	∞	∞
e	e	∞	∞	∞
∞	∞	∞	∞	∞

$\cdot$	o	c	e	∞
o	o	o	o	o
c	o	∞	c	∞
e	o	c	e	∞
∞	o	∞	∞	∞

Wegen Lemma I.2.16 genügt es, die Halbringaxiome für $\{c, e, \infty\}$ nachzuweisen, was bei sinnvollem Vorgehen wenig Mühe macht (z. B. genügt es, für das Assoziativgesetz der Multiplikation $(cc)c = c(cc)$ zu überprüfen). Für $(S, +, \cdot, \leq)$ folgt dann (1.1) aus der additiven Strukturtafel. Also liegt ein schwach l. g. Halbring mit $P = S$ und $N = \{o\}$ vor. Aus letzterem folgen (2.3) und (2.4) trivialerweise. Weiter gilt $c < e$, aber $cc > ec$ mit $c \in P \cap S^*$, was (2.1) und (2.2) widerlegt.

2.17. Wir geben Beispiele von kommutativen, l. g. Halbringen $(S, +, \cdot, \leq)$ ohne Nullelement, für die jeweils der in Bemerkung 2.13 betrachtete schwach p. g. Halbring $(T, +, \cdot, \leq)$ mit $T = S \cup \{o\}$ nicht (2.1) erfüllt.

a) Zu dem l. g. Halbring $(\mathbb{N}, +, \cdot, \leq)$ adjungieren wir nach Lemma I.2.18 zunächst ein doppelt absorbierendes Element $t \notin \mathbb{N}$ und dann ein doppelt absorbierendes Element $\infty \notin \mathbb{N} \cup \{t\}$. Damit ist $S = \mathbb{N} \cup \{t, \infty\}$ ein Halbring $(S, +, \cdot)$, und wir erweitern die Relation $\leq$ von $\mathbb{N}$ auf S gemäß $t < a < \infty$ für alle $a \in \mathbb{N}$. Zeigen Sie, daß dann $(S, +, \cdot, \leq)$ ein l. g. Halbring ist mit $N = \{t\}$ und $P = S \setminus \{t\}$. Entsprechend Aufgabe 1.9 ist dann $T = S \cup \{o\}$ ein schwach l. g. Halbring $(T, +, \cdot, \leq)$ mit $t < o < p$ für alle $p \in S \setminus \{t\}$ und o als absorbierendem Nullelement. Er erfüllt jedoch nicht (2.1), wie aus $t < o$ und $t \cdot \infty > o \cdot \infty$ folgt.

b) Wie man leicht nachprüft, definieren die ersten beiden Strukturtafeln

$+$	a	b	c
a	a	b	b
b	b	b	b
c	b	b	c

$\cdot$	a	b	c
a	a	b	b
b	b	b	b
c	b	b	c

$\cdot$	a	b	c
a	a	b	c
b	b	b	c
c	c	c	c

auf $S = \{a, b, c\}$ einen Halbring $(S, +, \cdot)$. (Halbringe, für die wie hier Addition und Multiplikation die gleiche Operation auf S sind, nennt man auch ***Mono-Halbringe***, vgl. [Zel81a] oder [Heb88]). Durch $a < b < c$ wird $(S, +, \cdot, \leq)$ ein l. g. Halbring mit $N = \{a\}, P = \{c\}$ und $M = S$. Dagegen ist $T = S \cup \{o\}$ mit $a < b < c$ und $a < o < c$ nur ein schwach p. g. Halbring $(T, +, \cdot, \leq)$. Es gilt nämlich $a < o$ und $c \in P(T) = \{o, c\}$, während $ac = b$ und $oc = o$ unvergleichbar sind, was $P(T) \subseteq M(T)$ widerlegt. (Die gleichen Überlegungen gelten für $(S, +, \cdot)$ mit der durch die rechte Tafel gegebenen Multiplikation. Hier gilt (2.1) für $(T, +, \cdot, \leq)$ wegen $a < o$ und $ac = c > oc = o$ nicht.)

2.18. Beweisen Sie die Behauptungen in Bemerkung 2.13 iii).

III.3. Quotientenhalbringe partiell geordneter Halbringe

Es sei $(S, +, \cdot, \leq)$ ein p. g. Halbring und $(T, +, \cdot) = Q(S, \Sigma)$ ein Quotientenhalbring von $(S, +, \cdot)$ bezüglich einer Nennerhalbgruppe Σ. Wir erinnern daran (vgl. II.3 und II.4), daß dabei die Nennerhalbgruppe nicht eindeutig bestimmt ist, man also gemäß $(T, +, \cdot) = Q(S, \Sigma') = Q(S, \Sigma)$ von einer ursprünglich gegebenen Nennerhalbgruppe Σ' zu einer anderen übergehen kann. Weiter besteht jede Nennerhalbgruppe Σ aus Elementen α, die kürzbar und zentral in $(S, \cdot)$ sind. Letzteres besagt $\alpha a = a\alpha$ für alle $a \in S$, woraus in $(T, \cdot)$ dann $a\alpha^{-1} = \alpha^{-1}a$ und $\beta^{-1}\alpha^{-1} = \alpha^{-1}\beta^{-1}$ für alle $\beta \in \Sigma$ folgt. Von solchen Vertauschungen werden wir später ohne weitere Erwähnung Gebrauch machen.

Entsprechend Aufgabe I.6.6 heißt eine partielle Ordnung $\leq^T$ auf T eine Fortsetzung der partiellen Ordnung $\leq$ von $(S, +, \cdot, \leq)$, wenn

(3.1) $$a \leq b \Longrightarrow a \leq^T b \quad \text{für alle } a, b \in S$$

gilt. Wir wollen nun solche Fortsetzungen $\leq^T$ untersuchen, für die $(T, +, \cdot, \leq^T)$ ebenfalls ein p. g. Halbring ist. Dabei wird die von $\leq^T$ auf S induzierte partielle Ordnung eine wichtige Rolle spielen, die wir jetzt mit $\leq'$ bezeichnen. Sie ist gemäß (I.6.7) durch

(3.2) $$a \leq' b \iff a \leq^T b \quad \text{für alle } a, b \in S$$

definiert, wofür wir auch sagen, daß $\leq^T$ eine *strikte Fortsetzung* von $\leq'$ ist. Aus (3.1) und (3.2) folgt unmittelbar

(3.3) $$a \leq b \Longrightarrow a \leq' b \quad \text{für alle } a, b \in S.$$

Damit ist $\leq^T$ genau dann eine strikte Fortsetzung von $\leq$, wenn $\leq$ und $\leq'$ übereinstimmen. Es werden jedoch auch andere Fälle auftreten, für die also die Relation $\leq$ echt kleiner als die Relation $\leq'$ im Sinne der p. g. Menge $(\mathfrak{P}(S \times S), \subseteq)$ ist, vgl. Beispiel I.6.10 c). Wir nennen daher $\leq'$ eine (echte oder unechte) *Erweiterung von* $\leq$ *innerhalb* S. Bezeichnungstechnisch unterscheiden wir im folgenden die Monotoniebereiche der Halbringe $(S, +, \cdot, \leq)$,$(S, +, \cdot, \leq')$ und $(T, +, \cdot, \leq^T)$ durch $M(\leq), M(\leq')$ und $M(\leq^T)$, und verfahren entsprechend mit W, P und N.

Schließlich benötigen wir für unsere Überlegungen noch, daß die Nennerhalbgruppe Σ von $(T, +, \cdot) = Q(S, \Sigma)$ geeignet gewählt werden kann. Eine recht allgemeine und in vielen wichtigen Fällen erfüllte Voraussetzung dieser Art ist, daß jedes Element $t \in T$ wenigstens eine Darstellung mit einem Nenner $\alpha \in \Sigma$ hat, der im Monotoniebereich $M(\leq)$ oder im Antimonotoniebereich $W(\leq)$ von $(S, +, \cdot, \leq)$ liegt. Dies entspricht der Aussage a) von Aufgabe 3.2. Wie diese Aufgabe zeigt, kann man dann aber sogar zu einer Nennermenge Σ übergehen, die $\Sigma \subseteq M(\leq)$ erfüllt, was für unsere Untersuchungen erheblich bequemer ist (vgl. auch Aufgabe 3.1).

Wir setzen also im folgenden $\Sigma \subseteq M(\leq)$ voraus und formulieren zunächst unsere Ergebnisse für den wichtigen Fall, daß $(S, +, \cdot, \leq)$ ein l. g. Halbring ist. Der Beweis des folgenden Satzes wird sich aus allgemeineren Überlegungen über strikte Fortsetzungen $\leq^T$ von $\leq$ gemäß Folgerung 3.5 ergeben.

Satz 3.1. *Es sei $(S, +, \cdot, \leq)$ ein l. g. Halbring und $(T, +, \cdot) = Q(S, \Sigma)$ ein Quotientenhalbring von $(S, +, \cdot)$, so daß $\Sigma \subseteq M(\leq)$ gilt. Dann gibt es genau eine Fortsetzung $\leq^T$ von $\leq$ auf T mit den folgenden, untereinander gleichwertigen Eigenschaften:*

i) $(T, +, \cdot, \leq^T)$ ist ein l. g. Halbring, der $\Sigma \subseteq M(\leq^T)$ erfüllt.

ii) $(T, +, \cdot, \leq^T)$ ist ein p. g. Halbring, der $\Sigma \cup \Sigma^{-1} \subseteq M(\leq^T)$ erfüllt, wobei Σ^{-1} die Menge $\{\alpha^{-1} \in T \mid \alpha \in \Sigma\}$ bezeichnet.

Dabei ist $\leq^T$ eine strikte Fortsetzung von $\leq$, und es gilt $M(\leq) \subseteq M(\leq^T)$ sowie

$$(3.4) \qquad a\alpha^{-1} \leq^T b\beta^{-1} \iff a\beta \leq \alpha b \quad \text{für alle} \quad a\alpha^{-1}, b\beta^{-1} \in T.$$

Setzt man insbesondere $M(\leq) = S$ voraus, so gilt auch $M(\leq^T) = T$.

Beispiel 3.2. a) Wir wenden Satz 3.1 auf den wie üblich linear geordneten Ring $(\mathbb{Z}, +, \cdot, \leq)$ und einen beliebigen Quotientenhalbring $(T, +, \cdot) = Q(\mathbb{Z}, \Sigma')$ an, also insbesondere auf $(\mathbb{Q}, +, \cdot) = Q(\mathbb{Z}, \mathbb{Z}^*)$. Dazu hat man wegen $M(\leq) = \mathbb{N}_0$ zunächst zu $(T,+,\cdot) = Q(\mathbb{Z},\Sigma)$ mit einer Nennerhalbgruppe $\Sigma \subseteq \mathbb{N}_0$ überzugehen, was etwa mit $\Sigma = \Sigma' \cap \mathbb{N}$ möglich ist. Dann definiert (3.4) mit $a, b \in \mathbb{Z}$ und $\alpha, \beta \in \Sigma$ die eindeutig bestimmte Fortsetzung $\leq^T$ von $\leq$ auf T, für die $(T,+,\cdot,\leq^T)$ ein l. g. Halbring mit $\Sigma \subseteq M(\leq^T)$ ist. Für $(\mathbb{Q},+,\cdot,\leq^{\mathbb{Q}})$ handelt es sich dabei um das schon aus der elementaren Bruchrechnung geläufige Vorgehen, die Ordnungsrelation $\leq$ von $\mathbb{Z}$ zu einer Ordnungsrelation $\leq^{\mathbb{Q}}$ von $\mathbb{Q}$ fortzusetzen. Üblicherweise verwendet man dann auch für $\leq^T$ bzw. $\leq^{\mathbb{Q}}$ wieder das Zeichen $\leq$.

b) Die gleichen Feststellungen gelten für alle Quotientenhalbringe der l. g. Halbringe $(\mathbb{N},+,\cdot,\leq)$ bzw. $(\mathbb{N}_0,+,\cdot,\leq)$, insbesondere also für ihre Quotientenhalbkörper $(\mathbb{H},+,\cdot) = Q(\mathbb{N},\mathbb{N})$ und $(\mathbb{H}_0,+,\cdot) = \mathbb{Q}(\mathbb{N}_0,\mathbb{N})$, wobei hier natürlich alle auftretenden Nennerhalbgruppen Σ' selbst bereits in $M(\leq)$ liegen. Übrigens werden wir in III.4 sehen, daß der l. g. Halbring $(\mathbb{N},+,\cdot,\leq)$ in ähnlicher Weise die übliche lineare Ordnung seines Differenzenringes $(\mathbb{Z},+,\cdot) = D(\mathbb{N},\mathbb{N})$ festlegt, was natürlich auch für $(\mathbb{N}_0,+,\cdot,\leq)$ zutrifft.

c) Es sei $(S,+,\cdot,\leq)$ mit $S = \{x^n \mid n \in \mathbb{N}_0\}$ der durch $x^n + x^m = x^{\max(n,m)}$, $x^n x^m = x^{n+m}$, und $x^n \leq x^m \iff n \leq m$ definierte Halbring und $(T,+,\cdot) = Q(S,\Sigma)$ mit $\Sigma = S$ sein Quotientenhalbkörper (vgl. die Beispiele II.2.3 d) und 2.2 d)). Offensichtlich gilt hier $P(\leq) = M(\leq) = S$, und (3.4) definiert die lineare Ordnung $x^n \leq^T x^m \iff n \leq m$ für alle $n, m \in \mathbb{Z}$. Nach Satz 3.1 ist sie die einzige Fortsetzung von $\leq$ auf T, für die $(T,+,\cdot,\leq^T)$ ein l. g. Halbkörper mit $\Sigma \subseteq M(\leq^T)$ ist.

d) Es sei $(S,+,\cdot,\leq)$ ein l. g. Halbring mit Einselement e und absorbierendem Nullelement $o \neq e$ und $(S[x],+,\cdot)$ ein Polynomhalbring über $(S,+,\cdot)$. Weiter sei die lineare Ordnung $\leq$ von S so auf $S[x]$ fortgesetzt, daß $(S[x],+,\cdot,\leq)$ ein l. g. Halbring ist. (Beispiele für solche Fortsetzungen wurden, unter geeigneten Voraussetzungen über $(S,+,\cdot,\leq)$, in den Aufgaben 2.8 b) und 2.9 gegeben.) Schließlich sei $(T,+,\cdot) = Q(S[x],\Delta')$ ein Quotientenhalbring von $(S[x],+,\cdot)$. Dann läßt sich die lineare Ordnung $\leq$ von $S[x]$ gemäß Satz 3.1 zu einer linearen Ordnung $\leq^T$ von T fortsetzen, wenn man von Δ' zu einer Nennermenge $\Delta \subseteq M(S[x],\leq)$ mit $(T,+,\cdot) = Q(S[x],\Delta)$ übergehen kann. Hinreichende Bedingungen dafür ergeben sich hier insbesondere aus c) und d) von Aufgabe 3.1. Gilt dabei $\Sigma = \Delta \cap S \neq \emptyset$, so ist Σ eine Nennermenge von $(S,+,\cdot,\leq)$ mit $\Sigma \subseteq M(S,\leq)$, und die von $\leq^T$ auf dem Quotientenhalbring $(Q(S,\Sigma),+,\cdot) \subseteq (T,+,\cdot)$ von $(S,+,\cdot)$ induzierte lineare Ordnung stimmt mit der auf $(Q(S,\Sigma),+,\cdot)$ durch (3.4) definierten linearen Ordnung überein.

Für den allgemeinen Fall, daß $(S,+,\cdot,\leq)$ nur als p. g. Halbring vorausgesetzt wird, liegt es nach Satz 3.1 nahe, nach solchen Fortsetzungen $\leq^T$ von $\leq$ auf

$(T, +, \cdot) = Q(S, \Sigma)$ zu fragen, die ii) erfüllen. Wie wir sehen werden, existieren Fortsetzungen dieser Art z. B. dann, wenn $(S, +, \cdot)$ ein absorbierendes Nullelement hat oder sogar ein Ring ist. Dagegen kann man p. o. Halbringe $(S, +, \cdot, \leq)$ und Quotientenhalbringe $(T, +, \cdot) = Q(S, \Sigma)$ konstruieren, für die das nicht der Fall ist (vgl. Aufgabe 3.9). Andererseits können mehrere Fortsetzungen $\leq^T$ von $\leq$ auf $(T, +, \cdot) = Q(S, \Sigma)$ mit ii) existieren, unter denen jedoch eine kleinste Fortsetzung dieser Art eindeutig bestimmt ist (vgl. Aufgabe 3.11). Dabei wird es sich wieder als nützlich erweisen, zunächst die Existenz einer solchen Fortsetzung vorauszusetzen und die dann vorliegenden Verhältnisse zu untersuchen.

Satz 3.3. *Es sei $(S, +, \cdot, \leq)$ ein p. g. Halbring und $(T, +, \cdot) = Q(S, \Sigma)$ ein Quotientenhalbring von $(S, +, \cdot)$, so daß $\Sigma \subseteq M(\leq)$ gilt. Weiterhin existiere eine Fortsetzung $\leq^T$ von $\leq$ auf T, für die $(T, +, \cdot, \leq^T)$ ein p. g. Halbring mit $\Sigma \cup \Sigma^{-1} \subseteq M(\leq^T)$ ist. Dann gilt für die von $\leq^T$ auf S gemäß (3.2) induzierte partielle Ordnung $\leq'$:*

a) $(S, +, \cdot, \leq')$ ist ein (unter Umständen nur) schwach p. g. Halbring, der

$$a \leq' b \iff a\xi \leq' b\xi \quad \text{für alle } a, b \in S \text{ und } \xi \in \Sigma \tag{3.5}$$

und damit erst recht $\Sigma \subseteq M(\leq')$ erfüllt. Weiter gilt für alle $c \in S$

$$c \in P(\leq') \text{ und } c\xi \in P(\leq') \text{ für alle } \xi \in \Sigma \implies c \in M(\leq'). \tag{3.6}$$

Setzt man insbesondere $M(\leq^T) = T$ voraus, so gilt auch $M(\leq') = S$.

b) Die partielle Ordnung $\leq^T$ ist durch $\leq'$ eindeutig bestimmt gemäß

$$a\alpha^{-1} \leq^T b\beta^{-1} \iff a\beta \leq' \alpha b \quad \text{für alle } a\alpha^{-1}, b\beta^{-1} \in T. \tag{3.7}$$

Beweis. a) Nach Aufgabe 2.1 ist $(S, +, \cdot, \leq')$ ein schwach p. g. Unterhalbring von $(T, +, \cdot, \leq^T)$. Für (3.5) genügt es wegen (3.2) zu zeigen, daß $a \leq^T b \iff a\xi \leq^T b\xi$ gilt, was aus $\Sigma \cup \Sigma^{-1} \subseteq M(\leq^T)$ folgt. Sei nun $c \in P(\leq')$, so daß auch $c\xi \in P(\leq')$ für alle $\xi \in \Sigma$ gilt. Für jedes $a\alpha^{-1} \in T$ folgt dann $a \leq' a + c\alpha$ wegen $c\alpha \in P(\leq')$, also wegen (3.2) und $\alpha^{-1} \in \Sigma^{-1} \subseteq M(\leq^T)$ auch $a\alpha^{-1} \leq^T a\alpha^{-1} + c$. Dies zeigt $c \in P(\leq^T) \subseteq M(\leq^T)$. Andererseits erhält man aus (3.2) leicht $M(\leq^T) \cap S \subseteq M(\leq')$. Daraus folgt $c \in M(\leq')$ und damit (3.6). Schließlich ergibt sich die letzte Behauptung $M(\leq^T) = T \implies M(\leq') = S$ unmittelbar aus $M(\leq^T) \cap S \subseteq M(\leq')$.

b) Aus $a\alpha^{-1} \leq^T b\beta^{-1}$ folgt durch Multiplikation mit $\alpha\beta \in \Sigma \subseteq M(\leq^T)$ sofort $a\beta \leq^T \alpha b$, was durch Multiplikation mit $\alpha^{-1}\beta^{-1} \in \Sigma^{-1} \subseteq M(\leq^T)$ wieder $a\alpha^{-1} \leq^T b\beta^{-1}$ ergibt. Mit $a\beta \leq^T \alpha b \iff a\beta \leq' \alpha b$ gemäß (3.2) folgt (3.7).∎

Wir heben nochmals hervor, daß die Implikation $a \leq' b \Longrightarrow a\xi \leq' b\xi$ in (3.5) mit $\Sigma \subseteq M(\leq')$ gleichwertig ist. Auch kann wegen der multiplikativen Kürzbarkeit der Elemente $\xi \in \Sigma$ die Aussage (3.5) in der Form $a <' b \iff a\xi <' b\xi$ geschrieben werden. Weiter ist in sehr vielen Fällen $(S,+,\cdot,\leq')$ sogar ein p. g. Halbring, woraus (3.6) sofort folgt. Es ist sogar ziemlich schwierig, Beispiele zu konstruieren, für die $(S,+,\cdot,\leq')$ entsprechend Satz 3.3 a) nur ein schwach p. g. Halbring ist (vgl. Aufgabe 3.7).

Aus Satz 3.3 geht hervor, daß jede Fortsetzung $\leq^T$ von $(S,+,\cdot,\leq)$ auf $(T,+,\cdot) = Q(S,\Sigma)$, welche ii) erfüllt, die strikte Fortsetzung von einem schwach p. g. Halbring $(S,+,\cdot,\leq')$ mit (3.5) und (3.6) ist, wobei $\leq'$ eine Erweiterung von $\leq$ innerhalb S ist. Ausgehend von $(S,+,\cdot,\leq)$ wird man daher versuchen, durch eine Erweiterung innerhalb S zu einem solchen schwach p. g. Halbring $(S,+,\cdot,\leq')$ überzugehen und dann $\leq^T$ als strikte Fortsetzung von $\leq'$ gemäß (3.7) zu gewinnen. Dabei ist der erste Schritt überflüssig, wenn der p. g. Halbring $(S,+,\cdot,\leq)$ selbst schon (3.5) erfüllt (vgl. Folgerung 3.5). Andererseits kann sich gerade dieser Schritt als undurchführbar erweisen. Wir behandeln daher zunächst den zweiten Schritt:

Satz 3.4. *Es sei $(S,+,\cdot,\leq')$ ein schwach p. g. Halbring und $(T,+,\cdot) = Q(S,\Sigma)$ ein Quotientenhalbring von $(S,+,\cdot)$, so daß (3.5) und (3.6) erfüllt sind. Dann gilt:*

a) Es gibt eine eindeutig bestimmte kleinste Fortsetzung $\leq^T$ von $\leq'$ auf T, für die $(T,+,\cdot,\leq^T)$ ein p. g. Halbring mit $\Sigma \cup \Sigma^{-1} \subseteq M(\leq^T)$ ist. Dabei ist $\leq^T$ durch $\leq'$ gemäß (3.7) festgelegt und eine strikte Fortsetzung von $\leq'$. Weiter gilt $M(\leq') \subseteq M(\leq^T)$. Setzt man insbesondere $M(\leq') = S$ voraus, so gilt auch $M(\leq^T) = T$.

b) Ist dabei $\leq'$ linear, so ist auch $\leq^T$ linear. In diesem Falle ist dann $\leq^T$ sogar die einzige Fortsetzung von $\leq'$ auf T, für die $(T,+,\cdot,\leq^T)$ ein p. g. Halbring mit $\Sigma \cup \Sigma^{-1} \subseteq M(\leq^T)$ ist.

c) Ist $(S,+,\cdot,\leq')$ ein p. g. Halbring, so ist (3.6) trivialerweise erfüllt.

Beweis. a) Wir definieren eine Relation $\leq^T$ auf T durch (3.7) und zeigen zunächst, daß diese Definition nicht von der Schreibweise $a\alpha^{-1} = a'\alpha'^{-1}$ und $b\beta^{-1} = b'\beta'^{-1}$ der Elemente von T abhängt. Aus $a\alpha' = \alpha a'$, $b\beta' = \beta b'$ und $a\beta \leq' \alpha b$ sowie $\alpha'\beta' \in \Sigma$ und (3.5) folgt nämlich

$$a'\beta'\alpha\beta = a\beta\alpha'\beta' \leq' \alpha b\alpha'\beta' = \alpha' b'\alpha\beta$$

und damit $a'\beta' \leq' \alpha' b'$ wegen $\alpha\beta \in \Sigma$ und (3.5). Insbesondere folgt aus (3.7) mit $\alpha = \beta$ und (3.5)

(3.8) $\quad a\alpha^{-1} \leq^T b\alpha^{-1} \iff a \leq' b \quad$ für alle $a, b \in S$ und $\alpha \in \Sigma$.

Da endlich viele beliebige Elemente von T nach Lemma II.3.7 mit gleichem Nenner geschrieben werden können, ergibt sich aus (3.8) unmittelbar, daß $\leq^T$ reflexiv, antisymmetrisch und transitiv ist, und ebenso $a\alpha^{-1} \leq^T b\alpha^{-1} \Longrightarrow a\alpha^{-1}+c\alpha^{-1} \leq^T b\alpha^{-1}+c\alpha^{-1}$. Also ist $(T,+,\cdot,\leq^T)$ ein schwach p. g. Halbring. Weiter folgt aus (3.8) leicht $\Sigma \cup \Sigma^{-1} \subseteq M(\leq^T)$, und aus (3.5) und (3.8) ergibt sich $a \leq' b \iff a\alpha \leq' b\alpha \iff a\alpha\alpha^{-1} \leq^T b\alpha\alpha^{-1} \iff a \leq^T b$ für alle $a, b \in S$, d. h. (3.2). Damit ist die durch (3.7) definierte Relation $\leq^T$ eine strikte Fortsetzung von $\leq'$ auf T, und umgekehrt $\leq'$ die von $\leq^T$ auf S induzierte partielle Ordnung.

Als nächstes werden wir zeigen, daß $c\gamma^{-1} \in P(\leq^T) \Longrightarrow c \in M(\leq')$ und $c \in M(\leq') \Longrightarrow c \in M(\leq^T) \Longrightarrow c\gamma^{-1} \in M(\leq^T)$ für alle $c \in S$ und $\gamma \in \Sigma$ gelten, wobei die letzte Implikation unmittelbar aus $\Sigma^{-1} \subseteq M(\leq^T)$ folgt. Zusammengefaßt erhalten wir daraus einmal $P(\leq^T) \subseteq M(\leq^T)$, also (2.1) für $(T,+,\cdot,\leq^T)$, und aus $c \in M(\leq') \Longrightarrow c\gamma^{-1} \in M(\leq^T)$ folgt unmittelbar $M(\leq') = S \Longrightarrow M(\leq^T) = T$. Zum Beweis der zweiten Implikation, also von $M(\leq') \subseteq M(\leq^T)$, verwenden wir Lemma II.3.7 und (3.8). Dann gilt für alle $a\alpha^{-1}, b\alpha^{-1} \in T$ und $c \in M(\leq')$

$$a\alpha^{-1} \leq^T b\alpha^{-1} \Longrightarrow a \leq' b \Longrightarrow ac \leq' bc \Longrightarrow a\alpha^{-1}c \leq^t b\alpha^{-1}c$$

und dual $a\alpha^{-1} \leq^T b\alpha^{-1} \Longrightarrow ca\alpha^{-1} \leq^T cb\alpha^{-1}$, was $c \in M(\leq^T)$ zeigt. Zum Nachweis der ersten Implikation sei $c\gamma^{-1} \in P(\leq^T)$. Dann gilt einmal $a\gamma^{-1} \leq^T a\gamma^{-1} + c\gamma^{-1}$, also wegen (3.8) auch $a \leq' a + c$ für alle $a \in S$, d. h. $c \in P(\leq')$. Zum anderen gilt $a(\gamma\xi)^{-1} \leq^T a(\gamma\xi)^{-1} + c\gamma^{-1}$, woraus $a \leq' a + c\xi$ für alle $a \in S$ und $\xi \in \Sigma$, also auch $c\xi \in P(\leq')$ für alle $\xi \in \Sigma$ folgt. Mit (3.6) erhält man nun $c \in M(\leq')$.

Schließlich ist $\leq^T$ auch die kleinste Fortsetzung von $\leq'$ mit den angegebenen Eigenschaften, d. h. es gilt $\leq^T \subseteq \sigma^T$ für jede Fortsetzung σ^T von $\leq'$, für die $(T,+,\cdot,\sigma^T)$ ein p. g. Halbring mit $\Sigma \cup \Sigma^{-1} \subseteq M(\sigma^T)$ ist. Dabei gilt $\leq^T \subseteq \sigma^T$ sogar schon für jede Fortsetzung σ^T von $\leq'$, die $\Sigma^{-1} \subseteq M(\sigma^T)$ erfüllt. Für alle $a\alpha^{-1}, b\beta^{-1} \in T$ folgt nämlich aus $a\alpha^{-1} \leq^T b\beta^{-1}$ zunächst $a\beta \leq' \alpha b$ nach der Definition (3.7) von $\leq^T$, also $a\beta \; \sigma^T \; \alpha b$ für die Fortsetzung σ^T von $\leq'$, und daraus $a\alpha^{-1} \; \sigma^T \; b\beta^{-1}$ durch Multiplikation mit $\alpha^{-1}\beta^{-1} \in \Sigma^{-1} \subseteq M(\sigma^T)$.

b) Aus (3.7) oder (3.8) folgt unmittelbar, daß mit $\leq'$ auch $\leq^T$ linear ist. Daraus ergibt sich die behauptete Eindeutigkeit sogar bezüglich jeder partiellen Ordnung σ^T auf T, die $\leq'$ fortsetzt und $\Sigma^{-1} \subseteq M(\sigma^T)$ erfüllt: Aus den letzten beiden Aussagen folgt nämlich einerseits $\leq^T \subseteq \sigma^T$, wie wir soeben gezeigt haben. Andererseits kann eine lineare Ordnung $\leq^T$ auf einer Menge T nicht mehr echt innerhalb T zu einer partiellen Ordnung σ^T erweitert werden, da ja je zwei Elemente aus T schon bezüglich $\leq^T$ vergleichbar sind. Damit ergibt sich $\sigma^T = \leq^T$. ∎

Wir kennzeichnen nun die Fälle, in denen $\leq^T$ bereits als strikte Fortsetzung von $\leq$ gemäß Satz 3.4 existiert:

Folgerung 3.5. *a) Es sei $(S, +, \cdot, \leq)$ ein p. g. Halbring mit $\Sigma \subseteq M(\leq)$ und $(T, +, \cdot) = Q(S, \Sigma)$ ein Quotientenhalbring von $(S, +, \cdot)$. Dann ist die (3.5) entsprechende Bedingung*

(3.9) $$a \leq b \iff a\xi \leq b\xi \quad \text{für alle} \quad a, b \in S \text{ und } \xi \in \Sigma$$

hinreichend und notwendig dafür, daß Satz 3.4 a) auf $(S, +, \cdot, \leq)$ mit $\leq$ anstelle von $\leq'$ angewendet werden kann.

b) Ist $(S, +, \cdot, \leq)$ insbesondere ein l. g. Halbring, so ist (3.9) stets erfüllt, und es ergeben sich die Aussagen von Satz 3.1.

Beweis. Teil a) ist nach Satz 3.4 c) klar. Für Teil b) zeigen wir zunächst (3.9), wobei $a \leq b \Longrightarrow a\xi \leq b\xi$ mit $\Sigma \subseteq M(\leq^T)$ gleichwertig ist. Wäre die umgekehrte Implikation falsch, so müßte es Elemente $a, b \in S$ und $\xi \in \Sigma$ mit $a\xi \leq b\xi$ und $a \not\leq b$, also wegen der Linearität $a > b$ geben. Das führt wegen $\Sigma \subseteq M(\leq)$ und der Kürzbarkeit von ξ zu dem Widerspruch $a\xi > b\xi$. Damit kann wieder Satz 3.4 a) auf $(S, +, \cdot, \leq) = (S, +, \cdot, \leq')$ angewendet werden, und Satz 3.4 b) ergibt weiter, daß es genau eine durch ii) gekennzeichnete Fortsetzung $\leq^T$ von $\leq$ auf T gibt, die überdies linear ist. Damit bleibt von Satz 3.1 nur noch zu zeigen, daß aus i) auch $\Sigma^{-1} \subseteq M(\leq^T)$ folgt. Anderenfalls würde es aber Elemente $t_1 < t_2$ aus T und $\xi \in \Sigma$ geben, für die $t_1\xi^{-1} \not\leq^T t_2\xi^{-1}$ gilt. Wegen der Linearität von $\leq^T$ folgt aus letzterem $t_2\xi^{-1} <^T t_1\xi^{-1}$ und mit $\Sigma \subseteq M(\leq^T)$ der Widerspruch $t_2 \leq t_1$. ∎

Wir wenden uns nun der Frage zu, ob bzw. unter welchen Bedingungen man von einem p. g. Halbring $(S, +, \cdot, \leq)$ durch eine Erweiterung von $\leq$ innerhalb S zu einem schwach p. g. Halbring $(S, +, \cdot, \leq')$ übergehen kann, der die Voraussetzungen (3.5) und (3.6) von Satz 3.4 erfüllt. Dabei gilt zunächst bezüglich (3.5):

Satz 3.6. *Es sei $(S, +, \cdot, \leq)$ ein p. g. Halbring und Σ eine Unterhalbgruppe von $(S, \cdot)$, deren Elemente kürzbar und zentral in $(S, \cdot)$ sind (zu der also ein Quotientenhalbring $(T, +, \cdot) = Q(S, \Sigma)$ existiert) und die $\Sigma \subseteq M(\leq)$ erfüllt. Dann gibt es eine eindeutig bestimmte kleinste Erweiterung $\leq'$ von $\leq$ innerhalb S, für die $(S, +, \cdot, \leq')$ ein schwach p. g. Halbring ist, der (3.5) erfüllt. Dabei gilt dann $P(\leq) \subseteq P(\leq')$ sowie $M(\leq) \subseteq M(\leq')$, und $\leq'$ ist für alle $a, b \in S$ festgelegt durch*

(3.10) $$a \leq' b \iff \text{es gibt ein } \eta \in \Sigma \text{ mit } a\eta \leq b\eta.$$

Weiter stimmen $\leq'$ und $\leq$ genau dann überein, wenn (3.9) für $\leq$ erfüllt ist. Setzt man insbesondere $M(\leq) = S$ voraus, so gilt auch $M(\leq') = S$.

Beweis. Die durch (3.10) definierte Relation $\leq'$ auf S ist eine Erweiterung von $\leq$, denn aus $a \leq b$ folgt $a\xi \leq b\xi$ sogar für alle $\xi \in \Sigma \subseteq M(\leq)$ und daraus $a \leq' b$ nach (3.10). Damit ist $\leq$ insbesondere reflexiv. Zum Beweis der Transitivität sei $a \leq' b$ und $b \leq' c$, also $a\eta \leq b\eta$ und $b\xi \leq c\xi$ für geeignete $\eta, \xi \in \Sigma$. Dann gilt $a\eta\xi \leq b\eta\xi \leq c\eta\xi$, also wieder $a \leq' c$ nach (3.10). Die gleiche Überlegung mit $c = a$ ergibt die Antisymmetrie von $\leq'$. Das Monotoniegesetz (1.1) für $\leq'$ folgt aus $a\eta \leq b\eta \Longrightarrow a\eta + c\eta \leq b\eta + c\eta$. Damit ist $(S, +, \cdot, \leq')$ als schwach p. g. Halbring nachgewiesen.

Um (3.5) zu zeigen, gehen wir zunächst von $a \leq' b$, also gemäß (3.10) von $a\eta \leq b\eta$ aus. Dann gilt $a\xi\eta \leq b\xi\eta$ für alle $\xi \in \Sigma \subseteq M(\leq)$, woraus schon $a\xi \leq' b\xi$ folgt. Gilt umgekehrt $a\xi \leq' b\xi$ mit $\xi \in \Sigma$, also $a\xi\eta \leq b\xi\eta$ für ein $\eta \in \Sigma$, so ergibt dies wieder $a \leq' b$ nach (3.10). Weiter gilt $P(\leq) \subseteq P(\leq')$, da aus $c \in P(\leq)$, also $a \leq a + c$ für alle $a \in S$ wie bereits gezeigt $a \leq' a + c$ für alle $a \in S$ folgt. Unmittelbar aus (3.10) ergibt sich $M(\leq) \subseteq M(\leq')$, was insbesondere $M(\leq) = S \Longrightarrow M(\leq') = S$ zeigt.

Schließlich sei σ irgendeine Erweiterung von $\leq$ innerhalb S, die (3.5) erfüllt, also $a \;\sigma\; b \iff a\xi \;\sigma\; b\xi$ für alle $a, b \in S$ und $\xi \in \Sigma$. Dann folgt $\leq' \subseteq \sigma$ aus $a \leq' b \Longrightarrow a\eta \leq b\eta \Longrightarrow a\eta \;\sigma\; b\eta \Longrightarrow a \;\sigma\; b$. Dies zeigt, daß die durch (3.10) definierte Relation $\leq'$ bereits festgelegt ist als die kleinste Erweiterung von $\leq$ innerhalb S, die (3.5) erfüllt. Insbesondere stimmt damit $\leq'$ genau dann mit $\leq$ überein, wenn $\leq$ selbst schon (3.5), also (3.9) erfüllt. ∎

Der folgende zusammenfassende Satz ist nach Folgerung 3.5 nur noch von Interesse, wenn der p. g. Halbring $(S, +, \cdot, \leq)$ nicht (3.9) erfüllt und damit $\leq'$ eine echte Erweiterung von $\leq$ innerhalb S ist. Jedoch umfaßt Satz 3.7 a) auch die Fälle, für die $\leq$ und $\leq'$ übereinstimmen.

Satz 3.7. *Es sei $(S, +, \cdot, \leq)$ ein p. g. Halbring, $(T, +, \cdot) = Q(S, \Sigma)$ ein Quotientenhalbring von $(S, +, \cdot)$ mit $\Sigma \subseteq M(\leq)$ und $(S, +, \cdot, \leq')$ der in Satz 3.6 behandelte schwach p. g. Halbring mit der kleinsten inneren Erweiterung (3.10) von $\leq$, für die (3.5) gilt. Dann können die folgenden Fälle a) und c) eintreten:*

a) Der schwach p. g. Halbring $(S, +, \cdot, \leq')$ erfüllt (3.6). Dann gibt es eine eindeutig bestimmte kleinste Fortsetzung $\leq^T$ von $\leq$ auf T, für die $(T, +, \cdot, \leq^T)$ ein p. g. Halbring mit $\Sigma \cup \Sigma^{-1} \subseteq M(\leq^T)$ ist. Dabei gilt $M(\leq) \subseteq M(\leq^T)$, und $\leq^T$ ist für alle $a\alpha^{-1}, b\beta^{-1} \in T$ gegeben durch

(3.11) $\qquad a\alpha^{-1} \leq^T b\beta^{-1} \iff$ *es gibt ein $\eta \in \Sigma$ mit $a\beta\eta \leq \alpha b\eta$*

Setzt man insbesondere $M(\leq) = S$ voraus, so gilt auch $M(\leq^T) = T$.

b) Hinreichend, aber nicht notwendig für die Gültigkeit von (3.6) in a) ist, daß $(S, +, \cdot, \leq')$ ein p. g. Halbring ist, also $P(\leq') \subseteq M(\leq')$ gilt. Letzteres ist stets erfüllt, wenn der Halbring $(S, +, \cdot)$ ein absorbierendes Nullelement hat, und auch wenn $P(\leq) = S$ oder $M(\leq) = S$ für $(S, +, \cdot, \leq)$ gelten.

c) Der schwach p. g. Halbring $(S, +, \cdot, \leq')$ erfüllt nicht (3.6). Dann kann sowohl der Fall eintreten, daß es Fortsetzungen $\leq^T$ von $\leq$ auf T gibt, für die $(T, +, \cdot, \leq^T)$ ein p. g. Halbring mit $\Sigma \cup \Sigma^{-1} \subseteq M(\leq)$ ist, als auch der Fall, daß keine solchen Fortsetzungen existieren.

Beweis. a) Dies folgt unmittelbar aus der Nacheinanderanwendung der Sätze 3.6 und 3.4, wobei sich (3.11) aus (3.7) und (3.10) ergibt.

b) Wie schon bemerkt, folgt (3.6) aus $P(\leq') \subseteq M(\leq')$, und in Aufgabe 3.7 geben wir ein Beispiel dafür, daß (3.6) auch erfüllt sein kann, wenn $(S, +, \cdot, \leq')$ nur ein schwach p. g. Halbring ist. Wir zeigen nun, daß $(S, +, \cdot, \leq')$ ein p. g. Halbring ist, wenn der p. g. Halbring $(S, +, \cdot, \leq)$ ein absorbierendes Nullelement o enthält: Für jedes $c \in P(\leq')$ gilt dann nämlich $o \leq' c$. Damit gibt es ein $\eta \in \Sigma$ mit $o = o\eta \leq c\eta$, woraus $c\eta \in P(\leq)$ folgt. Nun gilt $P(\leq) \subseteq M(\leq)$ für $(S, +, \cdot, \leq)$ und $M(\leq) \subseteq M(\leq')$ gemäß Satz 3.6. Aus $c\eta \in M(\leq')$ und $a \leq' b$ folgt nun $ac\eta \leq' bc\eta$ und $ca\eta \leq' cb\eta$, was nach (3.5) mit $ac \leq' bc$ und $ca \leq' cb$ gleichwertig ist. Dies zeigt $c \in M(\leq')$. Die letzten Behauptungen ergeben sich unmittelbar aus $P(\leq) \subseteq M(\leq) \subseteq M(\leq')$.

c) Die Beispiele der Aufgaben 3.8 und 3.9 zeigen, daß beide angegebenen Möglichkeiten tatsächlich eintreten können. ■

Bemerkung 3.8. Alle hier durchgeführten Überlegungen gelten insbesondere, wenn $(S, +, \cdot, \leq)$ ein p. g. Ring und damit $(T, +, \cdot) = Q(S, \Sigma)$ nach Satz II.4.7 b) ein Quotientenring von $(S, +, \cdot)$ ist. Dies gilt auch für alle Aufgaben, die nicht explizit Beispiele echter Halbringe behandeln. Dabei ergeben sich jedoch folgende Vereinfachungen:

i) Man kann immer $\Sigma \subseteq M(\leq)$ wählen (vgl. Aufgabe 3.1).

ii) Sowohl in Satz 3.3 als auch in Satz 3.6 ist $(S, +, \cdot, \leq')$ stets ein p. g. Ring (nach Aufgabe 2.1 bzw. Satz 3.7 b)). Damit entfallen alle Überlegungen bezüglich (3.6), und es gibt stets die kleinste Fortsetzung $\leq^T$ von $\leq$ auf T gemäß Satz 3.7 a).

Bemerkung 3.9. Für einen p. g. Halbring $(S, +, \cdot, \leq)$ mit einem Quotientenhalbring $(T, +, \cdot) = Q(S, \Sigma)$ hängt die in Satz 3.3 betrachtete partielle Ordnung $\leq'$ von (der Existenz und) der Wahl der partiellen Ordnung $\leq^T$ von T ab.

Dagegen ist die in Satz 3.6 durch (3.10) definierte partielle Ordnung $\leq'$ nur von $(S, +, \cdot, \leq)$ und Σ abhängig. Diese partiellen Ordnungen auf S stimmen genau dann überein, wenn $\leq^T$ (existiert und) so klein wie möglich gewählt wird, was der Nacheinanderanwendung der Sätze 3.6 und 3.4 zum Beweis von Satz 3.7 a) entspricht. Zur Erläuterung der Situation in Fall c) dieses Satzes bezeichnen wir die durch (3.10) definierte partielle Ordnung mit $\leq_1'$. Existiert dann eine Fortsetzung $\leq^T$ von $\leq$, so existiert nach Satz 3.3 auch eine Erweiterung $\leq_2'$ von $\leq$ innerhalb S, die (3.5) und (3.6) erfüllt und damit $\leq_1'$ echt umfaßt (es gilt dann also $\leq \subset \leq_1' \subset \leq_2'$). Gibt es umgekehrt eine solche Erweiterung $\leq_2'$ von $\leq_1'$ innerhalb S, so existiert zu $\leq_2'$ eine Fortsetzung $\leq^T$ nach Satz 3.4.

Die folgende, abschließende Bemerkung liefert insbesondere die Grundlage für die Behandlung von Differenzenhalbringen in III.4.

Bemerkung 3.10. i) Wir lassen nun in den Aussagen dieses Paragraphen die Addition weg, womit natürlich auch alle diesbezüglichen Begriffsbildungen und Bedingungen (wie etwa $P(\leq) \subseteq M(\leq)$ oder (3.6)) und alle Behauptungen entfallen, die sich auf die Gültigkeit von (3.6) beziehen. Auf diese Weise erhalten wir Aussagen über die verbleibenden Strukturen $(S, \cdot, \leq)$, $(S, \cdot, \leq')$ und $(T, \cdot, \leq^T)$. Bei ihnen handelt es sich also um Halbgruppen $(S, \cdot)$, die gleichzeitig partiell oder sogar linear geordnete Mengen $(S, \leq)$ sind.

ii) Im folgenden Paragraphen benötigen wir die eben beschriebenen Aussagen für den Spezialfall, daß es sich um *partiell* oder *linear geordnete Halbgruppen* im Sinne von Aufgabe 1.10 handelt. Eine solche p. g. bzw. l. g. Halbgruppe $(S, \cdot, \leq)$ ist also durch das Monotoniegesetz (1.11) definiert, d. h. daß der Monotoniebereich $M(\leq)$ von $(S, \cdot, \leq)$ die gesamte Halbgruppe ist. Diese Eigenschaft $M(\leq) = S$ bleibt aber, wie wir jeweils ausdrücklich festgestellt haben, bei jedem unserer Sätze erhalten. *Damit gelten alle Aussagen dieses Paragraphen für p. g. Halbgruppen $(S, \cdot, \leq)$, $(S, \cdot, \leq')$ und $(T, \cdot, \leq^T)$ und die gegenseitigen Beziehungen ihrer Ordnungsrelationen $\leq$, $\leq'$ und $\leq^T$. Insbesondere sind dabei alle Feststellungen der Form $\Sigma \subseteq M(\leq)$ oder $\Sigma \cup \Sigma^{-1} \subseteq M(\leq^T)$ im Begriff der p. g. Halbgruppen enthalten und daher überflüssig.*

Allerdings werden wir dies alles in III.4 auf die partiell geordneten additiven Halbgruppen $(S, +, \leq)$, $(S, +, \leq')$ und $(T, +, \leq^T)$ entsprechender Halbringe anwenden. Wir lassen also bei den in diesen Paragraphen betrachteten Halbringen die Addition weg, erhalten damit insbesondere Aussagen über zunächst multiplikativ geschriebene p. g. Halbgruppen, die wir in die addtive Schreibweise übertragen (unter Berücksichtigung der Kommutativität, womit z. B. (1.11) in (1.1) übergeht). Die so erhaltenen Aussagen über additiv geschriebene p. g. Halbgruppen, von denen wir die wichtigsten in Satz 4.1 explizit formulieren, wenden wir dann auf die additiven p. g. Halbgruppen der in III.4 behandelten Halbringe an.

iii) Wir erwähnen noch, daß in der Literatur auch "verallgemeinerte" p. g. oder l. g. Halbgruppen $(S,\cdot,\leq)$ betrachtet werden, für die (1.11) nicht zu gelten braucht (vgl. [Cli58], [Cli66] und [Wei86]). Oft werden dabei statt (1.11) andere Bedingungen vorausgesetzt, wie z. B. $M(\leq)\cup W(\leq)=S$. Für Anwendungen dieses Paragraphen auf solche verallgemeinerte p. g. Halbgruppen gemäß i) benötigt man nur, daß die Nennerhalbgruppe Σ der Quotientenhalbgruppe $(T,\cdot)=Q(S,\Sigma)$ von $(S,\cdot,\leq)$ in $M(\leq)$ gewählt werden kann.

Aufgaben

3.1. Es sei $(S,+,\cdot,\leq)$ ein p. g. Halbring und $(T,+,\cdot)=Q(S,\Sigma')$. Dann sind folgende Bedingungen hinreichend dafür, daß es eine Nennerhalbgruppe $\Sigma\subseteq M(\leq)$ gibt, die $(T,+,\cdot)=Q(S,\Sigma')=Q(S,\Sigma)$ erfüllt:

a) Es gilt $\Sigma'\subseteq P(\leq)\cup N(\leq)$, $P(\leq)^2\subseteq P(\leq)$ und $N(\leq)^2\subseteq P(\leq)$.

b) Es gilt $\Sigma'\subseteq M(\leq)\cup W(\leq)$. Dies folgt aus $S=P(\leq)$ oder $S=M(\leq)$.

c) $(S,+,\cdot,\leq)$ ist ein l. g. Halbring mit Nullelement, der (2.3) erfüllt. Dies ist stets der Fall, wenn $(S,+,\cdot,\leq)$ ein l. g. Ring ist (vgl. Lemma 2.5).

d) $(S,+,\cdot,\leq)$ ist ein l. g. Halbring mit absorbierendem Nullelement o, und aus $\Sigma'\cap N(\leq)\neq\emptyset$ folgt $\Sigma'\cap W(\leq)\neq\emptyset$.

(Hinweis: Für a) – c) verwende man $a\alpha^{-1}=(a\alpha)(\alpha^2)^{-1}$ für alle $a\in S$ und $\alpha\in\Sigma$. Bei d) kann man von jedem Nenner $\alpha\in\Sigma'$ mit $\alpha<o$ mit Hilfe eines Elementes $\beta\in\Sigma'\cap W(\leq)$ zu dem Nenner $\alpha\beta>o$ übergehen.)

3.2. Es sei $(S,+,\cdot,\leq)$ ein p. g. Halbring und $(T,+,\cdot)=Q(S,\Sigma')=Q(S,\Sigma_T)$, wobei Σ_T die relativ maximale Nennerhalbgruppe bezüglich T bezeichnet (vgl. Aufgabe II.3.7 a)). Dann sind folgende Aussagen gleichwertig:

a) Jedes Element $t\in T$ hat eine Darstellung $t=a\tau^{-1}$ mit einem Nenner $\tau\in\Sigma_T$, der im Monotoniebereich $M(\leq)$ oder im Antimonotoniebereich $W(\leq)$ von $(S,+,\cdot,\leq)$ liegt.

a′) Es gilt $(T,+,\cdot)=Q\big(S,\,\Sigma_T\cap(M(\leq)\cup W(\leq))\big)$.

b) Jedes Element $t\in T$ hat eine Darstellung $t=a\tau^{-1}$ mit einem Nenner $\tau\in\Sigma_T\cap M(\leq)$.

b′) Es gilt $(T,+,\cdot)=Q(S,\,\Sigma_T\cap M(\leq))$.

3.3. Beweisen Sie die Behauptungen am Ende von Beispiel 3.2 d), und betrachten Sie insbesondere die Fälle $\Delta \subseteq S$ und $\Delta = \{x^i \mid i \in \mathbb{N}\}$ (vgl. die Aufgaben II.4.2 und II.4.4).

3.4. Zur Kennzeichnung der in Satz 3.1 betrachteten Fortsetzung $\leq^T$ von $\leq$ reicht es nicht aus, statt i) bzw. ii) nur zu fordern, daß $(T, +, \cdot, \leq^T)$ ein p. g. Halbring mit $\Sigma \subseteq M(\leq^T)$ ist. Dies gilt nicht einmal für den Fall, daß man Satz 3.1 nur auf l. g. Ringe anwendet. Um dies zu zeigen, betrachten wir den wie üblich linear geordneten Ring $(\mathbb{Z}, +, \cdot, \leq)$ und einen seiner (von $\mathbb{Z}$ verschiedenen) Quotientenringe $(T, +, \cdot) = Q(\mathbb{Z}, \Sigma)$ mit $\Sigma \subseteq \mathbb{N}$. Mit $\leq^T$ bezeichnen wir die Satz 3.1 entsprechende übliche lineare Ordnungsrelation auf T (vgl. Beispiel 3.2 a)). Eine andere partielle Ordnung $\leq^T_X$, für die $(T, +, \cdot, \leq^T_X)$ ein p. g. Ring ist, wird nach Satz 2.7 b) durch den Unterhalbring $X = P = \mathbb{N}_0$ von $(T, +, \cdot)$ gemäß $r \leq t \iff t - r \in \mathbb{N}_0$ definiert. Ersichtlich ist $\leq^T_X$ echt in $\leq^T$ enthalten und ebenfalls eine Fortsetzung von $\leq$ auf T. Weiter gilt $\Sigma \subseteq M(\leq^T_X)$ wegen $\Sigma \subseteq \mathbb{N}_0 = P(\leq^T_X) \subseteq M(\leq^T_X)$. Dagegen ist $\leq^T_X$ weder linear noch $\Sigma^{-1} \subseteq M(\leq^T_X)$ erfüllt, wie z. B. $1 <^T_X 2$ und die Unvergleichbarkeit von $1 \cdot \alpha^{-1}$ und $2 \cdot \alpha^{-1}$ bezüglich $\leq^T_X$ für jedes $\alpha \in \Sigma \setminus \mathbb{Z}$ zeigen.

3.5. In dem folgenden Beispiel zu Satz 3.7 a) und b) ist $(S, +, \cdot, \leq')$ ein p. g. Halbring und $\leq'$ eine echte Erweiterung von $\leq$ innerhalb S, womit also $\leq^T$ nicht als strikte Fortsetzung von $\leq$ gemäß Folgerung 3.5 gewonnen werden kann. Dazu betrachten wir den Halbring $(S, +, \cdot) = (\mathbb{N}_0, +, \cdot)$ und seinen Quotientenhalbring $(T, +, \cdot) = Q(\mathbb{N}_0, \Sigma)$ bezüglich der von 10 erzeugten Unterhalbgruppe Σ von $(\mathbb{N}_0, \cdot)$. Letzterer besteht also aus allen Zahlen $t \in \mathbb{H}_0$, die eine endliche Dezimalbruchentwicklung haben (vgl. Beispiel II.3.3 c)).

a) Der Unterhalbring $X = 75\mathbb{N}_0$ von $(\mathbb{N}_0, +, \cdot)$ erfüllt die Bedingung (1.8) und definiert daher gemäß $a \leq_X b \iff b - a \in 75\mathbb{N}_0$ einen p. g. Halbring $(\mathbb{N}_0, +, \cdot, \leq_X)$ mit $P(\leq_X) = X$ (vgl. Satz 2.10). Weiter gilt $\Sigma \subseteq M(\leq_X) = \mathbb{N}_0$, doch erfüllt $(\mathbb{N}_0, +, \cdot, \leq_X)$ nicht (3.9), wie z. B. aus $3 \cdot 10^2 \leq_X 6 \cdot 10^2$ und $3 \not\leq_X 6$ folgt. Die durch (3.10) definierte kleinste Erweiterung $\leq'_X$ von $\leq_X$ innerhalb S, die (3.5) erfüllt, ist nach (3.10) durch $a \leq'_X b \iff b - a \in 3\mathbb{N}_0$ festgelegt. Da $(\mathbb{N}, +, \cdot)$ ein absorbierendes Nullelement hat, ist $(\mathbb{N}_0, +, \cdot, \leq'_X)$ gemäß Satz 3.7 b) ein p. g. Halbring und erfüllt also auch (3.6). Damit folgt nach Satz 3.7 a) und (3.11), daß für alle $a, b \in \mathbb{N}_0$ und $10^i, 10^j \in \Sigma$ durch

$$(3.12) \qquad a10^{-i} \leq^T_X b10^{-j} \iff a10^j 10^k \leq_X b10^i 10^k \text{ für ein } 10^k \in \Sigma$$

die kleinste Fortsetzung $\leq^T_X$ von $\leq_X$ auf T definiert wird, für die $(T, +, \cdot, \leq^T_X)$ ein p. g. Halbring mit $\Sigma \cup \Sigma^{-1} \subseteq M(\leq^T_X)$ ist. Entsprechend dem Beweis von Satz 3.7 a) ist dabei $\leq_X^T$ die strikte Fortsetzung von $\leq'_X$ gemäß Satz 3.4, d. h. die rechte Seite von (3.12) entsteht aus $a10^j \leq'_X b10^i$.

b) Es ist übrigens nicht möglich, eine Relation $a10^{-i} \sqsubseteq_X^T b10^{-j}$ auf T statt mit (3.12) durch $a10^j \leq_X b10^i$ definieren zu wollen. Eine solche Definition wäre nämlich von der Schreibweise der Quotienten abhängig, wie man etwa an Hand von $3 \cdot 10^{-1} = 30 \cdot 10^{-2}$ und $6 \cdot 10^{-1} = 60 \cdot 10^{-2}$ leicht nachprüft.

c) Dieses Beispiel zeigt zugleich, daß $\leq_X^T$ nicht die einzige Fortsetzung von $\leq_X$ auf T mit den eben angegebenen Eigenschaften ist. Die übliche lineare Ordnung $\leq$ von $I\!N_0$ ist nämlich eine echte Erweiterung von $\leq_X$ innerhalb $I\!N_0$, und die von $\leq$ gemäß Satz 3.1 eindeutig bestimmte (übliche) lineare Fortsetzung $\leq^T$ auf $(T, +, \cdot)$ damit eine echte Erweiterung von $\leq_X^T$ innerhalb T.

3.6. Führen Sie die gleichen Überlegungen wie in Aufgabe 3.5 für den Ring $(S, +, \cdot) = (\mathbb{Z}, +, \cdot)$ und seinen Quotientenring $(T, +, \cdot) = Q(\mathbb{Z}, \Sigma)$ mit der von 10 erzeugten Unterhalbgruppe Σ von $(I\!N_0, \cdot)$ durch.

3.7. Im Rahmen von Satz 3.7 a) und b) geben wir ein Beispiel dafür, daß $(S, +, \cdot, \leq')$ nur ein schwach p. g. Halbring ist, aber trotzdem (3.6) erfüllt. Dieses Beispiel zeigt zugleich, daß in Satz 3.3 a) auch schwach p. g. Halbringe $(S, +, \cdot, \leq')$ auftreten können. Dabei sind die hier und auch in den folgenden Aufgaben formulierten Teilbehauptungen oft nicht unmittelbar einsichtig. Sie lassen sich aber im direkten Ansatz, mitunter auch durch Fallunterscheidungen, nachprüfen.

a) Auf der Menge $T_1 = \{e, c, u\}$ wird ein Halbring $(T_1, +, \cdot)$ durch die Strukturtafeln

$+$	e	c	u
e	e	u	u
c	u	c	u
u	u	u	u

$\cdot$	e	c	u
e	e	c	u
c	c	u	u
u	u	u	u

gegeben. Weiter sei $(T_2, +, \cdot)$ mit $T_2 = \{x^n \mid n \in \mathbb{Z}\}$ der Halbkörper aus Beispiel II.2.3 d) und $(T, +, \cdot) = (T_1, +, \cdot) \times (T_2, +, \cdot)$. Dieser Halbring $(T, +, \cdot)$, dessen Elemente $(t, x^n) \in T_1 \times T_2$ wir vereinfachend in der Form tx^n mit $t \in T_1$ und $x^n \in T_2$ schreiben, ist kommutativ und hat ex^0 als Einselement. Er enthält $S = \{tx^n \mid t \in T_1,\ n \in I\!N_0\}$ als Unterhalbring, und es gilt $(T, +, \cdot) = Q(S, \Sigma)$ bezüglich der Nennerhalbgruppe $\Sigma = \{ex^n \mid n \in I\!N_0\}$ von $(S, +, \cdot)$.

b) Wir erhalten einen p. g. Halbring $(S,+,\cdot,\leq)$, indem wir $\leq$ (natürlich unter Einschluß von $tx^n \leq tx^n$ für alle $tx^n \in S$) definieren durch

$$(3.13) \qquad ex^n \leq ux^m \quad \text{und} \quad ux^n \leq ux^m \quad \text{für alle } n \leq m \text{ aus } \mathbb{N}.$$

Dabei gilt $P(\leq) = \emptyset$ und $M(\leq) = \{ex^n \mid n \in \mathbb{N}\} \cup \{ux^n \mid n \in \mathbb{N}\}$, woraus $\Sigma \subseteq M(\leq)$ folgt. Wegen $ex \leq ux$ und $e \not\leq u$ ist jedoch (3.9) nicht erfüllt. Die durch (3.10) festgelegte kleinste Erweiterung $\leq'$ von $\leq$ innerhalb S mit (3.5) ist durch

$$(3.13') \qquad ex^n \leq' ux^m \quad \text{und} \quad ux^n \leq' ux^m \quad \text{für alle } n \leq m \text{ aus } \mathbb{N}_0$$

gegeben und $(S,+,\cdot,\leq')$ ist nur ein schwach p. g. Halbring. Dies folgt aus $P(\leq') = \{cx^0\} \not\subseteq M(\leq')$, da nach (3.13') zwar $ex^0 \leq' ux^0$ gilt, aber $ex^0 \cdot cx^0 = cx^0$ und $ux^0 \cdot cx^0 = ux^0$ nicht vergleichbar bezüglich $\leq'$ sind. Weiter ergibt sich aus $P(\leq') = \{cx^0\}$, daß kein Element von $(S,+,\cdot,\leq')$ die Voraussetzung von (3.6) erfüllen und daher (3.6) nie verletzt sein kann. Also ist $(S,+,\cdot,\leq')$ ein nur schwach p. g. Halbring, der (3.6) erfüllt. (Ein erstes, ähnliches Beispiel dieser Art findet sich in [Heb93].)

c) Damit können wir Satz 3.7 a) anwenden, d. h. es gibt die kleinste Fortsetzung $\leq^T$ von $\leq$ auf T, für die $(T,+,\cdot,\leq^T)$ ein p. g. Halbring mit $\Sigma \cup \Sigma^{-1} \subseteq M(\leq^T)$ ist. Sie ist für alle $tx^n, rx^m \in S$ und $x^i, x^j \in \Sigma$ durch

$$(3.14) \qquad tx^n x^{-i} \leq^T rx^m x^{-j} \iff tx^n x^j x^k \leq rx^m x^i x^k$$

mit einem $x^k \in \Sigma$ definiert, wobei die rechte Seite von (3.14) wieder gleichwertig ist mit $tx^n x^j \leq' rx^m x^i$. Unter Verwendung von (3.13) oder (3.14) läßt sich dabei $\leq^T$ durch

$$(3.13^T) \qquad ex^n \leq^T ux^m \quad \text{und} \quad ux^n \leq^T ux^m \quad \text{für alle } n \leq m \text{ aus } \mathbb{Z}$$

beschreiben. Da $\leq^T$ die strikte Fortsetzung von $\leq'$ auf T und damit $\leq'$ die von $\leq^T$ auf S induzierte Relation ist, zeigt dieses Beispiel zugleich, daß in Satz 3.3 a) auch nur schwach p. g. Halbringe $(S,+,\cdot,\leq')$ auftreten können.

3.8. Das folgende Beispiel belegt den ersten Fall von Satz 3.7 c). Dazu verwenden wir wieder den Halbring $(S,+,\cdot)$ und seinen Quotientenhalbring $(T,+,\cdot) = Q(S,\Sigma)$ von Aufgabe 3.7 a), definieren aber jetzt eine Relation $\leq$ auf S durch (3.13) und

$$(3.15) \qquad cx^n \leq cx^m \quad \text{für alle } n \leq m \text{ aus } \mathbb{N}.$$

Damit ist $(S,+,\cdot,\leq)$ ein p. g. Halbring, für den die gleichen Aussagen wie in Aufgabe 3.7 b) gelten. Die kleinste Erweiterung $\leq'$ von $\leq$ innerhalb S mit (3.5) ist dann durch (3.13') und

$$(3.15') \qquad cx^n \leq' cx^m \quad \text{für alle } n \leq m \text{ aus } \mathbb{N}_0$$

gegeben. Hier gilt jedoch $P(\leq') = \{cx^k \mid k \in \mathbb{N}_0\}$ für den schwach p. g. Halbring $(S,+,\cdot,\leq')$. Damit erfüllt etwa cx^0 die Voraussetzung von (3.6), während $cx^0 \notin M(\leq')$ wie in Aufgabe 3.7 b) folgt. Also ist $(S,+,\cdot,\leq')$ ein schwach p. g. Halbring, für den (3.6) nicht gilt. Trotzdem existiert eine Fortsetzung $\leq^T$ von $\leq$ auf T, für die $(T,+,\cdot,\leq^T)$ ein p. g. Halbring mit $\Sigma \cup \Sigma^{-1} \subseteq M(\leq^T)$ ist. Man erhält eine solche Fortsetzung $\leq^T$ durch (3.13^T) und

$$cx^n \leq^T cx^m, \; ex^n \leq^T ex^n \text{ und } cx^n \leq ux^m \quad \text{für alle } n \leq m \text{ aus } \mathbb{Z}.$$

Übrigens läßt sich leicht nachprüfen, daß $(T,+,\cdot,\leq^T)$ ein p. g. Halbring ist. Da nämlich $(T_1,+,\cdot,\leq_1)$ mit der durch $e <_1 u$ und $c <_1 u$ definierten partiellen Ordnung ersichtlich ein p. g. Halbring ist und nach Beispiel 2.2 d) das gleiche für $(T_2,+,\cdot,\leq_2)$ mit $x^n \leq_2 x^m \iff n \leq m$ gilt, genügt die Anwendung von Aufgabe 2.6 a).

3.9. Schließlich geben wir ein Beispiel für den zweiten Fall von Satz 3.7 c) (vgl. Beispiel 5.5 in [Heb93]). Dazu gehen wir wieder wie in Aufgabe 3.7 a) vor und ändern nur die Addition von T_1 ab, indem wir alle Summen gleich u setzen. (Der so entstehende Halbring ist isomorph zu dem Unterhalbring $(\{c,e,\infty\},+,\cdot)$ aus Aufgabe 2.16.) Nun definieren wir eine Relation $\leq$ auf S durch (3.13) und

$$(3.16) \qquad cx^n \leq^T ex^m \text{ und } cx^n \leq ux^m \quad \text{für alle } n \leq m \text{ aus } \mathbb{N}.$$

Dann ist $(S,+,\cdot,\leq)$ ein p. g. Halbring mit $P(\leq) = \emptyset$ und $\Sigma \subseteq M(\leq)$. Wir zeigen indirekt, daß es keine Fortsetzung $\leq^T$ von $\leq$ auf T gibt, für die $(T,+,\cdot,\leq^T)$ ein p. g. Halbring mit $\Sigma^{-1} \subseteq M(\leq^T)$ ist. (Daraus folgt dann nach Satz 3.7, daß $(S,+,\cdot,\leq)$ nicht (3.9) und $(S,+,\cdot,\leq')$ nicht (3.6) erfüllt.) Wäre nämlich $\leq^T$ eine solche Fortsetzung, so gelten wegen $\Sigma^{-1} \subseteq M(\leq^T)$ (3.13) und (3.16) bezüglich $\leq^T$ für alle $n,m \in \mathbb{Z}$. Daraus folgt $tx^n \leq^T ux^{\max(n,0)} = tx^n + cx^0$ für alle $tx^n \in T$, d. h. $cx^0 \in P(\leq^T)$. Andererseits gilt $cx^0 <^T ex^0$ und $cx^0 \cdot cx^0 = us^0 >^T ex^0 \cdot cx^0 = ex^0$, also $cx^0 \notin M(\leq^T)$. Damit ist $(T,+,\cdot,\leq^T)$ kein p. g. Halbring.

3.10. Wir ergänzen Satz 3.3 durch folgende Aussagen:

a) Es gilt $M(\leq^T) \cap S = M(\leq')$ und für alle $c \in S$ und $\gamma \in \Sigma$

$$c \in M(\leq^T) \iff c\gamma^{-1} \in M(\leq^T) \iff c \in M(\leq').$$

b) Es gilt $P(\leq^T) \cap S \subseteq P(\leq')$ und für alle $c \in S$ und $\gamma \in \Sigma$

$$\begin{aligned} c \in P(\leq^T) &\iff c\gamma^{-1} \in P(\leq^T) \\ &\iff c\delta \in P(\leq') \text{ für alle } \delta \in \Sigma \Longrightarrow c \in P(\leq'). \end{aligned}$$

3.11. a) Es sei $(S,+,\cdot)$ ein Halbring und $\{\varrho_i\}_{i\in I}$ eine Menge von partiellen Ordnungen auf S, für die $(S,+,\cdot,\varrho_i)$ ein p. g. Halbring ist. Dann ist auch $\varrho = \bigcap_{i\in I} \varrho_i$ eine partielle Ordnung auf S und $(S,+,\cdot,\varrho)$ ein p. g. Halbring. Dabei gilt $\bigcap_{i\in I} P(\varrho_i) = P(\varrho)$, jedoch im allgemeinen nur $\bigcap_{i\in I} M(\varrho_i) \subseteq M(\varrho)$.

b) Aus a) folgt, daß die Menge aller partiellen Ordnungen ϱ_i auf S, für die $(S,+,\cdot,\varrho_i)$ ein p. g. Halbring ist, als Teilmenge von $(\mathfrak{P}(S \times S), \subseteq)$ infimums-vollständig ist. Sie ist also ein $\cap$-vollständiger Halbverband. Im allgemeinen ist sie jedoch nicht nach oben beschränkt und daher kein Verband (vgl. Bemerkung I.6.20 i)). Welche Rolle spielen in diesem Zusammenhang lineare Ordnungen und die triviale partielle Ordnung?

c) Wendet man a) auf einen Quotientenhalbring $(T,+,\cdot)$ von $(S,+,\cdot,\leq)$ im Sinne von Folgerung 3.5 oder Satz 3.7 an, so folgt: Existiert überhaupt eine Fortsetzung $\leq^T$ von $\leq$ auf T, für die $(T,+,\cdot,\leq^T)$ ein p. g. Halbring mit $\Sigma \cup \Sigma^{-1} \subseteq M(\leq^T)$ ist, so gibt es auch eine eindeutig bestimmte kleinste Fortsetzung dieser Art.

III.4. Differenzenhalbringe partiell geordneter Halbringe

Es sei $(S,+,\cdot,\leq)$ ein p. g. Halbring und $(T,+,\cdot) = D(S,\Theta)$ entsprechend II.5 ein Differenzenhalbring von $(S,+,\cdot)$. Die Subtrahendenhalbgruppe Θ besteht dabei aus in $(S,+)$ kürzbaren Elementen und kann ohne Beschränkung der Allgemeinheit als Halbringideal von $(S,+,\cdot)$ gewählt werden. Gegenstand unserer Untersuchungen sind solche Fortsetzungen $\leq^T$ von $\leq$ auf T, für die $(T,+,\cdot,\leq^T)$ ebenfalls ein p. g. Halbring ist, wobei wir auch den wichtigen Fall einbeziehen, daß $(T,+,\cdot) = D(S,\Theta)$ sogar ein Differenzenring von $(S,+,\cdot)$ ist.

Nun ist jeder Differenzenhalbring $(T,+,\cdot) = D(S,\Theta)$ des Halbringes $(S,+,\cdot)$ erst recht Differenzenhalbgruppe $(T,+) = D(S,\Theta)$ der Halbgruppe $(S,+)$. Damit ist jede Fortsetzung $\leq^T$ der partiellen Ordnung des p. g. Halbringes $(S,+,\cdot,\leq)$, für die $(T,+,\cdot,\leq^T)$ ein p. g. Halbring ist, insbesondere eine

Fortsetzung der partiellen Ordnung der p. g. Halbgruppe $(S, +, \leq)$, für die $(T, +, \leq^T)$ eine p. g. Halbgruppe ist. Diese halbgruppentheoretische Fragestellung wurde aber gemäß Bemerkung 3.10 ii) bereits in III.3 vollständig erledigt, allerdings dort (unter Weglassen der Addition) für multiplikativ geschriebene p. g. Halbgruppen $(S, \cdot, \leq)$ und Quotientenhalbgruppen $(T, \cdot) = Q(S, \Sigma)$ von $(S, \cdot)$. Wir übertragen daher zunächst die im folgenden benötigten Aussagen dieser Art in die hier gebrauchte additive Schreib- und Sprechweise:

Satz 4.1. *a) Es sei $(S, +, \leq)$ eine (kommutative) p. g. Halbgruppe und $(T, +) = Q(S, \Theta)$ eine Differenzenhalbgruppe von $(S, +)$ bezüglich einer Subtrahendenhalbgruppe Θ. Dann definiert*

$$a \leq' b \iff \text{es gibt ein } \eta \in \Theta \text{ mit } a + \eta \leq b + \eta \tag{4.1}$$

die kleinste Erweiterung $\leq'$ von $\leq$ innerhalb S, für die $(S, +, \leq')$ eine p. g. Halbgruppe ist und

$$a \leq' b \iff a + \xi \leq' b + \xi \quad \text{für alle} \quad a, b \in S \text{ und } \xi \in \Theta \tag{4.2}$$

gilt. Dabei stimmen $\leq'$ und $\leq$ genau dann überein, wenn $(S, +, \leq)$ selbst schon

$$a \leq b \iff a + \xi \leq b + \xi \quad \text{für alle} \quad a, b \in S \text{ und } \xi \in \Theta \tag{4.3}$$

erfüllt. Dies ist stets der Fall, wenn $(S, +, \leq)$ linear geordnet ist.

b) Zu jeder p. g. Halbgruppe $(S, +, \leq')$ mit (4.2) definiert

$$a - \alpha \leq^T b - \beta \iff a + \beta \leq' \alpha + b \quad \text{für alle} \quad a - \alpha, b - \beta \in T \tag{4.4}$$

die eindeutig bestimmte kleinste Fortsetzung $\leq^T$ von $\leq'$ auf T, für die $(T, +, \leq^T)$ eine p. g. Halbgruppe ist. Dabei ist $\leq^T$ eine strikte Fortsetzung von $\leq'$, d. h. es gilt (3.2). Insbesondere ist $(T, +, \leq^T)$ genau dann linear geordnet, wenn $(S, +, \leq')$ linear geordnet ist, und in diesem Fall ist $\leq^T$ sogar die einzige Fortsetzung von $\leq'$ auf T, für die $(T, +, \leq^T)$ eine p. g. Halbgruppe ist.

c) Zusammengefaßt gibt es daher für jede p. g. Halbgruppe $(S, +, \leq)$ eine eindeutig bestimmte kleinste Fortsetzung $\leq^T$ von $\leq$ auf $(T, +) = D(S, \Theta)$, für die $(T, +, \leq^T)$ eine p. g. Halbgruppe ist. Sie ist für alle $a - \alpha, b - \beta \in T$ festgelegt durch

$$a - \alpha \leq^T b - \beta \iff \text{es gibt ein } \eta \in \Theta \text{ mit } a + \beta + \eta \leq \alpha + b + \eta. \tag{4.5}$$

Dabei ist die Addition von $\eta \in \Theta$ überflüssig, wenn $(S, +, \leq)$ schon (4.3) erfüllt.

Da die Elemente $\xi \in \Theta$ in $(S,+)$ kürzbar sind, ist (4.2) ersichtlich gleichwertig mit $a <' b \iff a+\xi <' b+\xi$, wobei hier wie in (4.2) die Implikation von links nach rechts in jeder p. g. Halbgruppe $(S,+,\leq)$ erfüllt ist. Ebenso ist (4.1) äquivalent mit $a <' b \iff a+\eta < b+\eta$ für ein $\eta \in \Theta$.

Wir formulieren nun in den Sätzen 4.2 und 4.3 sogleich die Hauptergebnisse dieses Paragraphen. Soweit sich diese Sätze auf schwach p. g. und l. g. Halbringe beziehen, folgen sie bereits aus den in Satz 4.1 zusammengestellten Aussagen über p. g. und l. g. Halbgruppen. Damit sind später nur noch die Kriterien für die Gültigkeit der Monotoniegesetze (2.1) bzw. (2.2) zu beweisen.

Satz 4.2. *Es sei $(S,+,\cdot,\leq)$ ein l. g. Halbring und $(T,+,\cdot) = D(S,\Theta)$ ein Differenzenhalbring von $(S,+,\cdot)$ bezüglich eines Halbringideals Θ. Nach Satz 4.1 a) und b) definiert dann*

$$(4.6) \qquad a-\alpha \leq^T b-\beta \iff a+\beta \leq \alpha+b \quad \textit{für alle} \quad a-\alpha, b-\beta \in T$$

die einzige Fortsetzung $\leq^T$ von $\leq$ auf T, für die $(T,+,\leq^T)$ eine p. g. Halbgruppe, also $(T,+,\cdot,\leq^T)$ ein schwach p. g. Halbring ist, und mit $\leq$ ist auch $\leq^T$ linear. Dabei ist nun $(T,+,\cdot,\leq^T)$ genau dann ein l. g. Halbring, wenn die folgende Bedingung für alle $a,b,c \in S$ und $\gamma \in \Theta$ gilt:

$F(\leq)$ *Aus $a < b$ und $\gamma < c$ folgt*
$$ac+b\gamma \leq a\gamma+bc \quad \textit{und} \quad ca+\gamma b \leq \gamma a+cb.$$

Darüber hinaus erfüllt $(T,+,\cdot,\leq^T)$ genau dann sogar das strenge Monotoniegesetz (2.2), wenn für $(S,+,\cdot,\leq)$ und Θ in Verschärfung von $F(\leq)$ gilt:

$F(<)$ *Aus $a < b$ und $\gamma < c$ folgt*
$$ac+b\gamma < a\gamma+bc \quad \textit{und} \quad ca+\gamma b < \gamma a+cb.$$

Satz 4.3. *a) Es sei $(S,+,\cdot,\leq)$ ein p. g. Halbring und $(T,+,\cdot) = D(S,\Theta)$ ein Differenzenhalbring von $(S,+,\cdot)$ bezüglich eines Halbringideals Θ. Nach Satz 4.1 c) definiert dann (4.5) die eindeutig bestimmte kleinste Fortsetzung $\leq^T$ von $\leq$ auf T, für die $(T,+,\leq^T)$ eine p. g. Halbgruppe, also $(T,+,\cdot,\leq^T)$ ein schwach p. g. Halbring ist. Dabei ist nun $(T,+,\cdot,\leq^T)$ genau dann ein p. g. Halbring, wenn die folgende Bedingung für alle $a,b,c \in S$ und $\gamma \in \Theta$ gilt:*

$F^+(\leq)$ *Aus $a < b$ und $\gamma < c$ folgt die Existenz von $\eta_i \in \Theta$, für die*

$$ac + b\gamma + \eta_1 \leq a\gamma + bc + \eta_1 \text{ und } ca + \gamma b + \eta_2 \leq \gamma a + cb + \eta_2 \text{ gilt.}$$

Darüber hinaus erfüllt $(T, +, \cdot, \leq^T)$ genau dann sogar das strenge Monotoniegesetz (2.2), wenn für $(S, +, \cdot, \leq)$ und Θ die durch Ausschluß der Gleichheit in $F^+(\leq)$ verschärfte Bedingung $F^+(<)$ gilt.

b) Erfüllt insbesondere $(S, +, \cdot, \leq)$ schon (4.3), so sind die auftretenden Summanden η, η_1 und η_2 aus Θ überflüssig, d. h. in Teil a) können (4.5), $F^+(\leq)$ und $F^+(<)$ jeweils durch (4.6), $F(\leq)$ und $F(<)$ ersetzt werden.

Beispiel 4.4. a) Wir wenden Satz 4.2 auf den wie üblich geordneten l. g. Halbring $(\mathbb{N}_0, +, \cdot, \leq)$ und seinen Differenzenring $(\mathbb{Z}, +, \cdot) = D(\mathbb{N}_0, \mathbb{N}_0)$ an. Dann definiert (4.6) jedenfalls die einzige Fortsetzung $\leq^{\mathbb{Z}}$ von $\leq$, für die $(\mathbb{Z}, +, \leq^{\mathbb{Z}})$ eine l. g. Halbgruppe ist, und $(\mathbb{Z}, +, \cdot, \leq^{\mathbb{Z}})$ ist genau dann ein l. g. Halbring, wenn $F(\leq)$ für alle $a, b, \gamma, c \in \mathbb{N}_0$ gilt. Wie aus Lemma 4.5 folgt, ist sogar $F(<)$ erfüllt und damit $(\mathbb{Z}, +, \cdot, \leq^{\mathbb{Z}})$ ein l. g. Halbring mit dem strengen Monotoniegesetz (2.2). Nach der Eindeutigkeitsaussage von Satz 4.2 erhält man die gleiche lineare Ordnung $\leq^{\mathbb{Z}}$, wenn man von $(\mathbb{N}, +, \cdot, \leq)$ und $(\mathbb{Z}, +, \cdot) = D(\mathbb{N}, \mathbb{N})$ ausgeht. Aus dem gleichen Grunde ist $\leq^{\mathbb{Z}}$ die übliche lineare Ordnung $\leq$ von $(\mathbb{Z}, +, \cdot)$, die meist gemäß (1.6) mit $P = \mathbb{N}_0$ als Positivbereich von $(\mathbb{Z}, +, \cdot)$ definiert wird (vgl. Satz 2.7 und Folgerung 2.8).

b) Die entsprechenden Überlegungen gelten auch für die l. g. Halbkörper $(\mathbb{H}_0, +, \cdot, \leq)$ und $(\mathbb{P}_0, +, \cdot, \leq)$ und ihre jeweiligen Differenzenkörper $(\mathbb{Q}, +, \cdot)$ und $(\mathbb{R}, +, \cdot)$. So definiert also (4.6) die einzige Fortsetzung $\leq^{\mathbb{R}}$ von $(\mathbb{P}_0, \leq)$, für die $(\mathbb{R}, +, \cdot, \leq^{\mathbb{R}})$ ein l. g. Körper ist, und $\leq^{\mathbb{R}}$ ist die übliche lineare Ordnung $\leq$ von $\mathbb{R}$.

c) Für ein $c \geq 1$ aus $\mathbb{P}_0$ ist $(U, +, \cdot, \leq)$ mit $U = \{a \in \mathbb{P}_0 \mid a \geq c\}$ ein l. g. Unterhalbring von $(\mathbb{P}_0, +, \cdot, \leq)$. Dann ist $(\mathbb{R}, +, \cdot) = D(U, U)$ auch Differenzenkörper von $(U, +, \cdot)$, und nach Satz 4.2 definiert (4.6) für alle $a, \alpha, b, \beta \in U$ die eindeutig bestimmte Fortsetzung $\leq^{\mathbb{R}}$ von $(U, \leq)$, für die $(\mathbb{R}, +, \leq^{\mathbb{R}})$ eine l. g. Gruppe ist. Diese Fortsetzung $\leq^{\mathbb{R}}$ ist damit ebenfalls die übliche lineare Ordnung $\leq$ von $\mathbb{R}$. Daraus folgt nach Satz 4.2 (oder nach Bemerkung 4.6 ii), daß $F(<)$ für alle $a, b, \gamma, c \in U$ erfüllt ist. Im Gegensatz zu den unter a) und b) betrachteten l. g. Halbgruppen kann die lineare Ordnung $\leq$ von $(U, +, \cdot, \leq)$ durch keinen Unterhalbring X von $(U, +, \cdot)$ gemäß (1.7) definiert werden (vgl. Beispiel 1.7), und $(U, +, \cdot)$ ist auch nicht halbsubtraktiv. Daraus folgt, daß die Bedingungen von Lemma 4.5 nur hinreichend für die Gültigkeit von $F(\leq)$ oder $F(<)$ sind.

d) Es sei P_2 der in Beispiel 2.9 b) betrachtete Unterhalbring des l. g. Ringes $(R, +, \cdot, \leq_2)$ mit $R = \mathbb{Q} + \mathbb{Q}z$. Bezüglich der von R auf P_2 eingeschränkten linearen Ordnung, die wir ebenfalls mit $\leq_2$ bezeichnen, ist dann $(P_2, +, \cdot, \leq_2)$

ein l. g. Halbring (vgl. Aufgabe 2.2). Nach Satz 4.2 definiert dann (4.6) die eindeutig bestimmte Fortsetzung $\leq_2^R$ von $(P_2, \leq_2)$ auf R, für die $(R, +, \leq_2^R)$ eine l. g. Halbgruppe ist. Damit stimmt diese Fortsetzung $\leq_2^R$ mit der linearen Ordnung $\leq_2$ von R überein, von der wir ausgegangen sind. Da $(R, +, \cdot, \leq_2)$ nach Beispiel 2.9 b) ein l. g. Ring ist, der nicht (2.2) erfüllt, gilt nach Satz 4.2 die Bedingung $F(\leq_2)$ für beliebige Elemente aus P_2, jedoch nicht $F(<_2)$.

e) Die gleichen Überlegungen wie bei d) gelten für den Ring $\mathbb{Z} + \mathbb{Z}z$ und seinen Unterhalbring P_4 aus Beispiel 2.9 c).

Lemma 4.5. *a) Es sei $(S, +, \cdot, \leq) = (S, +, \cdot, \leq_X)$ ein p. g. Halbring, dessen partielle Ordnung gemäß (1.7) durch einen Unterhalbring X von $(S, +, \cdot)$ definiert werden kann. Dann gilt $F(\leq)$ sogar für alle $a, b, \gamma, c \in S$.*

b) Ist $(S, +, \cdot, \leq)$ ein positiv partiell geordneter Halbring und $(S, +, \cdot)$ halbsubtraktiv, so gilt $F(\leq)$ ebenfalls für alle $a, b, \gamma, c \in S$.

c) Setzt man bei a) oder b) noch voraus, daß $(S, +, \cdot)$ additiv kürzbar ist und entweder kein Nullelement enthält oder nullteilerfrei ist, so gilt in beiden Fällen auch die Verschärfung $F(<)$ für alle $a, b, \gamma, c \in S$.

Beweis. a) Aus $a < b$ und $\gamma < c$ folgt nach (1.7) $a + x = b$ und $\gamma + y = c$ mit $x, y \in X \cap S^*$ und damit $a\gamma + bc = a\gamma + x\gamma + a\gamma + ay + xy = b\gamma + ac + xy$. Wegen $xy \in X$ zeigt dies $ac + b\gamma \leq a\gamma + bc$, und $ca + \gamma b \leq \gamma a + cb$ ergibt sich auf die gleiche Weise.

c) Wir ergänzen den eben geführten Beweis. Die zweite Voraussetzung von c) garantiert dann, daß mit x und y auch xy in $X \cap S^*$ liegt. Würde nun $ac + b\gamma = a\gamma + bc$, also $ac + b\gamma = ac + b\gamma + xy$ gelten, so folgt aus der Kürzbarkeit von $(S, +)$, daß xy das Nullelement von $(S, +, \cdot)$ wäre, was $xy \in S^*$ widerspricht.

b) Ist $(S, +, \cdot)$ halbsubtraktiv, so gibt es zu $a \neq b$ aus S ein $x \in S$ oder ein $x' \in S$ mit $a + x = b$ bzw. $b + x' = a$. Wegen $S = P(\leq)$ folgt damit aus $a < b$ stets $a + x = b$ mit $x \in S$. Dies zeigt, daß die partielle Ordnung von $(S, +, \cdot, \leq)$ durch den Unterhalbring $S = P(\leq)$ gemäß (1.7) definiert ist, was b) auf a) zurückführt. (Übrigens ist ein positiv partiell geordneter und halbsubtraktiver Halbring $(S, +, \cdot, \leq)$ stets linear geordnet, während ein positiv linear geordneter Halbring keineswegs halbsubtraktiv zu sein braucht, wie z. B. der l. g. Halbring $(U, +, \cdot, \leq)$ aus Beispiel 4.4 c) zeigt.) ∎

Bemerkung 4.6. i) Ersichtlich folgt aus $F(<)$ stets $F(\leq)$, und in $F(\leq)$ können $a < b$ und $\gamma < c$ durch $a \leq b$ und $\gamma \leq c$ ersetzt werden. Entsprechendes gilt für $F^+(<)$ und $F^+(\leq)$.

ii) Erfüllt ein p. g. Halbring $(S, +, \cdot, \leq)$ die Bedingung $F(\leq)$ oder $F(<)$ für ein Halbringideal Θ von $(S, +, \cdot)$ und gilt $\Theta \cap U \neq \emptyset$ für einen p. g. Unterhalbring

$(U, +, \cdot, \leq)$ von $(S, +, \cdot, \leq)$, so gilt $F(\leq)$ bzw. $F(<)$ auch für $(U, +, \cdot, \leq)$ und das Halbringideal $\Theta \cap U$ von $(U, +, \cdot)$.

iii) Es gibt p. g. Halbringe $(S, +, \cdot, \leq)$ (und sogar solche, die kommutativ und bezüglich beider Operationen kürzbar sind), die für alle $a, b, c \in S$ und $\gamma \in \Theta$ die Bedingung $F(\leq)$, aber nicht $F(<)$ erfüllen. Dies zeigt für $\Theta = S$ der l. g. Halbring $(P_2, +, \cdot, \leq)$ aus Beispiel 4.4 d) (vgl. auch die Aufgaben 4.1 und 4.2 b)).

iv) Ein Beispiel eines l. g. Halbringes $(S, +, \cdot, \leq)$ (mit den gleichen Eigenschaften wie bei iii)), zu dem der Differenzenring $(T, +, \cdot) = D(S, S)$ existiert und der nicht $F(\leq)$ für alle $a, b, \gamma, c \in S = \Theta$ erfüllt, geben wir in Aufgabe 4.2 a). In diesem Falle kann also nach Satz 4.2 die lineare Ordnung von $(S, +, \cdot, \leq)$ nicht zu einer Ordnung seines Differenzenringes fortgesetzt werden, so daß dieser ein p. g. oder l. g. Ring wird.

Wir wenden uns nun den noch zu beweisenden Monotonieaussagen der Sätze 4.2 und 4.3 zu. Dabei ergibt sich aus Satz 4.1, daß man für den allgemeinen Fall von Satz 4.3 a) zunächst von $(S, +, \cdot, \leq)$ gemäß (4.1) zu $(S, +, \cdot, \leq')$ und dann gemäß (4.4) zu $(T, +, \cdot, \leq^T)$ überzugehen hat. Dies geschieht in den folgenden Sätzen 4.8 und 4.7. Wir beginnen wieder mit letzterem, da $(S, +, \cdot, \leq)$ in vielen Fällen selbst schon (4.3) erfüllt und damit der erste Schritt überflüssig wird. Insbesondere folgen aus Satz 4.7 die noch offenen Behauptungen von Satz 4.3 b) und Satz 4.2 unmittelbar.

Satz 4.7. *Es sei $(S, +, \cdot, \leq')$ ein schwach p. g. Halbring und $(T, +, \cdot) = D(S, \Theta)$ ein Differenzenhalbring von $(S, +, \cdot)$ bezüglich eines Halbringideals Θ, so daß (4.2) gilt. Weiter sei $\leq^T$ entsprechend Satz 4.1 b) die eindeutig bestimmte kleinste Fortsetzung von $\leq'$ auf T, für die $(T, +, \leq^T)$ eine p. g. Halbgruppe und damit $(T, +, \cdot, \leq^T)$ ein schwach p. g. Halbring ist. Dann ist $(T, +, \cdot, \leq^T)$ genau dann ein p. g. Halbring, wenn für alle $a, b, c \in S$ und $\gamma \in \Theta$ gilt:*

$F(\leq')$ *Aus $a <' b$ und $\gamma <' c$ folgt*

$$ac + b\gamma \leq' a\gamma + bc \quad \text{und} \quad ca + \gamma b \leq' \gamma a + cb.$$

Darüber hinaus erfüllt $(T, +, \cdot, \leq^T)$ genau dann sogar das strenge Monotoniegesetz (2.2), wenn die durch Ausschluß der Gleichheit in $F(\leq')$ verschärfte Bedingung $F(<')$ gilt.

Ist dabei $\leq'$ linear, so ist nach Satz 4.1 b) auch $\leq^T$ linear und die einzige Fortsetzung von $\leq'$ auf T, für die $(T, +, \leq^T)$ überhaupt eine p. g. Halbgruppe ist.

Beweis. Wir nehmen zunächst an, daß $(T, +, \cdot, \leq^T)$ ein p. g. Halbring ist, also (2.1) erfüllt, und zeigen $F(\leq)$ für alle $a, b, c \in S$ und $\gamma \in \Theta$. Aus $a <' b$ und $\gamma <' c$ folgt $a <^T b$ und $\gamma <^T c$. Letzteres impliziert $c - \gamma \in P(\leq^T) \cap T^*$ wegen $o_T <^T c - \gamma$, und aus (2.1) folgt

$$(4.7) \qquad a(c-\gamma) \leq^T b(c-\gamma), \quad \text{d. h.} \quad ac - a\gamma \leq^T bc - b\gamma.$$

Nach (4.4) ergibt dies bereits $ac + b\gamma \leq' a\gamma + bc$, und links-rechts-dual erhält man $ca + \gamma b \leq' \gamma a + cb$, womit $F(\leq')$ gezeigt ist. Erfüllt nun $(T, +, \cdot, \leq^T)$ sogar (2.2), so gilt (4.7) mit $<^T$ statt $\leq^T$, woraus sich auf die gleiche Weise $F(<')$ ergibt.

Umgekehrt gehen wir von $F(\leq')$ bzw. $F(<')$ für alle $a, b, c \in S$ und $\gamma \in \Theta$ aus und zeigen, daß dann (2.1) bzw. (2.2) für $(T, +, \cdot, \leq^T)$ gilt. Dabei ist (2.1) bei der Multiplikation von $a - \alpha <^T b - \beta$ mit dem absorbierenden Nullelement o_T von $(T, +, \cdot)$ erfüllt, womit wir nur Faktoren $c - \gamma \in P(\leq^T) \cap T^*$ zu betrachten brauchen. Für letztere folgt $o_T <^T c - \gamma$, also $\gamma <^T c$. Da (3.2) für $\leq'$ und $\leq^T$ gemäß Satz 4.1 b) gilt, erhalten wir $a - \alpha <' b - \beta$ und $\gamma <' c$ und damit nach $F(\leq')$

$$(4.8) \qquad (a+\beta)c + (\alpha+b)\gamma \leq' (a+\beta)\gamma + (\alpha+b)c.$$

Daraus folgt $(ac + \alpha\gamma) + (b\gamma + \beta c) \leq' (bc + \beta\gamma) + (a\gamma + \alpha c)$. Dies zeigt bereits $(a-\alpha)(c-\gamma) \leq^T (b-\beta)(c-\gamma)$ nach der Multiplikationsformel iii') von II.5 und (4.4). Links-rechts-dual erhält man $(c-\gamma)(a-\alpha) \leq^T (c-\gamma)(b-\beta)$ und damit (2.1). Falls sogar $F(<')$ erfüllt ist, gelten ab (4.8) alle Ungleichungen mit $<'$ und $<^T$ statt $\leq'$ und $\leq^T$, was (2.2) für $(T, +, \cdot, \leq^T)$ zeigt. ∎

Satz 4.8. *Es sei $(S, +, \cdot, \leq)$ ein p. g. Halbring und Θ ein Halbringideal von $(S, +, \cdot)$, dessen Elemente in $(S, +)$ kürzbar sind (zu dem also ein Differenzenhalbring $(T, +, \cdot) = D(S, \Theta)$ existiert). Weiter sei $\leq'$ die durch (4.1) definierte kleinste Erweiterung von $\leq$ innerhalb S, für die $(S, +, \cdot, \leq')$ eine p. g. Halbgruppe ist, die (4.2) erfüllt. Damit ist also $(S, +, \cdot, \leq')$ ein schwach p. g. Halbring mit (4.2). Dann ist für alle $a, b, c \in S$ und $\gamma \in \Theta$ die Bedingung $F(\leq')$ genau dann erfüllt, wenn dies für $F^+(\leq)$ gilt, und das Gleiche trifft für $F(<')$ und $F^+(<)$ zu. Weiter folgt aus $F(\leq')$, daß $(S, +, \cdot, \leq')$ ein p. g. Halbring ist, und $F(<')$ impliziert sogar (2.2) für $(S, +, \cdot, \leq')$.*

Beweis. Zum Nachweis von $F^+(\leq) \Longrightarrow F(\leq')$ setzen wir $a <' b$ und $\gamma <' c$ voraus. Nach (4.1) gilt dann $a + \eta_1 < b + \eta_1$ und $\gamma + \eta_2 < c + \eta_2$ für geeignete Elemente $\eta_i \in \Theta$. Nach $F^+(\leq)$ folgt daraus mit einem $\eta_3 \in \Theta$

$$(a+\eta_1)(c+\eta_2) + (b+\eta_1)(\gamma+\eta_2) + \eta_3 \leq (a+\eta_1)(\gamma+\eta_2) + (b+\eta_1)(c+\eta_2) + \eta_3.$$

Dies ergibt $ac+b\gamma+\eta \leq a\gamma+bc+\eta$ mit dem gleichen Element $\eta \in \Theta$ auf beiden Seiten, also $ac+b\gamma \leq' a\gamma+bc$. Links-rechts-dual erhält man $ca+\gamma b \leq' \gamma a+cb$ und damit $F(\leq')$. Für die Umkehrung $F(\leq') \Longrightarrow F^+(\leq)$ sei $a < b$ und $\gamma < c$. Daraus folgt $a <' b$ und $\gamma <' c$ und damit $ac + b\gamma \leq' a\gamma + bc$, also $ac+b\gamma+\eta_1 \leq a\gamma+bc+\eta_1$ und dual $ca+\gamma b+\eta_2 \leq \gamma a+cb+\eta_2$ mit geeigneten Elementen $\eta_i \in \Theta$. Ersichtlich erhält man $F^+(<) \Longleftrightarrow F(<')$ auf die gleiche Weise.

Die beiden letzten Behauptungen gelten sogar für jeden schwach p. g. Halbring $(S,+,\cdot,\leq')$, der (4.2) und $F(\leq')$ bzw. $F(<')$ erfüllt. Zum Beweis von (2.1) sei $a <' b$ und $c \in P(\leq')$. Aus letzterem folgt $\xi \leq' \xi+c$ für ein beliebiges Element $\xi \in \Theta$. Damit gilt nach $F(\leq')$ $a\xi + ac + b\xi \leq' a\xi + b\xi + bc$, also $ac \leq' bc$ nach (4.2). Dual ergibt sich $ca \leq' cb$, was (2.1) zeigt. Für $F(<') \Longrightarrow$ (2.2) hat man nur zu ergänzen, daß $\xi <' \xi + c$ für jedes $c \in P(\leq') \cap S^*$ gilt. Aus $\xi = \xi + c$ und der Kürzbarkeit von ξ in $(S,+)$ würde jedoch folgen, daß c das Nullelement von $(S,+,\cdot)$ ist. ∎

Bemerkung 4.9. i) Da aus $F(\leq)$ trivialerweise $F^+(\leq)$ folgt, läßt sich die erste Behauptung von Satz 4.8 gemäß $F(\leq) \Longrightarrow F^+(\leq) \Longleftrightarrow F(\leq')$ ergänzen. Entsprechend gilt $F(<) \Longrightarrow F^+(<) \Longleftrightarrow F(<')$. Das folgende Beispiel zeigt, daß es überhaupt p. g. Halbringe $(S,+,\cdot,\leq)$ gibt, welche nicht (4.3) erfüllen, und daß dabei sowohl solche auftreten, für die sogar $F(<)$ gilt, als auch solche, die zwar $F^+(<)$, aber weder $F(<)$ noch $F(\leq)$ erfüllen.

ii) Die überhaupt noch zu beweisenden Aussagen von Satz 4.3 a), daß nämlich $F^+(\leq)$ bzw. $F^+(<)$ hinreichend und notwendig für die Gültigkeit von (2.1) bzw. (2.2) für $(T,+,\cdot,\leq^T)$ sind, setzen sich aus den entsprechenden Kriterien der Sätze 4.8 und 4.7 zusammen. Dabei geht auch der Fall ein, daß $(S,+,\cdot,\leq)$ nicht $F^+(\leq)$ und damit $(S,+,\cdot,\leq')$ nicht $F(\leq')$ erfüllt. Tatsächlich braucht dann $(S,+,\cdot,\leq')$ kein p. g. Halbring zu sein, wie das Beispiel in Aufgabe 4.4 zeigt.

Beispiel 4.10. a) Auf dem Halbring $(\mathbb{N}_0,+,\cdot)$ definieren wir mit Hilfe der üblichen linearen Ordnung $\leq$ eine Relation $\preceq$ gemäß

$$(4.9) \qquad a \preceq b \Longleftrightarrow a = b \quad \text{oder} \quad u \leq a < b$$

für eine fest gewählte Schranke $u \in \mathbb{N}$. Wie man leicht nachprüft, ist dann $(\mathbb{N}_0,+,\cdot,\preceq)$ ein p. g. Halbring, der z. B. für $\Theta = \mathbb{N}_0$ nicht (4.3) erfüllt. Dagegen gilt $F(\prec)$ für alle $a,b,\gamma,c \in \mathbb{N}_0$, wie aus $F(<)$ für $(\mathbb{N}_0,+,\cdot,\leq)$ gemäß

$$u \leq a < b,\ u \leq \gamma < c \Longrightarrow u \leq u \cdot u < ac + b\gamma < a\gamma + bc$$

folgt. Nach Satz 4.3 a) definiert also entsprechend (4.5)

$$(4.10) \qquad a-\alpha \preceq^T b-\beta \iff a+\beta+\eta \preceq \alpha+b+\eta \quad \text{für ein} \quad \eta \in \Theta$$

eine Relation $\preceq^T$ auf $(T,+,\cdot) = (\mathbb{Z},+,\cdot) = D(\mathbb{N}_0,\mathbb{N}_0)$, für die $(\mathbb{Z},+,\cdot,\preceq^T)$ ein p. g. Ring ist. Ersichtlich ist dabei $\preceq^T$ die übliche lineare Ordnung von $(\mathbb{Z},+,\cdot)$. Trotzdem kann in (4.10) der Summand η nicht weggelassen werden, da ohne diesen (4.10) nicht einmal eine Relation auf $\mathbb{Z}$ definieren würde. Wählen wir z. B. $u = 10$, folgte aus $a-\alpha \preceq^T b-\beta \iff a+\beta \preceq \alpha+b$ sowohl $-3 \preceq^T -2$ als auch $-3 \not\preceq^T -2$, je nachdem, ob man $-3 = 4-7$ und $-2 = 4-6$ oder $-3 = 1-4$ und $-2 = 1-3$ verwendet.

b) Nahezu die gleiche Situation liegt vor, wenn man auf dem Halbkörper $(\mathbb{H}_0,+,\cdot)$ eine Relation $\preceq$ gemäß (4.9) mit einer Schranke $u \in \mathbb{H}$ definiert. Auch hier ist $(\mathbb{H}_0,+,\cdot,\preceq)$ ein p. g. Halbkörper, der für $\Theta = \mathbb{H}_0$ nicht (4.3) erfüllt. Weiter definiert (4.10) eine Relation $\preceq^T$ auf $(T,+,\cdot) = (\mathbb{Q},+,\cdot) = D(\mathbb{H}_0,\mathbb{H}_0)$, für die nach Satz 4.1 jedenfalls $(\mathbb{Q},+,\preceq^T)$ eine p. g. Gruppe ist (und wobei der Summand η wieder nicht weggelassen werden kann). Schließlich ist auch hier $\preceq^T$ die übliche lineare Ordnung von $(\mathbb{Q},+,\cdot)$, also $(\mathbb{Q},+,\cdot,\preceq^T)$ ein l. g. Körper, der natürlich (2.2) erfüllt. Daraus folgt nach Satz 4.3 a), daß $(\mathbb{H}_0,+,\cdot,\preceq)$ die Bedingung $F^+(\prec)$ erfüllt, was man auch direkt nachprüfen kann. Im Gegensatz zu a) erfüllt jedoch $(\mathbb{H}_0,+,\cdot,\preceq)$ nicht die Bedingungen $F(\prec)$ oder $F(\preceq)$. Wählt man z. B. $u = 1/4$, so gilt $a = \gamma = 2/8 \prec 3/8 = b = c$, aber $ac + b\gamma = 3/16 \not\preceq 13/64 = a\gamma + bc$.

Aufgaben

4.1. Es sei $P_1 = \mathbb{H}_0 + \mathbb{H}_0 z$ der in Beispiel 2.9 a) betrachtete Unterhalbring des p. g. Ringes $(R,+,\cdot,\leq_1)$ mit $R = \mathbb{Q} + \mathbb{Q}z$. Wie in Beispiel 4.4 d) ist dann $(P_1,+,\cdot,\leq_1)$ ein p. g. Halbring mit der von R auf P_1 eingeschränkten Ordnung (2.10). Zeigen Sie, daß dann (4.3) für $(P_1,+,\cdot,\leq_1)$ mit $\Theta = P_1$ gilt. Damit kann Satz 4.3 b) angewendet werden. Auch hier stimmt die durch (4.6) definierte eindeutig bestimmte kleinste Fortsetzung $\leq_1^R$ von $(P_1,\leq_1)$ auf R wieder mit der partiellen Ordnung $\leq_1$ von R überein, von der wir ausgegangen sind (man verwende (2.10) für P_1 und R). Nach Beispiel 2.9 a) ist $(R,+,\cdot,\leq_1)$ ein p. g. Ring, der nicht (2.2) erfüllt; also gilt $F(\leq_1)$ für alle $a,b,\gamma,c \in P_1$, aber nicht $F(<_1)$. Es ist aufschlußreich, letzteres mit Hilfe von (2.10) direkt nachzuprüfen.

4.2. Es sei $(S,+,\cdot)$ das direkte Produkt $(\mathbb{N}_0,+,\cdot)\times(\mathbb{N}_0,+,\cdot)$. Mit Hilfe der üblichen linearen Ordnung $\leq$ von $\mathbb{N}_0$ definieren wir für alle Elemente

$(a_1, a_2), (b_1, b_2) \in S$ die Relationen

$$(a_1, a_2) \leq_1 (b_1, b_2) \iff a_1 < b_1 \quad \text{oder} \quad a_1 = b_1 \quad \text{und} \quad a_2 \geq b_2$$
$$(a_1, a_2) \leq_2 (b_1, b_2) \iff a_1 \leq b_1 \quad \text{und} \quad a_2 \geq b_2.$$

Zeigen Sie, daß dann $(S, +, \cdot, \leq_1)$ ein l. g. Halbring und $(S, +, \cdot, \leq_2)$ ein p. g. Halbring ist, der jedoch auch (4.3) für alle $a, b, \xi \in S$ erfüllt.

a) Für den Differenzenring $(R, +, \cdot) = D(S, S)$ gilt $(R, +, \cdot) = (\mathbb{Z}, +, \cdot) \times (\mathbb{Z}, +, \cdot)$, und nach Satz 4.2 definiert (4.6) für $(S, +, \cdot, \leq_1)$ die einzige Fortsetzung $\leq_1^R$ von $\leq_1$, für die $(R, +, \leq_1^R)$ eine l. g. Gruppe ist. Nach Satz 4.3 b) definiert (4.6) für $(S, +, \cdot, \leq_2)$ die eindeutig bestimmte kleinste Fortsetzung $\leq_2^R$ von $\leq_2$, für die $(R, +, \leq_2^R)$ eine p. g. Gruppe ist. Dagegen ist $(R, +, \cdot, \leq_i^R)$ in beiden Fällen kein p. g. Ring, da $F(\leq_i)$ nicht für alle $a, b, \gamma, c \in S$ erfüllt ist. Ein gemeinsames Gegenbeispiel ist $a = \gamma = (1, 2) <_i (1, 1) = b = c$ mit $ac + b\gamma = (2, 4) >_i (2, 5) = a\gamma + bc$.

b) Für den Differenzenhalbring $(T, +, \cdot) = D(S, \Theta)$ von $(S, +, \cdot)$ bezüglich des Subtrahendenideals $\Theta = \{(\gamma_1, 0) \mid \gamma_1 \in \mathbb{N}_0\}$ gilt $(T, +, \cdot) = (\mathbb{Z}, +, \cdot) \times (\mathbb{N}_0, +, \cdot)$ mit $T \subset R$. Wie bei a) definiert dann (4.6) die einzige Fortsetzung $\leq_1^T$ von $\leq_1$, für die $(T, +, \leq_1^T)$ eine l. g. Halbgruppe ist, sowie die eindeutig bestimmte kleinste Fortsetzung $\leq_2^T$ von $\leq_2$, für die $(T, +, \leq_2^T)$ eine p. g. Halbgruppe ist. Wie man im direkten Ansatz nachrechnet, gilt in beiden Fällen für alle $a, b, c \in S$ und $\gamma \in \Theta$ zwar $F(\leq_i)$, nicht aber $F(<_i)$. Nach den Sätzen 4.2 und 4.3 b) ist also $(T, +, \cdot, \leq_1^T)$ ein l. g. Halbring und $(T, +, \cdot, \leq_2^T)$ ein p. g. Halbring; beide erfüllen jedoch nicht (2.2).

4.3. Beweisen Sie in Ergänzung zu Satz 4.7 folgende Aussagen für die dort auftretenden schwach p. g. Halbringe $(S, +, \cdot, \leq')$ und $(T, +, \cdot, \leq^T)$:

a) $P(\leq') = P(\leq^T) \cap S$, b) $M(\leq') = M(\leq^T) \cap S$.

4.4. Es sei $(S_1, +, \cdot)$ der Halbring, der aus dem Halbring $(T_1, +, \cdot)$ aus Aufgabe 3.7 a) durch Adjunktion eines absorbierenden Nullelementes o entsteht (vgl. Lemma I.2.16). Weiter sei $(S, +, \cdot) = (S_1, +, \cdot) \times (\mathbb{N}_0, +, \cdot)$ das direkte Produkt. Offensichtlich ist $(o, 0)$ absorbierendes Nullelement und $\Theta = \{(o, n) \mid n \in \mathbb{N}_0\}$ ein Ideal additiv kürzbarer Elemente von $(S, +, \cdot)$. Wir definieren eine Relation $\leq$ auf S durch $(s, n) \leq (s, n)$ für alle $(s, n) \in S$ und

$$(o, n) < (c, n) \quad \text{und} \quad (e, n) < (u, n) \quad \text{für alle} \quad n \in \mathbb{N}.$$

Zeigen Sie, daß $(S, +, \cdot, \leq)$ ein p. g. Halbring mit $P(\leq) = \{(o, 0)\}$ ist. Die durch (4.1) festgelegte kleinste Erweiterung $\leq'$ von $\leq$ innerhalb S

mit (4.2) ist entsprechend durch

$$(o,n) <' (c,n) \quad \text{und} \quad (e,n) <' (u,n) \quad \text{für alle} \quad n \in I\!N_0$$

gegeben. Aus $(o,0) <' (c,0)$ folgt sofort $(c,0) \in P(\leq')$. Außerdem gilt $(e,0) <' (u,0)$, während $(e,0)(c,0) = (c,0)$ und $(u,0)(c,0) = (u,0)$ bezüglich $\leq'$ unvergleichbar sind, was $(c,0) \notin M(\leq')$ zeigt. Also ist $(S,+,\cdot,\leq')$ kein p. g. Halbring.

Kapitel IV

Halbringe mit unendlichen Summen

In diesem Kapitel behandeln wir Halbringe, in denen auch gewisse oder sogar alle unendlichen Summen definiert sind und bestimmten, durch Axiome festgelegten Rechenregeln genügen. Solche Halbringe haben unterdessen zahlreiche Anwendungen gefunden, insbesondere in der Theoretischen Informatik. Auf einige dieser Anwendungen gehen wir in den Paragraphen 4 bis 6 dieses Kapitels und auch in Kapitel V näher ein. Sie beruhen auf den in IV.3 behandelten Σ-Halbmoduln und Σ-Halbringen, der für Σ-Halbringe in IV.4 definierten partiellen Sternoperation und den Aussagen über freie Halbgruppen und formale Sprachen in IV.5.

In den ersten beiden Paragraphen entwickeln wir die Grundlagen einer algebraischen Theorie beliebig definierter unendlicher Summen. Zur leichteren Orientierung in der Literatur behandeln und vergleichen wir dabei verhältnismäßig allgemein die wichtigsten der dort in diesem Zusammenhang (oft mit recht unterschiedlichen Bezeichnungen) auftretenden Axiome und Begriffsbildungen. Ein zunächst mehr an Anwendungen interessierter Leser kann nach Kenntnisnahme von Definition 1.1, der aufgezählten möglichen Axiome für Σ-Algebren und der Lemmata 1.6, 1.8 und 1.17 zu Paragraph IV.3 übergehen und das darüber hinaus Benötigte entsprechend der angegebenen Zitaten nachschlagen.

IV.1. Σ-Algebren

Im folgenden verwenden wir den Begriff *Klasse* im Sinne der Neumann-Bernaysschen Mengenlehre (vgl. etwa [Sch66]). Zum Verständnis des Folgenden genügt dabei die Vorstellung, daß wir alles, was ein mit den Grundlagen der Mengenlehre nicht vertrauter Leser bedenkenlos als "Menge" bezeichnen würde, jetzt "Klasse" nennen. Die Bezeichnung *Menge* wird dagegen nur für solche Klassen M gebraucht, die $M \in K$ für eine Klasse K erfüllen.

Es sei $A \neq \emptyset$ eine Menge. Unter einer *Familie* $(a_i)_{i \in I}$ *über* A versteht man eine Abbildung einer beliebigen Indexmenge I in A gemäß $i \mapsto a_i \in A$ für alle $i \in I$. Die Klasse aller Familien $(a_i)_{i \in I}$ über A bezeichnen wir mit $\mathrm{Fam}(A)$. Sie enthält die leere Familie $\emptyset$, was der Wahl von I als $I = \emptyset$ entspricht.

Definition 1.1. a) Eine Σ-*Algebra* $(A, \Sigma, \mathfrak{S})$ besteht aus einer *Trägermenge* $A \neq \emptyset$, aus einer Teilklasse $\mathfrak{S} \neq \emptyset$ von $\mathrm{Fam}(A)$ und aus einer Abbildung

$\Sigma : \mathfrak{S} \to A$. Die Elemente von $\mathfrak{S}$ werden die *summierbaren Familien von* $(A, \Sigma, \mathfrak{S})$ genannt, und Σ bildet jede solche Familie $(a_i)_{i \in I}$ auf ein Element $a \in A$ ab. Wir schreiben dafür

$$\sum (a_i)_{i \in I} = \sum_{i \in I} a_i = a \tag{1.1}$$

und nennen (1.1) die *Summe* der Familie $(a_i)_{i \in I} \in \mathfrak{S}$. Die Summierbarkeit einer Familie wird auch durch die Feststellung "$\Sigma_{i \in I} a_i$ existiert" ausgedrückt.

b) Enthält $\mathfrak{S}$ alle nichtleeren Familien mit endlichen bzw. höchstens abzählbaren Indexmengen $I \neq \emptyset$, so heißt $(A, \Sigma, \mathfrak{S})$ eine *endlich vollständige* bzw. eine *abzählbar vollständige* Σ*-Algebra.* Für den Fall, daß $\mathfrak{S}$ alle nichtleeren Familien über A enthält, heißt $(A, \Sigma, \mathfrak{S})$ eine *vollständige* Σ*-Algebra.*

c) Ist $\mathfrak{k}$ eine transfinite Kardinalzahl, so bezeichnen wir mit $\mathrm{Fam}_{\mathfrak{k}}(A)$ die Klasse aller Familien $(a_i)_{i \in I}$ über A, deren Indexmengen I höchstens die Mächtigkeit $\mathfrak{k}$ haben, die also $|I| \leq \mathfrak{k}$ erfüllen. Eine Σ-Algebra $(A, \Sigma, \mathfrak{S})$ heißt eine $\mathfrak{k}$-Σ*-Algebra,* wenn $\mathfrak{S} \subseteq \mathrm{Fam}_{\mathfrak{k}}(A)$ gilt. Insbesondere heißt $(A, \Sigma, \mathfrak{S})$ eine *vollständige* $\mathfrak{k}$-Σ*-Algebra,* wenn $\mathfrak{S} = \mathrm{Fam}_{\mathfrak{k}}(A)$ oder $\mathfrak{S} = \mathrm{Fam}_{\mathfrak{k}}(A) \setminus \{\emptyset\}$ gilt.

d) Wir verabreden noch die folgenden Bezeichnungen: Wenn in einer Σ-Algebra $(A, \Sigma, \mathfrak{S})$ die Familie $(a_i)_{i \in I}$ mit $a_i = a \in A$ für alle $i \in I$ summierbar ist, so wird ihre Summe kurz mit $\Sigma_I a$ notiert. Für eine endliche Familie $(a_i)_{i \in I}$ mit $I = \{1, \ldots, n\}$ schreiben wir auch $(a_1, \ldots, a_n)$ und, falls $(a_1, \ldots, a_n) \in \mathfrak{S}$ gilt, ihre Summe in der Form $\Sigma(a_1, \ldots, a_n)$. Für $(a_1, a_2) \in \mathfrak{S}$ benutzt man statt $\Sigma(a_1, a_2)$ auch die Infixschreibweise $a_1 + a_2$, was wir jedoch erst am Ende dieses Paragraphen aufgreifen werden. Ist schließlich die leere Familie $\emptyset = (a_i)_{i \in \emptyset}$ summierbar, so schreiben wir statt $\Sigma_{i \in \emptyset} a_i$ kurz $\Sigma\emptyset$.

Bemerkung 1.2. i) Im Hinblick auf den in der Universellen Algebra üblichen Sprachgebrauch von "Algebra" und "partielle Algebra" (vgl. etwa [Bur86]) wäre es präziser, den in Definition 1.1 a) festgelegten Begriff $(A, \Sigma, \mathfrak{S})$ als *partielle* Σ*-Algebra* zu bezeichnen. So wird auch in [Wei88] und [Heb92a] verfahren. Zur Vereinfachung der Ausdrucksweise und zur Vermeidung von Ausdrücken wie "endlich vollständige partielle Σ-Algebra" lassen wir hier den Zusatz "partiell" fort, obwohl die Operation Σ einer Σ-Algebra im allgemeinen nur partiell definiert ist.

ii) Die besondere Beachtung der leeren Familie ist darin begründet, daß ihre Summe $\Sigma\emptyset$ (im Falle der Existenz und bei geeigneten Forderungen) ein Element $\Sigma\emptyset = o \in A$ kennzeichnet, welches für die Σ-Algebra $(A, \Sigma, \mathfrak{S})$ Eigenschaften eines neutralen Elementes auch in Zusammenhang mit unendlichen Summen haben wird. Je nachdem, ob man davon später Gebrauch machen will, muß offen gelassen werden, ob die leere Familie in $\mathfrak{S}$ liegt oder nicht.

Beispiel 1.3. a) Es sei $A = \mathbb{R}$ die Menge der reellen Zahlen und $\mathfrak{S}$ die Menge aller nichtleeren endlichen Familien und der Familien $(a_i)_{i\in\mathbb{N}}$ über $\mathbb{R}$, für welche die Folge $a_1, a_1 + a_2, \ldots, a_1 + \ldots + a_n = \Sigma_{i=1}^n a_i, \ldots$ im Sinne der Analysis konvergiert, also einen Limes $a \in \mathbb{R}$ besitzt. Definieren wir dann $\Sigma : \mathfrak{S} \to \mathbb{R}$ gemäß $\Sigma(a_1, \ldots, a_n) = a_1 + \ldots + a_n$ und

$$\sum (a_i)_{i\in\mathbb{N}} = \sum_{i\in\mathbb{N}} a_i = a = \lim_{n\to\infty} \sum_{i=1}^n a_i, \tag{1.2}$$

so ist $(\mathbb{R}, \Sigma, \mathfrak{S})$ eine Σ-Algebra. Dabei ist $(\mathbb{R}, \Sigma, \mathfrak{S})$ sogar eine $\mathfrak{k}$-Σ-Algebra für jede transfinite Kardinalzahl $\mathfrak{k}$, insbesondere also für die kleinste transfinite Kardinalzahl $\mathfrak{k} = \mathfrak{a}$, die Mächtigkeit $\mathfrak{a} = |\mathbb{N}|$ der natürlichen Zahlen (oder jeder abzählbaren Menge). Diese Σ-Algebra ist endlich vollständig, aber keine vollständige $\mathfrak{a}$-Σ-Algebra.

b) In der Analysis bezeichnet man die gemäß (1.2) definierte Summe der Familie $(a_i)_{i\in\mathbb{N}}$ mit $\Sigma_{i=1}^\infty a_i$ und spricht von einer konvergenten Reihe. Wir beschränken nun $\mathfrak{S}$ auf die Menge $\mathfrak{S}'$ aller endlichen Familien und der Familien $(a_i)_{i\in\mathbb{N}}$ über $\mathbb{R}$, für welche die Reihe $\Sigma_{i=1}^\infty a_i$ sogar absolut konvergent ist. Definieren wir dann $\Sigma' : \mathfrak{S}' \to \mathbb{R}$ analog wie bei a) (mit anderen Worten: als die Einschränkung von $\Sigma : \mathfrak{S} \to \mathbb{R}$ auf $\mathfrak{S}'$), erhalten wir ebenfalls eine Σ-Algebra $(\mathbb{R}, \Sigma', \mathfrak{S}')$, genauer eine endlich vollständige $\mathfrak{a}$-Σ-Algebra.

c) Da jede absolut konvergente Reihe $\Sigma_{i=1}^\infty a_i$ bei "beliebiger Umordnung ihrer Glieder" wieder in eine absolut konvergente Reihe mit dem gleichen Grenzwert übergeht, können wir die Menge der summierbaren Familien von $(\mathbb{R}, \Sigma', \mathfrak{S}')$ wie folgt erweitern: Ist K eine Indexmenge mit $|K| = \mathfrak{a}$, so existiert eine Bijektion $\Phi : \mathbb{N} \to K$. Wir erweitern nun $\mathfrak{S}'$ zu $\mathfrak{S}''$ durch Hinzunahme aller Familien $(b_k)_{k\in K}$ über $\mathbb{R}$ mit $|K| = \mathfrak{a}$, für die bei irgend einer Bijektion $\Phi : \mathbb{N} \to K$ die Familie $(b_{\Phi(n)})_{n\in\mathbb{N}}$ in $\mathfrak{S}'$ liegt. Entsprechend setzen wir $\Sigma' : \mathfrak{S}' \to \mathbb{R}$ fort zu $\Sigma'' : \mathfrak{S}'' \to \mathbb{R}$, indem wir definieren:

$$\sum_{k\in K}{}'' b_k = \sum_{n\in\mathbb{N}}{}' b_{\Phi(n)} \quad \text{für alle} \quad (b_k)_{k\in K} \in \mathfrak{S}'' \setminus \mathfrak{S}'.$$

Damit erhalten wir wieder eine endlich vollständige $\mathfrak{a}$-Σ-Algebra $(\mathbb{R}, \Sigma'', \mathfrak{S}'')$.

d) Führen wir die entsprechenden Überlegungen für die Menge $A = \mathbb{P}_0$ der nichtnegativen reellen Zahlen (bzw. die Menge $A = \mathbb{P}$ der positiven reellen Zahlen) durch, so fallen die $\mathfrak{a}$-Σ-Algebren $(\mathbb{P}_0, \Sigma, \mathfrak{S})$ und $(\mathbb{P}_0, \Sigma', \mathfrak{S}')$ zusammen, während für $(\mathbb{P}_0, \Sigma'', \mathfrak{S}'')$ ersichtlich $\mathfrak{S}'' \supset \mathfrak{S}' = \mathfrak{S}$ gilt.

Beispiel 1.4. Es sei $(A, +)$ ein Halbmodul mit Nullelement o (vgl. Bemerkung I.2.25 ii)) und $\mathfrak{S}^o$ die Klasse aller Familien $(a_i)_{i\in I}$ mit beliebiger Indexmenge I, für die nur endlich viele a_i verschieden von o sind. Für $I \neq \emptyset$

definieren wir $\Sigma^o : \mathfrak{S}^o \to A$ gemäß $\Sigma^o(a_i)_{i\in I} = \Sigma_I^o o = o$, falls $a_i = o$ für alle $i \in I$ gilt, und sonst $\Sigma^o(a_i)_{i\in I}$ als die in $(A, +)$ gebildete Summe der von o verschiedenen Elemente a_i der Familie $(a_i)_{i\in I}$. Schließlich sei $\Sigma^o\emptyset = o$. Dann ist $(A, \Sigma^o, \mathfrak{S}^o)$ eine endlich vollständige Σ-Algebra. Da es sich hier bei Σ^o um die auch sonst oft verwendeten *formal unendlichen Summen* über $(A, +)$ handelt, nennen wir $(A, \Sigma^o, \mathfrak{S}^o)$ die *Σ-Algebra der formal unendlichen Summen über dem Halbmodul* $(A, +)$.

Beispiel 1.5. a) Es sei $(A, \leq) = (A, \vee) = (A, +)$ ein Halbverband, also eine partiell geordnete Menge, in der das Supremum $a \vee b = a + b$ für alle $a, b \in A$ existiert. Es sei daran erinnert, daß dann $(A, +)$ ein idempotenter Halbmodul ist, und $a \leq b$ durch $a + b = b$ definiert werden kann (vgl. Satz I.6.16). Wir nehmen nun an, daß $(A, \leq)$ supremums-vollständig ist, also zu jeder nichtleeren Teilmenge $T \subseteq A$ das Supremum $\bigvee T \in A$ existiert. Definieren wir dann für die Klasse $\mathfrak{S} = \operatorname{Fam}(A) \setminus \{\emptyset\}$ die Abbildung $\Sigma : \mathfrak{S} \to A$ gemäß

$$\sum (a_i)_{i\in I} = \sum_{i\in I} a_i = \bigvee \{a_i \mid i \in I\},$$

so ist $(A, \Sigma, \mathfrak{S})$ eine vollständige Σ-Algebra.

b) Einfache Beispiele für derartige supremums-vollständige Halbverbände $(A, \leq)$ sind nach oben abgeschlossene Intervalle $A = [r, s]$ oder $A = (r, s]$ der reellen Zahlen oder auch die Menge $A = \{x \in \mathbb{R} \mid x \leq 0\}$, jeweils mit der üblichen linearen Ordnung $\leq$ von $\mathbb{R}$. Für jede nichtleere Teilmenge $T \subseteq A$ existiert dann das Supremum $\bigvee T$ von T.

c) Da $(\mathfrak{P}(M), \subseteq)$ für jede Menge M ein vollständiger Verband ist, erhält man mit $(A, \Sigma, \mathfrak{S}) = (\mathfrak{P}(M), \bigcup, \mathfrak{S})$ ein weiteres Beispiel einer solchen vollständigen Σ-Algebra. Hier kann man $\mathfrak{S} = \operatorname{Fam}(\mathfrak{P}(M))$ oder $\mathfrak{S} = \operatorname{Fam}(\mathfrak{P}(M)) \setminus \{\emptyset\}$ wählen und definiert $\Sigma_{i\in I} a_i = \bigcup \{a_i \mid i \in I\}$.

Für das weitere Arbeiten mit Σ-Algebren $(A, \Sigma, \mathfrak{S})$ wird man natürlich gewisse Regeln für den Umgang mit den Summen $\Sigma(a_i)_{i\in I}$ in Form von Axiomen voraussetzen. Wir geben im folgenden die wichtigsten der dafür in Frage kommenden Axiome an und untersuchen Abhängigkeiten zwischen diesen Axiomen sowie einige Folgerungen aus ihnen.

(U) Axiom über unäre Summen

Eine Σ-Algebra $(A, \Sigma, \mathfrak{S})$ erfüllt (U), wenn jede einelementige Familie (a_1) über A summierbar ist und $\Sigma_{i\in\{1\}} a_i = a_1$ gilt.

(E) Axiom über äquivalente Familien und seine Einschränkung (E_F)

Eine Σ-Algebra $(A, \Sigma, \mathfrak{S})$ erfüllt (E), wenn für jede Familie $(a_i)_{i\in I}$ über A gilt: Ist $(a_i)_{i\in I}$ summierbar und $\Phi : I \to K$ eine Bijektion, dann ist auch die Familie $(b_k)_{k\in K}$ mit $b_k = a_{\Phi^{-1}(k)}$ für alle $k \in K$ summierbar, und es gilt $\Sigma_{k\in K} b_k = \Sigma_{i\in I} a_i$. Beschränkt man sich hierbei auf endliche Indexmengen I, so erhält man das eingeschränkte Axiom (E_F).

Wir bemerken dazu, daß die Bezeichnungen (E) und (E_F) aus dem Englischen (von "equivalent" und "finite") kommen. Anschaulich besagt das Axiom (E), daß die Summierbarkeit einer Familie nicht von der zu ihrer Notierung verwendeten Indexmenge abhängt. Da wir jedoch beliebige Indexmengen (und nicht nur solche mit einer vorgegebenen linearen Ordnung, wie z. B. $\mathbb{N}$) verwenden, erlaubt es zugleich jede Permutation der Indexmenge I einer summierbaren Familie $(a_i)_{i\in I}$, wobei die Summierbarkeit und die Summe selbst erhalten bleiben. Damit beinhaltet (E) auch eine Verallgemeinerung des kommutativen Gesetzes für endliche Summen auf unendliche Summen. Dies wird deutlich im Beispiel 1.3, wo (E) für $(\mathbb{R}, \Sigma, \mathfrak{S})$ schon aus dem eben genannten Grund nicht gelten kann; es gilt aber auch nicht für $(\mathbb{R}, \Sigma', \mathfrak{S}')$, da nur Teilmengen von $\mathbb{N}$ als Indexmengen auftreten, während $(\mathbb{R}, \Sigma'', \mathfrak{S}'')$ gerade so definiert wurde, daß (E) erfüllt ist. Natürlich gilt (E) auch in den Σ-Algebren der Beispiele 1.4 und 1.5, und in allen obigen Beispielen ist (U) erfüllt.

Für die folgenden Axiome benötigen wir die Begriffe "Partition" und "generalisierte Partition", die in der Literatur in verschiedener Bedeutung und mit unterschiedlichen Bezeichnungen (z. B. "disjunkte Partition" für "generalisierte Partition") gebraucht werden. Wir legen diese Begriffe hier wie folgt fest: Unter einer *Partition einer Menge I* werde eine nichtleere Familie $(I_j)_{j\in J}$ von Teilmengen I_j von I verstanden, die folgende Bedingungen erfüllen:

(1.3) $$I = \bigcup_{j\in J} I_j,$$

(1.4) $$I_j \cap I_{j'} = \emptyset \quad \text{für alle } j \neq j' \text{ aus } J,$$

(1.5) $$I_j \neq \emptyset \quad \text{für alle } j \in J.$$

Verzichtet man hierbei auf die Forderung (1.5), so nennen wir $(I_j)_{j\in J}$ eine *generalisierte Partition der Menge I.*

Für $I \neq \emptyset$ ist eine Partition von I also nichts anderes als eine Klasseneinteilung von I. Die leere Menge $I = \emptyset$ hat wegen (1.5) nur generalisierte Partitionen, während jede Menge $I \neq \emptyset$ wenigstens die triviale Partition $(I_j)_{j\in\{1\}}$ mit $I_1 = I$ besitzt.

(P) Partitionsaxiom

Eine Σ-Algebra $(A, \Sigma, \mathfrak{S})$ erfüllt (P), wenn für jede Familie $(a_i)_{i\in I}$ über A und jede Partition $(I_j)_{j\in J}$ von I gilt: Ist $(a_i)_{i\in I}$ summierbar, so ist

$$\sum_{i\in I} a_i = \sum_{j\in J}\Big(\sum_{i\in I_j} a_i\Big) \tag{1.6}$$

in dem Sinne erfüllt, daß alle auf der rechten Seite von (1.6) auftretenden Summen existieren und Gleichheit besteht.

(P′) Umkehrung des Partitionsaxioms

Eine Σ-Algebra $(A, \Sigma, \mathfrak{S})$ erfüllt (P'), wenn für jede Familie $(a_i)_{i\in I}$ über A und jede Partition $(I_j)_{j\in J}$ von I gilt: Existieren alle Summen auf der rechten Seite von (1.6), dann ist auch $(a_i)_{i\in I}$ summierbar, und es gilt (1.6).

Wie sich herausstellen wird, ist die Forderung des Axioms (P') für viele Anwendungen zu stark. Man benötigt daher auch:

Eingeschränktes Partitionsaxiom ($\mathbf{P_F}$) und die Umkehrung ($\mathbf{P'_F}$)

Diese Axiome entstehen aus (P) bzw. (P'), indem man die in (1.6) auftretenden nichtleeren Indexmengen J auf endliche Mengen beschränkt.

Lemma 1.6. *Es sei $(A, \Sigma, \mathfrak{S})$ eine Σ-Algebra.*

a) Erfüllt $(A, \Sigma, \mathfrak{S})$ das Axiom (P) oder (P_F), so ist jede nichtleere Teilfamilie einer summierbaren Familie ebenfalls summierbar.

b) Erfüllt $(A, \Sigma, \mathfrak{S})$ die Axiome (U) und (P), so gilt auch (E).

c) Entsprechend folgt aus (U) und (P_F) das Axiom (E_F).

Beweis. Ersichtlich folgt a) sofort aus der Definition von (P) bzw. (P_F). Für b) sei nun $(a_i)_{i\in I}$ summierbar und $\Phi : I \to K$ eine Bijektion. Dann ist $I = \bigcup_{k\in K} I_k$ mit $I_k = \{\Phi^{-1}(k)\}$ eine Partition von I. Damit ergibt sich die Behauptung von (E) aus (P) und (U) gemäß

$$\sum_{i\in I} a_i = \sum_{k\in K}\Big(\sum_{i\in I_k} a_i\Big) = \sum_{k\in K} a_{\Phi^{-1}(k)} = \sum_{k\in K} b_k. \qquad \blacksquare$$

Die bisherigen Überlegungen sind unabhängig davon, ob in der betrachteten Σ-Algebra $(A, \Sigma, \mathfrak{S})$ die leere Familie summierbar ist oder nicht. Auch werden im ersten Fall durch die bisherigen Axiome keine Forderungen an das Element $o \in A$ mit $\Sigma\emptyset = o$ gestellt, die nicht für jedes andere Element von A auch gelten würden. Diese Situation ändert sich, wenn man die letzten vier Axiome dadurch verschärft, daß man bei (1.6) auch generalisierte Partitionen von I zuläßt. Dazu stellen wir zunächst fest:

Bemerkung 1.7. Alle bisherigen Axiome können insbesondere auch auf $\mathfrak{k}$-Σ-Algebren $(A, \Sigma, \mathfrak{S})$ angewendet werden. Bei (U) und (E) ist dies sofort klar. Bei (P) folgt für jede summierbare Familie $(a_i)_{i\in I}$ und jede Partition $I = \bigcup_{j\in J} I_j$ aus $|I| \leq \mathfrak{k}$ auch $|I_j| < \mathfrak{k}$ für alle $j \in J$ sowie $|J| \leq \mathfrak{k}$. (Letzteres braucht jedoch nicht mehr zu gelten, wenn man zu generalisierten Partitionen $I = \bigcup_{j\in J} I_j$ von I übergeht!) Bei (P') folgt aus der Voraussetzung über die rechte Seite von (1.6) $|I_j| < \mathfrak{k}$ für alle $j \in J$ sowie $|J| \leq \mathfrak{k}$. Damit gilt auch $|I| \leq \mathfrak{k}$ für $I = \bigcup_{j\in J} I_j$, denn $|I|$ kann dann durch das Kardinalzahlprodukt $\mathfrak{k}\cdot\mathfrak{k}$ nach oben abgeschätzt werden, und es gilt $\mathfrak{k}\cdot\mathfrak{k} = \mathfrak{k}$ für jede transfinite Kardinalzahl $\mathfrak{k}$. (Dieses Argument bleibt auch beim Übergang zu generalisierten Partitionen $I = \bigcup_{j\in J} I_j$ von I richtig.) Bei (P_F) und (P'_F) vereinfachen sich diese Überlegungen durch die Einschränkung auf endliche Mengen J (womit sie für generalisierte Partitionen ebenfalls sinnvoll bleiben).

Generalisierte Partitionsaxiome (GP) und (GP$_\mathrm{F}$) und ihre Umkehrungen (GP$'$) und (GP$'_\mathrm{F}$)

Das Axiom (GP) entsteht aus dem Axiom (P), indem man in (1.6) anstelle von Partitionen von I sogar generalisierte Partitionen von I zuläßt. Im Falle von $\mathfrak{k}$-Σ-Algebren $(A, \Sigma, \mathfrak{S})$ fordert man dabei zusätzlich, daß nur generalisierte Partitionen $I = \bigcup_{j\in J} I_j$ mit $|J| \leq \mathfrak{k}$ betrachtet werden.

Die Axiome (GP_F), (GP') bzw. (GP'_F) ergeben sich aus (P_F), (P') bzw. (P'_F), indem man jeweils in (1.6) anstelle von Partitionen von I sogar generalisierte Partitionen von I zuläßt.

Im Gegensatz zu (GP) benötigt man bei (GP_F), (GP') und (GP'_F) keine zusätzlichen Forderungen für $\mathfrak{k}$-Σ-Algebren, wie aus Bemerkung 1.7 folgt.

Lemma 1.8. *Für jede Σ-Algebra $(A, \Sigma, \mathfrak{S})$ gilt: Das Axiom (GP) impliziert (GP_F) und (P), und jedes dieser beiden Axiome wiederum (P_F). Entsprechendes gilt mit (GP'), (GP'_F), (P') und (P'_F).*

Beweis. Das Axiom (GP) läßt sich auf jede Familie $(a_i)_{i\in I}$ und jede generalisierte Partition $I = \bigcup_{j\in J} I_j$ anwenden (mit $|J| \leq \mathfrak{k}$ für $\mathfrak{k}$-Σ-Algebren). Damit gilt es erst recht, wenn J als endlich angenommen wird bzw. wenn alle $I_j \neq \emptyset$ gewählt werden. Dies zeigt $(GP) \Longrightarrow (GP_F)$ und $(GP) \Longrightarrow (P)$.

Analog folgen $(GP_F) \Longrightarrow (P_F)$ und $(P) \Longrightarrow (P_F)$. Genau die gleichen Argumente ergeben die Gültigkeit von $(GP') \Longrightarrow (GP'_F) \Longrightarrow (P'_F)$ und $(GP') \Longrightarrow (P') \Longrightarrow (P'_F)$. ∎

Satz 1.9. *a) Erfüllt eine Σ-Algebra $(A, \Sigma, \mathfrak{S})$ das Axiom (GP) oder (GP_F), so ist die leere Familie $\emptyset$ summierbar. Zusammen mit (U) folgt dann für die Summe $\Sigma\emptyset = o \in A$ der leeren Familie*

$$(1.7) \qquad (a, o), (o, a) \in \mathfrak{S} \textit{ und } \Sigma(a, o) = \Sigma(o, a) = a \textit{ für alle } a \in A.$$

b) Eine beliebige Σ-Algebra $(A, \Sigma, \mathfrak{S})$ besitzt höchstens ein Element $o \in A$, welches (1.7) erfüllt. Existiert ein solches Element und gilt $\Sigma_{I\!N} o = o$, so folgt aus (U), (P_F) und (P') für alle $x, y \in A$:

$$(1.8) \qquad \textit{Aus } (x, y) \in \mathfrak{S} \textit{ und } \Sigma(x, y) = o \textit{ folgt } x = y = o.$$

Beweis. a) Nach Lemma 1.8 genügt es, den Beweis nur für (GP_F) zu führen. Da $\mathfrak{S} \neq \emptyset$ nach Definition 1.1 a) gilt, gibt es wenigstens eine summierbare Familie $(a_i)_{i \in I}$. Wir betrachten die generalisierte Partition $I = \bigcup_{j \in J} I_j$ von I mit $J = \{1, 2\}$, $I_1 = I$ und $I_2 = \emptyset$. Aus (GP_F) folgt dann, daß die Summe $\Sigma_{i \in I_2} a_i = \Sigma\emptyset$ existiert. Erfüllt nun $(A, \Sigma, \mathfrak{S})$ auch (U), so existiert die Summe $\Sigma_{i \in I} a_i = a_1$ mit $I = \{1\}$ für jedes Element $a_1 \in A$. Mit der gleichen generalisierten Partition für $I = \{1\}$ wie eben erhalten wir dann aus (GP_F)

$$a_1 = \sum_{i \in I} a_i = \sum_{j \in J} \Big(\sum_{i \in I_j} a_i \Big) = \sum \Big(\sum_{i \in I_1} a_i, \sum \emptyset \Big),$$

d. h. die Summierbarkeit der Familie (a, o) sowie $\Sigma(a, o) = a$ für $o = \Sigma\emptyset$ und alle $a = a_1 \in A$. Die Vertauschung von I_1 und I_2 in der generalisierten Partition $I = I_1 \cup I_2$ liefert das gleiche Resultat für jede Familie (o, a).

b) Gilt (1.7) für Elemente o_1 und o_2 von $(A, \Sigma, \mathfrak{S})$, so folgt $\Sigma(o_1, o_2) = o_1$ und $\Sigma(o_1, o_2) = o_2$, was bereits $o_1 = o_2$ zeigt. Für die zweite Behauptung gelte $\Sigma(x, y) = o$. Wir betrachten die Familie $(a_i)_{i \in I\!N}$ mit $a_i = x$ für $2 \mid i$ und $a_i = y$ für $2 \nmid i$ und wenden (P') auf die Partition $I\!N = \bigcup_{j \in J} I_j$ mit $J = I\!N$ und $I_j = \{2j - 1, 2j\}$ an. Dann existieren zunächst die Summen $b_j = \Sigma_{i \in I_j} a_i = \Sigma(x, y) = o$ für alle $j \in J = I\!N$. Aus $\Sigma_{I\!N} o = o$ folgt die Existenz von $\Sigma_{j \in J} b_j = o$, also nach (P')

$$o = \sum_{j \in J} b_j = \sum_{j \in J} \Big(\sum_{i \in I_j} a_i \Big) = \sum_{i \in I\!N} a_i.$$

Damit gilt $\Sigma_{i \in I\!N} a_i = o$. Analog zeigt man $\Sigma_{i \in I\!N \setminus \{1\}} a_i = o$, wofür man $(y, x) \in \mathfrak{S}$ und $\Sigma(y, x) = o$ benötigt, was nach Lemma 1.6 c) aus den Voraussetzungen von (1.8) folgt. Die Anwendung von (P_F) auf $\Sigma_{i \in I\!N} a_i = o$ mit der Partition $I\!N = \{1\} \cup (I\!N \setminus \{1\})$ und $\Sigma_{i \in \{1\}} a_i = a_1 = x$ gemäß (U) ergibt dann $\Sigma(x, o) = o$. Da $\Sigma(x, o) = x$ nach (1.7) gilt, folgt $x = o$ und damit weiter $o = \Sigma(x, y) = \Sigma(o, y) = y$, ebenfalls nach (1.7). ■

Definition 1.10. Es sei $(A, \Sigma, \mathfrak{S})$ eine Σ-Algebra. Ein Element $o \in A$, welches (1.7) erfüllt und damit eindeutig bestimmt ist, nennt man das *neutrale Element* oder das *Nullelement* von $(A, \Sigma, \mathfrak{S})$. Eine Σ-Algebra $(A, \Sigma, \mathfrak{S})$ mit Nullelement o heißt *nullsummenfrei,* wenn (1.8) erfüllt ist.

Wir untersuchen nun die Gültigkeit unserer Axiome für die in den Beispielen 1.3 und 1.4 betrachteten Σ-Algebren, wobei wir auf Folgerungen, die sich aus Lemma 1.8 ergeben, nicht immer ausdrücklich hinweisen. Durch die dabei zu führenden Beweise ist dies etwas langwierig, doch sollte man sich wenigstens mit den Behauptungen vertraut machen.

Beispiel 1.11. a) Die $\mathfrak{a}$-Σ-Algebra $(I\!R, \Sigma, \mathfrak{S})$ von Beispiel 1.3 a) erfüllt weder (P_F) noch (P'_F) und damit nach Lemma 1.8 keines der acht Partitionsaxiome. Dies folgt daraus, daß jede summierbare Familie $(a_i)_{i \in I}$ von $(I\!R, \Sigma, \mathfrak{S})$ mit unendlicher Indexmenge I gemäß (1.2) stets $I = I\!N$ als Indexmenge hat. Eine echte unendliche Teilfamilie einer summierbaren Familie $(a_i)_{i \in I}$ ist damit nicht summierbar, was bereits (P_F) wegen Lemma 1.6 a) widerlegt (vgl. auch Aufgabe 1.4). Für (P'_F) betrachten wir eine Familie $(a_i)_{i \in I}$ über $I\!R$, deren Indexmenge $I = I_1 \cup I_2$ die disjunkte Vereinigung von $I_1 = I\!N$ mit einer endlichen Menge $I_2 \neq \emptyset$ ist und nehmen an, daß $\Sigma_{i \in I_1 = I\!N} a_i = a$ gemäß (1.2) existiert. Bezüglich der Partition $I = I_1 \cup I_2$ existieren dann alle Summen auf der rechten Seite von (1.6), nämlich $\Sigma_{i \in I_1} a_i = a$, $\Sigma_{i \in I_2} a_i = b$ und $\Sigma(a, b)$. Dagegen ist die Familie $(a_i)_{i \in I}$ wegen $I \neq I\!N$ nicht summierbar, womit (P'_F) für $(I\!R, \Sigma, \mathfrak{S})$ nicht erfüllt ist.

b) Die gleichen Überlegungen widerlegen natürlich auch (P_F) und (P'_F) für die $\mathfrak{a}$-Σ-Algebra $(I\!R, \Sigma', \mathfrak{S}')$ von Beispiel 1.3 b). Dagegen gilt:

Satz 1.12. *a) Es sei $(I\!R, \Sigma'', \mathfrak{S}'')$ die $\mathfrak{a}$-Σ-Algebra der (endlichen und) absolut konvergenten Reihen über $I\!R$ aus Beispiel 1.3 c), wobei also jede Menge I mit $|I| = \mathfrak{a}$ zur Indizierung der Familie $(a_i)_{i \in I}$ der Glieder a_i einer absolut konvergenten Reihe zugelassen wird. Diese $\mathfrak{a}$-Σ-Algebra erfüllt die Axiome (U), (E), (P), (P_F), (P'_F) und (GP'_F), jedoch nicht die Axiome (P'), (GP'), (GP) und (GP_F).*

b) Das generalisierte Partitionsaxiom (GP) gilt jedoch, wenn man von der Σ-Algebra $(I\!R, \Sigma'', \mathfrak{S}'')$ zu $(I\!R, \Sigma''', \mathfrak{S}''')$ gemäß $\mathfrak{S}''' = \mathfrak{S}'' \cup \{\emptyset\}$ übergeht und

$\Sigma'''\emptyset = 0$ definiert. In diesem Falle gelten dann außer (P') und (GP') alle übrigen sechs Partitionsaxiome und natürlich auch (U) und (E).

Beweis. a) Zum Nachweis von (P) sei $(a_i)_{i\in I}$ eine Familie aus $\mathfrak{S}''$. Da (P) für $|I| < \mathfrak{a}$ trivialerweise richtig ist, können wir $|I| = \mathfrak{a}$ und ohne Beschränkung der Allgemeinheit $I = \mathbb{N}$ wählen. Nach der Definition von $\mathfrak{S}''$ konvergiert dann $\Sigma_{i=1}^{\infty} a_i = a$, aber auch $\Sigma_{i=1}^{\infty} |a_i| = b$. Es sei nun $\mathbb{N} = \bigcup_{j\in J} I_j$ eine Partition von $I = \mathbb{N}$. Jede der Indexmengen J und I_j ist dann entweder endlich, oder es gilt $|J| = |\mathbb{N}|$ bzw. $|I_j| = |\mathbb{N}|$. Wir bezeichnen nun die Elemente a_i entsprechend dieser Partition mit $a_{j,i}$, wobei $j \in J$ und dann jeweils $i \in I_j$ gilt. Da die Summe endlich vieler $|a_{j,i}|$ stets kleiner oder gleich b ist, können wir den großen Umordnungssatz (vgl. z. B. [vMan73], Band II, Nr. 81.) anwenden und erhalten: Für jedes $j \in J$ ist die Reihe $\Sigma_{i\in I_j} a_{j,i} = z_j$ entweder endlich oder absolut konvergent, und das gleiche gilt für die Reihe $\Sigma_{j\in J} z_j$, wobei auch $\Sigma_{j\in J} z_j = \Sigma_{i=1}^{\infty} a_i = a$ erfüllt ist. Damit existiert die rechte Seite von (1.6), nämlich

$$\sum_{i\in I}{}'' a_i = \sum_{j\in J}{}'' \Big(\sum_{i\in I_j}{}'' a_i\Big),$$

und es gilt die angegebene Gleichheit. Dies zeigt die Gültigkeit von (P) und damit von (P_F) für $(\mathbb{R}, \Sigma'', \mathfrak{S}'')$. Da (U) trivialerweise erfüllt ist, gilt dann gemäß Lemma 1.6 b) auch (E).

Das Axiom (P_F') ergibt sich daraus, daß die Summe zweier und damit endlich vieler absolut konvergenter Reihen wieder eine absolut konvergente Reihe ist (vgl. auch Aufgabe 1.1). Dagegen erfüllt die $\mathfrak{a}$-Σ-Algebra $(\mathbb{R}, \Sigma'', \mathfrak{S}'')$ nicht (P'). Aus diesem Axiom würde nämlich zusammen mit (P) und (U) nach Satz 1.9 b) die Nullsummenfreiheit von $(\mathbb{R}, \Sigma'', \mathfrak{S}'')$ folgen, also wegen der Definition von Σ'' für endliche Familien die Nullsummenfreiheit von $(\mathbb{R}, +)$. Damit kann auch das Axiom (GP') nicht erfüllt sein.

Da wir für die $\mathfrak{a}$-Σ-Algebra $(\mathbb{R}, \Sigma'', \mathfrak{S}'')$ die leere Familie $\emptyset$ als nicht summierbar definiert haben, gelten nach Satz 1.9 a) die Axiome (GP) und (GP_F) nicht für $(\mathbb{R}, \Sigma'', \mathfrak{S}'')$. Jedoch können wir Aufgabe 1.2 anwenden und erhalten noch (GP_F') aus (P_F').

b) Geht man von $(\mathbb{R}, \Sigma'', \mathfrak{S}'')$ zu $(\mathbb{R}, \Sigma''', \mathfrak{S}''')$ über, so bleiben die Axiome (U) und (E) offensichtlich erhalten und man zeigt (GP) bzw (GP_F') wie oben (P) bzw. (P_F') (vgl. auch Aufgabe 1.3). Damit gelten alle Partitionsaxiome außer (P') und (GP'), wobei letztere wieder die Nullsummenfreiheit von $(\mathbb{R}, +)$ ergeben würden.

Satz 1.13. *a) Es sei $(\mathbb{P}_0, \Sigma'', \mathfrak{S}'')$ die $\mathfrak{a}$-Σ-Algebra der (endlichen und absolut) konvergenten Reihen über $\mathbb{P}_0$ aus Beispiel 1.3 d). Dann gelten die*

Axiome (U) und (E) und alle Partitionsaxiome mit Ausnahme von (GP) und (GP_F).

b) Geht man von ($\mathbb{P}_0, \Sigma'', \mathfrak{S}''$) wie in Satz 1.12 zu ($\mathbb{P}_0, \Sigma''', \mathfrak{S}'''$) über, so sind auch die Axiome (GP) und (GP_F) erfüllt.

Beweis. a) Die Gültigkeit von (U), (E) und (P) überträgt sich ersichtlich von der in Satz 1.12 a) behandelten $\mathfrak{a}$-Σ-Algebra $(\mathbb{R}, \Sigma'', \mathfrak{S}'')$ auf $(\mathbb{P}_0, \Sigma'', \mathfrak{S}'')$. Zum Beweis von (P') sei $(a_i)_{i\in\mathbb{N}}$ eine Familie über $\mathbb{P}_0$ und $\mathbb{N} = \bigcup_{j\in J} I_j$ mit $|J| \leq \mathfrak{a}$ eine Partition von $\mathbb{N}$. Entsprechend dieser Partition bezeichnen wir die Elemente a_i mit $a_{j,i}$, wobei $j \in J$ und dann jeweils $\imath \in I_j$ mit $|I_j| \leq \mathfrak{a}$ gilt. Entsprechend den Voraussetzungen von (P') nehmen wir an, daß jede der Reihen $\Sigma_{i\in I_j} a_{j,i} = z_j$ für alle $j \in J$ entweder endlich oder (absolut) konvergent ist und letzteres auch für die Reihe $\Sigma_{j\in J} z_j = z$ gilt. Nach einer Variante des großen Umordnungssatzes (vgl. [vMan73], Bd. II, Nr. 81, Zusatz 1) ist dann auch die Reihe $\Sigma_{i\in\mathbb{N}} a_i$ (absolut) konvergent, und es gilt $\Sigma_{i\in\mathbb{N}} a_i = z$. Damit folgt für jede Familie $(a_i)_{i\in I}$ und jede Partition $\mathbb{N} = \bigcup_{j\in J} I_j$ mit $|J| \leq \mathfrak{a}$ aus der Existenz aller Summen der rechten Seite von (1.6) die Existenz der Summe $\Sigma''_{i\in\mathbb{N}} a_i$ und die Gleichheit, d. h. $(\mathbb{P}_0, \Sigma'', \mathfrak{S}'')$ erfüllt (P').

Da wir in Beispiel 1.3 d) auch für $(\mathbb{P}_0, \Sigma'', \mathfrak{S}'')$ die leere Familie als nicht summierbar definiert haben, folgt (GP') aus (P') gemäß Aufgabe 1.2, während (GP) und (GP_F) nach Satz 1.9 a) nicht gelten können.

b) Die Gültigkeit von (U), (E) und (GP) überträgt sich wieder von der in Satz 1.12 b) behandelten $\mathfrak{a}$-Σ-Algebra $(\mathbb{R}, \Sigma''', \mathfrak{S}''')$ auf $(\mathbb{P}_0, \Sigma''', \mathfrak{S}''')$. Damit bleibt nur noch (GP') zu zeigen, was sich ähnlich wie (P') im Teil a) dieses Beweises ergibt. Hier genügt es übrigens, diesen Beweis nur für (P') zu führen und daraus auf (GP') gemäß Aufgabe 1.3 zu schließen. ■

Satz 1.14. *Die in Beispiel 1.4 definierte Σ-Algebra $(A, \Sigma^o, \mathfrak{S}^o)$ der formal unendlichen Summen über einem Halbmodul $(A, +)$ mit Nullelement o erfüllt die Axiome (U), (E), (GP) und (GP'_F). Darüber hinaus gelten die Axiome (GP') und (P') genau dann, wenn $(A, +)$ nullsummenfrei ist.*

Beweis. Zum Nachweis von (GP) genügt es, eine summierbare Familie $(a_i)_{i\in I}$ mit $|I| \geq \mathfrak{a}$ zu betrachten. Es gibt also höchstens endlich viele $a_i \neq o$ in dieser Familie. Ist nun $I = \bigcup_{j\in J} I_j$ eine generalisierte Partition von I, so existieren auch alle Summen $\Sigma_{i\in I_j} a_i$, von denen fast alle gleich o sind, was insbesondere für eventuell auftretende Summen mit $I_j = \emptyset$ gilt. Damit existiert auch die Summe $\Sigma_{j\in J} \left(\Sigma_{i\in I_j} a_i\right)$, die ersichtlich mit der Summe $\Sigma_{i\in I} a_i$ übereinstimmt. Entsprechend zeigt man (GP'_F), wobei $|J| < \mathfrak{a}$ wesentlich eingeht. Weiter ist die Nullsummenfreiheit von $(A, +)$ ersichtlich mit (1.8) gleichwertig und damit nach Satz 1.9 b) notwendig für die Gültigkeit von (P') und (GP'). Umgekehrt gilt (GP') und damit (P'), wenn $(A,+)$ nullsummenfrei ist. Dazu sei $(a_i)_{i\in I}$ eine Familie über A und $I = \bigcup_{j\in J} I_j$ eine generalisierte Partition von I. Aus der Existenz der Summen $\Sigma_{j\in J}\left(\Sigma_{i\in I_j} a_i\right)$ folgt dann, daß nur endlich viele der Summen $\Sigma_{i\in I_j} a_i$ von o verschieden sein können. Wegen der Nullsummenfreiheit von $(A,+)$ sind damit auch nur endlich viele a_i von o verschieden, woraus sich (GP') unmittelbar ergibt. ∎

Natürlich kann man die Σ-Algebra der formal unendlichen Summen über einem Halbmodul $(A,+)$ mit Nullelement o auch in der Weise betrachten, daß man die leere Familie als nicht summierbar ansieht. Damit entfallen dann lediglich die Axiome (GP) und (GP_F) (vgl. Satz 1.9 a) und Aufgabe 1.2). Man beachte in diesem Zusammenhang auch Aufgabe 1.5.

Satz 1.15. *Es sei $(A,\Sigma,\mathfrak{S})$ eine vollständige Σ-Algebra oder eine vollständige $\mathfrak{k}$-Σ-Algebra. Dann sind (P) und (P') gleichwertig und ebenso (P_F) und (P'_F). Dagegen gilt (GP) genau dann, wenn (GP') erfüllt ist und $\Sigma\emptyset$ existiert, und (GP_F) ist gleichwertig mit (GP'_F) und der Existenz von $\Sigma\emptyset$.*

Beweis. Es sei $(A,\Sigma,\mathfrak{S})$ eine vollständige Σ-Algebra. Dann sind alle nichtleeren Familien über A summierbar. Da die leere Familie keine Partitionen hat, sind alle in den Axiomen (P) und (P') auftretenden Familien von der leeren Familie $\emptyset$ verschieden. Damit existieren alle in (1.6) auftretenden Summen und (P) wie (P') fordern für eine vollständige Σ-Algebra nur noch die Gleichheit in (1.6). Dies zeigt $(P) \iff (P')$ für solche Σ-Algebren, und entsprechend folgt $(P_F) \iff (P'_F)$.

Für (GP) und (GP') ist zu beachten, daß (GP) nach Satz 1.9 a) stets die Existenz von $\Sigma\emptyset$ nach sich zieht. Dagegen gibt es vollständige Σ-Algebren $(A,\Sigma,\mathfrak{S})$, die (GP') erfüllen, für die aber die leere Familie $\emptyset$ nicht summierbar ist (vgl. das folgende Beispiel). Damit kann nur die Äquivalenz von (GP) mit (GP') und der Existenz von $\Sigma\emptyset$ gezeigt werden. Dies folgt aber wie oben, da dann auch für jede generalisierte Partition $I = \bigcup_{j\in J} I_j$ alle in (1.6) auftretenden Summen existieren und (GP) wie (GP') nur noch die Gleichheit in (1.6) fordern. Der Beweis für die Gleichwertigkeit von (GP_F) mit (GP'_F) und der Existenz von $\Sigma\emptyset$ verläuft ebenso.

Die gleichen Überlegungen gelten für eine vollständige $\mathfrak{k}$-Σ-Algebra, da dann die Mächtigkeit aller auftretenden Indexmengen durch $\mathfrak{k}$ nach oben beschränkt ist (man beachte die Zusatzforderung beim Axiom (GP) für $\mathfrak{k}$-Σ-Algebren). ∎

Beispiel 1.16. *a) Die einem supremums-vollständigen Halbverband $(A,\leq)$ gemäß Beispiel 1.5 a) entsprechende vollständige Σ-Algebra $(A,\Sigma,\mathfrak{S})$ erfüllt* *die Axiome* (U), (E) *und* (P), woraus (P') und (GP') nach Satz 1.15 und Aufgabe 1.2 folgen. Dabei entspricht (P) der bekannten Aussage, daß für jede nichtleere Familie $(a_i)_{i\in I}$ über A und jede Partition $I = \bigcup_{j\in J} I_j$

$$\bigvee_{i\in I} a_i = \bigvee_{j\in J}\Big(\bigvee_{i\in I_j} a_i\Big)$$

gilt, was sich aus der Definition des Supremums als kleinster oberer Schranke leicht herleiten läßt. Dagegen kann man (GP) oder auch schon (GP_F) im allgemeinen auch nicht dadurch erzwingen, daß man die leere Familie $\emptyset$ zusätzlich als summierbar definiert. Nach Satz 1.9 a) würde dann nämlich $\Sigma\emptyset = o$ gemäß (1.7) das kleinste Element von $(A, \leq)$ sein. Ein solches Element braucht aber für $(A, \leq)$ gar nicht zu existieren, wie die in Beispiel 1.5 b) angegebenen Beispiele $(r, s]$ und $\{x \in \mathbb{R} \mid x \leq 0\}$ zeigen.

b) Falls jedoch $(A, \leq)$ ein kleinstes Element o besitzt (und damit sogar ein vollständiger Verband $(A, \vee, \wedge)$ ist), kann man wieder zu der vollständigen Σ-Algebra $(A, \Sigma', \mathfrak{S}')$ mit $\emptyset \in \mathfrak{S}'$ und $\Sigma'\emptyset = o$ übergehen. Wie man leicht sieht, erfüllt dann $(A, \Sigma', \mathfrak{S}')$ auch (GP) und damit (GP_F).

Wie bereits in Definition 1.1 d) erwähnt, verwendet man für Σ-Algebren $(A, \Sigma, \mathfrak{S})$ die naheliegende *Infixschreibweise*

(1.9) $\quad a_1 + a_2 = \Sigma(a_1, a_2)$ für jede Familie $(a_1, a_2) \in \mathfrak{S}$.

Gilt nun das Axiom (E_F) wenigstens für alle zweielementigen Familien, so hängt (1.9) weder von der verwendeten Indizierung noch von der Reihenfolge der Elemente ab. Damit ist für beliebige Elemente $a_1, a_2 \in A$ die Summe $a_1 + a_2$ gemäß (1.9) entweder definiert oder nicht, und im ersten Fall gilt $a_1 + a_2 = a_2 + a_1$. (Allgemein nennt man dann $+$ eine (hier sogar kommutative) *partielle zweistellige Operation auf A.*)

Lemma 1.17. *Es sei* $(A, \Sigma, \mathfrak{S})$ *eine endlich vollständige* Σ*-Algebra mit* (U) *und* (P_F). *Dann definiert (1.9) eine zweistellige Operation* $+$ *auf* A, *für die* $(A, +)$ *eine kommutative Halbgruppe, also gemäß Bemerkung I.2.25 ii) ein Halbmodul ist. Weiter gilt dann für jede nichtleere Familie* $(a_1, \ldots, a_n)$ *über* A

(1.10) $\quad \Sigma(a_1, \ldots, a_n) = a_1 + \ldots + a_n,$

wobei rechts die übliche Summe im Halbmodul $(A, +)$ *steht. Erfüllt* $(A, \Sigma, \mathfrak{S})$ *dabei auch* (GP_F), *so ist* $\Sigma\emptyset = o$ *definiert und das Nullelement von* $(A, +)$.

Beweis. Da $(A, \Sigma, \mathfrak{S})$ endlich vollständig ist und (E_F) nach Lemma 1.6 c) erfüllt, ist $a_1 + a_2$ gemäß (1.9) für alle $a_1, a_2 \in A$ definiert, und $\Sigma(a_1, \ldots, a_n)$

existiert für jede nichtleere endliche Familie $(a_1, \ldots, a_n)$ über A. Wegen (P_F) gilt dann

$$\sum(a_1, \ldots, a_n) = \sum_{j \in J}\Big(\sum_{i \in I_j} a_i\Big)$$

für jede Partition $I = \bigcup_{j \in J} I_j$ von $I = \{1, \ldots, n\}$. Daraus folgt mit (U) erneut $a_1 + a_2 = a_2 + a_1$ sowie $(a_1 + a_2) + a_3 = a_1 + (a_2 + a_3)$ für alle $a_i \in A$ und ebenso (1.10) durch Induktion nach n. Die letzte Aussage ergibt sich sofort aus Satz 1.9 a). ∎

Bemerkung 1.18. Jede endlich vollständige Σ-Algebra mit (U) und (P_F) enthält also einen Halbmodul $(A, +)$ als Unterstruktur. Bei vielen Anwendungen (vgl. auch die obigen Beispiele) liegt oft die umgekehrte Situation vor: Es ist ein Halbmodul $(A, +)$ oder ein Halbring $(A, +, \cdot)$ vorgegeben, dessen endliche Summen zu einer Σ-Algebra $(A, \Sigma, \mathfrak{S})$ erweitert werden, wobei dann die Summen $\Sigma(a_1, \ldots, a_n)$ aller nichtleeren endlichen Familien über A gemäß (1.10) definiert werden (vgl. auch Aufgabe 1.6).

Bemerkung 1.19. Eine den hier behandelten Σ-Algebren entsprechende Begriffsbildung wurde unter der Bezeichnung "positive partial monoid" in [Man85] eingeführt, wobei die Axiome (U) und (GP) gefordert werden (vgl. Aufgabe 1.7 c)). Die in [Hig80] behandelten "Σ-Monoide" sind Σ-Algebren $(A, \Sigma, \mathfrak{S})$ über einem Halbmodul $(A, +)$ mit Nullelement im Sinne von Bemerkung 1.18, wobei die von Higgs geforderten Axiome unseren Axiomen (U), (GP) und (GP'_F) entsprechen. Die in [Kro87] und [Kro88] untersuchten "vollständigen Monoide" sind dagegen vollständige Σ-Algebren über einem Halbmodul $(A, +)$ mit $\Sigma\emptyset = o$ als Nullelement, für die aber nur (U) und (P) (und damit (P') nach Satz 1.15) gefordert werden.

Allgemeine Untersuchungen über Σ-Algebren finden sich in [Wei88] und besonders ausführlich in [Heb92a]. In der zuletzt genannten Arbeit werden auch verschiedene Typen von "Unteralgebren" von Σ-Algebren (wie z. B. $(\mathbb{P}_0, \Sigma'', \mathfrak{S}'')$ von $(\mathbb{R}, \Sigma'', \mathfrak{S}''))$ eingehend behandelt. Insbesondere wird dort in Satz 4.8 folgendes bewiesen: *Zu jeder Σ-Algebra $(A, \Sigma, \mathfrak{S})$ mit (U) und (P) gibt es eine transfinite Kardinalzahl $\mathfrak{k}$ und eine $\mathfrak{k}$-Σ-Algebra $(A, \Sigma', \mathfrak{S}')$, die eine Unteralgebra von $(A, \Sigma, \mathfrak{S})$ ist und ebenfalls (U) und (P) erfüllt, so daß jede Summe $\Sigma_{i \in I} a_i$ in $(A, \Sigma, \mathfrak{S})$ durch eine gleichwertige Summe $\Sigma'_{i \in J} a_i$ in $(A, \Sigma', \mathfrak{S}')$ ersetzt werden kann.* Da die Axiome (U) und (P) bei allen uns bekannten Anwendungen benötigt werden, *bedeutet dieses Ergebnis, daß man sich prinzipiell auf die Betrachtung von $\mathfrak{k}$-Σ-Algebren beschränken kann.* Daraus ergibt sich die Möglichkeit, die Verwendung von Klassen im Sinne der Neumann-Bernaysschen Mengenlehre zu vermeiden, worauf wir hier nicht näher eingehen.

Aufgaben

1.1. Es sei $(A, \Sigma, \mathfrak{S})$ eine Σ-Algebra, die (U) und (P) erfüllt. Dann ist das Axiom (P'_F) gleichwertig mit seiner folgenden Abschwächung (P'_2): Für jede Familie $(a_i)_{i \in I}$ über A und jede Partition $I = I_1 \cup I_2$ von I in zwei Teilmengen gilt: Existieren alle Summen auf der rechten Seite von

$$\sum_{i \in I} a_i = \sum_{j \in \{1,2\}} \Big(\sum_{i \in I_j} a_i \Big),$$

also $\Sigma_{i \in I} a_i = \Sigma_{i \in I_1} a_i + \Sigma_{i \in I_2} a_i$, so ist auch $(a_i)_{i \in I}$ summierbar, und es gilt die angegebene Gleichheit (vgl. auch Aufgabe 1.7 c)).

1.2. Es sei $(A, \Sigma, \mathfrak{S})$ eine Σ-Algebra, für welche die leere Familie $\emptyset$ nicht summierbar ist. Dann sind die Axiome (P') und (GP') sowie die Axiome (P'_F) und (GP'_F) gleichwertig.

1.3. Erfüllt eine Σ-Algebra $(A, \Sigma, \mathfrak{S})$ das Axiom (GP), so sind (P') und (GP') gleichwertig. Entsprechendes gilt mit (GP_F) für die Axiome (P'_F) und (GP'_F).

1.4. Für die in Beispiel 1.3 a) behandelte $\mathfrak{a}$-Σ-Algebra $(\mathbb{R}, \Sigma, \mathfrak{S})$ ist die folgende Erweiterung von $\mathfrak{S}$ zu $\mathfrak{S}^e$ naheliegend: Es sei K eine unendliche Teilmenge von $\mathbb{N}$. Dann gibt es eine ordnungserhaltende Bijektion $\Phi : \mathbb{N} \to K \subseteq \mathbb{N}$ mit $K = \{\Phi(1) < \Phi(2) < \ldots\}$. Wir erweitern nun $\mathfrak{S}$ zu $\mathfrak{S}^e$, indem wir jede Familie $(b_k)_{k \in K}$ über $\mathbb{R}$ hinzunehmen, für welche die unendliche Reihe $\Sigma_{i=1}^{\infty} b_{\Phi(i)} = b$ konvergiert, und definieren $\Sigma^e_{k \in K} b_k = b$. In der so entstehenden $\mathfrak{a}$-Σ-Algebra $(\mathbb{R}, \Sigma^e, \mathfrak{S}^e)$ ist dann ersichtlich auch jede nichtleere Teilfamilie einer summierbaren Familie wieder summierbar. Damit entfällt das Argument, mit dem wir in Beispiel 1.11 das Axiom (P_F) für $(\mathbb{R}, \Sigma, \mathfrak{S})$ widerlegt haben. Trotzdem erfüllt auch $(\mathbb{R}, \Sigma^e, \mathfrak{S}^e)$ das Axiom (P_F) nicht. (Hinweis: Man betrachte eine Familie $(a_i)_{i \in \mathbb{N}}$, für welche $\Sigma_{i=1}^{\infty} a_i$ konvergent, aber nicht absolut konvergent ist, und die Partition $\mathbb{N} = I_1 \cup I_2$ von $\mathbb{N}$ mit $I_1 = \{i \in \mathbb{N} \mid a_i \geq 0\}$ und $I_2 = \{i \in \mathbb{N} \mid a_i < 0\}$.)

1.5. Es sei $(A, \Sigma, \mathfrak{S})$ eine Σ-Algebra bzw. vollständige Σ-Algebra und $\mathfrak{k}$ eine transfinite Kardinalzahl. Definiert man dann $\mathfrak{S}' \subseteq \mathfrak{S}$ als die Klasse aller derjenigen Familien $(a_i)_{i \in I} \in \mathfrak{S}$, deren Indexmenge $|I| \leq \mathfrak{k}$ erfüllt, und $\Sigma'_{i \in I} a_i = \Sigma_{i \in I} a_i$ für alle Familien $(a_i)_{i \in I} \in \mathfrak{S}'$, so entsteht eine $\mathfrak{k}$-Σ-Algebra bzw. vollständige $\mathfrak{k}$-Σ-Algebra $(A, \Sigma', \mathfrak{S}')$. Dabei überträgt sich jedes der Axiome (U), (E), (GP),... bzw. (GP'),... von $(A, \Sigma, \mathfrak{S})$

auf $(A, \Sigma', \mathfrak{S}')$, und die $\mathfrak{k}$-Σ-Algebra $(A, \Sigma', \mathfrak{S}')$ ist genau dann endlich oder abzählbar vollständig, wenn dies für $(A, \Sigma, \mathfrak{S})$ zutrifft.

1.6. a) Jeder Halbmodul $(A, +)$ mit oder ohne Nullelement läßt sich als (endlich vollständige) Σ-Algebra $(A, \Sigma, \mathfrak{S})$ auffassen, indem man für jede Familie $(a_i)_{i\in I}$ über A mit nichtleerer endlicher Indexmenge $\Sigma_{i\in I} a_i$ als die in $(A, +)$ gebildete Summe der a_i mit $i \in I$ definiert. Diese Σ-Algebra $(A, \Sigma, \mathfrak{S})$ erfüllt die Axiome $(U), (E), (P), (P')$ und (GP') (wobei letztere mit $(E_F), (P_F), (P'_F)$ und (GP'_F) gleichwertig sind), jedoch nicht (GP_F) und (GP).

b) Hat $(A, +)$ ein Nullelement o und definiert man noch $\Sigma\emptyset = o$, so gilt auch (GP_F), aber nicht (GP).

1.7. Zum Halbmodul $(\mathbb{N}_0, +)$ der nichtnegativen ganzen Zahlen adjungieren wir ein absorbierendes Element ∞, indem wir $a + \infty = \infty + a = \infty$ für alle $a \in \mathbb{N}_0 \cup \{\infty\} = \mathbb{N}_0^\infty$ definieren. Auf diese Weise entsteht ein Halbmodul $(\mathbb{N}_0^\infty, +)$ mit 0 als Nullelement (vgl. Lemma I.2.20).

a) Wir definieren Σ für jede Familie aus $\mathfrak{S} = \mathrm{Fam}(\mathbb{N}_0^\infty)$, und zwar $\Sigma\emptyset = 0$ für die leere Familie, $\Sigma(a_1, \dots, a_n) = a_1 + \dots + a_n$ für jede nichtleere endliche Familie sowie

$$(1.11) \qquad \sum_{i\in I} a_i = \infty \quad \text{für jede Familie} \quad (a_i)_{i\in I} \quad \text{mit} \quad |I| \geq \mathfrak{a}.$$

Dann ist $(\mathbb{N}_0^\infty, \Sigma, \mathfrak{S})$ eine vollständige Σ-Algebra, die (U), (P) und (GP_F) und damit auch (E), (P') und (GP'_F) erfüllt (vgl. Satz 1.15). Dagegen gelten (GP) und (GP') nicht, da z. B. (GP) angewendet auf die Familie $a_1 = \Sigma_{i\in\{1\}} a_i$ mit $a_1 \in \mathbb{N}_0$ und die generalisierte Partition $I = \{1\} = \bigcup_{j\in\mathbb{N}} I_j$ mit $I_1 = \{1\}$ und $I_j = \emptyset$ für alle $j \in \mathbb{N} \setminus \{1\}$ den Widerspruch $a_1 = \infty$ ergeben würde.

b) Definiert man dagegen $\Sigma'\emptyset$ und $\Sigma'(a_1, \dots, a_n)$ wie bei a), aber für jede Familie $(a_i)_{i\in I}$ mit $|I| \geq \mathfrak{a}$ anstelle von (1.11)

$$(1.12) \qquad {\sum_{i\in I}}' a_i = \begin{cases} \sum'_{i\in I'} a_i & \text{falls } I' = \{i \in I \mid a_i \neq 0\} \text{ endlich} \\ \infty & \text{sonst,} \end{cases}$$

so gelten für die so festgelegte vollständige Σ-Algebra $(\mathbb{N}_0^\infty, \Sigma', \mathfrak{S})$ auch die Axiome (GP) und (GP').

c) Um die Bedeutung des Axioms (P'_F) hervorzuheben, bemerken wir folgendes: *In endlich vollständigen Σ-Algebren $(A, \Sigma, \mathfrak{S})$ mit (U) und*

(GP) können Familien $(a_i)_{i\in\mathbb{N}_0} \in \mathrm{Fam}(A)$ *mit folgender Eigenschaft auftreten. Es existiert die Summe* $\Sigma_{i\in\mathbb{N}} a_i = a$ *und* $a_0 + a \in A$, *während die Familie* $(a_i)_{i\in\mathbb{N}_0}$ *nicht summierbar ist.* (Bei Gültigkeit von (P'_F) ist dies unmöglich.) Zeigen Sie, daß $(\mathbb{N}_0^\infty, \Sigma'', \mathfrak{S}'')$ eine solche Σ-Algebra ist, wenn $\mathfrak{S}''$ aus allen endlichen Familien und den Familien $(a_i)_{i\in I}$ mit $|I| \geq \mathfrak{a}$ besteht, für die $2 \mid a_i$ (einschließlich $2 \mid \infty$) für alle $i \in I$ gilt, und man Σ'' für alle Familien aus $\mathfrak{S}''$ wie bei b) definiert.

1.8. a) Es sei $(A, \Sigma, \mathfrak{S})$ eine Σ-Algebra mit (U) und (P) und $\left(a_{i,j}\right)_{(i,j)\in I\times J}$ eine Familie über A mit der nichtleeren Indexmenge $I \times J$. Ist diese Familie summierbar, so folgt

$$\sum_{i\in I}\Big(\sum_{j\in J} a_{i,j}\Big) = \sum_{j\in J}\Big(\sum_{i\in I} a_{i,j}\Big) \tag{1.13}$$

einschließlich der Existenz aller auftretenden Summen.

b) Erfüllt $(A, \Sigma, \mathfrak{S})$ auch (P'), so folgt umgekehrt aus der Existenz der Summen auf einer Seite von (1.13) bereits die Summierbarkeit von $\left(a_{i,j}\right)_{(i,j)\in I\times J}$ und damit die Existenz der Summen auf der anderen Seite. Ohne die Gültigkeit von (P') können dagegen beide Seiten von (1.13) existieren und verschieden sein. Ein Beispiel dafür liefert schon die Σ-Algebra $(A, \Sigma^o, \mathfrak{S}^o)$ der formal unendlichen Summen über dem Modul $(A, +) = (\mathbb{Z}, +)$ (vgl. Satz 1.14): Für die Familie $(a_{i,j})_{(i,j)\in\mathbb{N}\times\mathbb{N}}$ mit $a_{i,i} = 1$ und $a_{i,i+1} = -1$ sowie $a_{i,j} = 0$ sonst existieren nämlich $\Sigma_i^o(\Sigma_j^o a_{i,j}) = 0$ und $\Sigma_j^o(\Sigma_i^o a_{i,j}) = 1$

1.9. a) Es sei $(A, \Sigma, \mathfrak{S})$ eine Σ-Algebra mit (U) und (P) und $a \in A$ ein Element, für welches $\Sigma_I a$ mit einer unendlichen Indexmenge I existiert. Dann existiert für jede nichtleere Indexmenge J mit $|J| \leq |I|$ auch die Summe $\Sigma_J a$ und es gilt $\Sigma_I a = \Sigma_J a + \Sigma_I a$.

b) Wenden Sie a) insbesondere auf folgende Begriffsbildung an. Ein Element a einer Σ-Algebra $(A, \Sigma, \mathfrak{S})$ heißt *stark Σ-idempotent* bzw. *abzählbar Σ-idempotent*, wenn $\Sigma_I a = a$ für jede Indexmenge I bzw. für jede Indexmenge I mit $|I| = \mathfrak{a}$ gilt.

IV.2. Neutrale und absorbierende Elemente

Wir beginnen mit den folgenden Überlegungen über neutrale Elemente und verwenden nun auch die Infixschreibweise (1.9) an geeigneten Stellen.

Satz 2.1. *Es sei $(A, \Sigma, \mathfrak{S})$ eine Σ-Algebra mit (U) und (GP). Dann hat das gemäß Satz 1.9. a) existierende Nullelement $\Sigma\emptyset = o$ von $(A, \Sigma, \mathfrak{S})$ über (1.7) hinaus folgende Eigenschaften:*

a) Für eine Familie $(a_j)_{j\in J}$ sei $J = I \cup K$ eine verallgemeinerte Partition und $a_j = o$ für alle $j \in K$. Dann existiert $\Sigma_{j\in J}a_j$ genau dann, wenn $\Sigma_{i\in I}a_i$ existiert, und in diesem Falle gilt $\Sigma_{j\in J}a_j = \Sigma_{i\in I}a_i$.

b) Insbesondere ist damit für jede Indexmenge $K \neq \emptyset$ die Familie $(a_k)_{k\in K}$ mit $a_k = o$ für alle $k \in K$ summierbar, und es gilt $\Sigma_{k\in K}a_k = o$.

c) Für jede in $(A, \Sigma, \mathfrak{S})$ summierbare Familie $(a_i)_{i\in I}$ mit $I \neq \emptyset$ gilt

$$(2.1)\qquad \sum_{i\in I} a_i = o \implies a_i = o \text{ für alle } i \in I$$

genau dann, wenn $(A, \Sigma, \mathfrak{S})$ gemäß (1.8) nullsummenfrei ist. Für letzteres ist (GP') (oder gleichwertig: (P')) hinreichend, aber nicht notwendig.

Beweis. a) Wir nehmen zunächst an, daß $a = \Sigma_{i\in I}a_i$ existiert. Zur Anwendung von (GP) verwenden wir die verallgemeinerte Partition $I = \bigcup_{j\in J} I_j$ mit $I_j = \{a_j\}$ für alle $j \in I$ und $I_j = \emptyset$ für alle $j \in K$. Damit erhalten wir die erste Gleichheit von

$$(2.2)\qquad \sum_{i\in I} a_i = \sum_{j\in J}\Big(\sum_{i\in I_j} a_i\Big) = \sum_{j\in J} a_j$$

einschließlich der Existenz aller in der Mitte stehenden Summen. Dabei gilt $\Sigma_{i\in I_j}a_i = a_j$ für alle $j \in J = I \cup K$, was für $j = i \in I$ aus $I_j = \{a_j\} = \{a_i\}$ und (U) folgt und sich für $j \in K$ wegen $I_j = \emptyset$ und $\Sigma\emptyset = o = a_j$ ergibt. Dies zeigt die zweite Gleichheit in (2.2) einschließlich der Existenz von $\Sigma_{j\in J}a_j$. Setzt man umgekehrt letzteres voraus, so folgt die Existenz der Teilsumme $\Sigma_{i\in I}a_i$ aus (GP) nach Lemma 1.6 a) für $I \neq \emptyset$ bzw. aus Satz 1.9 a) für $I = \emptyset$.

b) Dies ergibt sich aus a) mit $I = \emptyset$ gemäß $\Sigma_{i\in I}a_i = o$ und $J = K$.

c) Aus (2.1) folgt (1.8) trivialerweise. Sei umgekehrt $(a_i)_{i\in I}$ mit $I \neq \emptyset$ summierbar mit $\Sigma_{i\in I}a_i = o$ und $i_0 \in I$ beliebig gewählt. Für die generalisierte

Partition $I = I_1 \cup I_2$ mit $I_1 = \{i_0\}$ und $I_2 = I \setminus \{i_0\}$ folgt dann mit (GP) und (U)

$$o = \sum_{i \in I} a_i = \sum_{i \in I_1} a_i + \sum_{i \in I_2} a_i = a_{i_0} + \sum_{i \in I_2} a_i.$$

Die Anwendung von (1.8) ergibt $a_{i_0} = o$ für alle $i_0 \in I$. Da $\Sigma_{\mathbb{N}} o = o$ ersichtlich aus (GP) folgt, zeigt Satz 1.9 b), daß (GP') oder (P') die Nullsummenfreiheit von $(A, \Sigma, \mathfrak{S})$ impliziert. Die Umkehrung gilt nicht, wie sich aus dem Beispiel in Aufgabe 1.7 c) ergibt (vgl. auch das Halbringbeispiel aus Aufgabe 3.5, welches sogar (GP'_F) erfüllt). ■

Definition 2.2. a) Ein Element o einer Σ-Algebra $(A, \Sigma, \mathfrak{S})$ mit der in Satz 2.1 formulierten Eigenschaft a) heißt *stark Σ-neutrales Element* von $(A, \Sigma, \mathfrak{S})$. Ein solches Element o ist dann ersichtlich auch neutrales Element (Nullelement) von $(A, \Sigma, \mathfrak{S})$ und damit eindeutig bestimmt, und wie eben festgestellt, erfüllt o mit a) auch b) von Satz 2.1. (Für "Σ-neutrale Elemente" vgl. [Heb92a], § 6.)

b) Eine Σ-Algebra $(A, \Sigma, \mathfrak{S})$ mit Nullelement o heißt *Σ-nullsummenfrei*, wenn (2.1) für jede nichtleere summierbare Familie $(a_i)_{i \in I}$ gilt.

Alle in den Beispielen 1.3 und 1.4 behandelten Σ-Algebren haben ein stark Σ-neutrales Element und sind, soweit sie nullsummenfrei sind, sogar Σ-nullsummenfrei. Das gleiche gilt für die Σ-Algebren aus Aufgabe 1.7 b) und c), während die Σ-Algebra aus Aufgabe 1.7 a) zwar nullsummenfrei, aber nicht Σ-nullsummenfrei ist. Die einem vollständigen Verband $(A, \leq)$ entsprechende Σ-Algebra $(A, \Sigma', \mathfrak{S}')$ (vgl. Beispiel 1.16) hat $\min A = o$ als stark Σ-neutrales Element und ist ebenfalls Σ-nullsummenfrei.

Der folgende Satz zeigt, daß bei Gültigkeit von (U) der "Unterschied" zwischen (GP) und (P) im wesentlichen darin besteht, ob ein stark Σ-neutrales Element existiert oder nicht.

Satz 2.3. *Eine Σ-Algebra $(A, \Sigma, \mathfrak{S})$ mit (U) und (P) erfüllt genau dann sogar (GP), wenn die leere Familie summierbar und $\Sigma\emptyset = o$ stark Σ-neutrales Element von $(A, \Sigma, \mathfrak{S})$ ist.*

Beweis. Aus (U) und (GP) folgen die Aussagen über $\Sigma\emptyset = o$ nach Satz 2.1 a). Damit bleibt (GP) aus (U), (P) und diesen Aussagen über $\Sigma\emptyset = o$ herzuleiten. Dazu sei $(a_i)_{i \in I}$ eine summierbare Familie und $I = \bigcup_{j \in J} I_j$ eine generalisierte Partition. Wir setzen $J_1 = \{j \in J \mid I_j \neq \emptyset\}$ und $J_2 = J \setminus J_1$. Für $J_1 = \emptyset$ gilt einerseits $I = \emptyset$ und damit $\Sigma_{i \in I} a_i = o$. Andererseits hat ein stark Σ-neutrales Element auch die in Satz 2.1 unter b) angegebene Eigenschaft, d. h.

für $J = J_2$ existiert die Summe $\Sigma_{j\in J} o = o$ und damit $\Sigma_{j\in J}\left(\Sigma_{i\in I_j} a_i\right) = o$. Dies zeigt (GP) für $J_1 = \emptyset$. Für $J_1 \neq \emptyset$ ist $I = \bigcup_{j\in J_1} I_j$ eine Partition von I, und aus (P) folgt $\Sigma_{i\in I} a_i = \Sigma_{j\in J_1}\left(\Sigma_{i\in I_j} a_i\right)$. Nach Definition 2.2 a) existiert dann wegen $\Sigma_{i\in I_j} a_i = o$ für alle $j \in J_2$ auch $\Sigma_{j\in J_1\cup J_2}\left(\Sigma_{i\in I_j} a_i\right)$, und beide Doppelsummen sind gleich. Dies zeigt (GP) für $J = J_1 \cup J_2$ mit $J_1 \neq \emptyset$. ■

Wir wenden uns nun den folgenden Begriffsbildungen zu.

Definition 2.4. a) Ein Element $\infty \in A$ heißt *absorbierendes Element* der Σ-Algebra $(A, \Sigma, \mathfrak{S})$, wenn für alle $a \in A$ die Familien (a, ∞) und (∞, a) summierbar sind und $\Sigma(a, \infty) = a + \infty = \infty$ sowie $\Sigma(\infty, a) = \infty + a = \infty$ gelten. Ein solches Element von $(A, \Sigma, \mathfrak{S})$ ist ersichtlich eindeutig bestimmt.

b) Ein Element $\infty \in A$ heißt *stark Σ-absorbierendes Element* von $(A, \Sigma, \mathfrak{S})$, wenn jede Familie $(a_i)_{i\in I}$ mit $I \neq \emptyset$ und $a_{i_0} = \infty$ für ein $i_0 \in I$ summierbar ist und $\Sigma_{i\in I} a_i = \infty$ gilt. Ein solches Element ist erst recht absorbierendes Element von $(A, \Sigma, \mathfrak{S})$ und damit eindeutig bestimmt.

In den Σ-Algebren aus Aufgabe 1.7 a) und b) ist das Element ∞ jeweils stark Σ-absorbierend, während in der Σ-Algebra aus Aufgabe 1.7 c) das Element ∞ nur absorbierend ist (vgl. Satz 2.6). Letzteres gilt auch, wenn man zu dem Halbmodul $(\mathbb{N}_0^\infty, +)$ die Σ-Algebra $(\mathbb{N}_0^\infty, \Sigma^o, \mathfrak{S}^o)$ der formal unendlichen Summen über $(\mathbb{N}_0^\infty, +)$ gemäß Beispiel 1.4 betrachtet. Die in Beispiel 1.16 behandelten Σ-Algebren haben dagegen wieder ein stark Σ-absorbierendes Element, nämlich das größte Element $\max A = \infty$ des supremums-vollständigen Halbverbandes $(A, \leq)$.

Lemma 2.5. *a) Ist ∞ absorbierendes Element einer Σ-Algebra $(A, \Sigma, \mathfrak{S})$ mit (U) und (P_F), und $(a_i)_{i\in I}$ eine summierbare Familie mit $I \neq \emptyset$ und $a_{i_0} = \infty$ für ein $i_0 \in I$, dann gilt $\Sigma_{i\in I} a_i = \infty$.*

b) Für eine vollständige Σ-Algebra $(A, \Sigma, \mathfrak{S})$ mit (U) und (P_F) fallen die Begriffe absorbierendes Element und stark Σ-absorbierendes Element zusammen.

Beweis. a) Für $I = \{i_0\}$ folgt $\Sigma_{i\in I} a_i = \infty$ aus (U). Sonst ist $I = I_1 \cup I_2$ mit $I_1 = \{i_0\}$ und $I_2 = I \setminus \{i_0\}$ eine Partition, und aus (P_F) ergibt sich $\Sigma_{i\in I} a_i = \Sigma_{i\in I_1} a_i + \Sigma_{i\in I_2} a_i = \infty + \Sigma_{i\in I_2} a_i = \infty$.

b) Dies folgt aus a), da nun jede Familie $(a_i)_{i\in I}$ mit $I \neq \emptyset$ summierbar ist. ■

Satz 2.6. *Eine Σ-Algebra $(A, \Sigma, \mathfrak{S})$ mit (U), (E) und (P_F) ist genau dann vollständig, wenn ein (dann eindeutig bestimmtes) stark Σ-absorbierendes Element $\infty \in A$ existiert.*

Beweis. Sei zunächst $(A, \Sigma, \mathfrak{S})$ vollständig, wobei wir o. B. d. A. $|A| \geq 2$ voraussetzen. Nach Lemma 2.5 b) genügt es, ein absorbierendes Element $\infty \in A$ nachzuweisen. Ein solches Element ist $\infty = \Sigma_{x\in A}(\Sigma_{\mathbb{N}} x) \in A$. Es gilt nämlich für jedes $a \in A$

$$\begin{aligned}\infty + a &= \sum_{x\in A}\Big(\sum_{\mathbb{N}} x\Big) + a = \Big(\sum_{x\in A\setminus\{a\}}\Big(\sum_{\mathbb{N}} x\Big) + \sum_{\mathbb{N}} a\Big) + a\\ &= \sum_{x\in A\setminus\{a\}}\Big(\sum_{\mathbb{N}} x\Big) + \Big(\sum_{\mathbb{N}} a + a\Big) = \sum_{x\in A\setminus\{a\}}\Big(\sum_{\mathbb{N}} x\Big) + \sum_{\mathbb{N}} a\\ &= \sum_{x\in A}\Big(\sum_{\mathbb{N}} x\Big) = \infty.\end{aligned}$$

Man beachte dabei, daß in $(A, \Sigma, \mathfrak{S})$ alle nichtleeren Familien über A summierbar sind und die eben durchgeführten Umformungen aus (U), (E) und (P_F) folgen; auch ergibt sich nun $a + \infty = \infty$ wegen (E).

Für die Umkehrung sei ∞ ein stark Σ-absorbierendes Element von $(A, \Sigma, \mathfrak{S})$ und $(a_i)_{i\in I}$ eine beliebige nichtleere Familie über A. Dann ist die Familie $(a_i)_{i\in I\cup\{j\}}$ mit einem $j \notin I$ und $a_j = \infty$ nach Definition 2.4 b) summierbar. Dies überträgt sich nach Lemma 1.6 a) auf die Teilfamilie $(a_i)_{i\in I}$ und zeigt die Vollständigkeit von $(A, \Sigma, \mathfrak{S})$. ∎

Wir weisen darauf hin, daß der erste Teil dieses Beweises für eine $\mathfrak{k}$-Σ-Algebra $(A, \Sigma, \mathfrak{S})$ nur durchführbar ist, wenn die dort als Indexmenge verwendete Trägermenge A ebenfalls $|A| \leq \mathfrak{k}$ erfüllt (vgl. Aufgabe 2.3). Weiterhin legt es Satz 2.6 nahe, eine nicht vollständige Σ-Algebra durch Adjunktion eines stark Σ-absorbierenden Elementes zu vervollständigen. Hierzu zeigen wir:

Satz 2.7. *a) Es sei $(A, \Sigma, \mathfrak{S})$ eine Σ-Algebra und $A' = A \cup \{\infty\}$ mit einem Element $\infty \notin A$. Dann entsteht eine vollständige Σ-Algebra $(A', \Sigma', \mathfrak{S}')$ mit ∞ als stark Σ-absorbierendem Element auf die folgende Weise: Man definiert $\mathfrak{S}' = \mathrm{Fam}(A')$, wenn $\emptyset \in \mathfrak{S}$ gilt, und sonst $\mathfrak{S}' = \mathrm{Fam}(A') \setminus \{\emptyset\}$, und weiter $\Sigma' : \mathfrak{S}' \to A'$ gemäß*

$$\sum_{i\in I}{}' a_i = \begin{cases} \Sigma_{i\in I} a_i & \text{falls } (a_i)_{i\in I} \text{ in } \mathfrak{S} \text{ liegt,}\\ \infty & \text{sonst.}\end{cases} \tag{2.3}$$

b) Die vollständige Σ-Algebra $(A', \Sigma', \mathfrak{S}')$ erfüllt genau dann die Axiome (U) und (P) und damit nach Satz 1.15 auch (P'), wenn $(A, \Sigma, \mathfrak{S})$ nicht nur (U) und (P), sondern auch schon (P') erfüllt.

c) Hat die Σ-Algebra $(A, \Sigma, \mathfrak{S})$ ein stark Σ-neutrales Element o, so ist o auch stark Σ-neutrales Element von $(A', \Sigma', \mathfrak{S}')$. Daraus folgt über b) hinaus: Erfüllt $(A, \Sigma, \mathfrak{S})$ die Axiome (U), (GP) und (P'), so erfüllt $(A', \Sigma', \mathfrak{S}')$ alle Partitionsaxiome.

Beweis. a) Dieser Teil ist unmittelbar klar, aber ohne Überlegungen wie bei b) und c) wenig hilfreich.

b) Gelten (U), (P) und damit (P') für $(A', \Sigma', \mathfrak{S}')$, so sind sie nach (2.3) erst recht für alle Familien $(a_i)_{i \in I}$ mit $a_i \neq \infty$ für alle $i \in I$ und damit für $(A, \Sigma, \mathfrak{S})$ erfüllt. Für die Umkehrung gilt (U) ersichtlich für $(A', \Sigma', \mathfrak{S}')$, womit nur (P) zu zeigen bleibt. Dazu sei $(a_i)_{i \in I}$ eine Familie über A' und $I = \bigcup_{j \in J} I_j$ eine Partition. Falls $(a_i)_{i \in I}$ in $\mathfrak{S}$ liegt, gilt (P) auch für $\Sigma'_{i \in I} a_i$, weil es für $(A, \Sigma, \mathfrak{S})$ vorausgesetzt ist. Sonst gilt $\Sigma'_{i \in I} a_i = \infty$. Wir setzen nun $b_j = \Sigma'_{i \in I_j} a_i$ für alle $j \in J$. Wir nehmen zunächst an, daß für alle $j \in J$ die Familien $(a_i)_{i \in I_j}$ bereits in $\mathfrak{S}$ liegen. Dann gilt $b_j = \Sigma_{i \in I_j} a_j \in A$, aber $(b_j)_{j \in J}$ kann nicht in $\mathfrak{S}$ liegen, da sonst wegen (P') für $(A, \Sigma, \mathfrak{S})$ auch $(a_i)_{i \in I}$ in $\mathfrak{S}$ liegen würde. Aus (2.3) ergibt sich damit

$$\sum_{j \in J}{}' \Big(\sum_{i \in I_j}{}' a_i \Big) = \sum_{j \in J}{}' b_j = \infty. \tag{2.4}$$

Im anderen Fall existiert wenigstens ein $j_0 \in J$ mit $b_{j_0} = \infty$. Damit kann $(b_j)_{j \in J}$ ebenfalls nicht in $\mathfrak{S}$ liegen, und es folgt wieder (2.4). Dies zeigt (P) für $(A', \Sigma', \mathfrak{S}')$.

c) Für die erste Behauptung ist die in Satz 2.1 unter a) angegebene Eigenschaft von o für $(A', \Sigma', \mathfrak{S}')$ nur für den Fall nachzuprüfen, daß die Familie $(a_i)_{i \in I}$ nicht in $\mathfrak{S}$ liegt. Dann liegt aber auch $(a_j)_{j \in J}$ nicht in $\mathfrak{S}$, und es gilt $\Sigma_{j \in J} a_j = \infty = \Sigma_{i \in I} a_i$. Gelten nun (U), (GP) und (P') für $(A, \Sigma, \mathfrak{S})$, so existiert nach Satz 2.3 ein stark Σ-neutrales Element o in $(A, \Sigma, \mathfrak{S})$ und nach dem eben Gezeigten in $(A', \Sigma', \mathfrak{S}')$. Da $(A', \Sigma', \mathfrak{S}')$ nach b) (U), (P) und (P') erfüllt, folgt (GP) wieder nach Satz 2.3 und damit (GP') nach Satz 1.15. Damit gelten alle Partitionsaxiome für $(A', \Sigma', \mathfrak{S}')$. ■

Bemerkung 2.8. Hat $(A, \Sigma, \mathfrak{S})$ bereits ein absorbierendes Element ∞_A, so verliert ∞_A diese Eigenschaft beim Übergang zu der vollständigen Σ-Algebra $(A', \Sigma', \mathfrak{S}')$ von Satz 2.7. Damit entsteht die Frage, ob man ein solches (nicht stark Σ-absorbierendes) Element ∞_A von $(A, \Sigma, \mathfrak{S})$ nicht analog wie bei (2.3) zu einem stark Σ-absorbierenden Element einer vollständigen Σ-Algebra $(A, \Sigma', \mathfrak{S}')$ machen kann. Das ist immer möglich; in diesem Fall ist jedoch für die Übertragung von (U) und (P) von $(A, \Sigma, \mathfrak{S})$ auf $(A, \Sigma', \mathfrak{S}')$ die Gültigkeit von (P') für $(A, \Sigma, \mathfrak{S})$ nur hinreichend, aber nicht notwendig. Entsprechende Untersuchungen finden sich in [Heb92a], § 5.

Aufgaben

2.1. a) Es sei $(A, \Sigma, \mathfrak{S})$ eine Σ-Algebra, in der die leere Familie nicht summierbar ist, und $A' = A \cup \{o\}$ mit einem Element $o \notin A$. Dann entsteht eine Σ-nullsummenfreie Σ-Algebra $(A', \Sigma', \mathfrak{S}')$ mit o als stark Σ-neutralem Element auf folgende Weise: $\mathfrak{S}'$ besteht aus den Familien $(a_j)_{j\in J}$ über A', die für eine generalisierte Partition $J = I \cup K$ entweder $(a_i)_{i\in I} \in \mathfrak{S}$ oder $I = \emptyset$ erfüllen sowie $a_j = o$ für alle $j \in K$. Für diese Familien definiert man

$$\sum_{j\in J}{}' a_j = \begin{cases} \Sigma_{i\in I} a_i & \text{falls } I \neq \emptyset \\ o & \text{sonst.} \end{cases}$$

b) Erfüllt dabei $(A, \Sigma, \mathfrak{S})$ die Axiome (U) und (P), so gelten für $(A', \Sigma', \mathfrak{S}')$ ebenfalls (U) und (P) und damit (GP). In diesem Falle übertragen sich auch (P') bzw. (P'_F) von $(A, \Sigma, \mathfrak{S})$ auf $(A', \Sigma', \mathfrak{S}')$, wo sie mit (GP') bzw. (GP'_F) gleichwertig sind.

2.2. a) Es sei $(\mathbb{N}_0, \Sigma, \mathfrak{S})$ die Σ-Algebra aller endlichen Summen des Halbmoduls $(\mathbb{N}_0, +)$ gemäß Aufgabe 1.6. Wendet man nun Satz 2.7 auf $(\mathbb{N}_0, \Sigma, \mathfrak{S})$ an, so ist die vollständige Σ-Algebra $(\mathbb{N}'_0, \Sigma', \mathfrak{S}')$ gerade (bis auf die Bezeichnungen) die in Aufgabe 1.7 a) betrachtete Σ-Algebra $(\mathbb{N}_0^\infty, \Sigma, \mathfrak{S})$.

b) Für die Σ-Algebra $(\mathbb{N}_0, \Sigma^o, \mathfrak{S}^o)$ der formal unendlichen Summen des Halbmoduls $(\mathbb{N}_0, +)$ (vgl. Satz 1.14) erhält man mit Satz 2.7 entsprechend die in Aufgabe 1.7 b) betrachtete vollständige Σ-Algebra $(\mathbb{N}_0^\infty, \Sigma, \mathfrak{S})$.

c) Diese Überlegungen lassen sich natürlich auf jeden Halbmodul $(A, +)$ mit Nullelement anwenden.

2.3. Es gibt vollständige $\mathfrak{a}$-Σ-Algebren $(A, \Sigma, \mathfrak{S})$ mit (U), (GP) und (GP'), die kein absorbierendes (und damit erst recht kein stark Σ-absorbierendes) Element haben. Für ein einfaches Beispiel sei M eine überabzählbare Menge, also etwa $M = \mathbb{R}$, und $A = \mathfrak{A}$ die Menge aller Untermengen $U \subseteq M$ mit $|U| \leq \mathfrak{a}$. Besteht dann $\mathfrak{S}$ aus allen Familien $(U_i)_{i\in I}$ über $\mathfrak{A}$ mit $|I| \leq \mathfrak{a}$ und definiert man weiter $\Sigma_{i\in I} U_i = \bigcup_{i\in I} U_i$, so ist $(\mathfrak{A}, \Sigma, \mathfrak{S})$ eine solche $\mathfrak{a}$-Σ-Algebra. (Übrigens ist $(\mathfrak{A}, \Sigma, \mathfrak{S})$ auch ein $\mathfrak{a}$-Σ-Halbmodul und, unter Einbeziehung von $U_1 \cap U_2 = U_1 \cdot U_2$ als Multiplikation, ein $\mathfrak{a}$-Σ-Halbring im Sinne der folgenden Definitionen 3.1 und 3.6.)

IV.3. $\sum$-Halbmoduln und $\sum$-Halbringe

Als Grundlage einer algebraischen Theorie unendlicher Summen haben wir unsere Überlegungen über Σ-Algebren recht allgemein angelegt. Im Hinblick auf spätere Anwendungen beschränken wir uns jetzt bei Σ-Halbmoduln und bei Σ-Halbringen auf solche mit einem Nullelement, wobei wir auch die leere Summe als summierbar und die jeweils verwendeten Partitionsaxiome in ihrer generalisierten Form voraussetzen. Für allgemeinere Untersuchungen verweisen wir auf [Heb92a], § 7 und § 8.

Definition 3.1. a) Ein *Σ-Halbmodul* $(A, +, \Sigma, \mathfrak{S})$, wofür wir kurz $(A, +, \Sigma)$ schreiben, besteht aus einem Halbmodul $(A, +)$ mit einem Nullelement o und einer Σ-Algebra $(A, \Sigma, \mathfrak{S})$ mit den Axiomen (U), (GP) und (GP'_F), wobei Σ für jede nichtleere endliche Familie $(a_1, \ldots, a_n)$ über A die Addition von $(A, +)$ gemäß (1.10) fortsetzt und $\Sigma\emptyset = o$ gilt.

b) Ein Σ-Halbmodul $(A, +, \Sigma)$ heißt ein *Σ-Modul,* wenn $(A, +)$ ein Modul und für jede summierbare Familie $(a_i)_{i \in I}$ von $(A, \Sigma, \mathfrak{S})$ auch die Familie $(-a_i)_{i \in I}$ summierbar ist (vgl. Aufgabe 3.1).

c) Ein Σ-Halbmodul $(A, +, \Sigma)$ heißt *abzählbar vollständig* bzw. *vollständig,* wenn die Σ-Algebra $(A, \Sigma, \mathfrak{S})$ diese Eigenschaft hat. Entsprechend nennen wir $(A, +, \Sigma)$ einen *$\mathfrak{k}$-Σ-Halbmodul* bzw. einen *vollständigen $\mathfrak{k}$-Σ-Halbmodul,* wenn $(A, \Sigma, \mathfrak{S})$ eine (vollständige) $\mathfrak{k}$-Σ-Algebra ist.

Bemerkung 3.2. i) Nach Lemma 1.17 ist jede endlich vollständige Σ-Algebra $(A, \Sigma, \mathfrak{S})$ mit (U), (GP) und (GP'_F) ein Σ-Halbmodul $(A, +, \Sigma)$, und umgekehrt jeder Σ-Halbmodul $(A, +, \Sigma)$ definitionsgemäß eine solche Σ-Algebra.

ii) Jeder Σ-Halbmodul hat $\Sigma\emptyset = o$ als stark Σ-neutrales Element, d. h. o erfüllt die Aussage a) und damit auch b) von Satz 2.1. Umgekehrt kann man in Definition 3.1 a) das Axiom (GP) durch (P) und die Forderung ersetzen, daß $\Sigma\emptyset = o$ existiert und stark Σ-neutrales Element ist (vgl. Satz 2.3).

iii) Insbesondere folgt aus ii), daß in jedem Σ-Halbmodul $(A, +, \Sigma)$ auch alle formal unendlichen Summen über dem Halbmodul $(A, +)$ definiert sind (vgl. die Beispiele 1.4 und 3.3 b)).

iv) Nach Aufgabe 1.3 folgt aus (GP), daß die Axiome (GP'_F) und (P'_F) gleichwertig sind, und das gleiche gilt für (GP') und (P').

v) Ein Σ-Halbmodul $(A, +, \Sigma)$ ist genau dann Σ-nullsummenfrei, erfüllt also (2.1) gemäß Satz 2.1 c), wenn $(A, +)$ nullsummenfrei ist. Diese Eigenschaften folgen aus der Gültigkeit von (GP'), aber nicht umgekehrt.

vi) Es sei $(A, +, \Sigma)$ ein vollständiger Σ-Halbmodul. Dann erfüllt $(A, +, \Sigma)$ nach Satz 1.15 auch (GP') und ist damit nullsummenfrei. Weiter hat $(A, +, \Sigma)$ nach Satz 2.6 ein stark Σ-absorbierendes Element ∞, welches natürlich absorbierendes Element von $(A, +)$ ist (vgl. Definition 2.4). Für vollständige 𝔱-Σ-Halbmoduln gilt dagegen nur die erste dieser Aussagen. So gibt es z. B. vollständige 𝔞-Σ-Halbmoduln $(A, +, \Sigma)$, die kein absorbierendes Element haben (vgl. Aufgabe 2.3).

Beispiel 3.3. a) Die in Satz 1.12 b) betrachtete 𝔞-Σ-Algebra $(\mathbb{R}, \Sigma''', \mathfrak{S}''')$ der absolut konvergenten Reihen über $\mathbb{R}$ ist ein 𝔞-Σ-Halbmodul $(\mathbb{R}, +, \Sigma''')$ und sogar ein 𝔞-Σ-Modul, der nicht (GP') erfüllt. Dagegen ist die 𝔞-Σ-Algebra $(\mathbb{P}_0, \Sigma''', \mathfrak{S}''')$ der konvergenten Reihen über $\mathbb{P}_0$ (vgl. Satz 1.13 b)) ein 𝔞-Σ-Halbmodul $(\mathbb{P}_0, +, \Sigma''')$, der (GP') erfüllt und Σ-nullsummenfrei ist.

b) Für jeden Halbmodul $(A, +)$ mit einem Nullelement ist gemäß Satz 1.14 die Σ-Algebra $(A, \Sigma^o, \mathfrak{S}^o)$ der formal unendlichen Summen über $(A, +)$ ein Σ-Halbmodul $(A, +, \Sigma^o)$. Er erfüllt genau dann auch (GP'), wenn $(A, +)$ nullsummenfrei ist.

c) Die durch (1.12) definierte vollständige Σ-Algebra $(\mathbb{N}_0^\infty, \Sigma, \mathfrak{S})$ aus Aufgabe 1.7 b) ist ein vollständiger Σ-Halbmodul $(\mathbb{N}_0^\infty, +, \Sigma)$. Im Einklang mit Bemerkung 3.2 vi) erfüllt $(\mathbb{N}_0^\infty, +, \Sigma)$ auch das Axiom (GP').

d) Es sei $(A, \leq)$ ein vollständiger Verband und $(A, \Sigma', \mathfrak{S}')$ die von ihm gemäß Beispiel 1.16 b) bestimmte vollständige Σ-Algebra. Dann ist $(A, +, \Sigma')$ mit $a + b = a \vee b$ und $\Sigma'_{i \in I} a_i = \bigvee_{i \in I} a_i$ ein vollständiger Σ-Halbmodul. Er hat das größte Element $\max A = \sup A$ von $(A, \leq)$ als stark Σ-absorbierendes Element und erfüllt ebenfalls (GP'). Insbesondere erhält man aus der Potenzmenge $(\mathfrak{P}(M), \subseteq)$ einer Menge M einen Σ-Halbmodul $(\mathfrak{P}(M), \cup, \bigcup)$.

Als nächstes behandeln wir direkte Produkte von Σ-Halbmoduln. Dazu formulieren wir entsprechend der Lösung von Aufgabe I.3.7 zunächst Teil a) des folgenden Satzes. Im Hinblick auf spätere Anwendungen ändern wir dabei die Bezeichnungen sowohl für die Indexmenge als auch für die Trägermenge des direkten Produktes.

Satz 3.4. *a) Es sei* $((A_u, +))_{u \in U}$ *eine Familie von (nicht notwendig verschiedenen) Halbmoduln und* $(\Pi, +) = \left(\prod_{u \in U} A_u, +\right)$ *ihr direktes Produkt, wobei also die Summe von Elementen* $a = (a_u)_{u \in U}$ *und* $b = (b_u)_{u \in U}$ *aus* Π *"komponentenweise" gemäß* $a + b = (a_u + b_u)_{u \in U}$ *definiert ist. Dieser Halbmodul*

$(\Pi, +)$ hat genau dann ein Nullelement o, wenn jeder Halbmodul $(A_u, +)$ ein Nullelement o_u hat, und es gilt dann $o = (o_u)_{u \in U}$. Insbesondere ist $(\Pi, +)$ genau dann ein Modul, wenn dies für alle $(A_u, +)$ zutrifft.

b) Es sei $\big((A_u, +, \Sigma^u)\big)_{u \in U}$ eine Familie von Σ-Halbmoduln und $(\Pi, +)$ das direkte Produkt der Halbmodeln $(A_u, +)$. Dann entsteht ein Σ-Halbmodul $(\Pi, +, \Sigma)$ auf folgende Weise: Eine Familie $(a_i)_{i \in I}$ über Π mit $a_i = (a_{i,u})_{u \in U}$ sei genau dann summierbar, wenn für alle $u \in U$ die Summen $\Sigma^u_{i \in I} a_{i,u} = a_u$ in $(A_u, +, \Sigma^u)$ existieren. Diese Summen bestimmen ein Element $a = (a_u)_{u \in U}$ aus Π, und man definiert dann $\Sigma_{i \in I} a_i = a$. Wir notieren dies nochmals komponentenweise gemäß

$$(3.1) \qquad a_u = \Big(\sum_{i \in I} a_i\Big)_u = \sum_{i \in I}{}^u a_{i,u} \quad \text{für alle } u \in U.$$

Den so definierten Σ-Halbmodul $(\Pi, +, \Sigma) = \big(\prod_{u \in U} A_u, +, \Sigma\big)$ nennt man das direkte Produkt der Σ-Halbmoduln $(A_u, +, \Sigma^u)$. Insbesondere gilt: $(\Pi, +, \Sigma)$ ist genau dann ein Σ-Modul oder (abzählbar) vollständig oder erfüllt auch (GP'), wenn jeweils alle Σ-Halbmoduln $(A_u, +, \Sigma^u)$ die gleiche Eigenschaft haben.

Beweis. b) Ersichtlich setzt Σ die bei a) definierte Addition von $(\Pi, +)$ gemäß (1.10) fort, woraus auch (U) für $(\Pi, +, \Sigma)$ folgt. Zum Beweis von (GP) sei $(a_i)_{i \in I}$ eine summierbare Familie über $\Pi = \prod_{u \in U} A_u$ und $I = \bigcup_{j \in J} I_j$ eine generalisierte Partition. Da alle $(A_u, +, \Sigma^u)$ das Axiom (GP) erfüllen, gilt $\Sigma^u_{i \in I} a_{i,u} = \Sigma^u_{j \in J}(\Sigma^u_{i \in I_j} a_{i,u})$ für jedes $u \in U$, woraus gemäß (3.1) bereits

$$\sum_{i \in I} a_i = \Big(\sum_{i \in I}{}^u a_{i,u}\Big)_{u \in U} = \Big(\sum_{j \in J}{}^u \Big(\sum_{i \in I_j}{}^u a_{i,u}\Big)\Big)_{u \in U} = \sum_{j \in J} \Big(\sum_{i \in I_j} a_i\Big)$$

einschließlich der Existenz aller auftretenden Summen folgt. Ebenso überträgt sich (GP'_F) oder sogar (GP') von $(A_u, +, \Sigma^u)$ für jedes $u \in U$ auf $(\Pi, +, \Sigma)$. Entsprechendes gilt, wenn alle $(A_u, +, \Sigma^u)$ Σ-Moduln bzw. (abzählbar) vollständig sind. Die Umkehrungen dieser Aussagen sind klar. ■

Bemerkung 3.5. Ebenso wie man für die zweistellige Operation von jedem $(A_u, +, \Sigma^u)$ und für die von $(\Pi, +, \Sigma)$ das gleiche Symbol $+$ verwendet, schreibt man oft auch einfach Σ für jedes Σ^u und damit (3.1) gemäß $\big(\Sigma_{i \in I} a_i\big)_u = \Sigma_{i \in I} a_{i,u}$ für alle $u \in U$. Dies ist insbesondere dann üblich, wenn es sich bei allen Σ-Halbmoduln $(A_u, +, \Sigma^u)$ um den gleichen vorgegebenen Σ-Halbmodul $(A, +, \Sigma)$ handelt, da man in diesem Fall sonst auf der linken Seite von (3.1) ein anderes Symbol, also etwa Σ^{Π}, verwenden müßte.

Wir wenden uns nun Σ-Halbringen zu, kommen aber auf Σ-Halbmoduln noch einmal am Ende dieses Paragraphen zurück.

Definition 3.6. a) Ein *Σ-Halbring* $(A, +, \Sigma, \mathfrak{S}, \cdot)$, wofür wir kurz $(A, +, \Sigma, \cdot)$ schreiben, besteht aus einem Halbring $(A, +, \cdot)$ mit einem Nullelement o (vgl. Lemma 3.7 b)) und einem Σ-Halbmodul $(A, +, \Sigma)$, wobei über die in Definition 3.1 a) genannten Axiome (U), (GP) und (GP'_F) hinaus auch noch das folgende **allgemeine Distributivitätsaxiom (D)** gefordert wird:

(D) Sind $(a_i)_{i\in I}$ und $(b_j)_{j\in J}$ summierbare Familien über A, so ist auch die Familie $(a_i \cdot b_j)_{(i,j)\in I\times J}$ summierbar, und es gilt:

$$(3.2) \qquad (\sum_{i\in I} a_i) \cdot (\sum_{j\in J} b_j) = \sum_{(i,j)\in I\times J} a_i \cdot b_j .$$

b) Ein Σ-Halbring $(A, +, \Sigma, \cdot)$ heißt ein *Σ-Ring,* wenn $(A, +, \cdot)$ ein Σ-Modul ist (vgl. Aufgabe 3.4).

c) Die in Definition 3.1 c) für Σ-Halbmoduln eingeführten Begriffe werden auf Σ-Halbringe übertragen.

Es ist klar, daß alle Aussagen über Σ-Halbmoduln $(A, +, \Sigma)$ von Bemerkung 3.2 ii) – vi) auch für Σ-Halbringe $(A, +, \Sigma, \cdot)$ gelten. Bezüglich der Distributivität verweisen wir auch auf Aufgabe 1.8 a) und zeigen:

Lemma 3.7. *a) Jeder Σ-Halbring $(A, +, \Sigma, \cdot)$ erfüllt mit dem Axiom (D) auch das* **linksseitige Distributivitätsaxiom (D_l)** *und das* **rechtsseitige Distributivitätsaxiom (D_r)**, *die als Spezialfälle von (D) mit $|I| = 1$ bzw. $|J| = 1$ definiert sind. Dagegen kann man in Definition 3.6 a) im allgemeinen nicht das Axiom (D) durch (D_l) und (D_r) ersetzen, was jedoch möglich ist, wenn man zusätzlich noch (GP') fordert.*

b) Schon aus (D_l) und (D_r) folgt, daß das Nullelement o eines Σ-Halbringes $(A, +, \Sigma, \cdot)$ stets absorbierend in $(A, +, \cdot)$ ist.

Beweis. a) Ein Beispiel dafür, daß mit (D_l) und (D_r) anstelle von (D) ein schwächerer Begriff als der in Definition 3.6 a) festgelegte entsteht, geben wir in Aufgabe 3.5. Erfüllt jedoch $(A, +, \Sigma, \cdot)$ außer (U) und (GP) die Axiome (D_l), (D_r) und (GP'), so folgt (D). Um dies zu zeigen, seien $(a_i)_{i\in I}$ und $(b_j)_{j\in J}$ summierbare Familien mit $\Sigma_{i\in I} a_i = a$ und $\Sigma_{j\in J} b_j = b$. Gilt dabei $I = \emptyset$ oder $J = \emptyset$, so folgt (3.2) sofort aus Teil b), dessen Beweis nur (U) und $\Sigma\emptyset = o$ benötigt. Für $I \neq \emptyset \neq J$ betrachten wir für die Familie $(a_i \cdot b_j)_{(i,j)\in I\times J}$ die Partition $I \times J = \bigcup_{j\in J} I \times \{j\}$. Aus (D_r) und (D_l) folgt dann $a \cdot b_j = (\Sigma_{i\in I} a_i) \cdot b_j = \Sigma_{(i,j)\in I\times\{j\}} a_i \cdot b_j$ für alle $j \in J$ und

$$(3.3) \qquad a \cdot b = a \cdot (\sum_{j\in J} b_j) = \sum_{j\in J} a \cdot b_j = \sum_{j\in J} (\sum_{(i,j)\in I\times\{j\}} a_i \cdot b_j)$$

einschließlich der Existenz aller neu auftretenden Summen. Nach (GP') (oder schon nach (P')) ist dann auch $(a_i \cdot b_j)_{(i,j)\in I\times J}$ summierbar und $\Sigma_{(i,j)\in I\times J} a_i \cdot b_j$ gleich der rechten Seite von (3.3).

b) Es sei $a_1 \in A$ und $a_1 \cdot o = (\Sigma_{i\in\{1\}} a_i) \cdot (\Sigma_{j\in\emptyset} b_j)$ gemäß (U) und $\Sigma\emptyset = o$. Wendet man darauf (D_l) mit $I = \{1\}$ und $J = \emptyset$ an, so ergibt sich $a_1 \cdot o = \Sigma_{(i,j)\in I\times J} a_i \cdot b_j = o$ wegen $I \times J = \emptyset$. Dual folgt $o \cdot b_1 = o$. ■

Beispiel 3.8. a) Die im Beispiel 3.3 a) betrachteten absolut konvergenten Reihen über $\mathbb{R}$ bilden einen $\mathfrak{a}$-Σ-Ring $(\mathbb{R}, +, \Sigma''', \cdot)$, da das Axiom (D) nach einem Multiplikationssatz für diese Reihen gilt (vgl. zum Beispiel [vMan73], Band II, Nr. 82). Er erfüllt jedoch nicht (GP'). Dagegen bilden die konvergenten Reihen über $\mathbb{P}_0$ einen $\mathfrak{a}$-Σ-Halbring $(\mathbb{P}_0, +, \Sigma''', \cdot)$ mit (GP').

b) Ist $(A, +, \cdot)$ ein Halbring mit absorbierendem Nullelement o, so erhält man aus dem Σ-Halbmodul $(A, +, \Sigma^o)$ der formal unendlichen Summen über $(A, +)$ ersichtlich einen Σ-Halbring $(A, +, \Sigma^o, \cdot)$.

c) Es sei $(\mathbb{N}_0^\infty, +, \cdot)$ der Halbring, der aus $(\mathbb{N}_0, +, \cdot)$ gemäß Lemma I.2.20 durch Adjunktion eines Elementes $\infty \notin \mathbb{N}_0$ entsteht. Definiert man dann für jede Familie $(a_i)_{i\in I}$ über $\mathbb{N}_0^\infty$ mit $|I| \geq \mathfrak{a}$ (bzw. $|I| = \mathfrak{a}$) $\Sigma'_{i\in I} a_i$ gemäß (1.12), so ist $(\mathbb{N}_0^\infty, +, \Sigma', \cdot)$ ein vollständiger Σ-Halbring (bzw. vollständiger $\mathfrak{a}$-Σ-Halbring). Eine allgemeinere Aussage dieser Art gibt Beispiel 3.11.

d) Es sei $(A, \leq)$ ein vollständiger distributiver Verband. Dann ist $(A, +, \cdot)$ mit $a + b = a \vee b$ und $a \cdot b = a \wedge b$ gemäß Aufgabe I.6.13 ein Halbring. Er hat $e = \max A$ als Einselement und $o = \min A$ als absorbierendes Nullelement. Für den vollständigen Σ-Halbmodul $(A, +, \Sigma')$ aus Beispiel 3.3 d) ist dann e zugleich stark Σ-absorbierendes Element, und $(A, +, \Sigma')$ erfüllt das Axiom (GP'). Also ist (D) nach Lemma 3.7 a) mit (D_l) und (D_r) gleichwertig, und wegen der Kommutativität von $a \cdot b = a \wedge b$ gilt $(D_l) \iff (D_r)$. Damit ist $(A, +, \Sigma', \cdot) = (A, \vee, \bigvee, \wedge)$ genau dann ein (vollständiger) Σ-Halbring, wenn entsprechend (D_l)

$$(3.4)\qquad a \wedge \Big(\bigvee_{j\in J} b_j\Big) = \bigvee_{j\in J} (a \wedge b_j) \quad \text{für alle } a \in A \text{ und } (b_j)_{j\in J} \in \mathrm{Fam}(A)$$

gilt. Beispiele für diesen Fall liefert jede vollständige linear geordnete Menge $(A, \leq)$, die ersichtlich ein (vollständiger) distributiver Verband ist, der (3.4) erfüllt. Das gleiche gilt für die Potenzmenge $(\mathfrak{P}(M), \subseteq)$ einer beliebigen Menge M, womit $(\mathfrak{P}(M), \cup, \bigcup, \cap)$ ein (vollständiger) Σ-Halbring ist. Man beachte, daß hier die Summe der leeren Familie $\Sigma'\emptyset = \bigcup\emptyset$ gleich der leeren Menge $\emptyset \in \mathfrak{P}(M)$ ist, also $o = \emptyset$ für das absorbierende Nullelement und stark Σ-neutrale Element dieses vollständigen Σ-Halbringes gilt. Weiter ist M das stark Σ-absorbierende Element von $(\mathfrak{P}(M), \cup, \bigcup, \cap)$.

Dagegen ist der Teilbarkeitsverband $(\mathbb{N}_0, |)$ (vgl. Aufgabe I.6.14 b)) zwar vollständig und distributiv, erfüllt aber nicht (3.4). Wählt man z. B. $a = 2$ und $b_j = 2j - 1$ für alle $j \in J = \mathbb{N}$, so gilt für das kleinste gemeinsame Vielfache $\bigvee_{j \in J} b_j = 0$ und für den größten gemeinsamen Teiler $2 \wedge 0 = 2$, während sich auf der rechten Seite von (3.4) $\bigvee_{j\in J}(2 \wedge (2j-1)) = \bigvee_{j\in J} 1 = 1$ ergibt. (Man beachte, daß 0 das größte und 1 das kleinste Element von $(\mathbb{N}_0, |)$ ist.) Der zugehörige vollständige Σ-Halbmodul $(\mathbb{N}_0, \vee, \bigvee)$ liefert also keinen Σ-Halbring $(\mathbb{N}_0, \vee, \bigvee, \wedge)$, da das Axiom (D) nicht erfüllt ist.

e) Insbesondere kann der Boolesche Halbkörper $(\mathbb{B}, +, \cdot)$ nach Aufgabe I.3.1 als Potenzmenge $(\mathfrak{P}(M), \cup, \cap)$ einer Menge mit $|M| = 1$ aufgefaßt werden. Damit ist $(\mathbb{B}, +, \Sigma', \cdot) = (\mathfrak{P}(M), \cup, \bigcup, \cap)$ ein (vollständiger) Σ-Halbring, wobei $\Sigma'_{i\in I} a_i = 0$ nur in den Fällen $I = \emptyset$ oder $a_i = 0$ für alle $i \in I$ und sonst $\Sigma'_{i\in I} a_i = 1$ gilt.

f) Es sei $(S, \cdot)$ eine Halbgruppe, $(\mathfrak{P}(S), \cdot)$ die Halbgruppe aller Teilmengen $B, C, \ldots \subseteq S$ mit der durch $B \cdot C = \{bc \mid b \in B, c \in C\}$ gegebenen Multiplikation und $(\mathfrak{P}(S), \cup, \cdot)$ der schon in Beispiel I.2.23 b) betrachtete Halbring. *Dann ist* $(\mathfrak{P}(S), +, \Sigma, \cdot) = (\mathfrak{P}(S), \cup, \bigcup, \cdot)$ *ein vollständiger Σ-Halbring.* Da $(\mathfrak{P}(S), \subseteq)$ als vollständiger Verband nach Beispiel 3.3 d) einen vollständigen Σ-Halbmodul $(\mathfrak{P}(S), \cup, \bigcup)$ mit (GP') liefert, ist nur (D) zu zeigen, was wieder mit (D_l) und (D_r) gleichwertig und damit leicht nachzuprüfen ist. Auch hier gilt $\Sigma\emptyset = \bigcup\emptyset = \emptyset = o$ für das absorbierende Nullelement und stark Σ-neutrale Element von $(\mathfrak{P}(S), \cup, \bigcup, \cdot)$, und S ist das stark Σ-absorbierende Element. Schließlich existiert genau dann ein Einselement, nämlich $\{e\}$, wenn $(S, \cdot)$ ein Einselement e hat.

Wir betrachten nun einen Matrizenhalbring $(M_{n,n}(A), +, \cdot)$ über einem Halbring $(A, +, \cdot)$ mit absorbierendem Nullelement und verwenden auch wieder die Schreibweise $b_{\mu,\nu} = [B]_{\mu,\nu}$ für die n^2 Matrizenelemente einer Matrix $B = (b_{\mu,\nu}) \in M_{n,n}(A)$. (Letzteres ermöglicht es z. B., einfach $[B^r]_{\mu,\nu}$ für die Elemente jeder Potenz B^r von B zu schreiben oder die Matrizenmultiplikation gemäß $[B \cdot C]_{\mu,\kappa} = \Sigma_{\nu=1}^n [B]_{\mu,\nu} \cdot [C]_{\nu,\kappa}$ zu formulieren, vgl. die Lösung von Aufgabe I.2.13.) Bezüglich der Indexmenge $U = \{1, \ldots, n\} \times \{1, \ldots, n\}$ läßt sich jede Matrix $B = (b_{\mu,\nu}) \in M_{n,n}(A)$ gemäß $(b_{\mu,\nu})_{(\mu,\nu)\in U}$ als Element der Produktmenge $\prod_{(\mu,\nu)\in U} A$ von n^2 Exemplaren der Menge A auffassen. Im Einklang mit der komponentenweisen Matrizenaddition kann daher der Halbmodul $(M_{n,n}(A), +)$ als das direkte Produkt $(\prod_{(\mu,\nu)\in U} A, +)$ der Familie $(A, +)_{(\mu,\nu)\in U}$ von n^2 Halbmoduln $(A, +)$ angesehen werden. Ist nun $(A, +, \Sigma, \cdot)$ ein Σ-Halbring und damit $(A, +, \Sigma)$ ein Σ-Halbmodul, so können wir Satz 3.4 b) (mit der in Bemerkung 3.5 erläuterten Schreibweise) auf $(M_{n,n}(A), +) = (\prod_{(\mu,\nu)\in U} A, +)$ anwenden. So erhalten wir einen Σ-Halbmodul $(M_{n,n}(A), +, \Sigma)$, in dem eine Familie $(B_i)_{i\in I}$ von Matrizen genau dann summierbar ist, wenn für alle $(\mu,\nu) \in U$ die Summen $\Sigma_{i\in I}[B_i]_{\mu,\nu}$ in $(A,+,\Sigma)$ existieren. Die Summe $\Sigma_{i\in I}B_i$ ist dann gemäß (3.1) definiert durch

$$(3.5) \qquad [\Sigma_{i\in I}B_i]_{\mu,\nu} = \Sigma_{i\in I}[B_i]_{\mu,\nu} \quad \text{für alle} \quad (\mu,\nu) \in U.$$

Satz 3.9. *Es sei $(A,+,\Sigma,\cdot)$ ein Σ-Halbring, $n \in \mathbb{N}$ und $\big(M_{n,n}(A),+,\cdot\big)$ der Halbring aller $n \times n$-Matrizen über $(A,+,\cdot)$. Weiter sei $\big(M_{n,n}(A),+,\Sigma\big)$ der eben beschriebene Σ-Halbmodul, für den also eine Familie $(B_i)_{i\in I}$ über $M_{n,n}(A)$ genau dann gemäß (3.5) summierbar ist, wenn alle n^2 Summen auf der rechten Seite von (3.5) existieren. Dann ist $\big(M_{n,n}(A),+,\Sigma,\cdot\big)$ ein Σ-Halbring, für den also die Nullmatrix stark Σ-neutrales Element ist. Insbesondere erfüllt $\big(M_{n,n}(A),+,\Sigma,\cdot\big)$ genau dann (GP′), wenn dies für $(A,+,\Sigma,\cdot)$ zutrifft, und $\big(M_{n,n}(A),+,\Sigma,\cdot\big)$ ist genau dann ein Σ-Ring bzw. (abzählbar) vollständig, wenn $(A,+,\Sigma,\cdot)$ die gleiche Eigenschaft hat.*

Beweis. Nach den vorangegangenen Überlegungen und Satz 3.4 ist nur noch zu zeigen, daß $\big(M_{n,n}(A),+,\Sigma,\cdot\big)$ das Axiom (D) erfüllt. Dazu seien $(B_i)_{i\in I}$ und $(C_j)_{j\in J}$ summierbare Familien über $M_{n,n}(A)$ mit $\Sigma_{i\in I}B_i = B$ und $\Sigma_{j\in J}C_j = C$. Damit existieren für alle μ,ν und κ aus $\{1,\dots,n\}$ die Summen $\Sigma_{i\in I}[B_i]_{\mu,\nu} = [B]_{\mu,\nu}$ und $\Sigma_{j\in J}[C_j]_{\nu,\kappa} = [C]_{\nu,\kappa}$ in $(A,+,\Sigma,\cdot)$. In diesem Σ-Halbring folgt dann mit (D), (GP'_F) und (GP)

$$\begin{aligned}
[BC]_{\mu,\kappa} &= \sum_{\nu=1}^{n}[B]_{\mu,\nu}[C]_{\nu,\kappa} \\
&= \sum_{\nu=1}^{n}\left(\Big(\sum_{i\in I}[B_i]_{\mu,\nu}\Big)\Big(\sum_{j\in J}[C_j]_{\nu,\kappa}\Big)\right) = \sum_{\nu=1}^{n}\Big(\sum_{(i,j)\in I\times J}[B_i]_{\mu,\nu}[C_j]_{\nu,\kappa}\Big) \\
&= \sum_{(i,j)\in I\times J}\Big(\sum_{\nu=1}^{n}[B_i]_{\mu,\nu}[C_j]_{\nu,\kappa}\Big) = \sum_{(i,j)\in I\times J}[B_iC_j]_{\mu,\kappa}.
\end{aligned}$$

Nach (3.5) zeigt dies, daß $BC = \Sigma_{(i,j)\in I\times J}B_iC_j$ in $\big(M_{n,n}(A),+,\Sigma,\cdot\big)$ existiert. Aus $BC = \big(\Sigma_{i\in I}B_i\big)\big(\Sigma_{j\in J}C_j\big)$ folgt dann (D). ∎

Schließlich übertragen wir Satz 2.7 auf Σ-Halbmoduln und Σ-Halbringe:

Satz 3.10. *a) Es sei $(A,+,\Sigma)$ ein Σ-Halbmodul und $A' = A \cup \{\infty\}$ mit einem Element $\infty \notin A$. Definiert man dann Σ′ für jede Familie $(a_i)_{i\in I}$ über A' gemäß (2.3), so erhält man genau dann einen vollständigen Σ-Halbmodul $(A',+,\Sigma')$, wenn $(A,+,\Sigma)$ auch das Axiom (GP′) (oder gleichwertig: (P′))*

erfüllt. Dabei ist dann ∞ *das stark* Σ*-absorbierende Element von* $(A,+,\Sigma')$, *und das stark* Σ*-neutrale Element* $o = \Sigma\emptyset$ *von* $(A,+,\Sigma)$ *ist auch das stark* Σ*-neutrale Element von* $(A,+,\Sigma')$.

b) Ein Σ*-Halbring* $(A,+,\Sigma,\cdot)$ *kann genau dann gemäß a) und der Definition*

$$x\cdot\infty=\infty\cdot x=\begin{cases} o & \text{für } x=o \\ \infty & \text{für alle } x\in A^*\cup\{\infty\}\end{cases} \tag{3.6}$$

zu einem vollständigen Σ*-Halbring* $(A',+,\Sigma',\cdot)$ *erweitert werden, wenn der Halbring* $(A,+,\cdot)$ *nullteilerfrei und nullsummenfrei ist und wenn* $(A,+,\Sigma,\cdot)$ *das Axiom* (GP') *und die folgenden Umkehrungen* (D_l') *und* (D_r') *von* (D_l) *und* (D_r) *erfüllt:*

(D_l') *Ist* $(ab_j)_{j\in J}$ *mit* $a\neq o$ *summierbar, so ist auch* $(b_j)_{j\in J}$ *summierbar.*

(D_r') *Ist* $(a_ib)_{i\in I}$ *mit* $b\neq o$ *summierbar, so ist auch* $(a_i)_{i\in I}$ *summierbar.*

Beweis. a) Unter Beachtung von Bemerkung 3.2 i), iv) und ii) folgen diese Aussagen aus Satz 2.7. Dabei wird auch der Halbmodul $(A,+)$ durch Adjunktion eines absorbierenden Elementes ∞ zu einem Halbmodul $(A',+)$ erweitert.

b) Im Hinblick auf Teil a) hat man hier nur die Multiplikation von $(A,\cdot)$ so auf $A'=A\cup\{\infty\}$ zu erweitern, daß der vollständige Σ-Halbmodul $(A',+,\Sigma')$ ein Σ-Halbring $(A',+,\Sigma',\cdot)$ wird. Dafür ist nach Lemma 3.7 b) die Definition $o\cdot\infty=\infty\cdot o=o$ notwendig, während jedes der anderen Produkte $x\cdot\infty$ und $\infty\cdot x$ jedenfalls als ein stark Σ-idempotentes Element von $(A',+,\Sigma')$ zu definieren ist (vgl. Aufgabe 1.9 b)). In einem vollständigen Σ-Halbring $(A',+,\Sigma',\cdot)$ folgt nämlich $\Sigma_I(x\cdot\infty)=x\cdot\Sigma_I\infty=x\cdot\infty$ aus (D_l) und $\Sigma_I(\infty\cdot x)=\infty\cdot x$ aus (D_r). Damit ist die Definition (3.6) in vielen Fällen sogar die einzig mögliche. Für sie gilt aber nach Lemma I.2.20, daß $(A',+,\cdot)$ genau dann ein Halbring ist, wenn $(A,+,\cdot)$ nullteiler- und nullsummenfrei ist.

Damit bleibt zu zeigen: Ist $(A',+,\Sigma')$ ein vollständiger Σ-Halbmodul und $(A',+,\cdot)$ gemäß (3.6) ein Halbring, so erfüllt $(A',+,\Sigma',\cdot)$ genau dann das Axiom (D), wenn (D_l') und (D_r') für $(A,+,\Sigma,\cdot)$ gelten. Dabei sind für $(A',+,\Sigma',\cdot)$ nach Lemma 3.7 a) die Axiome (D_l) und (D_r) mit (D) gleichwertig, und wir überprüfen zunächst (D_l) gemäß

$$a\cdot\sum_{j\in J}{}'b_j=\sum_{j\in J}{}'a\cdot b_j \quad \text{für alle Familien } (b_j)_{j\in J} \text{ über } A'. \tag{3.7}$$

Nun folgt (3.7) ersichtlich aus (3.6), wenn $a=o$ oder $a=\infty$ oder $b_{j_0}=\infty$ für ein $j_0\in J$ gilt. Für alle Familien $(b_j)_{j\in J}$ über A und $a\neq o$ gilt aber (3.7) genau dann, wenn in $(A,+,\Sigma,\cdot)$ die Familien $(b_j)_{j\in J}$ und $(ab_j)_{j\in J}$ entweder beide summierbar oder beide nicht summierbar sind, d. h. wenn $(A, +, \Sigma, \cdot)$ außer (D_l) auch (D'_l) erfüllt. Links-rechts-dual folgt, daß (D_r) genau dann für $(A', +, \Sigma', \cdot)$ gilt, wenn $(A, +, \Sigma, \cdot)$ außer (D_r) auch (D'_r) erfüllt. ∎

Beispiel 3.11. Es sei $(A, +, \cdot)$ ein nullteiler- und nullsummenfreier Halbring mit absorbierendem Nullelement. Dann läßt sich $(A, +, \cdot)$ wie folgt in einen vollständigen Σ-Halbring $(A', +, \Sigma', \cdot)$ einbetten: Man geht zunächst zu dem Σ-Halbring $(A', +, \Sigma^o, \cdot)$ der formal unendlichen Summen über $(A, +)$ über, der wegen der Nullsummenfreiheit (GP') erfüllt (vgl. die Beispiele 3.3 b) und 3.8 b)). Darüber hinaus gelten (D'_l) und (D'_r) für $(A', +, \Sigma^o, \cdot)$, da z. B. eine Familie $(ab_j)_{j \in J}$ mit $a \neq o$ summierbar ist, wenn $ab_j = o$ und damit $b_j = o$ für fast alle $j \in J$ gilt. Damit kann man Satz 3.10 b) auf $(A', +, \Sigma^o, \cdot)$ anwenden und erhält einen vollständigen Σ-Halbring $(A', +, \Sigma', \cdot)$ mit $A' = A \cup \{\infty\}$. Übrigens gelangt man zu dem gleichen Σ-Halbring $(A', +, \Sigma', \cdot)$, wenn man von $(A, +, \cdot)$ zu $A' = A \cup \{\infty\}$ übergeht und dann Σ' wie in Aufgabe 1.7 b) mit Hilfe von (1.12) definiert.

Bemerkung 3.12. i) In der Literatur treten Σ-Halbmoduln im Sinne von Definition 3.1 (für die also gemäß Bemerkung 3.2 ii) $\Sigma\emptyset = o$ stark Σ-neutrales Element ist) als "Σ-Monoide" in [Hig80] und als "partiell vollständige Halbmoduln" in [Wei88] auf, während in [Heb92a] auch Σ-Halbmoduln (und Σ-Halbringe) ohne ein neutrales Element o behandelt werden. Die "vollständigen Monoide" in [Kro87] und [Kro88] wurden bereits in Bemerkung 1.19 gekennzeichnet.

ii) Auch die "partiell vollständigen Halbringe" in [Wei88] unterscheiden sich von Σ-Halbringen gemäß Definition 3.6 nur durch die Bezeichnung. Fordert man noch die Existenz eines Einselementes, erhält man "Σ-Halbringe" im Sinne von [Hig80]. Die wohl älteste Quelle dieser Art ist [Eil74], wo "vollständige Halbringe" ("complete semirings") eingeführt wurden, die im Sinne unserer Bezeichnungen vollständige Σ-Halbringe mit Einselement sind. Auch in [Gol85] wird "vollständiger Halbring" so gebraucht. Die "(abzählbar) vollständigen Halbringe" in [Kro87] und [Kro88] sind (abzählbar) vollständige Σ-Halbringe. Die in [Mah84] definierten "partiell vollständigen Halbringe" sind Halbringe mit Einselement und absorbierendem Nullelement und $\mathfrak{a}$-Σ-Algebren mit den Axiomen (U), (P) und (P'), während sich die "partiell vollständigen Halbringe" von [Rot85] als $\mathfrak{a}$-Σ-Halbringe ohne das Axiom (P'_F) beschreiben lassen (vgl. Aufgabe 1.7 c)). Dagegen unterscheiden sich die "summengeordneten positiven partiellen Halbringe" in [Man85] von Σ-Halbringen dadurch, daß die Addition des "Halbrings" nur eine partielle Operation zu sein braucht.

Aufgaben

3.1. a) Es sei $(A, +, \Sigma)$ ein Σ-Modul. Ist dann eine Familie $(a_i)_{i\in I}$ über A (und damit auch $(-a_i)_{i\in I}$) summierbar, so gilt $\Sigma_{i\in I}(-a_i) = -(\Sigma_{i\in I}a_i)$.

b) *Es gibt Σ-Halbmoduln* $(A, +, \Sigma)$, *für die zwar* $(A, +)$ *ein Modul ist, aber summierbare Familien* $(a_i)_{i\in I}$ *existieren, so daß* $(-a_i)_{i\in I}$ *nicht summierbar ist.* Ein Beispiel erhält man, wenn man von dem $\mathfrak{a}$-Σ-Modul $(\mathbb{R}, +, \Sigma''')$ von Beispiel 3.3 a) zu einem $\mathfrak{a}$-Σ-Halbmodul $(\mathbb{R}, +, \Sigma^\nabla)$ übergeht, indem man nur noch die Familien $(a_i)_{i\in I}$ aus $\mathfrak{S}'''$ als summierbar betrachtet, die $a_i \geq 0$ für fast alle $i \in I$ erfüllen und für sie $\Sigma^\nabla_{i\in I}a_i = \Sigma'''_{i\in I}a_i$ definiert.

c) Ist dagegen $(A, +, \Sigma)$ ein Σ-Halbmodul, der auch (GP') erfüllt, und $(A, +)$ ein Modul, so ist $(A, +, \Sigma)$ ein Σ-Modul.

3.2. Für einen Σ-Halbmodul $(A, +, \Sigma)$ über einem partiell geordneten Halbmodul $(A, +, \leq)$ ist die folgende Verallgemeinerung des Monotoniegesetzes (III.1.1) von Interesse: Sind $(a_i)_{i\in I}$ und $(b_i)_{i\in I}$ summierbare Familien mit $a_i \leq b_i$ für alle $i \in I$, so gilt $\Sigma_{i\in I}a_i \leq \Sigma_{i\in I}b_i$. Zeigen Sie, daß dies immer erfüllt ist, wenn (GP') für $(A, +, \Sigma)$ gilt und $(A, +, \leq)$ gemäß Definition III.1.14 natürlich partiell geordnet ist.

3.3. Existieren in einem Σ-Halbring $(A, +, \Sigma, \cdot)$ die Summen $\Sigma_{i\in I}a_i = a$, $\Sigma_{j\in J}b_j = b$ und $\Sigma_{k\in K}c_k = c$, so existiert auch $\Sigma_{(i,j,k)\in I\times J\times K}a_i \cdot b_j \cdot c_k$ und ist gleich $a \cdot b \cdot c$.

3.4. In Ergänzung zu Aufgabe 3.1 c) gilt für Σ-Halbringe $(A, +, \Sigma, \cdot)$: Ist $(A, +, \cdot)$ ein Ring mit Einselement, so ist $(A, +, \Sigma, \cdot)$ ein Σ-Ring. (Für den in Aufgabe 3.1 b) betrachteten $\mathfrak{a}$-Σ-Halbmodul $(\mathbb{R}, +, \Sigma^\nabla)$ folgt daraus, daß $(\mathbb{R}, +, \Sigma^\nabla, \cdot)$ kein Σ-Halbring ist.)

3.5. Wir geben ein Beispiel dafür, daß unter den allgemeinen Voraussetzungen von Lemma 3.7 a) aus (D_l) und (D_r) nicht (D) folgt.

a) Zu dem Halbring $(\mathbb{N}_0, \oplus, \cdot)$ mit $a \oplus b = \max(a, b)$ adjungieren wir ein Element $\infty \notin \mathbb{N}_0$ gemäß Lemma I.2.20. Weiter enthalte $\mathfrak{S}$ genau die Familien $(a_i)_{i\in I}$ über $\mathbb{N}_0^\infty$, zu denen eine (von dieser Familie abhängige) Zahl $k \in \mathbb{N}$ existiert, so daß jedes $a \in \mathbb{N}$ höchstens k-mal in $(a_i)_{i\in I}$ auftritt. Für jede solche Familie definieren wir $\Sigma_{i\in I}a_i = \sup\{a_i \mid i \in I\}$ bezüglich der üblichen linearen Ordnung von $(\mathbb{N}_0^\infty, \leq)$ mit ∞ als größtem Element. Auf diese Weise entsteht eine endlich vollständige Σ-Algebra $(\mathbb{N}_0^\infty, \mathfrak{S}, \Sigma)$, die für alle endlichen Familien $(a_1, \ldots, a_n)$ über $\mathbb{N}_0^\infty$ die Addition von $(\mathbb{N}_0^\infty, \oplus)$ gemäß (1.10) fortsetzt und auch $\Sigma\emptyset = \sup\emptyset = 0$ erfüllt. Wie man leicht nachprüft, gelten für $(\mathbb{N}_0^\infty, \mathfrak{S}, \Sigma)$ die Axiome (U), (GP) und (GP'_F), womit wir einen Σ-Halbmodul $(\mathbb{N}_0^\infty, \oplus, \Sigma)$ erhalten. Dagegen ist $(\mathbb{N}_0^\infty, \oplus, \Sigma, \cdot)$ kein Σ-Halbring im Sinne von Definition 3.6 a); obwohl man die Gültigkeit der Axiome (D_l) und (D_r) im direkten Ansatz bestätigt, ist nämlich (D) nicht erfüllt. So existieren z. B. die Summen $\Sigma_{i\in\mathbb{N}} i = \sum_{j\in\mathbb{N}} j = \infty$, während die Familie $(i \cdot j)_{(i,j)\in\mathbb{N}\times\mathbb{N}}$ nach der Definition von $\mathfrak{S}$ nicht summierbar ist, da für jedes $k \in \mathbb{N}$ das Element $a = 2^{k-1} \in \mathbb{N}$ in $(i \cdot j)_{(i,j)\in\mathbb{N}\times\mathbb{N}}$ genau k-mal auftritt.

b) Schränkt man die obige Definition von $\mathfrak{S}$ noch durch $|I| \le \mathfrak{a}$ ein, erhält man ein entsprechendes Beispiel für einen $\mathfrak{a}$-Σ-Halbmodul $(\mathbb{N}_0^\infty, \oplus, \Sigma)$.

3.6. Für jede Menge M bildet die Menge $\mathfrak{P}(M \times M)$ aller Relationen einen Halbring $(\mathfrak{P}(M \times M), \cup, \circ)$ und einen vollständigen Σ-Halbmodul $(\mathfrak{P}(M \times M), \cup, \bigcup)$, vgl. Lemma I.6.5 c) und Beispiel 3.3 d). Zeigen Sie analog zu den Beispielen 3.8 d) und e), daß $(\mathfrak{P}(M \times M), \cup, \bigcup, \circ)$ ein vollständiger Σ-Halbring ist.

3.7. In Ergänzung zu Satz 3.4 b) gilt: Das direkte Produkt $(\Pi, +, \Sigma, \cdot)$ einer Familie $\left((A_u, +, \Sigma^u, \cdot)\right)_{u\in U}$ von Σ-Halbringen (bzw. Σ-Ringen) mit der Definition von Σ gemäß (3.1) ist ein Σ-Halbring (bzw. Σ-Ring).

3.8. a) Es seien $(A, +, \Sigma)$ und $(B, +, \Sigma)$ Σ-Halbmoduln. Dann heißt eine Abbildung $\varphi : A \to B$ ein Σ-Homomorphismus, wenn für jede in $(A, +, \Sigma)$ summierbare Familie $(a_i)_{i\in I}$ auch $(\varphi a_i)_{i\in I}$ in $(B, +, \Sigma)$ summierbar ist und $\varphi(\Sigma_{i\in I} a_i) = \Sigma_{i\in I}(\varphi a_i)$ gilt, woraus natürlich (I.3.1) folgt. Zeigen Sie, daß die inverse Abbildung φ^{-1} eines Σ-Isomorphismus $\varphi : (A, +, \Sigma) \to (B, +, \Sigma)$ kein Σ-Homomorphismus zu sein braucht.

b) Präzisieren und beweisen Sie: Das homomorphe Bild eines Σ-Halbmoduls ist ein Σ-Halbmodul.

c) Betrachten Sie entsprechend Σ-Homomorphismen von Σ-Halbringen.

IV.4. Die Sternoperation

Es sei zunächst $(A, +, \cdot)$ ein Halbring mit einem Einselement e. In Zusammenhang mit verschiedenen Anwendungen (vgl. [Mah84], [Kui87]) tritt das Problem auf, Elemente $y \in A$ zu bestimmen, welche einer linearen Gleichung

$$y = b + ya \quad \text{mit} \quad a, b \in A \tag{4.1}$$

genügen (für entsprechende Systeme linearer Gleichungen vgl. Aufgabe 4.1). Dieses Problem wird auch als Iteration bezeichnet, da man gemäß

$$y_1 = b, \quad y_2 = b + y_1 a = b(e + a), \ldots$$
$$y_r = b + y_{r-1} a = b(e + a + \ldots + a^r), \ldots$$

je nach der konkreten Situation eine Lösung von (4.1) näherungsweise oder sogar exakt erhalten kann. So konvergiert z. B. für $(\mathbb{R}, +, \cdot)$ dieses Verfahren für alle $a \in \mathbb{R}$ mit $|a| < 1$ gegen die für $a \neq 1$ stets vorhandene Lösung $\frac{b}{1-a}$.

Definition 4.1. Ist $(A, +, \cdot)$ ein Halbring mit einem Einselement e, so setzt man $a^{\langle r \rangle} = e + a + \ldots + a^r = \Sigma_{i=0}^r a^i$ für jedes $a \in A$ und $r \in \mathbb{N}_0$. Weiter nennt man $a \in A$ *stabil*, wenn es ein $m \in \mathbb{N}_0$ mit $a^{\langle m \rangle} = a^{\langle m+1 \rangle}$ gibt, was ersichtlich mit $a^{\langle m \rangle} = a^{\langle m+k \rangle}$ und daher auch mit $a^{\langle m \rangle} = a^{\langle m \rangle} + a^{m+k}$ für alle $k \in \mathbb{N}$ gleichwertig ist. Gilt schließlich $a^{\langle n \rangle} = a^{\langle n+1 \rangle}$ mit minimalem $n \in \mathbb{N}_0$, so heißt n der *Stabilitätsindex von* a, und man schreibt dann $a^{\langle n \rangle} = a^{\langle * \rangle}$.

Wie man sofort sieht, ist $x = a^{\langle m \rangle}$ genau dann eine Lösung von $x = e + xa$ (und damit $ba^{\langle m \rangle}$ eine solche von (4.1)), wenn $a^{\langle m \rangle} = a^{\langle m+1 \rangle}$ gilt. Dies zeigt schon die erste Behauptung von

Lemma 4.2. *Es sei $(A, +, \cdot)$ ein Halbring, e sein Einselement und $a \in A$ stabil mit dem Stabilitätsindex n. Dann ist $y_0 = ba^{\langle * \rangle} = ba^{\langle n \rangle}$ eine Lösung von (4.1). Weiter erfüllt jede Lösung $y \in A$ von (4.1)*

$$(4.2) \qquad y = ba^{\langle k-1 \rangle} + ya^k \quad \textit{für alle} \quad k \in \mathbb{N},$$

woraus $y = y_0 + ya^k$ für alle $k > n$ unmittelbar folgt. Ist $(A, +, \cdot, \leq)$ insbesondere ein positiv partiell geordneter Halbring, so ist $y_0 = ba^{\langle * \rangle}$ die kleinste Lösung von (4.1).

Beweis. Jede Lösung y von (4.1) erfüllt (4.2) mit $k = 1$. Gilt nun (4.2) für ein $k \in \mathbb{N}$, so folgt $y = ba^{\langle k-1 \rangle} + (b + ya)a^k = ba^{\langle k \rangle} + ya^{k+1}$. Das zeigt (4.2) für alle $k \in \mathbb{N}$, übrigens unabhängig von der Stabilität von a. Die letzte Aussage folgt aus $y = y_0 + ya^k \geq y_0$, da ya^k im Positivbereich $P = A$ von $(A, +, \cdot, \leq)$ liegt. ∎

Diese Überlegungen legen die folgenden Begriffsbildungen nahe, deren Bedeutung jedoch über diese Motivation hinausgeht.

Definition 4.3. Es sei $(A, +, \Sigma, \cdot)$ ein Σ-Halbring, der ein Einselement $e \neq o$ besitzt, und $a \in A$. Ist dann die Familie $(a^i)_{i \in \mathbb{N}_0}$ summierbar, so schreibt man $a^* = \Sigma_{i \in I\!N_0} a^i$ und nennt die auf diese Weise definierte einstellige partielle Operation die *Sternoperation* von $(A, +, \Sigma, \cdot)$. Ihren Definitionsbereich bezeichnen wir mit $D = D(*)$. Eine Teilmenge $T \neq \emptyset$ von A heißt *$*$-vollständig,* wenn t^* für alle $t \in T$ existiert und $t^* \in T$ gilt. Trifft letzteres auf $T = A$ zu, so nennt man $(A, +, \Sigma, \cdot)$ einen *$*$-vollständigen Σ-Halbring.*

Bemerkung 4.4. i) Für das Nullelement von $(A, +, \Sigma, \cdot)$ gilt stets $o^* = e$.

ii) Sind $a, b \in A$ und existiert a^* in $(A, +, \Sigma, \cdot)$, so folgt $b + (ba^*)a = ba^*$ aus (D) und (P_F'), d. h. $y = ba^*$ ist eine Lösung von (4.1). *Wir heben jedoch hervor, daß für beliebige Σ-Halbringe $(A, +, \Sigma, \cdot)$ weder die Stabilität von a in $(A, +, \cdot)$ die Existenz von a^* impliziert noch umgekehrt, und daß $a^{(*)} \neq a^*$ gelten kann, wenn $a^{(*)}$ und a^* existieren* (vgl. Aufgabe 4.3 sowie Beispiel 4.5 a) und b)). Hinreichende Bedingungen dafür, daß $a^{(*)} = a^*$ für jedes in $(A, +, \cdot)$ stabile Element gilt, geben wir in Satz 4.7.

iii) Jeder abzählbar vollständige Σ-Halbring $(A, +, \Sigma, \cdot)$ ist $*$-vollständig. Wie man erwarten wird, gilt die Umkehrung nicht (vgl. Aufgabe 4.5).

Beispiel 4.5. a) Es sei $(A, +, \Sigma, \cdot)$ ein Σ-Halbring und $(A, +, \cdot)$ ein Ring. Existiert dann a^* für ein $a \in A$, so folgt $a^* = (e - a)^{-1}$ aus (D). Ein konkretes Beispiel ist der $\mathfrak{a}$-Σ-Halbring $(I\!R, +, \Sigma''', \cdot)$ von Beispiel 3.8 a). Hier existiert a^* für $a \in I\!R$ genau dann, wenn $|a| < 1$ gilt, während $(1 - a)^{-1}$ für alle $a \neq 1$ existiert und nur das Nullelement 0 mit $0^{(*)} = 1 = 0^*$ stabil ist.

b) Es sei $(A, +, \cdot)$ ein Halbring und $(A', +, \Sigma', \cdot)$ ein vollständiger Σ-Halbring wie in Beispiel 3.11. Dann existiert a^* für jedes $a \in A'$, und die Elemente o und ∞ sind stabil mit $o^{(*)} = e = o^*$ und $\infty^{(*)} = \infty = \infty^*$. Ist nun $(A, +)$ kürzbar, so gibt es keine weiteren stabilen Elemente. Ist dagegen $(A, +)$ idempotent, so ist jedenfalls e stabil mit $e^{(*)} = e$, während $e^* = \infty$ gilt. Letzteres gilt etwa, wenn man für $(A, +, \cdot)$ den Booleschen Halbkörper wählt.

c) Es sei $(A, +, \Sigma', \cdot) = (A, \vee, \bigvee, \wedge)$ der vollständige Σ-Halbring, der gemäß Beispiel 3.8 d) einem (der Bedingung (3.4) genügenden) vollständigen Verband $(A, \leq)$ entspricht. Dann ist wegen $a \wedge a = a$ und $a \vee a = a$ jedes $a \in A$ stabil in $(A, +, \cdot) = (A, \vee, \wedge)$, und es gilt $a^{(*)} = e \vee a = e = a^*$ für alle $a \in A$.

d) Für eine Halbgruppe $(S, \cdot)$ mit Einselement e sei $(\mathfrak{P}(S), \cup, \bigcup, \cdot)$ der in Beispiel 3.8 f) betrachtete vollständige Σ-Halbring. Dann existiert T^* für jedes $T \in \mathfrak{P}(S)$, und $(T^*, \cdot)$ ist die kleinste Unterhalbgruppe von $(S, \cdot)$, welche $T \cup \{e\}$ enthält. (Übrigens ist dann $(\mathfrak{P}(T^*), \cup, \cdot)$ ein Unterhalbring von $(\mathfrak{P}(S), \cup, \cdot)$ und $(\mathfrak{P}(T^*), \cup, \bigcup, \cdot)$ ebenfalls ein Σ-Halbring.) Weiter ist eine endliche Teilmenge $T \in \mathfrak{P}(S)$ genau dann stabil, wenn die Unterhalbgruppe

$(T^*, \cdot)$ endlich ist, und in diesem Fall gilt $T^{\langle * \rangle} = T^*$. Für unendliche Halbgruppen $(S, \cdot)$ können auch unendliche Teilmengen $T \in \mathfrak{P}(S)$ stabil sein; existiert z. B. ein $a \in S$ mit $a \neq a^2 \neq e$ und setzt man $T = S \setminus \{a^2\}$, so gilt $T^* = T^{\langle * \rangle} = \{e\} \cup T \cup T^2 = S$ und trivialerweise auch $S^* = S^{\langle * \rangle} = S$.

e) Es sei $(A, +, \Sigma, \cdot)$ ein Σ-Halbring und $\big(M_{n,n}(A), +, \Sigma, \cdot\big)$ der Σ-Halbring aller $n \times n$-Matrizen über $(A, +, \Sigma, \cdot)$ gemäß Satz 3.9. Ist dann $(A, +, \Sigma, \cdot)$ abzählbar vollständig, so gilt das gleiche für $\big(M_{n,n}(A), +, \Sigma, \cdot\big)$, womit auch dieser Halbring $*$-vollständig ist. Damit entsteht die Frage, ob für einen nur $*$-vollständig Σ-Halbring $(A, +, \Sigma, \cdot)$ (vgl. Bemerkung 4.4 iii)) der Σ-Halbring $\big(M_{n,n}(A), +, \Sigma, \cdot\big)$ auch $*$-vollständig ist. Dies ist jedenfalls dann der Fall, wenn $(A, +, \Sigma, \cdot)$ auch das Axiom (GP') erfüllt, wie wir in Folgerung 6.15 mit Hilfe unserer Ergebnisse über den Gauß-Jordan-Algorithmus für das algebraische Pfadproblem zeigen werden.

Wir wenden uns jetzt weiteren Eigenschaften der Sternoperation zu.

Satz 4.6. *Es sei $(A, +, \Sigma, \cdot)$ ein Σ-Halbring mit einem Einselement e. Dann sind folgende Aussagen gleichwertig:*

a) Es existiert e^*, und es gilt $e^* = e$.

b) Es existiert $\Sigma_{\mathbb{N}} e$, und es gilt $\Sigma_{\mathbb{N}} e = e$.

c) Für jedes $a \in A$ existiert $\Sigma_{\mathbb{N}} a$, und es gilt $\Sigma_{\mathbb{N}} a = a$, d. h. $(A, +, \Sigma)$ ist abzählbar Σ-idempotent (vgl. Aufgabe 1.9 b)).

d) Für jedes $a \in A$ folgt aus der Existenz von a^* auch die von $(a^*)^*$, und es gilt dann $(a^*)^* = a^*$.

e) Für jedes $a \in A$ folgt aus der Existenz von a^* auch die von $(e + a)^*$, und es gilt dann $(e + a)^* = a^*$.

Für jeden Σ-Halbring mit diesen Eigenschaften ist $(A, +)$ idempotent.

Beweis. Offensichtlich gilt c) $\Longrightarrow$ b) $\Longleftrightarrow$ a), und b) $\Longrightarrow$ c) folgt schon mit (D_l) oder (D_r). Weiter impliziert c) die Idempotenz von $(A, +)$ nach Aufgabe 1.9. Für c) $\Longrightarrow$ d) verwenden wir, daß in jedem additiv idempotenten Σ-Halbring $a^* = e + a^*$ und $(a^*)^i = a^*$ für alle $i \in \mathbb{N}$ gilt, falls a^* existiert. Dabei folgt letzteres aus (D) und (P) gemäß

$$(a^*)^2 = \Big(\sum_{i \in \mathbb{N}_0} a^i\Big)\Big(\sum_{i \in \mathbb{N}_0} a^i\Big) = \sum_{(i,j) \in \mathbb{N}_0 \times \mathbb{N}_0} a^{i+j} = \sum_{k \in \mathbb{N}_0} a^k = a^*.$$

Aus $a^* = e + a^*$ und $a^* = \Sigma_{\mathbb{N}} a^*$ nach c) folgt dann d) gemäß

$$a^* = e + \sum_{\mathbb{N}} a^* = e + \sum_{i \in \mathbb{N}} (a^*)^i = \sum_{i \in \mathbb{N}_0} (a^*)^i = (a^*)^*,$$

wobei im vorletzten Schritt die Existenz von $\Sigma_{i\in I\!N_0}(a^*)^i$ aus (P'_F) folgt. Ebenfalls mit (D) und (P) erhalten wir b) $\Longrightarrow$ e) gemäß

$$a^* = a^*e = \Big(\sum_{i\in I\!N_0} a^i\Big)\Big(\sum_{j\in I\!N_0} e\Big) = \sum_{(i,j)\in I\!N_0\times I\!N_0} a^i e$$

$$= \sum_{j\in I\!N_0}\Big(\sum_{i=0}^{j} a^i\Big) = \sum_{j\in I\!N_0}(e+a)^j = (e+a)^*,$$

wobei $(e+a)^j = \Sigma_{i=0}^j a^i$ wegen der Idempotenz von $(A,+)$ gilt. Schließlich erhält man d) $\Longrightarrow$ a) und e) $\Longrightarrow$ a), wenn man d) bzw. e) auf $a = o$ mit $o^* = e$ anwendet. ∎

Wie angekündigt, behandeln wir nun Bedingungen dafür, daß $a^{\langle *\rangle} = a^*$ für alle stabilen Elemente eines Σ-Halbringes erfüllt ist.

Satz 4.7. *Es sei $(A,+,\Sigma,\cdot)$ ein Σ-Halbring mit einem Einselement e. Dann gilt f) $\Longrightarrow$ g) $\Longrightarrow$ h) für die folgenden Aussagen:*

f) Es seien $(a_i)_{i\in I\!N}$ und $(b_i)_{i\in I\!N}$ Familien über A, zu denen ein $m \in I\!N$ existiert, so daß $\Sigma_{i=1}^n a_i = \Sigma_{i=1}^n b_i$ für alle $n \geq m$ gilt. Ist dann $(a_i)_{i\in I\!N}$ summierbar, so ist auch $(b_i)_{i\in I\!N}$ summierbar, und es gilt $\Sigma_{i\in I\!N} a_i = \Sigma_{i\in I\!N} b_i$.

g) Für eine Familie $(a_i)_{i\in I\!N}$ über A gelte $\Sigma_{i=1}^n a_i = \Sigma_{i=1}^m a_i$ für alle $n \geq m$ mit einem geeigneten $m \in I\!N$. Dann ist $(a_i)_{i\in I\!N}$ summierbar, und es gilt $\Sigma_{i\in I\!N} a_i = \Sigma_{i=1}^m a_i$.

h) Für jedes in $(A,+,\cdot)$ stabile Element a existiert a^* in $(A,+,\Sigma,\cdot)$, und es gilt $a^{\langle *\rangle} = a^*$.

Ist insbesondere $(A,+)$ idempotent und erfüllt $(A,+,\Sigma,\cdot)$ auch (GP'), so sind diese Aussagen untereinander und mit jeder Aussage a) – e) von Satz 4.6 gleichwertig.

Beweis. Zum Nachweis von f) $\Longrightarrow$ g) sei $(a_i)_{i\in I\!N}$ eine Familie über A, welche die Voraussetzungen von g) erfüllt. Wir setzen dann $b_1 = \Sigma_{i=1}^m a_i$ und $b_i = o$ für alle $i \in I\!N \setminus \{1\}$. Nun ist o stark Σ-neutral und damit $(b_i)_{i\in I\!N}$ summierbar mit $\Sigma_{i\in I\!N} b_i = b_1$. Weiter gilt $\Sigma_{i=1}^n a_i = b_1$ und $\Sigma_{i=1}^n b_i = b_1$ für alle $n \geq m$, woraus nach f) die Summierbarkeit von $(a_i)_{i\in I\!N}$ und $\Sigma_{i\in I\!N} a_i = \Sigma_{i\in I\!N} b_i = b_1$ folgt. Für g) $\Longrightarrow$ h) wendet man g) auf $a^{\langle *\rangle} = \Sigma_{i=1}^{m+1} a^{i-1}$ für ein stabiles Element a mit m als Stabilitätsindex an, was sofort die Summierbarkeit von $(a^{i-1})_{i\in I\!N}$ und $a^{\langle *\rangle} = a^*$ ergibt.

Als nächstes zeigen wir h) $\Longrightarrow$ a), wofür übrigens die Idempotenz von $(A,+)$ ausreicht. Aus ihr folgt nämlich die Stabilität von e und $e^{\langle *\rangle} = e$, und damit nach h) die Existenz von e^* und $e^{\langle * \rangle} = e^*$. Als letztes weisen wir c) $\Longrightarrow$ f) nach, wofür wir Familien $(a_i)_{i \in I\!N}$ und $(b_i)_{i \in I\!N}$ entsprechend den Voraussetzungen von f) betrachten. Da wir die endlich vielen Summanden $\Sigma_{i=1}^m a_i = \Sigma_{i=1}^m b_i$ gemäß (P'_F) nachträglich addieren können, dürfen wir uns auf den Fall mit $m = 1$ beschränken. Dann gilt zunächst

$$\sum_{i \in I\!N} a_i = \sum_{i \in I\!N} \Bigl(\sum_{j \in I\!N} a_i \Bigr) = \sum_{(i,j) \in I\!N \times I\!N} a_i = \sum_{j \in I\!N} \Bigl(\sum_{i=1}^{j} a_i \Bigr),$$

wobei wir der Reihe nach c), (P') und (P) verwendet haben. Da nun nach unserer Annahme $\Sigma_{i=1}^j a_i = \Sigma_{i=1}^j b_i$ für alle $j \in I\!N$ erfüllt ist, folgt $\Sigma_{i \in I\!N} a_i = \Sigma_{j \in I\!N} \left(\Sigma_{i=1}^j b_i \right)$. Formt man die letzte Summe mit (P'), (P) und c) um, erhält man $\Sigma_{j \in I\!N} \left(\Sigma_{i=1}^j b_i \right) = \Sigma_{i \in I\!N} b_i$ einschließlich der Existenz dieser Summe. ∎

Bemerkung 4.8. i) Ersetzt man "für alle $n \geq m$" in f) durch den Spezialfall "für alle $n \in I\!N$", so erhält man eine mit f) gleichwertige Aussage. Die gleiche Feststellung gilt für g). Übrigens gilt f) $\Longrightarrow$ g) auch schon in jeder Σ-Algebra $(A, \Sigma, \mathfrak{S})$ mit einem stark Σ-neutralen Element o.

ii) Die Aussage f) ist eine Verallgemeinerung eines in [Kui87] für abzählbar vollständige Σ-Halbringe eingeführten Axioms, welches solche Halbringe als "limes-vollständig" definiert.

iii) Die Aussage g) verallgemeinert ein in [Gol85] eingeführtes Axiom. Dort werden vollständige Σ-Halbringe mit der Eigenschaft g) "diskret vollständige Halbringe" genannt.

Bemerkung 4.9. Für manche Überlegungen (vgl. zum Beispiel [Kui86], [Kui87], [Koz90] oder [Heb90a]) werden noch andere Eigenschaften der Sternoperation gebraucht. Zum Beispiel sind in jedem Σ-Halbring $(A, +, \Sigma, \cdot)$

(4.3) $$(a + b)^* = (a^* b)^* a^* \quad \text{und}$$

(4.4) $$(a + b)^* = (a + ba^* b)^* (e + ba^*)$$

unter der Voraussetzung erfüllt, daß (GP') gilt und alle in diesen Formeln auftretenden $*$-Operationen ausführbar sind. Ebenso gelten (4.3) und (4.4) für alle Elemente eines abzählbar vollständigen Σ-Halbringes. Wir werden (4.3) und (4.4) in V.4 unter bestimmten Bedingungen für Potenzreihenhalbringe brauchen und beweisen. Ist insbesondere $(A, +)$ idempotent und $(A, \cdot)$ kommutativ, so gelten unter ähnlichen Voraussetzungen für alle $a, b_1, \ldots, b_n \in A$ auch

(4.5) $$(ab_1^* \ldots b_n^*)^* = e + aa^* b_1^* \ldots b_n^* \quad \text{sowie}$$

(4.6) $$(b_1 + \ldots + b_n)^* = b_1^* \ldots b_n^*.$$

In den Paragraphen IV.5 und V.4 benötigen wir noch folgende Überlegungen:

Definition 4.10. Es sei $(A, +, \Sigma, \cdot)$ ein Σ-Halbring mit Einselement, D der Definitionsbereich der Sternoperation und $P \neq \emptyset$ eine Teilmenge von D.

a) Eine Teilmenge $T \neq \emptyset$ von A heißt *$*$-abgeschlossen bezüglich P*, oder kurz *P-$*$-abgeschlossen*, wenn für jedes $t \in T \cap P$ stets $t^* \in T$ gilt. Eine D-$*$-abgeschlossene Teilmenge T nennt man auch *$*$-abgeschlossen.* Ist dabei $(A, +, \Sigma, \cdot)$ $*$-vollständig, so ist ersichtlich auch jede $*$-abgeschlossene Teilmenge T von A schon $*$-vollständig.

b) Nach dem folgenden Lemma existiert zu jeder Teilmenge $E \neq \emptyset$ aus A ein eindeutig bestimmter kleinster Unterhalbring $(R_A^P(E), +, \cdot)$ von $(A, +, \Sigma, \cdot)$, der P-$*$-abgeschlossen ist und E enthält. Wir nennen ihn den *von E erzeugten P-$*$-abgeschlossenen Unterhalbring von $(A, +, \Sigma, \cdot)$*. Im Falle $P = D$ schreiben wir statt $R_A^P(E)$ einfach $R_A(E)$ und nennen $(R_A(E), +, \cdot)$ den *von E erzeugten $*$-abgeschlossenen Unterhalbring von $(A, +, \Sigma, \cdot)$.*

Lemma 4.11. *Der eben unter b) beschriebene Unterhalbring $(R_A^P(E), +, \cdot)$ ist der Durchschnitt aller P-$*$-abgeschlossenen Unterhalbringe $(T_i, +, \cdot)$ von $(A, +, \Sigma, \cdot)$ mit $E \subseteq T_i$. Dabei enthält $R_A^P(E)$ außer E genau die Elemente, von denen jedes in endlich vielen Schritten der folgenden Art entsteht: Sind a und b bereits das Ergebnis vorangegangener Schritte oder aus E, so kann man zu $a + b$ oder $a \cdot b$ oder, falls a auch in P liegt, zu a^* übergehen.*

Beweis. Ersichtlich ist der Durchschnitt P-$*$-abgeschlossener Teilmengen von $(A, +, \Sigma, \cdot)$ entweder leer oder wieder eine P-$*$-abgeschlossene Teilmenge, und das Entsprechende gilt für Unterhalbringe. Da der Halbring $(A, +, \cdot)$ P-$*$-abgeschlossen ist, existiert der angegebene Durchschnitt und ist der eindeutig bestimmte kleinste Unterhalbring von $(A, +, \Sigma, \cdot)$ mit den angegebenen Eigenschaften. Für die zweite Behauptung genügt es festzustellen, daß die Menge der beschriebenen Elemente einerseits in $R_A^P(E)$ liegt und andererseits ein P-$*$-abgeschlossener Unterhalbring von $(A, +, \Sigma, \cdot)$ ist, der E enthält. ∎

Aufgaben

4.1. a) Es sei $(A, +, \cdot)$ ein Halbring mit Einselement e und absorbierendem Nullelement $o \neq e$ und M aus $(M_{n,n}(A), +, \cdot)$. Schreiben Sie das durch

$$(x_1, \ldots, x_n) = (x_1, \ldots, x_n)M + (b_1, \ldots, b_n) \tag{4.7}$$

gegebene lineare Gleichungssystem explizit aus, und zeigen Sie: Ist M stabil in $(M_{n,n}(A),+,\cdot)$ mit $M^{\langle m\rangle} = M^{\langle m+1\rangle}$, so ist $(b_1,\ldots,b_n)M^{\langle m\rangle}$ eine Lösung von (4.7).

b) Insbesondere sei $(A,+,\Sigma,\cdot)$ und damit $(M_{n,n}(A),+,\Sigma,\cdot)$ gemäß Satz 3.9 ein Σ-Halbring. Existiert dann M^*, so ist auch $(b_1,\ldots,b_n)M^*$ eine Lösung von (4.7).

4.2. Ein multiplikativ (links-)absorbierendes Element O eines Halbringes $(A,+,\cdot)$ mit Einselement e ist stabil mit dem Stabilitätsindex 0 oder 1 (vgl. Beispiel I.8.3 b)). Für ein absorbierendes Nullelement o gilt $o^{\langle *\rangle} = o^{\langle 0\rangle} = e$. Dagegen ist das Einselement e von $(A,+,\cdot)$ genau dann stabil, wenn ein $n \in \mathbb{N}_0$ mit $(n+1)e = (n+2)e$ existiert. Das kleinste n dieser Art ist dann der Stabilitätsindex, und es gilt $e^{\langle *\rangle} = e^{\langle n\rangle} = (n+1)e$, wobei der Fall $n = 0$ genau für additiv idempotente Halbringe eintritt.

4.3. Es sei κ die durch das Paar $(v,g) \in \mathbb{N}_0 \times \mathbb{N}$ gemäß (I.7.11) bestimmte Kongruenz von $(\mathbb{N}_0,+,\cdot)$. Alle Elemente $[a]_\kappa$ von $(\mathbb{N}_0/\kappa,+,\cdot)$ sind genau dann stabil, wenn $g = 1$ gilt. Bestimmen Sie insbesondere für $(v,g) = (4,1)$ den Stabilitätsindex von jedem Element $[a]_\kappa \in \mathbb{N}_0/\kappa$.

4.4. Es sei $(\mathfrak{P}(M \times M), \cup, \bigcup, \circ)$ entsprechend Aufgabe 3.6 der vollständige Σ-Halbring aller Relationen auf M und $\sigma \subseteq M \times M$. Dann ist $\sigma^* = \bigcup_{i\in\mathbb{N}_0} \sigma^i$ die kleinste σ enthaltende Relation auf M, die reflexiv und transitiv ist, die sogenannte *reflexiv-transitive Hülle von* σ (vgl. Aufgabe I.6.8).

4.5. Beispiele von $*$-vollständigen Σ-Halbringen $(A,+,\Sigma,\cdot)$, die nicht abzählbar vollständig sind, kann man wie folgt erhalten: Es sei $(A,+,\cdot)$ ein Halbring mit einem Einselement e und einem absorbierendem Nullelement $o \neq e$, der bezüglich beider Operationen idempotent ist. (Daraus folgt übrigens, daß jedes Element von $(A,+,\cdot)$ stabil ist und einen Stabilitätsindex n mit $n \leq 2$ hat.) Wir definieren nun diejenigen Familien $(a_i)_{i\in I}$ über A als summierbar, für welche die Menge $\{a_i \mid i \in I\}$ endlich ist, und $\Sigma_{i\in I} a_i$ als die Summe der paarweise verschiedenen Elemente aus $\{a_i \mid i \in I\}$, einschließlich $\Sigma\emptyset = o$. Zeigen Sie, daß auf diese Weise ein Σ-Halbring $(A,+,\Sigma,\cdot)$ entsteht. Er ist $*$-vollständig wegen $a^{\langle *\rangle} = e + a = a^*$ für alle $a \in A$; dagegen ist $(A,+,\Sigma,\cdot)$ genau dann (abzählbar) vollständig, wenn A endlich ist.

4.6. Es sei $\varphi : (A,+,\Sigma,\cdot) \to (B,+,\Sigma,\cdot)$ ein surjektiver Σ-Homomorphismus von Σ-Halbringen mit den Einselementen e_A und e_B. Dann gilt für alle $a \in A$: Existiert a^* in $(A,+,\Sigma,\cdot)$, so existiert auch $(\varphi(a))^*$ in $(B,+,\Sigma,\cdot)$

und es gilt $\varphi(a^*) = (\varphi(a))^*$. Diese Eigenschaft von φ nennt man auch $*$*-treu*. (In der obigen Behauptung wird die Surjektivität von φ nur benötigt, um $\varphi(e_A) = e_B$ zu gewährleisten. Letzteres nennt man auch *einselementtreu*.)

IV.5. Freie Halbgruppen und formale Sprachen

Wir stützen die Definition der freien Halbgruppe $(F_X, \cdot)$ über einer Menge X auf die folgenden unmittelbar einsichtigen Überlegungen:

Lemma 5.1. *a) Es sei $X \neq \emptyset$ eine Menge. Auf der Menge*

(5.1) $$F_X = \bigcup_{n \in \mathbb{N}} X^n = \bigcup_{n \in \mathbb{N}} \{(x_1, \ldots, x_n) \mid x_\nu \in X\}$$

definieren wir eine Multiplikation gemäß

(5.2) $$(x_1, \ldots, x_n) \cdot (y_1, \ldots, y_m) = (x_1, \ldots, x_n, y_1, \ldots, y_m).$$

Damit ist $(F_X, \cdot)$ eine Halbgruppe, die nur für $|X| = 1$ kommutativ ist.

b) Vereinfacht man die Schreibweise gemäß $(x_\nu) = x_\nu$ für alle $x_\nu \in X$, so ergibt sich $(x_1, x_2 \ldots, x_n) = (x_1) \cdot (x_2) \cdot \ldots \cdot (x_n) = x_1 \cdot x_2 \cdot \ldots \cdot x_n = x_1 x_2 \ldots x_n$, wobei der letzte Schritt dem üblichen Weglassen der Multiplikationspunkte entspricht. Aus (5.1) folgt dann, daß $x_1 \ldots x_n = x'_1 \ldots x'_m$ gleichwertig ist mit $n = m$ und $x_\nu = x'_\nu$ für $\nu = 1, \ldots, n$, und die bereits wesentlich benutzte Multiplikation (5.2) erhält die Form

(5.2′) $$(x_1 \ldots x_n) \cdot (y_1 \ldots y_m) = (x_1 \ldots x_n y_1 \ldots y_m).$$

In dieser Schreibweise gilt dann $X \subseteq F_X$ und X ist ein (das eindeutig bestimmte kleinste) Erzeugendensystem der Halbgruppe $(F_X, \cdot)$.

Definition 5.2. a) Man nennt die in Lemma 5.1 b) beschriebene Halbgruppe $(F_X, \cdot)$ *die freie Halbgruppe über der Menge* $X \neq \emptyset$ (oder *über dem Alphabet* X), jedes Element $w = x_1 \ldots x_n \in F_X$ ein *Wort über* X und $\ell(w) = n$ die *Länge* von w. Die Multiplikation (5.2′) wird auch als *Juxtaposition* oder *Konkatenation* bezeichnet.

b) Adjungiert man zu $(F_X, \cdot)$ gemäß Aufgabe I.1.4 b) ein Element $\lambda \notin F_X$ als Einselement, so nennt man die entstehende Halbgruppe $(F_X \cup \{\lambda\}, \cdot) = (F_X^\lambda, \cdot)$ *die freie Halbgruppe mit Einselement* (oder auch *das freie Monoid*) *über* X. Wegen $\ell(w_1 \cdot w_2) = \ell(w_1) + \ell(w_2)$ für alle $w_i \in F_X$ vereinbart man $\ell(\lambda) = 0$ für das Einselement λ von $(F_X^\lambda, \cdot)$ und interpretiert λ als das *leere Wort* von F_X^λ. In der Literatur werden statt λ auch Schreibweisen wie z. B. $1, e, \Box, \Lambda, \emptyset$ verwendet (wobei allerdings $\emptyset$ dann sowohl ein Element als auch eine von diesem Element verschiedene Teilmenge des freien Monoids bezeichnet, nämlich die (später ebenso wichtige) leere Menge von Worten).

Bemerkung 5.3. i) Die freie Halbgruppe (mit Einselement) über $X = \{x\}$ ist die von x erzeugte unendliche zyklische Halbgruppe (mit Einselement). Es gilt also $F_X = \{x^n \mid n \in \mathbb{N}\}$ und $F_X^\lambda = \{x^n \mid n \in \mathbb{N}_0\}$ mit $x^0 = \lambda$ (vgl. Beispiel I.3.7). Diese freien Halbgruppen sind kommutativ.

ii) Für $|X| \geq 2$ sind dagegen $(F_X, \cdot)$ und $(F_X^\lambda, \cdot)$ nicht kommutativ, da dann $x_1x_2 \neq x_2x_1$ für alle $x_1 \neq x_2$ aus X gilt.

Der erste Teil des nächsten Satzes ist übrigens gemäß Aufgabe 5.4 für den Begriff der freien Halbgruppe charakteristisch. Aus ihm folgt, daß jede Halbgruppe $(S, \cdot)$ das homomorphe Bild einer freien Halbgruppe $(F_X, \cdot)$ mit einer geeignet gewählten Menge X ist. Dabei verwenden wir im folgenden, daß die in I.7 behandelten allgemeinen Aussagen über Kongruenzen von Halbringen auch für Halbgruppen gelten (vgl. Bemerkung I.7.6 ii)).

Satz 5.4. *a) Es sei $(S, \cdot)$ eine Halbgruppe, $\chi : X \to F_X$ die identische Einbettung in die freie Halbgruppe $(F_X, \cdot)$ und $\sigma : X \to S$ eine beliebige Abbildung. Dann gibt es genau einen Homomorphismus $\varphi : (F_X, \cdot) \to (S, \cdot)$, der $\varphi \circ \chi = \sigma$ erfüllt (vgl. den linken Teil der folgenden Skizze).*

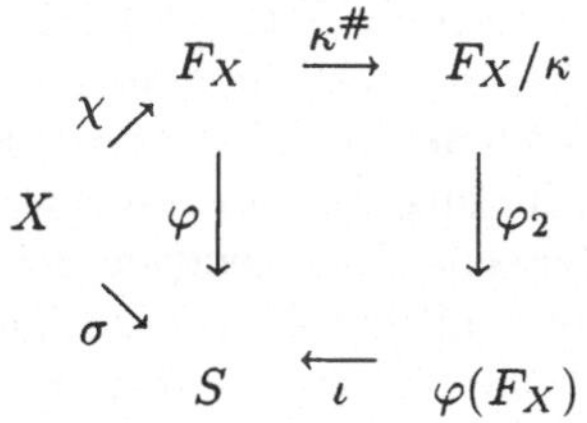

$$\begin{array}{ccccc} & & F_X & \xrightarrow{\kappa^\#} & F_X/\kappa \\ & \chi\nearrow & & & \\ X & & \varphi\big\downarrow & & \big\downarrow\varphi_2 \\ & \sigma\searrow & & & \\ & & S & \xleftarrow[\iota]{} & \varphi(F_X) \end{array}$$

Dabei ist φ genau dann surjektiv, erfüllt also $\varphi(F_X) = S$, wenn die Halbgruppe $(S, \cdot)$ von der Teilmenge $\varphi(X) = \sigma(X) \subseteq S$ erzeugt wird. In diesem Falle ist dann $(S, \cdot)$ isomorph zu der Kongruenzklassenhalbgruppe $(F_X/\kappa, \cdot)$ von $(F_X, \cdot)$ nach der Kongruenz $\kappa = \varphi^{-1} \circ \varphi$.

b) Ist $(S, \cdot)$ eine Halbgruppe mit Einselement e, so kann man in a) $(F_X, \cdot)$ durch das freie Monoid $(F_X^\lambda, \cdot)$ ersetzen. Es gibt dann genau einen Homomorphismus $\varphi : (F_X^\lambda, \cdot) \to (S, \cdot)$, der $\varphi \circ \chi = \sigma$ und $\varphi(\lambda) = e$ erfüllt. Dabei ist φ

genau dann surjektiv, wenn $\varphi(X \cup \{\lambda\}) = \sigma(X) \cup \{e\} \subseteq S$ *die Halbgruppe* $(S, \cdot)$ *erzeugt. In diesem Falle gilt* $(S, \cdot) \cong (F_X^\lambda/\kappa, \cdot)$ *mit der Kongruenz* $\kappa = \varphi^{-1} \circ \varphi$ *von* $(F_X^\lambda, \cdot)$*, und die Einschränkung* $\varphi(\lambda) = e$ *folgt aus der Surjektivität.*

Beweis. a) Falls es einen Homomorphismus φ dieser Art gibt, so ergibt sich $\sigma(x_i) = (\varphi \circ \chi)(x_i) = \varphi(\chi(x_i)) = \varphi(x_i)$ für alle $x_i \in X$ und damit

$$\text{(5.3)} \qquad \varphi(w) = \varphi(x_1 \dots x_n) = \varphi(x_1) \dots \varphi(x_n) = \sigma(x_1) \dots \sigma(x_n)$$

für jedes Wort $w = x_1 \dots x_n \in F_X$, d. h. φ ist eindeutig bestimmt. Umgekehrt definiert $\varphi(w) = \varphi(x_1 \dots x_n) = \sigma(x_1) \dots \sigma(x_n)$ eine Abbildung $\varphi : F_X \to S$. Sie erfüllt ersichtlich $\varphi \circ \chi = \sigma$ und $\varphi(w_1 \cdot w_2) = \varphi(w_1) \cdot \varphi(w_2)$ für alle w_j aus F_X und ist damit ein Homomorphismus von $(F_X, \cdot)$ in $(S, \cdot)$. Weiter besteht $\varphi(F_X)$ aus allen Produkten $\sigma(x_1) \dots \sigma(x_n)$ mit $n \in \mathbb{N}$ und $x_i \in X$, d. h. $\varphi(X) = \sigma(X)$ erzeugt die Unterhalbgruppe $(\varphi(F_X), \cdot)$ von $(S, \cdot)$. Die letzte Behauptung folgt entsprechend der Skizze aus Satz I.7.5 (vgl. Aufgabe I.7.3).

b) Diese Aussage ergibt sich aus a) mit dem Zusatz $\varphi(\lambda) = e$, wobei jetzt $\varphi(X \cup \{\lambda\}) = \sigma(X) \cup \{e\}$ die Unterhalbgruppe $(\varphi(F_X^\lambda), \cdot)$ von $(S, \cdot)$ erzeugt. Wie aus Aufgabe 5.3 hervorgeht, ist hier jedoch der Homomorphismus φ ohne die Bedingung $\varphi(\lambda) = e$ im allgemeinen nicht eindeutig bestimmt. ■

Bemerkung 5.5. i) In der Formulierung von Satz 5.4 kann man auf die identische Einbettung $\chi : X \to F_X$ verzichten und statt $\varphi \circ \chi = \sigma$ fordern, daß der Homomorphismus $\varphi : (F_X, \cdot) \to (S, \cdot)$ eine Fortsetzung der Abbildung $\sigma : X \to S$ ist (vgl. aber Aufgabe 5.4).

ii) Jede Halbgruppe $(S, \cdot)$ ist gemäß Satz 5.4 a) das homomorphe Bild einer freien Halbgruppe $(F_X, \cdot)$. Dazu braucht man nur X hinreichend groß und $\sigma(X)$ als ein Erzeugendensystem von $(S, \cdot)$ zu wählen. (Man beachte dabei, daß eine Halbgruppe $(S, \cdot)$ im allgemeinen verschiedene Erzeugendensysteme hat und wenigstens S selbst ein Erzeugendensystem von $(S, \cdot)$ ist.) Umgekehrt kann man Halbgruppen mit gewünschten Eigenschaften mit Hilfe freier Halbgruppen konstruieren, was wir zunächst allgemein beschreiben und anschließend an Beispielen erläutern.

Definition 5.6. a) Es sei $X = \{x_i \mid i \in I\} \neq \emptyset$ eine Menge, die $x_i \neq x_j$ für alle $i \neq j$ aus I erfüllt, $(F_X, \cdot)$ die freie Halbgruppe über X und ϱ eine Relation auf F_X. Dann gibt es eine kleinste Kongruenz κ_ϱ von $(F_X, \cdot)$ mit $\varrho \subseteq \kappa_\varrho$ (vgl. Aufgabe I.7.9); man nennt sie *die von* ϱ *definierte oder erzeugte Kongruenz.* Bei dem natürlichen Homomorphismus $\kappa_\varrho^\# : (F_X, \cdot) \to (F_X/\kappa_\varrho, \cdot)$ wird jedes x_i auf die Klasse $y_i = [x_i]_{\kappa_\varrho} = \kappa_\varrho^\#(x_i)$, also X auf das Erzeugendensystem $Y = \{y_i \mid i \in I\}$ von $(F_X/\kappa_\varrho, \cdot)$ abgebildet, und jedes Wort $w = x_{i_1} \dots x_{i_n}$ aus

F_X auf das entsprechende Produkt $\kappa_\varrho^\#(w) = \kappa_\varrho^\#(x_{i_1}) \ldots \kappa_\varrho^\#(x_{i_n}) = y_{i_1} \ldots y_{i_n}$ mit $y_{i_\nu} \in Y$. Insbesondere geht jedes Paar $(u_k, v_k) \in \varrho$ in eine Gleichung $\kappa_\varrho^\#(x_{u_k}) = \kappa_\varrho^\#(x_{v_k})$ zwischen den entsprechenden Produkten aus Elementen $y_i \in Y$ über. Man nennt dann $(F_X/\kappa_\varrho, \cdot)$ *die von Y erzeugte und durch die Relation ϱ* (oder durch die Relation (u_k, v_k) mit $k \in K$) *bestimmte Halbgruppe.* Bei konkreten Anwendungen geht man dabei natürlich oft von einer abstrakten Menge Y von erzeugenden Elementen y_i aus und formuliert die gewünschten Gleichungen als Gleichheiten zwischen Produkten aus Elementen von Y.

b) Unter dem *Wortproblem für* $(F_X/\kappa_\varrho, \cdot)$ versteht man die Angabe einer Teilmenge $R \subseteq F_X$, die für jede Klasse $[w]_{\kappa_\varrho}$ genau ein Element $w_r \in [w]_{\kappa_\varrho}$ enthält, wobei man meist auch ein Verfahren verlangt, das von einem beliebigen Wort $w \in F_X$ zu dem Repräsentanten $w_r \in R$ von $[w]_{\kappa_\varrho}$ führt.

Die Halbgruppe $(F_X/\kappa_\varrho, \cdot)$ aus Definition 5.6 a) ist bis auf Isomorphie die allgemeinste Halbgruppe, die von Y erzeugt und nach den durch ϱ bestimmten Gleichungen in den $y_i \in Y$ genügt. Dies zeigt der folgende

Satz 5.7. *Es seien X, ϱ und $(F_X/\kappa_\varrho, \cdot)$ wie in Definition 5.6. Weiter sei $(S, \cdot)$ eine Halbgruppe mit einer Teilmenge $Z = \{z_i \mid i \in I\} \subseteq S$, die den durch $\varrho = \{(u_k, v_k) \in F_X \times F_X \mid k \in K\}$ bestimmten Gleichungen $u_k(z_i) = v_k(z_i)$ genügt, wobei $u_k(z_i)$ aus u_k durch Einsetzen der $z_i \in Z$ anstelle der $x_i \in X$ entsteht. Dann gibt es genau einen Homomorphismus $\psi : (F_X/\kappa_\varrho, \cdot) \to (S, \cdot)$, der die durch $\bar{\sigma}(y_i) = z_i$ definierte Abbildung $\bar{\sigma} : Y \to S$ fortsetzt, also $\psi \circ \bar{\chi} = \bar{\sigma}$ für die identische Einbettung $\bar{\sigma} : Y \to F_X/\kappa_\varrho$ erfüllt. Insbesondere ist ψ genau dann surjektiv, wenn $(S, \cdot)$ von Z erzeugt wird.*

$$\begin{array}{ccccc} & & F_X & \xrightarrow{\kappa_\varrho^\#} & F_X/\kappa_\varrho \\ & \chi\nearrow & & & \\ X & & \varphi\downarrow & \swarrow\psi & \uparrow\bar{\chi} \\ & \sigma\searrow & & & \\ & & S & \xleftarrow[\bar{\sigma}]{} & Y \end{array}$$

Beweis. Es sei $\chi : X \to F_X$ die identische Einbettung und $\sigma : X \to S$ durch $\sigma(x_i) = z_i$ definiert. Gemäß Satz 5.4 a) gibt es (genau) einen Homomorphismus $\varphi : (F_X, \cdot) \to (S, \cdot)$ mit $\varphi \circ \chi = \sigma$. Für jedes Paar $(u_k, v_k) \in \varrho$ gilt dann $\varphi(u_k) = u_k(z_i) = v_k(z_i) = \varphi(v_k)$, woraus $u_k \; \kappa \; v_k$ für die Kongruenz $\kappa = \varphi^{-1} \circ \varphi$ von $(F_X, \cdot)$ folgt. Dies zeigt $\varrho \subseteq \kappa$ und damit $\kappa_\varrho \subseteq \kappa$ für die von ϱ erzeugte Kongruenz κ_ϱ von $(F_X, \cdot)$. Nach Satz I.7.12 gibt es daher (genau) einen Homomorphismus $\psi : (F_X/\kappa_\varrho, \cdot) \to (S, \cdot)$, der $\psi \circ \kappa_\varrho^\# = \varphi$ erfüllt. Aus letzterem folgt $\psi(y_i) = \psi(\kappa_\varrho^\#(x_i)) = \varphi(x_i) = \sigma(x_i) = z_i = \bar{\sigma}(y_i)$ für alle

$y_i \in Y$. Dies zeigt, daß ψ die Abbildung $\bar{\sigma} : Y \to S$ fortsetzt. Da Y ein Erzeugendensystem von $(F_X/\kappa_\varrho, \cdot)$ ist, ist der Homomorphismus ψ dadurch eindeutig bestimmt und genau dann surjektiv, wenn $Z = \psi(Y)$ die Halbgruppe $(S, \cdot)$ erzeugt. ∎

Bemerkung 5.8. Um zu erreichen, daß die von Y erzeugte und durch die Relation ϱ bestimmte Halbgruppe $(F_X/\kappa_\varrho, \cdot)$ ein Einselement enthält, kann man für ein $x_0 \in X$ und alle $i \in I$ die Paare $(x_0 x_i, x_i)$ und $(x_i x_0, x_i)$ in ϱ aufnehmen. Zur Behandlung von Halbgruppen mit einem Einselement e ist es aber einfacher, in Definition 5.6 und Satz 5.7 von F_X^λ auszugehen und die auftretenden Einselemente als Bilder von λ zu gewinnen.

Als Beispiel zu diesen Überlegungen behandeln wir die folgende Begriffsbildung.

Definition 5.9. a) Wir notieren eine Menge $X \neq \emptyset$ wie in Definition 5.6 und definieren eine Relation ϱ auf F_X durch die Paare

$$(5.4) \qquad (x_i x_j, x_j x_i) \quad \text{für alle } x_i \neq x_j \text{ aus } X.$$

Ist dann κ_ϱ die von ϱ erzeugte Kongruenz, so nennt man $(FK_Y, \cdot) = (F_X/\kappa_\varrho, \cdot)$ *die freie kommutative Halbgruppe über* Y. Wie sich herausstellen wird, gilt dabei $y_i \neq y_j$ für alle $i \neq j$ aus I, womit man auch $Y \neq \emptyset$ als die vorgegebene Menge ansehen kann. Auch spielt $(FK_Y, \cdot)$ nach Satz 5.10 a) für kommutative Halbgruppen $(S, \cdot)$ die gleiche Rolle wie $(F_X, \cdot)$ für beliebige Halbgruppen.

b) Betrachtet man ϱ gemäß (5.4) als Relation auf F_X^λ und bezeichnet man die von ϱ auf $(F_X^\lambda, \cdot)$ erzeugte Kongruenz ebenfalls mit κ_ϱ, so nennt man $(FK_Y^\lambda, \cdot) = (F_X^\lambda/\kappa_\varrho, \cdot)$ *die freie kommutative Halbgruppe mit Einselement* (oder *das freie kommutative Monoid*) *über* Y. Ersichtlich entsteht $(FK_Y^\lambda, \cdot)$ aus $(FK_Y, \cdot)$ durch Adjunktion des Einselementes $[\lambda]_{\kappa_\varrho}$.

Satz 5.10. *a) Es sei $(S, \cdot)$ eine kommutative Halbgruppe, $(FK_Y, \cdot)$ die freie kommutative Halbgruppe über Y und $\bar{\sigma} : Y \to S$ eine beliebige Abbildung. Dann gibt es genau einen Homomorphismus $\psi : (FK_Y, \cdot) \to (S, \cdot)$, der $\bar{\sigma}$ fortsetzt.*

b) Ersichtlich ist $(FK_Y, \cdot)$ eine kommutative Halbgruppe, womit sich jedes Element von $(FK_Y, \cdot)$ in der folgenden Form schreiben läßt:

$$(5.5) \qquad y_{i_1}^{\alpha_1} \dots y_{i_n}^{\alpha_n} \quad \text{mit } n \in \mathbb{N}, \text{ paarweise verschiedenen } y_{i_1}, \dots, y_{i_n} \in Y \text{ und Exponenten } \alpha_\nu \in \mathbb{N}.$$

Diese Darstellung ist eindeutig, d. h. zwei solche Potenzprodukte sind genau dann gleich, wenn in beiden bis auf die Reihenfolge die gleichen $y_{i_\nu} \in Y$ mit den jeweils gleichen Exponenten α_ν auftreten. (Legt man in (5.5) noch die Reihenfolge der auftretenden Faktoren $y_{i_\nu}^{\alpha_\nu}$ durch eine lineare Ordnung auf Y fest, ist damit das Wortproblem für $(FK_Y, \cdot) = (F_X/\kappa_\varrho, \cdot)$ gelöst.)

c) Für die freie kommutative Halbgruppe $(FK_Y^\lambda, \cdot)$ mit Einselement gelten die entsprechenden Aussagen. Dabei ist dann aber für den Homomorphismus $\psi : (FK_Y^\lambda, \cdot) \to (S, \cdot)$ wie in Satz 5.4 b) zu fordern, daß er λ auf das Einselement e von $(S, \cdot)$ abbildet.

Beweis. a) Dies folgt sofort aus Satz 5.7, da die (5.4) entsprechenden Gleichungen für alle Elemente z_i, z_j einer kommutative Halbgruppe $(S, \cdot)$ gelten.

b) Zum Nachweis der Eindeutigkeit von (5.5) betrachten wir zwei beliebige Potenzprodukte dieser Art. Da in ihnen insgesamt nur endlich viele $y_{i_1}, \dots, y_{i_m}$ aus Y auftreten, können wir sie in der Form

$$(5.6) \qquad y_{i_1}^{\alpha_1} \cdots y_{i_m}^{\alpha_m} = y_{i_1}^{\beta_1} \cdots y_{i_m}^{\beta_m} \quad \text{mit} \quad \alpha_\mu \in \mathbb{N}_0 \text{ und } \beta_\mu \in \mathbb{N}_0$$

ansetzen. Dabei verabredet man entweder, daß Faktoren y_i^0 entfallen, oder man führt diesen Schluß gleich für das freie kommutative Monoid $(FK_Y^\lambda, \cdot)$ durch. Um nun zu zeigen, daß aus (5.6) $\alpha_1 = \beta_1, \dots, \alpha_m = \beta_m$ folgt, verwendet man Teil a) dieses Satzes mit einer geeigneten kommutativen Halbgruppe $(S, \cdot)$. Dazu sei $(S, \cdot) = (F_{\{z_1\}}^{\lambda_1}, \cdot) \times \dots \times (F_{\{z_m\}}^{\lambda_m}, \cdot)$ das direkte Produkt der m unendlichen zyklischen Halbgruppen mit den Einselementen $z_\mu^0 = \lambda_\mu$ (vgl. Aufgabe I.3.7). Die Abbildung $\bar{\sigma} : Y \to S$ definieren wir durch

$$\bar{\sigma}(y_{i_\mu}) = (\lambda_1, \dots, z_\mu, \dots, \lambda_m) \quad \text{und} \quad \bar{\sigma}(y) = (\lambda_1, \dots, \lambda_m)$$

für alle weiteren Elemente $y \in Y$. Wendet man den $\bar{\sigma}$ fortsetzenden Homomorphismus $\psi : (FK_Y, \cdot) \to (S, \cdot)$ auf beide Seiten von (5.6) an, so folgt $(z_1^{\alpha_1}, \dots, z_m^{\alpha_m}) = (z_1^{\beta_1}, \dots, z_m^{\beta_m})$ und damit $\alpha_1 = \beta_1, \dots, \alpha_m = \beta_m$. ∎

Bemerkung 5.11. i) Natürlich kann man Teil b) dieses Beweises auch mit Hilfe des direkten Produktes $(S, \cdot) = \prod_{i \in I}(F_{\{z_i\}}^{\lambda_i}, \cdot)$ führen. Seine Elemente sind durch $s = (s_i)_{i \in I} = (z_i^{\nu_i})_{i \in I}$ gegeben. Definiert man dann $\bar{\sigma} : Y \to S$ für jedes $y_j \in Y$ gemäß

$$\bar{\sigma}(y_j) = (s_i)_{i \in I} \quad \text{mit} \quad s_j = z_j^1 \quad \text{und} \quad s_i = z_i^0 \quad \text{für alle } i \neq j,$$

so bildet der Homomorphismus ψ das durch (5.5) gegebene Element von $(FK_Y, \cdot)$ auf $(s_i)_{i \in I}$ mit $s_{i_\nu} = z_{i_\nu}^{\alpha_\nu}$ für $\nu = 1, \dots, n$ und $s_i = z_i^0$ für alle anderen $i \in I$ ab. Daraus folgt nicht nur die Eindeutigkeit von (5.5), sondern auch die Isomorphie des freien kommutativen Monoids $(FK_Y^\lambda, \cdot)$ über $Y = \{y_i \mid i \in I\}$ zu einer Unterhalbgruppe $(U, \cdot)$ des direkten Produktes $(S, \cdot)$. Diese Unterhalbgruppe besteht aus allen Elementen $(z_i^{\nu_i})_{i \in I}$, für die nur endlich viele Exponenten von 0 verschieden sind und wird auch das *eingeschränkte direkte Produkt der Halbgruppen* $(F_{\{z_i\}}^{\lambda_i})_{i \in I}$ genannt. Natürlich stimmen $(U, \cdot)$ und $(S, \cdot) = \prod_{i \in I}(F_{\{z_i\}}^{\lambda_i}, \cdot)$ überein, wenn I endlich ist.

ii) Als Verallgemeinerung der freien Halbgruppe $(F_X, \cdot)$ und der freien kommutativen Halbgruppe $(FK_Y, \cdot) = (F_X/\kappa_\varrho, \cdot)$ treten in der Literatur auch freie partiell kommutative Halbgruppen auf (vgl. [Car69], [Duc88], [Heb92b]). Sie werden wie die freie kommutative Halbgruppe definiert, wobei jedoch als Relation ϱ jeweils eine Teilmenge von (5.4) für gewisse, geeignet gewählte Paare $x_i \neq x_j$ aus X verwendet wird.

Wir wenden uns nun dem zweiten Gegenstand dieses Paragraphen zu.

Definition 5.12. Es sei $X \neq \emptyset$ eine (in diesem Zusammenhang meist als endlich vorausgesetzte) Menge und $(F_X^\lambda, \cdot)$ das freie Monoid über X. Unter einer *(formalen) Sprache L über dem Alphabet X* versteht man eine beliebige Menge L von Worten aus F_X^λ, also ein Element L der Potenzmenge $\mathfrak{P}(F_X^\lambda)$. Damit ist $\mathfrak{L}_X = \mathfrak{P}(F_X^\lambda)$ die *Menge aller Sprachen über dem Alphabet X*. Weiter heißt eine Sprache $L \in \mathfrak{L}_X$, für die $\lambda \notin L$ gilt, *λ-frei* oder *proper*. Wir bezeichnen mit $\mathfrak{E}_X$ die *Menge aller endlichen Sprachen* und mit $P(\mathfrak{L}_X)$ die Menge der properen Sprachen über X.

Die Anwendung der Beispiele I.2.23 b) und 3.8 f) auf das freie Monoid $(F_X^\lambda, \cdot)$ ergibt:

Satz 5.13. *Die Menge $\mathfrak{L}_X = \mathfrak{P}(F_X^\lambda)$ aller Sprachen über X ist bezüglich der Operationen $L_1 \cup L_2$ und $L_1 \cdot L_2 = \{w_1 \cdot w_2 \mid w_1 \in L_1$ und $w_2 \in L_2\}$ ein Halbring $(\mathfrak{L}_X, \cup, \cdot) = (\mathfrak{P}(F_X^\lambda), \cup, \cdot)$ mit der leeren Sprache $\emptyset$ als absorbierendem Nullelement und der Sprache $\{\lambda\}$ als Einselement. Darüber hinaus ist $(\mathfrak{L}_X, \cup, \bigcup, \cdot)$ ein vollständiger Σ-Halbring. Dabei bilden die Menge $\mathfrak{E}_X$ und die Menge aller λ-freien Sprachen Unterhalbringe von $(\mathfrak{L}_X, \cup, \cdot)$.*

Bemerkung 5.14. i) Statt $\mathfrak{L}_X$ bzw. $\mathfrak{E}_X$ schreibt man oft nur $\mathfrak{L}$ bzw. $\mathfrak{E}$, wenn der Bezug auf X klar ist.

ii) Als vollständiger Σ-Halbring ist $(\mathfrak{L}, \cup, \bigcup, \cdot)$ auch $*$-vollständig. Dabei enthält die Sprache L^* für jedes $L \in \mathfrak{L}$ mit $\emptyset \neq L \neq \{\lambda\}$ unendliche viele Worte, wie sich aus $\{w\}^* = \{\lambda, w, ww, \ldots\}$ für alle $w \in F_X$ ergibt. Insbesondere gilt $X^* = \{\lambda\} \cup \{x \mid x \in X\} \cup \{xy \mid x, y \in X\} \cup \ldots = F_X^\lambda$, was nun auch die Bezeichnung $(X^*, \cdot)$ für das freie Monoid $(F_X^\lambda, \cdot)$ rechtfertigt. Da $(\mathfrak{L}, \cup, \bigcup, \cdot)$ sogar stark Σ-idempotent ist und als vollständiger Σ-Halbring (GP') erfüllt, gelten für $(\mathfrak{L}, \cup, \bigcup, \cdot)$ alle in den Sätzen 4.6 und 4.7 aufgezählten Eigenschaften. Übrigens sind nur die Sprachen $\emptyset$ und $\{\lambda\}$ stabil, beide mit dem Stabilitätsindex 0 (vgl. Aufgabe 4.2).

Wie man erwarten wird, enthält $\mathfrak{L} = \mathfrak{L}_X$ Sprachen mit recht unterschiedlichen Eigenschaften, deren Untersuchung (für endliche Alphabete X) Gegenstand der Theorie der formalen Sprachen ist. Dabei werden beispielsweise mit Hilfe von (generativen) Grammatiken die Teilmengen $\mathfrak{L}_3 \subseteq \mathfrak{L}_2 \subseteq \mathfrak{L}_1 \subseteq \mathfrak{L}_0 \subseteq \mathfrak{L}$ der aufzählbaren Sprachen $\mathfrak{L}_0$, der kontextsensitiven Sprachen $\mathfrak{L}_1$, der kontextfreien Sprachen $\mathfrak{L}_2$ und der regulären Sprachen $\mathfrak{L}_3$ behandelt (vgl. etwa [Aho74], [Ber88], [Kui86], [Sal78]).

Unser Interesse hier gilt den regulären oder auch rationalen Sprachen, die wir jedoch auf andere Weise definieren, ohne auf ihre Kennzeichnung durch Grammatiken einzugehen. Insbesondere werden wir zeigen, daß gerade die rationalen Sprachen von endlichen deterministischen Automaten akzeptiert werden. Als einen Teilschritt erhalten wir in diesem Paragraphen, daß letzteres für die sogenannten erkennbaren Sprachen gilt. Die Übereinstimmung von rationalen und erkennbaren Sprachen beweisen wir dann in V.4 mit Hilfe eines auf Schützenberger zurückgehenden entsprechenden Satzes über Potenzreihenhalbringe in nichtkommutativen Unbestimmen.

Definition 5.15. Es sei $(\mathfrak{L}_X, \cup, \bigcup, \cdot)$ der Σ-Halbring aller Sprachen über X und $(\mathfrak{R}_X, \cup, \cdot) = (R_{\mathfrak{L}_X}(\mathfrak{E}_X), \cup, \cdot)$ der von der Menge $\mathfrak{E}_X$ der endlichen Sprachen erzeugte $*$-abgeschlossene Unterhalbring von $(\mathfrak{L}_X, \cup, \bigcup, \cdot)$ (vgl. Definition 4.10). Dann heißt eine Sprache $L \in \mathfrak{L}_X$ *regulär* oder *rational,* wenn $L \in \mathfrak{R}_X = R_{\mathfrak{L}_X}(\mathfrak{E}_X)$ gilt.

Jede rationale Sprache von $\mathfrak{L}_X$ entsteht also nach Lemma 4.11 in endlich vielen Schritten der Form $L_1 \cup L_2$, $L_1 \cdot L_2$ und L^* aus $\mathfrak{E}_X$. Ersichtlich kann man dabei auch von der Teilmenge von $\mathfrak{E}_X$ ausgehen, die $\{x\}$ für alle $x \in X$ sowie die leere Sprache $\emptyset$ enthält (womit man auch $\{\lambda\} = \emptyset^*$ bekommt). Da $(\mathfrak{L}_X, \cup, \bigcup, \cdot)$ vollständig und damit $*$-vollständig ist, ist auch der Halbring $(\mathfrak{R}_X, \cup, \cdot)$ der rationalen Sprachen $*$-vollständig. Dagegen ist $(\mathfrak{R}_X, \cup, \cdot)$ nie vollständig; anderenfalls würden $\mathfrak{R}_X$ und $\mathfrak{L}_X$ übereinstimmen, was der Existenz von nicht rationalen Sprachen über jedem Alphabet X widersprechen würde (vgl. Aufgabe 5.8). Weiter gilt für rationale Sprachen:

Lemma 5.16. *a) Es sei $L \in \mathfrak{L}_X$ eine Sprache mit $\lambda \in L$ und $K = L \setminus \{\lambda\}$ die ihr entsprechende λ-freie Sprache aus $P(\mathfrak{L}_X)$, womit $L = K \cup \{\lambda\}$ gilt. Dann sind L und K entweder beide rational oder beide nicht rational.*

b) Der von $\mathfrak{E}_X$ erzeugte $*$-abgeschlossene Unterhalbring $\mathfrak{R}_X = R_{\mathfrak{L}_X}(\mathfrak{E}_X)$ und der von $\mathfrak{E}_X$ erzeugte $P(\mathfrak{L}_X)$-$*$-abgeschlossene Unterhalbring $R_{\mathfrak{L}_X}^{P(\mathfrak{L}_X)}(\mathfrak{E}_X)$ von $(\mathfrak{L}_X, \cup, \bigcup, \cdot)$ stimmen überein.

Beweis. Wir zeigen beide Aussagen zusammen und stellen zunächst fest, daß a) für alle endlichen Sprachen trivialerweise richtig ist. Bei der schrittweisen Erzeugung der Elemente beider Halbringe $R_{\mathfrak{L}_X}(\mathfrak{E}_X)$ und $R_{\mathfrak{L}_X}^{P(\mathfrak{L}_X)}(\mathfrak{E}_X)$ nehmen wir an, daß $K_1 \in P(\mathfrak{L}_X)$ und $L_1 = K_1 \cup \{\lambda\}$ bereits in vorangegangenen Schritten erzeugt wurden oder aus $\mathfrak{E}_X$ sind und damit in beiden Halbringen liegen. Das gleiche gelte für K_2 und L_2. Dann liegen auch $K_1 \cup K_2$ und $L_1 \cup L_2$ in beiden Halbringen und erfüllen $K_1 \cup K_2 \cup \{\lambda\} = L_1 \cup L_2$. Ebenso sind $K_1 \cdot K_2$ und $L_1 \cdot L_2$ in beiden Halbringen, und das gleiche gilt für $K_1 \cdot K_2 \cup \{\lambda\}$ und $L_1 \cdot L_2 \setminus \{\lambda\} = K_1 \cdot K_2 \cup K_1 \cup K_2$. Schließlich kann man von jedem solchen Paar K und L in $R_{\mathfrak{L}_X}(\mathfrak{E}_X)$ zu K^* und L^*, in $R_{\mathfrak{L}_X}^{P(\mathfrak{L}_X)}(\mathfrak{E}_X)$ jedoch nur zu K^* übergehen. Da der Σ-Halbring $(\mathfrak{L}_X, \cup, \bigcup, \cdot)$ ersichtlich $\{\lambda\}^* = \{\lambda\}$, also a) von Satz 4.6 erfüllt, folgt $L^* = (K \cup \{\lambda\})^* = K^*$ aus e) dieses Satzes. Weiter gilt ersichtlich $K \cdot K^* = K^* \setminus \{\lambda\}$. Damit liegt die $L^* = K^*$ entsprechende propere Sprache ebenfalls in beiden Halbringen. Also ist gezeigt, daß beide die gleichen Elemente enthalten und mit jeder Sprache L bzw. K auch $L \setminus \{\lambda\}$ bzw. $K \cup \{\lambda\}$. ■

Wie angekündigt, definieren wir nun erkennbare Sprachen und zeigen in Satz 5.19, daß gerade diese Sprachen von endlichen deterministischen Automaten akzeptiert werden.

Definition 5.17. Eine Sprache $L \in \mathcal{L}_X$ über einem Alphabet X heißt *erkennbar*, wenn es eine Kongruenz $\kappa = \kappa_L$ von $(F_X^\lambda, \cdot)$ und endlich viele Worte $u_1, \ldots, u_k \in F_X^\lambda$ gibt, so daß F_X^λ / κ endlich ist und $L = [u_1]_\kappa \cup \ldots \cup [u_k]_\kappa$ gilt.

Definition 5.18. a) Es sei $X \neq \emptyset$ ein beliebiges Alphabet. Ein *endlicher deterministischer Automat* $\mathcal{A} = (Z, z_0, Z', \delta)$ über X besteht aus einer endlichen Menge Z von *Zuständen*, einem *Anfangszustand* $z_0 \in Z$, einer Teilmenge $Z' \subseteq Z$ von *Endzuständen* und einer *Überführungsfunktion* $\delta : Z \times X \to Z$. Dabei befindet sich der Automat jeweils in einem Zustand $z \in Z$, von dem er bei der Eingabe von $x \in X$ in den Zustand $\delta(z, x) = z\delta_x$ übergeht und damit bei der Eingabe eines Wortes $w = x_1 x_2 \ldots x_n \in F_X$ schrittweise den Zustand $z\delta_{x_1}\delta_{x_2} \ldots \delta_{x_n} = z\delta_w$ erreicht. Definiert man noch $z\delta_\lambda = z$ für alle $z \in Z$, so ist damit jedem $w \in F_X^\lambda$ eine (als Rechtsoperator geschriebene) Abbildung $\delta_w : Z \to Z$ zugeordnet (vgl. Aufgabe 5.9).

b) Erst jetzt verwendet man z_0 und Z' und definiert die von $\mathcal{A}$ *akzeptierte* oder *erkannte Sprache* von $\mathcal{L}_X$ durch $L(\mathcal{A}) = \{w \in F_X^\lambda \mid z_0\delta_w \in Z'\}$.

Satz 5.19. *Eine Sprache $L \in \mathcal{L}_X$ ist genau dann erkennbar, wenn es einen endlichen deterministischen Automaten $\mathcal{A} = (Z, z_0, Z', \delta)$ über X gibt, der $L = L(\mathcal{A})$ erfüllt.*

Beweis. Ist $L \in \mathcal{L}_X$ erkennbar, so gibt es eine Kongruenz κ von $(F_X^\lambda, \cdot)$ mit den in Definition 5.17 angegebenen Eigenschaften. Damit erhält man $F_X^\lambda/\kappa = \{[u_1]_\kappa, \ldots, [u_m]_\kappa\}$ und $L = [u_1]_\kappa \cup \ldots \cup [u_k]_\kappa$ mit $k \leq m$. Wir setzen nun $Z = F_X^\lambda/\kappa$, $z_0 = [\lambda]_\kappa$ sowie $Z' = \{[u_1]_\kappa, \ldots, [u_k]_\kappa\}$ und definieren $\delta([u]_k, x) = [ux]_\kappa$ für alle $u \in F_X^\lambda$ und $x \in X$. Der so bestimmte endliche deterministische Automat $\mathcal{A} = (Z, z_0, Z', \delta)$ über X erfüllt dann offensichtlich $[u]_\kappa \delta_w = [uw]_\kappa$ für alle $w \in F_X^\lambda$, woraus $L(\mathcal{A}) = L$ gemäß $w \in L(\mathcal{A}) \iff [z_0]_\kappa \delta_w = [\lambda w]_\kappa \in Z' \iff w \in L$ folgt.

Gilt umgekehrt $L = L(\mathcal{A})$ für einen solchen Automaten $\mathcal{A} = (Z, z_0, Z', \delta)$, so definiert $\varphi(w) = \delta_w$ gemäß Aufgabe 5.9 a) einen Homomorphismus φ von $(F_X^\lambda, \cdot)$ in die endliche Halbgruppe $(\mathfrak{T}(Z), \cdot)$. Für die Kongruenz $\kappa = \varphi^{-1} \circ \varphi$ besteht dann F_X^λ aus endlich vielen Klassen $[u_1]_\kappa, \ldots, [u_m]_\kappa$. Weiter folgt aus $w \in L(\mathcal{A}) = \{w \in F_X^\lambda \mid z\delta_w \in Z'\}$ und $w \;\kappa\; w'$ wegen $\delta_w = \delta_{w'}$ auch $w' \in L(\mathcal{A})$ für alle $w, w' \in F_X^\lambda$. Damit ist $L = L(\mathcal{A})$ die Vereinigung von Kongruenzklassen $[u_i]_\kappa$, also erkennbar gemäß Definition 5.17. ■

Folgerung 5.20. *Eine Sprache $L \in \mathcal{L}_X$ ist genau dann erkennbar, wenn es ein endliches Monoid $(H, \cdot)$, einen Homomorphismus $\varphi : (F_X^\lambda, \cdot) \to (H, \cdot)$ und eine Teilmenge $H' \subseteq H$ gibt, so daß $L = \varphi^{-1}(H')$ gilt.*

Beweis. Ist L erkennbar, existiert also κ gemäß Definition 5.17, so ist $(H, \cdot) = (F_X^\lambda/\kappa, \cdot)$ ein solches Monoid. Umgekehrt definiert $\varphi : (F_X^\lambda, \cdot) \to (H, \cdot)$ eine Kongruenz $\kappa = \varphi^{-1} \circ \varphi$, die Definition 5.17 erfüllt. ■

Aufgaben

5.1. Für Mengen $X \neq \emptyset \neq Y$ sind die freien Halbgruppen $(F_X, \cdot)$ und $(F_Y, \cdot)$ genau dann isomorph, wenn eine Bijektion $\sigma : X \to Y$ existiert, also $|X| = |Y|$ erfüllt ist. Das gleiche gilt für freie Monoide.

5.2. a) Die (surjektive) Abbildung $\ell : F_X \to \mathbb{N}$ aus Definition 5.2 ist der nach Satz 5.4 a) eindeutig bestimmte Homomorphismus $\varphi = \ell$ von $(F_X, \cdot)$ auf $(\mathbb{N}, +)$, der $\sigma(x) = \ell(x) = 1$ für alle $x \in X$ erfüllt. Analog erhält man für jedes $y \in X$ einen Homomorphismus $\ell_y : (F_X, \cdot) \to (\mathbb{N}_0, +)$ mit $\sigma_y(x) = 1$ für $x = y$ und $\sigma_y(x) = 0$ für alle $x \in X$ mit $x \neq y$. Dabei gibt $\ell_y(w)$ für alle $w \in F_X$ an, wie oft "der Buchstabe" y in dem Wort w

auftritt. Entsprechendes gilt für die freie Halbgruppe mit Einselement und die Homomorphismen ℓ und ℓ_y von $(F_X^\lambda, \cdot)$ auf $(\mathbb{N}_0, +)$.

b) Übertragen Sie a) auf freie kommutative Halbgruppen bzw. Monoide.

5.3. Wir geben ein Beispiel dafür, daß es unter den Voraussetzungen von Satz 5.4 b) sogar unendlich viele Homomorphismen $\varphi : (F_X^\lambda, \cdot) \to (S, \cdot)$ geben kann, die $\varphi \circ \chi = \sigma$ erfüllen, also φ erst durch die weitere Bedingung $\varphi(\lambda) = e$ eindeutig festgelegt ist. Dazu sei $X = \{x\}$, $(S, \cdot) = \big(M_{2,2}(\mathbb{R}), \cdot\big)$ und $\sigma : X \to S$ durch $\sigma(x) = 2E_{1,1}$ gegeben (für die Definition der Matrizen $E_{i,j}$ vgl. die Lösung zu Aufgabe I.8.7). Dann definiert $\varphi_r(x^i) = 2^i E_{1,1}$ mit $i \in \mathbb{N}$ und $\varphi_r(\lambda) = E_{1,1} + rE_{2,2}$ für jedes $r \in \mathbb{R}$ einen Homomorphismus $\varphi_r : (F_X^\lambda, \cdot) \to (S, \cdot)$, der $\sigma : X \to S$ fortsetzt, also $\varphi \circ \chi = \sigma$ erfüllt. Der gemäß Satz 5.4 b) eindeutig bestimmte Homomorphismus φ ist dabei φ_r mit $r = 1$. Betrachtet man statt $\big(M_{2,2}(\mathbb{R}), \cdot\big)$ nur die aus allen Diagonalmatrizen $aE_{1,1} + bE_{2,2}$ bestehende kommutative Unterhalbgruppe $(S, \cdot)$ von $\big(M_{2,2}(\mathbb{R}), \cdot\big)$, erhält man ein entsprechendes Beispiel für Satz 5.10 c).

5.4. Ist $X \neq \emptyset$ eine Menge, so nennt man allgemeiner als in Definition 5.2 ein Paar $\big((F, \cdot), \chi\big)$, welches aus einer Halbgruppe $(F, \cdot)$ und einer Abbildung $\chi : X \to F$ besteht, eine *freie Halbgruppe über (dem freien Erzeugendensystem)* $\chi(X)$, wenn 1) $(F, \cdot)$ von $\chi(X)$ erzeugt wird und es 2) zu jeder Halbgruppe $(S, \cdot)$ und jeder Abbildung $\sigma : X \to S$ einen Homomorphismus $\varphi : (F, \cdot) \to (S, \cdot)$ gibt, der $\varphi \circ \chi = \sigma$ erfüllt. (Ersichtlich ist die freie Halbgruppe $(F_X, \cdot)$ zusammen mit der identischen Einbettung $\chi : X \to F_X$ ein solches Paar.) Zeigen Sie, daß dann χ stets injektiv und φ durch χ und σ eindeutig bestimmt ist und daß für je zwei freie Halbgruppen $\big((F, \cdot), \chi\big)$ über $\chi(X)$ und $\big((H, \cdot), \psi\big)$ über $\psi(X)$ genau einen Isomorphismus $\Phi : (F, \cdot) \to (H, \cdot)$ mit $\Phi \circ \chi = \psi$ existiert. (Damit entspricht der freien Halbgruppe $\big((F, \cdot), \chi\big)$ über $\chi(X)$ die freie Halbgruppe $(F_{\chi(X)}, \cdot)$, und der erste Teil von Satz 5.4 a) kennzeichnet den Begriff der freien Halbgruppe $(F_X, \cdot)$ als den Spezialfall, bei dem χ als die identische Einbettung gewählt wird). Natürlich ist auch hier φ genau dann surjektiv, wenn $(S, \cdot)$ von $\sigma(X)$ erzeugt wird.

5.5. a) Zur Definition der freien kommutativen Halbgruppe $(FK_Y, \cdot)$ hätte man auch die aus den Paaren $(w_1 w_2, w_2 w_1)$ für alle $w_1, w_2 \in F_X$ bestehende Relation τ heranziehen können. Die von τ bzw. von ϱ gemäß (5.4) definierten Kongruenzen κ_τ und κ_ϱ auf $(F_X, \cdot)$ stimmen nämlich überein.

b) Vergleichen Sie analog die Kongruenzklassenhalbgruppen von $(F_X, \cdot)$ nach den Kongruenzen, die von den Paaren (xx, x) für alle $x \in X$ bzw. den Paaren (ww, w) für alle $w \in F_X$ erzeugt werden.

5.6. Beschreiben Sie die von $Y = \{e, a, b\}$ erzeugte Halbgruppe $(H, \cdot)$ mit e als Einselement und der "gewünschten Gleichung" $ba = e$ entsprechend Definition 5.6 und berücksichtigen Sie Bemerkung 5.8. Man nennt $(H, \cdot)$ die ***bizyklische Halbgruppe.*** (Hinweis: $(H, \cdot)$ besteht genau aus den Elementen $a^\mu b^\nu$ mit μ, ν aus $I\!N_0$. Verwenden Sie zum Beweis die Unterhalbgruppe $(S, \cdot)$ der Halbgruppe $(\mathfrak{T}(I\!N_0), \circ)$ aller Abbildungen von $I\!N_0$ in $I\!N_0$, die durch die Abbildungen $\alpha, \beta \in \mathfrak{T}(I\!N_0)$ erzeugt wird, wobei α durch $\alpha(n) = n + 1$ für alle $n \in I\!N_0$ und β durch $\beta(n) = n - 1$ für $n \in I\!N$ und $\beta(0) = 0$ definiert sind.)

5.7. Es sei $(\Phi_{\{x\}}, +, \cdot)$ der von $\{x\}$ erzeugte Unterhalbring des Polynomhalbringes $(I\!N_0[x], +, \cdot)$. Ähnlich wie in Satz 5.4 (vgl. auch Satz II.1.8) zeigt man: ***Ist $(S, +, \cdot)$ ein Halbring und $\sigma : \{x\} \to S$ eine beliebige Abbildung, dann gibt es (genau) einen Homorphismus φ von $(\Phi_{\{x\}}, +, \cdot)$ in $(S, +, \cdot)$, der die Abbildung σ fortsetzt.*** Damit ist jeder von einem Element erzeugbare Halbring ein homomorphes Bild von $(\Phi_{\{x\}}, +, \cdot)$ und wie dieser Halbring kommutativ. Man nennt deshalb $(\Phi_{\{x\}}, +, \cdot)$ ***den freien Halbring über der Menge*** $\{x\}$ (vgl. auch Aufgabe V.2.10).

5.8. Für jedes x aus $X \neq \emptyset$ hat die Teilmenge $\mathfrak{L}_{\{x\}} \subseteq \mathfrak{L}_X$ aller Sprachen über $\{x\}$ (als Potenzmenge der abzählbaren Menge $F^\lambda_{\{x\}}$) eine Kardinalzahl $|\mathfrak{L}_{\{x\}}| > \mathfrak{a}$. Dagegen ist die Menge $\mathfrak{E}_{\{x\}}$ und damit nach Lemma 4.11 auch die Menge $\mathfrak{R}_{\{x\}} = R_{\mathfrak{L}_{\{x\}}}(\mathfrak{E}_{\{x\}})$ der rationalen Sprachen aus $\mathfrak{L}_{\{x\}}$ abzählbar. Daraus folgt die Existenz nichtrationaler Sprachen über jedem Alphabet $X \neq \emptyset$.

5.9. a) Die Abbildungen $\delta_w : Z \to Z$ aus Definition 5.18 lassen sich als Elemente der Transformationshalbgruppe $(\mathfrak{T}(Z), \cdot)$ aller Abbildungen $\alpha, \beta, \ldots$ von Z in Z auffassen (vgl. Aufgabe I.6.4), wenn man letztere als Rechtsoperatoren auf Z betrachtet und damit ihre Nacheinanderanwendung gemäß $(z\alpha)\beta = z(\alpha \cdot \beta)$ schreibt. Durch $\varphi(w) = \delta_w$ ist dann ein Homomorphismus $\varphi : (F^\lambda_X, \cdot) \to (\mathfrak{T}(Z), \cdot)$ definiert, der nach Satz 5.4 b) als Fortsetzung der Abbildung $\sigma : X \to \mathfrak{T}(Z)$ gemäß $\sigma(x) = \delta_x$ eindeutig bestimmt ist. Man beachte, daß mit Z auch $\mathfrak{T}(Z)$ endlich ist.

b) Üblicherweise definiert man für einen Automaten $\mathcal{A} = (Z, z_0, Z', \delta)$ eine Erweiterung $\tilde{\delta} : Z \times F^\lambda_X \to Z$ der Überführungsfunktion δ gemäß $\tilde{\delta}(z, \lambda) = z$, $\tilde{\delta}(z, x) = \delta(z, x)$ und $\tilde{\delta}(z, x_1 \ldots x_n) = \tilde{\delta}(\delta(z, x_1), x_2 \ldots x_n)$ induktiv für alle $x_1 \ldots x_n \in F_X$ mit $n \geq 2$. Der Zusammenhang mit den in Definition 5.18 eingeführten Abbildungen δ_w ist dann ersichtlich durch $z\delta_w = \tilde{\delta}(z, w)$ für alle $z \in Z$ und $w \in F^\lambda_X$ gegeben.

IV.6. Das algebraische Pfadproblem

Definition 6.1. Ein *endlicher gerichteter Graph* $G = (E, K)$ besteht aus einer endlichen Menge E und einer Relation $K \subseteq E \times E$. Die Elemente $e_i \in E$ nennt man die *Ecken*, die Elemente $(e_i, e_j) \in K$ die *Kanten* von G und e_i bzw. e_j den *Anfangspunkt* bzw. den *Endpunkt der Kante* (e_i, e_j).

Da im folgenden nur endliche gerichtete Graphen betrachtet werden, sprechen wir nur noch von einem Graphen $G = (E, K)$. Auch legen wir $|E| = n \in I\!N$ fest und bezeichnen zur weiteren Vereinfachung die Menge der Ecken mit $E = \{1, \ldots, n\}$ und damit die Kanten von G mit $(i, j) \in K$.

Definition 6.2. Es sei $G = (E, K)$ ein Graph. Unter einem *Pfad p (von* i_0 *nach* i_r*) von G der Ordnung* $r \in I\!N$ versteht man eine endliche Folge $p = (i_0, \ldots, i_r)$ von Ecken aus G mit $(i_{\varrho-1}, i_\varrho) \in K$ für $\varrho = 1, \ldots, r$. Für jede Ecke $i \in E$ wird außerdem *der Pfad* (i) *der Ordnung 0 definiert.*

Jeder Pfad $p = (i_0, \ldots, i_r)$ mit $r > 0$ kann auch als Folge seiner Kanten $(i_{\varrho-1}, i_\varrho)$ oder als ihr Produkt

$$p = (i_0, i_1) \cdot (i_1, i_2) \cdot \ldots \cdot (i_{r-1}, i_r) \tag{6.1}$$

in der freien Halbgruppe $(F_K, \cdot)$ über K aufgefaßt werden (vgl. Definition 5.2). Damit ist auch das Produkt von Pfaden $p = (i_0, \ldots, i_r)$ und $q = (j_0, \ldots, j_s)$ der Ordnungen $r, s > 0$ definiert, jedoch ist pq genau dann wieder ein Pfad, wenn der Endpunkt i_r von p mit dem Anfangspunkt j_0 von q übereinstimmt. In diesem Fall hat dann pq ersichtlich die Ordnung $r + s$.

Dabei kann man, zunächst rein formal, auch die Pfade (k) der Ordnung 0 in diese Multiplikation einbeziehen, indem man für $k = i_\varrho$

$$(i_{\varrho-1}, i_\varrho) \cdot (k) = (i_{\varrho-1}, i_\varrho) \quad \text{und} \quad (k) \cdot (i_\varrho, i_{\varrho+1}) = (i_\varrho, i_{\varrho+1}) \tag{6.2}$$

definiert. Dieses formale Vorgehen kann wie folgt gerechtfertigt werden: Zunächst geht man zu der freien Halbgruppe $(F_K^\lambda, \cdot)$ mit dem leeren Pfad λ als Einselement über. Zu ihr adjungiert man alle Pfade $(1), \ldots, (n)$ der Ordnung 0 und setzt fest, daß jedes Element (k) bei der Multiplikation durch das Einselement λ ersetzt wird, also $p \cdot (k) = (k) \cdot p = p$ für alle $p \in F_K^\lambda$ sowie $(k) \cdot (l) = \lambda$ für $k, l \in \{1, \ldots, n\}$ gilt. (Gemäß Aufgabe I.2.16 a) geht man also zu einer Inflation $(T, \cdot)$ von $(F_K^\lambda, \cdot)$ über, wobei nur die Pfade $(1), \ldots, (n)$ als Schatten des Einselementes λ von $(F_K^\lambda, \cdot)$ auftreten.) In der so erweiterten Halbgruppe gilt dann (6.2) auch für $k \neq i_\varrho$, doch benötigen wir im folgenden nur den Fall $k = i_\varrho$. Die Einfügung von Faktoren (k) in einen Pfad p, aufgefaßt als Produkt seiner Kanten gemäß (6.1), ändert die Ordnung $r > 0$ von p nicht.

Definition 6.3. Für jeden Graph $G = (E, K)$ führen wir die folgenden Mengen von Pfaden für alle $r, m \in \mathbb{N}_0$ ein:

$$P_{i,j}^{r} : \text{Die Menge aller Pfade von } i \text{ nach } j \text{ der Ordnung } r,$$
$$\text{wobei } P_{i,j}^{0} = \emptyset \text{ für } i \neq j \text{ und } P_{i,i}^{0} = \{(i)\} \text{ gilt;}$$

$$P_{i,j}^{\langle m \rangle} = \bigcup_{r=0}^{m} P_{i,j}^{r} : \text{Die Menge aller Pfade von } i \text{ nach } j \text{ einer Ordnung } r \leq m;$$

$$P_{i,j} = \bigcup_{r \in \mathbb{N}_0} P_{i,j}^{r} : \text{Die Menge aller Pfade von } i \text{ nach } j.$$

Ein Pfad $p = (i_0, i_1) \dots (i_{r-1}, i_r)$ der Ordnung $r \geq 1$ heißt *offen* bzw. *geschlossen*, wenn $i_0 \neq i_r$ bzw. $i_0 = i_r$ gilt. Weiter heißt p *einfach*, wenn alle Kanten $(i_{\varrho-1}, i_\varrho)$ für $\varrho = 1, \dots, r$ paarweise verschieden sind und *elementar*, wenn sowohl die Ecken $i_0, \dots, i_{r-1}$ als auch die Ecken $i_1, \dots, i_r$ paarweise verschieden sind. Ein Graph G ohne geschlossene Pfade heißt *zyklenfrei*.

Ersichtlich ist ein elementarer Pfad stets einfach. Auch ist für einen geschlossenen Pfad $p = (i_0, \dots, i_r)$ die paarweise Verschiedenheit von $i_0, \dots, i_{r-1}$ mit der von $i_1, \dots, i_r$ gleichwertig. Für offene Pfade gilt dies nicht, wie z. B. ein Pfad der Form $p = (i_0, i_1)(i_1, i_2)(i_2, i_0)(i_0, i_3)$ zeigt.

Definition 6.4. Zur Vereinfachung der Sprechweise bezeichnen wir einen Halbring $(A, +, \cdot)$ mit Einselement e und absorbierendem Nullelement $o \neq e$ als *Bewertungshalbring*. Ist nun $G = (E, K)$ ein Graph und $v : K \to A$ eine beliebige Abbildung mit $v(i, j) \in A \setminus \{o\}$ für alle Kanten $(i, j) \in K$, so heißt $G = (E, K, A, v)$ ein *bewerteter Graph* mit dem Bewertungshalbring A und der *Bewertungsfunktion* v. Bewertete (endliche gerichtete) Graphen werden in der Literatur auch "Netze" genannt.

Die Bewertungsfunktion $v : K \to A$ läßt sich nach Satz 5.4 a) auf genau eine Weise zu einem Homomorphismus der freien Halbgruppe $(F_K, \cdot)$ in die Halbgruppe $(A, \cdot)$ fortsetzen. Wir bezeichnen diesen Homomorphismus ebenfalls mit v. Er ordnet jedem Pfad $p = (i_0, i_1) \cdot \ldots \cdot (i_{r-1}, i_r)$ von G der Ordnung $r \geq 1$ einen Wert $v(p) \in A$ zu, nämlich das Produkt

$$v(p) = v(i_0, i_1) \cdot v(i_1, i_2) \cdot \ldots \cdot v(i_{r-1}, i_r) \tag{6.3}$$

der Werte $v(i_{\varrho-1}, i_\varrho)$ in $(A, \cdot)$. Um auch die Pfade (k) der Ordnung 0 einzubeziehen, gehen wir von $(F_K, \cdot)$ zu der Halbgruppe $\left(F_K^\lambda \cup \{(1), \dots, (n)\}, \cdot\right)$ über und definieren $v(\lambda) = v(k) = e$ für alle $k \in \{1, \ldots, n\}$. Die so erweiterte Abbildung v ist dann ersichtlich auch ein Homomorphismus dieser Halbgruppe in $(A, \cdot)$.

Wir erinnern daran, daß für einen Halbring $(A, +, \cdot)$ mit Einselement und absorbierendem Nullelement auch die $n \times n$-Matrizen über A einen solchen Halbring $\left(M_{n,n}(A), +, \cdot\right)$, also wieder einen Bewertungshalbring, bilden.

Definition 6.5. Es sei $G = (E, K, A, v)$ ein bewerteter Graph. Dann definiert man die *Adjazenzmatrix* $M \in M_{n,n}(A)$ von G gemäß

$$m_{i,j} = [M]_{i,j} = \begin{cases} v(i,j) & \text{für } (i,j) \in K \\ o & \text{sonst.} \end{cases} \tag{6.4}$$

Umgekehrt bestimmt jede Matrix $M \in M_{n,n}(A)$ gemäß (6.4) einen bewerteten Graphen $G = (E, K, A, v)$, der dann M als Adjazenzmatrix hat.

Lemma 6.6. *Es sei M die Adjazenzmatrix von $G = (E, K, A, v)$. Dann gilt*

$$[M^r]_{i,j} = \sum_{p \in P^r_{i,j}} v(p) \quad \textit{für alle } r \in \mathbb{N}_0 \tag{6.5}$$

und für $M^{\langle r \rangle} = M^0 + M^1 + \ldots + M^r$

$$[M^{\langle r \rangle}]_{i,j} = \sum_{p \in P^{\langle r \rangle}_{i,j}} v(p) \quad \textit{für alle } r \in \mathbb{N}_0, \tag{6.6}$$

jeweils für alle $i, j \in \{1, \ldots, n\}$. Im Falle $P^r_{i,j} = \emptyset$ bzw. $P^{\langle r \rangle}_{i,j} = \emptyset$ in (6.5) bzw. (6.6) ist dabei $\Sigma_{p \in \emptyset} v(p) = o$ zu vereinbaren.

Beweis. Für $r = 0$ und $r = 1$ folgt (6.5) sofort aus den Definitionen 6.3 und 6.5. Für $r \geq 2$ gilt zunächst

$$[M^r]_{i,j} = \sum_{i_1, \ldots, i_{r-1} \in \{1, \ldots, n\}} m_{i,i_1} \cdot m_{i_1,i_2} \cdot \ldots \cdot m_{i_{r-1},j} \tag{6.7}$$

für die r-te Potenz jeder Matrix $M \in M_{n,n}(A)$, wie man leicht bestätigt. Für jeden Pfad $p = (i, i_1) \cdot (i_1, i_2) \cdot \ldots \cdot (i_{r-1}, j) \in P^r_{i,j}$ von i nach j der Ordnung r tritt dabei nach (6.4) auf der rechten Seite von (6.7) ein Summand $v(i, i_1) \cdot v(i_1, i_2) \cdot \ldots \cdot v(i_{r-1}, i_r) = v(p)$ mit $v(i_{\varrho-1}, i_\varrho) \neq o$ für alle $\varrho \in \{1, \ldots, r\}$ auf, und umgekehrt. Alle anderen Summanden von (6.7) enthalten dagegen wenigstens einen Faktor o. Damit stimmen die in (6.5) und (6.7) auftretenden

Summen überein, was insbesondere auch für den Fall $P_{i,j}^r = \emptyset$ gilt, für den die in (6.5) auftretende Summe leer ist und alle Summanden in (6.7) gleich o sind. Dies zeigt (6.5), woraus (6.6) durch Addition folgt. ■

Wie wir sogleich an Beispielen erläutern werden, geben (6.5) bzw. (6.6) bei den meisten Anwendungen einen extremalen Wert für die Bewertungen aller Pfade von i nach j der Ordnung r bzw. der Ordnungen von 0 bis r an. Tatsächlich benötigt man allerdings diesen extremalen Wert $\Sigma_{p \in P_{i,j}} v(p)$ für die Bewertungen aller Pfade von i nach j beliebiger Ordnung (für alle oder gewisse Indexpaare (i,j)). Dies führt dann zur Formulierung des algebraischen Pfadproblems für einen bewerteten Graphen $G = (E, K, A, v)$, wobei auch unendliche Summen von Elementen aus A bzw. $M_{n,n}(A)$ benötigt werden.

Beispiel 6.7. Wir betrachten einen bewerteten Graphen $G = (E, K, A, v)$, dessen Bewertungshalbring wir — nur für dieses Beispiel — mit $(A, \oplus, \odot, o, e)$ bezeichnen, und konkretisieren die Trägermenge A, die Addition $\oplus$ von A und die Multiplikation $\odot$ von A jeweils auf verschiedene Weise. Zugleich notieren wir die entsprechenden Konkretisierungen des (absorbierenden) Nullelementes o und des Einselmentes e von $(A, \oplus, \odot)$ in der angegebenen Reihenfolge.

a) $(A, \oplus, \odot, o, e) = (\mathbb{R}^\infty, \min, +, \infty, 0)$. Nach Beispiel I.2.9 ist die Menge $\mathbb{R}$ der reellen Zahlen mit der Minimumsbildung $\min(a,b) = a \oplus b$ als Addition und der üblichen Addition $a + b = a \odot b$ als Multiplikation ein Halbring $(\mathbb{R}, \min, +)$ (sogar ein Halbkörper) mit der Zahl 0 als Einselement. Gemäß Lemma I.2.16 adjungieren wir zu $(\mathbb{R}, \min, +)$ ein absorbierendes Nullelement, für welches die Bezeichnung ∞ und die Festsetzung $x < \infty$ für alle $x \in \mathbb{R}$ naheliegend sind. Mit $\mathbb{R}^\infty = \mathbb{R} \cup \{\infty\}$ ist dann $(A, \oplus, \odot, o, e) = (\mathbb{R}^\infty, \min, +, \infty, 0)$ ein Bewertungshalbring. Die auf der rechten Seite von (6.5) für $r > 0$ betrachtete Summe von Produkten in $(A, \oplus, \odot, o, e)$

$$[M^r]_{i,j} = \sum_{p \in P_{i,j}^r} v(p) = \sum_{p \in P_{i,j}^r} v(i, i_1) \odot v(i_1, i_2) \odot \ldots \odot v(i_{r-1}, j)$$

bedeutet dann in $(\mathbb{R}^\infty, \min, +, \infty, 0)$ das Minimum der Summen

$$\min_{p \in P_{i,j}^r} \{v(p)\} = \min_{p \in P_{i,j}^r} \{v(i, i_1) + v(i_1, i_2) + \ldots + v(i_{r-1}, j)\}.$$

Dies ist in der l. g. Halbgruppe $(\mathbb{R}^\infty, +, \leq)$ die kleinste reelle Zahl, welche unter den Bewertungen $v(p)$ aller Pfade p von i nach j der Ordnung r auftritt, wobei der Wert $v(p)$ von p die Summe der Werte $v(i_{\varrho-1}, i_\varrho) \in \mathbb{R}$ seiner r Kanten $(i_{\varrho-1}, i_\varrho) \in K$ ist. Beispielsweise können die n Eckpunkte des Graphen $G = (E, K)$ Ortschaften mit maximal je einer direkten Straßenverbindung von i nach j sein, die den Kanten von (i, j) entsprechen. Die Bewertungsfunktion gibt dann jeweils die (Maßzahl der) Länge $v(i, j)$ der Straße von i nach j an und damit $[M^r]_{i,j}$ die Länge der kürzesten Straßenverbindung von i nach j, die aus r direkten Teilstücken von Ort zu Ort zusammengesetzt ist.

Man sieht sofort, daß etwa für das Straßenbeispiel $[M^{\langle r\rangle}]_{i,j}$ gemäß (6.6) der Fragestellung angemessener ist. Auch macht man sich leicht klar, daß hier $[M^{\langle n-1\rangle}]_{i,j}$ bereits die Länge der kürzesten Verbindung von i nach j liefert, unabhängig von der Anzahl der dabei durchlaufenen Eckpunkte. Dies liegt daran, daß in diesem Beispiel $v(i, j) \geq 0$ für alle $(i, j) \in K$ gilt, womit es sich dann um einen sogenannten ***absorptiv bewerteten Graphen*** handelt (vgl. Bemerkung 6.16). Natürlich kann es sich bei $v(i, j)$ ebenso um den Zeit- oder Kostenaufwand des Transportes von i nach j handeln. Es gibt jedoch auch völlig andere Modelle für bewertete Graphen $G = (E, K, \mathbb{R}^\infty, v)$ mit dem gleichen Bewertungshalbring $(A, \oplus, \odot) = (\mathbb{R}^\infty, \min, +)$, darunter solche, bei denen man mit $[M^{\langle n-1\rangle}]_{i,j}$ nicht mehr auskommt, sondern $\Sigma_{p\in P_{i,j}} v(p)$ benötigt. In allen diesen Fällen spricht man (in Anlehnung an unser Straßenbeispiel) von der *Bestimmung des Wertes $\Sigma_{p\in P_{i,j}} v(p)$ eines kürzesten Pfades von i nach j.*

b) $(A, \oplus, \odot, o, e) = (\mathbb{R}^{-\infty}, \max, +, -\infty, 0)$. Analog zu Teil a) adjungiert man zu dem Halbkörper $(\mathbb{R}, \max, +)$ mit der Zahl 0 als Einselement ein absorbierendes Nullelement gemäß Lemma I.2.16, für welches die Bezeichnung $-\infty$ und die Festsetzung $-\infty < x$ für alle $x \in \mathbb{R}$ zweckmäßig sind. Für den so entstehenden Bewertungshalbring spricht man von der *Bestimmung des Wertes $\Sigma_{p\in P_{i,j}} v(p)$ eines längsten oder kritischen Pfades von i nach j.* Die zweite Bezeichnung kommt daher, daß man z. B. bei der Planung größerer Bauvorhaben die Eckpunkte von $G = (E, K)$ als Teilprojekte ansieht, von denen einige aus technischen Gründen erst nach gewissen anderen angefangen werden können. Letzteres wird durch eine Kante (i, j) von i nach j gekennzeichnet, und der Wert $v(i, j) \in \mathbb{R}$ ist dann die Zeit, die für Baumaßnahmen am Teilprojekt j (mindestens) gebraucht wird, wenn Projekt i bereits fertiggestellt ist. Bezeichnet $a \in E$ den Anfang und $f \in E$ das Ende des Gesamtprojektes, so ist der Wert $\Sigma_{p\in P_{a,f}} v(p)$ eines längsten Pfades von a nach f die kürzeste Zeit, in der das gesamte Vorhaben durchführbar ist. Jede Verzögerung der Arbeiten auf einem solchen längsten Pfad bedeutet eine Verlängerung der Gesamtbauzeit, was die Bezeichnung "kritischer Pfad" erklärt.

c) $(A, \oplus, \odot, o, e) = ([0, 1], \max, \cdot, 0, 1)$. Nach Beispiel I.2.7 c) ist das reelle Intervall $[0, 1]$ mit der Maximumsbildung $\max(a, b) = a \oplus b$ als Addition und der üblichen Multiplikation $a \cdot b = a \odot b$ ein Halbring, der offensichtlich die Zahl 1 als Einselement und die Zahl 0 als absorbierendes Nullelement hat. Bei diesem Bewertungshalbring spricht man von der *Bestimmung des Wertes $\Sigma_{p\in P_{i,j}} v(p)$ eines Pfades der größten Zuverlässigkeit von i nach j.* Diese

Bezeichnung wird klar, wenn man den Graphen $G = (E, K)$ als ein Netz von Informationskanälen betrachtet und der Wert $v(i,j) \in [0,1]$ der Kante (i,j) die Wahrscheinlichkeit dafür angibt, daß eine Nachricht diesen Kanal etwa ohne jeden Fehler durchläuft.

d) $(A, \oplus, \odot, o, e) = (\mathbb{P}_0^\infty, \max, \min, 0, \infty)$. Gemäß Beispiel I.2.8 ist die Menge $\mathbb{P}_0$ der nicht negativen reellen Zahlen mit $\max(a,b) = a \oplus b$ und $\min(a,b) = a \odot b$ ein Halbring $(\mathbb{P}_0, \oplus, \odot)$ mit der Zahl 0 als absorbierendem Nullelement. Da dieser Halbring nullsummenfrei und nullteilerfrei ist, kann man ein additiv absorbierendes Element ∞ nach Lemma I.2.20 adjungieren. Wegen $\max(a, \infty) = \infty$ kann man $a \leq \infty$ für alle $a \in \mathbb{P}_0^\infty$ definieren, womit ∞ zum Einselement von $(\mathbb{P}_0^\infty, \max, \min)$ wird. Für diesen Bewertungshalbring spricht man von der *Bestimmung des Wertes* $\Sigma_{p \in P_{i,j}} v(p)$ *eines Pfades größter Kapazität von i nach j*. Diese Bezeichnung wird verständlich, wenn sich der Graph $G = (E, K)$ z. B. auf ein System von Rohrleitungen bezieht, die den Kanten $(i,j) \in K$ entsprechen, und $v(i,j) \in \mathbb{P}_0$ die Kapazität der Rohrleitung (i,j) angibt, etwa als maximale Durchflußmenge pro Zeiteinheit. Wie man leicht sieht, gibt $\Sigma_{p \in P_{i,j}} v(p)$ dann die maximale Durchflußmenge an, die auf einem Pfad p von i nach j pro Zeiteinheit transportiert werden kann.

e) $(A, \oplus, \odot, o, e) = (\mathbb{B}, +, \cdot, 0, 1)$. Der Boolesche Halbkörper ist ein Bewertungshalbring, wobei man die Addition auch als Maximumsbildung und die Multiplikation als Minimumsbildung bezüglich $0 < 1$ auffassen kann. Für einen bewerteten Graphen $G = (E, K, \mathbb{B}, v)$ kommt dann für jede Kante $(i,j) \in K$ nach (6.4) nur der Wert $v(i,j) = 1$ in Frage, womit auch $v(p) = 1$ für jeden Pfad $p \in P_{i,j}$ gilt. Daher gilt $\Sigma_{p \in P_{i,j}} v(p) = 1$ genau dann, wenn überhaupt wenigstens ein Pfad von i nach j existiert, und man spricht von der *Bestimmung der Existenz eines Pfades von i nach j*.

Definition 6.8. Es sei $G = (E, K, A, v)$ ein bewerteter Graph. Unter dem *algebraischen Pfadproblem* für G versteht man das Problem, eine Matrix D aus $M_{n,n}(A)$ anzugeben, so daß gilt:

$$(6.8) \qquad [D]_{i,j} = \sum_{p \in P_{i,j}} v(p) \quad \text{für alle} \quad i,j \in \{1, \ldots, n\}.$$

Sieht man von dem einfachen Fall ab, daß der Graph $G = (E, K)$ zyklenfrei ist, so erstrecken sich die in (6.8) auftretenden Summen im allgemeinen über (abzählbar) unendliche Indexmengen. Solche Summen sind aber in dem Bewertungshalbring $(A, +, \cdot)$ gar nicht definiert. Man kann daher versuchen, das algebraische Pfadproblem so umzuformulieren, daß in (6.8) für jedes Paar (i,j) nur über eine geeignete endliche Teilmenge $\tilde{P}_{i,j}$ von $P_{i,j}$ summiert wird. Das ist natürlich nur möglich, wenn man sicherstellen kann, daß die endlich vielen Pfade aus $\tilde{P}_{i,j}$ die Berücksichtigung aller anderen Pfade aus $P_{i,j} \setminus \tilde{P}_{i,j}$ überflüssig macht — was bei näherem Hinsehen meist doch auf einen Vergleich der endlichen Summe $\Sigma_{p \in \tilde{P}_{i,j}} v(p)$ mit der gar nicht definierten unendlichen Summe $\Sigma_{p \in P_{i,j}} v(p)$ hinausläuft. Von dieser Schwierigkeit abgesehen, gelingt dies bei bestimmten absorptiv bewerteten Graphen (vgl. Bemerkung 6.16). Anderenfalls muß man gewisse (abzählbar) unendliche Summen in $(A, +, \cdot)$ einführen. Das geschieht auch in der Literatur auf verschiedene Weise, wobei sich im Grunde herausstellt, daß man *das algebraische Pfadproblem für solche bewerteten Graphen* $G = (E, K, A, v)$ *zu betrachten hat, für die der Bewertungshalbring* $(A, +, \cdot)$ *ein* $\mathfrak{a}$*-*Σ*-Halbring oder ein* Σ*-Halbring* $(A, +, \Sigma, \cdot)$ *ist.* Wir wählen hier die allgemeinere Formulierung mit Σ-Halbringen, obwohl nur unendliche Summen mit abzählbar vielen Summanden auftreten.

Für die folgenden Überlegungen wird verwendet, daß mit $(A, +, \Sigma, \cdot)$ auch $(M_{n,n}(A), +, \Sigma, \cdot)$ gemäß Satz 3.9 ein Σ-Halbring ist. Auch erinnern wir an die in IV.4 behandelte (partielle) Sternoperation. Schließlich benötigt man außer dem für alle Σ-Halbringe gültigen Axiom (GP) für manche Aussagen auch zusätzlich das Axiom (GP') (wobei allerdings nach Satz 1.15 $(GP) \Longrightarrow (GP')$ für vollständige Σ-Halbringe bzw. vollständige $\mathfrak{a}$-Σ-Halbringe gilt).

Satz 6.9. *Es sei* $G = (E, K, A, v)$ *ein mit einem* Σ*-Halbring* $(A, +, \Sigma, \cdot)$ *bewerteter Graph und* $M \in M_{n,n}(A)$ *seine Adjazenzmatrix.*

a) Wenn die Lösung D *des algebraischen Pfadproblems für diesen Graphen existiert, dann existiert in dem* Σ*-Halbring* $(M_{n,n}(A), +, \Sigma, \cdot)$ *auch die Matrix* $M^* = \Sigma_{r=0}^{\infty} M^r$*, und es gilt* $M^* = D$*.*

b) Erfüllt $A = (A, +, \Sigma, \cdot)$ *und damit* $(M_{n,n}(A), +, \Sigma, \cdot)$ *das Axiom* (GP')*, so folgt aus der Existenz von* M^* *auch umgekehrt die Existenz von* D*.*

Beweis. Beide Behauptungen werden mit Hilfe von

$$(6.9) \qquad [D]_{i,j} = \sum_{p \in P_{i,j}} v(p) = \sum_{r \in \mathbb{N}_0} \Big(\sum_{p \in P_{i,j}^r} v(p) \Big) = \sum_{r \in \mathbb{N}_0} [M^r]_{i,j} = [M^*]_{i,j}$$

gezeigt. Bei a) ist die Existenz von D, also nach (6.8) die Existenz der Summen $\Sigma_{p \in P_{i,j}} v(p)$ für alle $i, j = 1, \ldots, n$ vorausgesetzt. Weiter ist $P_{i,j} = \bigcup_{r \in \mathbb{N}_0} P_{i,j}^r$ eine generalisierte Partition von $P_{i,j}$. Damit existiert nach (GP) auch die Doppelsumme und es gilt die zweite Gleichheit in (6.9). Die nächste Gleichheit folgt aus (6.5) und die letzte aus der Definition von M^*, womit die Existenz von M^* gezeigt ist. Zum Nachweis von b) durchläuft man die Schritte in (6.9) von rechts nach links, wobei jetzt jedoch (GP') benötigt wird, um von der Existenz der Doppelsumme auf die von $\Sigma_{p \in P_{i,j}} v(p)$ zu schließen. ∎

Unter der Voraussetzung, daß $(A, +, \Sigma, \cdot)$ auch das Axiom (GP') erfüllt, beschreibt Satz 6.9 also die gesuchte Lösung des Pfadproblems für den bewerteten Graphen $G = (E, K, A, v)$ in der Form

(6.10) $$D = M^* = \Sigma_{r \in \mathbb{N}_0} M^r.$$

Zur Berechnung muß jedoch immer noch diese unendliche Summe ausgewertet werden. Wir werden dafür gewisse Algorithmen angeben, die auf den folgenden Überlegungen beruhen:

Definition 6.10. Es sei wieder $E = \{1, \ldots, n\}$ die Eckenmenge eines Graphen $G = (E, K)$. Für jeden Pfad $p = (i_0, i_1, \ldots, i_{r-1}, i_r)$ der Ordnung $r \geq 2$ heißen die Ecken $i_1, \ldots, i_{r-1}$ *Zwischenecken* von p. Pfade der Ordnung $r = 0$ bzw. $r = 1$ besitzen keine Zwischenecken. Für alle $i, j \in E$ und $k \in \{0, 1, \ldots, n\}$ definieren wir die folgenden Mengen von Pfaden:

$P_{i,j}^{(k)}$: Diese Menge bestehe aus allen Pfaden von i nach j der Ordnung $r \geq 1$, deren Zwischenecken in $\{1, \ldots, k\}$ enthalten sind, und dem Pfad $p = (i)$ der Ordnung 0, falls $k \geq i = j$ gilt.

Nach dieser Definition von $P_{i,j}^{(k)}$ gilt also für den Pfad $p = (i)$ der Ordnung 0

$$p = (i) \in P_{i,i}^{(k)} \quad \text{für } k \geq i, \quad \text{aber} \quad p = (i) \notin P_{i,i}^{(k)} \quad \text{für } k < i.$$

Auch ergibt sich für alle $i, j \in E$ sofort

(6.11) $$P_{i,j}^{(0)} \subseteq P_{i,j}^{(1)} \subseteq \ldots \subseteq P_{i,j}^{(n)} = P_{i,j},$$

und wegen $P_{i,j}^{(0)} = \{(i,j)\}$ für $(i,j) \in K$ und $P_{i,j}^{(0)} = \emptyset$ für $(i,j) \notin K$ erhält man die folgende Schreibweise für die Adjazenzmatrix M:

(6.12) $$[M]_{i,j} = \sum_{p \in P_{i,j}^{(0)}} v(p) \quad \text{für alle } i, j \in E.$$

Definition 6.11. Mit den in Defintion 6.10 festgelegten Pfadmengen $P_{i,j}^{(k)}$ definiert man Matrizen $M^{(k)} \in M_{n,n}(A)$ für $k = 0, \ldots, n$ durch

(6.13) $$[M^{(k)}]_{i,j} = \sum_{p \in P_{i,j}^{(k)}} v(p),$$

falls diese Summen in $(A, +, \Sigma, \cdot)$ existieren.

Wegen (6.12) ist jedoch zumindest die Existenz von

(6.14) $$M^{(0)} = M$$

gesichert, und unter den allgemeinen Voraussetzungen von Satz 6.9 gilt:

Satz 6.12. *Existiert die Lösung D des Pfadproblems für den bewerteten Graphen $G = (E, K, A, v)$, dann existieren auch alle Matrizen $M^{(k)}$ für $k = 0, \ldots, n$, und es gilt $M^{(n)} = D$.*

Beweis. Die Existenz von $[D]_{i,j} = \Sigma_{p \in P_{i,j}} v(p) = [M^{(n)}]_{i,j}$ (vgl. (6.8), (6.13) und (6.11)) für alle $i, j \in E$ ist vorausgesetzt. Aus (GP) für $(A, +, \Sigma, \cdot)$ folgt dann auch die Existenz aller Teilsummen $\Sigma_{p \in P_{i,j}^{(k)}} = [M^{(k)}]_{i,j}$. ∎

Wir behandeln nun ausführlich einen Algorithmus, der wegen seiner Analogie zur Inversenbildung einer reellwertigen Matrix auch "Gauß-Jordan-Algorithmus" (kurz GJ-Algorithmus) genannt wird und in der hier verwendeten Form in [Zim81] angegeben wurde. Die Grundidee dieses GJ-Algorithmus und ähnlicher Algorithmen (vgl. die Aufgaben 6.1 und 6.2) ist es, ausgehend von $M^{(0)} = M$, iterativ die Matrizen $M^{(k)}$ (oder damit zusammenhängende Matrizen) für $k = 1, 2, \ldots, n$ zu berechnen. Wenn dann diese Berechnungen stets durchführbar sind und ordnungsgemäß stoppen, sollte $M^{(n)} = D$ gelten, also die Lösung des algebraischen Pfadproblems ermittelt sein.

GJ-Algorithmus

1. Setze $k := 1$ und $M^{(0)} := M$.
2. Berechne $[M^{(k)}]_{k,k} := \left([M^{(k-1)}]_{k,k}\right)^*$, falls $\left([M^{(k-1)}]_{k,k}\right)^*$ in $(A, +, \Sigma, \cdot)$ existiert. Sonst breche die Berechnung ab.
3. Für alle $i, j \in \{1, \ldots, n\}$ und $(i, j) \neq (k, k)$ berechne
$$[M^{(k)}]_{i,j} := [M^{(k-1)}]_{i,j} + [M^{(k-1)}]_{i,k}[M^{(k)}]_{k,k}[M^{(k-1)}]_{k,j}.$$
4. Wenn $k = n$, dann beende die Berechnung.
5. Setze $k := k + 1$ und mache weiter bei 2.

Satz 6.13. *Es sei $G = (E, K, A, v)$ ein mit einem Σ-Halbring $(A, +, \Sigma, \cdot)$ bewerteter Graph und $M \in M_{n,n}(A)$ seine Adjazenzmatrix.*

a) Erfüllt $(A, +, \Sigma, \cdot)$ auch das Axiom (GP') und stoppt der GJ-Algorithmus bei Schritt 4, dann existiert die Lösung D des algebraischen Pfadproblems für *diesen Graphen, und es gilt $D = M^{(n)}$. Der GJ-Algorithmus liefert also die korrekte Lösung dieses Problems.*

b) Ohne die Voraussetzung des Axioms (GP′) kann der GJ-Algorithmus jedoch bei Schritt 4 stoppen und damit eine Matrix $M^{(n)}$ liefern, obwohl das Pfadproblem für den Graphen $G = (E, K, A, v)$ gar nicht lösbar ist. Dies kann sogar eintreten, wenn $(A, +, \Sigma, \cdot)$ ein $\mathfrak{a}$-Σ-Halbring ist.

Beweis. Für Teil a) ist die Korrektheit der Schritte 2 und 3 zu beweisen, was folgendes besagt: Existieren die jeweils auf der rechten Seite auftretenden Größen und haben diese die durch (6.13) festgelegte Bedeutung, so existiert die jeweilige linke Seite und hat ebenfalls die durch (6.13) festgelegte Bedeutung. Wir zeigen dies durch Induktion nach k, wobei man leicht nachprüft, daß für $k = 1$ beide Schritte wegen Schritt 1 und (6.14) korrekt sind.

Für den Beweis der Korrektheit von Schritt 2 sei also die Existenz von

$$a = [M^{(k-1)}]_{k,k} = \sum_{p \in P_{k,k}^{(k-1)}} v(p) \quad \text{und von} \tag{6.15}$$

$$a^* = \sum_{r=0}^{\infty} a^r \tag{6.16}$$

in $(A, +, \Sigma, \cdot)$ vorausgesetzt. Wir zerlegen nun

$$P_{k,k}^{(k)} = \bigcup_{r \in \mathbb{N}_0} Q_r^{(k)} \tag{6.17}$$

in folgende disjunkte Teilmengen: $Q_0^{(k)} = \{(k)\}$ besteht nur aus dem Pfad $p = (k)$ der Ordnung 0; $Q_1^{(k)} = P_{k,k}^{(k-1)}$ besteht gemäß Definition 6.10 aus allen Pfaden positiver Ordnung von k nach k, welche nur Zwischenecken aus $\{1, \ldots, k-1\}$ enthalten; für $r \geq 2$ sei schließlich $Q_r^{(k)} = \left(P_{k,k}^{(k-1)}\right)^r$, d. h. $Q_r^{(k)}$ besteht aus allen Pfaden der Form

$$p = p_1 \cdot \ldots \cdot p_r \quad \text{mit} \quad p_\varrho \in P_{k,k}^{(k-1)} \quad \text{für} \quad \varrho = 1, \ldots, r, \tag{6.18}$$

also allen Pfaden von k nach k, die diese Ecke k auch noch genau $(r-1)$-mal als Zwischenecke durchlaufen. Die so definierten Teilmengen $Q_r^{(k)}$ sind offensichtlich paarweise disjunkt und erfüllen (6.17). Weiterhin zeigen wir

$$\sum_{p \in Q_r^{(k)}} v(p) = a^r \quad \text{für alle} \quad r \in \mathbb{N}_0. \tag{6.19}$$

Für $r = 0$ gilt nämlich $v(p) = e$ für $p = (k) \in Q_0^{(k)}$ nach der Erweiterung von Definition 6.4, und für $r = 1$ geht (6.19) in unsere Voraussetzung (6.15) über. Für $r = 2$ folgt aus letzterem und der Gültigkeit des Distributivitätsaxioms (D) für den Σ-Halbring $(A, +, \Sigma, \cdot)$ zunächst

$$a^1 \cdot a^1 = \Big(\sum_{p_1 \in Q_1^{(k)}} v(p_1)\Big) \cdot \Big(\sum_{p_2 \in Q_1^{(k)}} v(p_2)\Big) = \sum_{p_1 \in Q_1^{(k)}, p_2 \in Q_1^{(k)}} v(p_1)v(p_2)$$

einschließlich der Existenz der rechts stehenden Summe. Nach (6.18) hat sie die Summanden $v(p_1)v(p_2) = v(p_1 \cdot p_2) = v(p)$ für alle $p \in Q_1^{(k)} \cdot Q_1^{(k)} = Q_2^{(k)}$, d. h. es gilt $a^2 = \Sigma_{p \in Q_2^{(k)}} v(p)$. So fortfahrend ergibt eine Induktion nach r

$$a^{r-1} \cdot a^1 = \Big(\sum_{q \in Q_{r-1}^{(k)}} v(q)\Big) \cdot \Big(\sum_{p_r \in Q_1^{(k)}} v(p_r)\Big) = \sum_{p \in Q_r^{(k)}} v(p)$$

und damit die Gültigkeit von (6.19). Aus (6.15), (6.16) und (6.19) ergibt sich nun

$$\Big([M^{(k-1)}]_{k,k}\Big)^* = a^* = \sum_{r \in \mathbb{N}_0} a^r = \sum_{r \in \mathbb{N}_0} \Big(\sum_{p \in Q_r^{(k)}} v(p)\Big).$$

Für die Familie $\big(v(p)\big)_{p \in P_{k,k}^{(k)}}$ und die generalisierte Partition (6.17) ihrer Indexmenge $P_{k,k}^{(k)}$ folgt aus der Existenz der rechts stehenden Summen gemäß (GP') die Existenz der Summe

$$\sum_{p \in P_{k,k}^{(k)}} v(p) = \sum_{r \in \mathbb{N}_0} \Big(\sum_{p \in Q_r^{(k)}} v(p)\Big) = \Big([M^{(k-1)}]_{k,k}\Big)^*$$

und die angegebene Gleichheit. Gerade diese Summe liefert, im Falle ihrer Existenz, gemäß (6.13) das Diagonalelement $[M^{(k)}]_{k,k}$ der Matrix $M^{(k)}$. Das zeigt die Korrektheit von Schritt 2 im GJ-Algorithmus.

Für den Beweis der Korrektheit von Schritt 3 sei also vorausgesetzt, daß alle rechts stehenden Matrizenelemente existieren und die in (6.13) festgelegte Bedeutung haben. Wir müssen zeigen, daß dann auch der rechts zu berechnende Ausdruck für alle $(i,j) \neq (k,k)$ in $(A, +, \Sigma, \cdot)$ existiert und die für $[M^{(k)}]_{i,j}$ gemäß (6.13) festgelegte Bedeutung hat. Dazu unterscheiden wir für alle $(i,j) \neq (k,k)$ die drei Fälle $i \neq k \neq j$, $i \neq k = j$ und $i = k \neq j$. Für den ersten Fall beweisen wir zunächst, daß

$$\text{(6.20)} \qquad P_{i,j}^{(k)} = P_{i,j}^{(k-1)} \cup P_{i,k}^{(k-1)} \cdot P_{k,k}^{(k)} \cdot P_{k,j}^{(k-1)} \quad \text{für } i \neq k \neq j.$$

eine disjunkte Zerlegung von $P_{i,j}^{(k)}$ ist, also jeder Pfad p von i nach j mit Zwischenecken in $\{1,\ldots,k\}$ genau einmal auf der rechten Seite von (6.20) auftritt. Das gilt zunächst für die Pfade p von i nach j mit Zwischenecken in $\{1,\ldots,k-1\}$, die gerade die Menge $P_{i,j}^{(k-1)}$ bilden, und zwar einschließlich des Pfades $p=(i,j)$ der Ordnung 1, falls $(i,j)\in K$ gilt und, für $k>i=j$, einschließlich des Pfades $p=(i)$ der Ordnung 0 (vgl. Definition 6.10). Jeder Pfad p von i nach j, der außer $1,\ldots,k-1$ auch noch k wenigstens einmal als Zwischenecke besitzt, läßt sich auf genau eine Weise in ein Produkt

$$(6.21)\qquad p=(i,\ldots,k)\cdot q\cdot(k,\ldots,j)$$

mit $(i,\ldots,k)\in P_{i,k}^{(k-1)}$ und $(k,\ldots,j)\in P_{k,j}^{(k-1)}$ zerlegen, wobei der Faktor $(i,\ldots,k)$ von i über Zwischenecken aus $\{1,\ldots,k-1\}$ "zum ersten Mal" zu k als Zwischenecke führt und der Faktor $(k,\ldots,j)$ von "der letzten Zwischenecke" k nur noch über Zwischenecken aus $\{1,\ldots,k-1\}$ zu j. Der dazwischen liegende Faktor $q\in P_{k,k}^{(k)}$ steht dann für jeden möglichen Pfad von k nach k mit Zwischenecken aus $\{1,\ldots,k\}$, einschließlich des Pfades $q=(k)\in P_{k,k}^{(k)}$ der Ordnung 0, der genau in den Pfaden p von (6.21) auftritt, die gemäß

$$p=(i,\ldots,k)\cdot(k)\cdot(k,\ldots,j)=(i,\ldots,k)\cdot(k,\ldots,j)$$

den Eckpunkt k nur einmal als Zwischenecke durchlaufen. Umgekehrt liegt natürlich jeder Pfad p der Form (6.21) in $P_{i,j}^{(k)}\setminus P_{i,j}^{(k-1)}$.

Für den Nachweis der Korrektheit von Schritt 3 für alle (i,j) mit $i\neq k\neq j$ betrachten wir die rechte Seite von

$$(6.20')\qquad [M^{(k)}]_{i,j}=[M^{(k-1)}]_{i,j}+[M^{(k-1)}]_{i,k}\cdot[M^{(k)}]_{k,k}\cdot[M^{(k-1)}]_{k,j}.$$

Nach Voraussetzung existieren die dort auftretenden vier Matrizenelemente und haben die in (6.13) festgelegte Bedeutung. Damit existieren die vier Summen in

$$(6.20'')\qquad \sum_{p\in P_{i,j}^{(k-1)}} v(p)+\Big(\sum_{p\in P_{i,k}^{(k-1)}} v(p)\Big)\cdot\Big(\sum_{p\in P_{k,k}^{(k)}} v(p)\Big)\cdot\Big(\sum_{p\in P_{k,j}^{(k-1)}} v(p)\Big).$$

Daraus folgt durch zweimalige Anwendung des Distributivitätsaxioms (D) von $(A,+,\Sigma,\cdot)$, daß auch das rechts stehende Produkt in (6.20″) existiert. Dieses Produkt ist die Summe über alle Werte $v(p)$ mit $p\in P_{i,k}^{(k-1)}\cdot P_{k,k}^{(k)}\cdot P_{k,j}^{(k-1)}=P_{i,j}^{(k)}\setminus P_{i,j}^{(k-1)}$, vgl. (6.20). Damit geht (6.20″) in die rechte Seite von

$$(6.20''')\qquad \sum_{p\in P_{i,j}^{(k)}} v(p)=\sum_{p\in P_{i,j}^{(k-1)}} v(p)+\sum_{p\in P_{i,j}^{(k)}\setminus P_{i,j}^{(k-1)}} v(p)$$

über. Dabei ist $P_{i,j}^{(k)} = P_{i,j}^{(k-1)} \cup P_{i,j}^{(k)} \setminus P_{i,j}^{(k-1)}$ eine generalisierte Partition aus zwei Teilmengen von $P_{i,j}^{(k)}$, und wir können die Abschwächung (GP'_F) von (GP') auf die Familie $(v(p))_{p\in P_{i,j}^{(k)}}$ über A anwenden. Dies zeigt die Existenz der links stehenden Summe und die Gleichheit in (6.20‴). Nach (6.13) wird dann $[M^{(k)}]_{i,j}$ durch $\Sigma_{p\in P_{i,j}^{(k)}} v(p)$ definiert, was mit (6.20‴), (6.20″) und (6.20′) die Korrektheit von Schritt 3 für den Fall $i \neq k \neq j$ zeigt.

Der Beweis der Korrektheit von Schritt 3 des GJ-Algorithmus für die verbleibenden Fälle $i \neq k = j$ und $i = k \neq j$ erfolgt nun mit völlig analogen Überlegungen. Für $i \neq k = j$ verwendet man die Zerlegung

$$P_{i,k}^{(k)} = P_{i,k}^{(k-1)} \cdot P_{k,k}^{(k)}, \tag{6.22}$$

welche die Pfade aus $P_{i,k}^{(k-1)}$ enthält, wenn man den rechten Faktor als den Pfad $(k) \in P_{k,k}^{(k)}$ der Ordnung 0 wählt. Dieser Zerlegung entsprechend diskutiert man

$$[M^{(k)}]_{i,k} = [M^{(k-1)}]_{i,k} \cdot [M^{(k)}]_{k,k} \quad \text{mit Hilfe von} \tag{6.22′}$$

$$\sum_{p\in P_{i,k}^{(k)}} v(p) = \Big(\sum_{p\in P_{i,k}^{(k-1)}} v(p)\Big) \cdot \Big(\sum_{p\in P_{k,k}^{(k)}} v(p)\Big), \tag{6.22″}$$

jeweils natürlich für alle (i,k) mit $i \neq k$. Damit verbleibt nur zu zeigen, daß die im Schritt 3 des GJ-Algorithmus verwendete Formel (6.20′) in (6.22′) übergeht, wenn man (6.20′) mit $k = j$ verwendet. Nun gilt aber $e + a^*a = a^*$ in $(A, +, \Sigma, \cdot)$ für alle $a \in A$, zu denen $a^* \in A$ existiert. Damit ergibt sich mit $a = [M^{(k-1)}]_{k,k}$ und $a^* = [M^{(k)}]_{k,k}$ (vgl. Schritt 2) aus (6.20′) mit $k = j$

$$\begin{aligned}[M^{(k)}]_{i,k} &= [M^{(k-1)}]_{i,k}(e + a^*a) = [M^{(k-1)}]_{i,k}a^* \\ &= [M^{(k-1)}]_{i,k}[M^{(k)}]_{k,k},\end{aligned}$$

also (6.22′). Für den letzten Fall $i = k \neq j$ verwendet man die Zerlegung

$$P_{k,j}^{(k)} = P_{k,k}^{(k)} \cdot P_{k,j}^{(k-1)} \tag{6.23}$$

und entsprechend

$$[M^{(k)}]_{k,j} = [M^{(k)}]_{k,k} \cdot [M^{(k-1)}]_{k,j} \quad \text{sowie} \tag{6.23′}$$

$$\sum_{p\in P_{k,j}^{(k)}} v(p) = \Big(\sum_{p\in P_{k,k}^{(k)}} v(p)\Big) \cdot \Big(\sum_{p\in P_{k,j}^{(k-1)}} v(p)\Big), \tag{6.23″}$$

jeweils für alle (k,j) mit $k \neq j$. Auch hier geht die im GJ-Algorithmus verwendete Formel (6.20′) mit $i = k$ in (6.23′) über; man zeigt dies mit Hilfe von $e + aa^* = a^*$ für alle a aus $(A, +, \Sigma, \cdot)$, für die $a^* \in A$ existiert.

Die Behauptung b) von Satz 6.13 ergibt sich aus folgendem Beispiel. ■

Beispiel 6.14. Der Körper $(\mathbb{R}, +, \cdot)$ der reellen Zahlen mit den üblichen Operationen ist, wie überhaupt jeder Ring, ein Bewertungshalbring. Nach Beispiel 3.8 a) ist $(\mathbb{R}, +, \Sigma''', \cdot)$ ein $\mathfrak{a}$-Σ-Halbring, der jedoch nicht (GP') erfüllt. Der bewertete Graph $G = (E, K, \mathbb{R}, v)$ sei nun entsprechend Definition 6.5 durch die Adjazenzmatrix

$$M = \begin{pmatrix} 0 & 1 \\ -1 & 1 \end{pmatrix} \in M_{2,2}(\mathbb{R})$$

festgelegt. Wie man sofort nachrechnet, gilt $M^6 = \begin{pmatrix} 1 & 0 \\ 0 & 1 \end{pmatrix}$. Daraus folgt, daß die Matrix $M^* = \Sigma_{r=0}^{\infty} M^r$ in dem $\mathfrak{a}$-Σ-Halbring $(M_{2,2}(\mathbb{R}), +, \Sigma''', \cdot)$ nicht existiert. Gemäß Satz 6.9 a) existiert damit auch nicht die Lösung D des algebraischen Pfadproblems für den Graphen $G = (E, K, \mathbb{R}, v)$.

Der GJ-Algorithmus müßte also die Berechnung in einem der Schritte 2 abbrechen, um anzuzeigen, daß D nicht existiert. Tatsächlich stoppt er jedoch erst bei Schritt 4 mit $k = n = 2$ und liefert sinnloserweise die Matrix $M^{(2)} = \begin{pmatrix} 0 & 1 \\ -1 & 1 \end{pmatrix}$. Zur Veranschaulichung verfolgen wir diese Berechnung:

1. $k := 1$ und $M^{(0)} = M = \begin{pmatrix} 0 & 1 \\ -1 & 1 \end{pmatrix}$.
2. $[M^{(1)}]_{1,1} := ([M^{(0)}]_{1,1})^* = 0^* = 1$.
3. Für $2 \neq 1 \neq 2$:

   $[M^{(1)}]_{2,2} := [M^{(0)}]_{2,2} + [M^{(0)}]_{2,1} \cdot [M^{(1)}]_{1,1} \cdot [M^{(0)}]_{1,2} = 1 + (-1) \cdot 1 \cdot 1 = 0.$

   Für $2 \neq 1 = 1$ verwenden wir statt (6.20′) sogleich (6.22′):

   $[M^{(1)}]_{2,1} := [M^{(0)}]_{2,1} \cdot [M^{(1)}]_{1,1} = (-1) \cdot 1 = -1.$

   Für $1 = 1 \neq 2$ verwenden wir statt (6.20′) sogleich (6.23′):

   $[M^{(1)}]_{1,2} := [M^{(1)}]_{1,1} \cdot [M^{(0)}]_{1,2} = 1 \cdot 1 = 1.$

Damit ist $M^{(1)} = \begin{pmatrix} 1 & 1 \\ -1 & 0 \end{pmatrix}$ berechnet. Wegen $1 = k \neq n = 2$ folgt

5. $k := 1 + 1 = 2$.
2. $[M^{(2)}]_{2,2} := ([M^{(1)}]_{2,2})^* = 0^* = 1$.

3. Für $1 \neq 2 \neq 1$:

   $[M^{(2)}]_{1,1} := [M^{(1)}]_{1,1} + [M^{(1)}]_{1,2}[M^{(2)}]_{2,2}[M^{(1)}]_{2,1} = 1 + 1 \cdot 1 \cdot (-1) = 0.$

   Für $1 \neq 2 = 2$ verwenden wir statt (6.20′) wieder (6.22′):

   $[M^{(2)}]_{1,2} := [M^{(1)}]_{1,2} \cdot [M^{(2)}]_{2,2} = 1 \cdot 1 = 1.$

   Für $2 = 2 \neq 1$ verwenden wir statt (6.20′) wieder (6.23′):

   $[M^{(2)}]_{2,1} := [M^{(2)}]_{2,2}[M^{(1)}]_{2,1} = 1 \cdot (-1) = -1.$

Damit ist die Matrix $M^{(2)} = \begin{pmatrix} 0 & 1 \\ -1 & 1 \end{pmatrix}$ berechnet, und wegen $k = n$ wird die Berechnung mit Schritt 4 (als angeblich erfolgreich) beendet.

Interessanterweise ergibt sich aus Satz 6.13 und Satz 6.9 eine allgemeine Aussage für Σ-Halbringe, deren direkter Beweis aufwendig ist:

Folgerung 6.15. *Es sei $(A, +, \Sigma, \cdot)$ ein Σ-Halbring, der auch das Axiom (GP') (wenigstens für alle Familien mit abzählbarer Indexmenge) erfüllt, und $(M_{n,n}(A), +, \Sigma, \cdot)$ der entsprechende Σ-Halbring der $n \times n$-Matrizen über A. Existiert dann für alle $a \in A$ die Summe $a^* = \Sigma_{r=0}^{\infty} a^r$ in $(A, +, \Sigma, \cdot)$, so existiert auch zu jeder Matrix $M \in M_{n,n}(A)$ in $(M_{n,n}(A), +, \Sigma, \cdot)$ die Matrix $M^* = \Sigma_{r=0}^{\infty} M^r$.*

Beweis. Jede Matrix $M \in M_{n,n}(A)$ definiert gemäß Definition 6.5 einen bewerteten Graphen $G = (E, K, A, v)$ mit M als Adjazenzmatrix. Wenden wir nun auf diesen Graphen den GJ-Algorithmus an, so kann die Berechnung in den Schritten 2 nie abgebrochen werden, da nach Voraussetzung über $(A, +, \Sigma, \cdot)$ die Matrizenelemente $([M^{(k-1)}]_{k,k})^*$ in $(A, +, \Sigma, \cdot)$ stets existieren. Damit existiert gemäß Satz 6.13 a) die Matrix D als Lösung des Pfadproblems für diesen Graphen. Letzteres impliziert nach Satz 6.9 a) aber die Existenz der Matrix $M^* = \Sigma_{r=0}^{\infty} M^r$ in dem Σ-Halbring $(M_{n,n}(A), +, \Sigma, \cdot)$. ∎

Bemerkung 6.16. Ein bewerteter Graph $G = (E, K, A, v)$ mit einem additiv idempotenten Bewertungshalbring $(A, +, \cdot)$ heißt *absorptiv bewertet*, wenn $v(\tilde{p}) \leq e$ für jeden elementaren geschlossenen Pfad $\tilde{p}$ in G gilt, wobei $\leq$ die natürliche partielle Ordnung von $(A, +, \leq)$ ist (vgl. Definition III.1.14). In einem solchen Graphen existiert zu jedem nicht elementaren Pfad p von i nach j ein elementarer Pfad $\tilde{p}$ von i nach j mit kleinerer Ordnung, der $v(p) \leq v(\tilde{p})$ und damit $v(p) + v(\tilde{p}) = v(\tilde{p})$ erfüllt. Bezeichnet man mit $\tilde{P}_{i,j}^{\langle r \rangle}$ bzw. $\tilde{P}_{i,j}$ die Menge aller elementaren Pfade aus $P_{i,j}^{\langle r \rangle}$ bzw. $P_{i,j}$, so folgt hieraus, daß sich

(6.6) in der Form

$$[M^{\langle r\rangle}]_{i,j} = \sum_{p\in P_{i,j}^{\langle r\rangle}} v(p) = \sum_{\tilde{p}\in \tilde{P}_{i,j}^{\langle r\rangle}} v(\tilde{p}) \quad \text{für alle } r \in \mathbb{N}_0 \tag{6.24}$$

schreiben läßt. Da ein elementarer Pfad höchstens die Ordnung $n = |E|$ haben kann, folgt aus (6.24), daß $M^{\langle n\rangle} = M^{\langle n+1\rangle}$ gilt und damit M stabil ist. Daraus ergibt sich

$$[M^{\langle *\rangle}]_{i,j} = [M^{\langle n\rangle}]_{i,j} = \sum_{\tilde{p}\in \tilde{P}_{i,j}} v(\tilde{p}), \tag{6.25}$$

womit sich in bestimmten konkreten Fällen Pfadprobleme bereits mit Hilfe endlicher Summen lösen lassen. Falls nämlich $(A, +, \Sigma, \cdot)$ und damit auch $(M_{n,n}(A), +, \Sigma, \cdot)$ ein abzählbar Σ-idempotenter Σ-Halbring ist, ergibt sich $M^* = M^{\langle *\rangle}$ aus den Sätzen 4.6 und 4.7. Aus Satz 6.9 a) folgt, daß dann für absorptiv bewertete Graphen die Lösung des algebraischen Pfadproblems (falls sie existiert) auch in der Form

$$[D]_{i,j} = \sum_{p\in P_{i,j}} v(p) = [M^{\langle *\rangle}]_{i,j} = \sum_{\tilde{p}\in \tilde{P}_{i,j}} v(\tilde{p}) \tag{6.26}$$

mit der rechts stehenden endlichen Summe angegeben werden kann. (Für eine ausführliche Darstellung vgl. [Heb92a]).

Aufgaben

6.1. In [Mah84] wurde der folgende Algorithmus zur Berechnung von Matrizen $C^{(k)}$ angegeben, die in enger Beziehung zu den Matrizen $M^{(k)}$ stehen und die auch zur Lösung des algebraischen Pfadproblems benutzt werden können.

1. Setze $C^{(0)} = M^{(0)} = M$.
2. Für $k = 1, \dots, n$ berechne für alle $i, j \in \{1, \dots, n\}$

$$[C^{(k)}]_{i,j} := [C^{(k-1)}]_{i,j} + [C^{(k-1)}]_{i,k}([C^{(k-1)}]_{k,k})^*[C^{(k-1)}]_{k,j},$$

falls die Sternoperation definiert ist. Sonst breche die Berechnung ab.

3. Beende die Berechnung.

a) Bezeichnet man mit $(P_{i,j}^{(k)})'$ für $k = 1, \ldots, n$ die Menge aller Pfade mit von 0 verschiedener Ordnung aus $P_{i,j}^{(k)}$, so gilt für die in Schritt 2 berechneten Matrizen

$$[C^{(k)}]_{i,j} = \sum_{p \in (P_{i,j}^{(k)})'} v(p),$$

falls diese Summen jeweils existieren.

b) Zeigen Sie durch eine geeignete Modifikation des Beweises von Satz 6.13: *Stoppt der oben angegebene Algorithmus bei 3. und ist* (GP') *in* $(A, +, \Sigma, \cdot)$ *erfüllt, dann existiert* D *und es gilt* $D = C^{(n)} + E$.

6.2. Für vollständige Σ-Halbringe $(A, +, \Sigma, \cdot)$ mit idempotenter Addition wurde in [Aho74] die folgende Variante des Algorithmus aus Aufgabe 6.1 angegeben:

1. Setze $C^{(0)} = E + M$.
2. und 3. wie in Aufgabe 6.1.

Zeigen Sie: *Stoppt dieser Algorithmus bei 3., dann existiert* D *und es gilt* $D = C^{(n)}$, *falls man zusätzlich die abzählbare* Σ*-Idempotenz von* $(A, +, \Sigma, \cdot)$ *verlangt.* (Vgl. auch Beispiel 13.13 in [Heb92a]).

Kapitel V

Halbalgebren, Halbgruppen-Halbringe und Potenzreihenhalbringe

Die Untersuchung von R-Moduln, d. h. von kommutativen Gruppen $(A,+)$, auf denen die Elemente eines Ringes R als (links- oder rechtsseitige) Operatoren nach gewissen Operatorgesetzen wirken, ist eine der wichtigsten Grundlagen einer allgemeinen Ringtheorie. Entsprechende Verallgemeinerungen auf Halbmoduln mit Halbringen als Operatorenbereichen (vgl. Definition 1.1) wurden z. B. schon in [Ste59] eingeführt. Wir behandeln derartige S-Halbmoduln in Paragraph V.1 unter Einbeziehung entsprechender Aussagen über R-Moduln, wobei wir auch Σ-Halbmoduln $(A,+,\Sigma)$ mit Halbringen als Operatorenbereichen betrachten. Darauf aufbauend, untersuchen wir im zweiten Paragraphen Halbalgebren über Halbringen, wiederum in einer Darstellung, die auf Ringe und Moduln spezialisiert die entsprechenden Überlegungen für zwei Algebrenbegriffe der Ringtheorie liefert. Verallgemeinerte Halbalgebren unterscheiden sich von Halbalgebren dadurch, daß ihre Elemente im allgemeinen nur noch durch unendliche Summen angegeben werden können (vgl. V.3). Wichtige Beispiele hierfür sind verallgemeinerte Halbgruppen-Halbringe und (formale) Potenzreihenhalbringe. Vor allem sie führten dazu, Halbringe als Hilfsmittel in der Theoretischen Informatik zu verwenden. Dabei gehen wir hier in V.4 auf den Zusammenhang zwischen Potenzreihenhalbringen und formalen Sprachen ausführlich ein und beweisen die Sätze von Schützenberger und Kleene (vgl. die Sätze 4.14. und 4.15).

V.1. Operatorhalbmoduln über Halbringen

Um die Elemente eines Halbmoduls $(A,+)$ von den Elementen eines Halbringes $(S,+,\cdot)$ deutlich zu unterscheiden, bezeichnen wir im folgenden erstere mit lateinischen und letztere mit griechischen Buchstaben. Insbesondere schreiben wir o für das Nullelement von $(A,+)$ und ω bzw. ε für das Nullelement bzw. Einselement von $(S,+,\cdot)$, falls solche Elemente existieren.

Definition 1.1. a) Es sei $A=(A,+)$ ein Halbmodul und $S=(S,+,\cdot)$ ein Halbring. Weiter sei eine *Operatoranwendung von S auf A*, d. h. eine Abbildung von $S\times A$ in A gegeben, wobei das dem Paar $(\sigma,a)\in S\times A$ zugeordnete Element aus A mit σa bezeichnet wird. Dann heißt $(A,+)$ ein ***Halbmodul***

über S oder ein *S-Halbmodul*, in Zeichen $({}_SA, +)$, wenn die folgenden *Operatorgesetze* für alle $\sigma, \tau \in S$ und alle $a, b \in A$ erfüllt sind:

$$(1.1) \qquad \sigma(a+b) = \sigma a + \sigma b$$

$$(1.2) \qquad (\sigma+\tau)a = \sigma a + \tau a$$

$$(1.3) \qquad (\sigma \cdot \tau)a = \sigma(\tau a)$$

Ist dabei $(A, +)$ ein Modul, heißt $({}_SA, +)$ ein *Modul über S* oder ein *S-Modul;* im allgemeinen wird bei diesem Begriff auch $(S, +, \cdot)$ als Ring vorausgesetzt.

b) Ein S-Halbmodul $({}_SA, +)$ heißt *unitär,* wenn S ein Einselement ε hat und

$$(1.4) \qquad \varepsilon a = a \quad \text{für alle } a \in A$$

erfüllt ist. Weiter heißt $({}_SA, +)$ ω*-treu,* wenn die Nullelemente o von A und ω von S existieren und wenn gilt

$$(1.5) \qquad \omega a = o \quad \text{für alle } a \in A.$$

c) Unter einem *S-Unterhalbmodul* $({}_SH, +)$ eines S-Halbmoduls $({}_SA, +)$ versteht man einen Unterhalbmodul $(H, +)$ von $(A, +)$, der auch gegenüber der Operatoranwendung abgeschlossen ist, also $\sigma h \in H$ für alle $\sigma \in S$ und $h \in H$ erfüllt. Ersichtlich ist dann $({}_SH, +)$ ein S-Halbmodul, und wenn $({}_SA, +)$ unitär bzw. ω-treu ist, so gilt das gleiche für $({}_SH, +)$.

Bemerkung 1.2. i) Streng genommen sind alle diese Begriffe mit dem Zusatz *linksseitig* zu kennzeichnen, wobei man auch von *S-Linkshalbmoduln* oder *S-Linksmoduln* spricht. Wir verwenden jedoch die analog zu definierenden rechtsseitigen Begriffsbildungen nur in Beispiel 1.3 (und insbesondere Bihalbmoduln $({}_SA_T, +)$ mit verschiedenen Halbringen S und T als links- bzw. rechtsseitigen Operatorbereichen überhaupt nicht).

ii) Aus (1.1) und (1.2) folgt $(\Sigma_{\nu=1}^n \sigma_\nu)(\Sigma_{\mu=1}^m a_\mu) = \Sigma_{\nu=1}^n{}_{\mu=1}^m \sigma_\nu a_\mu$ für alle n, m aus $\mathbb{N}$ mit $\sigma_\nu \in S$ und $a_\mu \in A$ durch Induktion nach n und m, und entsprechend läßt sich (1.3) für endlich viele Operatoren $\sigma_\nu \in S$ verallgemeinern.

iii) Es sei $({}_SA, +)$ ein S-Halbmodul mit Nullelement o über einem Halbring $(S, +, \cdot)$ mit Nullelement ω. Ist dann o das einzige idempotente Element von $(A, +)$ (was stets der Fall ist, wenn $(A, +)$ kürzbar ist), so ergibt sich (1.5) aus (1.2) wegen $\omega a + \omega a = (\omega + \omega)a = \omega a$, d. h. $({}_SA, +)$ ist ω-treu.

Ist schließlich $({}_SA, +)$ ω*-treu und* ω *(rechts)absorbierend in* $(S, +, \cdot)$*, so gilt auch*

$$(1.6) \qquad \sigma o = o \quad \text{für alle } \sigma \in S.$$

Dies folgt gemäß $\sigma o = \sigma(\omega o) = (\sigma\omega)o = \omega o = o$ aus (1.5) und (1.3). Insbesondere erfüllt ein R-Modul über einem Ring $(R, +, \cdot)$ stets (1.5) und (1.6), weshalb der Begriff "ω-treu" in der Theorie der R-Moduln nicht auftritt.

Beispiel 1.3. a) Ein Vektorraum über einem (nicht notwendig kommutativen) Körper $K = (K, +, \cdot)$ ist definitionsgemäß ein unitärer K-Modul $({}_KV, +)$ (vgl. auch Aufgabe 1.2).

b) Nach Aufgabe I.2.10 ist jeder Halbmodul $(A, +)$ ein unitärer $\mathbb{N}$-Halbmodul $({}_{\mathbb{N}}A, +)$ über dem Halbring $(\mathbb{N}, +, \cdot)$ und jeder Halbmodul $(A, +)$ mit Nullelement o ein unitärer 0-treuer $\mathbb{N}_0$-Halbmodul $({}_{\mathbb{N}_0}A, +)$ über $(\mathbb{N}_0, +, \cdot)$. Entsprechend ist jeder Modul $(A, +)$ ein unitärer $\mathbb{Z}$-Modul $({}_{\mathbb{Z}}A, +)$ über dem Ring $(\mathbb{Z}, +, \cdot)$. Weiterhin enthält Aufgabe I.5.7 die Feststellung, daß für jeden echten Halbkörper $(S, +, \cdot)$ mit $|S^*| \geq 2$ der Halbmodul $(S, +)$ ein $\mathbb{H}$-Halbmodul $({}_{\mathbb{H}}S, +)$ über dem Halbkörper $(\mathbb{H}, +, \cdot)$ ist.

c) Es sei $(S, +, \cdot)$ ein Halbring mit Einselement ε und absorbierendem Nullelement $\omega \neq \varepsilon$. Definiert man dann für jede Matrix $B = (\beta_{\mu,\nu})$ aus $M_{n,n}(S)$ und jedes $\sigma \in S$ eine linksseitige Operatoranwendung von S auf $M_{n,n}(S)$ gemäß $\sigma B = \sigma(\beta_{\mu,\nu}) = (\sigma\beta_{\mu,\nu})$, so erhält man einen unitären und ω-treuen S-Linkshalbmodul $\big({}_SM_{n,n}(S), +\big)$. Entsprechend ergibt sich mit $B\sigma = (\beta_{\mu,\nu})\sigma = (\beta_{\mu,\nu}\sigma)$ ein unitärer und ω-treuer S-Rechtshalbmodul $\big(M_{n,n}(S)_S, +\big)$, wobei ersichtlich $\sigma B \neq B\sigma$ gelten kann.

d) Für einen Halbmodul $(A, +)$ sei $(S, +, \cdot) = \big(\mathrm{End}(A, +), +, \circ\big)$ der in Aufgabe I.6.5 b) eingeführte Endomorphismenhalbring von $(A, +)$. Definiert man dann $\varphi a = \varphi(a)$ für alle $\varphi \in S$ und $a \in A$, so ist $(A, +)$ ein unitärer S-Halbmodul $({}_SA, +)$. Hat dabei $(A, +)$ ein Nullelement o, dann ist der durch $\omega(a) = o$ für alle $a \in A$ definierte Endomorphismus ω das absorbierende Nullelement von $(S, +, \cdot)$, und es gelten (1.5) und (1.6).

e) Es sei $(T, +, \cdot)$ ein Unterhalbring eines Halbringes $(S, +, \cdot)$. Definiert man dann eine linksseitige Operatoranwendung der Elemente $\tau \in T$ auf die Elemente $s \in S$ durch die Multiplikation von $(S, +, \cdot)$, also gemäß $\tau s = \tau \cdot s$, erhält man ersichtlich einen T-Linkshalbmodul $({}_TS, \cdot)$. Analog ist $(S_T, \cdot)$ ein T-Rechtshalbmodul mit $s\tau = s \cdot \tau$. Insbesondere kann jeder Halbring $(S, +, \cdot)$ als S-Linkshalbmodul $({}_SS, +)$ und als S-Rechtshalbmodul $(S_S, +)$ aufgefaßt werden. Die S-Unterhalbmoduln von $({}_SS, +)$ sind dann gerade die halbringtheoretischen Linksideale von $(S, +, \cdot)$. Entsprechend ist $({}_RR, +)$ ein Linksmodul und $(R_R, +)$ ein Rechtsmodul für jeden Ring $(R, +, \cdot)$, wobei die R-Untermoduln von $({}_RR, +)$ die ringtheoretischen Linksideale von $(R, +, \cdot)$ sind. Schließlich ist $({}_SS, +)$ genau dann unitär bzw. ω-treu, wenn der Halbring $(S, +, \cdot)$ ein Einselement bzw. ein linksabsorbierendes Nullelement hat.

Das folgende Lemma verallgemeinert Satz IV.3.4 a) für S-Halbmoduln und ist unmittelbar einsichtig (vgl. auch Bemerkung IV.5.11).

Lemma 1.4. *Es sei $(S,+,\cdot)$ ein Halbring und $\left((_SA_u,+)\right)_{u\in U}$ eine Familie von (nicht notwendig verschiedenen) S-Halbmoduln. Dann ist auch das direkte Produkt $(\Pi,+) = (\prod_{u\in U} A_u,+)$ der Halbmoduln $(A_u,+)$ ein S-Halbmodul $(_S\Pi,+)$, wenn man die Operatoranwendung ebenfalls komponentenweise, also gemäß $\sigma a = \sigma(a_u)_{u\in U} = (\sigma a_u)_{u\in U}$ definiert. Dabei ist $(_S\Pi,+)$ genau dann unitär bzw. ω-treu, wenn jeder S-Halbmodul $(_SA_u,+)$ diese Eigenschaft hat. Im zweiten Fall ist auch das eingeschränkte direkte Produkt $(H,+)$, welches aus allen Elementen $a = (a_u)_{u\in U} \in \Pi$ mit $a_u = o_u$ für fast alle $u \in U$ besteht, ein S-Unterhalbmodul $(_SH,+)$.*

Die nächsten beiden Definitionen verallgemeinern die Begriffe "lineare Abbildung" und "Basis" von Vektorräumen, also von K-Halbmoduln über einem Körper K, auf S-Halbmoduln bzw. ω-treue S-Halbmoduln über einem Halbring S (und damit erst recht auf S-Moduln über einem Ring S, vgl. erneut Aufgabe 1.2).

Definition 1.5. Es seien $(_SA,+)$ und $(_SB,+)$ S-Halbmoduln über einem Halbring $(S,+,\cdot)$. Dann heißt ein Homomorphismus $\varphi : (A,+) \to (B,+)$ ein *S-Homomorphismus*, wenn $\varphi(\sigma a) = \sigma\varphi(a)$ für alle $\sigma \in S$ und $a \in A$ erfüllt ist. Ist dabei $(_SA,+)$ unitär oder ω-treu, so gilt das gleiche ersichtlich für das S-homomorphe Bild $\left(_S\varphi(A),+\right)$ von $(_SA,+)$, aber nicht notwendig für $(_SB,+)$. Begriffsbildungen wie *S-Endomorphismus*, *S-Isomorphismus* usw. werden in der üblichen Weise definiert.

Definition 1.6. Es sei $(_SA,+)$ ein ω-treuer S-Halbmodul über einem Halbring $(S,+,\cdot)$, womit insbesondere die Existenz der Nullelemente o und ω vorausgesetzt ist. Dann heißt eine Teilmenge $U \subseteq A$ eine *Basis von* $(_SA,+)$, wenn jedes Element auf genau eine Weise als *Linearkombination über S mit Elementen aus U* dargestellt werden kann. Wir schreiben dies in der Form

$$(1.7) \qquad a = \sum_{u\in U} \alpha_u u \quad \text{mit } \alpha_u \in S, \text{ fast alle } \alpha_u = \omega,$$

wobei also auch für eine unendliche Menge U nur endlich viele Summanden $\alpha_u u \neq o$ auftreten und (1.7) in diesem Fall als formal unendliche Summe über $(A,+)$ zu interpretieren ist (vgl. die Beispiele IV.1.4 und IV.3.3 b)). Für alle $a = \Sigma_{u\in U}\alpha_u u$ und $b = \Sigma_{u\in U}\beta_u u$ aus A und alle $\sigma \in S$ gilt dann

$$(1.8) \qquad a + b = \sum_{u\in U}(\alpha_u + \beta_u)u \quad \text{und} \quad \sigma a = \sum_{u\in U} \sigma\alpha_u u,$$

wenn man für die zweite Formel noch voraussetzt, daß ω (rechts)absorbierend in $(S, +, \cdot)$ ist.

Beispiel 1.7. a) Wie in der linearen Algebra gezeigt wird, hat jeder Vektorraum $({}_K V, +)$ (vgl. Beispiel 1.3 a)) eine Basis U. Für R-Moduln $({}_R A, +)$ über einem Ring R gilt diese Aussage bereits nicht mehr (vgl. c) und Aufgabe 1.3).

b) Es sei $\left({}_S M_{n,n}(S), +\right)$ der unitäre und ω-treue S-Halbmodul aus Beispiel 1.3 c) und $E_{\mu,\nu}$ für jedes Paar $(\mu, \nu) \in \{1, \dots, n\} \times \{1, \dots, n\}$ die Matrix, für die nur $[E_{\mu,\nu}]_{\mu,\nu} = \varepsilon$ von ω verschieden ist. Dann bilden die n^2 Matrizen $E_{\mu,\nu}$ eine Basis U von $\left({}_S M_{n,n}(S), +\right)$, da sich jede Matrix $B = (\beta_{\mu,\nu})$ auf genau eine Weise gemäß

$$B = \sum_{\mu,\nu=1}^{n} \beta_{\mu,\nu} E_{\mu,\nu} = \sum_{E_{\mu,\nu} \in U} \beta_{\mu,\nu} E_{\mu,\nu}$$

darstellen läßt (vgl. auch die Lösung zu Aufgabe I.8.7). Für den Halbring $(S, +, \cdot) = (\mathbb{N}_0, +, \cdot)$ ist dabei U die einzige Basis von $\left({}_{\mathbb{N}_0} M_{n,n}(\mathbb{N}_0), +\right)$, während $\left({}_K M_{n,n}(K), +\right)$ für jeden Körper $(K, +, \cdot)$ ein Vektorraum über K und damit jede Menge von n^2 linear unabhängigen Matrizen eine Basis von $\left({}_K M_{n,n}(K), +\right)$ ist.

c) Es sei $(S, +, \cdot)$ ein Halbring mit Einselement ε und absorbierendem Nullelement $\omega \neq \varepsilon$. Dann hat der (unitäre und ω-treue) S-Halbmodul $({}_S S, +)$ die Basis $U = \{\varepsilon\}$. Ist weiter $(S, \cdot)$ kommutativ und H ein Halbringideal von $(S, +, \cdot)$, so hat der S-Unterhalbmodul $({}_S H, +)$ von $({}_S S, +)$ genau dann eine Basis, wenn H von einem in $(S, \cdot)$ kürzbaren Element $h \in H$ erzeugt werden kann. Ist dabei $(S, +, \cdot)$ ein Ring und damit $({}_S S, +)$ ein (unitärer) S-Modul, so gilt Entsprechendes für die Ringideale von $(S, +, \cdot)$ (vgl. Aufgabe 1.3).

Bemerkung 1.8. Es sei $(S, +, \cdot)$ ein Halbring und $({}_S A, +)$ ein ω-treuer S-Halbmodul mit einer Basis U. Dann gelten die folgenden Aussagen:

i) In $(S, +, \cdot)$ gibt es wenigstens ein Rechtseinselement ε_r (vgl. Aufgabe 1.4).

ii) Nach Aufgabe 1.5 ist $({}_S A, +)$ durch $(S, +, \cdot)$ und $|U|$ eindeutig bestimmt. Man nennt daher $|U|$ oft den *Rang* oder die *Dimension des S-Halbmoduls* $({}_S A, +)$. Dabei ist jedoch zu beachten: Ist $(S, +, \cdot)$ ein Körper und damit $({}_S A, +)$ ein Vektorraum, so ist die Dimension $|U|$ von $({}_S A, +)$ bekanntlich unabhängig von der Wahl der Basis U eindeutig bestimmt. Das gleiche gilt für den Rang $|U|$ jedes unitären und ω-treuen S-(Halb)moduls $({}_S A, +)$ mit einer Basis U, falls $(S, +, \cdot)$ ein kommutativer (Halb)ring ist (vgl. [Coh66] und [Heb94]). *Dagegen gibt es unitäre und ω-treue R-Moduln $({}_R A, +)$ über nichtkommutativen Ringen, die Basen U und V mit $|U| \neq |V|$ besitzen, deren Rang* *also nicht eindeutig bestimmt und damit keine Invariante von* $({}_RA, +)$ *ist.* Ein entsprechendes Beispiel geben wir in Aufgabe 1.6.

Wir konstruieren nun gewisse allgemeine S-Halbmoduln, die die Grundlage für spätere Anwendungen sein werden.

Lemma 1.9. *a) Es sei* $S = (S, +, \cdot)$ *ein Halbring,* $U \neq \emptyset$ *eine Menge und* $A = S\langle\langle U\rangle\rangle$ *die Menge aller Abbildungen* $a : U \to S$*, deren Bilder wir auch gemäß* $a(u) = \alpha_u \in S$ *notieren. Definiert man dann für alle* $a, b \in A$ *und* $\sigma \in S$ *Summe und Operatoranwendung durch*

$$(1.9)\qquad (a+b)(u) = a(u) + b(u) \quad \text{und} \quad (\sigma a)(u) = \sigma a(u) \quad \text{für alle } u \in U,$$

so ist $({}_SA, +) = ({}_SS\langle\langle U\rangle\rangle, +)$ *ein* S*-Halbmodul. Dieser* S*-Halbmodul ist genau dann unitär, wenn* S *ein Einselement* ε *hat.*

b) Genau dann hat $({}_SS\langle\langle U\rangle\rangle, +)$ *ein Nullelemnt* o*, wenn* $(S, +, \cdot)$ *ein Nullelement* ω *hat. In diesem Fall ist* o *die durch* $o(u) = \omega$ *für alle* $u \in U$ *definierte Abbildung* $o : U \to S$*. Ist dabei* ω *absorbierend, so ist* $({}_SS\langle\langle U\rangle\rangle, +)$ ω*-treu.*

c) Hat $(S, +, \cdot)$ *ein absorbierendes Nullelement* ω*, dann ist die Teilmenge* $S\langle U\rangle \subseteq S\langle\langle U\rangle\rangle$ *aller Abbildungen* $a : U \to S$ *mit* $a(u) = \alpha_u = \omega$ *für fast alle* $u \in U$ *ein* S*-Unterhalbmodul* $({}_SS\langle U\rangle, +)$ *von* $({}_SS\langle\langle U\rangle\rangle, +)$*. Natürlich stimmen beide überein, wenn* U *endlich ist.*

d) Genau dann ist $({}_SS\langle\langle U\rangle\rangle, +)$ *bzw.* $({}_SS\langle U\rangle, +)$ *ein* S*-Modul, wenn* $(S, +, \cdot)$ *ein Ring ist.*

Beweis. Man prüft im direkten Ansatz nach, daß $({}_SS\langle\langle U\rangle\rangle, +)$ gemäß (1.9) ein S-Halbmodul ist. Auch die zweite Aussage von a) sowie b) und c) ergeben sich aus (1.9). Für d) ist wegen b) nur noch zu zeigen, daß zu jedem a aus $S\langle\langle U\rangle\rangle$ bzw. $S\langle U\rangle$ genau dann ein b aus $S\langle\langle U\rangle\rangle$ bzw. $S\langle U\rangle$ mit $a + b = o$ existiert, wenn es zu jedem $\alpha \in S$ ein $\beta \in S$ mit $\alpha + \beta = \omega$ gibt. Dies folgt aus der Gleichwertigkeit von $a + b = o$ mit $a(u) + b(u) = \omega$ für alle $u \in U$. ∎

Definition 1.10. a) Es ist üblich und zweckmäßig, jedes Element a dieses S-Halbmoduls $({}_SS\langle\langle U\rangle\rangle, +)$ zunächst rein formal als Summe gemäß

$$(1.10)\qquad a = \sum_{u \in U} \alpha_u u \quad \text{mit } \alpha_u = a(u) \text{ für alle } u \in U$$

zu schreiben. Wegen (1.9) gilt dann (1.8) auch für diese formalen Summen, unabhängig von jeder weiteren Voraussetzung. Hat nun $(S, +, \cdot)$ ein Nullelement ω, so kann man jeden Summanden $\alpha_u u$ als Element von ${}_SS\langle\langle U\rangle\rangle$ auffassen, indem man $\alpha_u u$ als die Abbildung

$$(1.11)\qquad (\alpha_u u)(u) = \alpha_u \quad \text{und} \quad (\alpha_u u)(v) = \omega \quad \text{für alle } v \neq u \text{ aus } U$$

definiert. Damit wird (1.10) für jedes Element a aus $({}_SS\langle U\rangle, +)$ zu einer formal unendlichen Summe in $({}_SS\langle\langle U\rangle\rangle, +)$ und insbesondere zu einer endlichen Summe in $({}_SS\langle U\rangle, +) = ({}_SS\langle\langle U\rangle\rangle, +)$, wenn U eine endliche Menge ist. Allgemein werden wir später zeigen, daß (1.10) stets eine wohldefinierte unendliche Summe in einem geeigneten S-Σ-Halbmodul $({}_SS\langle\langle U\rangle\rangle, +, \Sigma)$ ist (vgl. Satz 1.14 b) und Bemerkung 1.16).

b) Bei den meisten Anwendungen hat $(S, +, \cdot)$ ein Einselement ε und ein absorbierendes Nullelement $\omega \neq \varepsilon$. Unter dieser Voraussetzung läßt sich U als Teilmenge von ${}_SS\langle\langle U\rangle\rangle$ auffassen, indem man jedes $u \in U$ mit der durch

(1.12) $$u(u) = \varepsilon \quad \text{und} \quad u(v) = \omega \text{ für alle } v \neq u \text{ aus } U$$

definierten Abbildung identifiziert. Für jedes $\alpha_u \in S$ ist dann $\alpha_u u$ ersichtlich die Abbildung (1.11).

Bemerkung 1.11. i) *Gilt $U \subseteq {}_SS\langle\langle U\rangle\rangle$ gemäß Definition 1.10 b), so ist U eine Basis des S-Unterhalbmoduls $({}_SS\langle U\rangle, +)$ von $({}_SS\langle\langle U\rangle\rangle, +)$,* weil dann (1.10) für jedes $a \in {}_SS\langle U\rangle$ gemäß Lemma 1.9 c) in (1.7) übergeht. Da man für U jede (endliche oder unendliche) nichtleere Menge wählen kann, erhält man: *Für jeden Halbring $(S, +, \cdot)$ mit Einselement ε und absorbierendem Nullelement $\omega \neq \varepsilon$ gibt es einen S-Halbmodul, der eine Basis U mit vorgegebener Kardinalzahl $|U|$ besitzt.* Umgekehrt ist dann nach Aufgabe 1.5 jeder S-Halbmodul $({}_SA, +)$ über $(S, +, \cdot)$, der eine Basis U hat, S-isomorph zu $({}_SS\langle U\rangle, +)$. (Übrigens ist für diese Überlegungen wie auch für Definition 1.10 b) notwendig und hinreichend, daß $(S, +, \cdot)$ ein Rechtseinselement ε_r hat und das Nullelement ω rechtsabsorbierend ist.)

ii) Abgesehen von weiteren Voraussetzungen über $(S, +, \cdot)$ und anderer Wahl der Buchstaben werden in IV.3 der Monographie [Eil74] über Automaten und formale Sprachen die Elemente von $S\langle\langle U\rangle\rangle$ als "S-Untermengen von U" eingeführt. Insbesondere werden die Elemente von $\mathbb{N}_0\langle\langle U\rangle\rangle$ in der Literatur auch "multisets" von U genannt (vgl. z. B. [Man85]), was wir in Aufgabe 1.8 erläutern. Auf Halbringe über $({}_SS\langle\langle U\rangle\rangle, +)$ und $({}_SS\langle U\rangle, +)$ und ihre Anwendungen in der Informatik kommen wir noch ausführlich zu sprechen.

iii) Im Zusammenhang mit diesen Anwendungen schreibt man für die Bilder von $a \in S\langle\langle U\rangle\rangle$ statt $a(u) = \alpha_u$ oft (a, u) und damit (1.9) in der Form $a = \sum_{u\in U}(a, u)u$. Auch definiert man als *Support von a* die Menge

(1.13) $$\operatorname{supp}(a) = \{u \in U \mid a(u) = (a, u) \neq \omega\};$$

damit gilt $a \in S\langle U\rangle$ genau dann, wenn $\operatorname{supp}(a)$ endlich ist.

iv) Notiert man jedes Element $a \in S\langle\langle U\rangle\rangle$ mit $a(u) = \alpha_u$ als eine Familie $a = (\alpha_u)_{u\in U}$, so folgt aus (1.9), daß $({}_S S\langle\langle U\rangle\rangle, +)$ das direkte Produkt $({}_S\Pi, +)$ der Familie $(({}_S S, +))_{u\in U}$ von $|U|$ S-Halbmoduln $({}_S S, +)$ ist (vgl. Lemma 1.4 und Beispiel 1.3 e)).

Schließlich verallgemeinern wir den Begriff des Σ-Halbmoduls (vgl. Definition IV.3.1) auf S-Halbmoduln und behandeln dann unendliche Summen in den S-Halbmoduln $({}_S S\langle\langle U\rangle\rangle, +)$, die mit Hilfe der unendlichen Summen eines beliebig gewählten Σ-Halbmoduls $(S, +, \Sigma^S)$ über $(S, +)$ definiert werden.

Definition 1.12. Es sei $({}_S A, +)$ ein S-Halbmodul mit Nullelement o über einem Halbring $(S, +, \cdot)$ und $(A, +, \Sigma)$ ein Σ-Halbmodul. Dann nennt man $({}_S A, +, \Sigma)$ einen *Σ-Halbmodul über S* oder einen *S-Σ-Halbmodul.* Weiter heißt ein S-Σ-Halbmodul $({}_S A, +, \Sigma)$ ein *S-Σ-Modul*, wenn $(A, +, \Sigma)$ ein Σ-Modul (und damit $({}_S A, +)$ ein S-Modul) ist. Insbesondere erfüllt ein S-Σ-Halbmodul $({}_S A, +, \Sigma)$ das **Operatoraxiom (Op),** wenn folgendes gilt:

(Op) Ist $(a_i)_{i\in I}$ summierbar in $(A, +, \Sigma)$, so ist auch die Familie $(\sigma a_i)_{i\in I}$ für jedes $\sigma \in S$ summierbar, und es gilt $\sigma(\Sigma_{i\in I} a_i) = \Sigma_{i\in I} \sigma a_i$.

Beispiel 1.13. a) Ist $(S, +, \cdot)$ ein Halbring mit Nullelement und $(S, +, \Sigma)$ ein Σ-Halbmodul, so ist der S-Halbmodul $({}_S S, +)$ aus Beispiel 1.3 e) ein S-Σ-Halbmodul $({}_S S, +, \Sigma)$. Man beachte aber: Ist dabei $(S, +, \cdot)$ ein Ring und damit $({}_S S, +)$ ein S-Modul, so braucht der S-Σ-Halbmodul $({}_S S, +, \Sigma)$ kein S-Σ-Modul zu sein. Ein entsprechendes Beispiel ist der $\mathbb{R}$-Σ-Halbmodul $({}_{\mathbb{R}}\mathbb{R}, +, \Sigma^\nabla)$ über dem Körper $(\mathbb{R}, +, \cdot)$ aus Aufgabe IV.3.1 b).

b) Ein S-Σ-Halbmodul $({}_S S, +, \Sigma)$ gemäß a) erfüllt genau dann das Axiom (Op), wenn für $(S, +, \Sigma, \cdot)$ das Axiom (D_l) gilt, also stets, wenn $(S, +, \Sigma, \cdot)$ ein Σ-Halbring ist (vgl. Definition IV.3.6 und Lemma IV.3.7). In diesem Falle gelten übrigens wegen (D_r) und (D) auch die zu (Op) analogen Aussagen $(\Sigma_{j\in J}\sigma_j)a = \Sigma_{j\in J}\sigma_j a$ und $(\Sigma_{j\in J}\sigma_j)(\Sigma_{i\in I}a_i) = \Sigma_{(j,i)\in J\times I}\sigma_j a_i$ (unter Voraussetzung der Existenz der linken Seiten). Die ihnen entsprechenden Operatoraxiome für beliebige S-Σ-Halbmoduln $({}_S A, +, \Sigma)$ benötigen wir hier nicht.

c) Es sei $({}_S A, +)$ ein S-Halbmodul mit Nullelement o über einem Halbring $(S, +, \cdot)$ und $(A, +, \Sigma^o)$ der Σ-Halbmodul der formal unendlichen Summen über $(A, +)$ (vgl. Beispiel IV.3.3 b)). Dann ist $({}_S A, +, \Sigma^o)$ ein S-Σ-Halbmodul. Ersichtlich erfüllt er (Op) genau dann, wenn (1.6) für $({}_S A, +)$ gilt.

d) Ist $(S, +, \cdot)$ ein Halbring mit Nullelement ω, so folgt aus c), daß $({}_S S, +, \Sigma^o)$ ein S-Σ-Halbmodul ist. In diesem Fall (vgl. a)) ist $({}_S S, +, \Sigma^o)$ ersichtlich genau dann ein S-Σ-Modul, wenn $(S,+,\cdot)$ ein Ring ist, während (Op) genau dann gilt, wenn ω rechtsabsorbierend ist.

Satz 1.14. *a) Es sei $(S,+,\cdot)$ ein Halbring mit Nullelement ω, $(S,+,\Sigma^S)$ ein Σ-Halbmodul und $({}_SS\langle\langle U\rangle\rangle,+)$ ein S-Halbmodul gemäß Lemma 1.9 a). Dann erhält man einen S-Σ-Halbmodul $({}_SS\langle\langle U\rangle\rangle,+,\Sigma)$ durch die folgende Definition: Eine Familie $(a_i)_{i\in I}$ über $S\langle\langle U\rangle\rangle$ ist genau dann summierbar in $({}_SS\langle\langle U\rangle\rangle,+,\Sigma)$, wenn für jedes $u\in U$ die Familie der Bilder $\big(a_i(u)\big)_{i\in I}$ in $(S,+,\Sigma^S)$ summierbar ist, wobei man dann $a=\Sigma_{i\in I}a_i\in S\langle\langle U\rangle\rangle$ definiert als die Abbildung*

$$(1.14)\qquad a(u)=\Big(\sum_{i\in I}a_i\Big)(u)=\sum_{i\in I}{}^S a_i(u)\quad \textit{für alle } u\in U.$$

b) In dem S-Σ-Halbmodul $({}_SS\langle\langle U\rangle\rangle,+,\Sigma)$ gilt für jedes Element $a\in S\langle\langle U\rangle\rangle$

$$(1.15)\qquad a=\sum_{u\in U}a(u)u=\sum_{u\in U}\alpha_u u,$$

d. h. a ist die Summe der Elemente $a(u)u=\alpha_u u$ aus $S\langle\langle U\rangle\rangle$. Damit läßt sich für jede Familie $(a_i)_{i\in I}$ über $S\langle\langle U\rangle\rangle$ mit $a_i=\Sigma_{u\in U}\alpha_{i,u}u$ die obige Summendefinition in der folgenden, für Anwendungen praktischen Form schreiben:

$$(1.16)\qquad \sum_{i\in I}a_i=\sum_{i\in I}\Big(\sum_{u\in U}\alpha_{i,u}u\Big)=\sum_{u\in U}\Big(\sum_{i\in I}{}^S\alpha_{i,u}\Big)u,$$

wobei $\Sigma_{i\in I}a_i$ genau dann existiert, wenn die Koeffizientensummen $\Sigma^S_{i\in I}\alpha_{i,u}$ für alle $u\in U$ existieren.

c) Der S-Σ-Halbmodul $({}_SS\langle\langle U\rangle\rangle,+,\Sigma)$ erfüllt genau dann auch das Axiom (Op) bzw. (GP'), wenn dies für den S-Σ-Halbmodul $({}_SS,+,\Sigma^S)$ zutrifft. Weiter ist $({}_SS\langle\langle U\rangle\rangle,+,\Sigma)$ genau dann (abzählbar) vollständig, wenn $({}_SS,+,\Sigma^S)$ diese Eigenschaft hat.

d) Der S-Σ-Halbmodul $({}_SS\langle\langle U\rangle\rangle,+,\Sigma)$ ist genau dann ein S-Σ-Modul, wenn $({}_SS,+,\Sigma^S)$ ein S-Σ-Modul ist. Für letzteres ist notwendig, aber nicht hinreichend, daß $(S,+,\cdot)$ ein Ring ist.

Beweis. a) Nach Bemerkung 1.11 iv) ist $({}_SS\langle\langle U\rangle\rangle,+)$ das direkte Produkt $({}_S\Pi,+)$ der Familie $\big(({}_SS,+)\big)_{u\in U}$ von S-Halbmoduln $({}_SS,+)$ mit den Elementen $a=\big(a(u)\big)_{u\in U}=(\alpha_u)_{u\in U}$ aus $\Pi=S\langle\langle U\rangle\rangle$. Da es sich dabei nach Voraussetzung um das direkte Produkt von Σ-Halbmoduln $(S,+,\Sigma^S)$ handelt, können wir Satz IV.3.4 b) anwenden und erhalten einen Σ-Halbmodul

$(\Pi, +, \Sigma)$. In ihm ist eine Familie $(a_i)_{i\in I}$ mit $a_i = \big(a_i(u)\big)_{u\in U} = (\alpha_{i,u})_{u\in U}$ genau dann summierbar, wenn die Summen $\Sigma^S_{i\in I} a_i(u) = \Sigma^S_{i\in I}\alpha_{i,u}$ für alle $u \in U$ existieren, und die komponentenweise Definition der Summe $a = \Sigma_{i\in I} a_i$ gemäß (IV.3.1) entspricht (1.14). Damit entsteht auf die im Satz angegebene Weise ein Σ-Halbmodul $(S\langle\langle U\rangle\rangle, +, \Sigma)$, und $({}_S S\langle\langle U\rangle\rangle, +, \Sigma)$ ist nach Definition 1.12 ein S-Σ-Halbmodul.

b) Wir zeigen, daß für jedes $a \in S\langle\langle U\rangle\rangle$ die Famiie $\big(a(u)u\big)_{u\in U} = (\alpha_u u)_{u\in U}$ in $({}_S S\langle\langle U\rangle\rangle, +, \Sigma)$ summierbar und ihre Summe $b = \Sigma_{u\in U}\alpha_u u$ durch $b(v) = \alpha_v$ für alle $v \in U$ festgelegt ist. Daraus folgt $b = a$ und damit (1.15). Dazu verwenden wir (1.14) in der Form

$$b(v) = \Big(\sum_{u\in U}\alpha_u u\Big)(v) = \sum_{u\in U}{}^S(\alpha_u u)(v) \quad \text{für alle } v \in U$$

und beweisen, daß für jedes $v \in U$ die rechtsstehende Summe in $(S, +, \Sigma^S)$ existiert und gleich α_v ist. In der Tat ist zunächst jede dieser Summen formal unendlich, da nach (1.11) $(\alpha_u u)(v) = \omega$ für alle $u \in U$ mit $u \neq v$ und $(\alpha_v v)(v) = \alpha_v$ gilt. Weiter sind in jedem Σ-Halbmodul $(S, +, \Sigma^S)$ gemäß Bemerkung IV.3.2 iii) alle formal unendlichen Summen stets definiert. Daraus ergibt sich schon wie behauptet $\Sigma^S_{u\in U}(\alpha_u u)(v) = \alpha_v$ für jedes $v \in U$.

c) Zunächst ist $({}_S S, +, \Sigma)$ nach Beispiel 1.13 a) ein S-Σ-Halbmodul. Die Aussagen über (GP') und die (abzählbare) Vollständigkeit betreffen allerdings nur die Σ-Halbmoduln $(S\langle\langle U\rangle\rangle, +, \Sigma)$ und $(S, +, \Sigma^S)$ und folgen aus dem zweiten Teil von Satz IV.3.4 b). Für die Aussage über (Op) verwenden wir, daß die Summe $\Sigma_{i\in I} a_i$ einer Familie $(a_i)_{i\in I}$ über $S\langle\langle U\rangle\rangle$ nach (1.14) genau dann existiert, wenn die Summen $\Sigma^S_{i\in I} a_i(u)$ für alle $u \in U$ existieren. Gilt nun (Op) für $(S, +, \Sigma^S)$, so folgt für alle $\sigma \in S$ (jeweils einschließlich der Existenz) $\Sigma^S_{i\in I}\sigma a_i(u) = \sigma\big(\Sigma^S_{i\in I} a_i(u)\big)$ und damit $\Sigma_{i\in I}\sigma a_i = \sigma(\Sigma_{i\in I} a_i)$. Die Umkehrung ergibt sich daraus, daß man für eine beliebige, in $(S, +, \Sigma^S)$ summierbare Familie $(\alpha_i)_{i\in I}$ etwa die in $({}_S S\langle\langle U\rangle\rangle, +, \Sigma)$ summierbare Familie $(a_i)_{i\in I}$ mit $a_i(u) = \alpha_i$ für alle $u \in U$ betrachten kann.

d) Nach der Definition des S-Σ-Moduls ist zu zeigen, daß $(S\langle\langle U\rangle\rangle, +, \Sigma)$ genau dann ein Σ-Modul ist, wenn dies für $(S, +, \Sigma^S)$ zutrifft. Dies folgt wieder aus Satz IV.3.4 b). Die zusätzliche Bemerkung ergibt sich aus Beispiel 1.13 a). ∎

Definition 1.15. Da die Summenabbildung Σ des in Satz 1.14 a) definierten S-Σ-Halbmoduls $({}_S S\langle\langle U\rangle\rangle, +, \Sigma)$ von der Summenabbildung Σ^S des jeweils gewählten Σ-Halbmoduls $(S, +, \Sigma^S)$ abhängt, nennen wir $({}_S S\langle\langle U\rangle\rangle, +, \Sigma)$ *den durch* $(S, +, \Sigma^S)$ *bestimmten* S-Σ-*Halbmodul über* U *und* $(S, +, \Sigma^S)$ *den zu* $({}_S S\langle\langle U\rangle\rangle, +, \Sigma)$ *korrespondierenden* Σ-*Halbmodul.* Wählt man letzteren als den Σ-Halbmodul $(S, +, \Sigma^o)$ der formal unendlichen Summen über $(S, +)$, so heißt $({}_SS\langle\langle U\rangle\rangle, +, \Sigma)$ ***der lokal endliche S-Σ-Halbmodul über U***. In ihm sind genau die Familien $(a_i)_{i\in I}$ mit $a_i = \Sigma_{u\in U}\alpha_{i,u}u$ summierbar, bei denen für jedes $u \in U$ nur endlich viele $\alpha_{i,u} \neq \omega$ auftreten, und die man deshalb als ***lokal endlich*** bezeichnet. (Man verwechsle den lokal endlichen S-Σ-Halbmodul $({}_SS\langle\langle U\rangle\rangle, +, \Sigma)$ nicht mit dem S-Σ-Halbmodul $({}_SS\langle\langle U\rangle\rangle, +, \Sigma^o)$ der formal unendlichen Summen über $(S\langle\langle U\rangle\rangle, +)$.)

Bemerkung 1.16. i) Für jeden S-Halbmodul $({}_SS\langle\langle U\rangle\rangle, +)$ mit einer unendlichen Menge U wird die formale Schreibweise (1.10) zu der korrekt definierten unendlichen Summe (1.15), wenn man von $({}_SS\langle\langle U\rangle\rangle, +)$ zu dem S-Σ-Halbmodul $({}_SS\langle\langle U\rangle\rangle, +, \Sigma)$ mit einem beliebigen korrespondierenden Σ-Halbmodul $(S, +, \Sigma^S)$ übergeht. Im Beweis von Satz 1.14 b) werden aber nur formal unendliche Summen in $(S, +, \Sigma^S)$ benötigt. Damit genügt es zur Rechtfertigung von (1.10) durch (1.15), den lokal endlichen S-Σ-Halbmodul $({}_SS\langle\langle U\rangle\rangle, +, \Sigma)$ zu verwenden.

ii) Weiter sei bemerkt, daß die Einführung unendlicher Summen gemäß Satz 1.14 a) auch für endliche Mengen U, also für S-Halbmoduln $({}_SS\langle U\rangle, +) = ({}_SS\langle\langle U\rangle\rangle, +)$ von Interesse sein kann.

iii) Übrigens ist das Nullelement o in Definition 1.12 und damit das Nullelement ω in Satz 1.14 a) überflüssig, wenn man wie z. B. in [Heb92a] auch Σ-Halbmoduln ohne Nullelement betrachtet, was wir in IV.3 nicht getan haben. Allerdings wird die Existenz von ω (woraus die von $o \in S\langle\langle U\rangle\rangle$ nach Lemma 1.9 b) folgt) für (1.11) und Satz 1.14 b) ohnehin benötigt.

Aufgaben

1.1. Sind $a_1, \ldots, a_n$ Elemente eines S-Halbmoduls $({}_SA, +)$, so bilden alle Elemente $\alpha_1 a_1 + \ldots + \alpha_n a_n$ mit $\alpha_i \in S$ einen S-Unterhalbmodul $({}_SH, +)$ von $({}_SA, +)$. Ist $({}_SA, +)$ unitär und ω-treu, so gilt $\{a_1, \ldots, a_n\} \subseteq H$. Man nennt dann $\{a_1, \ldots, a_n\}$ ein *Erzeugendensystem von* $({}_SH, +)$ und $({}_SH, +)$ *endlich erzeugt*, wenn ein solches endliches Erzeugendensystem existiert.

1.2. Es sei $({}_SA, +)$ ein unitärer und ω-treuer S-Halbmodul. Ist dann $(S, +, \cdot)$ ein Ring, so ist $({}_SA, +)$ ein S-Modul. Ist dagegen $(S, +, \cdot)$ ein additiv idempotenter Halbring, so ist auch $(A, +)$ idempotent.

1.3. a) Für den Polynomring $(R, +, \cdot) = (\mathbb{Z}[x], +, \cdot)$ ist das von $\{2, x\}$ erzeugte Ringideal $H = \{r_1 2 + r_2 x \mid r_i \in R\}$ ein R-Untermodul $({}_RH, +)$

des R-Moduls $({}_RR, +)$. Dieser 0-treue (und unitäre) R-Untermodul hat keine Basis U im Sinne von Definition 1.6. Eine solche Basis U müßte nämlich $2 \in U$ und $x \in U$ erfüllen, woraus schon folgt, daß das Element $2x \in H$ zwei verschiedene Darstellungen (1.7) hat, nämlich $x2 + 0x$ und $02 + 2x$. (Das gleiche gilt übrigens für jedes Ringideal H eines kommutativen Ringes R, das kein Hauptideal (vgl. Aufgabe I.7.5 c)) ist. Trotzdem ist in der Ringtheorie die Bezeichnung "Idealbasis" für ein Erzeugendensystem eines Ideals aus historischen Gründen üblich.)

b) Beweisen Sie nun die Behauptung über (Halb)ringideale $({}_SH, +)$ in Beispiel 1.7 c), und betrachten Sie für $(S, +, \cdot)$ insbesondere den Halbring $(\mathbb{N}_0, +, \cdot)$ und die Ringe $(\mathbb{Z}/(m), +, \cdot)$.

1.4. Es sei $(S, +, \cdot)$ ein Halbring, zu dem wenigstens ein S-Halbmodul $({}_SA, +)$ existiert, der eine Basis gemäß Definition 1.6 hat. Dann besitzt $(S, +, \cdot)$ ein Rechtseinselement ε_r. Hat dann $(S, +, \cdot)$ auch ein Linkseinselement ε_l, so ist $\varepsilon_l = \varepsilon_r$ das Einselement von $(S, +, \cdot)$ und $({}_SA, +)$ unitär.

1.5. Für einen Halbring $(S, +, \cdot)$ sei $({}_SA, +)$ ein ω-treuer S-Halbmodul mit einer Basis U und $({}_SB, +)$ ein solcher mit einer Basis V. Aus $|U| = |V|$ folgt dann die S-Isomorphie von $({}_SA, +)$ und $({}_SB, +)$. Dabei gilt sogar: Ist $\sigma : U \to V$ eine Bijektion, so gibt es genau einen S-Isomorphismus φ von $({}_SA, +)$ auf $({}_SB, +)$, der σ fortsetzt. Ist umgekehrt φ ein solcher S-Isomorphismus und U eine Basis von $({}_SA, +)$, so ist $\varphi(U)$ eine Basis von $({}_SB, +)$, wobei jedoch $|\varphi(U)| = |U|$ von $|V|$ verschieden sein kann (vgl. Bemerkung 1.8 ii) und die folgende Aufgabe).

1.6. Es sei $(R, +, \cdot)$ ein Ring mit Einselement ε und Nullelement $\omega \neq \varepsilon$ und (paarweise verschiedenen) Elementen $\alpha_1, \alpha_2, \beta_1, \beta_2$, die $\alpha_1\beta_1 = \alpha_2\beta_2 = \varepsilon$ und $\alpha_1\beta_2 = \alpha_2\beta_1 = \omega$ sowie $\beta_1\alpha_1 + \beta_2\alpha_2 = \varepsilon$ erfüllen (die Existienz eines solchen Ringes wird in [Coh66] gezeigt, vgl. auch [Réd59], § 64). Weiter sei $({}_RA, +)$ ein unitärer R-Modul, der genau aus den Elementen σu mit $\sigma \in R$ und einem festen Element $u \in A$ besteht, der also $U = \{u\}$ als Basis hat (der R-Halbmodul $({}_RR, +)$ gemäß Beispiel 1.3 e) ist ein solcher R-Modul mit $U = \{\varepsilon\}$). Dann ist auch $V = \{\alpha_1 u, \alpha_2 u\}$ eine Basis von $({}_RA, +)$, woraus übrigens folgt, daß $({}_RA, +)$ Basen W_n mit $|W_n| = n$ für alle $n \in \mathbb{N}$ besitzt.

1.7. Es sei $({}_SA, +)$ ein ω-treuer und unitärer S-Halbmodul und U eine Basis von $({}_SA, +)$. Dann definiert $\varphi(a) = \varphi(\Sigma_{u \in U}\alpha_u u) = (\alpha_u)_{u \in U}$ einen S-Isomorphismus φ von $({}_SA, +)$ auf das eingeschränkte direkte Produkt der Familie $\left(({}_SS, +)\right)_{u \in U}$ von $|U|$ S-Halbmoduln $({}_SS, +)$, vgl. Lemma 1.4 und Beispiel 1.3 e).

1.8. a) Für den Booleschen Halbkörper $(\mathbb{B}, +, \cdot)$ (vgl. Aufgabe I.3.1) kennzeichnet jedes Element a von $({}_{\mathbb{B}}\mathbb{B}\langle\langle U\rangle\rangle, +)$ genau eine Teilmenge T von U, indem man a als *charakteristische Funktion* $a = \chi(T)$ von T gemäß

(1.17) $$a(u) = 1 \iff u \in T \quad \text{und} \quad a(u) = 0 \iff u \notin T$$

auffaßt. Aus $a_i = \chi(T_i)$ folgt dann $a_1 + a_2 = \chi(T_1 \cup T_2)$.

b) Bezeichnungen wie "multisets" in Bemerkung 1.11 ii) werden verständlich, wenn man den Mengenbegriff dahingehend erweitert, daß ein Element $u \in U$ auch "mehrfach" in einer Menge T auftreten kann. Für jedes $u \in U$ gibt dann $a \in \mathbb{N}_0\langle\langle U\rangle\rangle$ mit $a(u) = n \in \mathbb{N}_0$ an, daß u "genau n-mal in T auftritt".

V.2. Halbalgebren über Halbringen

Die im folgenden behandelten Halbalgebren erlauben sowohl die Konstruktion als auch eine systematische Behandlung zahlreicher Halbringe. In der Ringtheorie versteht man unter einer Algebra über einem Ring $(S, +, \cdot)$ einen (nicht notwendig assoziativen, vgl. Bemerkung 2.2 i)) Ring $(A, +, \cdot)$, der zugleich ein S-Modul $({}_SA, +)$ mit einer Basis U ist und einer weiteren Forderung genügt. Je nachdem, ob man letztere gemäß (2.2) oder gemäß (2.3) wählt, entstehen zwei Algebrenbegriffe dieser Art, die in [Pic47] als Algebren "im weiteren Sinne" bzw. "im engeren Sinne" unterschieden werden. Im allgemeinen wird meist der historisch ältere, engere Begriff als "Algebra" bezeichnet. Er ist strukturell einfacher, hat aber im Gegensatz zu dem schon in [Zas37] eingeführten und ebenfalls als "Algebra" bezeichneten weiteren Begriff einen Nachteil: Auch bei sonst völlig gleichen Konstruktionen von Ringen $(A, +, \cdot)$ mit Hilfe von Ringen $(S, +, \cdot)$ erfaßt der engere Begriff nur die Fälle, in denen $(S, +, \cdot)$ kommutativ ist (vgl. die Beispiele 2.3 a) und b) sowie Satz 2.8). Zur Vereinfachung der Ausdrucksweise bezeichnen wir nun hier den allgemeinen Begriff als "Algebra" und den engeren als "klassische Algebra" und verfahren mit ihren halbringtheoretischen Verallgemeinerungen entsprechend:

Definition 2.1. a) Es sei $S = (S, +, \cdot)$ ein Halbring mit Einselement ε und absorbierendem Nullelement $\omega \neq \varepsilon$. Dann heißt $({}_SA, +, \cdot)$ eine ***Halbalgebra über S*** oder eine ***S-Halbalgebra***, wenn folgendes gilt:

1) $({}_SA, +)$ ist ein unitärer und ω-treuer S-Halbmodul.

2) Für die zweistellige Operation $\cdot$ auf A gelten die Distributivgesetze

(2.1) $$a \cdot (b + c) = a \cdot b + a \cdot c \text{ und } (b + c) \cdot a = b \cdot a + c \cdot a \quad \text{für alle } a, b, c \in A.$$

3) Es gibt eine Basis U von $({}_SA, +)$, die

$$(2.2) \qquad (\alpha u) \cdot (\beta v) = (\alpha\beta)(u \cdot v) \quad \text{für alle} \quad \alpha, \beta \in S \text{ und } u, v \in U$$

erfüllt. Eine solche Basis U heißt eine ***Halbalgebrenbasis von*** $({}_SA, +, \cdot)$.

Ist dabei $(S, +, \cdot)$ ein Ring und damit $({}_SA, +)$ nach Aufgabe 1.2 ein S-Modul, so ist $({}_SA, +, \cdot)$ eine "Algebra im weiteren Sinne", die wir hier eine ***Algebra über*** S nennen. In diesem Falle bezeichnen wir eine Basis U von $({}_SA, +)$, die (2.2) erfüllt, auch als ***Algebrenbasis von*** $({}_SA, +, \cdot)$.

b) Fordert man dagegen statt 3) die Existenz einer beliebigen Basis von $({}_SA, +)$ und

$$(2.3) \qquad \sigma(a \cdot b) = (\sigma a) \cdot b = a \cdot (\sigma b) \quad \text{für alle} \quad \sigma \in S \text{ und } a, b \in A,$$

so gilt (2.2) wegen $(\alpha u)(\beta v) = \alpha\big(u(\beta v)\big) = \alpha\big(\beta(uv)\big) = (\alpha\beta)(uv)$ sogar für jede Basis U von $({}_SA, +)$. In diesem Falle nennen wir $({}_SA, +, \cdot)$ eine ***klassische Halbalgebra über*** S. Ist dabei $(S, +, \cdot)$ ein Ring und damit $({}_SA, +)$ wieder ein S-Modul, so ist $({}_SA, +, \cdot)$ eine "Algebra im engeren Sinne", die wir hier eine ***klassische Algebra über*** S nennen.

Bemerkung 2.2. i) Man beachte, daß die vier in Definition 2.1 festgelegten algebraischen Strukturen $({}_SA, +, \cdot)$ nicht das assoziative Gesetz der Multiplikation zu erfüllen brauchen. Man bezeichnet sie daher auch als "Halbringe bzw. Ringe mit nicht notwendig assoziativer Multiplikation". Obwohl insbesondere "nichtassoziative Ringe" in vielerlei Hinsicht wichtig sind, interessieren uns hier vor allem Halbalgebren und Algebren mit assoziativer Multiplikation. Doch benötigt man die allgemeineren Begriffsbildungen von Definition 2.1 schon, um entsprechende Assoziativitätskriterien formulieren zu können (vgl. Satz 2.6).

ii) Wie eben gezeigt, ist für eine klassische S-(Halb)algebra $({}_SA, +, \cdot)$ jede Basis U von $({}_SA, +)$ eine (Halb)algebrenbasis. Dagegen kann es für eine S-(Halb)algebra $({}_SA, +, \cdot)$ neben der geforderten (Halb)algebrenbasis U andere Basen U' von $({}_SA, +)$ geben, die (2.2) nicht erfüllen (vgl. Beispiel 2.3 a)).

Beispiel 2.3. a) Es sei $(S, +, \cdot)$ ein Halbring wie in Definition 2.1 und $(S[x], +, \cdot)$ der Polynomhalbring in einer Unbestimmten x über S (vgl. II.1). Dann ist $({}_SS[x], +)$ gemäß Beispiel 1.3 e) ein unitärer und ω-treuer S-Halbmodul. Ersichtlich ist $U = \{x^i \mid i \in \mathbb{N}_0\}$ eine Basis von $({}_SS[x], +)$, die (2.2) für alle $\alpha, \beta \in S$ und alle $u = x^i$ und $v = x^j$ aus U gemäß $(\alpha x^i)(\beta x^j) = (\alpha\beta)(x^i x^j)$ erfüllt. Damit ist $({}_SS[x], +, \cdot)$ eine Halbalgebra über S und, falls $(S, +, \cdot)$ ein Ring ist, eine Algebra über S, beides im Sinne von Definition 2.1 a). Wir betonen dies, da *der Polynom(halb)ring* $(S[x],+,\cdot)$ *nur dann eine klassische (Halb)algebra* $({}_SS[x],+,\cdot)$ *über* S *ist, wenn* $(S,\cdot)$ *und damit* $(S[x],\cdot)$ *kommutativ sind.* Aus $\sigma(a\cdot b)=a\cdot(\sigma b)$ gemäß (2.3) folgt nämlich wegen $\sigma(\alpha x^i\cdot\beta x^j)=\sigma\alpha\beta x^{i+j}$ und $\alpha x^i\cdot\big(\sigma(\beta x^j)\big)=\alpha\sigma\beta x^{i+j}$ bereits $\sigma\alpha\varepsilon=\alpha\sigma\varepsilon$ für alle $\sigma,\alpha\in S$. Die Umkehrung zeigen wir in Satz 2.8. Ist andererseits $(S,+,\cdot)$ ein nichtkommutativer (Halb)körper und gilt etwa $\beta\gamma\neq\gamma\beta$ für $\beta,\gamma\in S$, so ist ersichtlich auch $V=\{\gamma x^i\mid i\in\mathbb{N}_0\}$ eine Basis von $({}_SS[x],+)$. Wegen

$$\big(\alpha(\gamma x^i)\big)\big(\beta(\gamma x^j)\big)=\alpha\gamma\beta\gamma x^{i+j}\neq\alpha\beta\gamma\gamma x^{i+j}=(\alpha\beta)(\gamma x^i\gamma x^j)$$

ist dann (2.2) nicht erfüllt, d. h. V ist keine (Halb)algebrenbasis der (Halb)-algebra $({}_SS[x],+,\cdot)$.

b) Entsprechend Beispiel 1.7 b) ist jeder Matrizen(halb)ring $(M_{n,n}(S),+,\cdot)$ eine S-(Halb)algebra $\big({}_SM_{n,n}(S),+,\cdot\big)$ mit $U=\{E_{\mu,\nu}\mid\mu,\nu=1,\dots,n\}$ als (Halb)algebrenbasis, wobei $(\alpha E_{\mu,\nu})\cdot(\beta E_{\lambda,\kappa})=(\alpha\beta)(E_{\mu,\nu}\cdot E_{\lambda,\kappa})$ sofort ersichtlich ist und (2.2) zeigt. *Auch hier ist* $\big({}_SM_{n,n}(S),+,\cdot\big)$ *nur dann eine klassische (Halb)algebra, wenn der (Halb)ring* $(S,+,\cdot)$ *kommutativ ist.* Dies ergibt sich auf die gleiche Weise wie oben bei a), und ebenso erhält man für geeignete nichtkommutative (Halb)ringe $(S,+,\cdot)$ Basen von $\big({}_SM_{n,n}(S),+\big)$, die keine (Halb)algebrenbasen von $\big({}_SM_{n,n}(S),+,\cdot\big)$ sind.

c) Der Körper $(\mathbb{C},+,\cdot)$ der komplexen Zahlen ist eine klassische Algebra $({}_{\mathbb{R}}\mathbb{C},+,\cdot)$ über dem Körper der reellen Zahlen $(\mathbb{R},+,\cdot)$, wobei für $z\in\mathbb{C}$ die übliche Schreibweise $z=\alpha+\beta i=\alpha 1+\beta i$ mit $\alpha,\beta\in\mathbb{R}$ der Linearkombination von z mit der Basis $U=\{1,i\}$ entspricht.

d) Entsprechend ist der Körper $(K,+,\cdot)$ aus Aufgabe II.5.18 mit den Elementen $\alpha_0 1+\alpha_1\sqrt{2}$ für $\alpha_\nu\in\mathbb{Q}$ eine klassische Algebra $({}_{\mathbb{Q}}K,+,\cdot)$ über dem Körper $(\mathbb{Q},+,\cdot)$ mit der Basis $\{1,\sqrt{2}\}$ oder $\{1,-\sqrt{2}\}$.

e) Allgemeiner gilt: *Ist* $(K,+,\cdot)$ *ein Unterkörper eines kommutativen Körpers* $(A,+,\cdot)$, *so ist* $({}_KA,+,\cdot)$ *eine klassische* K*-Algebra.* Nach Beispiel 1.3 e) ist nämlich $({}_KA,+)$ ein unitärer K-Modul, also ein Vektorraum über K und damit ein K-Modul $({}_KA,+)$, der eine Basis U hat (vgl. die Beispiele 1.3 a) und 1.7 a)). Die Gültigkeit von (2.3) folgt sofort aus der Vertauschbarkeit aller $\sigma\in K$ mit jedem $a\in A$ in $(A,\cdot)$. Dieser Sachverhalt liegt vielen Aussagen der Theorie kommutativer Körper zugrunde und gilt übrigens auch für nichtkommutative Körper $(A,+,\cdot)$, wenn der Unterkörper $(K,+,\cdot)$ im Zentrum von $(A,\cdot)$ enthalten ist.

f) Mitunter ist es nützlich, einen Halbring $(S,+,\cdot)$ wie in Definition 2.1 selbst als S-Halbalgebra $({}_SS,+,\cdot)$ mit der Halbalgebrenbasis $\{\varepsilon\}$ aufzufassen (vgl.

Beispiel 1.7 c)). Man betrachtet dann die Multiplikation $\sigma \cdot \alpha$ in S gleichzeitig als die Operatoranwendung $\sigma\alpha$ von σ auf α.

Satz 2.4. *a) Es sei $({}_SA, +, \cdot)$ eine Halbalgebra über einem Halbring $(S, +, \cdot)$ und U eine Halbalgebrenbasis von $({}_SA, +, \cdot)$. Nach Definition 1.6 hat jedes Element von A eine Darstellung $a = \Sigma_{u \in U} \alpha_u u$ mit eindeutig bestimmten Koeffizienten $\alpha_u \in S$, von denen fast alle gleich ω sind. Damit lassen sich die Produkte der Basiselemente in der Form*

$$u \cdot v = \sum_{w \in U} \delta^w_{u,v} w \quad \text{für alle } u, v \in U \tag{2.4}$$

mit eindeutig bestimmten Elementen $\delta^w_{u,v} \in S$ schreiben, wobei

$$\text{für jedes Paar } (u, v) \in U \times U \text{ gilt: } \delta^w_{u,v} = \omega \text{ für fast alle } w \in U. \tag{2.5}$$

Durch (2.4) ist dann die Multiplikation $\cdot$ auf A für alle $a, b \in A$ gemäß

$$a \cdot b = \left(\sum_{u \in U} \alpha_u u\right) \cdot \left(\sum_{v \in U} \beta_v v\right) = \sum_{u,v \in U} (\alpha_u \beta_v)(u \cdot v) \tag{2.6}$$

festgelegt, was gleichwertig ist mit

$$a \cdot b = \left(\sum_{u \in U} \alpha_u u\right) \cdot \left(\sum_{v \in U} \beta_v v\right) = \sum_{w \in U} \left(\sum_{u,v \in U} \alpha_u \beta_v \delta^w_{u,v}\right) w. \tag{2.7}$$

Schließlich ist das Nullelement o von $({}_SA, +)$ absorbierend in $({}_SA, +, \cdot)$, und $(A, \cdot)$ ist kommutativ, wenn $(S, \cdot)$ kommutativ ist und $u \cdot v = v \cdot u$ für alle $u, v \in U$ gilt.

b) Es sei umgekehrt U eine Basis eines unitären und ω-treuen S-Halbmoduls $({}_SA, +)$. Weiter seien willkürlich die Produkte $u \cdot v \in A$ für alle $u, v \in U$ definiert, was wegen (2.4) mit einer beliebigen Wahl von Elementen $\delta^w_{u,v} \in S$ für alle $u, v, w \in U$, allein unter Beachtung von (2.5), gleichwertig ist. Dann definiert (2.6) bzw. (2.7) eine Multiplikation $\cdot$ auf A, so daß $({}_SA, +, \cdot)$ eine Halbalgebra über S mit U als Halbalgebrenbasis ist.

Beweis. a) Die (2.4) und (2.5) betreffenden Aussagen sind klar. Da beim Beweis der Formel (I.2.4) von der Assoziativität der Multiplikation kein Gebrauch gemacht wird, gilt diese Formel wegen (2.1) jedenfalls für endlich viele Elemente $a_1, \ldots, a_n$ und $b_1, \ldots, b_m$ aus $({}_SA, +, \cdot)$. Wir zeigen, daß daraus zunächst

$$\left(\sum_{u \in U} \alpha_u u\right) \cdot \left(\sum_{v \in U} \beta_v v\right) = \sum_{u,v \in U} (\alpha_u u) \cdot (\beta_v v) \tag{2.8}$$

folgt, was dann wegen (2.2) bereits (2.6) ergibt. Dies ist trivial, wenn U endlich ist. Anderenfalls sind jedoch fast alle α_u und β_v gleich ω, also fast alle Summanden $\alpha_u u$ und $\beta_v v$ gleich o. Damit kann man sich in (2.8) links auf endliche Teilsummen beschränken und erhält nach (I.2.4) eine Teilsumme der rechten Summe. Die fehlenden Summanden rechts sind aber alle gleich o, da aus $\alpha_u = \omega$ oder $\beta_v = \omega$ gemäß (2.2) $(\alpha_u u)(\beta_v v) = (\alpha_u \beta_v)(uv) = \omega(uv) = o$ folgt, letzteres nach (1.5). Dies zeigt (2.8) auch für formal unendliche Summen. Die Gleichwertigkeit von (2.6) und (2.7) ergibt sich aus (2.4) gemäß

$$\sum_{u,v\in U}\Big((\alpha_u\beta_v)\sum_{w\in U}\delta^w_{u,v}w\Big) = \sum_{u,v,w\in U}(\alpha_u\beta_v)(\delta^w_{u,v}w) = \sum_{u,v,w\in U}(\alpha_u\beta_v\delta^w_{u,v})w,$$

da auch hier in jeder auftretenden Summe fast alle Summanden gleich o sind. Schließlich folgt $ao = o$ und $oa = o$ aus (2.6) wegen $o = \sum_{v\in U}\omega v$.

b) Ersichtlich definieren vorgegebene Produkte (2.4) der Elemente von U gemäß (2.6) eine zweistellige Operation $\cdot$ auf A, wobei die Gleichwertigkeit mit (2.7) wie eben allein aus (2.4) folgt. Diese Multiplikation von $({}_SA,+,\cdot)$ erfüllt auch (2.1) und (2.2), was sich direkt aus (2.6) ergibt. ■

Bemerkung 2.5. i) Da die in (2.4) auftretenden Koeffizienten $\delta^w_{u,v} \in S$ nach diesem Satz die Multiplikation von $({}_SA,+,\cdot)$ eindeutig festlegen, nennt man sie die ***Strukturkonstanten der Halbalgebra*** $({}_SA,+,\cdot)$ ***bezüglich der Halbalgebrenbasis*** U. Dabei folgt zusammen mit Aufgabe 1.5, daß die Kardinalzahl $|U|$ von U und die Wahl von Strukturkonstanten $\delta^w_{u,v} \in S$ bezüglich U eine Halbalgebra $({}_SA,+,\cdot)$ bis auf Isomorphie eindeutig bestimmen (vgl. Aufgabe 2.1).

ii) Zusammen mit den nachfolgenden Assoziativitätskriterien ist Satz 2.4 b) die Grundlage für zahlreiche Konstruktionen von (Halb)ringen $(A,+,\cdot)$ als (Halb)algebren $({}_SA,+,\cdot)$ über (Halb)ringen $(S,+,\cdot)$, vgl. die Beispiele 2.7 und 2.10. Dazu geht man von einer (endlichen oder unendlichen) Menge $U \neq \emptyset$ und einem S-Halbmodul $({}_SA,+)$ mit U als Basis aus. Nach Bemerkung 1.11 i) kann man dabei $({}_SA,+)$ als den S-Unterhalbmodul $({}_SS\langle U\rangle,+)$ von $({}_SS\langle\langle U\rangle\rangle,+)$ wählen, wenn man U gemäß Definition 1.10 b) als Untermengen von ${}_SS\langle\langle U\rangle\rangle$ auffaßt. Jeder Definition einer Multiplikation der Elemente von U in $A = {}_SS\langle U\rangle$ (oder jeder Wahl von Strukturkonstanten $\delta^w_{u,v} \in S$ unter Beachtung von (2.5)) entspricht dann eine durch (2.6) bzw. (2.7) definierte Multiplikation auf A, für die $({}_SA,+,\cdot)$ eine S-Halbalgebra mit U als Halbalgebrenbasis ist. Erfüllt man dabei eines der Assoziativitätskriterien von Satz 2.6, so ist $(A,+,\cdot)$ ein Halbring und sogar ein Ring, wenn man $(S,+,\cdot)$ als Ring voraussetzt.

Satz 2.6. *a) Eine S-Halbalgebra* $({}_SA,+,\cdot)$ *mit einer Halbalgebrenbasis U ist genau dann multiplikativ assoziativ und damit* $(A,+,\cdot)$ *ein Halbring, wenn*

$$(2.9)\qquad (uv)(\gamma w)=u(v(\gamma w)) \quad \text{für alle } \gamma\in S \text{ und } u,v,w\in U$$

erfüllt ist. Dies ist gleichwertig damit, daß für die Strukturkonstanten von $({}_SA,+,\cdot)$ *bezüglich U gilt:*

$$(2.10)\qquad \sum_{x\in U}\delta^x_{u,v}\gamma\delta^y_{x,w}=\sum_{x\in U}\gamma\delta^x_{v,w}\delta^y_{u,x} \quad \text{für alle } \gamma\in S \text{ und } u,v,w,x\in U.$$

b) Die sich aus (2.9) mit $\gamma=\varepsilon$ *ergebende Assoziativität der Multiplikation* $(uv)w=u(vw)$ *der Basiselemente aus U ist hinreichend für die Assoziativität der Multiplikation von* $({}_SA,+,\cdot)$, *wenn alle Strukturkonstanten im Zentrum von* $(S,\cdot)$ *liegen, also insbesondere, wenn* $(S,\cdot)$ *kommutativ ist.*

Beweis. a) Ist $(A,\cdot)$ assoziativ, gilt insbesondere (2.9). Letzteres impliziert (2.10), da $(uv)(\gamma w)=(\Sigma_{x\in U}\delta^x_{u,v}x)(\gamma w)=\Sigma_{y\in U}(\Sigma_{x\in U}\delta^x_{u,v}\gamma\delta^y_{x,w})y$ gemäß (2.7) und entsprechend $u(v(\gamma w))=\Sigma_{y\in U}(\Sigma_{x\in U}\gamma\delta^x_{v,w}\delta^y_{u,x})y$ folgt, was wegen der Eindeutigkeit von (1.7) schon (2.10) zeigt. Um von (2.10) auf die Assoziativität von $(A,\cdot)$ zu schließen, betrachten wir beliebig gewählte Elemente $a=\Sigma_u\alpha_u u$, $b=\Sigma_v\beta_v v$ und $c=\Sigma_w\gamma_w w$ aus A. Dann gilt gemäß (2.7)

$$(2.11)\qquad (ab)c=\sum_y\Big(\sum_{x,w}\Big(\sum_{u,v}\alpha_u\beta_v\delta^x_{u,v}\Big)\gamma_w\delta^y_{x,w}\Big)y \quad \text{und}$$

$$(2.12)\qquad a(bc)=\sum_y\Big(\sum_{u,x}\alpha_u\Big(\sum_{v,w}\beta_v\gamma_w\delta^x_{v,w}\Big)\delta^y_{u,x}\Big)y,$$

wobei alle Summationsindices jeweils U durchlaufen. Da dabei nur endlich viele α_u,β_v und γ_w ungleich ω sind, erhalten wir durch Umformungen der in (2.11) und (2.12) auftretenden Koeffizienten: Es gilt $(ab)c=a(bc)$ genau dann, wenn

$$\sum_{u,v,w}\alpha_u\beta_v\Big(\sum_x\delta^x_{u,v}\gamma_w\delta^y_{x,w}\Big)=\sum_{u,v,w}\alpha_u\beta_v\Big(\sum_x\gamma_w\delta^x_{v,w}\delta^y_{u,x}\Big)$$

für alle $y\in U$ erfüllt ist. Dies folgt aber ersichtlich aus (2.10).

b) Es ist $(uv)w=u(vw)$ für alle $u,v,w\in U$ äquivalent zu den Gleichungen, die sich aus (2.10) mit $\gamma=\varepsilon$ ergeben. Mulipliziert man diese Gleichungen von links mit $\gamma\in S$ und verwendet $\gamma\delta^x_{u,v}=\delta^x_{u,v}\gamma$ (vgl. Aufgabe II.3.1), erhält man aus ihnen wieder (2.10) und damit die Assoziativität von $(A,\cdot)$. ∎

Beispiel 2.7 a) Die Konstruktion des Polynomhalbringes $(S[x],+,\cdot)$ über einem Halbring $(S,+,\cdot)$ im Beweis von Satz II.1.6 läßt sich jetzt durch die Konstruktion einer S-Halbalgebra $({}_SS\langle U\rangle,+,\cdot) = ({}_SS[x],+,\cdot)$ gemäß Bemerkung 2.5 ii) ersetzen. Dazu sei $U = F^{\lambda}_{\{x\}} = \{x^{\nu} \mid \nu \in \mathbb{N}_0\}$ die Trägermenge des freien Monoids $(F^{\lambda}_{\{x\}},\cdot)$ (oder ohne diesen Begriff aus Definition IV.5.2: der von einem Element x erzeugten unendlichen zyklischen Halbgruppe $(U,\cdot)$ mit Einselement). Der S-Halbmodul $({}_SA,+) = ({}_SS\langle U\rangle,+)$ mit U als Basis besteht dann gemäß (1.7) aus den Elementen

$$(2.13)\qquad \sum_{u\in U}\alpha_u u = \sum_{\nu\in\mathbb{N}_0}\alpha_\nu x^\nu \quad\text{mit Koeffizienten}\quad \alpha_u = \alpha_{x^\nu} = \alpha_\nu \text{ aus } S,$$

die eindeutig bestimmt und fast alle gleich dem Nullelement ω von $(S,+,\cdot)$ sind, womit man die rechte Summe jeweils durch $\sum_{\nu=0}^{n}\alpha_\nu x^\nu$ für ein hinreichend großes $n \in \mathbb{N}$ ersetzen kann. Als Multiplikation (2.4) der Basiselemente wählt man dann die durch die Halbgruppe $(U,\cdot)$ vorgegebene Multiplikation, die damit assoziativ ist. Ihr entsprechen die Strukturkonstanten

$$(2.14)\qquad \delta^w_{u,v} = \varepsilon \text{ für } u\cdot v = w \quad\text{und}\quad \delta^w_{u,v} = \omega \text{ für } u\cdot v \neq w.$$

Da sie im Zentrum von $(S,\cdot)$ liegen, ist die gemäß (2.6) oder (2.7) definierte Multiplikation der S-Algebra $({}_SA,+,\cdot) = ({}_SS\langle U\rangle,+,\cdot)$ nach Satz 2.6 b) assoziativ und damit $(S\langle U\rangle,+,\cdot)$ ein Halbring. Aus (2.6) bzw. (2.7) und aus (2.13) folgt dabei

$$(2.15)\qquad \Big(\sum_{u\in U}\alpha_u u\Big)\cdot\Big(\sum_{v\in U}\beta_v v\Big) = \sum_{w\in U}\Big(\sum_{u\cdot v=w}\alpha_u\beta_v\Big)w \quad\text{oder}$$

$$(2.16)\qquad \Big(\sum_{\nu\in\mathbb{N}_0}\alpha_\nu x^\nu\Big)\cdot\Big(\sum_{\mu\in\mathbb{N}_0}\beta_\mu x^\mu\Big) = \sum_{\lambda\in\mathbb{N}_0}\Big(\sum_{\nu+\mu=\lambda}\alpha_\nu\beta_\mu\Big)x^\lambda,$$

was der Multiplikation iii) in Satz II.1.3 entspricht. Ist dabei $(S,+,\cdot)$ kommutativ oder ein Ring, so gilt das gleiche für $(S\langle U\rangle,+,\cdot) = (S[x],+,\cdot)$.

b) Neben ihrer Einfachheit hat diese Konstruktion den Vorteil, *daß sie* (abgesehen von der in (2.13) und (2.16) verwendeten konkreten Gestalt der Elemente von $U = F^{\lambda}_{\{x\}}$) *offensichtlich für jede beliebige Halbgruppe* $(U,\cdot)$ *eine assoziative Halbalgebra* $({}_SS\langle U\rangle,+,\cdot)$ *mit der Multiplikation (2.15) liefert*, was wir in Definition 2.11 aufgreifen werden. Hier wollen wir nur bemerken: *Ist* $(U,\cdot) = (FK^{\lambda}_X,\cdot)$ *die freie kommutative Halbgruppe mit Einselement über* $X = \{x_1,\ldots,x_n\}$ *(vgl. Definition IV.5.9 b)), so erhält man auf diese Weise den Polynomhalbring* $(S[x_1,\ldots,x_n],+,\cdot)$ *in den voneinander unabhängigen*

Unbestimmten $x_1, \ldots, x_n$ *über* $(S, +, \cdot)$ *als die S-Halbalgebra* $({}_SS\langle U\rangle, +, \cdot)$ *(vgl. Bemerkung II.1.10). Betrachtet man allgemeiner das freie kommutative Monoid* $(U, \cdot) = (FK_X^\lambda, \cdot)$ *über einer beliebigen Menge* $X = \{x_i \mid i \in I\}$ *mit* $|I| \geq 1$ *und* $x_i \neq x_j$ *für* $i \neq j$*, so erhält man mit der S-Halbalgebra* $({}_SS\langle U\rangle, +, \cdot)$ *den Polynomhalbring* $(S[\{x_i \mid i \in I\}], +, \cdot) = (S[X], +, \cdot)$ *in den (unter Umnständen unendlich vielen) voneinander unabhängigen Unbestimmten* x_i *über* $(S, +, \cdot)$, was wir bereits am Ende von Paragraph II.1 angekündigt haben. Die letzte Bemerkung von a) trifft natürlich auch hier zu.

c) Für jeden Halbring $(S, +, \cdot)$ mit Einselement ε und absorbierendem Nullelement $\omega \neq \varepsilon$ kann man den Matrizenhalbring $(M_{n,n}(S), +, \cdot)$ mit $n \geq 2$ aus $\mathbb{N}$ wie folgt erhalten: Zu der abstrakten Menge $U = \{E_{\mu,\nu} \mid \mu, \nu = 1, \ldots, n\}$ sei $({}_SS\langle U\rangle, +)$ der S-Halbmodul mit U als Basis, dessen Elemente wir nun mit großen lateinischen Buchstaben schreiben. Die Multiplikation (2.4) der Basiselemente definiert man dann gemäß

$$(2.17) \qquad E_{\mu,\nu} \cdot E_{\kappa,\lambda} = E_{\mu,\lambda} \text{ für } \nu = \kappa \text{ und } E_{\mu,\nu} \cdot E_{\kappa,\lambda} = O \text{ für } \nu \neq \kappa,$$

wobei O das Nullelement von $({}_SS\langle U\rangle, +)$ bezeichnet. Man sieht sofort, daß diese Multiplikation assoziativ ist und alle zugehörigen Strukturkonstanten in $\{\omega, \varepsilon\}$ und auch im Zentrum von $(S, \cdot)$ liegen. Mit der gemäß (2.6) definierten Multiplikation ist dann $({}_SS\langle U\rangle, +, \cdot)$ nach Satz 2.4 b) und Satz 2.6 b) eine assoziative S-Halbalgebra und damit $(S\langle U\rangle, +, \cdot)$ ein Halbring, für dessen Elemente $A = \sum_{\mu,\nu=1}^n a_{\mu,\nu} E_{\mu,\nu}$ man nur noch die Schreibweise $A = (a_{\mu,\nu})$ einzuführen braucht. Übrigens haben wir die Multiplikation (2.6) für den Halbring $(M_{n,n}(S), +, \cdot)$ bereits in der Lösung von Aufgabe I.8.7 verwendet.

Die entsprechende Konstruktion der komplexen Zahlen $(\mathbb{C}, +, \cdot)$ als $\mathbb{R}$-Algebra $({}_{\mathbb{R}}\mathbb{R}\langle U\rangle, +, \cdot)$ mit der Basis $U = \{1, i\}$ ist nach den voranstehenden Beispielen klar. Wir verallgemeinern sie in Beispiel 2.10, wobei wir auch die folgenden allgemeinen Aussagen mit einbeziehen. Weiter verweisen wir auf die Aufgaben 2.4 und 2.5.

Satz 2.8. *Es sei* $({}_SA, +, \cdot)$ *eine Halbalgebra über einem Halbring* $(S, +, \cdot)$ *mit einer Halbalgebrenbasis* U*. Dann gilt*

$$(2.18) \qquad \sigma(a \cdot b) = (\sigma a) \cdot b \quad \textit{für alle } \sigma \in S \textit{ und } a, b \in A \quad \textit{sowie}$$

$$(2.19) \qquad (\alpha u) \cdot (\beta b) = (\alpha\beta)(u \cdot b) \quad \textit{für alle } \alpha, \beta \in S,\ u \in U \textit{ und } b \in A.$$

Weiter ist $({}_SA, +, \cdot)$ *genau dann eine klassische S-Halbalgebra, erfüllt also auch (2.3), wenn*

$$(2.20) \qquad \sigma\alpha\delta_{u,v}^w = \alpha\sigma\delta_{u,v}^w \quad \textit{für alle } \sigma, \alpha \in S \textit{ und alle Strukturkonstanten}$$

erfüllt ist. Daraus folgt: Ist $(S,+,\cdot)$ ein kommutativer Halbring, so ist $({}_SA,+,\cdot)$ eine klassische Halbalgebra. Die Umkehrung gilt, wenn wenigstens eine Strukturkonstante $\delta^w_{u,v}$ rechtskürzbar in $(S,\cdot)$ ist.

Beweis. Die Aussagen (2.18) und (2.19) ergeben sich in direktem Ansatz mit (2.7). Damit ist $({}_SA,+,\cdot)$ genau dann eine klassische S-Halbalgebra, wenn auch $(\sigma a)\cdot b = a\cdot(\sigma b)$ für alle $\sigma\in S$ und $a,b\in A$ erfüllt ist, d. h. wenn

$$\sum_w\Big(\sum_{u,v}\sigma\alpha_u\beta_v\delta^w_{u,v}\Big)w = \sum_w\Big(\sum_{u,v}\alpha_u\sigma\beta_v\delta^w_{u,v}\Big)w \tag{2.21}$$

für alle $\alpha_u,\beta_v,\sigma\in S$ gilt. Wir zeigen, daß letzteres mit (2.20) gleichwertig ist: Wählt man in (2.21) nur jeweils ein α_u und ein β_v ungleich ω, so folgt

$$\sigma\alpha_u\beta_v\delta^w_{u,v} = \alpha_u\sigma\beta_v\delta^w_{u,v} \quad \text{für alle } \sigma,\alpha_u,\beta_v \text{ und } \delta^w_{u,v}\in S, \tag{2.22}$$

was umgekehrt wieder (2.21) ergibt. Nun ist (2.22) $\Longrightarrow$ (2.20) trivial. Die Umkehrung folgt aus $(\sigma\alpha)\beta\delta^w_{u,v} = \beta(\sigma\alpha)\delta^w_{u,v} = \beta(\alpha\sigma)\delta^w_{u,v} = (\alpha\sigma)\beta\delta^w_{u,v}$. ■

In vielen Fällen ist es vorteilhaft, wenn man den Halbring $(S,+,\cdot)$ als Unterhalbring einer S-Algebra $({}_SA,+,\cdot)$ und damit letztere als Erweiterung von $(S,+,\cdot)$ auffassen kann. Dies ist (übrigens auch bei nicht assoziativer Multiplikation von $({}_SA,+,\cdot)$) genau dann möglich, wenn es einen injektiven Homomorphismus χ von $(S,+,\cdot)$ in $(A,+,\cdot)$ gibt. Man kann dann nämlich $(S,+,\cdot)$ mit seinem isomorphen Bild $(\chi(S),+,\cdot)$ in $({}_SA,+,\cdot)$ identifizieren (vgl. Satz I.3.9 und Bemerkung I.3.10). Dabei wird man hier jedoch verlangen, daß die Multiplikation von $\chi(\sigma)$ mit a in $(A,\cdot)$ und die Operatoranwendung von σ auf a übereinstimmen, also $\chi(\sigma)\cdot a = \sigma a$ für alle $\sigma\in S$ und $a\in A$ gilt. Letzteres ist damit gleichwertig, daß χ sogar ein Halbalgebren-Homomorphismus der Halbalgebra $({}_SS,+,\cdot)$ in $({}_SA,+,\cdot)$ ist, wie sich aus $\chi(\sigma\alpha) = \chi(\sigma\cdot\alpha) = \chi(\sigma)\cdot\chi(\alpha) = \sigma\chi(\alpha)$ für alle $\sigma,\alpha\in S$ ergibt (vgl. Beispiel 2.3 f) und Aufgabe 2.1). Dabei wird man den folgenden Satz vor allem dann anwenden, wenn die Algebra $({}_SA,+,\cdot)$ sogar ein Einselement e besitzt (vgl. auch Aufgabe 2.2).

Satz 2.9. *Es sei $({}_SA,+,\cdot)$ eine Halbalgebra über einem Halbring $(S,+,\cdot)$, die ein Linkseinselement e_l besitzt. Dann definiert $\chi(\sigma)=\sigma e_l$ für alle $\sigma\in S$ einen injektiven Halbalgebren-Homomorphismus von $({}_SS,+,\cdot)$ in $({}_SA,+,\cdot)$. Damit kann man jedes $\sigma\in S$ mit $\sigma e_l\in A$ identifizieren und so $({}_SS,+,\cdot)$ in $({}_SA,+,\cdot)$ einbetten.*

Beweis. Die Abbildung χ ist injektiv, da sich aus $\sigma e_l = \tau e_l$ durch Multiplikation mit einem beliebigen Basiselement $\sigma e_l u = \tau e_l u$ ergibt, woraus $\sigma u = \tau u$

und damit $\sigma = \tau$ folgt. Weiter gilt ersichtlich $\chi(\sigma + \tau) = \chi(\sigma) + \chi(\tau)$ und $\chi(\sigma \cdot \tau) = (\sigma \cdot \tau)e_l = \sigma(\tau e_l) = \sigma\big(e_l \cdot (\tau e_l)\big) = \sigma e_l \cdot \tau e_l = \chi(\sigma) \cdot \chi(\tau)$, wobei im vorletzten Schritt (2.18) verwendet wurde. Schließlich folgt $\chi(\sigma) \cdot a = \sigma e_l \cdot a = \sigma(e_l \cdot a) = \sigma a$ ebenfalls mit (2.18) ∎

Beispiel 2.10. Zu jedem Ring $(R, +, \cdot)$ mit Einselement $\varepsilon \neq \omega$ erhält man wie folgt einen Oberring $(A, +, \cdot)$, die sogenannte *komplexe Erweiterung von* $(S, +, \cdot)$*:* In dem R-Modul $({}_RA, +) = ({}_RR\langle U\rangle, +)$ mit $U = \{1, i\}$ als Basis definiert man eine Multiplikation (2.4) der Basiselemente gemäß $1 \cdot 1 = 1$, $1 \cdot i = i \cdot 1 = i$ und $i \cdot i = (-\varepsilon)1 = -1$. Dabei ist für die Assoziativität der Basiselemente nur $(ii)i = (-\varepsilon)i = i(ii)$ nachzuprüfen. Ersichtlich liegen die zugehörigen Strukturkonstanten in $\{\omega, \varepsilon, -\varepsilon\}$ und damit im Zentrum von $(R, \cdot)$. Also ist die durch (2.6) definierte Multiplikation der R-Algebra $({}_RA, +, \cdot) = ({}_RR\langle U\rangle, +, \cdot)$ nach Satz 2.6 b) assoziativ und damit $(A, +, \cdot)$ ein Ring. Da 1 offenbar das Einselement von $({}_RA, +, \cdot)$ ist, kann man nach Satz 2.9 jedes $\sigma \in R$ mit $\sigma 1 \in A$ identifizieren und so $({}_RR, +, \cdot)$ in $({}_RA, +, \cdot)$ einbetten. Ist insbesondere $(R, +, \cdot)$ kommutativ, so ist $({}_RA, +, \cdot)$ nach Satz 2.8 eine klassische Algebra über $(R, +, \cdot)$ und ebenfalls kommutativ. Weiter gilt (vgl. Aufgabe 2.3): *Die komplexe Erweiterung* $(A, +, \cdot)$ *eines kommutativen Ringes* $(R, +, \cdot)$ *ist genau dann nullteilerfrei bzw. ein Körper, wenn* $(R, +, \cdot)$ *nullteilerfrei bzw. ein Körper ist und wenn gilt:*

(2.23) *Aus* $\alpha^2 + \beta^2 = \omega$ *mit* $\alpha, \beta \in R$ *folgt* $\alpha = \beta = \omega$.

Insbesondere sind diese Aussagen auf jeden Unterring bzw. Unterkörper $(R, +, \cdot)$ von $(\mathbb{R}, +, \cdot)$ anwendbar und ergeben für $(\mathbb{R}, +, \cdot)$ selbst den Körper $(\mathbb{C}, +, \cdot)$ der komplexen Zahlen.

Definition 2.11. a) Es sei $(U, \cdot)$ eine Halbgruppe, $(S, +, \cdot)$ ein Halbring mit Einselement ε und absorbierendem Nullelement $\omega \neq \varepsilon$ und $({}_SA, +) = ({}_SS\langle U\rangle, +)$ der (bis auf S-Isomorphie eindeutig bestimmte) S-Halbmodul mit U als Basis. Die durch $(U, \cdot)$ gegebene assoziative Multiplikation (2.4) der Basiselemente mit den Strukturkonstanten (2.14) definiert dann gemäß (2.6) eine S-Halbalgebra $({}_SA, +, \cdot) = ({}_SS\langle U\rangle, +, \cdot)$. Ihre Multiplikation ist nach Satz 2.6 b) assoziativ und hat die einfache Form (2.15) (vgl. Beispiel 2.7. a) und b)). Man nennt diese Halbalgebra oder oft auch nur den Halbring $(A, +, \cdot) = (S\langle U\rangle, +, \cdot)$ den *Halbgruppen-Halbring von* $(U, \cdot)$ *über* $(S, +, \cdot)$. Hat dabei $(U, \cdot)$ ein Einselement e, so ist e auch Einselement von $(S\langle U\rangle, +, \cdot)$, und man betrachtet dann meist $(S, +, \cdot)$ als Unterhalbring von $(S\langle U\rangle, +, \cdot)$ gemäß Satz 2.9.

b) Ist $(S, +, \cdot)$ ein Ring, so ist auch $(S\langle U\rangle, +, \cdot)$ ein Ring und wird dann der *Halbgruppenring von* $(U, \cdot)$ *über* $(S, +, \cdot)$ genannt. Insbesondere heißt

$(S\langle U\rangle, +, \cdot)$ ein *Gruppen-Halbring* bzw. ein *Gruppenring,* wenn $(U, \cdot)$ eine Gruppe und $(S, +, \cdot)$ ein Halbring bzw. ein Ring ist.

Beispiel 2.12. a) Es sei $X = \{x_i \mid i \in I\} \neq \emptyset$ mit $x_i \neq x_j$ für $i \neq j$ eine Menge und $(S, +, \cdot)$ ein (Halb)ring wie oben. Wie wir bereits in Beispiel 2.7 b) festgestellt haben, ist dann der Halbgruppen-(Halb)ring $(S\langle FK_X^\lambda\rangle, +, \cdot)$ des freien kommutativen Monoids $(U, \cdot) = (FK_X^\lambda, \cdot)$ gerade der Polynom(halb)ring $(S[X], +, \cdot)$ in den voneinander unabhängigen Unbestimmten x_i über $(S, +, \cdot)$. Verwendet man nun für $|X| \geq 2$ das freie Monoid $(U, \cdot) = (F_X^\lambda, \cdot)$, so nennt man den Halbgruppen-(Halb)ring $(S\langle F_X^\lambda\rangle, +, \cdot)$ den *Polynom(halb)ring in den nichtkommutativen (unabhängigen) Unbestimmten x_i über* $(S, +, \cdot)$. Auch für ihn wird meist die Bezeichnung $(S[X], +, \cdot)$ bzw. $(S[x_1, \ldots, x_n], +, \cdot)$ im Falle endlich vieler nichtkommutativer Unbestimmten verwendet. Seine Elemente sind dann durch

$$\sum_{u \in F_X^\lambda} \alpha_u u \quad \text{mit } \alpha_u \in S, \text{ fast alle } \alpha_u = \omega, \tag{2.24}$$

gegeben, also (endliche) Linearkombination von Worten $u = x_{i_1} \ldots x_{i_r}$ aus F_X^λ einschließlich dem leeren Wort λ, dem Einselement von $(F_X^\lambda, \cdot)$ und von $(S\langle F_X^\lambda\rangle, +, \cdot)$.

b) Analog kann man die Halbgruppen-(Halb)ringe $(S\langle F_X\rangle, +, \cdot)$ der freien Halbgruppe $(F_X, \cdot)$ bzw. $(S\langle FK_X\rangle, +, \cdot)$ der freien kommutativen Halbgruppe $(FK_X, \cdot)$ betrachten. Sie lassen sich als Unter(halb)ringe von $(S\langle F_X^\lambda\rangle, +, \cdot)$ bzw. $(S\langle FK_X^\lambda\rangle, +, \cdot)$ auffassen und bestehen dann aus allen Polynomen mit dem "Absolutglied" $\omega\lambda$.

c) Es sei $({}_SA, +, \cdot) = ({}_SS\langle U\rangle, +, \cdot)$ ein Halbgruppen-Halbring einer Halbgruppe $(U, \cdot)$, die ein absorbierendes Element O enthält (vgl. Bemerkung I.2.25 iii)). Dann ist auch O ein Basiselement von $({}_SS\langle U\rangle, +)$, d. h. es gilt

$$a = \sum_{u \in U \setminus \{O\}} \alpha_u u + \alpha_O O = \sum_{u \in U \setminus \{O\}} \beta_u u + \beta_O O = b$$

genau dann, wenn $\alpha_u = \beta_u$ für alle $u \in U$ erfüllt ist. Insbesondere sind die Elemente von $H = \{\alpha O \mid \alpha \in S\}$ paarweise voneinander verschieden, und H ist ein S-Unterhalbmodul von $({}_SS\langle U\rangle, +)$ und ein k-Ideal von $(S\langle U\rangle, +, \cdot)$ (vgl. die Aufgaben 2.8 und 2.1 b)). Natürlich kann man mit Hilfe einer solchen Halbgruppe $(U, \cdot)$ auch eine S-Halbalgebra $({}_SB, +, \cdot) = ({}_SS\langle V\rangle, +, \cdot)$ mit der Basis $V = U \setminus \{O\}$ definieren, indem man die Produkte (2.4) der Elemente aus V gemäß $u \cdot v = w \in V$ für $u \cdot v = w \neq O$ in $(U, \cdot)$ und $u \cdot v = o \in B$ für $u \cdot v = O$ in $(U, \cdot)$ festlegt, was auf eine Identifizierung von O mit dem Nullelement o

von $({}_SB,+)$ hinausläuft. Man nennt diese S-Halbalgebra $({}_SS\langle U\setminus\{O\}\rangle,+,\cdot)$ auch den *O-reduzierten Halbgruppen-Halbring der Halbgruppe* $(U,\cdot)$.

d) Ein naheliegendes Beispiel für c) liefert die jetzt mit $(U,\cdot)$ bezeichnete Halbgruppe, die aus der abstrakten Menge $U=\{E_{\mu,\nu}\mid \mu,\nu\in\{1,\dots,n\}\cup\{O\}\}$ mit der Multiplikation (2.17) entsteht. Die S-Halbalgebra $({}_SM_{n,n}(S),+,\cdot)$ der $n\times n$-Matrizen über S ist dann der O-reduzierte Halbgruppen-Halbring dieser Halbgruppe $(U,\cdot)$.

Aufgaben

2.1 a) Es seien $({}_SA,+,\cdot)$ und $({}_SB,+,\cdot)$ Halbalgebren über dem gleichen Halbring $(S,+,\cdot)$. Dann heißt eine Abbildung $\varphi: A\to B$ ein *Homomorphismus*, genauer ein *Halbalgebren-Homomorphismus von* $({}_SA,+,\cdot)$ *in* $({}_SB,+,\cdot)$, wenn φ sowohl (I.3.1) und (I.3.2) als auch $\varphi(\sigma a)=\sigma\varphi(a)$ für alle $a,b\in A$ und $\sigma\in S$ erfüllt (vgl. auch Definition 1.5). Definieren Sie einen entsprechenden Begriff der *Halbalgebren-Kongruenz* für eine S-Halbalgebra $({}_SA,+,\cdot)$, und verallgemeinern Sie Satz I.7.3.

b) Ist φ surjektiv, so ist $H=\varphi^{-1}(o_B)$ ein *Halbalgebrenideal* von $({}_SA,+,\cdot)$, d. h. ein Halbringideal von $(A,+,\cdot)$ und ein S-Unterhalbmodul von $({}_SH,+)$. Außerdem ist H k-abgeschlossen (vgl. Definition I.8.5). Umgekehrt bestimmt jedes Halbalgebrenideal H von $({}_SA,+,\cdot)$ eine Halbalgebren-Kongruenz κ_H gemäß (I.8.3). Es gilt dann $\kappa_H=\kappa_{\bar H}$ für den k-Abschluß $\bar H$ von H, und $\bar H=[o]_{\kappa_H}$ ist das absorbierende Nullelement der *Kongruenzklassen-Halbalgebra* $\left({}_S(A/\kappa_H),+,\cdot\right)$ (vgl. Satz I.8.8).

c) Die entsprechenden Aussagen gelten für Algebren $({}_SA,+,\cdot)$ und $({}_SB,+,\cdot)$ über einem Ring $(S,+,\cdot)$.

2.2 Die folgenden Bedingungen sind hinreichend dafür, daß ein Element c (einseitiges) Einselement einer S-Halbalgebra $({}_SA,+,\cdot)$ mit U als Halbalgebrenbasis ist.

a) Aus $uc=u$ für alle $u\in U$ folgt stets, daß c ein Rechtseinselement von $(A,+,\cdot)$ ist.

b) Aus $cu=u$ für alle $u\in U$ folgt, daß c ein Linkseinselement von $(A,+,\cdot)$ ist, wenn $c\in U$ gilt oder wenn $({}_SA,+,\cdot)$ eine klassische S-Halbalgebra ist.

c) Aus $uc=cu=u$ für alle $u\in U$ folgt, daß c das Einselement von $(A,+,\cdot)$ ist, wenn eine der Bedingungen von b) erfüllt ist oder wenn $(A,\cdot)$ assoziativ ist.

2.3 Beweisen Sie die Behauptungen über die Nullteilerfreiheit bzw. die Körpereigenschaft komplexer Ringerweiterungen in Beispiel 2.10.

2.4 Konstruieren Sie ähnlich wie in Beispiel 2.10 den Körper $(K, +, \cdot)$ aus Beispiel 2.3 d) als klassische Algebra $({}_{\mathbb{Q}}K, +, \cdot)$, und betrachten Sie ebenso Körper mit den Elementen $a_0 1 + a_1\sqrt{k}$ oder $a_0 1 + a_1 \sqrt[3]{2} + a_2\left(\sqrt[3]{2}\right)^2$ mit $a_\nu \in \mathbb{Q}$ und geeigneten $k \in \mathbb{Z}$.

2.5 a) Ähnlich wie in Beispiel 2.10 konstruiert man zu jedem Ring $(R, +, \cdot)$ mit Einselement $\varepsilon \neq \omega$ die sogenannte *Quaternionenalgebra* $({}_RA, +, \cdot) = ({}_RR\langle U\rangle, +, \cdot)$ über $(R, +, \cdot)$ mit der Basis $U = \{1, i, j, k\}$, deren Multiplikation durch (2.6) und die Tabelle

$\cdot$	1	i	j	k
1	1	i	j	k
i	i	-1	k	$-j$
j	j	$-k$	-1	i
k	k	j	$-i$	-1

festgelegt ist. Hier ist nur der Nachweis, daß die Multiplikation der Basiselemente assoziativ ist, etwas aufwendiger. (Da diese Multiplikation gegenüber der zyklischen Vertauschung $i \to j \to k \to i$ invariant ist, genügt es, etwa die 9 Produkte $(iu)v$ mit $u, v \in \{i, j, k\}$ zu betrachten.) Sonst folgt wie in Beispiel 2.10, daß $(R\langle U\rangle, +, \cdot)$ ein (assoziativer) Ring mit 1 als Einselement ist und als Oberring von $(R, +, \cdot)$ aufgefaßt werden kann. Allerdings ist $(R\langle U\rangle, +, \cdot)$ unabhängig von $(R, +, \cdot)$ nicht kommutativ.

b) Zeigen Sie weiter: Ist $(R, +, \cdot)$ ein kommuativer Ring, so ist die Quaternionenalgebra $({}_RA, +, \cdot) = ({}_RR\langle U\rangle, +, \cdot)$ eine klassische Algebra und genau dann nullteilerfrei bzw. ein (nicht kommutativer) Körper, wenn $(R, +, \cdot)$ nullteilerfrei bzw. ein Körper ist und wenn aus $\alpha^2+\beta^2+\gamma^2+\delta^2 = \omega$ für $\alpha, \beta, \gamma, \delta \in R$ stets $\alpha = \beta = \gamma = \delta = \omega$ folgt. Insbesondere ist im zweiten Fall $(\alpha^2 + \beta^2 + \gamma^2 + \delta^2)^{-1}(\alpha 1 - \beta i - \gamma j - \delta k)$ das Inverse von $\alpha 1 + \beta i + \gamma j + \delta k \neq o$ aus A.

c) Insbesondere ist die Quaternionenalgebra $({}_{\mathbb{R}}\mathbb{S}, +, \cdot) = ({}_{\mathbb{R}}\mathbb{R}\langle U\rangle, +, \cdot)$ über dem Körper $(\mathbb{R}, +, \cdot)$, der sogenannte *Schiefkörper* $(\mathbb{R}\langle U\rangle, +, \cdot)$ *der Quaternionen.*

2.6 Der Schiefkörper $(\mathbb{S}, +, \cdot) = (\mathbb{R}\langle U\rangle, +, \cdot)$ der Quaternionen enthält (sogar unendlich viele paarweise verschiedene) Unterhalbkörper, die zum

Körper $(\mathbb{C},+,\cdot)$ isomorph sind. Wir identifizieren jetzt den Unterhalbkörper $H=\{\alpha 1+\beta i \mid \alpha,\beta\in\mathbb{R}\}$ mit $\mathbb{C}$. Nach Beispiel 1.3 e) ist dann $({}_{\mathbb{C}}\mathbb{S},+)$ ein $\mathbb{C}$-Modul, und etwa $V=\{1,j\}$ eine Basis von $({}_{\mathbb{C}}\mathbb{S},+)$. Jedoch ist $(\mathbb{S},+,\cdot)$ keine Algebra über $(\mathbb{C},+,\cdot)$. Da $(\mathbb{C},+,\cdot)$ kommutativ ist, wäre dann nämlich $({}_{\mathbb{C}}\mathbb{S},+,\cdot)$ sogar eine klassische Algebra, was wegen $\sigma(a\cdot b)\neq a\cdot(\sigma b)$ etwa für $\sigma=i\in\mathbb{C}$ und $a=j$, $b=1$ aus $\mathbb{S}$ unmöglich ist. (Man beachte, daß man den $\mathbb{C}$-Modul $({}_{\mathbb{C}}\mathbb{S},+)$ mit der Basis $V=\{1,j\}$ auch zu einer komplexen Erweiterung $({}_{\mathbb{C}}\mathbb{S},+,\cdot)$ von $(\mathbb{C},+,\cdot)$ machen kann, die aber nach Beispiel 2.10 nicht einmal nullteilerfrei ist.)

2.7 Ein Halbgruppen-Halbring $(S\langle U\rangle,+,\cdot)$ einer Halbgruppe $(U,\cdot)$ über einem Halbring $(S,+,\cdot)$ ist genau dann kommutativ, wenn $(U,\cdot)$ und $(S,\cdot)$ kommutativ sind. Nach Aufgabe 2.2 ist jedes (einseitige) Einselement von $(U,\cdot)$ ein solches Element von $(S\langle U\rangle,+,\cdot)$. Doch kann $(S\langle U\rangle,+,\cdot)$ ein Einselement haben, ohne daß dies für $(U,\cdot)$ zutrifft, wie der Halbgruppen-Halbring der in Beispiel 2.12 d) betrachteten Halbgruppe $(U,\cdot)$ zeigt.

2.8 Zeigen Sie in Ergänzung zu Beispiel 2.12 c), daß $H=\{\alpha O\mid\alpha\in S\}$ ein k-abgeschlossenes Halbalgebrenideal von $({}_SA,+,\cdot)=({}_SS\langle U\rangle,+,\cdot)$ und daß $({}_SB,+,\cdot)=({}_SS\langle V\rangle,+,\cdot)$ isomorph zu $\left({}_S(A/\kappa_H),+,\cdot\right)$ ist (vgl. Aufgabe 2.1 b)). Beschreiben Sie auch den $\kappa_H^{\#}$ entsprechenden Halbalgebren-Homomorphismus φ von $({}_SS\langle U\rangle,+,\cdot)$ auf $({}_SS\langle V\rangle,+,\cdot)$.

2.9 Es sei $X\neq\emptyset$ eine Menge und $(S\langle F_X\rangle,+,\cdot)$ der Halbgruppen-Halbring der freien Halbgruppe $(F_X,\cdot)$ über einem Halbring $(S,+,\cdot)$. Ist dann $(S,+,\cdot)$ nullsummenfrei bzw. nullteilerfrei, so ist auch $(S\langle F_X\rangle,+,\cdot)$ nullsummenfrei bzw. nullteilerfrei (vgl. Definition I.2.15). Ist beides der Fall, so ist $S\langle F_X\rangle\setminus\{o\}$ ein Unterhalbring von $(S\langle F_X\rangle,+,\cdot)$, und zwar der von X erzeugte Unterhalbring von $(S\langle F_X\rangle,+,\cdot)$ (oder auch von $(S\langle F_X^{\lambda}\rangle,+,\cdot)$). Die gleichen Aussagen gelten auch für $(S\langle FK_X\rangle,+,\cdot)$.

2.10 Es sei $(\mathbb{N}_0\langle F_X\rangle,+,\cdot)$ der Halbgruppen-Halbring der freien Halbgruppe $(F_X,\cdot)$ über dem Halbring $(\mathbb{N}_0,+,\cdot)$. Nach Aufgabe 2.9 ist dann $(\Phi_X,+,\cdot)=(\mathbb{N}_0\langle F_X\rangle\setminus\{o\},+,\cdot)$ ein Unterhalbring von $(\mathbb{N}_0\langle F_X\rangle,+,\cdot)$. Er hat die folgende Eigenschaft: *Ist $(T,+,\cdot)$ ein Halbring und $\sigma: X\to T$ eine beliebige Abbildung, so gibt es (genau) einen Homomorphismus φ von $(\Phi_X,+,\cdot)$ in $(T,+,\cdot)$, der die Abbildung σ fortsetzt.* Dieser Homomorphismus ist durch $\varphi\left(\sum_{w\in F_X}\alpha_w w\right)=\sum_{w\in F_X}\alpha_w\varphi(w)$ mit $\varphi(w)=\varphi(x_1\ldots x_n)=\sigma(x_1)\ldots\sigma(x_n)$ (vgl. Satz IV.5.4 und Bemerkung IV.5.5) eindeutig bestimmt. Dabei ist in der rechten Summe $\alpha_w\varphi(w)$ für

$\alpha_w \in I\!N$ das α_w-fache von $\varphi(w)$ in $(T,+)$, und alle Summanden $0\varphi(w)$ sind wegzulassen, falls $(T,+,\cdot)$ kein Nullelement hat. Wählt man dabei $\sigma(X)$ als ein Erzeugendensystem des Halbringes $(T,+,\cdot)$, was bei genügend großer Wahl von X immer möglich ist, so folgt: Jeder Halbring $(T,+,\cdot)$ ist homomorphes Bild eines Halbringes $(\Phi_X,+,\cdot)$. Man nennt deshalb $(\Phi_X,+,\cdot)$ *den freien Halbring über der Menge X*. Geht man entsprechend von dem Halbgruppen-Halbring $(I\!N_0\langle FK_X\rangle,+,\cdot)$ der freien kommuativen Halbgruppe $(FK_X,\cdot)$ aus, so erhält man den *freien kommutativen Halbring* $(\Phi K_X,+,\cdot)$ *über der Menge X*.

V.3. Verallgemeinerte Halbalgebren und Halbgruppen-Halbringe

Neben Polynom(halb)ringen $(S[x_1,\ldots,x_n],+,\cdot)$ treten in vielen Zusammenhängen auch Potenzreihen(halb)ringe in voneinander unabhängigen (kommutativen oder nichtkommutativen) Unbestimmten $x_1,\ldots,x_n$ über S auf. Man bezeichnet sie oft mit $S[[x_1,\ldots,x_n]]$. Für $n=1$ besteht dann $S[[x]]$ aus den *(formalen) Potenzreihen* $\sum_{\nu\in I\!N_0}\alpha_\nu x^\nu$ mit beliebigen $\alpha_\nu \in S$, mit denen ähnlich wie mit Polynomen gerechnet wird. Dies entspricht dem Übergang von dem Halbgruppen-Halbring $(S[x],+,\cdot)=(S\langle U\rangle,+,\cdot)$ mit $(U,\cdot)=(F^\lambda_{\{x\}},\cdot)$ zu einem verallgemeinerten Halbgruppen-Halbring $(S[[x]],+,\cdot)=(S\langle\langle U\rangle\rangle,+,\cdot)$ im Sinne der folgenden

Definition 3.1. Es sei $(S,+,\cdot)$ ein Halbring mit Einselement ε und absorbierendem Nullelement $\omega\neq\varepsilon$ und U eine unendliche Menge. Weiter sei $({}_SA,+)=({}_SS\langle\langle U\rangle\rangle,+)$ der in Lemma 1.9 eingeführte unitäre und ω-treue S-Halbmodul, wobei wir $U\subseteq S\langle\langle U\rangle\rangle$ gemäß Definition 1.10 b) annehmen. Schließlich sei $(U,\cdot)$ eine Halbgruppe, welche die folgende *endliche Faktorisierungsbedingung* erfüllt:

(3.1) Für alle $w\in U$ gibt es nur endlich viele $u,v\in U$ mit $u\cdot v=w$.

Dann ist für alle $w\in U$ und $\alpha_u,\beta_v\in S$ die Summe $\sum_{u\cdot v=w}\alpha_u\beta_v$ endlich, womit analog zu (2.15) eine Multiplikation auf $S\langle\langle U\rangle\rangle$ durch

$$\left(\sum_{u\in U}\alpha_u u\right)\cdot\left(\sum_{v\in U}\beta_v v\right)=\sum_{w\in U}\left(\sum_{u\cdot v=w}\alpha_u\beta_v\right)w \tag{3.2}$$

definiert werden kann. Wie man leicht nachprüft (vgl. Aufgabe 3.1), wird damit $(S\langle\langle U\rangle\rangle,+,\cdot)$ ein Halbring. Wir nennen ihn den *verallgemeinerten Halbgruppen-Halbring von $(U,\cdot)$ über $(S,+,\cdot)$*. Falls dabei $(S,+,\cdot)$ ein

Ring und damit $({}_S S\langle\langle U\rangle\rangle, +)$ nach Lemma 1.9 d) ein S-Modul ist, heißt $(S\langle\langle U\rangle\rangle, +, \cdot)$ der *verallgemeinerte Halbgruppenring von* $(U, \cdot)$ *über* $(S, +, \cdot)$.

Wichtige Beispiele verallgemeinerter Halbgruppen-Halbringe erhält man mit den freien Halbgruppen $(F_X^\lambda, \cdot)$ und $(FK_X^\lambda, \cdot)$, die wegen $\ell(u \cdot v) = \ell(u) + \ell(v)$ ersichtlich die endliche Faktorisierungsbedingung (3.1) erfüllen:

Definition 3.2. Wählt man in Definition 3.1 für $(U\cdot)$ das freie kommutative Monoid $(FK_X^\lambda, \cdot)$ über einer Menge $X \neq \emptyset$, so nennt man den verallgemeinerten Halbgruppen-Halbring $(S\langle\langle FK_X^\lambda\rangle\rangle, +, \cdot)$ den *Halbring der (formalen) Potenzreihen in den voneinander unabhängigen Unbestimmten* $x_i \in X$ *über* $(S, +, \cdot)$ und bezeichnet ihn mit $(S[[X]], +, \cdot)$. Entsprechend nennt man den verallgemeinerten Halbgruppen-Halbring $(S\langle\langle F_X^\lambda\rangle\rangle, +, \cdot)$ des freien Monoids $(F_X^\lambda, \cdot)$ den *Halbring der (formalen) Potenzreihen in den nichtkommutativen voneinander unabhängigen Unbestimmten* $x_i \in X$ *über* $(S, +, \cdot)$. Man bezeichnet ihn ebenfalls mit $(S[[X]], +, \cdot)$.

Üblicherweise spricht man in beiden Fällen einfach von dem *Potenzreihenhalbring* $(S[[X]], +, \cdot)$ oder von dem *Potenzreihenring,* wenn $(S, +, \cdot)$ und damit $(S[[X]], +, \cdot)$ ein Ring ist. Die Präzisierung "in den kommutativen bzw. nichtkommutativen Unbestimmten" fügt man meist nur hinzu, wenn dies aus dem Zusammenhang nicht klar ist. Dabei spielt in der Theoretischen Informatik der Potenzreihenhalbring $(S[[X]], +, \cdot) = (S\langle\langle F_X^\lambda\rangle\rangle, +, \cdot)$ die größere Rolle, worauf wir in Paragraph V.4 näher eingehen.

Weitere Aussagen über verallgemeinerte Halbgruppen-Halbringe und damit über Potenzreihenhalbringe geben wir in Bemerkung 3.8 und Satz 3.9. Die folgende, der Definition 3.1 entsprechende Verallgemeinerung des Begriffes der S-Halbalgebra beruht auf den Überlegungen am Ende von V.1.

Definition 3.3. a) Es sei $({}_S A, +) = ({}_S S\langle\langle U\rangle\rangle, +)$ ein S-Halbmodul über einem Halbring $(S, +, \cdot)$ wie in Definition 3.1, $(S, +, \Sigma^S)$ ein Σ-Halbmodul und $({}_S A, +, \Sigma) = ({}_S S\langle\langle U\rangle\rangle, +, \Sigma)$ der von $(S, +, \Sigma^S)$ bestimmte S-Σ-Halbmodul. Dann nennen wir $({}_S A, +, \Sigma, \cdot) = ({}_S S\langle\langle U\rangle\rangle, +, \Sigma, \cdot)$ eine *verallgemeinerte Halbalgebra über* S oder eine *verallgemeinerte* S*-Halbalgebra,* wenn es *(verallgemeinerte) Strukturkonstanten* $\delta_{u,v}^w \in S$ gibt, so daß die Summen

$$\text{(3.3)} \qquad \sum_{u,v\in U}^S \alpha_u \beta_v \delta_{u,v}^w \quad \text{für alle} \quad \alpha_u, \beta_v \in S \text{ und } w \in U$$

existieren und die Multiplikation auf $A = {}_S S\langle\langle U\rangle\rangle$ entsprechend (2.7) gemäß

$$\text{(3.4)} \qquad a \cdot b = \Big(\sum_{u\in U} \alpha_u u\Big) \cdot \Big(\sum_{v\in U} \beta_v v\Big) = \sum_{w\in U} \Big(\sum_{u,v\in U}^S \alpha_u \beta_v \delta_{u,v}^w\Big) w$$

festgelegt ist. Aus letzterem folgt dann $u \cdot v = \sum_{w \in U} \delta^w_{u,v} w$. Dabei ist (3.3) für jede Wahl der $\delta^w_{u,v}$ erfüllt, wenn man den zu $({}_S S\langle\langle U \rangle\rangle, +, \Sigma)$ korrespondierenden Σ-Halbmodul $(S, +, \Sigma^S)$ als vollständig (oder für eine abzählbare Menge U als abzählbar vollständig) voraussetzt.

b) Geht man dagegen von dem Σ-Halbmodul $(S, +, \Sigma^o)$ der formal unendlichen Summen über $(S, +)$ aus, betrachtet also den lokal endlichen S-Σ-Halbmodul $({}_S S\langle\langle U \rangle\rangle, +, \Sigma)$, so ist (3.3) ersichtlich genau dann erfüllt, wenn

(3.5) für jedes $w \in U$ gilt: $\delta^w_{u,v} = \omega$ für fast alle $(u, v) \in U \times U$.

In diesem Falle nennen wir $({}_S A, +, \Sigma, \cdot) = ({}_S S\langle\langle U \rangle\rangle, +, \Sigma, \cdot)$ eine *lokal endliche verallgemeinerte S-Halbalgebra.*

c) Insbesondere nennen wir $({}_S S\langle\langle U \rangle\rangle, +, \Sigma, \cdot)$ eine *(lokal endliche) verallgemeinerte S-Algebra,* wenn $({}_S S\langle\langle U \rangle\rangle, +, \Sigma)$ ein S-Σ-Modul ist. Nach Satz 1.14 d) ist dies genau dann der Fall, wenn $({}_S S, +, \Sigma^S)$ ein S-Σ-Modul ist. Dabei ist der im Fall b) verwendete S-Σ-Halbmodul $({}_S S, +, \Sigma^o)$ nach Beispiel 1.13 d) schon dann ein S-Σ-Modul, wenn $(S, +, \cdot)$ ein Ring ist.

Bemerkung 3.4. *Jeder verallgemeinerte Halbgruppen-Halbring $(S\langle\langle U \rangle\rangle, +, \cdot)$ ist eine lokal endliche verallgemeinerte S-Halbalgebra $({}_S S\langle\langle U \rangle\rangle, +, \Sigma, \cdot)$.* Die Multiplikation (3.2) entspricht nämlich der Multiplikation (3.4) mit den durch $(U, \cdot)$ gemäß (2.14) festgelegten Strukturkonstanten $\delta^w_{u,v}$, die wegen (3.1) ersichtlich (3.5) erfüllen.

Satz 3.5. *Es sei $({}_S S\langle\langle U \rangle\rangle, +, \Sigma, \cdot)$ eine verallgemeinerte S-Halbalgebra. Dann gilt das Distributivgesetz (2.1) und U erfüllt (wie eine Halbalgebrenbasis) (2,2). Weiter existiert die Summe $\Sigma_{u,v \in U}(\alpha_u \beta_v)(uv)$ für alle $\alpha_u, \beta_v \in S$ und die Multiplikation kann auch in der Form (2.6) geschrieben werden. Erfüllen die Strukturkonstanten $\delta^w_{u,v}$ auch (2.5), enthält $({}_S S\langle\langle U \rangle\rangle, +, \Sigma, \cdot)$ die von ihnen bestimmte S-Halbalgebra $({}_S S\langle U \rangle, +, \cdot)$ als Unterstruktur.*

Beweis. Aus $ab_j = \Sigma_{w \in U} \left(\Sigma^S_{u,v \in U} \alpha_u \beta_{j,v} \delta^w_{u,v}\right) w$ mit $j \in \{1, 2\} = J$ folgt aus (P'_F) für $(S, +, \Sigma^S)$ die Existenz der rechten Summe in

$$\sum_{j \in J}^{S} \left(\sum_{u,v \in U}^{S} \alpha_u \beta_{j,v} \delta^w_{u,v} \right) = \sum_{(j,u,v) \in J \times U \times U}^{S} \alpha_u \beta_{j,v} \delta^w_{u,v}.$$

Letztere kann dann mit (P) für $(S, +, \Sigma^S)$ umgeformt werden zu

$$\sum_{(u,v) \in U \times U}^{S} \left(\sum_{j \in J}^{S} \alpha_u \beta_{j,v} \delta^w_{u,v} \right) = \sum_{u,v \in U}^{S} (\alpha_u (\beta_{1,v} + \beta_{2,v}) \delta^w_{u,v}).$$

Dies zeigt $ab_1 + ab_2 = a(b_1 + b_2)$ gemäß (3.4), und entsprechend erhält man $a_1b + a_2b = (a_1 + a_2)b$. Weiter folgt (2.2) nach (3.4) aus

$$(3.6) \qquad (\alpha u)(\beta v) = \Sigma_w \alpha\beta\delta^w_{u,v} w = \alpha\beta\Sigma_w \delta^w_{u,v} w = (\alpha\beta)(uv),$$

da $\Sigma_w \sigma\tau_w w = \sigma\Sigma_w \tau_w w$ gemäß (1.8) auch für $({}_SS\langle\langle U\rangle\rangle, +)$ gilt, wie in Definition 1.10 a) festgestellt wurde. Die Existenz von $\Sigma_{u,v}(\alpha_u\beta_v)(uv)$ und die Gültigkeit von (2.6) erhält man gemäß

$$a \cdot b = \sum_w \Big(\sum_{u,v}{}^S \alpha_u\beta_v\delta^w_{u,v}\Big) w = \sum_{u,v}\Big(\sum_w \alpha_u\beta_v\delta^w_{u,v} w\Big) = \sum_{u,v}(\alpha_u\beta_v)(uv)$$

mit (1.16) für $({}_SS\langle\langle U\rangle\rangle, +, \Sigma)$ und (3.6). Die letzte Behauptung ist klar. ■

Die beiden nächsten Sätze gelten für jede verallgemeinerte S-Halbalgebra $({}_SS\langle\langle U\rangle\rangle, +, \Sigma, \cdot)$, die eine der beiden folgenden Voraussetzungen erfüllt:

a) *Die verallgemeinerte S-Halbalgebra ist lokal endlich, d. h. es gilt (3.5).*

b) *Der korrespondierende Σ-Halbmodul $(S, +, \Sigma^S)$ erfüllt das Axiom (P'), und die aus $(S, +, \Sigma^S)$ und $(S, +, \cdot)$ gebildete Struktur $(S, +, \Sigma^S, \cdot)$ ist ein Σ-Halbring, d. h. es gilt das allgemeine Distributivitätsaxiom* (D) (vgl. Definition IV.3.6 und Bemerkung IV.3.2 iv) über die Gleichwertigkeit von (P') und (GP')).

Wir bemerken dazu, daß für die hier betrachteten Halbringe $(S, +, \cdot)$ mit absorbierendem Nullelement $(S, +, \Sigma^o, \cdot)$ gemäß Beispiel IV.3.8 b) immer ein Σ-Halbring ist, wobei (D) mit der üblichen Distributivität von $(S, +, \cdot)$ gleichwertig ist. Damit ist dieser Teil der Voraussetzung b) auch bei a) erfüllt. Dagegen gilt das Axiom (P') für $(S, +, \Sigma^o)$ genau dann, wenn $(S, +)$ nullsummenfrei ist (vgl. Beispiel IV.3.3 b)). Nur unter dieser (die Anwendbarkeit stark einschränkenden) Annahme ist also der lokal endliche Fall a) in dem Fall b) enthalten, was unsere Fallunterscheidung bedingt.

Satz 3.6. *Es sei $({}_SS\langle\langle U\rangle\rangle, +, \Sigma, \cdot)$ eine verallgemeinerte S-Halbalgebra, die eine der obigen Voraussetzungen a) oder b) erfüllt. Dann gelten die Assoziativitätskriterien von Satz 2.6 auch für $({}_SS\langle\langle U\rangle\rangle, +, \Sigma, \cdot)$, wobei die in $(S, +, \Sigma^S)$ gebildeten Summen von (2.10) jetzt im Fall b) unendlich viele von ω verschiedene Summanden haben können.*

Beweis. Die ersten beiden Schlüsse im Beweis von Satz 2.6 a) gelten ersichtlich auch hier, wobei nur (2.7) durch (3.4) zu ersetzen ist. Für den dritten

Schluß ist zu zeigen, daß aus (2.10) die Gleichheit in

$$\sum_{x,w}^{S}\Big(\sum_{u,v}^{S}\alpha_u\beta_v\delta^x_{u,v}\Big)\gamma_w\delta^y_{x,w}=\sum_{u,x}^{S}\alpha_u\Big(\sum_{v,w}^{S}\beta_v\gamma_w\delta^x_{v,w}\Big)\delta^y_{u,x}\tag{3.7}$$

für alle $\alpha_u,\beta_v,\gamma_w\in S$ und $y\in U$ folgt, wobei es sich um den Vergleich aller Koeffizienten von $(ab)c$ und von $a(bc)$ handelt. Letzteres zeigt auch die Existenz aller in (3.7) auftretenden Summen, die sich jedoch auch durch mehrfache Anwendung von (3.3) ergibt. Ist nun zunächst die Voraussetzung b) erfüllt, so folgt aus (D), (P') und (P) für $(S,+,\Sigma^S,\cdot)$, daß die linke Seite von (3.7) für alle $\alpha_u,\beta_v,\gamma_w\in S$ und $y\in U$ umgeformt werden kann gemäß

$$\sum_{x,w,u,v}^{S}\alpha_u\beta_v\delta^x_{u,v}\gamma_w\delta^y_{x,w}=\sum_{u,v,w}^{S}\alpha_u\beta_v\Big(\sum_{x}^{S}\delta^x_{u,v}\gamma_w\delta^y_{x,w}\Big).\tag{3.8}$$

Entsprechend kann die rechte Seite von (3.7) umgeformt werden in

$$\sum_{x,w,u,v}^{S}\alpha_u\beta_v\gamma_w\delta^x_{v,w}\delta^y_{u,x}=\sum_{u,v,w}^{S}\alpha_u\beta_v\Big(\sum_{x}^{S}\gamma_w\delta^x_{v,w}\delta^y_{u,x}\Big).\tag{3.9}$$

Damit folgt aus (2.10) die Gleichheit in (3.7). Für den Fall a) stellen wir zunächst fest, daß dann auch in dem Σ-Halbring $(S,+,\Sigma^o,\cdot)=(S,+,\Sigma^S,\cdot)$ alle Summen von (3.8) und (3.9) (und damit erst recht von (2.10)) existieren: Gemäß (3.5) treten nämlich in (3.8) nur endlich viele $(x,w)\in U\times U$ mit $\delta^y_{x,w}\neq\omega$ und für diese endlich vielen $x\in U$ nur endlich viele $(u,v)\in U\times U$ mit $\delta^x_{u,v}\neq\omega$ auf, und entsprechend schließt man für (3.9). Ausgehend von (3.8) und (3.9), deren Gleichheit sich aus (2.10) ergibt, folgt dann mit (P) und (D) in dem Σ-Halbring $(S,+,\Sigma^o,\cdot)$ die Gleichheit in (3.7) auch in diesem Fall.

Für die Übertragung des Beweises von Satz 2.6 b) ist nur zu bemerken, daß man von $\gamma\Sigma^S_x\delta^x_{u,v}\delta^y_{x,w}=\gamma\Sigma^S_x\delta^x_{v,w}\delta^y_{u,x}$ zu $\Sigma^S_x\gamma\delta^x_{u,v}\delta^y_{x,w}=\Sigma^S_x\gamma\delta^x_{v,w}\delta^y_{u,x}$ übergehen kann. Da $(S,+,\Sigma^S,\cdot)$ in beiden Fällen ein Σ-Halbring ist, folgt dies sofort aus (D_l). ∎

Satz 3.7. *Es sei $({}_SS\langle\langle U\rangle\rangle,+,\Sigma,\cdot)$ eine verallgemeinerte S-Halbalgebra, die eine der obigen Voraussetzungen a) oder b) erfüllt. Dann gilt das allgemeine Distributivitätsaxiom (D) auch für $({}_SS\langle\langle U\rangle\rangle,+,\Sigma,\cdot)$, womit diese verallgemeinerte S-Halbalgebra auch ein Σ-Halbring $({}_SS\langle\langle U\rangle\rangle,+,\Sigma,\cdot)$ ist.*

Beweis. Es seien $(a_i)_{i\in I}$ und $(b_j)_{j\in J}$ in $({}_SS\langle\langle U\rangle\rangle,+,\Sigma,\cdot)$ summierbare Familien mit $a_i=\Sigma_u\alpha_{i,u}u$ und $b_j=\Sigma_v\beta_{j,v}v$. Dann gilt nach (1.16)

$$a=\sum_{i\in I}a_i=\sum_{i\in I}\Big(\sum_{u\in U}\alpha_{i,u}u\Big)=\sum_{u\in U}\Big(\sum_{i\in I}^{S}\alpha_{i,u}\Big)u$$

und entsprechend $b = \Sigma_{j\in J} b_j = \Sigma_{v\in U}\left(\Sigma^{s}_{j\in J}\beta_{j,v}\right) v$. Damit folgt nach (3.4)

$$ab = \sum_w \Big(\sum_{u,v}{}^S \Big(\sum_{i\in I}{}^S \alpha_{i,u}\Big)\Big(\sum_{j\in J}{}^S \beta_{j,v}\Big)\delta^w_{u,v}\Big) w. \tag{3.10}$$

Da nach unseren Voraussetzungen $(S,+,\Sigma^S,\cdot)$ ein Σ-Halbring ist (was ja auch für $(S,+,\Sigma^o,\cdot)$ zutrifft), ergibt sich mit (D) weiter

$$ab = \sum_w \Big(\sum_{u,v}{}^S \Big(\sum_{(i,j)\in I\times J}{}^S \alpha_{i,u}\beta_{j,v}\delta^w_{u,v}\Big)\Big) w. \tag{3.11}$$

Im Fall b) folgt daraus mit (P') für $(S,+,\Sigma^S)$ die Existenz von

$$\sum_w \Big(\sum_{(u,v,i,j)\in U\times U\times I\times J}{}^S \alpha_{i,u}\beta_{j,v}\delta^w_{u,v}\Big) w \tag{3.12}$$

und die Gleichheit von (3.12) mit (3.11). Damit ergibt sich weiter

$$\begin{aligned} ab &= \sum_w \Big(\sum_{(i,j)\in I\times J}{}^S \Big(\sum_{u,v}{}^S \alpha_{i,u}\beta_{j,v}\delta^w_{u,v}\Big)\Big) w \\ &= \sum_{(i,j)\in I\times J} \Big(\sum_w \Big(\sum_{u,v}{}^S \alpha_{i,u}\beta_{j,v}\delta^w_{u,v}\Big) w\Big) = \sum_{(i,j)\in I\times J} a_i b_j, \end{aligned} \tag{3.13}$$

wobei wir der Reihe nach (P) für $(S,+,\Sigma^S)$, (1.16) und (3.4) verwendet haben. Dies zeigt (D) für $({}_S S\langle\langle U\rangle\rangle,+,\Sigma,\cdot)$ im Fall b). Für den Fall a) stellen wir zunächst fest, daß alle in (3.10) und (3.11) auftretenden Koeffizientensummen in $(S,+,\Sigma^S,\cdot) = (S,+,\Sigma^o,\cdot)$ existieren, also formal unendlich sind. Jetzt können wir jedoch nicht von der Existenz von (3.11) auf die von (3.12) schließen. Die Existenz von (3.12) folgt aber nun direkt aus (3.5) und der Existenz von $\Sigma^o_{i\in I}\alpha_{i,u}$ und $\Sigma^o_{j\in J}\beta_{j,v}$ für jedes u bzw. v aus U. Zu jedem $w \in U$ gibt es nämlich nur endlich viele $u,v \in U$ mit $\delta^w_{u,v} \neq \omega$ und zu diesen endlich vielen $u,v \in U$ nur endlich viele $\alpha_{i,u} \neq \omega$ und $\beta_{j,v} \neq \omega$. Nun folgt aber allein aus (P) für $(S,+,\Sigma^o)$ die Gleichheit von (3.12) sowohl mit (3.11) als auch mit der ersten Summe in (3.13). (Der direkte "Schluß" von (3.11) auf (3.13) ist nicht möglich, vgl. Aufgabe IV.1.8 b).) Damit kann der Beweis für den Fall a) wie oben beendet werden. ∎

Bemerkung 3.8. i) Nach der Bemerkung 3.4 ist jeder verallgemeinerte Halbgruppen-Halbring $(S\langle\langle U\rangle\rangle,+,\cdot)$ und damit natürlich auch jeder Potenzreihenhalbring $(S[[X]],+,\cdot)$ eine lokal endliche verallgemeinerte S-Halbalgebra $({}_S S\langle\langle U\rangle\rangle,+,\Sigma,\cdot)$ bzw. $({}_S S[[X]],+,\Sigma,\cdot)$.

ii) Damit ergibt sich der in Aufgabe 3.1 a) verlangte Nachweis der multiplikativen Assoziativität von $({}_SS\langle\langle U\rangle\rangle, +, \cdot)$ unmittelbar aus Satz 3.6, da $(U, \cdot)$ assoziativ ist und die Strukturkonstanten $\delta^w_{u,v}$ in $\{\omega, \varepsilon\}$ und damit im Zentrum von $(S, \cdot)$ liegen. Allerdings ist der direkte Nachweis gemäß der Lösung zu dieser Aufgabe viel einfacher als der Beweis von Satz 3.6 (auch wenn man ihn nur für den lokal endlichen Fall a) betrachtet).

iii) Aus i) und Satz 3.7 folgt weiter, daß *jeder verallgemeinerte Halbgruppen-Halbring bzw. jeder Potenzreihenhalbring ein Σ-Halbring $(S[[X]], +, \Sigma, \cdot)$ ist, also das allgemeine Distributivitätsaxiom (D) für die von $(S, +, \Sigma^o)$ bestimmte unendliche Summenabbildung Σ erfüllt.* Diese für den folgenden Paragraphen wichtige Aussage läßt sich jedoch weder für verallgemeinerte Halbgruppen-Halbringe noch für Potenzreihenhalbringe einfacher als im Beweis von Satz 3.7 zeigen, wenn man davon absieht, daß man in allen Formeln $\delta^w_{u,v}$ weglassen kann und dafür die Summationsbedingung $u \cdot v = w$ zu ergänzen hat.

iv) Bei Anwendungen treten Halbringe dieser Art auch mit allgemeineren unendlichen Summenabbildungen auf, für die dann (D) nicht zu gelten braucht. Insbesondere kann man sie als verallgemeinerte S-Halbalgebren $({}_SS\langle\langle U\rangle\rangle, +, \Sigma, \cdot)$ bzw. $({}_SS[[X]], +, \Sigma, \cdot)$ auffassen. Korrespondieren dabei die Summenabbildungen zu einem Σ-Halbmodul $(S, +, \Sigma^S)$, so gilt dann (D) nach Satz 3.7, wenn $(S, +, \Sigma^S, \cdot)$ ein Σ-Halbring mit (P') ist.

Schließlich benötigen wir in IV.4 noch den folgenden Satz für Potenzreihenhalbringe. Wir formulieren ihn sogleich für verallgemeinerte Halbgruppen-Halbringe, zumal seine Beweisführung für Potenzreihenhalbringe die gleiche ist.

Satz 3.9. *a) Es sei $(S\langle\langle U\rangle\rangle, +, \cdot)$ der verallgemeinerte Halbgruppen-Halbring einer Halbgruppe $(U, \cdot)$ über $(S, +, \cdot)$ wie in Definition 3.1. Weiter sei $(M_{n,n}(S\langle\langle U\rangle\rangle), +, \cdot)$ der Halbring aller $n \times n$-Matrizen über $(S\langle\langle U\rangle\rangle, +, \cdot)$ und $(M_{n,n}(S)\langle\langle U\rangle\rangle, +, \cdot)$ der verallgemeinerte Halbgruppen-Halbring von $(U, \cdot)$ über dem Matrizenhalbring $(M_{n,n}(S), +, \cdot)$. Wir ordnen nun jedem Element $b = \Sigma_{u\in U} B_u u \in M_{n,n}(S)\langle\langle U\rangle\rangle$ mit den Matrizen $B_u \in M_{n,n}(S)$ als Koeffizienten eine Matrix $B \in M_{n,n}(S\langle\langle U\rangle\rangle)$ zu gemäß*

$$(3.14) \qquad \varphi(b) = \varphi\Big(\sum_{u\in U} B_u u\Big) = B \quad mit \quad [B]_{\mu,\nu} = \sum_{u\in U} [B_u]_{\mu,\nu} u \in S\langle\langle U\rangle\rangle,$$

wobei also B durch die Matrizenelemente $[B]_{\mu,\nu}$ festgelegt ist. Dann ist φ ein Halbringisomorphismus von $(M_{n,n}(S)\langle\langle U\rangle\rangle, +, \cdot)$ auf $(M_{n,n}(S\langle\langle U\rangle\rangle), +, \cdot)$.

b) Zur Verschärfung von a) sei $(S, +, \Sigma^S)$ ein Σ-Halbmodul und $(S\langle\langle U\rangle\rangle, +, \Sigma)$ der von $(S, +, \Sigma^S)$ bestimmte Σ-Halbmodul gemäß Definition 1.15 sowie

$(M_{n,n}(S\langle\langle U\rangle\rangle),+,\Sigma)$ der durch (IV.3.5) bestimmte Σ-Halbmodul. In umgekehrter Reihenfolge sei durch $(S,+,\Sigma^S)$ ein Σ-Halbmodul $(M_{n,n}(S),+,\Sigma)$ und durch diesen wieder ein Σ-Halbmodul $(M_{n,n}(S)\langle\langle U\rangle\rangle,+,\Sigma)$ festgelegt. Dann ist sowohl die gemäß (3.14) definierte Bijektion φ als auch ihre Umkehrabbildung φ^{-1} ein Σ-Homomorphismus von $(M_{n,n}(S)\langle\langle U\rangle\rangle,+,\Sigma)$ auf $(M_{n,n}(S\langle\langle U\rangle\rangle),+,\Sigma)$ bzw. umgekehrt.

Beweis. a) Jede Matrix $B\in M_{n,n}(S\langle\langle U\rangle\rangle)$ wird ersichtlich durch n^2 Elemente $[B]_{\mu,\nu}=\Sigma_{u\in U}\beta_{\mu,\nu,u}u\in S\langle\langle U\rangle\rangle$ und damit durch eine Familie $(B_u)_{u\in U}$ über $M_{n,n}(S)$ mit $[B_u]_{\mu,\nu}=\beta_{\mu,\nu,u}$ festgelegt. Damit ist $\varphi: M_{n,n}(S)\langle\langle U\rangle\rangle\to M_{n,n}(S\langle\langle U\rangle\rangle)$ eine Bijektion. Daraus folgt auch $\varphi(b+c)=\varphi(b)+\varphi(c)$ für alle $a,b\in M_{n,n}(S)\langle\langle U\rangle\rangle$ unmittelbar, was sich jedoch ohnehin aus b) ergeben wird. Zum Nachweis von $\varphi(b\cdot c)=\varphi(b)\cdot\varphi(c)$ sei $c=\Sigma_{v\in U}C_v v$ und damit $\varphi(c)=C$ durch $[C]_{\nu,\kappa}=\Sigma_{v\in U}[C_v]_{\nu,\kappa}$ gegeben. Dann gilt für die Matrizenelemente von $\varphi(b)\varphi(c)=BC$

$$[BC]_{\mu,\kappa}=\sum_{\nu=1}^{n}[B]_{\mu,\nu}[C]_{\nu,\kappa}=\sum_{\nu=1}^{n}\left(\sum_{w\in U}\left(\sum_{uv=w}[B_u]_{\mu,\nu}[C_v]_{\nu,\kappa}\right)w\right)$$
$$=\sum_{w\in U}\left(\sum_{uv=w}\left(\sum_{\nu=1}[B_u]_{\mu,\nu}[C_v]_{\nu,\kappa}\right)\right)w=\sum_{w\in U}\left(\sum_{uv=w}[B_uC_v]_{\mu,\kappa}\right)w,$$

also $[BC]_{\mu,\kappa}=\sum_{w\in U}[\sum_{uv=w}B_uC_v]_{\mu,\kappa}w$, wobei die aus (3.1) folgende Endlichkeit aller Summen über $uv=w$ wesentlich verwendet wurde. Damit ergibt sich aus (3.14)

$$\varphi(b\cdot c)=\varphi\left(\sum_{w\in U}\left(\sum_{uv=w}B_uC_v\right)w\right)=\varphi(b)\cdot\varphi(c).$$

b) Wir betrachten eine Familie $(b_i)_{i\in I}$ über $M_{n,n}(S)\langle\langle U\rangle\rangle$ mit $b_i=\Sigma_u B_{i,u}u$ und die ihr gemäß (3.14) entsprechende Familie $(B_i)_{i\in I}$ über $M_{n,n}(S\langle\langle U\rangle\rangle)$ mit $[B_i]_{\mu,\nu}=\sum_u[B_{i,u}]_{\mu,\nu}u$. Dann existiert die Summe

$$b=\sum_{i\in I}b_i=\sum_{i\in I}\left(\sum_{u\in U}B_{i,u}u\right)=\sum_{u\in U}\left(\sum_{i\in I}B_{i,u}\right)u$$

genau dann, wenn die Summen $\Sigma_i B_{i,u}$ für alle $u\in U$ existieren. Entsprechend ist die Summe $B=\Sigma_i B_i$ durch die n^2 Summen

$$[B]_{\mu,\nu}=\sum_{i\in I}[B_i]_{\mu,\nu}=\sum_{i\in I}\left(\sum_{u\in U}[B_{i,u}]_{\mu,\nu}u\right)=\sum_{u\in U}\left(\sum_{i\in I}[B_{i,u}]_{\mu,\nu}\right)u$$

gegeben, welche genau dann existieren, wenn die Summen $\Sigma_i[B_{i,u}]_{\mu,\nu}$ für alle $u \in U$ existieren. Letzteres ist gemäß (IV.3.5) gerade mit der Existenz der Summen $\Sigma_i B_{i,u}$ für alle $u \in U$ gleichwertig. Damit ist eine Familie $(b_i)_{i\in I}$ genau dann summierbar, wenn das für die ihr entsprechende Familie $(B_i)_{i\in I}$ zutrifft. Da dann $\varphi(b) = B$ und $\varphi^{-1}(B) = b$ nach den obigen Formeln gilt, sind beide Bijektionen gemäß Aufgabe IV.3.8 Σ-Homomorphismen. ∎

Bemerkung 3.10. i) Aufgrund von Satz 3.9 a) pflegt man, insbesondere bei Anwendungen, die Halbringe $(M_{n,n}(S)\langle\langle U\rangle\rangle, +, \cdot)$ und $(M_{n,n}(S\langle\langle U\rangle\rangle), +, \cdot)$ gemäß $b = \varphi(b) = B$ zu identifizieren. Dabei wird oft (mitunter stillschweigend) verwendet, daß diese Identifizierung nach Satz 3.9 b) auch mit den unendlichen Summenabbildungen verträglich ist, die auf beiden Halbringen durch den gleichen Σ Halbmodul $(S, +, \Sigma^S)$ in jeweils zwei Schritten bestimmt sind.

ii) Geht man dabei von dem Σ-Halbring $(S, +, \Sigma^o, \cdot)$ der formal unendlichen Summen über $(S, +)$ oder von einem Σ-Halbring $(S, +, \Sigma, \cdot)$ mit (P') aus, so handelt es sich bei $(M_{n,n}(S)\langle\langle U\rangle\rangle, +, \Sigma, \cdot)$ und $(M_{n,n}(S\langle\langle U\rangle\rangle), +, \Sigma, \cdot)$ um Σ-Halbringe. Dies folgt aus Satz 3.7 und aus Satz IV.3.9, wobei auch die dort für (GP') formulierte Aussage über (P') verwendet wird.

iii) Gemäß i) werden wir die beiden Σ-Halbringe $(M_{n,n}(S)[[X]], +, \Sigma, \cdot)$ und $(M_{n,n}(S[[X]]), +, \Sigma, \cdot)$ im folgenden Paragraphen identifizieren, wobei wir nur die durch $(S, +, \Sigma^o, \cdot)$ bestimmten Summenabbildungen benötigen.

Aufgaben

3.1. a) Zeigen Sie, daß die Assoziativität der Multiplikation und die Distributivität für den in Definition 3.1 eingeführten verallgemeinerten Halbgruppen-Halbring $({}_S S\langle\langle U\rangle\rangle, +, \cdot)$ direkt aus (3.2) folgt.

b) Bezüglich der Operatoranwendung von $(S, +, \cdot)$ auf $({}_S S\langle\langle U\rangle\rangle, +, \cdot)$ erfüllt jeder Halbgruppen-Halbring $(S\langle\langle U\rangle\rangle, +, \cdot)$ die Aussagen (2.2), (2.18) und (2.19), während (2.3) genau dann erfüllt ist, wenn $(S, +, \cdot)$ ein kommutativer Halbring ist.

c) Hat insbesondere $(U, \cdot)$ ein Einselement e, so ist e auch das Einselement von $({}_S S\langle\langle U\rangle\rangle, +, \cdot)$. Weiter definiert dann $\chi(\sigma) = \sigma e$ für alle $\sigma \in S$ einen injektiven Homomorphismus von $(S, +, \cdot)$ in $({}_S S\langle\langle U\rangle\rangle, +, \cdot)$. Damit kann man jedes $\sigma \in S$ mit $\sigma e \in S\langle\langle U\rangle\rangle$ identifizieren, wobei die Operatoranwendung σa von $({}_S S\langle\langle U\rangle\rangle, +)$ in das Produkt $\sigma e \cdot a$ von $({}_S S\langle\langle U\rangle\rangle, +, \cdot)$ übergeht (vgl. auch Satz 2.9).

3.2. Erfüllt eine Halbgruppe $(U, \cdot)$ die endliche Faktorisierungsbedingung (3.1), so gilt das gleiche für jede Unterhalbgruppe, aber nicht notwendig für jedes homomorphe Bild von $(U, \cdot)$. Eine unendliche Gruppe $(U, \cdot)$ erfüllt dagegen nie (3.1).

3.3. a) Jeder verallgemeinerte Halbgruppen-Halbring $(S\langle\langle U\rangle\rangle, +, \cdot)$ läßt sich nach Beispiel IV.3.8 b) als Σ-Halbring $(S\langle\langle U\rangle\rangle, +, \Sigma^o, \cdot)$ auffassen. Die damit definierten formal unendlichen Summen von Familien über $S\langle\langle U\rangle\rangle$ erfassen dabei nicht einmal die "formale Schreibweise" $\Sigma_{u\in U}\alpha_u u$ der Elemente von $S\langle\langle U\rangle\rangle$.

b) Mit Hilfe von Satz 1.14 kann man in $(S\langle\langle U\rangle\rangle, +, \cdot)$ die unendliche Summenabbildung Σ eines (von einem beliebigen Σ-Halbmodul $(S, +, \Sigma^S)$ bestimmten) S-Σ-Halbmoduls $({}_SS\langle\langle U\rangle\rangle, +, \Sigma, \cdot)$ einführen. Damit wird der verallgemeinerte Halbgruppen-Halbring zu einer verallgemeinerten S-Halbalgebra $({}_SS\langle\langle U\rangle\rangle, +, \Sigma, \cdot)$. Letztere ist genau dann lokal endlich, wenn man dabei von $(S, +, \Sigma^S) = (S, +, \Sigma^o)$ ausgeht (vgl. Bemerkung 3.8, insbesondere iii) und iv)).

3.4. a) Jede (abzählbar) unendliche Halbgruppe $(U, \cdot)$ liefert Beispiele für verallgemeinerte S-Halbalgebren $({}_SS\langle\langle U\rangle\rangle, +, \Sigma, \cdot)$ gemäß Definition 3.3 a), wenn man $(S, +, \Sigma^S)$ als (abzählbar) vollständigen Σ-Halbmodul wählt und die Strukturkonstanten durch $\delta^w_{u,v} = \varepsilon$ für $u \cdot v = w$ und $\delta^w_{u,v} = \omega$ sonst festlegt. Geben Sie die Multiplikationsformel (3.4) für folgende Fälle explizit an: $(U_1, \cdot)$ ist die unendliche zyklische Gruppe mit $U_1 = \{x^i \mid i \in \mathbb{Z}\}$ und $(U_2, \cdot)$ eine unendliche linksabsorbierende Halbgruppe.

b) Gilt $\sigma(\Sigma^S_{i\in I}\tau_i) \neq \Sigma^S_{i\in I}\sigma\tau_i$ für eine Familie $(\tau_i)_{i\in I}$ über S und $\sigma \in S$, so erfüllt $({}_SS\langle\langle U_1\rangle\rangle, +, \Sigma, \cdot)$ zwar (2.19), aber nicht (2.18), während für $({}_SS\langle\langle U_2\rangle\rangle, +, \Sigma, \cdot)$ beide Aussagen nicht gelten.

3.5. a) Es sei $({}_SS\langle\langle U\rangle\rangle, +, \Sigma, \cdot)$ eine verallgemeinerte S-Halbalgebra. Folgt dann in dem korrespondierenden S-Σ-Halbmodul $({}_SS, +, \Sigma^S)$ aus der Existenz von $\Sigma^S_{i\in I}\tau_i$ und $\Sigma^S_{i\in I}\sigma\tau_i$ stets $\sigma(\Sigma^S_{i\in I}\tau_i) = \Sigma^S_{i\in I}\sigma\tau_i$, so gelten (2.18) und (2.19) für $({}_SS\langle\langle U\rangle\rangle, +, \Sigma, \cdot)$. Diese Bedingung ist schwächer als (Op) für $({}_SS, +, \Sigma^S)$ (d. h. (D_l) für $(S, +, \Sigma^S, \cdot)$ gemäß Beispiel 1.13 b)) und damit für lokal endliche S-Halbalgebren stets erfüllt.

b) Für eine verallgemeinerte S-Halbalgebra, die (2.18) erfüllt, ist (2.3) gleichwertig mit (2.20) und folgt damit aus der Kommutativität des Halbrings $(S, +, \cdot)$.

3.6. Eine verallgemeinerte S-Halbalgebra $({}_SS\langle\langle U\rangle\rangle, +, \Sigma, \cdot)$ erfüllt genau dann das Operatoraxiom (Op), wenn dies für den korrespondierenden

Σ-Halbmodul $(S, +, \Sigma^S)$ gilt. Insbesondere erfüllt damit eine lokal endliche verallgemeinerte S-Halbalgebra immer das Operatoraxiom (Op) (vgl. Satz 1.14 c) und Beispiel 1.13 d)).

V.4. Potenzreihenhalbringe und formale Sprachen

In diesem Paragraphen bezeichnet $(S[[X]], +, \cdot)$ *stets einen Potenzreihenhalbring in den voneinander unabhängigen nichtkommutativen Unbestimmten* $x \in X$, also den verallgemeinerten Halbgruppen-Halbring $(S\langle\langle U\rangle\rangle, +, \cdot)$ der freien Halbgruppe $(U, \cdot) = (F_X^\lambda, \cdot) = (X^*, \cdot)$ mit dem leeren Wort λ als Einselement. Bei der Untersuchung formaler Sprachen setzt man dabei die (dann Alphabet genannte) Menge $X \neq \emptyset$ als endlich voraus, was tatsächlich jedoch nur für die Sätze 4.14 und 4.15 gebraucht wird. *Weiter betrachten wir* $(S[[X]], +, \cdot)$ *auch als* Σ*-Halbring* $(S[[X]], +, \Sigma, \cdot)$, *wobei* Σ *stets die Summenabbildung des lokal endlichen* S-Σ*-Halbmoduls* $({}_SS[[X]], +, \Sigma)$ *bezeichnet.* Damit ist Σ für eine Familie $(a_i)_{i\in I}$ mit $a_i = \Sigma_{w\in X^*}\alpha_{i,w}w$ aus $S[[U]]$ gemäß

$$\sum_{i\in I} a_i = \sum_{i\in I}\Big(\sum_{w\in X^*}\alpha_{i,w}w\Big) = \sum_{w\in X^*}\Big(\sum_{i\in I}{}^{o}\alpha_{i,w}\Big)w \tag{4.1}$$

genau dann definiert, wenn für jedes $w \in X^*$ fast alle $\alpha_{i,w}$ gleich ω sind (vgl. Definition 1.15). In der Literatur treten bei den folgenden Überlegungen mitunter auch allgemeinere unendliche Summenabbildungen auf.

Lemma 4.1. *Zu einer Potenzreihe* $a = \sum_{u\in X^*}\alpha_u u \in S[[X]]$ *existiert* a^* *in* $(S[[X]], +, \Sigma, \cdot)$ *genau dann, wenn der Koeffizient* α_λ *des Absolutgliedes* $\alpha_\lambda\lambda$ *nilpotent in* $(S, +, \cdot)$ *ist, d. h.* $\alpha_\lambda^m = \omega$ *für ein* $m \in \mathbb{N}$ *gilt.*

Beweis. Wegen $a^n = \Sigma_{w\in X^*}(\Sigma^o_{u_1\dots u_n=w}\alpha_{u_1}\dots\alpha_{u_n})w$ für alle $n \in \mathbb{N}_0$ existiert $a^* = \Sigma_{n\in\mathbb{N}_0}a^n$ gemäß (4.1) genau dann, wenn die Summen

$$\sum_{n\in\mathbb{N}_0}{}^{o}\Big(\sum_{u_1\dots u_n=w}{}^{o}\alpha_{u_1}\dots\alpha_{u_n}\Big) \quad \text{für alle } w \in X^* \tag{4.2}$$

existieren, wenn also für jedes $w \in X^*$ fast alle inneren Summen in (4.2) gleich ω sind. Für $w = \lambda$ gilt dies genau dann, wenn $\alpha_\lambda^n = \omega$ für fast alle $n \in \mathbb{N}$ gilt; dies ist ersichtlich mit $\alpha_\lambda^m = \omega$ für ein minimales $m \in \mathbb{N}$ gleichwertig und zeigt schon die Notwendigkeit dieser Bedingung. Für die Umkehrung betrachten wir für jedes Wort $w \in X^*$ alle Zerlegungen $w = u_1\dots u_n$ in Faktoren $u_\nu \in X^*$. Wegen $\ell(u_1) + \dots + \ell(u_n) = k = \ell(w)$ können dabei höchstens k Faktoren $u_\nu \neq \lambda$ auftreten, d. h. es gilt $u_\mu = \lambda$ für mindestens $n - k$ Faktoren. Wählt man nun n groß genug (wie man leicht nachprüft, genügt $n - k > (m-1)(k+1)$), so gibt es in jeder Zerlegung $w = u_1 \dots u_n$ wenigstens ein Teilprodukt λ^m und damit in $\alpha_{u_1} \dots \alpha_{u_n}$ wenigstens ein Teilprodukt $\alpha_\lambda^m = \omega$. Daher gilt $\Sigma^o_{u_1 \dots u_n = w} \alpha_{u_1} \dots \alpha_{u_n} = \omega$ für fast alle $n \in I\!N_0$, was die Existenz aller Summen (4.2) und damit die von a^* zeigt. ■

Definition 4.2. a) Eine Potenzreihe $a = \Sigma_{w \in X^*} \alpha_w w \in S[[X]]$ nennt man ***proper***, wenn $\alpha_\lambda = \omega$ gilt. Die Menge aller properen Potenzreihen von $S[[X]]$ bezeichnen wir mit $P(S[[X]])$.

b) Eine Potenzreihe $a \in S[[X]]$ heißt ***rational***, wenn sie in dem von $S[X]$ erzeugten $P(S[[X]])$-$*$-abgeschlossenen Unterhalbring $\left(R_{S[[X]]}^{P(S[[X]])}(S[X]), +, \cdot\right)$ von $(S[[X]], +, \Sigma, \cdot)$ liegt, den wir mit $\mathfrak{R}_{S[[X]]}$ bezeichnen.

Man beachte dabei, daß $\mathfrak{R}_{S[[X]]}$ im Gegensatz zu $\mathfrak{R}_X$ nicht durch den von $S[X]$ erzeugten $*$-abgeschlossenen Unterhalbring $R_{S[[X]]}(S[X])$ definiert wird. Damit beschränkt man bei der Erzeugung der Elemente von $\mathfrak{R}_{S[[X]]}$ die Anwendung der Sternoperation von vorn herein auf propere Potenzreihen a, für die a^* nach Lemma 4.1 stets existiert. Allerdings existiert a^* nach dem gleichen Lemma ohnehin nur für propere Potenzreihen, wenn $(S, +, \cdot)$ keine nilpotenten Elemente außer ω enthält, also insbesondere für nullteilerfreie Halbringe. Wir werden jedoch auch Potenzreihen über Matrizenhalbringen $(M_{n,n}(S), +, \cdot)$ zu betrachten haben, die gemäß Aufgabe I.2.14 stets von O verschiedene nilpotente Elemente enthalten.

Satz 4.3. *a) Es sei* $(S[[X]], +, \Sigma, \cdot)$ *ein Potenzreihenhalbring,* $(\mathfrak{L}_X, \cup, \bigcup, \cdot)$ *der (vollständige)* Σ*-Halbring aller Sprachen über* X *und* $(S, +, \cdot)$ *nullteilerfrei und nullsummenfrei. Durch*

$$(4.3) \qquad a = \Sigma_{w \in X^*} \alpha_w w \;\mapsto\; \sigma(a) = L_a = \operatorname{supp}(a) = \{w \in X^* \mid \alpha_w \neq \omega\}$$

wird dann ein surjektiver Σ*-Homomorphismus* $\sigma = \sigma_S$ *von* $(S[[X]], +, \Sigma, \cdot)$ *auf* $(\mathfrak{L}_X, \cup, \bigcup, \cdot)$ *definiert. Damit gilt* $\sigma(a^*) = (\sigma(a))^*$ *für alle* $a \in S[[X]]$*, zu denen* a^* *existiert, d. h. hier gerade für alle* $a \in P(S[[X]])$*. Wählt man für* $(S, +, \cdot)$ *den booleschen Halbkörper* $(I\!B, +, \cdot)$*, so ist* $\sigma = \sigma_{I\!B}$ *ein* Σ*-Isomorphismus.*

b) Unter den allgemeinen Voraussetzungen von a) bildet σ *den Unterhalbring* $(S[X], +, \cdot)$ *der Polynome aus* $S[[X]]$ *auf den Unterhalbring* $(\mathfrak{E}_X, \cup, \cdot)$ *der endlichen Sprachen aus* $\mathfrak{L}_X$ *ab, und den Unterhalbring* $\mathfrak{R}_{S[[X]]} = R_{S[[X]]}^{P(S[[X]])}(S[X])$ *der rationalen Potenzreihen auf den Unterhalbring* $\mathfrak{R}_X = R_{\mathfrak{L}_X}(\mathfrak{E}_X)$ *der rationalen Sprachen von* $\mathfrak{L}_X$*.*

Beweis. a) Die Menge der Potenzreihen $a = \Sigma_{w\in X^*}\alpha_w w$ mit Koeffizienten $\alpha_w \in \{\omega, \varepsilon\}$ wird gemäß $\sigma(a) = L_a = \text{supp}(a)$ ersichtlich bijektiv auf $\mathfrak{L}_X = \mathfrak{P}(X^*)$ abgebildet. Man nennt daher a auch die ***charakteristische Reihe*** von L_a, wobei für jede Sprache $L \in \mathfrak{L}_X$ ihre charakteristische Reihe in der Form $a = \Sigma_{w\in L} w = \Sigma_{w\in L}\varepsilon w$ geschrieben werden kann. Damit ist $\sigma_S : S[[X]] \to \mathfrak{L}_X$ surjektiv und $\sigma_{\mathbb{B}} : \mathbb{B}[[X]] \to \mathfrak{L}_X$ bijektiv (vgl. auch Aufgabe 1.8 a)).

Weiter ist σ nach Aufgabe IV.3.8 genau dann ein Σ-Homomorphismus von $(S[[X]], +, \Sigma)$, wenn für jede existierende Summe $a = \Sigma_{i\in I} a_i$ (die wir in der Form (4.1) ansetzen) auch $\bigcup_{i\in I}\sigma(a_i)$ existiert (was wegen der Vollständigkeit von $(\mathfrak{L}_X, \cup, \bigcup)$ ohnehin gilt) und $\sigma(\Sigma_{i\in I} a_i) = \bigcup_{i\in I}\sigma(a_i)$ erfüllt ist. Nun besteht $\bigcup_{i\in I}\sigma(a_i)$ gemäß (4.3) aus den $w \in X^*$, für die $\alpha_{i,w} \neq \omega$ für wenigstens ein $i \in I$ gilt, während $w \in \sigma(\Sigma_{i\in I} a_i)$ genau für die $w \in X^*$ mit $\Sigma^o_{i\in I}\alpha_{i,w} \neq \omega$ zutrifft. Damit folgt die zu zeigende Gleichheit aus der Nullsummenfreiheit von $(S, +, \cdot)$. Schließlich zeigen wir $\sigma(a \cdot b) = \sigma(a) \cdot \sigma(b)$ für alle $a = \Sigma_{u\in X^*}\alpha_u u$ und $b = \Sigma_{v\in X^*}\beta_v v$ aus $S[[X]]$: Hier ist nämlich $w \in \sigma(a \cdot b) = \sigma\big(\Sigma_{w\in X^*}(\Sigma^o_{uv=w}\alpha_u\beta_v)w\big)$ gleichwertig mit $\Sigma^o_{uv=w}\alpha_u\beta_v \neq \omega$, während $w \in \sigma(a) \cdot \sigma(b)$ genau dann gilt, wenn wenigstens eine Zerlegung $w = uv$ mit $u \in \sigma(a)$ und $v \in \sigma(b)$, also mit $\alpha_u \neq \omega$ und $\beta_v \neq \omega$ existiert. Damit ergibt sich $\sigma(a \cdot b) = \sigma(a) \cdot \sigma(b)$ aus der Nullteilerfreiheit und der Nullsummenfreiheit von $(S, +, \cdot)$. Die Aussagen über $\sigma(a^*)$ folgen nun aus Aufgabe IV.4.6.

b) Es gilt $\sigma(S[X]) = \mathfrak{E}_X$, da $a \in S[X]$ gemäß Bemerkung 1.11 iii) mit der Endlichkeit von $\text{supp}(a) = \sigma(a) = L_a$ gleichwertig ist. Daraus folgt zunächst $\sigma(\mathfrak{R}_{S[[X]]}) \subseteq \mathfrak{R}_X$: Jede Potenzreihe aus $\mathfrak{R}_{S[[X]]}$ kann nämlich, ausgehend von Elementen aus $S[X]$, in endlich vielen Schritten erzeugt werden, wobei dann mit $\sigma(a_i) \in \mathfrak{R}_X$ auch $\sigma(a_1 + a_2) = \sigma(a_1) \cup \sigma(a_2)$ bzw. $\sigma(a_1 \cdot a_2) = \sigma(a_1) \cdot \sigma(a_2)$ jeweils in $\mathfrak{R}_X$ liegen, und für jede propere Potenzreihe a mit $\sigma(a) \in \mathfrak{R}_X$ auch $\sigma(a^*) = \big(\sigma(a)\big)^* \in \mathfrak{R}_X$ gilt. Umgekehrt enthält $\sigma(\mathfrak{R}_{S[[X]]})$ jede Sprache, die ausgehend von $\mathfrak{E}_X$ durch folgende Schritte erzeugt werden kann: Für beliebige Sprachen $L_i \in \sigma(\mathfrak{R}_{S[[X]]})$, also $L_i = \sigma(a_i)$ mit $a_i \in \mathfrak{R}_{S[[X]]}$, folgt $L_1 \cup L_2 = \sigma(a_1 + a_2) \in \sigma(\mathfrak{R}_{S[[X]]})$ und entsprechend $L_1 \cdot L_2 \in \sigma(\mathfrak{R}_{S[[X]]})$, und für jede propere Sprache $K = \sigma(a)$ ist $a \in S[[X]]$ proper, womit $K^* = \big(\sigma(a)\big)^* = \sigma(a^*)$ auch in $\sigma(\mathfrak{R}_{S[[X]]})$ liegt. Auf diese Weise entstehen genau die Sprachen des von $\mathfrak{E}_X$ erzeugten $P(\mathfrak{L}_X)$-$*$-abgeschlossenen Unterhalbringes $R^{P(\mathfrak{L}_X)}_{\mathfrak{L}_X}(\mathfrak{E}_X)$ von $(\mathfrak{L}_X, \cup, \bigcup, \cdot)$, der nach Lemma IV.5.17 b) mit $\mathfrak{R}_X$ übereinstimmt. Dies zeigt auch $\sigma(\mathfrak{R}_{S[[X]]}) \supseteq \mathfrak{R}_X$. ∎

Unser nächstes Ziel ist die Charakterisierung der Potenzreihen, die bei dem Homomorphismus (4.3) auf die erkennbaren Sprachen abgebildet werden. Dazu erinnern wir daran, daß die Elemente $a = \Sigma_{w\in X^*}\alpha_w w \in S[[X]] =$

$S\langle\langle U\rangle\rangle$ gemäß Lemma 1.9 als Abbildungen von $U = X^*$ in S mit $a(u) = \alpha_u$ eingeführt wurden.

Definition 4.4. Eine Potenzreihe $a = \Sigma_{w\in X^*}\alpha_w w \in S[[X]]$ heißt *erkennbar*, wenn es ein $n \in \mathbb{N}$, einen Halbgruppenhomomorphismus M von $(X^*,\cdot)$ in $(M_{n,n}(S),\cdot)$ und Elemente $\rho_i, \tau_j \in S$ für $i,j = 1,\dots,n$ gibt, so daß sich a gemäß

$$
\begin{aligned}
a &= \sum_{w\in X^*}\left(\sum_{i,j=1}^{n}\rho_i[M(w)]_{i,j}\tau_j\right)w \\
&= \sum_{i=1}^{n}\rho_i\left(\sum_{w\in X^*}\left(\sum_{j=1}^{n}[M(w)]_{i,j}\tau_j\right)w\right)
\end{aligned}
\tag{4.4}
$$

mit Hilfe der Matrizen $M(w) \in M_{n,n}(S)$ darstellen läßt.

Satz 4.5. *Für jeden der in Satz 4.3 betrachteten Halbringe $(S,+,\cdot)$ gilt, daß der Homomorphismus $\sigma = \sigma_S$ von $(S[[X]],+,\cdot)$ auf $(\mathfrak{L}_X,\cup,\cdot)$ die Menge aller erkennbaren Potenzreihen $a \in S[[X]]$ auf die Menge aller erkennbaren Sprachen von $\mathfrak{L}_X$ abbildet.*

Beweis. Wir zeigen als erstes, daß jede erkennbare Potenzreihe $a \in S[[X]]$ durch $\sigma = \sigma_S$ auf eine erkennbare Sprache $L_a = \sigma_S(a) = \operatorname{supp}(a)$ abgebildet wird. Dazu verwenden wir den Homomorphismus $\tilde{\psi}$ von $(S[[X]],+,\cdot)$ auf $(\mathbb{B}[[X]],+,\cdot)$ aus Aufgabe 4.1, der a auf eine erkennbare Potenzreihe $\tilde{a} = \tilde{\psi}(a)$ aus $\mathbb{B}[[X]]$ mit $L_a = L_{\tilde{a}} = \operatorname{supp}(\tilde{a})$ abbildet. Nach (4.4) gilt nun

$$\tilde{a}(w) = \sum_{i,j=1}^{n}\tilde{\varrho}_i[\tilde{M}(w)]_{i,j}\tilde{\tau}_j \in \mathbb{B}$$

mit Elementen $\tilde{\varrho}_i, \tilde{\tau}_j \in \mathbb{B}$ und einem Homomorphismus $\varphi = \tilde{M}$, der die Halbgruppe $(F_X^\lambda,\cdot) = (X^*,\cdot)$ in das endliche Monoid $(H,\cdot) = (M_{n,n}(\mathbb{B}),\cdot)$ abbildet. Für $H' = \{\tilde{M}(w) \in M_{n,n}(\mathbb{B}) \mid \tilde{a}(w) \neq 0\} \subseteq H$ folgt dann $\varphi^{-1}(H') = L_{\tilde{a}}$, wie sich aus $w \in \varphi^{-1}(H') \iff \varphi(w) = \tilde{M}(w) \in H' \iff \tilde{a}(w) \neq 0 \iff w \in \operatorname{supp}(\tilde{a}) = L_{\tilde{a}}$ ergibt. Also ist $L_a = L_{\tilde{a}}$ nach Folgerung IV.5.20 eine erkennbare Sprache.

Damit bleibt nachzuweisen, daß für jede erkennbare Sprache $L \in \mathfrak{L}_X$ wenigstens eine erkennbare Potenzreihe $a \in S[[X]]$ mit $\sigma(a) = \operatorname{supp}(a) = L$ existiert. Nach Folgerung IV.5.20 gibt es einen Homomorphismus φ von $(X^*,\cdot)$ in ein endliches Monoid $(H,\cdot)$ mit $L = \varphi^{-1}(H')$ für eine Teilmenge

$H' \subseteq H$. Wir schreiben $H = \{h_1, \ldots, h_n\}$ und definieren zunächst eine Abbildung $\Phi : H \to M_{n,n}(S)$ gemäß

$$[\Phi(h)]_{i,j} = \begin{cases} \varepsilon & \text{für } h_i h = h_j \\ \omega & \text{sonst.} \end{cases}$$

Nun gilt $[\Phi(h)\Phi(h')]_{i,k} = \Sigma_{j=1}^n [\Phi(h)]_{i,j}[\Phi(h')]_{j,k} = [\Phi(hh')]_{i,k}$, da es zu jedem i genau ein j mit $h_i h = h_j$ und zu diesem j genau ein k mit $h_j h' = h_k$ gibt, woraus

$$[\Phi(h)\Phi(h')]_{i,k} = \begin{cases} \varepsilon & \text{für } h_i hh' = h_k \\ \omega & \text{sonst} \end{cases}$$

folgt. Damit ist $\Phi : (H, \cdot) \to (M_{n,n}(S), \cdot)$ eine Homomorphismus und daher auch $M = \Phi \circ \varphi : (X^*, \cdot) \to (M_{n,n}(S), \cdot)$. Weiter setzen wir $\varrho_i = \varepsilon$, wenn h_i gleich dem Einselement e von $(H, \cdot)$ ist, und sonst $\varrho_i = \omega$, sowie $\tau_j = \varepsilon$, falls $h_j \in H'$ gilt, und sonst $\tau_j = \omega$. Damit ergibt sich

$$\sum_{i,j=1}^n \varrho_i [\Phi(h)]_{i,j} \tau_j = \begin{cases} \varepsilon & \text{für } eh = h_j \in H' \\ \omega & \text{sonst} \end{cases}$$

und daraus wegen $M = \Phi \circ \varphi$ und $w \in L \iff \varphi(w) = h \in H'$

$$\alpha_w = \sum_{i,j=1}^n \varrho_i [M(w)]_{i,j} \tau_j = \begin{cases} \varepsilon & \text{für } w \in L \\ \omega & \text{sonst.} \end{cases}$$

Die durch $a(w) = \alpha_w$ definierte Potenzreihe $a = \sum_{w \in X^*} \alpha_w w \in S[[X]]$ ist dann gemäß Definition 4.4 erkennbar und erfüllt $\sigma(a) = \operatorname{supp}(a) = L$. ∎

Unsere weiteren Überlegungen betreffen erkennbare Potenzreihen und führen schließlich zu dem auf Schützenberger [Sch61] zurückgehenden Satz 4.14, aus dem sich die Übereinstimmung erkennbarer und rationaler Sprachen über endlichen Alphabeten ergibt.

Definition 4.6. Wir definieren nun für jedes $u \in X^*$ einen ***Linksshift-Operator*** u^{-1} auf dem S-Halbmodul $({}_S S[[X]], +)$, der jeder Potenzreihe $a = \Sigma_{w \in X^*} \alpha_w w$ die Potenzreihe $u^{-1}a = \Sigma_{w \in X^*} \alpha_{uw} w$ zuordnet, was mit

$$(4.5) \qquad (u^{-1}a)(w) = a(uw) \quad \text{für alle } w \in X^*$$

gleichwertig ist. Weiter heißt eine Teilmenge $H \subseteq S[[X]]$ ***stabil***, wenn für alle $u \in X^*$ aus $a \in H$ stets $u^{-1}a \in H$ folgt. Ersichtlich gilt dann (vgl. die Aufgaben 4.2 und 1.1):

Lemma 4.7. *Für alle* $u, v \in X^*$, $a, b \in S[[X]]$ *und* $\rho \in S$ *gelten die Regeln*

$$u^{-1}(a+b) = u^{-1}a + u^{-1}b, \tag{4.6}$$

$$u^{-1}(\rho a) = \rho(u^{-1}a), \tag{4.7}$$

$$(uv)^{-1}(a) = v^{-1}(u^{-1}a). \tag{4.8}$$

Damit ist ein von endlich vielen Elementen $a_1, \ldots, a_n$ *aus* $S[[X]]$ *erzeugter* S*-Unterhalbmodul* $({}_SH, +)$ *von* $({}_SS[[X]], +)$ *also bereits dann stabil, wenn* $x^{-1}a_i \in H$ *für alle* $x \in X$ *und* $i = 1, \ldots, n$ *gilt.*

Lemma 4.8. *Für alle* $x \in X$ *und* $a, b \in S[[X]]$ *gelten die Regeln*

$$x^{-1}(ab) = (x^{-1}a)b + a(\lambda)x^{-1}b, \tag{4.9}$$

$$x^{-1}(a^*) = (x^{-1}a)a^*, \quad \textit{falls } a \in P(S[[X]]). \tag{4.10}$$

Beweis. Nach (4.5) gilt $\big(x^{-1}(ab)\big)(w) = (ab)(xw) = \Sigma_{uv=xw}a(u)b(v)$ für alle $w \in X^*$. Der Summand mit $u = \lambda$ hat die Form $a(\lambda)b(xw) = a(\lambda)(x^{-1}b)(w)$, wobei wir wieder (4.5) benutzt haben, was in der folgenden Formel noch einmal geschieht. Für die restliche Summe gilt

$$\sum_{xu'v=xw} a(xu')b(v) = \sum_{u'v=w} (x^{-1}a)(u')b(v) = \big((x^{-1}a)b\big)(w).$$

Dies zeigt $\big(x^{-1}(ab)\big)(w) = \big((x^{-1}a)b\big)(w) + a(\lambda)(x^{-1}b)(w)$ für alle $w \in X^*$ und damit (4.9). Für (4.10) verwenden wir $a^* = e + aa^*$ mit dem Einselement $e = \varepsilon\lambda = \lambda$ von $(S[[X]], +, \cdot)$ sowie (4.6), $x^{-1}e = o$ und (4.9) und erhalten $x^{-1}(a^*) = x^{-1}e + x^{-1}(aa^*) = (x^{-1}a)a^* + a(\lambda)x^{-1}(a^*)$. Da $a(\lambda) = \omega$ für jede propere Potenzreihe a gilt, folgt (4.10). ∎

Satz 4.9. *Für jeden Potenzreihenhalbring* $(S[[X]], +, \cdot)$ *gilt:*

a) Eine Potenzreihe $a \in S[[X]]$ *ist genau dann erkennbar, wenn es einen endlich erzeugten, stabilen* S*-Unterhalbmodul* $({}_SH, +)$ *von* $({}_SS[[X]], +)$ *gibt, der* a *enthält.*

b) Jede rationale Potenzreihe $a \in S[[X]]$ *ist erkennbar.*

Beweis. a) Ist a erkennbar, so liegt a gemäß (4.4) in dem von den n Elementen $a_i = \Sigma_{w \in X^*}\big(\Sigma_j [M(w)]_{i,j}\tau_j\big)w$ erzeugten S-Unterhalbmodul $({}_SH, +)$ von $({}_SS[[X]], +)$. Um zu zeigen, daß $({}_SH, +)$ stabil ist, genügt es nach Lemma 4.7 $x^{-1}a_i \in H$ für alle $x \in X$ und $i = 1, \ldots, n$ nachzuweisen. Nun gilt nach (4.5)

$$(x^{-1}a_i)(w) = a_i(xw) = \sum_{j=1}^{n} [M(xw)]_{i,j}\tau_j,$$

woraus wegen $[M(xw)]_{i,j} = [M(x)M(w)]_{i,j} = \Sigma_{k=1}^{n}[M(x)]_{i,k}[M(w)]_{k,j}$

$$(x^{-1}a_i)(w) = \sum_{k=1}^{n}[M(x)]_{i,k}\left(\sum_{j=1}^{n}[M(w)]_{k,j}\tau_j\right) = \sum_{k=1}^{n}[M(x)]_{i,k}a_k(w)$$

folgt, was $x^{-1}a_i = \Sigma_w(\Sigma_{k=1}^{n}[M(x)]_{i,k}a_k(w))w = \Sigma_{k=1}^{n}[M(x)]_{i,k}a_k \in H$ zeigt. Liegt umgekehrt a in einem von $a_1,\dots,a_n$ aus $S[[X]]$ erzeugten, stabilen S-Unterhalbmodul $({}_SH,+)$ von $({}_SS[[X]],+)$, so gilt $w^{-1}a_i \in H$ für jedes $w \in X^*$, also $w^{-1}a_i = \Sigma_{j=1}^{n}\alpha_{w,i,j}a_j$ mit jeweils n^2 Elementen $\alpha_{w,i,j} \in S$. Durch $[M(w)]_{i,j} = \alpha_{w,i,j}$ wird damit jedem $w \in X^*$ eine Matrix $M(w) \in M_{n,n}(S)$ zugeordnet. Mit Hilfe von (4.8) und (4.6) rechnet man leicht $M(uv) = M(u)M(v)$ nach, womit M ein Homomorphismus von $(X^*,\cdot)$ in $(M_{n,n}(S),\cdot)$ ist. Aus $w^{-1}a_i = \Sigma_{j=1}^{n}[M(w)]_{i,j}a_j$ und $a_i(w) = a_i(w\lambda) = (w^{-1}a_i)(\lambda)$ nach (4.8) folgt schließlich (4.4) mit $a_j(\lambda) = \tau_j$ und geeigneten ρ_i aus S gemäß

$$a(w) = \left(\sum_{i=1}^{n}\rho_i a_i\right)(w) = \sum_{i=1}^{n}\rho_i\big(a_i(w)\big) = \sum_{i=1}^{n}\rho_i\left(\sum_{j=1}^{n}[M(w)]_{i,j}a_j(\lambda)\right).$$

b) Wir zeigen, daß jede Potenzreihe aus $\mathfrak{R}_{S[[X]]} = R_{S[[X]]}^{P(S[[X]])}(S[X])$ erkennbar ist. Dazu verwenden wir Lemma IV.4.11 und beweisen die folgenden drei Behauptungen unter ständiger Verwendung von a).

Jedes Polynom $p = \Sigma_{w\in X^*}\alpha_w w \in S[X]$ ist eine erkennbare Potenzreihe: Aus $\alpha_w = \omega$ für fast alle $w \in X^*$ folgt $u^{-1}p = o$ für fast alle $u \in X^*$ (vgl. Aufgabe 4.2). Also ist die Menge $\{u^{-1}p \mid u \in X^*\}$ endlich und wegen $v^{-1}(u^{-1}p) = (vu)^{-1}p$ stabil. Der von ihr erzeugte S-Unterhalbmodul $({}_SH,+)$ (im folgenden stets: von $({}_SS[[X]],+)$) ist daher nach Lemma 4.7 stabil und erfüllt $p \in H$ wegen $\lambda^{-1}p = p$. Damit ist p erkennbar.

Sind a und b erkennbare Potenzreihen aus $S[[X]]$, so sind auch $a+b$ und $a\cdot b$ erkennbar: Nach Voraussetzung gibt es endlich erzeugte, stabile S-Unterhalbmoduln $({}_SH_a,+)$ und $({}_SH_b,+)$ mit $a \in H_a$ und $b \in H_b$. Dann ist ersichtlich auch $H_a + H_b = \{h_a + h_b \mid h_a \in H_a,\ h_b \in H_b\}$ ein solcher S-Unterhalbmodul, der $a+b$ enthält. Dies zeigt schon, daß $a+b$ erkennbar ist. Weiter ist auch $H_ab + H_b = \{h_ab + h_b \mid h_a \in H_a,\ h_b \in H_b\}$ ein endlich erzeugter S-Unterhalbmodul, der $ab + o = ab$ enthält. Nach Lemma 4.7 und (4.9) ist er ebenfalls stabil, was die Erkennbarkeit von $a \cdot b$ zeigt.

Ist $a \in P(S[[X]])$ eine erkennbare Potenzreihe, so ist auch a^* erkennbar: Es gibt einen endlich erzeugten, stabilen S-Unterhalbmodul $({}_SH,+)$ mit $a \in H$. Dann sind auch $Se = S\lambda$ und $Se + Ha^* = \{\alpha e + ha^* \mid \alpha \in S,\ h \in H\}$ solche

S-Unterhalbmoduln, wobei die Stabilität von Ha^* aus Lemma 4.7 und (4.10) folgt. Wegen $a^* = e + aa^* \in Se + Ha^*$ ist damit auch die Potenzreihe a^* erkennbar. ∎

Die folgenden Aussagen gelten für jeden Potenzreihenhalbring $(S[[X]], +, \Sigma, \cdot)$.

Lemma 4.10. *Es sei $a \in P(S[[X]])$ und $b \in S[[X]]$. Dann ist $z = ba^*$ die einzige Lösung von $z = b + za$ in $S[[X]]$.*

Beweis. Für die propere Potenzreihe a existiert $a^* \in S[[X]]$ nach Lemma 4.1, und $z = ba^*$ erfüllt $b + za = b(e + a^*a) = ba^* = z$. Gilt nun $y = b + ya$ für ein $y \in S[[X]]$, folgt $y = b(e + a + \ldots + a^n) + ya^{n+1}$ durch vollständige Induktion für alle $n \in \mathbb{N}_0$. Dann gilt

$$y(w) = \sum_{uv=w} \left(b(u)(e + \ldots + a^n)(v) + y(u)a^{n+1}(v)\right) \tag{4.11}$$

für alle $w \in X^*$, woraus sich $y(w) = z(w)$ für alle $w \in X^*$ und damit $y = z$ ergeben wird: Da a proper ist, gibt es zu jedem $v \in X^*$ ein $n_v \in \mathbb{N}$ mit $a^{n+1}(v) = \omega$ für alle $n \geq n_v$, woraus auch $(e + \ldots + a^n)(v) = a^*(v)$ folgt. Für jedes $w \in X^*$ gibt es nur endlich viele $v \in X^*$ mit $uv = w$ und damit ein $n_w \in \mathbb{N}$, so daß $a^{n+1}(v) = \omega$ für alle $n \geq n_w$ und alle diese $v \in X^*$ gilt. Aus (4.11) ergibt sich damit $y(w) = \Sigma_{uv=w} b(u)a^*(v) = (ba^*)(w) = z(w)$. ∎

Lemma 4.11. *Für alle $a, b \in P(S[[X]])$ gelten die Regeln*

$$(a + b)^* = (a^*b)^*a^*, \tag{4.12}$$

$$(a + b)^* = (a + ba^*b)^*(e + ba^*). \tag{4.13}$$

Beweis. Mit a und b ist auch $a + b$ proper und $z = (a + b)^* \in S[[X]]$ nach Lemma 4.10 die einzige Lösung von $z = e + z(a + b)$. Andererseits ist auch (a^*b) proper, womit $y = (a^*b)^*a^*$ existiert. Durch Rechnen in dem Σ-Halbring $(S[[X]], +, \Sigma, \cdot)$ folgt zunächst

$$e + y(a + b) = e + (a^*b)^*a^*(a + b) = e + (a^*b)^*a^*a + (a^*b)^*a^*b.$$

Wegen $e + (a^*b)^*(a^*b) = (a^*b)^*$ ist dies gleich

$$(a^*b)^* + (a^*b)^*a^*a = (a^*b)^*(e + a^*a) = (a^*b)^*a^* = y.$$

Dies zeigt $y = z = (a + b)^*$ und damit (4.12).

Gemäß (P) und (D) gelten in $(S[[X]], +, \Sigma, \cdot)$ folgende Umformungen:

$$\begin{aligned}(a+b)^* &= \Big(\sum_{n\in\mathbb{N}_0} (a^*b)^n\Big)a^* = \Big(\sum_{n\in\mathbb{N}_0} (a^*b)^{2n} + \sum_{n\in\mathbb{N}_0} (a^*b)^{2n+1}\Big)a^* \\ &= \sum_{n\in\mathbb{N}_0} (a^*b)^{2n}(e+a^*b)a^* = (a^*ba^*b)^*a^*(e+ba^*).\end{aligned}$$

Da $(a^*ba^*b)^*a^* = (a+ba^*b)^*$ nach (4.12) gilt, folgt hieraus (4.13). ■

Bemerkung 4.12. Im folgenden werden wir gemäß Satz 3.9 die Σ-Halbringe $(M_{n,n}(S)[[X]], +, \Sigma, \cdot)$ und $(M_{n,n}(S[[X]]), +, \Sigma, \cdot)$ identifizieren. Damit ist jedes Element $N \in M_{n,n}(S)[[X]] = M_{n,n}(S[[X]])$ sowohl eine Potenzreihe $\Sigma_{w\in X^*} N(w)w$ mit $N(w) \in M_{n,n}(S)$ als auch eine Matrix N mit Matrizenelementen $[N]_{i,j} \in S[[X]]$. Insbesondere ist N (als Potenzreihe) genau dann proper, wenn alle $[N]_{i,j}$ in $P(S[[X]])$ liegen, und in diesem Falle existiert $N^* \in M_{n,n}(S)[[X]]$ gemäß Lemma 4.1.

Lemma 4.13. *Es sei $N \in M_{n,n}(S)[[X]] = M_{n,n}(S[[X]])$ proper. Dann liegt also $T = \{[N]_{i,j} \mid i,j = 1,\ldots,n\}$ in $P(S[[X]])$, und für alle $i,j = 1,\ldots,n$ gilt $[N^*]_{i,j} \in R_{S[[X]]}^{P(S[[X]])}(T)$.*

Beweis. Wir zeigen dies durch Induktion nach n, wobei der Fall $n = 1$ klar ist. Für $n > 1$ zerlegen wir N in Blöcke gemäß

$$N = \begin{pmatrix} A_1 & O \\ O & A_2 \end{pmatrix} + \begin{pmatrix} O & B_1 \\ B_2 & O \end{pmatrix} = A + B$$

mit quadratischen Matrizen A_1 und A_2. Dann sind auch A und B proper, und gemäß (4.13) gilt $N^* = (A+B)^* = (A+BA^*B)^*(E+BA^*)$. Dann folgt

$$\begin{aligned} A &= \begin{pmatrix} A_1^* & O \\ O & A_2^* \end{pmatrix}, \quad \text{also} \\ A + BA^*B &= \begin{pmatrix} A_1 + B_1A_2^*B_2 & O \\ O & A_2 + B_2A_1^*B_1 \end{pmatrix} \quad \text{und} \\ (A+BA^*B)^* &= \begin{pmatrix} (A_1 + B_1A_2^*B_2)^* & O \\ O & (A_2 + B_2A_1^*B_1)^* \end{pmatrix}. \end{aligned}$$

Multipliziert man letzteres noch mit $(E + BA^*)$, erhält man

$$(4.14) \qquad N^* = \begin{pmatrix} (A_1 + B_1A_2^*B_2)^* & (A_1 + B_1A_2^*B_2)^*B_1A_2^* \\ (A_2 + B_2A_1^*B_1)^*B_2A_1^* & (A_2 + B_2A_1^*B_1)^* \end{pmatrix}.$$

Nach Induktionsannahme liegen nun alle Matrizenelemente $[A_1^*]_{i,j}$ und $[A_2^*]_{i,j}$ in $R_{S[[X]]}^{P(S[[X]])}(T)$ und alle $[A_1]_{i,j}, [A_2]_{i,j}, [B_1]_{i,j}$ und $[B_2]_{i,j}$ sogar in T. Daraus folgt durch Rechnen in $(S[[X]], +, \Sigma, \cdot)$, daß alle Matrizenelemente der vier Teilmatrizen von (4.14) und damit alle Matrizenelemente $[N^*]_{i,j}$ ebenfalls in $R_{S[[X]]}^{P(S[[X]])}(T)$ liegen. ■

Satz 4.14. *Ist die Menge $X \neq \emptyset$ endlich, gilt für jeden Potenzreihenhalbring $(S[[X]], +, \cdot)$: Eine Potenzreihe $a \in S[[X]]$ ist genau dann erkennbar, wenn sie rational ist.*

Beweis. Nach Satz 4.9 b) ist nur noch zu zeigen, daß unter der Voraussetzung der Endlichkeit von X jede erkennbare Potenzreihe $a = \Sigma_{w \in X^*} \alpha_w w \in S[[X]]$ auch rational ist. Gemäß Definition 4.4 gilt dann (4.4) mit einem Homomorphismus $M : (X^*, \cdot) \to (M_{n,n}(S), \cdot)$. Wir definieren nun eine propere Potenzreihe aus $M_{n,n}(S)[[X]]$ gemäß $N = \Sigma_{x \in X} M(x)x$, also durch $N(x) = M(x)$ für alle $x \in X$ und $N(x) = O$ für alle $x \in X^* \setminus X$, wobei es sich wegen der Endlichkeit von X sogar um ein Polynom $N \in M_{n,n}(S)[X]$ handelt. Nach Lemma 4.1 existiert N^* in $M_{n,n}(S)[[X]]$, und es gilt

$$N^* = \sum_{n \in \mathbb{N}_0} \Big(\sum_{x \in X} M(x)x \Big)^n = \sum_{n \in \mathbb{N}_0} \Big(\sum_{\substack{w \in X^* \\ \ell(w)=n}} M(w)w \Big) = \sum_{w \in X^*} M(w)w,$$

wobei im zweiten Schritt $M(u)u \cdot M(v)v = M(u)M(v)uv = M(uv)uv$ für alle $uv = w$ mit $\ell(w) = n$ verwendet wird. Nach Bemerkung 4.12 und Lemma 4.13 folgt nun aus $[N]_{i,j} \in S[X] \cap P(S[[X]])$

$$[N^*]_{i,j} = \Big[\sum_{w \in X^*} M(w)w \Big]_{i,j} \in R_{S[[X]]}^{P(S[[X]])}(S[X]) = \mathfrak{R}_{S[[X]]}.$$

Da auch die Polynome $\varrho_i e$ und $\tau_j e$ in $\mathfrak{R}_{S[[X]]}$ liegen, folgt das gleiche für

$$\sum_{i,j=1}^{n} (\varrho_i e) \Big[\sum_{w \in X^*} M(w)w \Big]_{i,j} (\tau_j e) = \sum_{w \in X^*} \Big(\sum_{i,j=1}^{n} \varrho_i [M(w)]_{i,j} \tau_j \Big) w = a. \quad ■$$

Aus diesem Satz ergibt sich nun zusammen mit Satz 4.5 und Satz 4.3 b) der folgende klassische Satz von S. C. Kleene (vgl. [Kle56]):

Satz 4.15. *Ist $X \neq \emptyset$ ein endliches Alphabet, so ist jede reguläre (rationale) Sprache L aus $\mathfrak{L}_X$ auch erkennbar und umgekehrt.*

Aufgaben

4.1. a) Es sei $(S,+,\cdot)$ ein Halbring wie in Satz 4.3. Dann definiert $\psi(\alpha)=1$ für alle $\alpha\neq\omega$ aus S und $\psi(\omega)=0$ nach Aufgabe I.3.2 einen Halbringhomomorphismus ψ von $(S,+,\cdot)$ auf $(\mathbb{B},+,\cdot)$. Dieser Homomorphismus definiert einen Halbringhomorphismus $\bar{\psi}$ von $(M_{n,n}(S),+,\cdot)$ $(M_{n,n}(\mathbb{B}),+,\cdot)$ gemäß $[\bar{\psi}(B)]_{i,j}=\psi([B]_{i,j})$ für alle $B\in M_{n,n}(S)$, und damit auch einen Halbgruppenhomorphismus $\bar{\psi}$ von $(M_{n,n}(S),\cdot)$ auf $(M_{n,n}(\mathbb{B}),\cdot)$. Entsprechend definiert ψ einen Homomorphismus $\tilde{\psi}$ von $(S[[X]],+,\cdot)$ auf $(\mathbb{B}[[X]],+,\cdot)$ gemäß $a=\Sigma\alpha_w w\mapsto\tilde{\psi}(a)=\tilde{a}=\Sigma\psi(\alpha_w)w$, der übrigens $\sigma_{\mathbb{B}}\circ\tilde{\psi}=\sigma_S$ für die Homomorphismen σ_S und $\sigma_{\mathbb{B}}$ von Satz 4.3 erfüllt. Weiter folgt aus $\psi(\alpha)\neq 0\iff\alpha\neq\omega$, daß $\operatorname{supp}(a)=\operatorname{supp}(\tilde{a})$ und damit $\sigma_S(a)=L_a=L_{\tilde{a}}=\sigma_{\mathbb{B}}(\tilde{a})$ gilt.

b) Folgern sie aus a): Ist a eine erkennbare Potenzreihe von $S[[X]]$, so ist $\tilde{\psi}(a)=\tilde{a}$ eine erkennbare Potenzreihe von $\mathbb{B}[[X]]$.

4.2. Für die Potenzreihe $a=\Sigma_{w\in X^*}\alpha_w w\in S[[X]]$ entsteht $u^{-1}a$ aus der Teilsumme $t=\Sigma_{w'\in X^*}\alpha_{uw'}uw'$ von a gemäß $u^{-1}a=u^{-1}t=\Sigma_{w'\in X^*}\alpha_{uw'}w'$, woraus $u\cdot(u^{-1}a)=t$ folgt. Kennzeichnen Sie den Fall $u^{-1}a=o$, und beweisen Sie Lemma 4.7.

4.3. Ebenso wie die Operationen $L_1\cup L_2$, $L_1\cdot L_2$ und L^* führen auch $L_1\cap L_2$ und die Komplementbildung $X^*\setminus L$ aus der Menge der rationalen Sprachen $\mathfrak{R}_X$ über einem endlichen Alphabet X nicht heraus. Ist nämlich L rational und damit erkennbar, so ist auch $X^*\setminus L$ erkennbar, wie sich aus Definition IV.5.17 oder Folgerung IV.5.20 ergibt. Daraus folgt mit $L_1\cup L_2\in\mathfrak{R}_X$ für $L_1,L_2\in\mathfrak{R}_X$ auch $L_1\cap L_2\in\mathfrak{R}_X$.

Lösungen zu ausgewählten Aufgaben

Zitierungen wie Satz 2.3 oder (1.2) beziehen sich jeweils auf das Kapitel, in dem die betreffende Aufgabe formuliert wurde.

Zu den Aufgaben aus Kapitel I

Aufgabe 1.9. Zunächst prüft man leicht nach, daß jede dieser fünf Tafeln eine assoziative zweistellige Operation festlegt, und damit eine Halbgruppe $(S,\cdot)$ mit $S = \{a,b\}$. (Die zweite Tafel kennzeichnet übrigens die bis auf Isomorphie eindeutig bestimmte Gruppe der Ordnung 2, die z. B. durch $b = -1$ und $a = 1$ realisiert werden kann.) Damit bleibt zu zeigen, daß jede Halbgruppe $(T,\cdot)$ der Ordnung 2 bei geeigneter Bezeichnung ihre Elemente mit a und b durch genau eine dieser Tafeln beschrieben wird. Dabei unterscheiden wir die Fälle $b^2 = a$ und $b^2 = b$. Aus $b^2 = a$ folgt $b^3 = ab = ba$ und weiter $a^2 = b^4 = abb = a$, unabhängig davon, ob $ab = ba$ gleich a oder b ist. Dies ergibt je eine der beiden ersten Tafeln. Im Fall $b^2 = b$ können wir auch $a^2 = a$ annehmen, da $a^2 = b$ dem bereits diskutierten Fall $b^2 = a$ entspricht. Daraus ergeben sich zunächst vier weitere Tafeln. Von ihnen unterscheiden sich jedoch die mit $ab = ba = b$ und mit $ab = ba = a$ nur dadurch, welches der beiden Elemente von S mit a und welches mit b bezeichnet wird. Damit ist $(T,\cdot)$ durch genau eine der angegebenen fünf Tafeln festgelegt.

Aufgabe 1.10. Es genügt anzunehmen, daß eine beliebige Halbgruppe $(S,\cdot)$ zwei idempotente Elemente $a \neq b$ enthält. Dann gilt $aab = abb$. Wäre nun $(S,\cdot)$ kürzbar, so folgte daraus der Widerspruch $a = b$.

Aufgabe 1.11. Zum Beispiel sind $[2]_m$, $[4]_m$, $[8]_m$, $[16]_m$, $[8]_m$, $[16]_m, \ldots$ die Potenzen von $[2]_m$ für $m = 24$.

Aufgabe 1.12. Wegen $A^\nu = \begin{pmatrix} 1 & 2\nu \\ 0 & 1 \end{pmatrix}$ für alle $\nu \in \mathbb{N}$ sind diese Potenzen von A paarweise verschieden. Dagegen sind $B = B^3 = \ldots$ und $B^2 = B^4 = \ldots$ alle Potenzen von B sowie C, C^2 und $C^\nu = O$ für $\nu \geq 3$ die Potenzen von C.

Aufgabe 2.9. b) Aus $ab = o$ für Elemente $a \neq o$ und $b \neq o$ von T folgt der Widerspruch $o = o\infty = (ab)\infty = a(b\infty) = a\infty = \infty$, und aus $a + b = o$ mit $a \neq o$ und $b \neq o$ aus T folgt entsprechend $o = (a+b)\infty = \infty$. Die damit bewiesene Aussage ist allgemeiner als das am Anfang des Beweises von Lemma 2.20 Gezeigte (z. B. braucht $T \setminus \{\infty\}$ kein Unterhalbring von $(T,+,\cdot)$ zu sein).

Aufgabe 2.13. Wir verwenden die Schreibweise $[A]_{i,j} = a_{i,j}$ für die Elemente einer Matrix $A \in M_{n,n}(S)$ und zeigen von den Halbringeigenschaften von

$(M_{n,n}(S), +, \cdot)$ nur $A \cdot (B \cdot C) = (A \cdot B) \cdot C$ gemäß

$$\begin{aligned}
[A \cdot (B \cdot C)]_{i,k} &= [\Sigma_{x=1}^{n} [A]_{i,x} \cdot [B \cdot C]_{x,k}]_{i,k} \\
&= [\Sigma_{x=1}^{n} [A]_{i,x} (\Sigma_{y=1}^{n} [B]_{x,y} \cdot [C]_{y,k})]_{i,k} \\
&= [\Sigma_{x=1}^{n} \overset{n}{\underset{y=1}{}} [A]_{i,x} \cdot [B]_{x,y} \cdot [C]_{y,k}]_{i,k} \\
&= [\Sigma_{y=1}^{n} (\Sigma_{x=1}^{n} [A]_{i,x} [B]_{x,y}) \cdot [C]_{y,k}]_{i,k} \\
&= [\Sigma_{y=1}^{n} [A \cdot B]_{i,y} [C]_{y,k}]_{i,k} = [(A \cdot B) \cdot C]_{i,k}
\end{aligned}$$

für alle i, k aus $\{1, \ldots, n\}$. Außer der Definition des Matrizenproduktes wird dabei (zweimal) (2.4) für $(S, +, \cdot)$ und die Assoziativität von $(S, \cdot)$ verwendet. Weiter ist die Matrix O mit $[O]_{i,j} = o$ für alle i, j aus $\{1, \ldots, n\}$ das Nullelement von $(M_{n,n}(S), +, \cdot)$, und aus $oa = o$ für alle $a \in S$ folgt $OA = O$ für alle $A \in M_{n,n}(S)$. Ist o absorbierend in $(S, +, \cdot)$, so ist $(M_{2,2}(S), +, \cdot)$ wegen

$$\begin{pmatrix} a & o \\ a & o \end{pmatrix} \cdot \begin{pmatrix} o & o \\ b & o \end{pmatrix} = \begin{pmatrix} o & o \\ o & o \end{pmatrix} \quad \text{und} \quad \begin{pmatrix} o & o \\ b & o \end{pmatrix} \cdot \begin{pmatrix} a & o \\ a & o \end{pmatrix} = \begin{pmatrix} o & o \\ ba & o \end{pmatrix}$$

für beliebige $a, b \in S^*$ nicht nullteilerfrei und, falls nicht alle Produkte in S gleich o sind, auch nicht kommutativ. Entsprechendes gilt für Matrizen A, B aus $M_{n,n}(S)$, für die nur $[A]_{1,1} = [A]_{2,1} = a$ und $[B]_{2,1} = b$ aus S^* sind.

Aufgabe 2.16. a) Es sei $(T, \cdot)$ eine Inflation einer Halbgruppe $(S, \cdot)$. Dann gilt $a'(b'c') = a'(bc) = a(bc)$ und $(a'b')c' = (ab)c' = (ab)c$ für alle $a', b', c' \in T$, womit auch $(T, \cdot)$ eine Halbgruppe ist. Ebenso folgt, daß $(T, \cdot)$ genau dann kommutativ ist, wenn dies für $(S, \cdot)$ zutrifft. Übrigens ist ein Einselement e von $(S, \cdot)$ genau dann auch Einselement von $(T, \cdot)$, wenn $T_e = \{e\}$ gilt, also e keinen Schatten hat. Anderenfalls gilt nämlich $e \cdot e' = e \neq e'$, wobei wegen $e' \cdot e' = e$ auch e' kein Einselement von $(T, \cdot)$ ist.

b) Für eine Inflation $(T, +, \cdot)$ eines Halbringes $(S, +, \cdot)$ ist nach a) nur noch $a'(b' + c') = a'(b + c) = a(b + c) = ab + ac = a'b' + a'c'$ und entsprechend die rechtsseitige Distributivität nachzutragen. Die Bemerkung bei a) gilt dann entsprechend für ein eventuell existierendes Nullelement o von $(S, +, \cdot)$.

Aufgabe 3.4. Wegen $\varphi^{-1}(V) = \varphi^{-1}(V \cap \varphi(S))$ ist $\varphi^{-1}(V)$ genau dann leer, wenn $V \cap \varphi(S) = \emptyset$ gilt. Sonst ist mit $(\varphi(S), +, \cdot)$ auch $(V \cap \varphi(S), +, \cdot)$ Unterhalbring von $(T, +, \cdot)$ (vgl. Aufgabe 2.2 a)). Sind dann a und b Elemente von $\varphi^{-1}(V)$, so gilt $\varphi(a) + \varphi(b) = \varphi(a + b) \in V \cap \varphi(S)$, woraus $a + b \in \varphi^{-1}(V)$ und analog $a \cdot b \in \varphi^{-1}(V)$ folgt. Damit ist $(\varphi^{-1}(V), +, \cdot)$ ein Unterhalbring von $(S, +, \cdot)$. Die Aussage dieser Aufgabe gilt auch schon für Homomorphismen von Halbgruppen.

Aufgabe 3.7. Wir lassen zunächst die Addition weg, behandeln also das *direkte Produkt* $(S,\cdot) = \left(\prod_{i\in I} S_i,\cdot\right)$ *einer Familie* $\left((S_i,\cdot)\right)_{i\in I}$ *von Halbgruppen.* Aus der Assoziativität jeder Halbgruppe $(S_i,\cdot)$ folgt $(ab)c = \left((a_ib_i)c_i\right)_{i\in I} = \left(a_i(b_ic_i)\right)_{i\in I} = a(bc)$, also die Assoziativität von $(S,\cdot)$. Ebenso folgt: $(S,\cdot)$ ist genau dann kommutativ, wenn dies für jede Halbgruppe $(S_i,\cdot)$ gilt; $(S,\cdot)$ hat genau dann ein Einselement, nämlich $e = (e_i)_{i\in I}$, wenn jede Halbgruppe $(S_i,\cdot)$ ein Einselement e_i hat; $(S,\cdot)$ ist genau dann eine Gruppe, wenn alle $(S_i,\cdot)$ Gruppen sind, wobei dann $\left((a_i)_{i\in I}\right)^{-1} = (a_i^{-1})_{i\in I}$ gilt. Alle diese Aussagen gelten natürlich auch in additiver Schreibweise, also für das *direkte Produkt* $(S,+) = \left(\prod_{i\in I} S_i,+\right)$ *einer Familie* $\left((S_i,+)\right)_{i\in I}$ *von Halbmoduln.* Damit ist für das direkte Produkt von Halbringen bzw. Ringen nur noch die Distributivität nachzuweisen, also $((a_i)_{i\in I} + (b_i)_{i\in I})\cdot(c_i)_{i\in I} = (a_i+b_i)_{i\in I}\cdot(c_i)_{i\in I} = \left((a_i+b_i)c_i\right)_{i\in I} = (a_ic_i+b_ic_i)_{i\in I} = (a_ic_i)_{i\in I}+(b_ic_i)_{i\in I}$ und die duale Aussage.

Aufgabe 4.1. Die Aussage ist für $|S| = 1$ trivial. Für $|S| \geq 2$ folgt sie aus Satz 4.6, ist aber auch unmittelbar ersichtlich: Jedes multiplikativ linksabsorbierende Element O_l von $(S,+,\cdot)$ ist nämlich wegen $O_la = O_l$ für alle $a \in S$ und $|S| \geq 2$ nicht multiplikativ linkskürzbar in $(S,+,\cdot)$ und damit nach Definition 4.1 gleich dem Nullelement o von $(S,+,\cdot)$.

Aufgabe 4.5. Ersichtlich gilt $U^* \subseteq U \cap S^*$, und nach Voraussetzung über $(S,+,\cdot)$ ist jedes Element $u \in U^* \subseteq U \cap S^*$ sogar linkskürzbar in $(S,\cdot)$, also erst recht in $(U,\cdot)$.

Aufgabe 4.7. Der Halbring $(S \cup \{z\},+,\cdot)$ ist genau dann multiplikativ linkskürzbar, wenn für ihn der Fall c) von Satz 4.6 vorliegt, d. h. wenn $(S,\cdot)$ eine linkskürzbare Halbgruppe ist. Letzteres ist nach Satz 4.6 gleichwertig damit, daß der Halbring $(S,+,\cdot)$ multiplikativ linkskürzbar ist, ohne daß für ihn der Fall c) eintritt; in den Fällen a) und b) von Satz 4.6 hat aber $(S,+,\cdot)$ kein absorbierendes Nullelement.

Aufgabe 5.2. Nach Satz 5.5 ist der Halbkörper $(S,+,\cdot)$ multiplikativ kürzbar. Daher ist gemäß Aufgabe 4.5 auch $(U,+,\cdot)$ multiplikativ kürzbar und damit keiner der vier pathologischen Halbkörper aus Beispiel 5.3 b) ii). Daraus und aus Satz 5.5 folgt: $(U,+,\cdot)$ hat ein Einselement e_U, und falls ein Nullelement o_U existiert, so ist dieses absorbierend und damit nicht kürzbar in $(U,\cdot)$. In diesem Fall ist o_U auch das (absorbierende) Nullelement o_S von S, da alle Elemente von S^* in $(S,\cdot)$ und damit in $(U,\cdot)$ kürzbar sind. Damit gilt immer $U^* = U \cap S^*$, und $e_U = e_S$ folgt (als bekannte Aussage über die Untergruppe $(U^*,\cdot)$ von $(S^*,\cdot)$ oder) aus $e_U^2 = e_U$ und der Kürzbarkeit von $e_U \in U^* \subseteq S^*$ in $(S,\cdot)$ (vgl. Fakt 1.5 a)).

Aufgabe 5.3. Für jeden Halbkörper $(S,+,\cdot)$ mit $|S| = 2$ ist die Aussage trivialerweise richtig. Sonst folgt aus Aufgabe 5.2, daß D das allen Unterhalbkörpern gemeinsame Einselement e von $(S,+,\cdot)$ enthält und im Falle $|D| \geq 2$ ein Unterhalbkörper von $(S,+,\cdot)$ ist. Schließlich liefert für jede Primzahl p die zyklische Gruppe $\{p^i \mid i \in \mathbb{Z}\}$ einen Unterhalbkörper von $(\mathbb{P},\oplus,\cdot)$, von denen aber je zwei bereits $D = \{1\}$ als Durchschnitt haben.

Aufgabe 5.7. Aus $\frac{m}{n} = \frac{m'}{n'}$ folgt $mn' = m'n$ und daraus $(me)\cdot(n'e) = (mn')e = (m'n)e = (m'e)\cdot(ne)$, was bereits $\frac{m}{n}a = \frac{m'}{n'}a$ wegen $(me)\cdot(ne)^{-1}\cdot a = (m'e)\cdot(n'e)^{-1}\cdot a$ zeigt. Weiter erhält man $\frac{m}{n}a + \frac{m'}{n'}a = \left(\frac{m}{n} + \frac{m'}{n'}\right)a$ wegen $(me)\cdot(ne)^{-1}\cdot a + (m'e)\cdot(n'e)^{-1}\cdot a = \left((me)\cdot(ne)^{-1} + (m'e)\cdot(n'e)^{-1}\right)\cdot a = \left((mn'+nm')e\right)\cdot(nn'e)^{-1}\cdot a = \frac{mn'+m'n}{nn'}a$. Auf die gleiche Weise zeigt man die beiden anderen Regeln von (2.2) sowie (2.11). (Man beachte, daß diese Überlegungen rein formal auch gelten, wenn $(S,+)$ idempotent ist. In diesem Falle sind sie jedoch wegen $\frac{m}{n}a = a$ für alle $\frac{m}{n} \in \mathbb{H}$ und $a \in S$ überflüssig. Anderenfalls gilt übrigens $nx = n'x \iff n = n'$ für alle $n, n' \in \mathbb{N}$ und $x \in S^*$ (vgl. Aufgabe 7.7. d)), woraus auch $\frac{m}{n}a = \frac{m'}{n'}a \iff \frac{m}{n} = \frac{m'}{n'}$ folgt.)

Für einen Körper $(S,+,\cdot)$ lassen sich die gleichen Überlegungen genau dann durchführen, wenn $ne \neq o$ für alle $n \in \mathbb{N}$ gilt (wofür man auch sagt, daß $(S,+,\cdot)$ "die Charakteristik 0 hat"). In diesem Falle kann man auch $\frac{m}{n}a$ für alle $m \in \mathbb{Z}$, $n \in \mathbb{N}$ und $a \in S$ wie in der Aufgabenstellung definieren.

Aufgabe 5.9. Hat kein Halbkörper $(S_i,+,\cdot)$ ein Nullelement, so ist $(S,\cdot)$ als direktes Produkt von Gruppen ebenfalls eine Gruppe (vgl. die Lösung zu Aufgabe 3.7) und damit $(S,+,\cdot)$ ein Halbkörper. Für die Umkehrung nehmen wir an, daß etwa $(S_1,+,\cdot)$ ein Nullelement o_1 hat. Ist dann $(S_1,+,\cdot)$ keiner der vier Halbkörper von Beispiel 5.3 b) ii) und $o_1 \neq c_1 \in S_1$, so gilt $o_1o_1 = o_1c_1$ und daher $(o_1,c_2,\ldots,c_n)\cdot(o_1,c_2,\ldots,c_n) = (o_1,c_2,\ldots,c_n)\cdot(c_1,c_2,\ldots,c_n)$ für beliebige Elemente $c_2 \in S_2^*,\ldots,c_n \in S_n^*$. Dabei ist $(o_1,c_2,\ldots,c_n)$ kein Nullelement von $(S,+,\cdot)$, aber wegen $(o_1,c_2,\ldots,c_n) \neq (c_1,c_2,\ldots,c_n)$ nicht multiplikativ linkskürzbar. Das gleiche Argument gilt für die durch b 3) und b 5) gekennzeichneten Halbkörper. Für $(S_1,+,\cdot)$ mit b 4) muß man $o \neq c$ und $co = cc$ verwenden, während man für $(S_1,+,\cdot)$ mit b 6) nur zeigen kann, daß $(S,+,\cdot)$ nicht multiplikativ rechtskürzbar ist.

Aufgabe 6.1. Wir beweisen nur Lemma 6.5. Für Teil a) sei $(a,f) \in A \times F$. Wie man leicht nachprüft, gilt dann: $(a,f) \in \tau\circ(\sigma\circ\varrho) \iff$ es gibt $x \in B\cap C$ und $y \in D \cap E$, so daß $(a,x) \in \varrho$, $(x,y) \in \sigma$ und $(y,f) \in \tau$ gilt $\iff$ $(a,f) \in (\tau\circ\sigma)\circ\varrho$. Die Implikation von Teil b) ist klar. Für die Gleichheit ist $(a,d) \in \tau\circ(\varrho\cup\sigma)$ genau dann erfüllt, wenn ein $x \in B \cap C$ existiert, so daß $(a,x) \in \varrho$ oder $(a,x) \in \sigma$ und $(x,d) \in \tau$ gilt, was wiederum mit $(a,d) \in (\tau\circ\varrho)\cup(\tau\circ\sigma)$ gleichwertig ist.

Aufgabe 6.5. a) Für alle $\varphi,\psi,\chi \in \mathfrak{T}(A)$ und $a \in A$ gilt $((\varphi+\psi)\circ\chi)(a) = (\varphi+\psi)(\chi(a)) = \varphi(\chi(a))+\psi(\chi(a)) = (\varphi\circ\chi)(a)+(\psi\circ\chi)(a) = (\varphi\circ\chi+\psi\circ\chi)(a)$.

Dies zeigt das rechtsseitige Distributivgesetz. Für $|A| \geq 2$ wählt man $a \neq b$ aus A und setzt $a + b = c \in A$. Definiert man nun φ und ψ als konstante Abbildungen auf A gemäß $\varphi(x) = a$ und $\psi(x) = b$ für alle $x \in A$ und weiter $\chi \in \mathfrak{T}(A)$ gemäß $\chi(a) = b$ und $\chi(x) = a$ für alle $x \in A\backslash\{a\}$, dann gilt $\chi(x) \neq x$ für alle $x \in A$. Andererseits hat man $\big(\chi \circ (\varphi + \psi)\big)(x) = \chi(a + b) = \chi(c)$ und $(\chi \circ \varphi + \chi \circ \psi)(x) = \chi\big(\varphi(x)\big) + \chi\big(\psi(x)\big) = \chi(a) + \chi(b) = b + a = c \neq \chi(c)$ für alle $x \in A$. Daher ist das linksseitige Distributivgesetz nicht erfüllt.

b) Da für einen Halbmodul $(A, +)$ die Summe und die Nacheinanderanwendung zweier Endomorphismen wieder ein Endomorphismus von $(A, +)$ ist, bleibt nach a) nur das linksseitige Distributivgesetz in $\big(\mathrm{End}(A), +, \cdot\big)$ zu zeigen. Für alle φ, ψ, χ aus $\mathrm{End}(A)$ und alle $a \in A$ gilt aber $\chi \circ (\varphi + \psi)(a) = \chi\big(\varphi(a) + \psi(a)\big) = \chi \circ \varphi(a) + \chi \circ \psi(a) = (\chi \circ \varphi + \chi \circ \psi)(a)$.

Aufgabe 6.8. Aus $a\delta b$ und $b\delta c$ für $a, b, c \in A$ folgt $a\varrho_i b$ und $b\varrho_i c$ und damit $a\varrho_i c$ für alle $i \in I$, was schon $a\delta c$ zeigt. Damit ist σ^{tr} gemäß (6.9) die kleinste transitive Relation auf A, die σ umfaßt. Weiter ist $\mu = \bigcup_{n \in \mathbb{N}} \sigma^n$ ersichtlich eine transitive Relation auf A (was wegen $\sigma^n \circ \sigma^m = \sigma^{n+m}$ auch aus f) von Aufgabe 6.2 folgt), die $\sigma \subseteq \mu$ erfüllt. Dies ergibt $\sigma^{tr} \subseteq \mu$ gemäß (6.9). Andererseits folgt für jede transitive Relation $\varrho \subseteq A \times A$ mit $\sigma \subseteq \varrho$ zunächst $\sigma^n \subseteq \varrho$ für alle $n \in \mathbb{N}$ und damit $\mu \subseteq \varrho$, was $\mu \subseteq \sigma^{tr}$ für $\varrho = \sigma^{tr}$ zeigt. Die letzte Behauptung ergibt sich aus $\sigma^{tr} = \bigcup_{n \in \mathbb{N}} \sigma^n$, da die Existenz von $a = x_0, x_1, \ldots, x_n = b$ mit $x_{\nu-1}\sigma x_\nu$ zu $a\sigma^n b$ äquivalent ist.

Aufgabe 7.4. Es ist nur zu zeigen: Ist κ sowohl Links- als auch Rechtskongruenz von $(S, \cdot)$, so gilt (7.4). Aus $a \;\kappa\; a'$ folgt dann aber $(ab) \;\kappa\; (a'b)$ und aus $b \;\kappa\; b'$ auch $(a'b) \;\kappa\; (a'b')$, woraus sich schon $(ab) \;\kappa\; (a'b')$ wegen der Transitivität von κ ergibt.

Aufgabe 7.8. b) Die acht Kongruenzen κ_2 sind gemäß $\chi(\kappa_2) = (v_2, g_2)$ durch die $4 \cdot 2$ Kombinationen von $v_2 = 0, 1, 2, 3$ und $g_2 = 1, 2$ gegeben. Die zugehörigen Homomorphismen $\psi : (\mathbb{N}/\kappa_1, +, \cdot) \to (\mathbb{N}/\kappa_2, +, \cdot)$ sind z. B. für $\chi(\kappa_2) = (2, 2)$ und für $\chi(\kappa_2) = (3, 1)$ durch $\psi([n]_{\kappa_1}) = [n]_{\kappa_2}$ für $n = 1, 2, 3, 4$ und $\psi([5]_{\kappa_1}) = [3]_{\kappa_2}$ im ersten bzw. $\psi([5]_{\kappa_1}) = [4]_{\kappa_2}$ im zweiten Fall bestimmt.

Aufgabe 7.10. Ersichtlich gilt $\sigma \subseteq \sigma_1 \subseteq \tau$, woraus $\lambda = (\sigma_1 \cup \sigma_1^{-1} \cup \iota_S)^{tr} \subseteq \tau$ folgt. Damit genügt es, $\lambda \in \mathcal{C}_{(S,+,\cdot)}$ zu zeigen. Da $\lambda \in \ddot{A}_S$ gemäß Aufgabe 6.10 gilt, ist $a\lambda b$ nach Aufgabe 6.8 genau dann erfüllt, wenn $x_0 = a$, $x_1, \ldots, x_n = b$ aus S mit $x_{\nu-1}(\sigma_1 \cup \sigma_1^{-1} \cup \iota_S)x_\nu$ für alle $\nu \in \{1, \ldots, n\}$ existieren. Damit gilt $(t + a)\lambda(t + b)$ sowie $(ta)\lambda(tb)$ und $(at)\lambda(bt)$ für alle $t \in S$, also $\lambda \in \mathcal{C}_{(S,+,\cdot)}$, wenn $(t + x_{\nu-1})(\sigma_1 \cup \sigma_1^{-1} \cup \iota_S)(t + x_\nu)$ und die entsprechenden Formeln mit $tx_{\nu-1}$ und $x_{\nu-1}t$ für alle $\nu \in \{1, \ldots, n\}$ gelten, was wir jetzt zeigen: Aus $x_{\nu-1}(\sigma_1 \cup \sigma_1^{-1} \cup \iota_S)x_\nu$ folgt $x_{\nu-1} \;\sigma_1\; x_\nu$ oder $x_{\nu-1} \;\sigma_1^{-1}\; x_\nu$ oder $x_{\nu-1} = x_\nu$. Im ersten Fall gilt also $x_{\nu-1} = ucv + w$ und $x_\nu = udv + w$ mit $c \;\sigma\; d$ mit der in beiden Teilen der Aufgabenstellung beschriebenen Bedeutung von c, d, u, v und w. Daraus folgt $t + x_{\nu-1} = ucv + (w+t)$ und $t + x_\nu = ucv + (w+t)$ mit $c\ \sigma\ d$, also $(t + x_{\nu-1})\ \sigma_1\ (t + x_\nu)$ und entsprechend $(tx_{\nu-1})\ \sigma_1\ (tx_\nu)$ und $(x_{\nu-1}t)\ \sigma_1\ (x_\nu t)$. Für $x_{\nu-1}\ \sigma_1^{-1}\ x_\nu$ vertauschen sich hierbei nur die Rollen von $x_{\nu-1}$ und x_ν sowie von c und d, und man erhält $(t + x_{\nu-1})\ \sigma_1^{-1}\ (t + x_\nu)$ usw. Der Fall $x_{\nu-1} = x_\nu$ ist im ersten mit $u = v$ gleich e (oder n) und w gleich o (oder z) enthalten, aber auch trivialerweise klar.

Aufgabe 8.7. a) Es sei $(S, +, \cdot)$ ein Halbring mit Einselement e und absorbierendem Nullelement $o \neq e$. Die folgenden Überlegungen erleichtern den Umgang mit Matrizen aus $(M_{n,n}(S), +, \cdot)$ und werden auch in V.1 wieder aufgegriffen: Es sei $E_{i,j} = (e_{\mu,\nu}) \in M_{n,n}(S)$ definiert durch $e_{\mu,\nu} = e$ für $(\mu,\nu) = (i,j)$ und $e_{\mu,\nu} = o$ für $(\mu,\nu) \neq (i,j)$. Jede Matrix $A = (a_{i,j})$ aus $M_{n,n}(S)$ läßt sich dann gemäß $A = \Sigma_{i,j} a_{i,j} E_{i,j}$ aus diesen n^2 Matrizen $E_{i,j}$ mit $i, j \in \{1, \ldots, n\}$ und eindeutig bestimmten Koeffizienten $a_{i,j} \in S$ linear kombinieren. Solche Linearkombinationen werden koeffizientenweise addiert, und für ihr Produkt gilt

$$A \cdot B = \left(\Sigma_{i,j} a_{i,j} E_{i,j}\right) \cdot \left(\Sigma_{r,s} b_{r,s} E_{r,s}\right) = \Sigma_{i,j,r,s} a_{i,j} b_{r,s} E_{i,j} E_{r,s}$$

mit $E_{i,j} \cdot E_{r,s} = E_{i,s}$ für $j = r$ und $E_{i,j} \cdot E_{r,s} = O$ für $j \neq r$.

Daraus entnimmt man sofort, daß die von einem Halbringideal I von S gemäß (8.5) bestimmte Menge J ein Halbringideal von $(M_{n,n}(S), +, \cdot)$ ist, was man natürlich auch ohne dieses Hilfsmittel direkt nachrechnen kann. Für die Umkehrung sei J ein beliebiges Halbringideal von $(M_{n,n}(S), +, \cdot)$ und T die Menge aller der Elemente $t \in S$, die in wenigstens einer Matrix $A = (a_{\mu,\nu}) \in J$ auftreten, die also $t = a_{r,s}$ für ein Element von $A \in J$ erfüllen. Weiter sei $I = \langle T \rangle$ das von T erzeugte Ideal I von $(S, +, \cdot)$. Dann läßt sich jedes Element $s \in I$ als endliche Summe gemäß $s = \Sigma t_\nu + \Sigma a_\mu t_\mu + \Sigma t_\kappa b_\kappa + \Sigma c_\lambda t_\lambda d_\lambda$ mit geeigneten Elementen $a_\mu, b_\kappa, c_\lambda, d_\lambda \in S$ und $t_\nu, t_\mu, t_\kappa, t_\lambda \in T$ darstellen (vgl. Aufgabe 8.1 d)). Wir werden nun zeigen, daß J jede Matrix der Form $(s_{i,j}) = \Sigma_{i,j} s_{i,j} E_{i,j}$ enthält, wobei die $s_{i,j}$ beliebig gewählte Elemente von I sind. Nach den obigen Überlegungen genügt es dazu, $s_{i,j} E_{i,j} \in J$ für beliebig gewählte $i, j \in \{1, \ldots, n\}$ und $s_{i,j} \in I$ nachzuweisen, wofür wegen der eben angegebenen Gestalt jedes Elementes $s = s_{i,j} \in I$ wieder $tE_{i,j} \in J$ für jedes $t \in T$ ausreicht. Zu jedem $t \in T$ gibt es aber eine Matrix $A = (a_{\mu,\nu}) \in J$ mit $t = a_{r,s}$. Aus $E_{i,r} \cdot A \cdot E_{s,j} \in J$ und $E_{i,r} \cdot (\Sigma_{\mu,\nu} a_{\mu,\nu} E_{\mu,\nu}) \cdot E_{s,j} = a_{r,s} E_{i,j}$ folgt aber $tE_{i,j} \in J$.

b) Wie man leicht sieht, ist J ein Ideal von $(M_{n,n}(2\mathbb{Z}), +, \cdot)$. Weiter kann (8.5) für J höchstens mit dem Ideal $I = 2\mathbb{Z}$ von $(2\mathbb{Z}, +, \cdot)$ erfüllt werden. Dann würde aber $J = M_{n,n}(2\mathbb{Z})$ gelten, was nicht der Fall ist.

Aufgabe 8.8. Ersichtlich gilt $B = A_z = \{a \in \mathbb{N} \mid a \geq z\}$ für das von T erzeugte Ideal von $(\mathbb{N}, +, \cdot)$. Da $t_1 + t_2 \geq 2z$ und $nt_3 \geq 2z$ für alle $t_i \in T$ und $n \geq 2$ aus $\mathbb{N}$ gilt, läßt sich kein Element $t \in T$ aus Elementen $t_i \in T \setminus \{t\}$ erzeugen.

Aufgabe 8.11. a) Aus $s + a_1 = a_2$ für $s \in S$ und $a_i \in A = \varphi^{-1}(B)$ ergibt sich $\varphi(s) + \varphi(a_1) = \varphi(a_2)$ mit $\varphi(a_i) \in B$. Dies zeigt $\varphi(s) \in B$, also $s \in A$ und damit $A = \bar{A}$.

Aufgabe 8.13. a) Die folgende Tabelle zeigt, daß es genau sechs Ideale von $(\mathbb{N}/\kappa, +, \cdot)$ mit $\chi(\kappa) = (3,2)$ gibt:

Das von	erzeugte Ideal enthält					und ist Bild von
$\{[1]\}$	[1]	[2]	[3]	[4]	[5]	$1\mathbb{N}$
$\{[2]\}$		[2]		[4]		$2\mathbb{N}$
$\{[3]\}$			[3]	[4]	[5]	$3\mathbb{N}, A_3$
$\{[4]\}$				[4]		$4\mathbb{N}$
$\{[5]\}$				[4]	[5]	$5\mathbb{N}, A_n\ (n \geq 4)$
$\{[2],[3]\}$		[2]	[3]	[4]	[5]	A_2

b) Der k-Abschluß von $\{[4]\}$ ist $\bar{A} = \{[2]\}$, während die übrigen vier Ideale den k-Abschluß $S = \mathbb{N}/\kappa$ haben. Übrigens ist $\big((\mathbb{N}/\kappa)/\kappa_A, +, \cdot\big)$ isomorph zu $(\mathbb{N}/\kappa_2, +, \cdot)$ mit $\chi(\kappa_2) = (0,2)$, also zu dem Körper $\big(\mathbb{Z}/(2), +, \cdot\big)$.

Aufgabe 8.14. Wegen $s + u_1 = u_2 \Longrightarrow s = u_2 - u_1$ ist U ein k-Ideal.

Aufgabe 8.15. Da $o \in A$ für das absorbierende Nullelement o von $(S, +, \cdot)$ und jedes Halbringideal $A \in \mathfrak{J}(S)$ gilt, hat man $A = \{o\} + A \subseteq A + A \subseteq A$, also die Idempotenz der Operation $+$ in $\mathfrak{J}(S)$. Sie ist ersichtlich kommutativ und assoziativ, also $\big(\mathfrak{J}(S), +\big)$ eine idempotente und kommutative Halbgruppe mit dem neutralen Element $\{o\}$.

Zum Nachweis der Assoziativität der Multiplikation $\odot$ betrachten wir ein beliebiges Element $\Sigma_{\mu=1}^{m} \big(\Sigma_{\nu=1}^{n_\mu} a_{\mu,\nu} b_{\mu,\nu}\big) c_\mu$ mit $m, n_\mu \in \mathbb{N}$ und $a_{\mu,\nu} \in A$, $b_{\mu,\nu} \in B$, $c_\mu \in C$ aus $(A \odot B) \odot C$. Hieraus ersieht man, daß diese Elemente genau die Summen $\Sigma_{i=1}^{n} a_i b_i c_i$ mit $n \in \mathbb{N}$ und $a_i \in A$, $b_i \in B$, $c_i \in C$ sind. Die analogen Überlegungen zeigen, daß dies auch genau die Elemente aus $A \odot (B \odot C)$ sind. Auf ähnliche Weise lassen sich auch die Distributivgesetze bestätigen. Also ist $\big(\mathfrak{J}(S), +, \odot\big)$ ein Halbring, und offensichtlich ist das Nullelement $\{o\}$ auch absorbierend.

Betrachtet man entsprechend die Ringideale eines Ringes $(R, +, \cdot)$, so ist nur hinzuzufügen, daß mit A und B auch $A + B$ sowie $A \odot B$ wieder Ringideale von $(R, +, \cdot)$ sind, was sofort aus $-A = A$ und $-B = B$ folgt.

Zu den Aufgaben aus Kapitel II

Aufgabe 3.7. a) Wie man mit Hilfe der Aufgaben I.1.2 b) und I.1.5 a) oder im direkten Ansatz nachprüft, bildet die Menge Σ_T eine Unterhalbgruppe von $(S,\cdot)$, die ersichtlich $\Sigma' \subseteq \Sigma_T \subseteq \tilde{\Sigma}$ erfüllt. Wegen $\Sigma_T^{-1} \subseteq T$ gilt dabei $(T,\cdot) = Q(S,\Sigma') \supseteq Q(S,\Sigma_T)$; die umgekehrte Inklusion ist klar. Für τ^{-1} aus $Q(S,\Sigma')$ folgt weiter $\tau^{-1} = x\xi^{-1}$, also $\tau x = \xi$ mit Elementen $\xi \in \Sigma'$ und $x \in S$. Gilt umgekehrt letzteres für ein in $(S,\cdot)$ zentrales Element $\tau \in S$, ergibt sich $\tau x\xi^{-1} = e$ und wegen $\tau x = x\tau$ auch $x\xi^{-1}\tau = e$, d. h. $\tau \in \Sigma_T$. Damit ist dann auch $x = \xi\tau^{-1} \in S$ invertierbar in $(T,\cdot)$ und sogar in $(T,\cdot)$ zentral, woraus $x \in \Sigma_T$ folgt.

Aufgabe 3.8. Die Menge $\Sigma_2 \subseteq S$ ist ersichtlich eine Unterhalbgruppe von $(S,\cdot)$ und enthält Σ_1. Damit existiert $Q(S,\Sigma_2)$ als Unterhalbgruppe von $Q(T_1,\Delta)$. Weiter gibt es zu jedem Element $b\beta^{-1} \in \Delta \subseteq T_1 = Q(S,\Sigma_1)$ das Inverse $(b\beta^{-1})^{-1}$ in $(T_2,\cdot)$, woraus leicht $b \in \Sigma_2$ folgt. Für jedes Element $t_2 = (a\alpha^{-1})(b\beta^{-1})^{-1}$ aus $T_2 = Q(T_1,\Delta)$ gilt dann $t_2 = a\alpha^{-1}\beta b^{-1} = (a\beta)(\alpha b)^{-1} \in Q(S,\Sigma_2)$, da mit b auch αb in Σ_2 liegt.

Aufgabe 4.5. b) Ersichtlich gilt $\mathbb{N} + \mathbb{N}z \subseteq \mathbb{N} + \mathbb{N}_0 z \subseteq \mathbb{H} + \mathbb{H}_0 z \subseteq \mathbb{H} + \mathbb{Q}z \subseteq \mathbb{Q} + \mathbb{Q}z$, und alle Mengen bilden Unterhalbringe von $\mathbb{Q} + \mathbb{Q}z$. Wir zeigen, daß $T = \mathbb{H} + \mathbb{Q}z$ erstens ein Halbkörper ist (woraus auch die multiplikative Kürzbarkeit seiner Unterhalbringe folgt) und zweitens der kleinste Unterhalbkörper von $\mathbb{Q} + \mathbb{Q}z$, der $\mathbb{N} + \mathbb{N}z$ umfaßt. Damit ist $\mathbb{H} + \mathbb{Q}z$ Quotientenhalbkörper sowohl von $\mathbb{N} + \mathbb{N}z$ als auch von $\mathbb{N} + \mathbb{N}_0 z$ und $\mathbb{H} + \mathbb{H}_0 z$. Für das erste sei $s = \frac{a}{b} + \frac{c}{d} \in \mathbb{H} + \mathbb{Q}z$. Wegen $\frac{a}{b} \in \mathbb{H}$ gilt $a \neq 0$ und $\frac{b}{a} \in \mathbb{H}$. Mit $d \neq 0$ folgt dann auch $-\frac{b^2c}{a^2d} \in \mathbb{Q}$, also $t = \frac{b}{a} + \left(-\frac{b^2c}{a^2d}\right) z \in \mathbb{H} + \mathbb{Q}z$. Eine einfache Rechnung zeigt nun $t = s^{-1}$, d. h. $\mathbb{H} + \mathbb{Q}z$ ist ein Halbkörper (ohne Nullelement). Sei nun H irgend ein Unterhalbkörper von $\mathbb{Q} + \mathbb{Q}z$ mit $\mathbb{N} + \mathbb{N}z \subseteq H$ und $\frac{a}{b} + \frac{c}{b}z$ ein beliebiges Element aus $\mathbb{H} + \mathbb{Q}z$, wobei die Koeffizienten ohne Beschränkung der Allgemeinheit mit demselben Nenner geschrieben seien. Also gilt $a, b \in \mathbb{N}$ und $c \in \mathbb{Z}$. Dann existiert ein $u \in \mathbb{N}$ mit $c + au \in \mathbb{N}$. Folglich sind $a + (c + au)z$ und $b + buz$ Elemente aus $\mathbb{N} + \mathbb{N}z$, und daher liegt $h = \frac{a+(c+au)z}{b+buz}$ in H. Man rechnet aber leicht $h = \frac{a}{b} + \frac{c}{b}z$ nach, d. h. es gilt $\mathbb{H} + \mathbb{Q}z \subseteq H$.

Aufgabe 5.5. a) Mit einer Zahl $n > 0$ aus Θ enthält $T = D(\mathbb{N}_0, \Theta)$ die Zahl $(n-1) - n = -1$ und damit auch alle negativen ganzen Zahlen.

b) Es gilt ersichtlich $D(m\mathbb{N}_0) = m\mathbb{Z}_0$.

c) Jede Zahl $r \in \mathbb{R}$ läßt sich in der Form $r = a - b$ mit $a, b \geq d$ schreiben.

Aufgabe 5.6. b) Jedes Element von $T[x] = D(S,\Theta)[x]$ hat die Form $f(x) = \Sigma_{\nu=0}^{n}(a_\nu - \alpha_\nu)x^\nu$ mit $a_\nu \in S$ und $\alpha_\nu \in \Theta$. Daraus ergibt sich

$f(x) = \Sigma_{\nu=0}^{n} a_\nu x^\nu - \Sigma_{\nu=0}^{n} \alpha_\nu x^\nu$ mit $\Sigma_{\nu=0}^{n} a_\nu x^\nu \in S[x]$ und $\Sigma_{\nu=0}^{n} \alpha_\nu x^\nu \in A$, also $f(x) \in D(S[x], A)$. Die Umkehrung folgt auf die gleiche Weise.

Aufgabe 6.2. Aus der Skizze 6.1 ergibt sich für den multiplikativ nicht kürzbaren Halbring $(\mathbb{N}_0 + \mathbb{N}_0 z, +, \cdot)$ mit $\Theta = \mathbb{N}_0 z$ und $\Sigma = \mathbb{N}$:

$$\mathbb{Q} + \mathbb{Q}z$$

$$Q(\mathbb{N}_0 + \mathbb{Z}z, \mathbb{N}) = \mathbb{H}_0 + \mathbb{Q}z = D(\mathbb{H}_0 + \mathbb{H}_0 z, \mathbb{N}_0 z \mathbb{N}^{-1})$$

$$D(S, \Theta) = \mathbb{N}_0 + \mathbb{Z}z \qquad \mathbb{H}_0 + \mathbb{H}_0 z = Q(S, \Sigma)$$

$$S = \mathbb{N}_0 + \mathbb{N}_0 z$$

In diesem Falle gilt (vgl. Satz 6.3) bereits $\tilde{\Theta} = \Theta$, während $\tilde{\Sigma} = \mathbb{N} + \mathbb{N}_0 z$ echt größer als $\Sigma = \mathbb{N}$ ist. Trotzdem ergibt sich hier bei der Anwendung dieses Satzes entsprechend Skizze 6.2 das gleiche Schema wie oben.

Aufgabe 6.3. Für den Durchschnitt $S = H \cap (\mathbb{N}_0 + \mathbb{Z}\sqrt{2})$ gilt

$$S = \{a_0 + a_1\sqrt{2} \in \mathbb{N}_0 + \mathbb{Z}\sqrt{2} \mid a_0 + a_1\sqrt{2} \geq 0,\ a_0 - a_1\sqrt{2} \geq 0\}.$$

Dabei führt auch die Multiplikation $(a_0 + a_1\sqrt{2})\,(b_0 + b_1\sqrt{2})$ nicht aus S heraus, wie aus $a_0 = |a_0| \geq |a_1\sqrt{2}|$ und $b_0 = |b_0| \geq |b_1\sqrt{2}|$ wegen $a_0 b_0 \geq 2|a_1 b_1| \geq 0$ folgt. Damit ist $(S, +, \cdot)$ ein Unterhalbring von $(H, +, \cdot)$ und daher bezüglich beider Operationen kürzbar. Der Skizze 6.2 entspricht dann mit $\Theta = \tilde{\Theta} = S$ und $\Sigma = \tilde{\Sigma} = S^*$:

$$Q(D(S)) = \mathbb{Q} + \mathbb{Q}\sqrt{2} = D(Q(S))$$

$$D(S) = D(S, S) = \mathbb{Z} + \mathbb{Z}\sqrt{2} \qquad H = Q(S, S^*) = Q(S)$$

$$S$$

Insbesondere zeigt dies, daß der Fall a) von Satz 6.5 vorliegt. Die letzte Behauptung ergibt sich wie am Ende von Beispiel 5.18, da die dort angegebenen Elemente $3 + 2\sqrt{2}$ und $3 + \sqrt{2}$ in S enthalten sind.

Zu den Aufgaben aus Kapitel III

Aufgabe 1.5. a) Aus $a \in P$ folgt $a \leq a + a$ und damit $a < a + a$, da a sonst idempotent und kürzbar, also das Nullelement von $(S, +)$ wäre. Daraus folgt leicht, daß $na < (n + 1)a$ für alle $n \in \mathbb{N}$ gilt (vgl. auch Aufgabe I.1.13).

c) Ist $(S, +, \leq)$ linear geordnet, so gilt $a \leq a + a$ oder $a + a \leq a$ sowie $b \leq b + a$ oder $b + a \leq b$ für jedes $b \in S$. Wir zeigen $a \leq a + a \Longrightarrow a \in P$ (die Umkehrung ist trivial), indem wir $b + a < b$ zum Widerspruch führen. Aus diesen Ungleichungen folgt nämlich $b + a \leq b + a + a$ und $b + a + a \leq b + a$, und $b + a + a = b + a$ ergibt $b + a = b$ wegen der Kürzbarkeit von a. Entsprechend erhält man $a + a \leq a \Longrightarrow a \in N$. Insbesondere liegt jedes kürzbare Element a von $(S, +)$ in P oder N und hat damit im Falle $a \in S^*$ nach a) oder b) unendliche Ordnung. Setzt man dagegen $N \cup P = S$ voraus, so folgt letzteres wie auch $a \leq a + a \iff a \in P$ und $a + a \leq a \iff a \in N$ unmittelbar.

Aufgabe 1.9. Für den ersten Teil ist nur (1.1) für $(T, +, \leq)$ nachzuprüfen. Nach Voraussetzung gilt (1.1) für alle $a, b, c \in S$ und ist für $a, b \in T$ und $c = o$ trivial. Damit bleibt nur $n < o < p \Longrightarrow n + c \leq o + c \leq p + c$ für $n \in N$, $p \in P$ und $c \in S$ zu zeigen, was nach Definition von N und P erfüllt ist. Die Behauptung über die Linearität ist unmittelbar klar.

Aufgabe 1.11. Ausgehend von $(S, +, \cdot)$ ist jedenfalls $(S, \leq)$ mit $a \leq b \iff a + b = b$ ein Halbverband, für den $\sup\{a, b\} = a + b$ gilt. Weiterhin gilt $x \leq y \iff x + y = y \iff y^{-1} + x^{-1} = x^{-1} \iff y^{-1} \leq x^{-1}$. Damit definiert $x \mapsto x^{-1}$ eine Bijektion von $(S, \cdot)$ auf $(S, \cdot)$, die $\leq$ und $\geq$ vertauscht, woraus folgt, daß $\left(\sup\{a^{-1}, b^{-1}\}\right)^{-1}$ das Infimum von a und b ist. Ausgehend von $(S, \cdot, \leq)$ ist $(S, +)$ mit $a + b = \sup\{a, b\}$ nach Satz I.6.16 a) eine kommutative und idempotente Halbgruppe und $(S, \cdot)$ eine Gruppe. Damit bleiben nur die Distributivgesetze für $(S, +, \cdot)$ nachzuweisen. Nun ist nach Definition I.6.13 das Supremum $d = \sup\{a, b\}$ durch $a \leq d$, $b \leq d$ und $a \leq s$, $b \leq s \Longrightarrow d \leq s$ für alle $s \in S$ definiert. Daraus folgt nach (1.11) $ac \leq dc$, $bc \leq dc$ und $ac \leq sc$, $bc \leq sc \Longrightarrow dc \leq sc$ für alle $s \in S$. Da $(S, \cdot)$ eine Gruppe ist, ergibt diese Implikation $ac \leq s$, $bc \leq s \Longrightarrow dc \leq s$ für alle $s \in S$. Dies zeigt $\left(\sup\{a, b\}\right)c = dc = \sup\{ac, bc\}$, also $(a + b)c = ac + bc$ für alle $a, b, c \in S$. Entsprechend erhält man $c(a + b) = ca + cb$.

Aufgabe 2.3. Es gibt verschiedene Möglichkeiten, $(S, +, \cdot)$ ohne aufwendige Rechnungen als Halbring nachzuweisen. Zum Beispiel ist $(S, +, \cdot)$ eine Inflation von $(U, +, \cdot)$ mit $U = \{a, b, d\}$ und c als Schatten von b. Damit genügt es zu zeigen, daß $(U, +, \cdot)$ ein Halbring ist, was leichter zu übersehen ist. So folgt z. B. das Distributivgesetz aus $x(y + z) = d$ für alle $x, y, z \in U$, außer $b(b + b) = b$, und $xy + xz = d + d = d$, außer $bb + bb = b$.

Die Monotonie (1.1) für $(S,+,\leq)$ erkennt man aus der Additionstafel, da $x_1 \leq x_2 \leq x_3 \leq x_4$ für die in jeder Zeile auftretenden Elemente x_1, x_2, x_3, x_4 gilt. Auch entnimmt man $d \in P(S)$ aus der letzten und $c \in N(S)$ aus der vorletzten Spalte, woraus $P(S) = \{d\}$ und $N(S) = \{a,b,c\}$ folgt. Die Multiplikationstafel zeigt dann $d \in M(S)$, also (2.1) für $(S,+,\cdot,\leq)$. Die übrigen Aussagen sind nach der Aufgabenstellung klar.

Aufgabe 2.6. b) Der Beweis, daß $(S,\leq)$ eine p. g. Menge und genau dann linear ist, wenn dies für $(S_1,\leq_1)$ und $(S_2,\leq_2)$ zutrifft, ergibt sich im direkten Ansatz. Wir zeigen nun, daß $(S,+,\cdot,\leq)$ ein p. g. Halbring ist, wenn die angegebenen Voraussetzungen erfüllt sind. Für (1.1) gelte $(a_1,a_2) \leq (b_1,b_2)$ mit sonst beliebigen Elementen aus S. Aus $a_1 <_1 b_1$ folgt dann $(a_1+c_1) <_1 (b_1+c_1)$ gemäß (1.2) für $(S_1,+,\leq_1)$, und aus $a_1 = b_1$ und $a_2 \leq_2 b_2$ folgt $a_1+c_1 = b_1+c_1$ und $a_2+c_2 \leq_2 b_2+c_2$ für alle $(c_1,c_2) \in S$. Ähnlich prüft man, daß $(c_1,c_2) \in P(\leq)$ genau dann erfüllt ist, wenn entweder $c_1 \in P^{st}(\leq_1)$ oder $c_1 \in P(\leq_1)$ und $c_2 \in P(\leq_2)$ gilt. Damit ergibt sich $(a_1,a_2) < (b_1,b_2) \Longrightarrow (a_1,a_2)(c_1,c_2) \leq (b_1,b_2)(c_1,c_2)$ für $(a_1,a_2),(b_1,b_2) \in S$ und $(c_1,c_2) \in P(\leq)$: Aus $a_1 <_1 b_1$ folgt nämlich $a_1c_1 <_1 b_1c_1$ wegen $P(\leq_1) \subseteq M^{st}(\leq_1)$, und aus $a_1 = b_1$ und $a_2 <_2 b_2$ erhält man $a_1c_1 = b_1c_1$ und $a_2c_2 \leq_2 b_2c_2$ wegen $P(\leq_2) \subseteq M(\leq_2) = S$. Dies und die duale Aussage zeigen $P(\leq) \subseteq M(\leq)$.

Wir zeigen nun, daß diese drei Voraussetzungen auch notwendig sind, wenn die Halbringe $(S_i,+,\cdot,\leq_i)$ Elemente der angegebenen Art enthalten. Wäre als erstes (2.1) für $(S_1,+,\leq_1)$ nicht erfüllt, so gäbe es $a_1 <_1 b_1$ und c_1 aus S_1 mit $a_1+c_1 = b_1+c_1$. Man braucht dann nur $a_2,b_2,c_2 \in S_2$ mit $a_2+c_2 \neq b_2+c_2$, um (1.1) für $(S,+,\leq)$ zu widerlegen: Aus letzterem folgt nämlich $a_2+c_2 \not\leq_2 b_2+c_2$ (eventuell nach Vertauschung von a_2 und b_2) und damit $(a_1,a_2) < (b_1,b_2)$ und $(a_1,a_2)+(c_1,c_2) \not\leq (b_1,b_2)+(c_1,c_2)$. Als nächstes nehmen wir an, daß $P(\leq_1)$ nicht in $M^{st}(\leq_1)$ liegt. Dann existieren $c_1 \in P(\leq_1)$ und $a_1,b_1 \in S$, für die $a_1 <_1 b_1$ und $a_1c_1 = b_1c_1$ (oder $c_1a_1 = c_1b_1$) gelten. Gibt es dann Elemente $a_2,b_2 \in S_2$ und $c_2 \in P(\leq_2)$ mit $a_2c_2 \neq b_2c_2$ (bzw. $c_2a_2 \neq c_2b_2$), so gilt $(a_1,a_2) < (b_1,b_2)$ und $(c_1,c_2) \in P(\leq)$, aber $(a_1,a_2)(c_1,c_2) \not\leq (b_1,b_2)(c_1,c_2)$ (bzw. $(c_1,c_2)(a_1,a_2) \not\leq (c_1,c_2)(b_1,b_2)$), womit $P(\leq) \subseteq M(\leq)$ nicht erfüllt ist. Schließlich sei $M(\leq_2) \subset S_2$. Dann gibt es $a_2,b_2,c_2 \in S_2$ mit $a_2 <_2 b_2$ und $a_2c_2 \not\leq_2 b_2c_2$ (oder $c_2a_2 \not\leq_2 c_2b_2$). Existiert nun ein $c_1 \in P^{st}(\leq_1)$, so folgt $(c_1,c_2) \in P(\leq)$. Daraus erhalten wir $(a_1,a_2) < (a_1,b_2)$, während jedoch $(a_1,a_2)(c_1,c_2) \not\leq (a_1,b_2)(c_1,c_2)$ (bzw. $(c_1,c_2)(a_1,a_2) \not\leq (c_1,c_2)(a_1,b_2)$) zeigt, daß nicht $P(\leq) \subseteq M(\leq)$ gilt.

Aufgabe 2.8. Wir zeigen nur i) und ii) aus Teil b).

i) Aus $\Sigma_{\nu=0}^{n} a_\nu x^\nu < \Sigma_{\nu=0}^{n} b_\nu x^\nu$ folgt gemäß (2.12), daß ein Index i aus $\{0,\ldots,n\}$ existiert, für den $a_0 = b_0,\ldots,a_{i-1} = b_{i-1}$ und $a_i < b_i$ gilt. Wir nehmen nun an, daß (1.2) für $(S,+,\leq)$ gilt und addieren auf beiden

Seiten $\Sigma_{\nu=0}^{n} c_\nu x^\nu$. Dann folgt $a_\nu + c_\nu = b_\nu + c_\nu$ für $\nu = 0, \ldots, i-1$ und $a_i + c_i < b_i + c_i$ gemäß (1.2) für $(S, +, \leq)$. Dies zeigt bereits (1.2) und damit (1.1) für $(S[x], +, \leq)$. Für die Umkehrung nehmen wir an, daß $(S, +, \leq)$ nicht (1.2) erfüllt. Dann gibt es $a, b, c \in S$ mit $a < b$ und $a + c = b + c$. In $(S[x], +, \leq)$ gilt dann gemäß (2.12) $a + bx < b + ax$. Addiert man dazu $c + ox$, so folgt $(a + c) + bx > (b + c) + ax$ wegen $a + c = b + c$ und $b > a$. Damit erfüllt $(S[x], +, \leq)$ nicht (1.1).

ii) Nach Voraussetzung ist $(S[x], +, \cdot, \leq)$ ein schwach p. g. Halbring mit (1.2) und $P(S[x]) = \left\{\Sigma_{\mu=0}^{m} c_\mu x^\mu \mid c_j > o \text{ für den kleinsten Index } j \text{ mit } c_j \neq o\right\}$ sein Positivbereich gemäß (2.12). Wir nehmen nun an, daß (2.2) für $(S, +, \cdot, \leq)$ gilt, wählen $\Sigma_{\nu=0}^{n} a_\nu x^\nu < \Sigma_{\nu=0}^{n} b_\nu x^\nu$ wie bei i) und multiplizieren etwa von rechts mit einem von o verschiedenen Polynom $\Sigma_{\mu=0}^{m} c_\mu x^\mu$ aus $P(S[x])$. Dann gibt es ein $j \in \{0, \ldots, m\}$ mit $c_\mu = o$ für alle $\mu = 0, \ldots, j-1$ und $c_j > o$. Die Koeffizienten $\Sigma_{\nu+\mu=\lambda} a_\nu c_\mu$ und $\Sigma_{\nu+\mu=\lambda} b_\nu c_\mu$ der links und rechts entstehenden Produktpolynome stimmen dann für $\lambda \leq i + j - 1$ ersichtlich überein. Für $\lambda = i + j$ zeigen wir

$$a_0 c_{i+j} + \ldots + a_{i-1} c_{j+1} + a_i c_j < b_0 c_{i+j} + \ldots + b_{i-1} c_{j+1} + b_i c_j.$$

Wegen (2.2) für $(S, +, \cdot, \leq)$ gilt nämlich $a_i c_j < b_i c_j$, wozu nacheinander die Elemente $a_0 c_{i+j} = b_0 c_{i+j}, \ldots, a_{i-1} c_{j+1} = b_{i-1} c_{j+1}$ unter Verwendung des strengen Monotoniegesetzes (1.2) addiert werden können. Dies zeigt, daß $(S[x], +, \cdot, \leq)$ ebenfalls (2.2) und damit auch (2.1) erfüllt. (Ähnlich ergibt sich (2.4) und die Behauptung über $M^{st}(S[x])$.) Für die Umkehrung nehmen wir an, daß $(S, +, \cdot, \leq)$ nicht (2.2) erfüllt. Dann gibt es $a, b, c \in S$ mit $c > o$, so daß $a < b$, aber $ac = bc$ oder $ca = cb$ gilt. O. B. d. A. gelte $ac = bc$. In $(S[x], +, \cdot, \leq)$ folgt dann $a + ex < b + ox$ aus (2.12). Multipliziert man beide Seiten mit dem Polynom $c \in P(S[x])$, so folgt $ac + ecx > bc + ocx$ wegen $ac = bc$ und $ec = c > o = oc$. Damit erfüllt $(S[x], +, \cdot, \leq)$ nicht (2.1).

Aufgabe 2.14. Wir bemerken zunächst, daß das Nullelement $o \in X$ von $(S, +, \cdot)$ wegen $t' + o = t \neq t'$ für alle $t' \in T \setminus S$ kein Nullelement von $(T, +, \cdot)$ ist. Es seien nun $a' \in T_a$ und $b' \in T_b$ beliebige Elemente aus T, zu denen also beliebige Elemente $a, b \in S$ korrespondieren. Aus $a' \leq_X b'$ folgt dann nach (1.7) $a' = b'$ oder $a' + x = b'$ mit $x \in X$, was $b' = b \in S$ und wegen $a + x = b$ auch $a \leq_X b$ ergibt. Dies zeigt eine Implikation von

$$(*) \qquad a' \leq_X b' \iff a' = b' \text{ oder } b' = b \in S \text{ und } a \leq_X b.$$

Die andere Implikation gilt wegen $o \in X$, da aus $a \leq_X b$ nach Bemerkung 1.9 i) $a + x = b$ mit $x \in X$ folgt, was wegen $a' + x = b = b'$ wieder $a' \leq_X b'$ ergibt.

Nach (*) ist nun $a' \leq_X a' + p'$ für alle $a' \in T$ und ein $p' \in T_p$ gleichwertig mit $a' = a' + p'$, also $a = a + p$, oder $a \leq_X a + p$ für alle $a \in S$ und $p \in S$. Dies zeigt schon $P(T) = \bigcup_{p \in P(S)} T_p$. Gilt weiter $a' <_X b' \Longrightarrow a'c' \leq_X b'c'$ für alle $a', b' \in T$ und ein $c' \in T_c$, so ist diese Implikation nach (*) gleichwertig mit $(a' \neq b' = b$ und $a \leq_X b) \Longrightarrow (a'c' = b'c' = bc$ oder $ac \leq_X bc)$ für alle $a, b \in S$ und $c \in S$, also mit $a \leq_X b \Longrightarrow ac \leq_X bc$. Daraus folgt $M(T) = \bigcup_{c \in M(S)} T_c$.

Aufgabe 2.18. Wir verwenden $P(T) = P(S) \cup \{o\}$, $N(T) = N(S) \cup \{o\}$ und $M(T) \subseteq M(S) \cup \{o\}$ ohne weitere Erwähnung und nehmen zunächst $P(T) \subseteq M(T)$ an. Dann folgt $P(S) = P(T) \setminus \{o\} \subseteq M(T) \setminus \{o\} \subseteq M(S)$. Weiter gilt damit (2.9) nach Bemerkung 2.6 iii) für $P(T)$ und $N(T)$. Läßt man in diesen Formeln das Element o weg, was wegen der Nullteilerfreiheit von $(T, +, \cdot)$ möglich ist, folgen die Formeln (2.9) für $P(S) = P(T) \setminus \{o\}$ und $N(S) = N(T) \setminus \{o\}$. Für die Umkehrung zeigen wir, daß jedes Element $p \in P(T)$ in $M(T)$ enthalten ist. Für $p = o$ ist das trivial. Für $p \neq o$ gilt $p \in P(S)$. Für alle $a, b \in S$ mit $a < b$ folgt dann $ap \leq bp$ und $pa \leq pb$ wegen $P(S) \subseteq M(S)$. Damit bleibt das gleiche für $a < o$ und $o < b$ aus T, also für alle $a \in N(S)$ und $b \in P(S)$ zu zeigen, wobei sich $ap < op$, $pa < po$, $op < bp$ und $po < pb$ unmittelbar aus (2.9) für $N(S)$ und $P(S)$ ergeben.

Aufgabe 3.11. a) Ersichtlich ist $\varrho = \bigcap \varrho_i$ reflexiv und transitiv, wenn alle ϱ_i diese Eigenschaften haben. Außerdem ist ϱ antisymmetrisch, sobald eine der Relationen ϱ_i antisymmetrisch ist. Gilt nun $a, b, c \in S$ und $a \ \varrho \ b$, so folgt $a \ \varrho_i \ b$ für alle $i \in I$ und daher $(a + c) \ \varrho_i \ (b + c)$, da alle $(S, +, \varrho_i)$ p. g. Halbgruppen sind. Dies zeigt $(a + c) \ \varrho \ (b + c)$, also (1.1) auch für $(S, +, \varrho)$.

Für alle $p \in S$ ist $p \in P(\varrho)$ gleichwertig mit $a \ \varrho \ (a + p)$ für alle $a \in S$, also mit $a \ \varrho_i \ (a + p)$ für alle $a \in S$ und alle $i \in I$. Dies heißt aber gerade $p \in P(\varrho_i)$ für alle $i \in I$, also $P(\varrho) = \bigcap_{i \in I} P(\varrho_i)$. Seien nun $m \in \bigcap_{i \in I} M(\varrho_i)$ und $a, b \in S$ mit $a \ \varrho \ b$ gegeben. Dann folgt $a \ \varrho_i \ b$ für alle $i \in I$ und wegen $m \in M(\varrho_i)$ weiter $am \ \varrho_i \ bm$ sowie $ma \ \varrho_i \ mb$ für alle $i \in I$. Daher gilt $am \ \varrho \ bm$ und $ma \ \varrho \ mb$, also $m \in M(\varrho)$. Da alle $(S, +, \cdot, \varrho_i)$ p. g. Halbringe sind, erhält man $P(\varrho) = \bigcap_{i \in I} P(\varrho_i) \subseteq \bigcap_{i \in I} M(\varrho_i) \subseteq M(\varrho)$, d. h. $(S, +, \cdot, \varrho)$ ist ebenfalls ein p. g. Halbring. Ein einfaches Beispiel für $\bigcap_{i \in I} M(\varrho_i) \subset M(\varrho)$ erhält man, wenn man die triviale partielle Ordnung $\varrho_1 = \iota_S$ mit einer partiellen Ordnung ϱ_2 schneidet, die $M(\varrho_2) \subset S$ erfüllt. Dann gilt nämlich $\varrho = \varrho_1 \cap \varrho_2 = \varrho_1$ und daher $M(\varrho) = M(\varrho_1) = S$, aber $M(\varrho_1) \cap M(\varrho_2) = M(\varrho_2)$.

b) Ersichtlich ist ι_S das kleinste und jede lineare Ordnung ein maximales Element des Halbverbandes aller partiellen Ordnungen eines Halbringes $(S, +, \cdot)$. Existieren nun zwei verschiedene lineare Ordnungen auf $(S, +, \cdot)$ und damit zwei maximale Elemente dieses Halbverbandes, so ist er nicht nach oben beschränkt. Ein Beispiel eines solchen Halbringes, der sogar ein Körper ist, findet sich in Aufgabe 2.12.

Aufgabe 4.3. a) Für alle $p \in S$ ist $p \in P(\leq')$ gleichwertig mit $a \leq' a + p$ für alle $a \in S$ und daher mit $a \leq^T a + p$, da $\leq^T$ gemäß Satz 4.1 b) strikte Fortsetzung von $\leq'$ ist. Da alle Elemente aus T additiv monoton sind, ist dies gleichwertig mit $(a-\alpha) \leq^T (a-\alpha)+p$ für alle $a-\alpha \in T$, also mit $p \in P(\leq^T)$.

b) Es ist leicht nachzuprüfen, daß $M(\leq^T) \cap S \subseteq M(\leq')$ für jede strikte Fortsetzung $\leq^T$ von $\leq'$ gilt. Zum Nachweis der umgekehrte Inklusion sei $m \in M(\leq')$. Für alle $a-\alpha, b-\alpha \in T$ ist $a-\alpha \leq^T b-\alpha$ ersichtlich gleichwertig mit $a \leq' b$. Es folgt $ma \leq' mb$ und wegen $m\alpha \in \Theta$ auch $ma - m\alpha \leq^T mb - m\alpha$. Dies zeigt $m(a-\alpha) \leq^T m(b-\alpha)$, und $(a-\alpha)m \leq^T (b-\alpha)m$ ergibt sich analog, womit $m \in M(\leq^T) \cap S$ bewiesen ist. Man beachte, daß hieraus folgt: Mit $(T, +, \cdot, \leq^T)$ ist auch $(S, +, \cdot, \leq')$ ein p. g. Halbring.

Zu den Aufgaben aus Kapitel IV

Aufgabe 1.3. Nach Lemma 1.8 genügt es, von (GP) und (P') auf (GP') zu schließen. Dazu sei $(a_i)_{i\in I}$ eine Familie über A und $I = \bigcup_{j\in J} I_j$ eine generalisierte Partition, für die $\Sigma_{j\in J}\left(\Sigma_{i\in I_j} a_i\right)$ existiert. Dann existiert wegen (GP) und Lemma 1.6 a) auch $\Sigma_{j\in J_1}\left(\Sigma_{j\in I_j} a_i\right)$ für $J_1 = \{j \in J \mid I_j \neq \emptyset\}$, wobei $I = \bigcup_{j\in J_1} I_j$ eine Partition von $I \neq \emptyset$ ist. (Für die leere Familie $(a_i)_{i\in\emptyset}$ folgt (GP') sofort aus (GP).) Wendet man darauf (P') an, erhält man die Existenz von $\Sigma_{i\in I} a_i$, und es gilt nach (GP) $\Sigma_{i\in I} a_i = \Sigma_{j\in J}\left(\Sigma_{i\in I_j} a_i\right)$ für die vorgegebene generalisierte Partition. Dies zeigt (GP'), und die zweite Behauptung folgt auf die gleiche Weise.

Aufgabe 1.7. c) Zum Nachweis von (GP) sei $(a_i)_{i\in I}$ eine summierbare Familie mit $|I| \geq \mathfrak{a}$ und $I = \bigcup_{j\in J} I_j$ eine generalisierte Partition. Wegen $2 \mid a_i$ für alle $i \in I$ existieren für jedes $j \in J$ die Summen $\Sigma_{i\in I_j} a_i$ mit $I_j \neq \emptyset$ und $\Sigma_{i\in I_j} a_i = 0$ für $I_j = \emptyset$, und es gilt $2 \mid \Sigma_{i\in I_j} a_i$. Damit existiert auch $\Sigma_{j\in J}\left(\Sigma_{i\in I_j} a_i\right)$. Zum Nachweis der Gleichheit mit $\Sigma_{i\in I} a_i$ unterscheidet man die Fälle, daß $I' = \{i \in I \mid a_i \neq 0\}$ endlich oder unendlich ist. Eine Familie $(a_i)_{i\in \mathbb{N}_0}$ der fraglichen Art erhält man etwa mit $a_0 = 1$ und $a_i = 2i$ für $i \in \mathbb{N}$.

Aufgabe 1.9. a) Aus (U) und (P) folgt (E), womit man $I \cap J = \emptyset$ annehmen kann. Daher gilt $\Sigma_{I\cup J} a = \Sigma_I a + \Sigma_J a$ nach (P). Aus $|J| \leq |I|$ und $\mathfrak{a} \leq |I|$ folgt aber $|I \cup J| = |I|$ und damit $\Sigma_{I\cup J} a = \Sigma_I a$, letzteres wieder gemäß (E).

Aufgabe 3.2. Da $(A, +, \Sigma)$ ein Nullelement hat, gibt es für jedes $i \in I$ ein $x_i \in A$ mit $a_i + x_i = b_i$. Aus (GP') und (GP) folgt dann $\Sigma_{i\in I} b_i = \Sigma_{i\in I}(a_i + x_i) = \Sigma_{i\in I} a_i + \Sigma_{i\in I} x_i$ und damit $\Sigma_{i\in I} a_i \leq \Sigma_{i\in I} b_i$.

Aufgabe 4.3. Wegen $[0]_\kappa^{\langle *\rangle} = [0]_\kappa^{\langle 0\rangle} = [1]_\kappa$ genügt es, die Klassen $[a]_\kappa$ mit $a \geq 1$ zu betrachten. Dann gilt $v \leq a^{\langle v\rangle}$, woraus schon $a^{\langle v\rangle} \equiv a^{\langle v\rangle} + a^{\langle v+1\rangle}$ modulo $g = 1$ folgt. Für $g \geq 2$ ist dagegen schon $[1]_\kappa$ nicht stabil, wie sich aus $1^{\langle n\rangle} = n + 1 \not\equiv n + 2 = 1^{\langle n+1\rangle}$ modulo g für alle $n \geq v$ ergibt. In dem konkreten Fall haben die Klassen $[1]_\kappa, [2]_\kappa, [3]_\kappa$ und $[4]_\kappa$ der Reihe nach die Stabilitätsindices 4, 3, 3 und 2.

Aufgabe 4.5. Ist die Familie $(a_i)_{i\in I}$ summierbar und $I = \bigcup_{j\in J} I_j$ eine verallgemeinerte Partition von I, so sind auch die Mengen $\{a_i \mid i \in I_j\}$ für alle $j \in J$ endlich, und das gleiche gilt für die Menge $\{\Sigma_{i\in I_j} a_i \mid j \in J\}$, da sich in dem idempotentenHalbmodul $(A, +)$ aus den endlich vielen Elementen von $\{a_i \mid i \in I\}$ insgesamt nur endlich viele verschiedene Summen bilden lassen. Damit existieren auch die rechten Summen von $\Sigma_{i\in I} a_i = \Sigma_{j\in J}(\Sigma_{i\in I_j} a_i)$, wobei die Gleichheit leicht aus der Summendefinition folgt. Dies zeigt (GP), und ähnlich ergeben sich (GP'_F) und (D), womit $(A, +, \Sigma, \cdot)$ ein Σ-Halbring ist. Wir bemerken noch, daß er im allgemeinen nicht (P') erfüllt: So kann S etwa unendlich viele verschiedene Elemente a_{2j} mit $j \in J = I\!N$ enthalten, zu denen es Elemente $a_{2j-1} \in S$ gibt, so daß $a_{2j} + a_{2j-1} = c$ für alle $j \in J$ gilt. Dann existiert $\Sigma_{j\in I\!N}(a_{2j-1} + a_{2j})$, während die Familie $(a_i)_{i\in I}$ mit $I = I\!N = (2I\!N - 1) \cup 2I\!N$ nicht summierbar ist.

Zu den Aufgaben aus Kapitel V

Aufgabe 1.4. Es sei $v \in U$ und $v = \Sigma_{u\in U}\alpha_u u$ die Darstellung (1.7) von v. Dann folgt $\sigma v = \Sigma_{u\in U}\sigma\alpha_u u$ aus (1.1) und wegen der Eindeutigkeit von (1.7) $\sigma = \sigma\alpha_v$ für alle $\sigma \in S$, d. h. α_v ist ein Rechtseinselement von $(S, +, \cdot)$. Die zweite Aussage folgt aus Fakt I.1.7 und aus $\varepsilon_l a = \varepsilon_l(\Sigma_{u\in U}\alpha_u u) = \Sigma_{u\in U}\varepsilon_l\alpha_u u$.

Aufgabe 1.6. Wegen $\sigma\beta_1\alpha_1 + \sigma\beta_2\alpha_2 = \sigma\varepsilon = \sigma$ kann jedes Element $\sigma u \in A$ in der Form $\sigma\beta_1(\alpha_1 u) + \sigma\beta_2(\alpha_2 u)$ als Linearkombination $\sigma_1(\alpha_1 u) + \sigma_2(\alpha_2 u)$ von $\alpha_1 u$ und $\alpha_2 u$ mit $\sigma_i \in S$ geschrieben werden. Damit bleibt die Eindeutigkeit dieser Darstellung (1.7) zu zeigen: Aus $\sigma_1(\alpha_1 u) + \sigma_2(\alpha_2 u) = \tau_1(\alpha_1 u) + \tau_2(\alpha_2 u)$ mit $\sigma_i, \tau_i \in S$ folgt aber $\sigma_1\alpha_1 + \sigma_2\alpha_2 = \tau_1\alpha_1 + \tau_2\alpha_2$. Multipliziert man dies von rechts mit β_1 bzw. β_2, erhält man schon $\sigma_1\varepsilon = \tau_1\varepsilon$ und $\sigma_2\varepsilon = \tau_2\varepsilon$.

Aufgabe 2.1. a) Eine Äquivalenz κ auf A ist eine Halbalgebren-Kongruenz von $({}_SA, +, \cdot)$, wenn (I.7.3), (I.7.4) und $a\ \kappa\ a' \Longrightarrow \sigma a\ \kappa\ \sigma a'$ für alle $a, a' \in A$ und $\sigma \in S$ erfüllt ist. Eine solche Kongruenz κ bestimmt dann gemäß (I.7.6), (I.7.7) und $\sigma[a]_\kappa = [\sigma a]_\kappa$ eine Kongruenzklassen-Halbalgebra $({}_S(A/\kappa), +, \cdot)$.

b) Nach Satz I.8.11 ist $H = \varphi^{-1}(o_B)$ ein k-Ideal von $(A, +, \cdot)$, und aus $a \in H$, also $\varphi(a) = o_B$ folgt $\varphi(\sigma a) = \sigma\varphi(a) = \sigma o_B = o_B$, d. h. $\sigma a \in H$. Die Umkehrung ergibt sich aus Satz I.8.8 und der folgenden Ergänzung: Aus $a\ \kappa_H\ a'$, also $a + h_1 = a' + h_2$ mit $h_i \in H$, folgt $\sigma a + \sigma h_1 = \sigma a' + \sigma h_2$ mit $\sigma h_i \in H$ für alle $\sigma \in S$, und damit $\sigma a\ \kappa_H\ \sigma a'$.

Aufgabe 2.2. Mit Hilfe von (2.1) folgt a) aus $(\alpha u) \cdot c = \alpha(u \cdot c)$ gemäß (2.18). Für b) benötigt man $c \cdot (\beta u) = \beta(c \cdot u)$, was für $c \in U$ aus (2.19) und sonst aus (2.3) folgt. Damit bleibt für c) zu zeigen, daß sich $c \cdot (\beta u) = \beta(c \cdot u) = \beta u$

aus $cu = uc = u$ und der Assoziativität von $(A, \cdot)$ ergibt. Verwendet man noch zweimal (2.19), so folgt dies gemäß $c(\beta u) = c\big(\beta(uc)\big) = c\big(u(\beta c)\big) = (cu)(\beta c) = u(\beta c) = \beta(uc) = \beta u$.

Aufgabe 2.3. Es sei $(A, +, \cdot)$ nullteilerfrei. Dann ist auch der Unterring $(R, +, \cdot)$ nullteilerfrei, und aus $(\alpha 1 + \beta i)(\alpha 1 - \beta i) = (\alpha^2 + \beta^2)1 + \omega i$ folgt (2.23). Für die Umkehrung gelte $(\alpha 1 + \beta i)(\gamma 1 + \delta i) = o$ in $(A, +, \cdot)$. Durch Multiplikation mit $\alpha 1 - \beta i$ und $\gamma 1 - \delta i$ ergibt sich daraus $(\alpha^2 + \beta^2)(\gamma^2 + \delta^2) = \omega$, also etwa $\alpha^2 + \beta^2 = \omega$ und damit $\alpha = \beta = \omega$ nach (2.23). Ist zweitens $(A, +, \cdot)$ ein Körper, so folgt für jedes $\alpha \neq \omega$ aus R wegen $(\alpha 1)(\gamma 1 + \delta i) = 1$ bereits $\alpha\gamma = \varepsilon$, d. h. $(R, +, \cdot)$ ist ein Körper, der wegen der Nullteilerfreiheit von $(A, +, \cdot)$ auch (2.23) erfüllt. Gelten umgekehrt diese Aussagen für $(R, +, \cdot)$, so folgt $\alpha^2 + \beta^2 \neq \omega$ für jedes Element $\alpha 1 + \beta i \neq o$ aus A, und $(\alpha^2 + \beta^2)^{-1}(\alpha 1 - \beta i)$ ist das Inverse von $\alpha 1 + \beta i$.

Aufgabe 2.5. b) Die Lösung von Aufgabe 2.3 läßt sich unter Verwendung von $(\alpha 1 + \beta i + \gamma j + \delta k)(\alpha 1 - \beta i - \gamma j - \delta k) = (\alpha^2 + \beta^2 + \gamma^2 + \delta^2)1 + \omega i + \omega j + \omega k$ übertragen.

Aufgabe 3.1. Wir zeigen nur $(ab)c = a(bc)$ für $a = \Sigma \alpha_u u$, $b = \Sigma \beta_v v$ und $c = \Sigma \gamma_w w$ aus $(S\langle\langle U\rangle\rangle, +, \cdot)$. Dies folgt aus

$$(ab)c = \big(\Sigma_x(\Sigma^S_{uv=x}\alpha_u\beta_v)x\big)c = \Sigma_y\big(\Sigma^S_{xw=y}(\Sigma^S_{uv=x}\alpha_u\beta_v)\gamma_w\big)y,$$

also $(ab)c = \Sigma_y\big(\Sigma^S_{uvw=y}(\alpha_u\beta_v)\gamma_w\big)y$ und der analogen Formel für $a(bc)$.

Aufgabe 3.4. a) Es gilt $ab = (\Sigma_i \alpha_i x^i)(\Sigma_j \beta_j x^j) = \Sigma_k(\Sigma^S_{i+j=k}\alpha_i\beta_j)x^k = \Sigma_k(\Sigma^S_i \alpha_i\beta_{k-i})x^k$ im ersten und $ab = (\Sigma_u \alpha_u u)(\Sigma_v \beta_v v) = \Sigma_u(\Sigma^S_{u\cdot v=u}\alpha_u\beta_v)u = \Sigma_u(\Sigma^S_v \alpha_u\beta_v)u$ im zweiten Falle.

b) O. B. d. A. kann man die angegebene Familie mit $I = \mathbb{Z}$ bzw. $I = U_2$ indizieren. Dann widerlegt $\sigma\big((\Sigma_i\tau_i x^i)(\Sigma_j \varepsilon x^j)\big) \neq (\sigma\Sigma_i\tau_i x^i)(\Sigma_j \varepsilon x^j)$ bzw. $(\varepsilon u)(\sigma\Sigma_v\tau_v v) \neq (\varepsilon\sigma)(u\Sigma_v\tau_v v)$ (2.18) im ersten und (2.19) im zweiten Falle.

Literaturverzeichnis

[Abd85] S. K. Abdali und B. D. Saunders. Transitive closure and related semiring properties via eliminants. *Theor. Comput. Sci.*, 40:257 - 274, 1985.

[Aho74] A. V. Aho, J. E. Hopcroft, und J. D. Ullman. *The Design and Analysis of Computer Algorithms.* Addison-Wesley, 1974.

[All69] P. J. Allen. A fundamental theorem of homomorphisms for semirings. *Proc. Amer. Math. Soc.*, 21:412 - 416, 1969.

[All70] P. J. Allen. Cohen's theorem for a class of Noetherian semirings. *Publ. Math. Debrecen*, 17:169 - 171, 1970.

[All75] P. J. Allen. An extension of the Hilbert basis theorem to semirings. *Publ. Math. Debrecen*, 22:31 - 34, 1975.

[All76] P. J. Allen und L. Dale. Ideal theory in polynomial semirings. *Publ. Math. Debrecen*, 23:183 - 190, 1976.

[All80] P. J. Allen und L. Dale. An extension of the Hilbert basis theorem. *Publ. Math. Debrecen*, 27:31 - 34, 1980.

[All85] E. Allevi. A class of (+)-inverse semirings. *Istit. Lombardo Accad. Sci. Lett. Rend. A*, 119:89 - 107, 1985.

[Alm63] A. Almeida Costa. Sur la théorie générale des demi-anneaux. *Publ. Math. Debrecen*, 10:14 - 29, 1963.

[Alm65] A. Almeida Costa und M. L. Noronha Galvao. Sur le demi-anneau des nombres naturels. *Centro Estudos Mat. Porto Publ.*, 45:1 - 5, 1965.

[Alm75] A. Almeida Costa. *Cours d'algébre générale*, Vol. III. Gulbenkian, Lissabon, 1975.

[Asa49] K. Asano. Über die Quotientenbildung von Schiefringen. *J. Math. Soc. Japan*, 1:73 - 78, 1949.

[Ban82] H.-J. Bandelt und M. Petrich. Subdirect products of rings and distributive lattices. *Proc. Edinburgh Math. Soc.*, 25:155 - 171, 1982.

[Ban83] H.-J. Bandelt. Free objects in the variety generated by rings and distributive lattices. *Lect. Notes Math.*, 998:255 - 260, 1983.

[Bar70] E. Barbut. On nil semirings with ascending chain conditions. *Fund. Math.*, 58:261 - 264, 1970.

[Bea88a] L. B. Beasley und N. J. Pullman. Operators that preserve semiring matrix functions. *Lin. Alg. and its Appl.*, 99:199 - 216, 1988.

[Bea88b] L. B. Beasley und N. J. Pullman. Semiring rank versus column rank. *Lin. Alg. and its Appl.*, 101:33 - 48, 1988.

[Bec79] E. Becker. Partial orders on a field and valuation rings. *Comm. Algebra*, 7:1933 - 1976, 1979.

[Bec83] E. Becker und N. Schwartz. Zum Darstellungssatz von Kadison-Dubois. *Archiv Math.*, 40:421 - 428, 1983.

[Ben88] D. B. Benson. Bialgebras: Some foundations for distributed and concurrent computation. *Fund. Inform.*, 12:427 - 486, 1988.

[Ber78] M. O. Bertman. Bicyclic semirings. *J. Austral. Math. Soc. (Ser. A)*, 26:419 - 441, 1978.

[Ber88] J. Berstel und C. Reutenauer. *Rational Series and Their Languages*. Springer, 1988.

[Bia58] A. Bialynicki-Birula. On the spaces of ideals in semirings. *Fund. Math.*, 45:247 - 253, 1958.

[Bir67] G. Birkhoff. *Lattice Theory*. Amer. Math. Soc., Providence R. I.,1967.

[Ble65] M. N. Bleicher und S. Bourne. On the embeddability of partially ordered halfrings. *J. Math. and Mechanics*, 14:109 - 116, 1965.

[Bot71] M. Botero de Meza und H. J. Weinert. Erweiterung topologischer Halbringe durch Quotienten- und Differenzenbildung. *Jber. Deutsch. Math.-Verein*, 73:60 - 85, 1971.

[Bou51] S. Bourne. The Jacobson radical of a semiring. *Proc. Nat. Acad. Sci. USA*, 37:163 - 170, 1951.

[Bou52] S. Bourne. On the homomorphism theorem for semirings. *Proc. Nat. Acad. Sci. USA*, 38:118 - 119, 1952.

[Bou56] S. Bourne. On multiplicative idempotents of a potent semiring. *Proc. Nat. Acad. Sci. USA*, 42:632 - 638, 1956.

[Bou57] S. Bourne und H. Zassenhaus. On a Wedderburn-Artin structure theory of a potent semiring. *Proc. Nat. Acad. Sci. USA*, 43:613 - 615, 1957.

[Bou58] S. Bourne und H. Zassenhaus. On the semiradical of a semiring. *Proc. Nat. Acad. Sci. USA*, 44:907 - 914, 1958.

[Bou59a] S. Bourne. On compact semirings. *Proc. Japan Acad.*, 35:332 - 334, 1959.

[Bou59b] S. Bourne. On the radical of a positive semiring. *Proc. Nat. Acad. Sci. USA*, 45:519, 1959.

[Bou60] S. Bourne. On locally compact halfrings. *Proc. Japan Acad.*, 36:192 - 195, 1960.

[Bou62] S. Bourne. On locally compact positive halffields. *Math. Annalen*, 146:423 - 426, 1962.

[Bou63] S. Bourne. On positive Banach halfalgebras without identity. *Stud. Math.*, 22:247 - 249, 1963.

[Bou75] S. Bourne und H. Zassenhaus. Certain characterizations of the semiradical of a semiring. *Comm. Algebra*, 3:525 - 530, 1975.

[Brö82] L. Bröcker. Positivbereiche in kommutativen Ringen. *Abh. Math. Sem. Hamburg*, 52:170 - 178, 1982.

[Bur86] P. Burmeister. *A Model Theoretic Oriented Approach to Partial Algebras*. Akademie-Verlag, 1986.

[Car69] P. Cartier und D. Foata. Problemes combinatoires de commutation et rearrangements. *Lect. Notes Math.*, 85:1 - 88, 1969.

[Car79] B. Carré. *Graphs and Networks*. Clarendon Press, 1979.

[Cha80] R. Chaudhuri und A. Mukherjea. Idempotent boolean matrices. *Semigroup Forum*, 21:273 - 282, 1980.

[Cli58] A. H. Clifford. Ordered commutative semigroups of the second kind. *Proc. Amer. Math. Soc.*, 9:682 - 687, 1958.

[Cli61] A. H. Clifford und G. B. Preston. *The Algebraic Theory of Semigroups*, Vol. I. Amer. Math. Soc., Providence R. I., 1961.

[Cli66] A. H. Clifford. Partially ordered groups of the second and third kind. *Proc. Amer. Math. Soc.*, 17:219 - 225, 1966.

[Cli67] A. H. Clifford und G. B. Preston. *The Algebraic Theory of Semigroups*, Vol. II. Amer. Math. Soc., Providence R. I., 1967.

[Coh65] P. M. Cohn. *Universal Algebra*. Harper & Row, London, und John Weatherhill, Tokio, 1965.

[Coh66] P. M. Cohn. Some remarks on the invariant basis property. *Topology*, 5:215 - 228, 1966.

[Cor71] W. H. Cornish. Direct summands in semirings. *Math. Japon.*, 16:13 - 19, 1971.

[Cra91] T. C. Craven. Orderings on semirings. *Semigroup Forum*, 43:45 - 52, 1991.

[Cun84] R. A. Cuninghame-Green. Using fields for semiring computations. *Ann. Discrete Math.*, 19:55 - 74, 1984.

[Dal86] L. Dale. The structure of ideals in a polynomial semiring in several variables. *Kyungpook Math. J.*, 26:129 - 135, 1986.

[Ded32] R. Dedekind. *Gesammelte mathematische Werke, Bd. III*. Vieweg, Braunschweig, 1932.

[Dor32] I. L. Dorroh. Concerning adjunctions to algebra. *Bull. Amer. Math. Soc.*, 38:85 – 88, 1932.

[Dov75] R. E. Dover und H. E. Stone. On semisubtractive halfrings. *Bull. Austral. Math. Soc.*, 12:371 – 378, 1975.

[Dub67] D. W. Dubois. A note on David Harrison's theory of preprimes. *Pac. J. Math.*, 21:15 – 19, 1967.

[Dub68] D. W. Dubois. Second note on David Harrison's theory of preprimes. *Pac. J. Math.*, 24:57 – 68, 1968.

[Duc88] G. Duchamp und J. Y. Thibon. Theoremes de transfert pour les polynomes partiellement commutatifs. *Theor. Comput. Sci.*, 57:239 – 249, 1988.

[Dul72] B. J. Dulin und J. Mosher. The Dedekind property for semirings. *J. Austral. Math. Soc.*, 14:82 – 90, 1972.

[Eil69] S. Eilenberg und M. P. Schützenberger. Rational sets in commutative monoids. *J. Algebra*, 13:173 – 191, 1969.

[Eil74] S. Eilenberg. *Automata, Languages, and Machines*, Vol. A. Academic Press, 1974.

[Eil68] R. Eilhauer. Zur Theorie der Halbkörper I. *Acta Math. Acad. Sci. Hungar.*, 19:23 – 45, 1968.

[Fei80] S. Feigelstock. Radicals of the semiring of abelian groups. *Publ. Math. Debrecen*, 27:89 – 92, 1980.

[Fle80] J. G. Fletcher. A more general algorithm for computing closed semiring costs between vertices of a directed graph. *Comm. ACM*, 23:350 – 351, 1980.

[Fuc63] L. Fuchs. *Partially ordered algebraic systems.* Pergamon Press, Oxford, 1963 (Deutsche Ausgabe: Vandenhoeck & Ruprecht, Göttingen, 1966).

[Gal80] J. L. Galbiati und M. L. Veronesi. On Boolean semirings. *Istit. Lombardo Accad. Sci. Lett. Rend. A*, 114:73 – 88, 1980.

[Gir80] E. Giraldes. Decomposition of a semiring into division semirings. *Portugal. Math.*, 39:349 – 356, 1980.

[Gla85] K. Głazek. *A short guide through the literature on semirings.* Math. Inst. Univ. Wroclaw, Polen, 1985.

[Gol87] J. Golan. *Linear topologies on a Ring: an Overview.* Longman Sci. Tech., Harlow, 1987.

[Gol90] J. S. Golan. Semirings for the ring theorist. *Rev. Roumaine Math. Pures Appl.*, 35:531 – 540, 1990.

[Gol92] J. S. Golan. *The Theory of Semirings with Applications in Mathematics and Theoretical Computer Science.* Pitman Monographs and Surveys in Pure and Applied Mathematics 54, Longman Sci. Tech., Harlow, 1992.

[Gol85] M. Goldstern. Vervollständigung von Halbringen. Diplomarbeit, TU Wien, 1985.

[Gon84] M. Gondran und M. Minoux. Linear algebra in dioids: a survey of recent results. *Ann. Discrete Math.*, 19:147 – 164, 1984.

[Grie79] R. D. Griepentrog und H. J. Weinert. Embedding semirings in semirings with identity. *Coll. Math. Soc. Janos Bolyai, 20. Algebraic Theory of Semigroups, North-Holland*, S. 225 – 245, 1979.

[Grie85] R. D. Griepentrog und H. J. Weinert. Correction and remarks to our paper "Embedding semirings in semirings with identity". *Coll. Math. Soc. Janos Bolyai, 39. Semigroups, North-Holland*, S. 491 – 493, 1985.

[Gri69a] M. P. Grillet. Embedding of a semiring into a semiring with identity. *Acta Math. Acad. Sci. Hungar.*, 20:121 – 128, 1969.

[Gri69b] M. P. Grillet. Free semirings over a set. *J. Natur. Sci. Math.*, 9:285 – 291, 1969.

[Gri70a] M. P. Grillet. Examples of semirings of endomorphisms of semigroups. *J. Austral. Math. Soc.*, 11:345 – 349, 1970.

[Gri70b] M. P. Grillet. Green's relations in a semiring. *Port. Math.*, 29:181 – 195, 1970.

[Gri70c] M. P. Grillet. A semiring whose Green's relations do not commute. *Acta Sci. Math.*, 31:161 – 166, 1970.

[Gri70d] M. P. Grillet. Subdivision rings of a semiring. *Fund. Math.*, 67:67 – 74, 1970.

[Gri71a] M. P. Grillet und P. A. Grillet. Completely 0-simple semirings. *Trans. Amer. Math. Soc.*, 155:19 – 33, 1971.

[Gri71b] M. P. Grillet. On semirings which are embeddable into semirings with identity. *Acta Math. Acad. Sci. Hungar.*, 22:305 – 307, 1971.

[Gri72] M. P. Grillet. Semisimple A-semigroups and semirings. *Fund. Math.*, 76:109 – 116, 1972.

[Gri74] M. P. Grillet und P. A. Grillet. Building semirings. *Estudos de Matematica*, 71 – 75, 1974.

[Gri75] M. P. Grillet. Semirings with a completely simple additive semigroup. *J. Austral. Math. Soc.*, 20:257 – 267, 1975.

[Haf78] D. Haftendorn. Additiv kommutative und idempotente Halbringe mit Faktorbedingung I. *Publ. Math. Debrecen*, 25:107 - 116, 1978.

[Haf79] D. Haftendorn. Additiv kommutative und idempotente Halbringe mit Faktorbedingung II. *Publ. Math. Debrecen*, 26:5 - 12, 1979.

[Har66] D. K. Harrison. *Finite and infinite primes for rings and fields*. Amer. Math. Soc., 1966.

[Hea73] H. E. Heatherly. Distributive Near-rings. *Quart. J. Math. Oxford (2)*, 24:63 - 70, 1973.

[Hea74] H. E. Heatherly. Semiring multiplications on commutative monoids. *Publ. Math. Debrecen*, 21:119 - 123, 1974.

[Heb87] U. Hebisch und H. J. Weinert. On euclidean semirings. *Kyungpook Math. J.*, 27:61 - 88, 1987.

[Heb88] U. Hebisch und L. C. A. van Leeuwen. On additively or multiplicatively idempotent semirings and partial orders. *Lect. Notes Math.*, 1320:154 - 161, 1988.

[Heb90a] U. Hebisch. The Kleene theorem in countably complete semirings. *Bayreuther Mathematische Schriften*, 31:55 - 66, 1990.

[Heb90b] U. Hebisch und H. J. Weinert. Semirings without zero divisors. *Mathematica Pannonica*, 1:73 - 94, 1990.

[Heb92a] U. Hebisch. Eine algebraische Theorie unendlicher Summen mit Anwendungen auf Halbgruppen und Halbringe. *Bayreuther Mathematische Schriften*, 40:21 - 152, 1992.

[Heb92b] U. Hebisch und H. J. Weinert. Generalized semigroup semirings which are zero divisor free or multiplicatively left cancellative. *Theor. Comput. Sci.*, 92:269 - 289, 1992.

[Heb92c] U. Hebisch und H. J. Weinert. Semirings and Semifields. Erscheint in: *Handbook of Algebra, Vol. I*, North-Holland, Amsterdam.

[Heb93] U. Hebisch. Partial orders on semigroups and semirings of right quotients. Erscheint in: Semigroup Forum.

[Heb94] U. Hebisch und H. J. Weinert. On the dimension of semimodules over semirings. Wird erscheinen.

[Hen58a] M. Henriksen. The $a^{n(a)} = a$ theorem for semirings. *Math. Japonicae*, 5:21 - 24, 1958.

[Hen58b] M. Henriksen. Ideals in semirings with commutative addition. *Notices Amer. Math. Soc.*, 6:321, 1958.

[Her84] W. Herfort und W. Kuich. Semitopological semirings and pushdown automata. *Math. Systems Theory*, 17:279 - 291, 1984.

[Hig80] D. Higgs. Axiomatic infinite sums - an algebraic approach to integration theory. *Contemp. Math.*, 2:205–212, 1980.

[Hil67] P. J. Hilton. Some remarks concerning the semiring of polyhedra. *Bull. Soc. Math. Belg.*, 19:277 - 288, 1967.

[Hof63] K. H. Hofmann. Über lokalkompakte positive Halbkörper. *Math. Annalen*, 151:262 - 271, 1963.

[How76] J. M. Howie. *An Introduction to Semigroup Theory.* Academic Press, London, 1976.

[Huq88] S. A. Huq. Distributivity in semigroups. *Math. Japonicae*, 33:535 - 541, 1988.

[Hut81] H. Hutchins. Division semirings with $1 + 1 = 1$. *Semigroup Forum*, 22:181 - 188, 1981.

[Hut90] H. C. Hutchins und H. J. Weinert. Homomorphisms and kernels of semifields. *Period. Math. Hung.*, 21:113 - 152, 1990.

[Ihr88] T. Ihringer. *Allgemeine Algebra.* Teubner, 1988.

[Iiz59a] K. Iizuka. On the Jacobson radical of a semiring. *Tohoku Math. J.*, 11:409 - 421, 1959.

[Iiz59b] K. Iizuka und I. Nakahara. A note on the semiradical of a semiring. *Kumatoto J. Sci., Ser. A*, 4:1 - 3, 1959.

[Ise56a] K. Iseki und Y. Miyanaga. Notes on topological spaces. III. *Proc. Japan Acad.*, 32:325 - 328, 1956.

[Ise56b] K. Iseki und Y. Miyanaga. Notes on topological spaces. IV. *Proc. Japan Acad.*, 32:392 - 395, 1956.

[Ise56c] K. Iseki. Notes on topological spaces. V. *Proc. Japan Acad.*, 32:426 - 429, 1956.

[Ise56d] K. Iseki. Ideal theory of semirings. *Proc. Japan Acad.*, 32:554 - 559, 1956.

[Ise56e] K. Iseki und Y. Miyanaga. On a radical in a semiring. *Proc. Japan Acad.*, 32:562 - 563, 1956.

[Ise58a] K. Iseki. Ideals in semirings. *Proc. Japan Acad.*, 34:29 - 31, 1958.

[Ise58b] K. Iseki. On ideals in semirings. *Proc. Japan Acad.*, 34:507 - 509, 1958.

[Ise58c] K. Iseki. Quasiideals in semirings without zero. *Proc. Japan Acad.*, 34:79 - 81, 1958.

[Jer82] M. Jerrum und M. Snir. Some exact complexity results for straight-line computations over semirings. *J. ACM*, 29:874 - 897, 1982.

[Jez83] J. Jezek und T. Kepka. Simple semimodules over commutative semirings. *Acta Sci. Math. (Szeged)*, 46:17 - 27, 1983.

[Jon70] J. S. Johnson und E. G. Manes. On modules over a semiring. *J. Algebra*, 15:57 - 67, 1970.

[Kam47] E. Kampke. *Mengenlehre*. de Gruyter, 1947.

[Kar92] G. Karner. On limits in complete semirings. *Semigroup Forum*, 45:148–165, 1992.

[Kar74] P. H. Karvellas. Inversive semirings. *J. Austral. Math. Soc.*, 18:277 - 288, 1974.

[Kar75] P. H. Karvellas. Extension of a semigroup embedding theorem to semirings. *Canad. Math. Bull.*, 18:297 - 298, 1975.

[Kau85] A. Kaufmann und M. M. Gupta. *Introduction to Fuzzy Arithmetic*. Van Nostrand, New York, 1985.

[Kay81] A. Kaya und M. Satyanarayana. Semirings satisfying properties of distributive type. *Proc. Amer. Math. Soc.*, 82:341–346, 1981.

[Kep84] T. Kepka. Varieties of left distributive semigroups. *Acta Univ. Carol. Math. Phys.*, 25:3 - 18, 1984.

[Kim82] K. H. Kim. *Boolean Matrix Theory and Applications*. Marcel Dekker, New York, 1982.

[Kle56] S. C. Kleene. Representation of events in nerve nets and finite automata. In: C. E. Shannon und J. McCarthy, (Hrsg.), *Automata Studies*, S. 3–42. Princeton University Press, 1956.

[Koc64] H. Koch. Über Halbkörper, die in algebraischen Zahlkörpern enthalten sind. *Acta Math. Acad. Sci. Hungar.*, 15:439 - 444, 1964.

[Koz90] D. Kozen. On Kleene algebras and closed semirings. *Lect. Notes Comput. Sci.*, 452:26 - 47, 1990.

[Kro87] D. Krob. Monoides et semi-anneaux complets. *Semigroup Forum*, 36:323–339, 1987.

[Kro88] D. Krob. Monoides et semi-anneaux continus. *Semigroup Forum*, 37:59–78, 1988.

[Kui86] W. Kuich und A. Salomaa. *Semirings, Automata, Languages*. Springer, 1986.

[Kui87] W. Kuich. The Kleene and the Parikh theorem in complete semirings. *Lect. Notes Comp. Sci.*, 267:212–225, 1987.

[Lal79] G. Lallement. *Semigroups and Combinatorial Applications*. Wiley, New York, 1979.

[LaT65] D. R. LaTorre. On h-ideals and k-ideals in hemirings. *Publ. Math. Debrecen*, 12:219 - 226, 1965.

[LaT67a] D. R. LaTorre. A note on the Jacobson radical of a hemiring. *Publ. Math. Debrecen*, 14:9 - 13, 1967.

[LaT67b] D. R. LaTorre. The Brown-McCoy radical of a hemiring. *Publ. Math. Debrecen*, 14:15 - 28, 1967.

[LaT70] D. R. LaTorre. A note on quotient semirings. *Proc. Amer. Math. Soc.*, 24:463 - 465, 1970.

[Lee74] H. Lee. A short proof of Barbut's theorem. *J. Korean. Math. Soc.*, 11:141 - 142, 1974.

[Leh77] D. J. Lehmann. Algebraic structures for transitive closure. *Theor. Comp. Sci.*, 4:59 - 76, 1977.

[Li84] L. D. Li. On the structure of hemirings. *Simon Stevin*, 58:91 - 113, 1984.

[Lin70a] Y.-F. Lin und J. S. Ratti. The graphs of semirings. *J. Algebra*, 14:73 - 82, 1970.

[Lin70b] Y.-F. Lin und J. S. Ratti. Connectivity of the graphs of semirings: lifting and product. *Proc. Amer. Math. Soc.*, 24:411 - 414, 1970.

[Loh66] Hooi-Tong Loh und H. H. Teh. Some theorems on groupoid semirings. *Nanta Math.*, 1:33 - 37, 1966/67.

[Loh67] Hooi-Tong Loh. Notes on semirings. *Math. Mag.*, 40:150 - 152, 1967.

[Lug62] H. Lugowski. Über die Vervollständigung geordneter Halbringe. *Publ. Math. Debrecen*, 9:213 - 222, 1962.

[Lug66] H. Lugowski. Die Charakterisierung gewisser geordneter Halbmoduln mit Hilfe der Erweiterungstheorie. *Publ. Math. Debrecen*, 13:237 - 248, 1966.

[Lug71] H. Lugowski. Über die Struktur gewisser geordneter Halbringe. *Math. Nachr.*, 51:311 - 325, 1971.

[Lug74] H. Lugowski. Vollständige JIV-Halbringe mit negativen Elementen. *Math. Nachr.*, 61:37 - 46, 1974.

[Mah84] B. Mahr. Iteration and summability in semirings. *Annals of Discrete Mathematics*, 19:229–256, 1984.

[Mal37] A. Malcev. On the immersion of an algebraic ring into a field. *Math. Ann.*, 113:686 - 691, 1937.

[Man85] E. G. Manes und D. B. Benson. The inverse semigroup of a sum-ordered semiring. *Semigroup Forum*, 31:129–152, 1985.

[Mit82] S. S. Mitchell und P. Sinutoke. The theory of semifields. *Kyungpook Math. J.*, 22:325 - 348, 1982.

[Mit88] S. S. Mitchell und P. B. Fengolio. Congruence-free commutative semirings. *Semigroup Forum*, 37:79 - 91, 1988.

[Mos70] J. R. Mosher. Generalized quotients of hemirings. *Comp. Math.*, 22:275 - 281, 1970.

[Mos71] J. R. Mosher. Semirings with descending chain condition and without nilpotent elements. *Comp. Math.*, 23:79 - 85, 1971.

[Mur50] K. Murata. On the quotient semi-group of a noncommutative semigroup. *Osaka Math. J.*, 2:1 - 5, 1950.

[Nak76] A. Nakassis. The diameter of the graph of a semiring. *Proc. Amer. Math. Soc.*, 60:353 - 359, 1976.

[Nor78] M. L. Noronha-Galvao. Ideals in the semiring N. *Portug. Math.*, 37:113 - 117, 1978.

[Ols78] D. M. Olson. A note on the homomorphism theorem for hemirings. *Internat. J. Math. & Math. Sci.*, 1:439 - 445, 1978.

[Ols83] D. M. Olson und T. L. Jenkins. Radical theory for hemirings. *J. Natur. Sci. Math.*, 23:23 - 32, 1983.

[Ols89] D. M. Olson und A. C. Nance. A note on radicals for hemirings. *Quaestiones Math.*, 12:307 - 314, 1989.

[Pad68] R. Padmanabhan und H. Subramanian. Ideals in semirings. *Math. Japonicae*, 13:123 - 128, 1968.

[Pas82] F. Pastijn und A. Romanowska. Idempotent distributive semirings I. *Acta Sci. Math.*, 44:239 - 253, 1982.

[Pas83] F. Pastijn. Idempotent distributive semirings II. *Semigroup Forum*, 26:151 - 166, 1983.

[Pea66] K. R. Pearson. Interval semirings on R_1 with ordinary multiplication. *J. Austral. Math. Soc.*, 6:273 - 288, 1966.

[Pea68a] K. R. Pearson. Certain topological semirings in R_1. *J. Austral. Math. Soc.*, 8:171 - 182, 1968.

[Pea68b] K. R. Pearson. Embedding semirings in semirings with multiplicative unit. *J. Austral. Math. Soc.*, 8:183 - 191, 1968.

[Pee83] K. Peeva. On algebraic structures for matrices, relations and graphs over a semiring. *Mat. Bul.*, 7-8:36 - 48, 1983/84.

[Pic47] G. Pickert. Bemerkungen zum Algebrenbegriff. *Math. Annalen*, 120:158 - 164, 1947 - 1949.

[Pie75] A. R. Pierce. Bibliography on algorithms for shortest path, shortest spanning tree, and related circuit routing problems (1956 - 1974). *Networks*, 5:129 - 149, 1975.

[Pil77] G. Pilz. *Near-rings*. North-Holland, Amsterdam, 1977.

[Pio88] B. Piochi. Congruences on inversive hemirings. *Studia Sci. Math. Hungar.*, 23:251 - 255, 1988.

[Poy67] F. Poyatos. Descomposiciones irreducibles en suma directa interna de ciertas estructuras algebraicas. *Rev. Mat. Hisp.-Amer.*, 27:151 - 170, 1967.

[Poy80] F. Poyatos. The Jordan-Hölder theorem for semirings. *Rev. Mat. Hisp.-Amer.*, 40:49 - 65, 1980.

[Poy85] F. Poyatos. Archimedean decompositions of left S-semimodules and semirings. *Stud. Sci. Math. Hung.*, 20:323 - 324, 1985.

[Raj83] V. Raju und J. Hanumanthachari. The additive semigroup structure of semirings. *Math. Sem. Notes Kobe Univ.*, 11:381 - 386, 1983.

[Rao81] P. R. Rao. Lattice ordered semirings. *Math. Sem. Notes Kobe Univ.*, 9:119 - 149, 1981.

[Rat71] J. S. Ratti und Y.-F. Lin. The graphs of semirings. II. *Proc. Amer. Math. Soc.*, 30:473 - 478, 1971.

[Rat89] J. S. Ratti und Y.-F. Lin. On anti-commutative semirings. *Internat. J. Math. Math. Sci.*, 12:205 - 207, 1989.

[Red52] L. Rédei. Die Verallgemeinerung der Schreierschen Erweiterungstheorie. *Acta Sci. Math.*, 13:252 - 273, 1952.

[Red59] L. Rédei. *Algebra.* Akademiai Kiado, Budapest, (Deutsche Ausgabe: Geest & Portig, Leipzig, 1959; Englische Ausgabe: Akademiai Kiado, Budapest, 1967).

[Reu84] C. Reutenauer und H. Straubing. Inversion of matrices over a commutative semiring. *J. Algebra*, 88:350 - 360, 1984.

[Rey71] W. H. Reynolds. Embedding a partially ordered ring in a division algebra. *Trans. Amer. Math. Soc.*, 158:293 - 300, 1971.

[Rod77] G. Rodriguez. Bande di semianelli monoidali. *Boll. Un. Mat. Ital.*, 14:569 - 591, 1977.

[Rod80] G. Rodriguez. Decomposition of a semiring in a semilattice of semirings. *Boll. Un. Mat. Ital. Suppl.*, 17:53 - 67, 1980.

[Rod81] G. Rodriguez. Green equivalence in distributive semirings. *Atti Accad. Sci. Lett. Arti Palermo Ser. (5)*, 2:181 - 193, 1981/82.

[Rom82a] A. Romanowska. Free idempotent distributive semirings with a semilattice reduct. *Math. Japonicae*, 27:467 - 481, 1982.

[Rom82b] A. Romanowska. Idempotent distributive semirings with a semilattice reduct. *Math. Japonicae*, 27:483 - 493, 1982.

[Rot85] G. Rote. A systolic array algorithm for the algebraic path problem (shortest paths; matrix inversion). *Computing*, 34:191–219, 1985.

[Rut63] D. E. Rutherford. The Cayley-Hamilton theorem for semi-rings. *Proc. Royal Soc. Edinburgh*, 66:211 - 215, 1963/64.

[Sai62] T. Saito. Ordered idempotent semigroups. *J. Math. Soc. Japan*, 4:150 - 169, 1962.

[Sai74] T. Saito. The orderability of idempotent semigroups. *Semigroup Forum*, 7:264 - 285, 1974.

[Sak87] J. Sakarovitch. Kleeneś Theorem Revisited. *Lecture Notes Comp. Sci.*, 281:39 - 50, 1987.

[Sal78] A. Salomaa und M. Soittola. *Automata-Theoretic Aspects of Formal Power Series*. Springer, 1978.

[Sat81] M. Satyanarayana. On the additive semigroup structure of semirings. *Semigroup Forum*, 23:7 - 14, 1981.

[Sat85] M. Satyanarayana. On the additive semigroup of ordered semirings. *Semigroup Forum*, 31:193 - 199, 1985.

[Sat86a] M. Satyanarayana. Archimedean property of ordered semirings. *Semigroup Forum*, 33:57 - 63, 1986.

[Sat86b] M. Satyanarayana, J. Hanumanthachari, und D. Umamaheswarareddy. On the additive structure of a class of ordered semirings. *Semigroup Forum*, 33:251 - 255, 1986.

[Sat87a] M. Satyanarayana. Structure of ordered semirings. *Semigroup Forum*, 36:179 - 188, 1987.

[Sat87b] M. Satyanarayana, J. Hanumanthachari, und D. Umamaheswarareddy. On the multiplicative structure of a class of ordered semirings. *Semigroup Forum*, 35:175 - 180, 1987.

[Sch66] J. Schmidt. *Mengenlehre*. Bibliographisches Institut, 1966.

[Sch61] M. P. Schützenberger. On the definition of a family of automata. *Information and Control*, 4:245 - 270, 1961.

[Sel64] J. Selden. A note on compact semirings. *Proc. Amer. Math. Soc.*, 15:882 - 886, 1964.

[Sha79] T. Shaheen und S. M. Yusuf. Radicals of additively inversive hemirings. *Studia Sci. Math. Hungar.*, 14:303 - 309, 1979.

[Sim88] H. Simmons. The semiring of topologizing filters of a ring. *Israel J. Math.*, 61:271 - 284, 1988.

[Sin71] Lee Sin-Min. Axiomatic characterization of Σ-semirings. *Acta Sci. Math. (Szeged)*, 32:337 - 343, 1971.

[Slo55] W. Slowikowski und W. Zawadowski. A generalization of maximal ideals method of Stone and Gelfand. *Fund. Math.*, 42:216 - 231, 1955.

[Smi66a] D. A. Smith. On semigroups, semirings, and rings of quotients. *J. Sci. Hiroshima Univ. Ser. A*, 30:123 – 130, 1966.

[Smi66b] F. A. Smith. A structure theory for a class of lattice ordered semirings. *Fund. Math.*, 59:49 – 64, 1966.

[Smi67] F. A. Smith. A subdirect decomposition of additively idempotent semirings. *J. Natur. Sci. Math.*, 7:253 – 257, 1967.

[Smi68] F. A. Smith. ℓ-semirings. *J. Natur. Sci. Math.*, 8:95 – 98, 1968.

[Ste59] O. Steinfeld. Über die Struktursätze der Semiringe. *Acta Math. Acad. Sci. Hungar.*, 10:149 – 155, 1959.

[Ste63] O. Steinfeld. Über Semiringe mit multiplikativer Kürzungsregel. *Acta Sci. Math.*, 24:190 – 195, 1963.

[Ste64] O. Steinfeld. Über die Operatorendomorphismen gewisser Operatorhalbgruppen. *Acta Math. Acad. Sci. Hungar.*, 15:123 – 131, 1964.

[Ste67] O. Steinfeld und R. Wiegandt. Über die Verallgemeinerung und Analoga der Wedderburn-Artinschen und Noetherschen Struktursätze. *Math. Nachrichten*, 34:143 – 156, 1967.

[Sto72] H. E. Stone. Ideals in halfrings. *Proc. Amer. Math. Soc.*, 33:8 – 14, 1972.

[Sto73] H. E. Stone. Semirings with noncommutative addition. *Kyungpook Math. J.*, 13:141 – 151, 1973.

[Sto77] H. E. Stone. Matrix representation of simple halfrings. *Trans. Amer. Math. Soc.*, 233:339 – 353, 1977.

[Stu86] T. Sturm. On an algebraization of measure theory, abstract semirings. *Quaest. Math.*, 9:393 – 441, 1986.

[Sub70] H. Subramanian. Von Neumann regularity in semirings. *Math. Nachr.*, 45:73 – 79, 1970.

[Sza62] G. Szász. *Einführung in die Verbandstheorie.* Teubner, 1962.

[Tam81a] Bit-Shun Tam. On the semiring of cone preserving maps. *Linear Algebra and its Appl.*, 35:79 – 108, 1981.

[Tam81b] T. Tamura. Notes on semirings whose multiplicative semigroups are groups. In: *Semigroup theory and its related fields, Proc. 5th Symp. on semigroups, Sakado Japan 1981*, S. 56 – 66, 1981.

[Tan66] G. S. Tang und H. H. Teh. A remark on the relation between groupoid semirings and matrix semirings. *Nanta Math.*, 1:38 – 39, 1966/67.

[Thi85] J.-Y. Thibon. Integrité des algèbres de séries formelles sur un alphabet partiellement commutatif. *Theor. Comput. Sci.*, 41:109 - 112, 1985.

[Tho72] M. C. Thornton. Semirings of functions determine finite T_0 topologies. *Proc. Amer. Math. Soc.*, 34:307 - 310, 1972.

[Van34] H. S. Vandiver. Note on a simple type of algebra in which the cancellation law of addition does not hold. *Bull. Am. Math. Soc.*, 40:920, 1934.

[Van56] H. S. Vandiver und M. V. Weaver. A development of associative algebra and an algebraic theory of numbers. IV. *Math. Mag.*, 30, 1956.

[vHor66] V. G. van Horn und B. van Rootselaar. Fundamental notions in the theory of seminear-rings. *Comp. Math.*, 18:65 - 78, 1966.

[vRoo63] B. van Rootselaar. Algebraische Kennzeichnung freier Wortarithmetiken. *Comp. Math.*, 15:156 - 186, 1963.

[vMan73] H. von Mangoldt und K. Knopp. *Einführung in die Höhere Mathematik, IV.* Hirzel-Verlag, 1973.

[Wec92] W. Wechler. *Universal Algebra for Computer Scientists.* Springer, Berlin, 1992.

[Wei61] H. J. Weinert. Über die Einbettung von Ringen in Oberringe mit Einselement. *Acta Sci. Math. Szeged*, 22:91 - 105, 1961.

[Wei62] H. J. Weinert. Über Halbringe und Halbkörper I. *Acta Math. Acad. Sci. Hung.*, 13:365 - 378, 1962.

[Wei63] H. J. Weinert. Über Halbringe und Halbkörper II. *Acta Math. Acad. Sci. Hung.*, 14:209 - 227, 1963.

[Wei64a] H. J. Weinert. Über Halbringe und Halbkörper III. *Acta Math. Acad. Sci. Hung.*, 15:177 - 194, 1964.

[Wei64b] H. J. Weinert. Ein Struktursatz für idempotente Halbkörper. *Acta Math. Acad. Sci. Hung.*, 15:289 - 295, 1964.

[Wei64c] H. J. Weinert. Unterhalbkörper quadratischer Halbkörper. Wiss. Zeitschr. PH Potsdam, 8:83 - 86, 1964.

[Wei65] H. J. Weinert. Zur Erweiterung algebraischer Srukturen durch Rechtsquotientenbildung. *Acta Math. Acad. Sci. Hung.*, 16:213 - 214, 1965.

[Wei69] H. J. Weinert. On the extension of partial orders on semigroups of right quotients. *Trans. Amer. Math. Soc.*, 142:345 - 353, 1969.

[Wei72] H. J. Weinert. Zur Theorie Levitzkischer Radikale in Halbringen. *Math. Z.*, 128:325 - 341, 1972.

[Wei75a] H. J. Weinert. Halbringe mit aufsteigender Kettenbildung für Annullatorideale. *J. Reine Angew. Math.*, 274/275:417 - 423, 1975.

[Wei75b] H. J. Weinert. Ringe mit nichtkommutativer Addition I. *Jber. Deutsch. Math.-Verein*, 77:10 - 27, 1975.

[Wei75c] H. J. Weinert. Ringe mit nichtkommutativer Addition II. *Acta Math. Acad. Sci. Hung.*, 26:295 - 310, 1975.

[Wei76] H. J. Weinert. Related representation theorems for rings, semirings, nearrings and seminearrings by partial transformations and partial endomorphisms. *Proc. Edinburgh Math. Soc.*, 20:307 - 315, 1976/77.

[Wei77] H. J. Weinert und R. D. Griepentrog. Embedding semirings by translational hulls. *Semigroup Forum*, 14:235 - 246, 1977.

[Wei79] H. J. Weinert. A concept of characteristics for semigroups and semirings. *Acta Sci. Math.*, 41:445 - 456, 1979.

[Wei80] H. J. Weinert. Multiplicative cancellativity of semirings and semigroups. *Acta Math. Acad. Sci. Hung.*, 35:335 - 338, 1980.

[Wei81] H. J. Weinert. Zur Theorie der Halbfastkörper. *Stud. Sci. Math. Hung.*, 16:201 - 218, 1981.

[Wei82] H. J. Weinert. Seminearrings, seminearfields and their semigroup-theoretical background. *Semigroup Forum*, 24:231 - 254, 1982.

[Wei83] H. J. Weinert. Extensions of seminearrings by semigroups of right quotients. *Lect. Notes Math.*, 998:412–486, 1983.

[Wei84] H. J. Weinert. On 0-simple semirings, semigroup semirings, and two kinds of division semirings. *Semigroup Forum*, 28:313 - 333, 1984.

[Wei86] H. J. Weinert. Partially ordered semirings and semigroups. In: *Algebra and Order, Proc. First Int. Symp. Ordered Algebraic Structures Luminy-Marseilles 1984*, S. 265 - 292. Heldermann Verlag Berlin, 1986.

[Wei88] H. J. Weinert. Generalized semialgebras over semirings. *Lect. Notes Math.*, 1320:380 - 416, 1988.

[Wei92] H. J. Weinert und R. Wiegandt. A Kurosh-Amitsur radical theory for proper semifields. *Comm. Algebra*, 20:2419 - 2458, 1992.

[Wie62] R. Wiegandt. Über die Struktursätze der Halbringe. *Ann. Univ. Sci. Budapest. Eötvös Sect. Math.*, 5:51 - 68, 1962.

[Won79] A. Wongseelashote. Semirings and path spaces. *Discrete Math.*, 26:55–78, 1979.

[Yoe61] M. Yoeli. A note on a generalization of boolean matrix theory. *Amer. Math. Monthly*, 68:552–557, 1961.

[Yus65a] S. M. Yusuf. Ideals in additively inversive semirings. *J. Nat. Sci. Math.*, 5:45 - 56, 1965.

[Yus65b] S. M. Yusuf. The classical radical of an additively inversive semirings. *J. Nat. Sci. Math.*, 5:57 - 69, 1965.

[Yus88] S. M. Yusuf und M. Shabir. Radical classes and semisimple classes for hemirings. *Studia Sci. Math. Hungar.*, 23:231 - 235, 1988.

[Zas37] H. Zassenhaus. *Lehrbuch der Gruppentheorie.* Teubner, Leipzig, 1937 (Englische Ausgabe: Chelsea, London, 1949).

[Zel80] J. Zeleznikow. Orthodox semirings and rings. *J. Austral. Math. Soc. A*, 30:50 - 54, 1980.

[Zel81a] J. Zeleznikow. Regular semirings. *Semigroup Forum*, 23:119 - 136, 1981.

[Zel81b] J. Zeleznikow. The natural partial order on semirings. *Lect. Notes Math.*, 848:255 - 261, 1981.

[Zel84] J. Zeleznikow. On regular ring-semigroups and semirings. *Comment. Math. Univ. Carolinae*, 25:129 - 139, 1984.

[Zim81] U. Zimmermann. *Linear and Combinatorial Optimization in Ordered Algebraic Structures.* Annals of Discrete Mathematics 10. North-Holland, 1981.

Symbolverzeichnis

$\mathbb{N}$	Menge der natürlichen Zahlen: $1, 2, 3, \ldots$
$\mathbb{N}_0$	$\mathbb{N} \cup \{0\}$
$\mathbb{Z}$	Menge der ganzen Zahlen $0, \pm 1, \pm 2, \ldots$
$\mathbb{Q}$	Menge der rationalen Zahlen $\frac{m}{n}$, $m, n \in \mathbb{Z}$, $n \neq 0$
$\mathbb{R}$	Menge der reellen Zahlen
$\mathbb{C}$	Menge der komplexen Zahlen
$\mathbb{S}$	Menge der Quaternionen
$\mathbb{H}$	Menge der positiven rationalen Zahlen
$\mathbb{H}_0$	$\mathbb{H} \cup \{0\}$
$\mathbb{P}$	Menge der positiven reellen Zahlen
$\mathbb{P}_0$	$\mathbb{P} \cup \{0\}$
$\mathbb{B}$	Boolescher Halbring bzw. Halbkörper
$\lvert A \rvert$	Kardinalzahl der Menge A
$\mathfrak{a}$	Kardinalzahl abzählbarer Mengen, also $\mathfrak{a} = \lvert \mathbb{N} \rvert$
$\langle A \rangle$	von A erzeugte Unterhalbgruppe
$\mathfrak{P}(A)$	Potenzmenge der Menge A
$\mathfrak{T}(A)$	Menge der Abbildungen $f : A \to A$
$\mathfrak{S}(A)$	Menge der bijektiven Abbildungen $f : A \to A$
ι_S	identische Abbildung auf der Menge S
S^*	$S^* = S \setminus \{o\}$ für jeden Halbring $S = (S, +, \cdot)$ mit einem Nullelement o und $S^* = S$ für jeden anderen Halbring S
$M_{n,n}(S)$	Menge aller $n \times n$-Matrizen über dem Halbring S
$S[x]$	Menge aller Polynome in der Unbestimmten x über dem Halbring S
$S[[x]]$	Menge aller formalen Potenzreihen in der Unbestimmten x über dem Halbring S

$\ddot{\mathcal{A}}_A$	Menge aller Äquivalenzrelationen einer Menge A
A/ϱ	Menge der Äquivalenzklassen von A nach $\varrho \in \ddot{\mathcal{A}}_A$
$\mathcal{C}_{(S,+,\cdot)}$	Menge aller Kongruenzen eines Halbrings $(S,+,\cdot)$
S/κ	Menge der Kongruenzklassen von $(S,+,\cdot)$ nach $\kappa \in \mathcal{C}_{(S,+,\cdot)}$
$\mathbb{Z}/(m)$	Menge der Restklassen von $(\mathbb{Z},+,\cdot)$ modulo m
σ^{tr}	transitive Hülle der Relation σ auf einer Menge A
$\bar{A}$	k-Abschluß des Halbringideals A
$D(S)$	Differenzenring des Halbrings S
$D(S,\Theta)$	Differenzenhalbring eines Halbrings S bezüglich des Subtrahendenideals Θ
$Q(S)$	Quotientenhalbkörper des Halbrings S
$Q(S,\Sigma)$	Quotientenhalbgruppe bzw. -halbring von S bezüglich Σ
$P(\leq)$	Positivbereich eines p. g. Halbringes $(S,+,\cdot,\leq)$
$N(\leq)$	Negativbereich eines p. g. Halbringes $(S,+,\cdot,\leq)$
$M(\leq)$	Monotoniebereich eines p. g. Halbringes $(S,+,\cdot,\leq)$
$W(\leq)$	Antimonotoniebereich eines p. g. Halbringes $(S,+,\cdot,\leq)$
(U)	Axiom über unäre Summen für eine Σ-Algebra $(A,\Sigma,\mathfrak{S})$
(E)	Axiom über äquivalente Summen für $(A,\Sigma,\mathfrak{S})$
(E_F)	Einschränkung von (E) auf endliche Summen
(P)	Partitionsaxiom für $(A,\Sigma,\mathfrak{S})$
(P')	Umkehrung von (P)
(P_F)	Einschränkung von (P) auf endliche Partitionen
(P'_F)	Umkehrung von (P_F)
(GP)	Generalisiertes Partitionsaxiom für $(A,\Sigma,\mathfrak{S})$
(GP')	Umkehrung von (GP)
(GP_F)	Einschränkung von (GP) auf endliche generalisierte Partitionen
(GP'_F)	Umkehrung von (GP_F)

(D)	Distributivitätsaxiom für einen Σ-Halbring $(A, +, \Sigma, \cdot)$
(D_r)	Rechtsseitiges Distributivitätsaxiom für $(A, +, \Sigma, \cdot)$
(D_l)	Linksseitiges Distributivitätsaxiom für $(A, +, \Sigma, \cdot)$
(Op)	Operatoraxiom für einen S-Σ-Halbmodul $({}_SA, +, \Sigma)$
Σ^o	Summenabbildung der formal unendlichen Summen
Σ^S	Summenabbildung in einem Σ-Halbmodul $(S, +, \Sigma^S)$
a^*	Sternoperation, Abkürzung für $\Sigma_{i=0}^{\infty} a^i$ in einem Σ-Halbring
$R_S^P(E)$	Der von E erzeugte P-$*$-abgeschlossene Unterhalbring eines Σ-Halbringes $(S, +, \Sigma, \cdot)$
$R_S(E)$	Der von E erzeugte $*$-abgeschlossene Unterhalbring eines Σ-Halbrings $(S, +, \Sigma, \cdot)$
$(F_X, \cdot)$	Freie Halbgruppe über der Menge (dem Alphabet) $X \neq \emptyset$
$(F_X^\lambda, \cdot)$	Freie Halbgruppe mit Einselement oder freies Monoid über X
$(FK_X, \cdot)$	Freie kommutative Halbgruppe über X
$(FK_X^\lambda, \cdot)$	Freie kommutative Halbgruppe mit Einselement oder freies kommutatives Monoid über X
X^*	Menge aller Worte über dem Alphabet X
λ	leeres Wort
$\mathfrak{L}_X$	Menge aller formalen Sprachen über dem Alphabet X
$\mathfrak{E}_X$	Menge aller endlichen Sprachen über dem Alphabet X
$P(\mathfrak{L}_X)$	Menge aller properen oder λ-freien Sprachen aus $\mathfrak{L}_X$
$\mathfrak{R}_X$	Menge aller rationalen Sprachen über dem Alphabet X
${}_SA$	S-Halbmodul bzw. S-Halbalgebra über einem Halbring S
$S\langle\langle U\rangle\rangle$	S-Halbmodul aller Abbildungen einer Menge U in einen Halbring $(S, +, \cdot)$, speziell: Verallgemeinerter Halbgruppen-Halbring einer Halbgruppe $(U, \cdot)$ über S
$S\langle U\rangle$	S-Unterhalbmodul von $S\langle\langle U\rangle\rangle$ mit U als Basis, speziell: Halbgruppen-Halbring von $(U, \cdot)$ über S

$S[[X]]$	Potenzreihenhalbring in den unabhängigen (kommutativen oder nichtkommutativen) Unbestimmten $x \in X$ über einem Halbring $(S, +, \cdot)$
$S[X]$	Polynomhalbring in diesen Unbestimmten $x \in X$ über S
supp(a)	Support eines Elementes a aus $S\langle\langle U\rangle\rangle$ bzw. einer Potenzreihe a aus $S[[X]]$
$P(S[[X]])$	Menge aller properen Potenzreihen aus $S[[X]]$
$\mathfrak{R}_{S[[X]]}$	Menge aller rationalen Potenzreihen aus $S[[X]]$

Sachverzeichnis

Einseitige Begriffe (wie *linkskürzbar, rechtskürzbar*) sind allgemein nur unter dem entsprechenden zweiseitigen Begriff (also hier unter *kürzbar*) aufgeführt.